WORD/EXCEL/PPT
办公应用大全

天明教育计算机等级考试研究组　编

世界图书出版公司

图书在版编目(CIP)数据

word/excel/ppt 办公应用大全 / 天明教育计算机等级考试研究组编. -- 北京：世界图书出版公司，2018.12
　　ISBN 978-7-5192-5256-4

　　Ⅰ．①w… Ⅱ．①天… Ⅲ．①办公自动化—应用软件 Ⅳ．①TP317.1

中国版本图书馆 CIP 数据核字(2018)第 254783 号

书　　　名	word/excel/ppt 办公应用大全
(汉语拼音)	word/excel/ppt BANGONG YINGYONG DAQUAN
编　　　者	天明教育计算机等级考试研究组
总　策　划	吴　迪
责 任 编 辑	韩劲松
装 帧 设 计	天明教育
出 版 发 行	世界图书出版公司长春有限公司
地　　　址	吉林省长春市春城大街 789 号
邮　　　编	130062
电　　　话	0431-86805551（发行）　 0431-86805562（编辑）
网　　　址	http://www.wpcdb.com.cn
邮　　　箱	DBSJ@163.com
经　　　销	各地新华书店
印　　　刷	河南省邮发印刷有限责任公司
开　　　本	787 mm×1092 mm　1/16
印　　　张	28
字　　　数	672 千字
印　　　数	5 001—10 000
版　　　次	2018 年 12 月第 1 版　 2021 年 10 月第 2 次印刷
国 际 书 号	ISBN 978-7-5192-5256-4
定　　　价	52.00 元

版权所有　翻印必究

（如有印装错误，请与出版社联系）

前言

在日常生活以及办公中，经常需要记录各种资料，或者制作工作报告、宣传海报和流程图等，这时就需要用到 Word 办公软件。有时也需要利用表格录入并处理一些复杂数据，例如制作学生请假登记表、商品销售统计表和测试成绩表等，这时就可以使用 Excel 办公软件来完成。另外，当需要制作企业宣传演示文稿、班级文化演示文稿和电影赏析演示文稿等时，就可以借助 PowerPoint（简称 PPT）办公软件来制作并进行演示。或者需要制作海报、名片和企业标志等，这时就可以利用 Photoshop（简称 Ps）来完成工作。WPS 是由国内金山公司出品的办公软件，它包含了文字、表格和演示三个软件。Word、Excel、PPT、Ps 和 WPS 是我们在日常生活和办公中最常接触到和使用到的软件，掌握并熟练地使用它们对于每个人都有非常重要的意义。因此，我们编写了这本集文字、表格、幻灯片制作和图像处理为一体的工具书，以便满足初学者的需要。本书适合初入职场并想要学好商务办公软件的用户使用，同时也可以作为自学或培训教材用书。

本书分为五个部分。第一部分为 Word 应用，由易到难地介绍了文档的基本编辑、为 Word 文档排版、美化文档、Word 的高级应用等内容。第二部分为 Excel 应用，从 Excel 的基本操作入手，系统地介绍了利用函数和公式处理表格中的数据、利用 Excel 中的图表分析表格中的数据等内容。第三部分为 PPT 应用，主要介绍了幻灯片的基本操作、在演示文稿中添加多媒体与动画、设置演示文稿的演示效果以及 3 个组件间的相互转换、导入导出、交互应用等内容。第四部分为 Ps 应用，主要介绍了如何利用 Ps 的一些功能处理图片，例如选区功能、滤镜功能和路径功能等。第五部分为 WPS 应用，主要介绍了 WPS 的文字、表格和演示三个应用，功能与 Microsoft Office 相似。

本书具有以下特点：

1. 由易到难，循序渐进

无论读者的起点如何，都能从本书中循序渐进地学到关于 Word、Excel、PPT、Ps 和 WPS 的操作技能，大大提升办公效率。

2. 案例为主，注重实用

本书内容均以办公软件的实际操作为案例，且内容注重实用性，使读者在对实际案例的操作过程中，学以致用，熟练掌握 Word、Excel、PPT、Ps 和 WPS 的操作与应用，轻轻松松从办公新手晋级为办公高手。

3. 图文并茂,步步为赢

本书的每个操作步骤都配有具体的操作插图。一方面,读者在学习的过程中,能够更直观、更清晰、更精准地掌握具体的操作步骤和方法。另一方面,这种一步一图的图解式讲解方式,虽然信息量相当大,但使枯燥的知识更加有趣,增强了易读性,也更为广大读者所接受。

4. 注重细节,扩展学习

本书在编写的过程中,特别注重教给读者一些细节和技巧类的知识点,例如书中对一些快捷键的介绍就很好地体现了这一特色。

本书知识讲解方式灵活,图文并茂,内容丰富,语言流畅,可操作性强。全书行文结构为一步一图,使读者能够直观、迅速地掌握办公软件的基础知识和常用操作。

由于编写时间有限和编者水平有限,书中难免存在不妥和疏漏之处,恳请广大读者批评指正。

编者

第一部分 Word 应用

第一章 使用 Word 2021 对文档进行简单的编辑

1.1 新建与保存 ………………………… 2
1.1.1 新建空白文档 …………………… 2
1. 使用快捷键 ………………………… 2
2. "文件"选项里的新建文档 ……… 2
3. 在"快速访问工具栏"中添加"新建"功能 ………………………………… 2
1.1.2 模板的使用 …………………… 2
1.1.3 文档的保存 …………………… 3
1. 新建的文档保存 …………………… 3
2. 保存已有文档 ……………………… 4
3. 文档的另存为功能 ………………… 4

1.2 工作报告的编辑 ………………… 5
1.2.1 工作报告封面编辑 …………… 5
1. 第一步设置"工号"的格式 …… 5
2. 对标题进行编辑 …………………… 6

1.2.2 工作报告内容编辑 …………… 9
1. 插入空白文档 ……………………… 9
2. 复制和粘贴功能 …………………… 9
3. 查找与替换的运用 ………………… 9
4. 对文字以及段落进行设置 ……… 10
1.2.3 为工作报告插入页码 ………… 11
1.2.4 预览打印工作报告 …………… 12
1. 检阅文档 …………………………… 12
2. 调整页面 …………………………… 13
3. 预览和打印 ………………………… 13

1.3 保护文档 ………………………… 14
1.3.1 设置只读文档 ………………… 14
1. 设置为只读 ………………………… 14
2. 标记为最终状态 …………………… 14
1.3.2 设置文档加密 ………………… 15
1.3.3 限制编辑 ……………………… 16

1.4 Word 编辑小技巧 ……………… 17
1.4.1 快速返回上次编辑点 ………… 17
1.4.2 关闭更正拼写和语法功能 …… 17
1.4.3 输入带下标或者上标的文本 ……………………………………………… 17
1.4.4 选择不相邻文本 ……………… 18
1.4.5 设置带圈字符 ………………… 18
1.4.6 简繁体转换 …………………… 18

第二章　为 Word 文档排版

- 2.1 设计一篇短文的版面 …………… 20
  - 2.1.1 插入文本框 …………… 20
  - 2.1.2 设置中文版式 …………… 20
    1. 设置首字下沉 …………… 20
    2. 设置字符底纹 …………… 21
    3. 设置段落底纹 …………… 21
    4. 快速对齐文本 …………… 22
  - 2.1.3 设置页面版式 …………… 22
    1. 设置页面边框 …………… 22
    2. 设置页面背景 …………… 23
    3. 设置纹理效果 …………… 24
    4. 设置图案效果 …………… 24
    5. 设置水印 …………… 24
    6. 设置图片填充 …………… 25
- 2.2 插入封面和使用主题 …………… 25
  - 2.2.1 应用主题 …………… 25
  - 2.2.2 插入封面 …………… 26
  - 2.2.3 打印颜色和图片背景 …………… 27
- 2.3 审阅文档 …………… 27
  - 2.3.1 添加批注 …………… 27
    1. 添加批注 …………… 27
    2. 答复批注 …………… 27
  - 2.3.2 修订文档 …………… 28
    1. 更改用户名 …………… 28
    2. 修订文档 …………… 28
  - 2.3.3 更改文档 …………… 29
- 2.4 Word 文档排版小技巧 …………… 29
  - 2.4.1 设置中文版式小技巧 …………… 29
    1. 设置双行合一 …………… 29
    2. 合并字符 …………… 30
    3. 设置分栏 …………… 31
  - 2.4.2 设置字符边框 …………… 32
    1. 设置字符边框 …………… 32
    2. 设置段落边框 …………… 32
  - 2.4.3 编辑批注小技巧 …………… 33
    1. 在批注中插入图片 …………… 33
    2. 删除全部批注 …………… 33
    3. 隐藏批注 …………… 34
    4. 接受或者拒绝修订 …………… 34

第三章　美化 Word 文档

- 3.1 制作活动海报 …………… 37
  - 3.1.1 制作海报的背景 …………… 37
    1. 设置页面尺寸 …………… 37
    2. 添加背景 …………… 37
  - 3.1.2 制作海报文本 …………… 40
    1. 利用文本框为海报添加艺术字标题 …………… 40
    2. 在形状工具上添加文本 …………… 41
- 3.2 使用 SmartArt 制作流程图 …………… 41
  - 3.2.1 插入 SmartArt 图形 …………… 41
    1. 插入 SmartArt 图形 …………… 41
    2. 添加形状 …………… 42
  - 3.2.2 设置 SmartArt 格式 …………… 42
    1. 设置 SmartArt 图形颜色 …………… 43
    2. 设置样式 …………… 43
    3. 设置文本字体格式 …………… 43
    4. 调整 SmartArt 图形的位置 …………… 43
    5. 更改 SmartArt 图形布局 …………… 44
    6. 利用文本框添加标题 …………… 45
- 3.3 Word 中表格的简单应用 …………… 46
  - 3.3.1 创建表格 …………… 46
    1. 快速插入表格 …………… 46

2. 插入表格 …………………… 46
　　　3. 绘制表格 …………………… 46
　3.3.2 表格的基本操作功能 ………… 47
　　　1. 插入行和列 ………………… 47
　　　2. 拆分与合并单元格 ………… 47
　　　3. 调整行高和列宽 …………… 48
　　　4. 在表格中输入内容 ………… 48
　3.3.3 修饰表格 ……………………… 49
　　　1. 设置表格内文本对齐方式 … 49
　　　2. 设置表格样式 ……………… 49
　　　3. 设置边框和底纹 …………… 49
　3.3.4 处理表格数据 ………………… 50
　　　1. 为表格设置标题 …………… 50
　　　2. 对表格中的数据进行计算 … 51
　3.3.5 添加季度销售统计图 ………… 52
　　　1. 启动插入图表功能 ………… 52
　　　2. 选择图表类型 ……………… 52
　　　3. 录入表格数据 ……………… 52
　　　4. 关闭电子表格 ……………… 52
　　　5. 添加标题并设置图表样式 … 52
3.4 制作面试邀请信函 ………………… 53
　3.4.1 制作信封 ……………………… 53
　3.4.2 邮件合并 ……………………… 55
　　　1. 制作数据源 ………………… 55
　　　2. 将数据源合并到主文档中 … 58
3.5 美化 Word 文档小技巧 …………… 60
　3.5.1 插入艺术字 …………………… 60
　3.5.2 如何删除文档中的所有图片
　　　　…………………………………… 61
　3.5.3 Word 中表格应用小技巧 …… 61
　　　1. 为多行设置指定行高 ……… 61
　　　2. 为多列设置指定列宽 ……… 61
　　　3. 设置跨页页首自动显示表头 … 61
　　　4. 快速制作三线表 …………… 61

第四章　Word 的高级应用

4.1 Word 中样式的应用 ……………… 64
　4.1.1 使用内置样式 ………………… 64
　　　1. 设置标题样式 ……………… 64
　　　2. 设置显示选项 ……………… 64
　　　3. 设置多级标题 ……………… 64
　4.1.2 新建样式 ……………………… 65
　　　1. 执行"新建样式"命令 …… 65
　　　2. 设置新建样式 ……………… 65
　　　3. 应用新建样式 ……………… 65
　　　4. 修改样式 …………………… 65
4.2 设置目录 …………………………… 66
　4.2.1 插入页眉与页脚 ……………… 66
　　　1. 插入分节符 ………………… 66
　　　2. 插入页眉和页脚 …………… 67
　　　3. 设置页码 …………………… 67
　4.2.2 插入目录 ……………………… 68
　　　1. 插入自动目录 ……………… 68
　　　2. 调用导航窗格 ……………… 69
　　　3. 更新目录 …………………… 69
4.3 控件的使用 ………………………… 70
　4.3.1 制作简历文本部分 …………… 70
　　　1. 设置文档标题 ……………… 70
　　　2. 设置正文文本的格式 ……… 71
　4.3.2 运用控件制作文档 …………… 71
　　　1. 设置"格式内容文本控件" … 71
　　　2. 设置单选按钮 ……………… 72
　　　3. 设置日期选取控件 ………… 73
　　　4. 插入纯文本内容控件 ……… 74
4.4 Word 高级应用小技巧 …………… 75
　4.4.1 在文档中插入当前时间 ……… 75
　4.4.2 打印文档的背景 ……………… 75

4.4.3　新建 Word 主题 ……………… 76
　　4.4.4　裁剪图片 …………………… 78
　　　　1. 一般裁剪 ……………………… 78
　　　　2. 裁剪为形状 …………………… 79

👉 第二部分　Excel 应用

第五章　Excel 的基本操作

5.1　制作学生请假登记表 ……………… 81
　　5.1.1　工作簿的基本操作 …………… 81
　　　　1. 新建工作簿 …………………… 81
　　　　2. 保存工作簿 …………………… 81
　　　　3. 保护工作簿 …………………… 82
　　5.1.2　工作表的基本操作 …………… 83
　　　　1. 添加工作表 …………………… 83
　　　　2. 删除工作表 …………………… 84
　　　　3. 重命名工作表 ………………… 84
　　　　4. 在同一工作簿中移动或复制工作表
　　　　　 …………………………………… 84
　　　　5. 在不同工作簿中移动或复制工作表
　　　　　 …………………………………… 85
　　　　6. 隐藏和显示工作表 …………… 85
　　5.1.3　输入工作表内容 ……………… 86
　　　　1. 输入表头 ……………………… 86
　　　　2. 输入剩余内容 ………………… 86
　　　　3. 合并单元格 …………………… 87
　　　　4. 设置工作表文本对齐方式 …… 87
　　　　5. 调整表格行高和列宽 ………… 88
　　　　6. 修改数据 ……………………… 88
5.2　美化学生请假登记表格 …………… 88
　　5.2.1　设置表格边框线 ……………… 88
　　　　1. 设置外框线 …………………… 88

　　　　2. 设置内框线 …………………… 88
　　5.2.2　设置表格样式 ………………… 89
　　　　1. 设置底纹 ……………………… 89
　　　　2. 应用内置样式 ………………… 89
　　　　3. 设置工作表标签颜色 ………… 90
5.3　Excel 操作小技巧 ………………… 91
　　5.3.1　表格中文本的处理 …………… 91
　　　　1. 区分数值与数值文本 ………… 91
　　　　2. 单元格中文本的换行 ………… 91
　　　　3. 输入以"0"结尾的小数 ……… 93
　　5.3.2　绘制斜线表头 ………………… 94
　　5.3.3　添加批注 ……………………… 95
　　　　1. 插入批注 ……………………… 96
　　　　2. 调整批注 ……………………… 96

第六章　计算 Excel 数据

6.1　制作商品销售统计表 ……………… 99
　　6.1.1　输入数据 ……………………… 99
　　　　1. 快速输入数据 ………………… 99
　　　　2. 输入货币型数据 …………… 100
　　　　3. 使用公式计算销售额 ……… 100
　　　　4. 引用定义名称计算销售额 … 102
6.2　制作员工体能测试成绩表 ……… 104
　　6.2.1　利用函数获取数据 ………… 104
　　　　1. 根据工号判断员工性别 …… 104
　　　　2. 根据工号计算员工年龄 …… 106
　　6.2.2　使用函数计算 ……………… 110
　　　　1. 求和运算 …………………… 110
　　　　2. 求平均值 …………………… 111
　　　　3. 计算成绩排名 ……………… 112
　　　　4. 获取最大、最小值 ………… 113
　　　　5. 使用公式或函数时常见的问题及解
　　　　　 决办法 ………………………… 114

6.3 常用函数说明 ················ 114
6.3.1 数学与三角函数 ············ 114
1. INT 函数 ················ 114
2. SUMPRODUCT 函数 ········ 114
3. ROUND 函数 ·············· 115
4. SUMIF 函数 ··············· 115
5. MOD 函数 ················ 115
6. SUM 函数 ················· 115
6.3.2 查找与引用函数 ············ 116
1. LOOKUP 函数 ············· 116
2. VLOOKUP 函数 ············ 116
3. ADDRESS 函数 ············ 117
4. HLOOKUP 函数 ············ 117
6.3.3 逻辑函数 ················ 117
1. IF 函数 ·················· 117
2. OR 函数 ················· 118
3. AND 函数 ················ 118
6.3.4 日期与时间函数 ············ 118
1. DATE 函数 ················ 118
2. YEAR 函数 ··············· 119
3. TODAY 函数 ·············· 119
4. WEEKNUM 函数 ··········· 119
5. NOW 函数 ················ 119
6. DAY 函数 ················ 120
7. DAYS 函数 ··············· 120
8. MINUTE 函数 ············· 120
9. HOUR 函数 ··············· 120
10. TIME 函数 ··············· 120
6.3.5 文本函数 ················ 121
1. MID 函数 ················ 121
2. UPPER 函数 ·············· 121
3. LOWER 函数 ·············· 121
4. LEN 函数 ················ 121
5. REPLACE 函数 ············ 122
6. RIGHT 函数 ··············· 122
7. TEXT 函数 ················ 122
8. TRIM 函数 ················ 123
9. VALUE 函数 ··············· 123
10. CLEAN 函数 ·············· 123
6.3.6 信息函数 ················ 123
1. ISODD 函数 ··············· 123
2. ISTEXT 函数 ·············· 124
6.3.7 统计函数 ················ 124
1. AVERAGE 函数 ············ 124
2. MAX 函数 ················ 124
3. MIN 函数 ················· 124
4. MEDIAN 函数 ············· 124
5. MINA 函数 ··············· 125
6. COUNT 函数 ·············· 125
7. COUNTA 函数 ············· 125
8. COUNTBLANK 函数 ········ 126
9. COUNTIF 函数 ············ 126
10. COUNTIFS 函数 ··········· 126
6.3.8 数据库函数 ················ 126
1. DAVERAGE 函数 ··········· 126
2. DCOUNT 函数 ············· 127
3. DCOUNTA 函数 ············ 127
4. DGET 函数 ················ 127
5. DMAX 函数 ··············· 127
6. DMIN 函数 ··············· 128
7. DPRODUCT 函数 ··········· 128
8. DSTDEV 函数 ············· 128
9. DSTDEVP 函数 ············ 128
10. DSUM 函数 ·············· 129
11. DVAR 函数 ··············· 129
12. DVARP 函数 ·············· 129
6.3.9 兼容性函数 ················ 130
1. RANK 函数 ··············· 130
2. STDEV 函数 ·············· 130

3. STDEVP 函数 …………………… 130
4. VAR 函数 ………………………… 130
5. VARP 函数 ……………………… 131
6. COVAR 函数 …………………… 131

6.4 使用 Excel 小技巧 ……………… 131
6.4.1 多个工作表同时设置格式 … 131
6.4.2 处理表格中文本和对象 …… 132
1. 批量加入固定字符 …………… 132
2. 分割单元格数据 ……………… 133

第七章 处理 Excel 数据

7.1 制作销售人员提成表 …………… 136
7.1.1 提成表排序 ………………… 136
1. 删除重复数据 ………………… 136
2. 简单排序 ……………………… 136
3. 复杂多条件排序 ……………… 137
4. 自定义排序 …………………… 137
7.1.2 筛选数据 …………………… 139
1. 自动筛选 ……………………… 139
2. 自定义筛选 …………………… 140
3. 高级筛选 ……………………… 141

7.2 处理汽车年中销售表中的数据 … 141
7.2.1 设置数据格式 ……………… 141
1. 添加数据条 …………………… 141
2. 插入迷你图 …………………… 142
3. 设置图标 ……………………… 143
4. 突出显示单元格 ……………… 143
7.2.2 设置分类汇总 ……………… 144
1. 设置分类汇总 ………………… 144
2. 隐藏与显示分类汇总 ………… 145
7.2.3 模拟分析 …………………… 145
1. 单变量求解 …………………… 145
2. 模拟运算表 …………………… 146

3. 创建方案 ……………………… 147
4. 显示方案 ……………………… 150
5. 生成报告 ……………………… 150

7.3 处理 Excel 数据小技巧 ………… 151
7.3.1 特殊排序 …………………… 151
1. 按单元格颜色排序 …………… 151
2. 按汉字笔画排序 ……………… 151
7.3.2 特殊筛选 …………………… 152
1. 按单元格颜色筛选 …………… 152
2. 模糊筛选 ……………………… 152
7.3.3 在表格中输入分数 ………… 152
1. 输入含有整数部分的分数 …… 152
2. 输入真分数 …………………… 153
3. 输入假分数 …………………… 153

第八章 使用图表分析数据

8.1 制作家具销量图表 ……………… 156
8.1.1 创建图表 …………………… 156
1. 插入图表 ……………………… 156
2. 调整图表布局 ………………… 156
3. 更改图表数据源 ……………… 157
4. 互换图表行和列 ……………… 158
5. 改变图表类型 ………………… 158
8.1.2 美化图表 …………………… 159
1. 添加数据标签 ………………… 159
2. 更改图例项 …………………… 159
3. 添加坐标轴标题 ……………… 160
4. 添加趋势线 …………………… 161
5. 添加误差线 …………………… 162
6. 设置图表区 …………………… 163
7. 设置绘图区 …………………… 163
8. 设置数据系列 ………………… 163
9. 设置图表样式 ………………… 164

8.2 分析成绩表 ································ 164
8.2.1 创建并处理透视表 ················ 164
1. 创建透视表 ···························· 164
2. 处理透视表数据信息 ·············· 166
3. 更改透视表样式 ····················· 168
4. 创建透视图 ···························· 168
5. 筛选透视图数据 ····················· 169
8.3 宏的简单介绍 ································ 170
8.3.1 制作学生成绩管理系统 ········ 170
1. 制作学生成绩管理系统的界面 ································ 170
2. 录制宏 ·································· 172
3. 查看和执行宏 ······················· 175
8.4 制作图表小窍门 ···························· 176
8.4.1 在图表中添加图片 ················ 176
1. 为图表区设置图片填充 ········· 176
2. 为绘图区设置图片填充 ········· 176
8.4.2 将图表保存为模板 ················ 176
8.4.3 快速分析图表 ························ 177
8.4.4 使用推荐图表 ························ 178

第三部分 PPT应用

第九章 幻灯片基本操作

9.1 制作企业宣传演示文稿 ················ 180
9.1.1 演示文稿的基本操作 ············ 180
1. 创建演示文稿 ······················· 180
2. 保存演示文稿 ······················· 180
3. 使用 PPT 模板 ······················ 181
9.1.2 幻灯片的基本操作 ················ 181
1. 新建和删除幻灯片 ················ 181
2. 编辑幻灯片 ··························· 182
3. 移动和复制幻灯片 ················ 182
4. 隐藏幻灯片 ··························· 183
5. 浏览幻灯片 ··························· 183
9.1.3 制作演示文稿 ························ 184
1. 制作文稿封面 ······················· 184
2. 制作文稿正文 ······················· 185
9.2 制作班级文化演示文稿 ················ 189
9.2.1 制作母版幻灯片 ···················· 189
1. 设计母版幻灯片样式 ············ 189
2. 编辑幻灯片封面内容 ············ 192
3. 编辑幻灯片正文内容 ············ 193
4. 编辑幻灯片结尾内容 ············ 197
9.3 PPT 小技巧 ···································· 198
9.3.1 将幻灯片转换成图片 ············ 198
9.3.2 打印指定的幻灯片 ················ 199
9.3.3 为幻灯片添加日期和时间 ···· 199
9.3.4 更改文字方向 ························ 200

第十章 设置多媒体与动画

10.1 制作电影赏析演示文稿 ·············· 202
10.1.1 设置幻灯片超链接 ·············· 202
1. 设置内部超链接 ··················· 202
2. 设置外部超链接 ··················· 203
3. 创建动作按钮 ······················· 203
10.1.2 添加音频与视频 ·················· 204
1. 添加背景音乐 ······················· 204
2. 添加视频文件 ······················· 206
10.2 制作景区宣传演示文稿 ·············· 208
10.2.1 设置幻灯片中的动画效果 ································ 208
1. 制作封面和内容的动画效果 ································ 208
2. 设置结尾幻灯片动画 ············ 214

10.2.2 设置幻灯片间的切换效果 ………………………… 214
    1. 设置封面幻灯片切换效果 ………… 214
    2. 为剩余幻灯片设置切换效果 ………………………… 215

10.3 制作动态演示文稿小技巧 ………… 215
  10.3.1 设置超链接点击前后的颜色 ………………………… 215
  10.3.2 快速复制动画 ………… 215
  10.3.3 自定义动画 ………… 216
  10.3.4 快速设置幻灯片间的切换效果 ………………………… 216
  10.3.5 设置连续放映的动画效果 ………………………… 216

10.4 设置幻灯片中对象的小技巧 ………… 217
  10.4.1 处理幻灯片的文字 ………… 217
    1. 修改文字 ………… 217
    2. 保存文字 ………… 218
  10.4.2 处理幻灯片中的图片 ………… 219
    1. 设置图片样式 ………… 219
    2. 设置图片效果 ………… 219
    3. 组合图片 ………… 220
  10.4.3 处理幻灯片中的表格 ………… 220
    1. 插入幻灯片 ………… 220
    2. 修饰表格 ………… 221

第十一章 设置演示文稿的演示效果

11.1 放映电影赏析演示文稿 ………… 224
  11.1.1 幻灯片的放映设置 ………… 224
  11.1.2 使用排练计时功能 ………… 225
  11.1.3 设置幻灯片放映方式 ………… 226
    1. 默认放映方式 ………… 226
    2. 自定义幻灯片放映方式 ………… 227

11.2 演示文稿输出和打包 ………… 228
  11.2.1 输出演示文稿 ………… 228
    1. 输出为图片格式 ………… 228
    2. 输出为 PDF 格式 ………… 229
    3. 打印演示文稿 ………… 230
  11.2.2 打包演示文稿 ………… 230

11.3 制作 PPT 小技巧 ………… 231
  11.3.1 为超链接对象设置提示信息 ………………………… 231
  11.3.2 设置动画参数 ………… 231
  11.3.3 插入录音音频 ………… 231
  11.3.4 使用激光笔 ………… 232
    1. 调用激光笔 ………… 232
    2. 设置激光笔颜色 ………… 232

第十二章 Office 三软件协同办公

12.1 Word 和 Excel 之间协同办公 ………… 234
  12.1.1 在 Word 中使用 Excel 数据 ………………………… 234
    1. 复制粘贴 ………… 234
    2. 插入表格 ………… 234
  12.1.2 在 Excel 中使用 Word 数据 ………………………… 235
    1. 复制粘贴 ………… 235
    2. 插入 Word 中的表格 ………… 236
  12.1.3 同步更新数据 ………… 237
    1. 使用复制粘贴 ………… 237
    2. 选择性粘贴 ………… 238

12.2 Word 与 PPT 之间协同办公 ………… 239
  12.2.1 使用 Word 制作 PPT 演示文稿 ………………………… 239
    1. 使用发送到 PPT 功能 ………… 239

2. 在 PPT 中导入 Word 文档 …… 240
3. 使用"打开"功能 …………… 240
12.2.2 将 PPT 文稿转换为 Word 文档
………………………………… 241
1. 使用发送命令 ……………… 241
2. 使用插入对象功能 ………… 242
12.3 Excel 与 PPT 之间协同办公 …… 243
12.3.1 使用选择性粘贴功能 …… 243
12.3.2 在 PPT 中插入 Excel 表格…… 244
12.4 Office 办公软件小技巧 ………… 245
12.4.1 PPT 小技巧 ……………… 245
1. 为幻灯片插入页码 ………… 245
2. 在同一位置连续放映多个对象动画
………………………………… 246
12.4.2 Office 办公软件通用操作 … 246
1. 复制 ………………………… 246
2. 剪切 ………………………… 246
3. 粘贴 ………………………… 247
4. 撤销 ………………………… 247
5. 恢复 ………………………… 247
6. 查找 ………………………… 248
7. 替换 ………………………… 248
12.4.3 Office 高低版本兼容问题 … 248
1. 打开低版本文件 …………… 248
2. 打开高版本文件 …………… 249
12.4.4 Office 软件协同办公小技巧
………………………………… 250
1. Word 与其他 Office 软件协作
………………………………… 250
2. Excel 与其他 Office 软件协作
………………………………… 255
3. PowerPoint 与其他 Office 软件协作
………………………………… 258

第四部分 Ps应用

第十三章 图像编辑与选区应用

13.1 制作花卉展示图 ……………… 262
13.1.1 新建图像文件 …………… 262
13.1.2 打开图像文件和置入图像
………………………………… 263
1. 打开图像文件 ……………… 263
2. 置入图像文件 ……………… 263
13.1.3 设置图像和画布大小 …… 264
1. 设置图像大小 ……………… 264
2. 设置画布大小 ……………… 265
13.1.4 添加标尺和参考线 ……… 265
1. 设置标尺 …………………… 266
2. 设置参考线 ………………… 266
13.1.5 编辑图像 ………………… 267
1. 裁剪图像 …………………… 267
2. 移动图像 …………………… 268
3. 变换图像 …………………… 268
4. 撤销与重做 ………………… 270
13.2 制作圆形儿童漫画封面 ……… 270
13.2.1 创建规则选区 …………… 270
13.2.2 使用填充工具填充颜色 … 271
13.2.3 反向选区 ………………… 273
13.2.4 描边选区 ………………… 273
13.3 抠取商品图像 ………………… 276
13.3.1 使用快速选择工具组创建选区
………………………………… 276
1. 使用快速选择工具 ………… 276

2. 使用魔棒工具 …………… 278
　13.3.2 使用套索工具创建选区 … 279
　　　1. 使用套索工具 …………… 280
　　　2. 使用磁性套索工具 ……… 281
13.4 制作广告特效 ………………… 282
　13.4.1 以蒙版形式编辑选区 …… 282
　13.4.2 平滑与羽化功能 ………… 284
　　　1. 平滑选区 ………………… 284
　　　2. 羽化选区 ………………… 284
　13.4.3 移动与变换选区 ………… 285
13.5 图像编辑与选区小技巧 ……… 288
　13.5.1 设置历史记录的数量 …… 288
　13.5.2 移动选区 ………………… 289

第十四章　图像修饰与色彩调整

14.1 美化照片中的人物图像 ……… 291
　14.1.1 污点修复画笔工具 ……… 291
　14.1.2 修复画笔工具 …………… 292
　14.1.3 修补工具 ………………… 293
　14.1.4 红眼工具 ………………… 294
　14.1.5 模糊工具 ………………… 295
14.2 制作面部飞散效果 …………… 297
　14.2.1 使用仿制图章工具 ……… 297
　14.2.2 使用图案图章工具 ……… 298
　14.2.3 制作飞散效果 …………… 301
14.3 制作模特写真 ………………… 305
　14.3.1 自动色调 ………………… 305
　14.3.2 自动调整对比度 ………… 306
　14.3.3 自动调整图像颜色 ……… 306

　14.3.4 调整图像的色相和饱和度
　　　　　　　　　　　　　……… 307
　14.3.5 色彩平衡功能 …………… 308
　14.3.6 调整图像曝光度 ………… 308
　14.3.7 自然饱和度功能 ………… 309
　14.3.8 黑白命令功能 …………… 309
14.4 矫正数码照片中的色调 ……… 310
　14.4.1 调整灰暗图像 …………… 310
　14.4.2 调整图像质感 …………… 311
　14.4.3 调整图像的亮度和对比度
　　　　　　　　　　　　　……… 312
　14.4.4 调整图像的明暗度 ……… 312
　14.4.5 调整图像色调 …………… 313
14.5 处理风景图像 ………………… 314
　14.5.1 替换颜色 ………………… 314
　14.5.2 调整图像中的某一种颜色
　　　　　　　　　　　　　……… 315
　14.5.3 统一多张图像的颜色 …… 316
14.6 图像调整与色彩调试小技巧 … 317
　14.6.1 使用色相功能 …………… 317
　14.6.2 使用曲线功能时对颜色进行设置
　　　　　　　　　　　　　……… 317
　14.6.3 预览设置效果 …………… 317
　14.6.4 中和两张图像的颜色 …… 318
　14.6.5 设置光标样式 …………… 318

第十五章　图层与滤镜的应用

15.1 制作卡通人物图像 …………… 320
　15.1.1 创建图层 ………………… 320
　15.1.2 选择与修改图层 ………… 322

  15.1.3 调整图层叠放顺序 ……… 324
  15.1.4 复制图层 ……………… 325
  15.1.5 合并图层 ……………… 327
15.2 制作演唱会海报 …………………… 327
  15.2.1 设置图层混合模式 …… 327
  15.2.2 添加并设置图层样式 … 330
  15.2.3 设置图层的不透明度 … 333
15.3 滤镜的使用 ………………………… 335
  15.3.1 滤镜的使用方法 ……… 335
    1. 调用滤镜功能 ……… 336
    2. 取消滤镜效果 ……… 336
  15.3.2 滤镜库的使用方法 …… 337
    1. 调用滤镜库 ………… 337
    2. 删除或隐藏滤镜 …… 337
  15.3.3 调用风格化滤镜 ……… 338
  15.3.4 调用模糊滤镜 ………… 339
  15.3.5 调用扭曲滤镜 ………… 340
  15.3.6 调用锐化滤镜 ………… 341
  15.3.7 调用像素化滤镜 ……… 342
  15.3.8 调用渲染滤镜 ………… 343
  15.3.9 调用杂色滤镜 ………… 344
15.4 图层与滤镜应用小技巧 …………… 347
  15.4.1 将背景图层转化为普通图层
    ………………………… 347
  15.4.2 在当前图层下方创建一个图层
    ………………………… 347
  15.4.3 设置投影的颜色 ……… 348

第十六章 文字、矢量工具和路径

16.1 制作超市广告单 …………………… 350
  16.1.1 创建点文字 …………… 350

  16.1.2 创建变形文本 ………… 351
  16.1.3 创建路径文本 ………… 352
  16.1.4 创建并编辑段落文本 … 353
  16.1.5 创建并编辑文字选区 … 356
16.2 制作蛋糕房宣传册 ………………… 359
  16.2.1 设置文本格式 ………… 359
  16.2.2 将文字转化为形状 …… 362
  16.2.3 栅格化文字 …………… 363
  16.2.4 将文字转化为路径 …… 365
16.3 制作个人名片 ……………………… 367
  16.3.1 调用矩形工具 ………… 367
    1. 绘制直角矩形 ……… 367
    2. 绘制圆角矩形 ……… 368
  16.3.2 调用椭圆工具 ………… 368
  16.3.3 调用多边形工具 ……… 369
  16.3.4 调用直线工具 ………… 369
  16.3.5 调用自定形状工具 …… 371
16.4 制作企业标志 ……………………… 372
  16.4.1 创建路径 ……………… 372
  16.4.2 编辑路径 ……………… 373
    1. 编辑路径并转化为选区 …… 373
    2. 选择路径 …………… 374
    3. 移动路径 …………… 374
    4. 添加与删除锚点 …… 374
    5. 平滑与尖突锚点 …… 375
    6. 显示与隐藏路径 …… 376
    7. 复制与删除路径 …… 376
    8. 变换路径 …………… 376
  16.4.3 填充与描边路径 ……… 377
    1. 渐变填充路径 ……… 377
    2. 图案填充路径 ……… 377
    3. 纯色填充路径 ……… 378

　　　　4. "描边"功能 …………… 378
　　　　5. "描边路径"功能 ………… 379
　　　　6. 调用画笔工具描边 ……… 379
　16.4.4 调用钢笔工具绘制路径 … 380
　　　　1. 调用钢笔工具 …………… 380
　　　　2. 调用自由钢笔工具 ……… 382
　16.4.5 添加企业名字 ………… 382
16.5 文字、矢量工具和路径应用小技巧
　　　　　…………………………… 383
　16.5.1 改变文字方向 ………… 383
　16.5.2 为绘制的形状填充颜色 … 383

第五部分 WPS应用

第十七章　WPS文字应用

17.1 制作招聘启事 ……………… 385
　17.1.1 创建公司简介文档 …… 385
　17.1.2 编辑文本内容 ………… 386
　　　　1. 输入文本内容 ………… 386
　　　　2. 设置字体格式 ………… 387
　　　　3. 设置段落格式 ………… 388
　17.1.3 插入图片 ……………… 389
　17.1.4 绘制组织结构图 ……… 390
　17.1.5 插入表格 ……………… 393
17.2 制作汽车购销合同 …………… 395
　17.2.1 制作合同首页 ………… 395
　17.2.2 编辑内容页 …………… 396
　　　　1. 新建标题段落样式 …… 396
　　　　2. 新建正文段落样式 …… 398
　　　　3. 插入页码 ……………… 399

　17.2.3 制作目录 ……………… 400
　　　　1. 查看文档的目录结构 … 400
　　　　2. 设置目录 ……………… 400
17.3 WPS文字处理小技巧 ………… 401
　17.3.1 使用"Shift"键绘制形状
　　　　　……………………… 401
　17.3.2 设置首字下沉 ………… 401

第十八章　WPS表格应用

18.1 制作班级学生信息表 ………… 403
　18.1.1 输入表格内容 ………… 403
　18.1.2 设置表格格式 ………… 404
　18.1.3 冻结工作表 …………… 405
18.2 制作家庭开支账单 …………… 405
　18.2.1 移动与复制工作表 …… 405
　18.2.2 筛选收入与支出记录 … 406
　18.2.3 使用公式和函数快速创建
　　　　　表格 …………………… 407
18.3 制作企业收支明细账单 ……… 410
　18.3.1 输入基本内容 ………… 410
　18.3.2 使用公式和函数 ……… 411
　18.3.3 设置不显示零值 ……… 412
18.4 WPS表格应用小技巧 ………… 413
　18.4.1 同时选中多个单元格 … 413
　18.4.2 自动输入人民币大写值 … 413

第十九章　WPS演示应用

19.1 制作教学演示文稿 …………… 416
　19.1.1 演示文稿的基本操作 … 416
　　　　1. 创建演示文稿 ………… 416

2. 添加与删除幻灯片 ………… 417
19.1.2　为幻灯片添加内容 ………… 418
　　1. 编辑首页幻灯片 ………… 418
　　2. 编辑目录页幻灯片 ………… 419
　　3. 编辑内容页幻灯片 ………… 419
　　4. 美化幻灯片 ………… 420
19.1.3　设置幻灯片动画 ………… 421
　　1. 添加动画效果 ………… 421
　　2. 设置动画效果 ………… 422
19.2　放映教学演示文稿 ………… 423
19.2.1　设置幻灯片切换效果 …… 423

19.2.2　设置幻灯片放映类型 …… 423
19.2.3　放映幻灯片 ………… 424
　　1. 从头开始放映 ………… 424
　　2. 添加标记 ………… 425
　　3. 自定义幻灯片放映 ………… 426
19.2.4　打包演示文稿 ………… 427
19.3　WPS演示小技巧 ………… 428
19.3.1　使用"格式刷"复制图片样式 ………… 428
19.3.2　将图片裁剪为形状 ……… 428
附录：Office办公软件常用快捷键 ………… 430

第一部分 Word应用

第一章 使用Word 2021对文档进行简单的编辑

扫码看视频

概述

对于用户来说，掌握Word中常用的一些编辑功能是适应现今社会生活、工作、学习的一条重要条件。Word 2021对文档的基本编辑功能主要包括新建文档、编辑文档，保存文档、打印文档，修订文档以及对文档内容的格式、布局等的设置。掌握这些基本的编辑功能有助于我们提高工作效率，更好地完成自己想要达成的任务目标。

1.1 新建与保存

新建文档与保存文档是我们在使用 **Word** 时最常使用的功能，也是 **Word** 中最基本的功能，其重要性不言而喻。

☞1.1.1 新建空白文档

新建一个空白文档之后，我们便可以在新的文档中输入我们自己需要的内容，并对这些内容进行增加、删除、以及美化等操作。具体步骤如下。

在计算机上找到 Word 2021 软件并打开，打开之后界面如下：

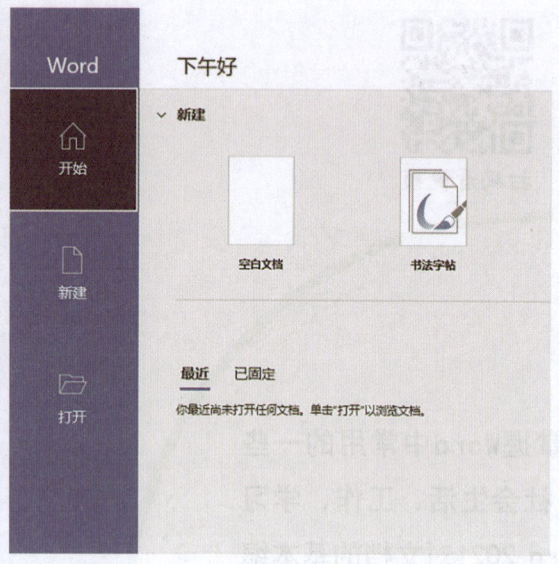

此时单击"空白文档"即可创建一个新的文档。

若是已经启动 Word 2021，此时再新建空白文档的话，我们可以通过以下三种方式完成操作。

1. 使用快捷键

在 **Word** 2021 中，使用快捷键 "**Ctrl + N**" 可以为用户创建一个新的空白文档，非常方便。

2. "文件"选项里的新建文档

单击 Word 2021 主界面中的"文件"，在弹出的选项界面中找到"新建"选项，单击"新建"选项，这时 Word 2021 会为用户打开一个"新建"界面，在新打开的界面中单击"空白文档"按钮即可。

3. 在"快速访问工具栏"中添加"新建"功能

（1）单击"自定义快速访问工具栏"选项，在列表中选择"新建"选项。

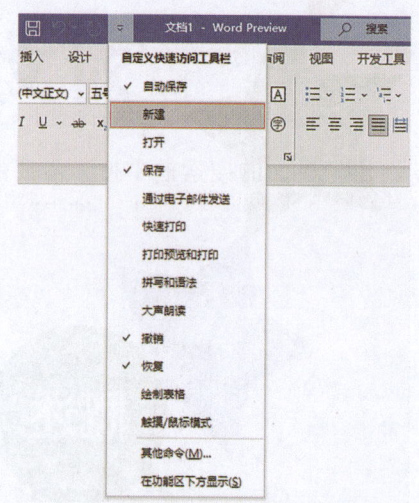

（2）可以发现此时"新建"选项已经添加到了"自定义快速访问工具栏"中。

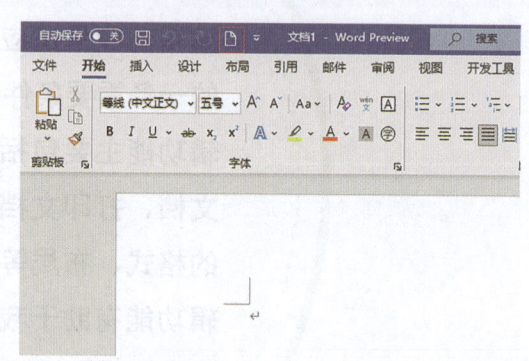

☞1.1.2 模板的使用

上面已经讲述了如何新建一个空白文档，其实 Word 2021 还为我们提供了很多模板供用户选择，合理使用这些模板会大大减少我们的工作量，提高工作效率。方法如下。

单击"文件"按钮，在"文件"界面中单击"新建"按钮，这时可以在右边"新建"界面中看到很多模板，单击其中一个就可以使用了。

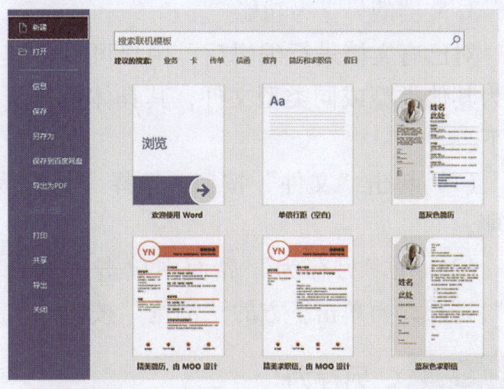

此外 Word 还为我们提供了联机模板。使用联机模板的方法如下：

（1）按上述步骤打开"新建"选项后，在右边"新建"界面的搜索框中搜索需要的模板即可。例如输入"邀请"，单击"搜索"按钮。

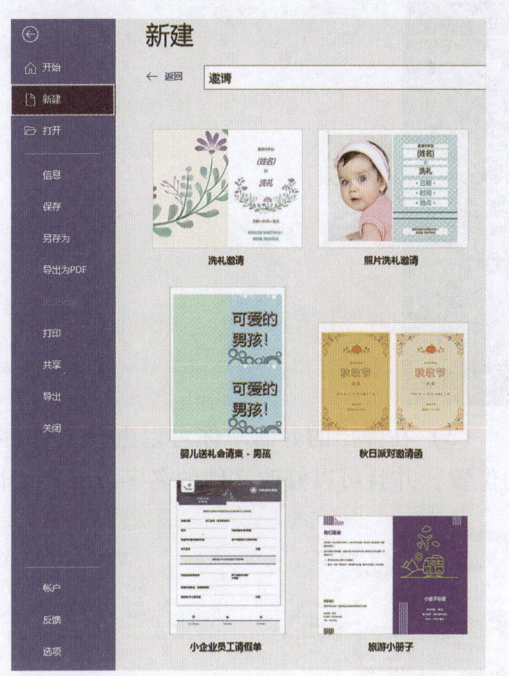

（2）在搜索结果中选择一个并单击，会出现如下界面，此时单击"创建"即可。

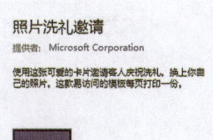

（3）创建的模板效果如下。

☞1.1.3　文档的保存

在编辑文档的过程中，会出现死机、停电、软件崩溃等情况，这些情况都会导致文档损坏，为了避免文档损坏，用户应及时保存文档。

1. 新建的文档保存

新建文档的保存步骤如下。

（1）单击"文件"选项，在出现的选项中选择"保存"选项，因为这是第一个文档，Word 2021 会启动"另存为"选项，在"另存为"界面中单击"这台电脑"选项，再单击下方的"浏览"按钮，此时用户便可以选择文档的存储位置。在"保存类型"下拉菜单中选择"Word 文档"选项。

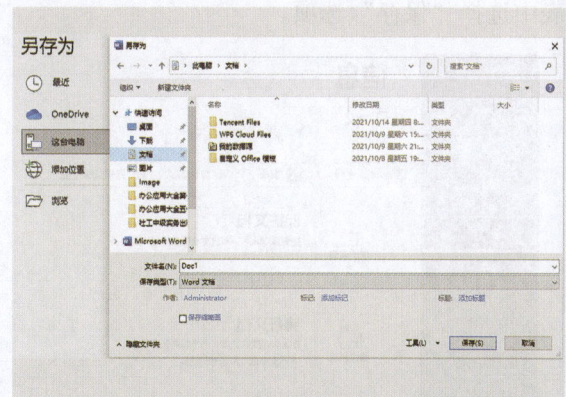

（2）另外为了方便记忆我们还可以为文件重命名，在"文件名"文本框中输入名字，最后单击"保存"按钮，即可完成新建文档的保存。

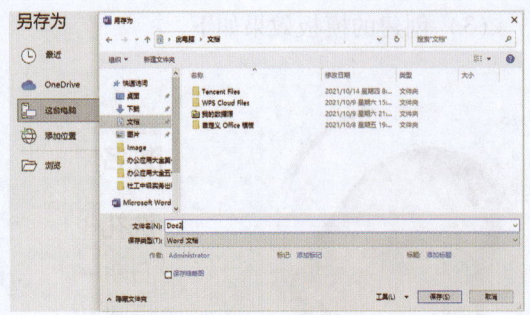

2. 保存已有文档

对于已经保存过的文档进行编辑之后再行保存的时候，有以下几种方法。

（1）快捷键"**Ctrl + S**"可以保存文档。

（2）单击"自定义快速访问工具栏"中的"保存"选项。

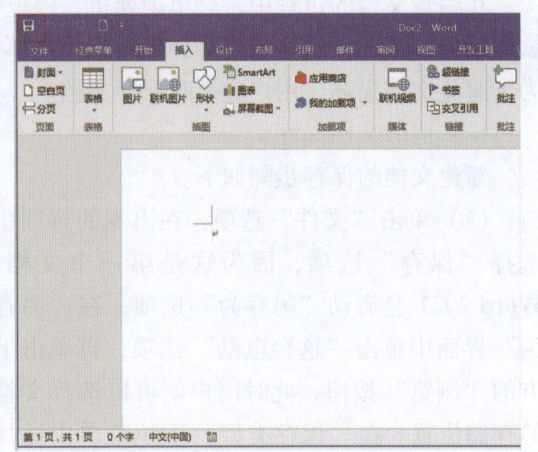

（3）单击"文件"选项，在出现的下拉列表中选择"保存"选项。

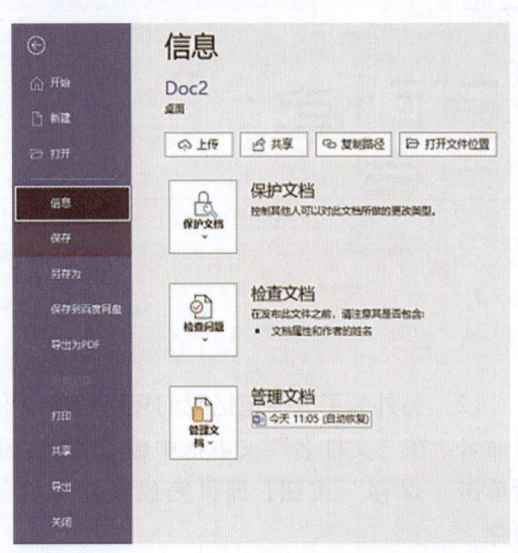

3. 文档的另存为功能

对已有文档进行编辑后，用户可以将其另存为其他类型或同类型文件，其具体操作步骤如下。

（1）单击"文件"按钮，选择"另存为"选项。

（2）在"另存为"界面中单击"这台电脑"选项，再单击下方的"浏览"按钮。

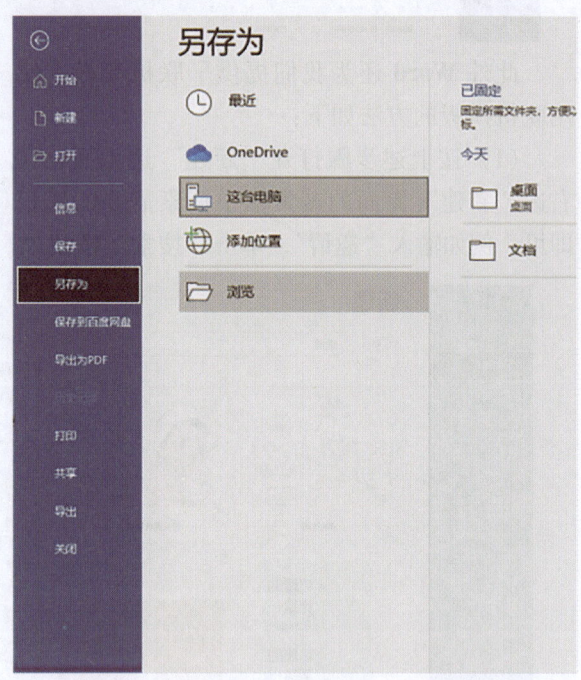

（3）在弹出的界面中你可以选择文件存储的位置，并且可以修改文件的名字以方便记忆。

1.2 工作报告的编辑

工作报告是我们向领导以及有关同事汇报自己工作状况的一种形式，根据自身要求进行编写。接下来介绍如何用 Word 2021 制作一篇工作报告。

☞1.2.1 工作报告封面编辑

打开 Word 2021 并新建一个空白文档。在 Word 文档编辑区输入所需要的内容，制作一个工作报告封面。

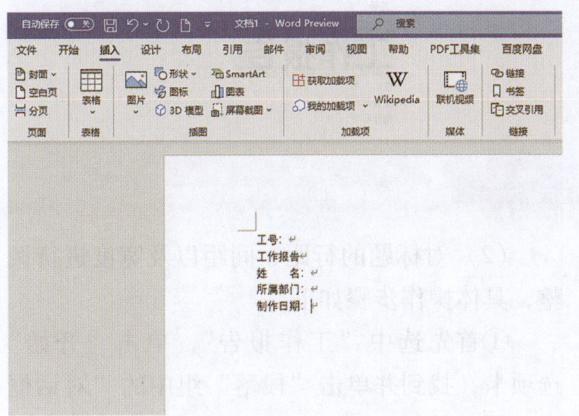

1. 第一步设置"工号"的格式

（1）选中文本中的"工号："单击鼠标右键，在弹出的下拉列表中，左上方为字体和字号的设置选项，将字体设置为"华文宋体"。

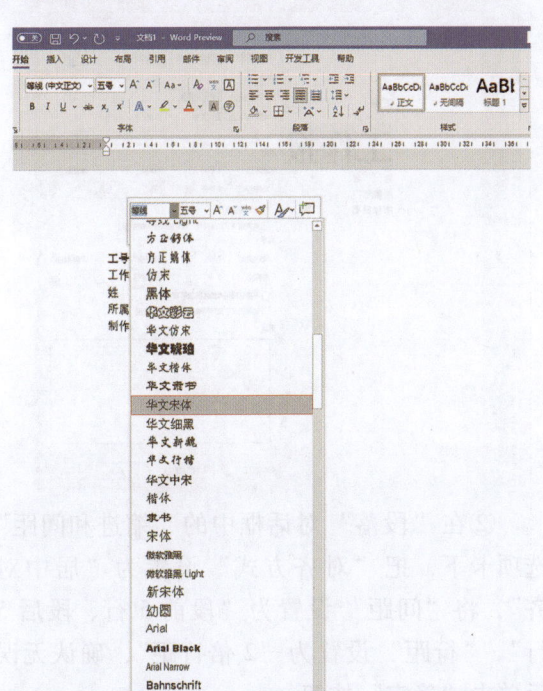

再将字号设置为"小四"。

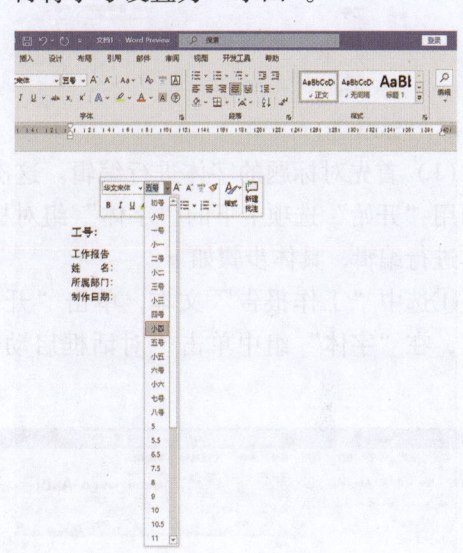

（2）设置"工号"的段落格式。

①将光标定位在"工号"行，单击"开始"选项卡，在"段落"中找到"行和段落间距"选项并单击。

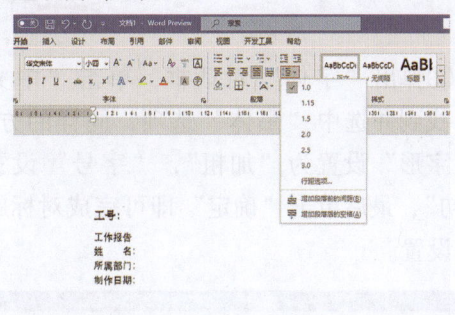

②选择"2.5"，这时便把所选中的文本行距设置成 2.5 倍。

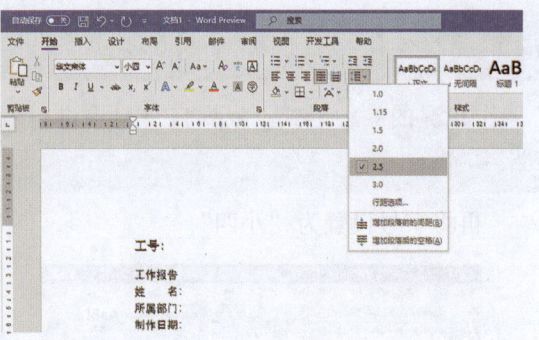

注意：在"开始"栏字体组中有一个带黑色大写字母的按钮，单击此选项也可以使字体加粗。

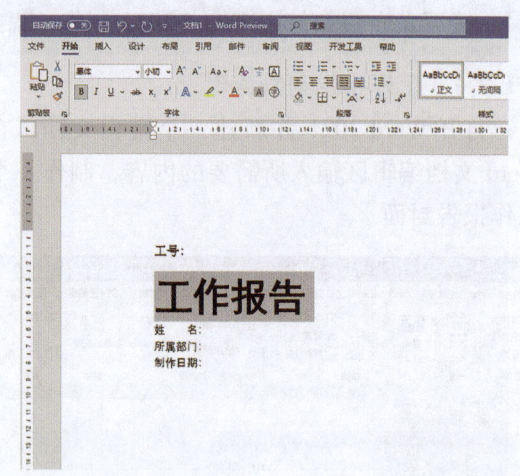

2. 对标题进行编辑

（1）首先对标题的字体进行编辑。这次我们利用"开始"选项卡下的"字体"组对标题字体进行编辑，具体步骤如下。

①选中"工作报告"文本，单击"开始"按钮，在"字体"组中单击"对话框启动器"按钮。

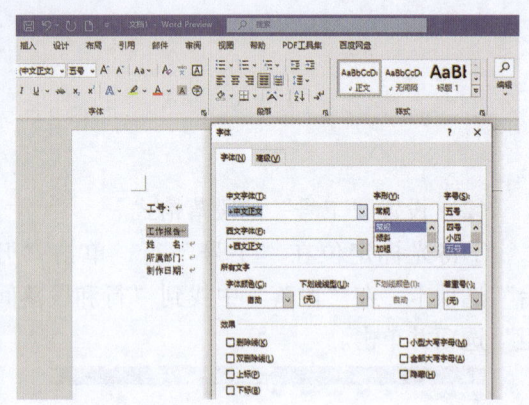

②弹出"字体"对话框，单击"中文字体"找到并选中"黑体"选项，同样的方法，将"字形"设置为"加粗"，"字号"设置为"小初"，最后单击"确定"即可完成对标题字体的设置。

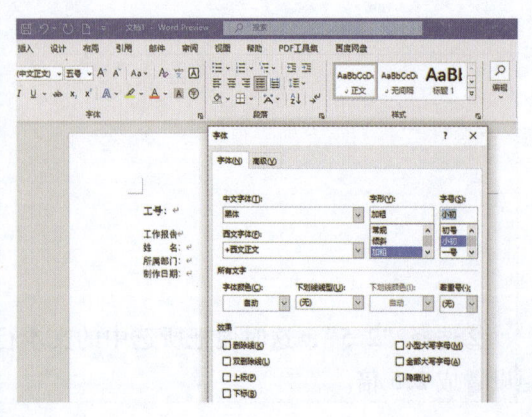

（2）对标题的行距、间距以及宽度进行调整，具体操作步骤如下。

①首先选中"工作报告"，单击"开始"选项卡，找到并单击"段落"组中的"对话框启动器"按钮。

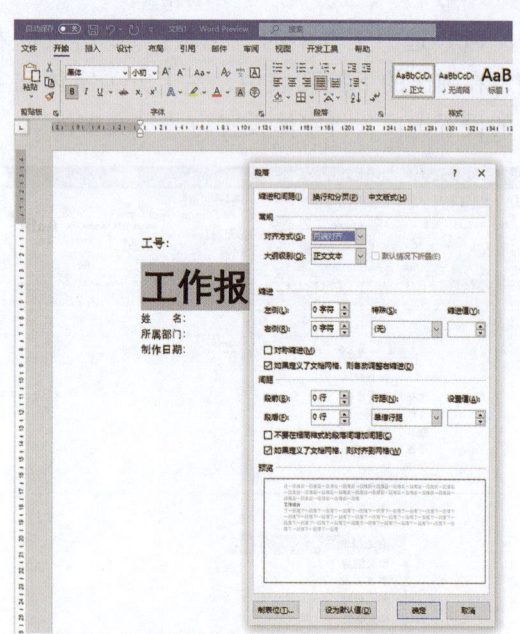

②在"段落"对话框中的"缩进和间距"选项卡下，把"对齐方式"设置为"居中对齐"，将"间距"设置为"段前5行、段后5行"，"行距"设置为"2倍行距"，确认无误后单击"确定"按钮。

注意：上述对字体和段落的调整除了在"开始"选项卡里边可以实现之外，利用单击鼠标右键的方法也能完成，比如调整标题的字体：选中"工作报告"，单击鼠标右键，会弹出快捷菜单，单击其中的"字体"选项一样可以对文本的字体进行调整。

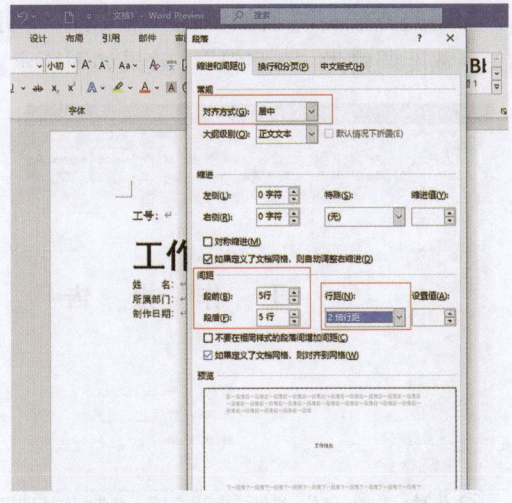

③查看效果。

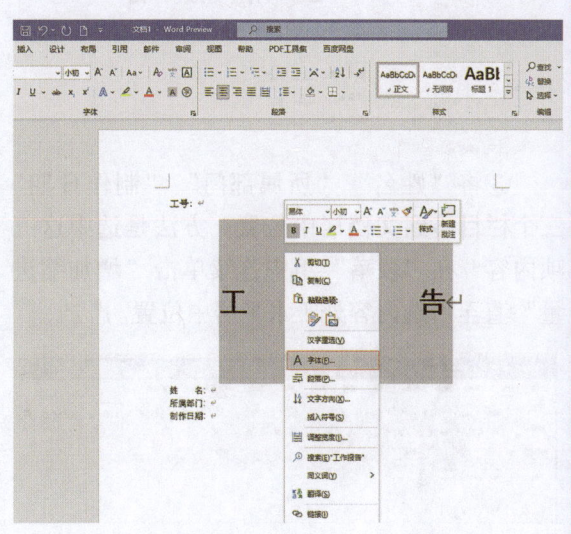

④下面进行对标题宽度的调整。选中"工作报告"文本，单击"开始"选项卡，在"段落"组中找到并单击"中文版式"选项，在弹出的下拉列表中选择"调整宽度"选项。将"新文字宽度"调整为"8字符"最后单击"确定"按钮，效果如下。

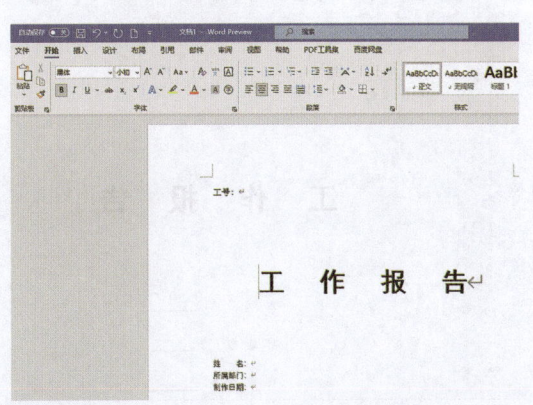

（3）调整剩余内容的字体、格式，使整个封面看起来更加整洁、美观。

①先对字体进行调整。选中剩余的内容，将这些内容字体设置为"仿宋"，字号设置为"四号"。

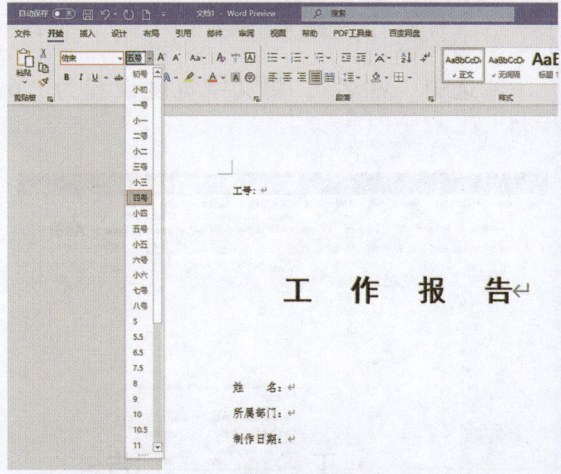

②在"姓名""所属部门""制作日期"后添加空格，然后再选中这些空格，在"字体"组中单击"下划线"即可为选中的空格添加下划线。

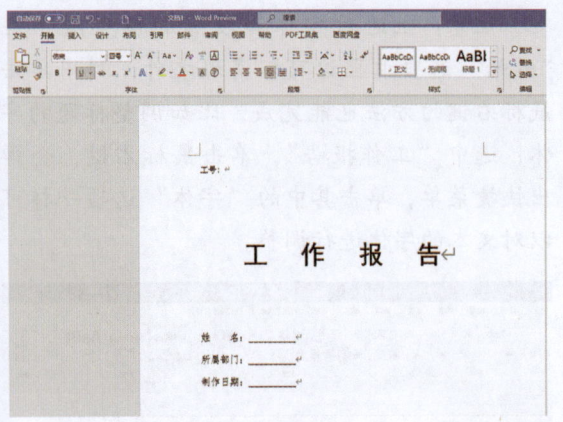

③将"姓名""所属部门""制作日期"三个栏目移到文档居中位置。方法是选中这三项内容,在"段落"组中连续单击"增加缩进量"直至所选内容处于水平居中位置。

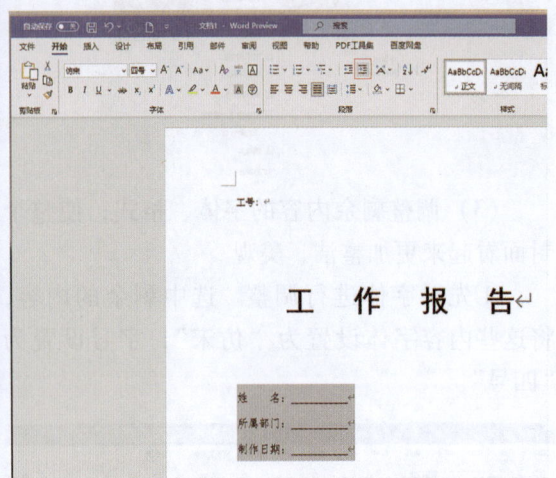

④选中"姓名",将文字宽度设置为"6字符"。

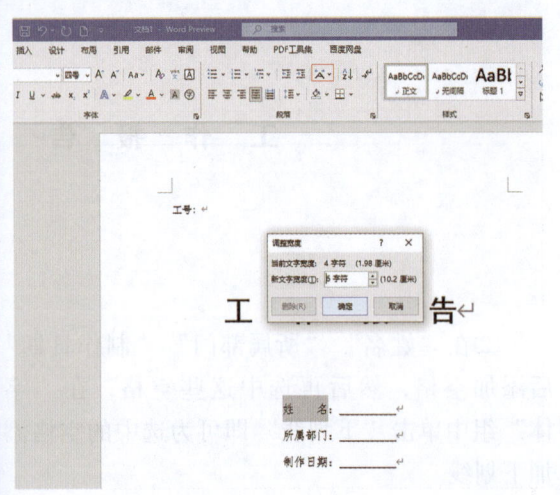

⑤用此方法将"所属部门""制作日期"的文字宽度调整为"6字符"。效果如图所示。

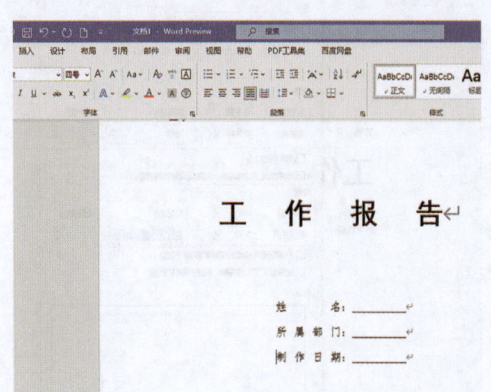

⑥选中"姓名""所属部门""制作日期"三项,在"段落"组中选择"行和段落间距",在弹出的列表中选择"3.0"就可以将所选内容的行距设置为3倍行距。

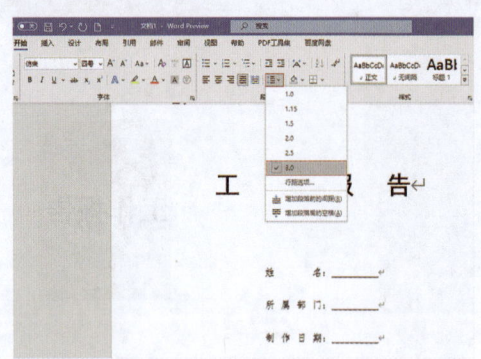

⑦选择"姓名"所在的行,再单击"布局"选项卡,在"段落"组中找到"段前间距",将"段前间距"设置为"14行"。

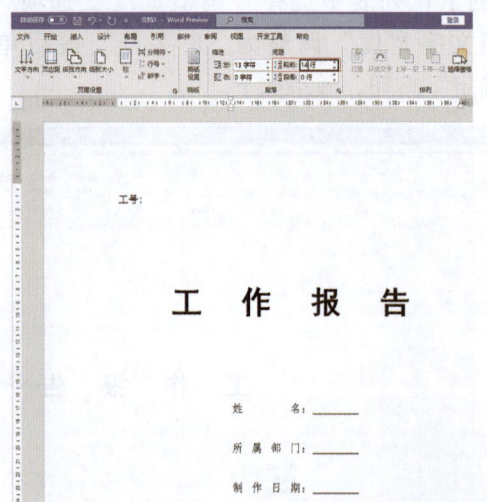

1.2.2 工作报告内容编辑

在完成封面的编辑之后，接下来要完成的是工作报告内容的编辑。内容的编辑主要涉及的内容有查找、替换、字体以及段落的设置等。

1. 插入空白文档

制作完成工作报告的封面之后，将鼠标光标放在本页文本的最后一个位置，单击"插入"，在"插入"选项卡中单击"空白页"即可插入新的一页。

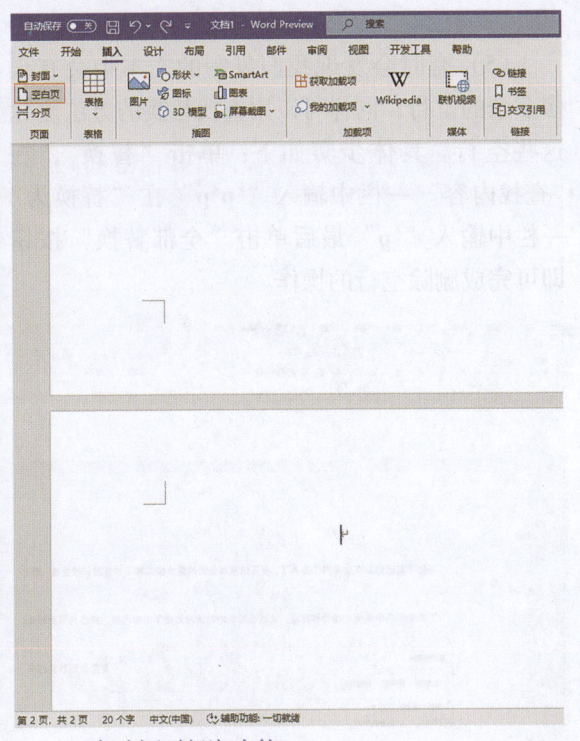

2. 复制和粘贴功能

接下来输入工作报告的内容，主要包括"复制"与"粘贴"的应用。我们可以选择复制外部文件，再粘贴在空白页中，复制的方法是先选中所要复制的文本内容，再单击鼠标右键，在弹出的菜单选项中选择"复制"选项，即可将所选内容复制。粘贴的方法是在空白页中单击鼠标右键，在弹出的菜单选项中单击"粘贴"即可将刚才所复制的内容粘贴在空白页中。在粘贴时，Word 2021会出现一些关于粘贴的选项，系统会让用户选择粘贴的选项，例如"保留源格式"会让粘贴后的文本保持原来的格式，"合并格式"就是把粘贴过来的内容的格式变为和光标目前所在位置一样的格式，"只保留文本"表示只粘贴复制内容的文本文字。

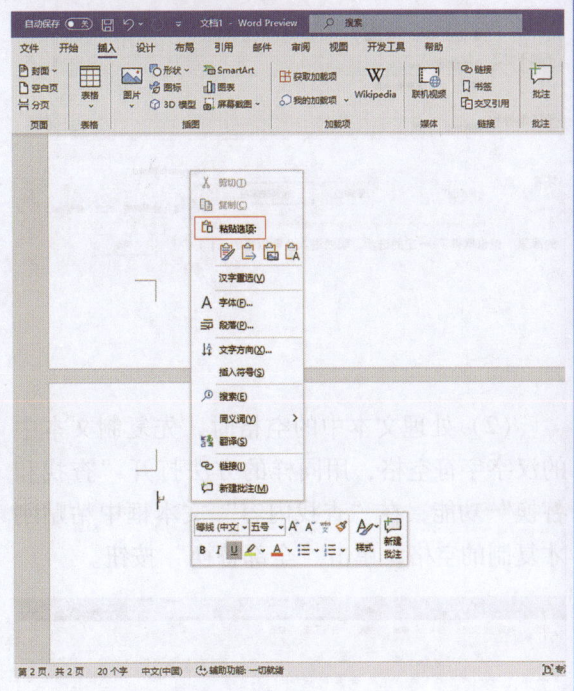

3. 查找与替换的运用

在把内容粘贴在空白文档后，我们有时会发现粘贴的文本中会有错误，例如错字、不符合格式的空格等。如果用户一处一处地来修改的话会耗费非常长的时间，同时有些错误也不容易被发现。此时我们就可以用到 Word 2021 为我们提供的"查找"与"替换"功能来修改这些错误的地方。

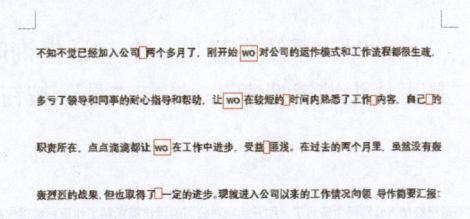

（1）单击"开始"，在右边找到并单击"替换"按钮，在弹出的"查找和替换"功能框中，"查找内容"一栏输入"wo"，"替换为"一栏输入"我"，即可将文本中的"wo"全部替换为"我"。

9

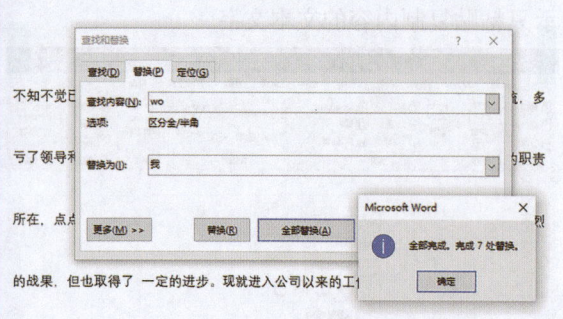

（2）处理文本中的空格时，先复制文本中的汉字字符空格，用同样的方法打开"查找和替换"功能，在"查找内容"文本框中粘贴刚才复制的空格，单击"全部替换"按钮。

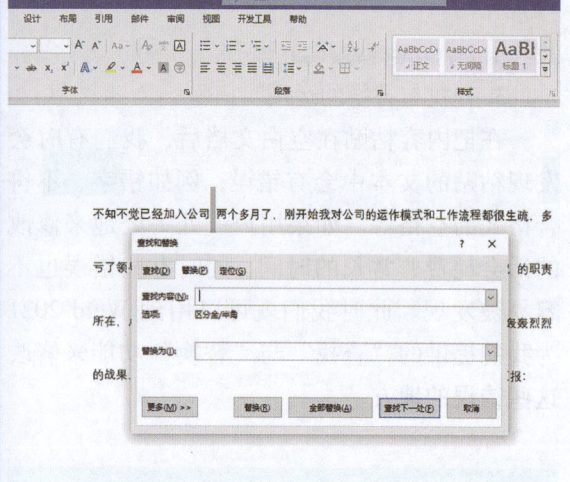

（3）此时，系统会弹出一个对话框询问用户"是否从头继续搜索"，单击"是"按钮，

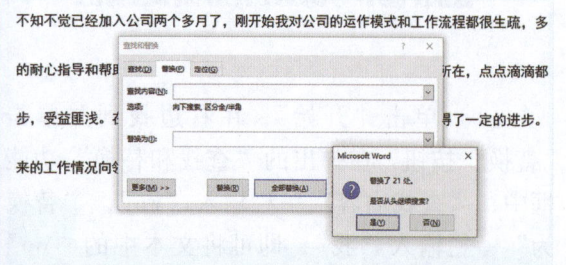

（4）弹出对话框，提示用户替换工作已经全部完成，单击"确定"按钮。

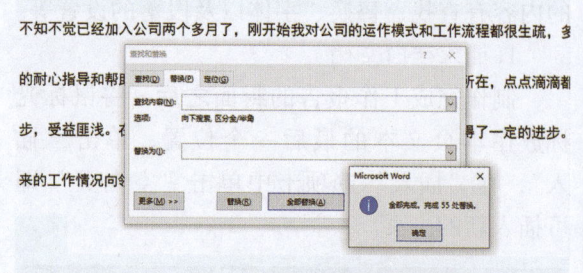

（5）有时会发现我们复制的文本中会有很多多余的空行，同样可以用查找替换的方法删除这些空行。具体步骤如下：单击"替换"，在"查找内容"一栏中输入"^p^p"在"替换为"一栏中输入"^p"最后单击"全部替换"按钮即可完成删除空行的操作。

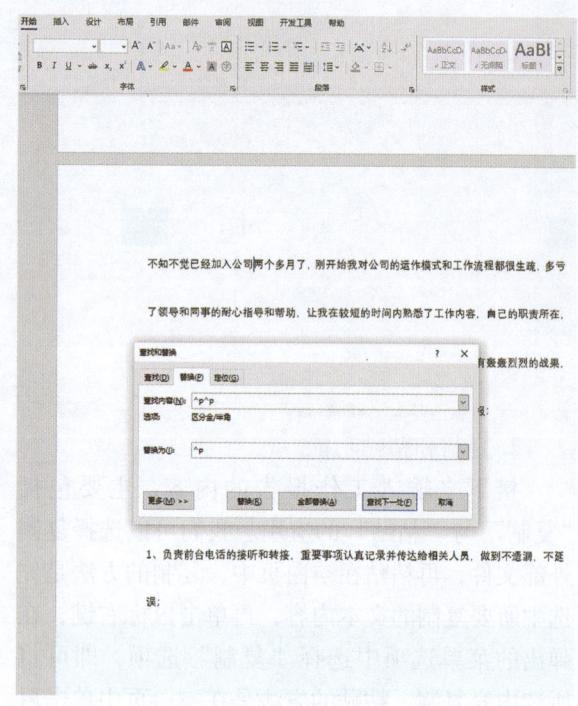

4.对文字以及段落进行设置

（1）有时候文本内容会杂乱无章，这时候就需要对文字以及文本段落进行排版。首先针对字体进行设置。选中文本，在"开始"选项卡的"字体"组将字体设置为"华文宋体"，字号设置为"小四"。

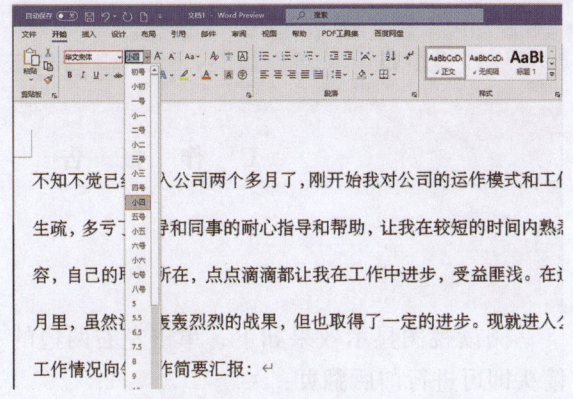

（2）接下来对文本的段落进行设置，选中文本，在"开始"选项卡下单击"段落"组中的"对话框启动器"按钮。

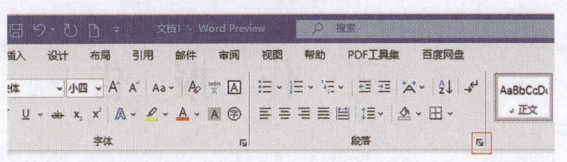

（3）弹出"段落"对话框，在"缩进"栏目中，将"特殊"设置为"首行"，"缩进值"设置为"2字符"，最后把"间距"栏目中的"行距"设置为"单倍行距"。或者选中文本，将光标放在所选文本之上单击鼠标右键，再弹出的菜单中选中"段落"选项，这样也可以对文本段落进行设置。

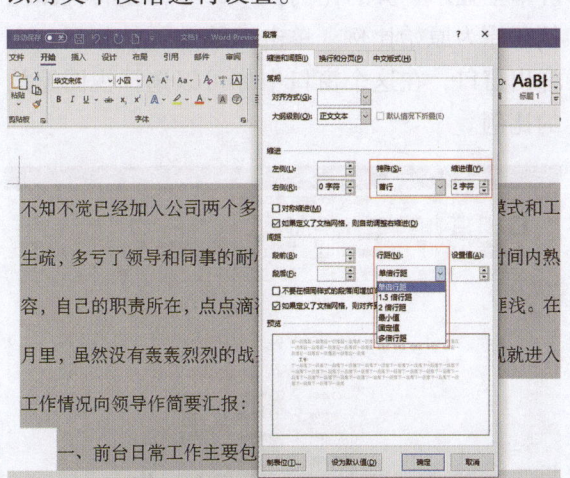

1.2.3 为工作报告插入页码

当所编辑的文档内容需要用到多个空白文档时，为了方便管理与编辑，我们可以在文档内插入页码。因为封面不需要页码，所以我们不为封面编辑页码。具体操作如下。

（1）将光标移动到封面的最后一行，单击在"布局"选项卡，点击"页面设置"组中的"分隔符"，在弹出的下拉菜单中选择"分节符"中的"下一页"选项。

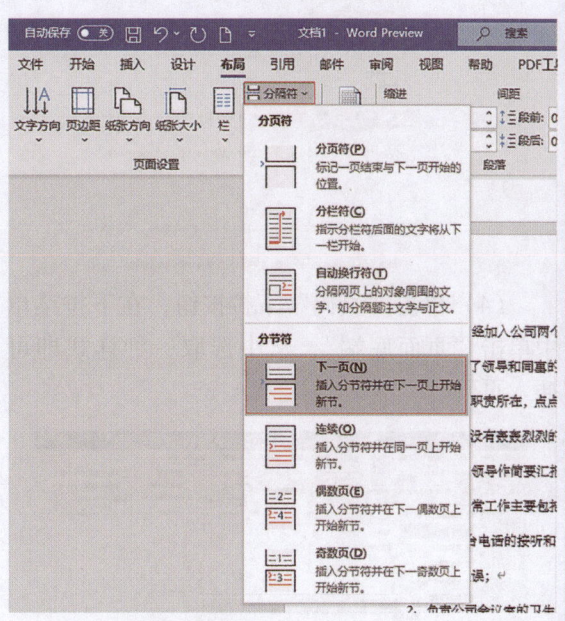

（2）双击正文的任意一页页脚区域，这时会出现"页眉和页脚"选项卡，取消选中"链接到前一节"按钮。

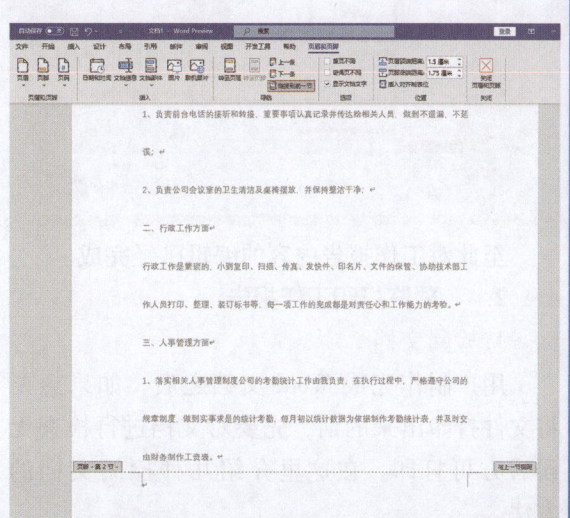

（3）单击"页码格式"，在下拉菜单中选择"编号格式"，从这些格式中选取一种格式，选中"起始页码"，并将其值设置为"1"，单击"确定"按钮。

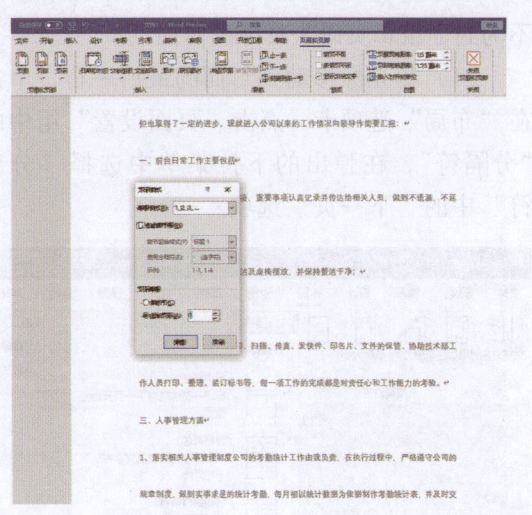

（4）单击"页码"下拉按钮，在下拉菜单中单击"页面底端"，从中选取一种样式即可插入页码。

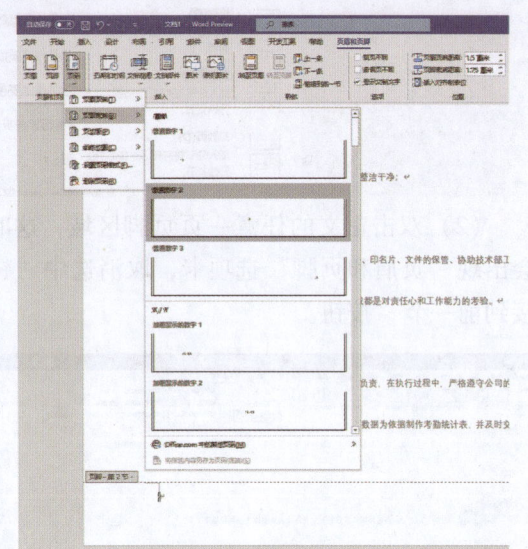

至此对工作报告内容的编辑已经完成。

1.2.4 预览打印工作报告

1. 检阅文档

用户制作完成 Word 文档之后，如果想要将文件打印出来的话，先要对文档进行检查无误后方可打印。在这里介绍几种检阅文档的方法。

方法一：用 Word 2021 中的"阅读视图"功能对文档进行预览以便查找文档中的不妥之处。方法是单击"视图"选项卡，选择其中的"阅读视图"选项。

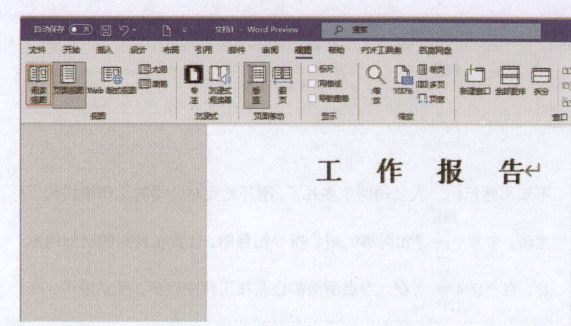

阅读视图显示效果如下，单击左右两边的箭头即可进行前后翻页：

最后按"Esc"键结束阅读。

方法二：在"视图"选项卡中找到并单击"缩放"选项，上边可以选择你想要查看视图的比例，例如"单页"是将文档试图调整为在屏幕上显示一页的比例；"100%"是将视图比例还原为原始比例。单击"缩放"按钮后，会弹出窗口，在这个窗口中你可以选择视图缩放的比例。

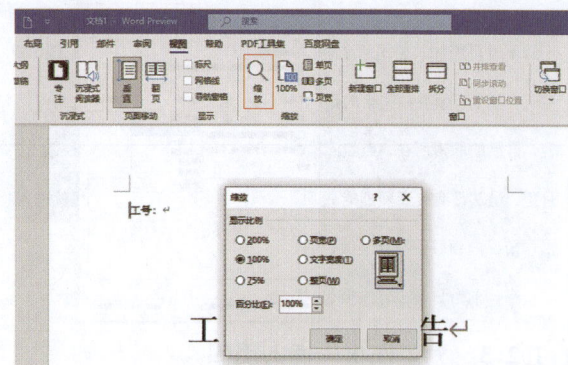

方法三：选中"视图"选项卡中的"导航窗格"，在"导航"窗格中单击"页面"按钮即可查看 Word 文档的缩略图。

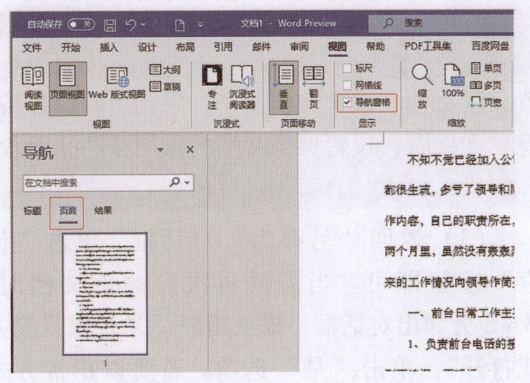

2. 调整页面

检阅文档内容无误后，在打印之前还要对页面进行调整。页面调整主要包括页边距、纸张等内容，页面调整的具体步骤如下。

（1）单击"布局"选项卡，在"页面设置"组中，用户可以单击"页边距""纸张方向""纸张大小"等分别调整，也可以单击"页面设置"对话框启动器，在弹出的"页面设置"对话框中对各项进行设置。单击"页边距"出现下拉菜单，Word 已经为用户提供了几种样式的页边距。此外用户还可以单击"自定义页边距"进行编辑，在"自定义页边距"选项中，用户可以自己调整边距的大小，在"纸张方向"中选择"纵向"，然后单击"确定"按钮。

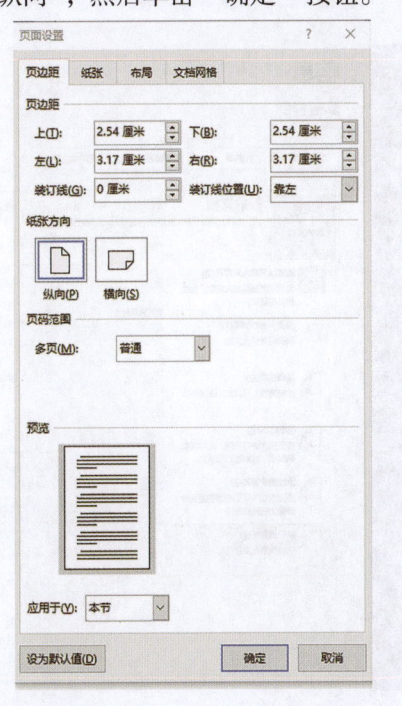

（2）在"纸张大小"中选择"A4"选项。

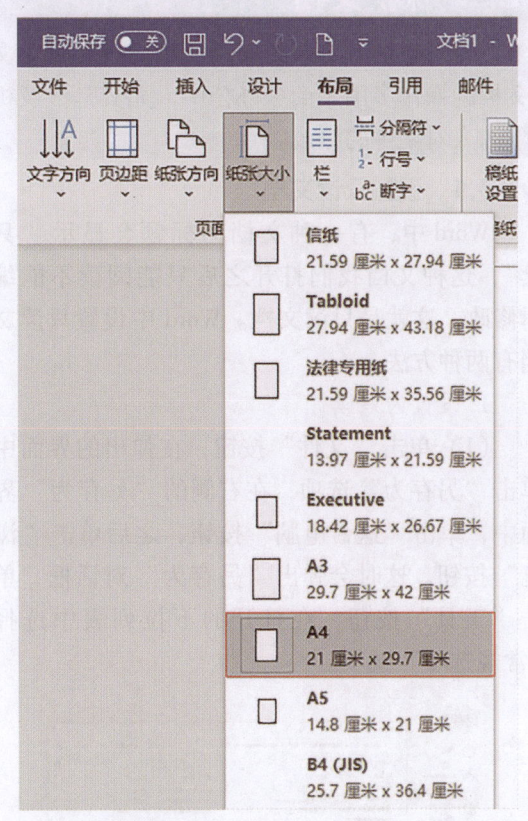

3. 预览和打印

用户完成页面的设置之后，便可以进行打印前的预览工作了。方法如下。

单击"文件"选项卡，在出现的菜单中，选择"打印"选项，这时右侧会出现文件打印的预览效果，单击预览界面下方页码处的箭头可以对不同页的文档进行预览。用户根据预览效果决定是否打印文档。

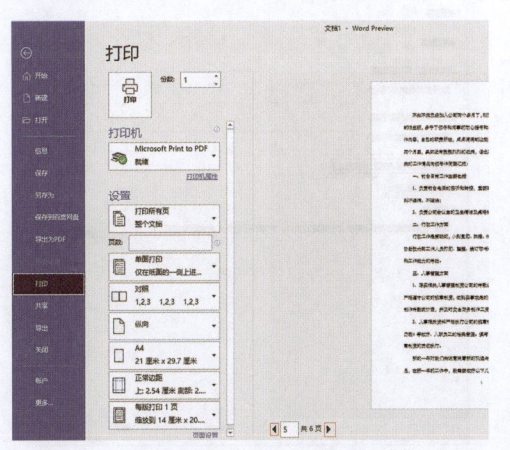

1.3 保护文档

若不想别人修改或使用文档内容，可对文档设置只读文档、设置文档加密、限制编辑。保护文档的操作多用于商务办公中，尤其是涉及机密或隐私文件时，设置保护文档的作用是防止无权限的人对文件的修改。

1.3.1 设置只读文档

Word 中，有一种文档的标题会显示"只读"，这种文档我们打开之后只能阅读不能编辑修改，这就是只读文档。Word 中设置只读文档有两种方法。

1. 设置为只读

（1）单击"文件"按钮，在弹出的界面中单击"另存为"选项，在右侧的"另存为"界面中，单击"这台电脑"按钮，之后单击"浏览"按钮。这时会弹出"另存为"对话框，单击"工具"按钮，在打开的下拉列表中选择"常规选项"选项。

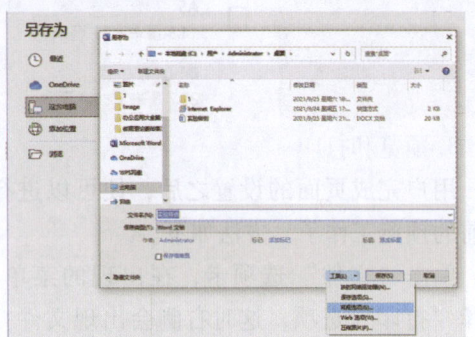

（2）在"常规选项"对话框中单击"建议以只读方式打开文档"复选框，单击"确定"按钮。

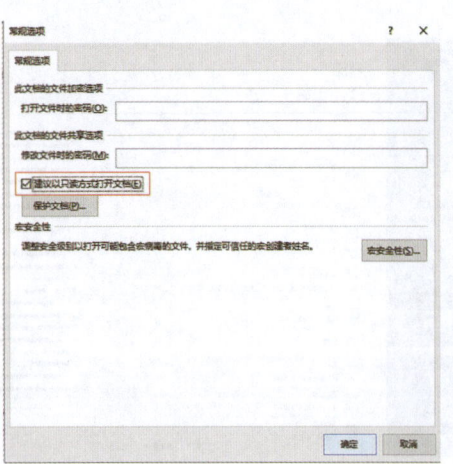

（3）返回"另存为"对话框，单击"保存"按钮即可。当需要再次启动该文档时，Word 会弹出对话框，提示用户"是否以只读方式打开"，单击"是"选项。若要以正常方式打开文档只需单击"否"选项即可。

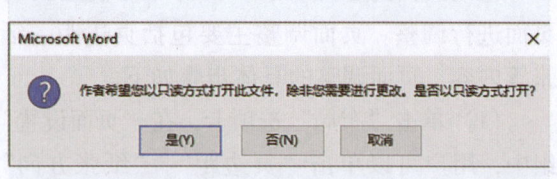

2. 标记为最终状态

标记为最终状态的目的是让阅读者知道该文档是最终版本并且还是只读状态，将文档标记为最终状态的步骤如下：

（1）单击"文件"选项卡，选中"信息"选项，在右侧界面中单击"保护文档"按钮，在出现的下拉列表中选择"标记为最终"选项。

(2) 之后会弹出提示框，单击"确定"按钮。

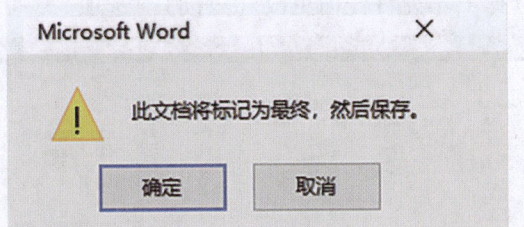

(3) 出现对话框，提示用户"此文档已被标记为最终状态"，单击"确定"按钮。

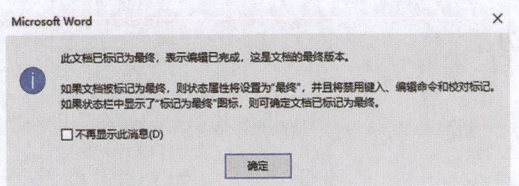

(4) 再次打开该文档时，文档标题会显示"只读"这时文档是无法编辑的，若需要编辑该文档，单击"仍然编辑"按钮即可。

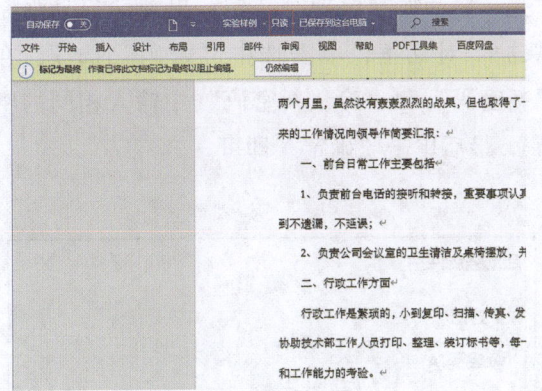

1.3.2 设置文档加密

将文档设置为只读文档的方法对文档的保护并不充分，当文档的内容涉及机密或者是非常重要的内容，并且不允许被阅读或者修改时，用户可以用加密的方法保护文档。具体步骤如下。

(1) 单击"文件"按钮，在打开的下拉菜单中单击"信息"选项卡，然后在右侧界面中选择"保护文档"选项，在打开的下拉列表中选择"用密码进行加密"选项。

(2) 在弹出的"加密文档"对话框中的"密码"文本框中输入密码，例如"123456"，之后单击"确定"按钮。

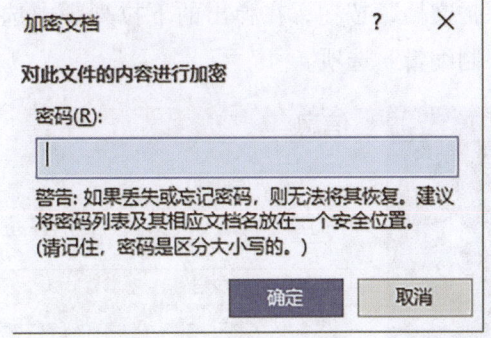

(3) 弹出"确认密码"对话框，在"重新输入密码"文本框中输入刚才所设置的密码，单击"确定"按钮。

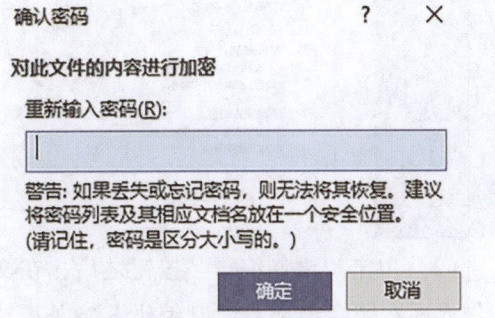

(4) 保存文档之后，加密就会生效。在下次打开该文档时，系统就会打开"密码"对话框，在对话框中输入设置的密码，单击"确定"按钮才能打开文档。

☞ **1.3.3 限制编辑**

设置限制编辑可以保证文档的内容不被修改，属于保护文档的一种方法，具体操作步骤如下。

(1) 单击"文件"按钮，在打开的界面左侧选择"信息"选项，在右边的界面中单击"保护文档"按钮，在弹出的下拉列表中选择"限制编辑"选项。

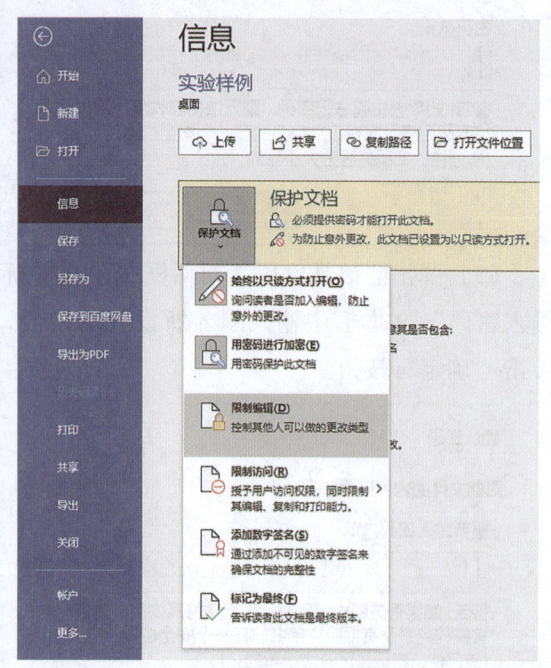

(2) 单击"限制编辑"按钮之后，在文档工作界面右侧会出现"限制编辑"窗格，"限制编辑"窗格中，单击选中"仅允许在文档中进行此类型的编辑"复选框，在其下拉选项中选择"不允许任何更改（只读）"选项。

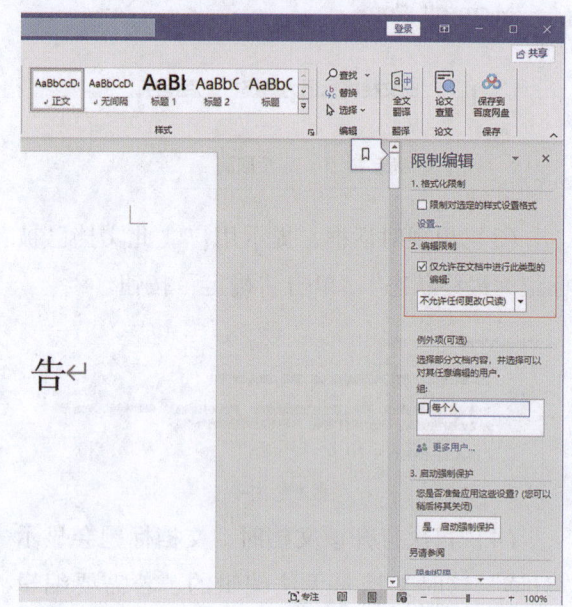

(3) 在"启动强制保护"栏中，单击"是，启动强制保护"按钮，出现"启动强制保护"对话框，单击选中"密码"选项，在"新密码"和"确认新密码"中输入相同的密码，最后单击"确定"即可。

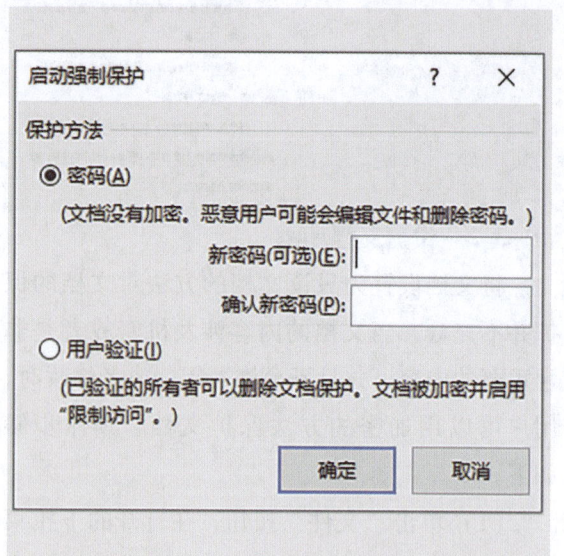

(4) 这时可以看到 Word 文档中已显示文档处于保护状态，不能进行修改。

对话框里的"密码"栏中输入设置的密码并单击"确定"按钮即可取消对文档的强制保护。

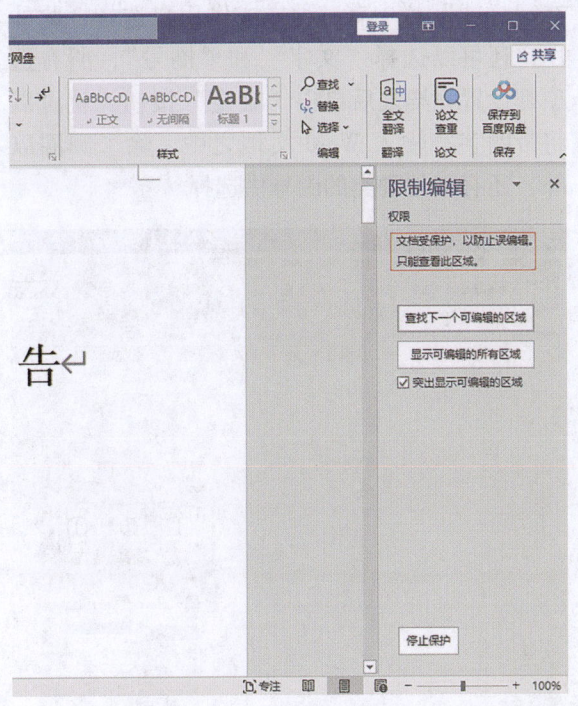

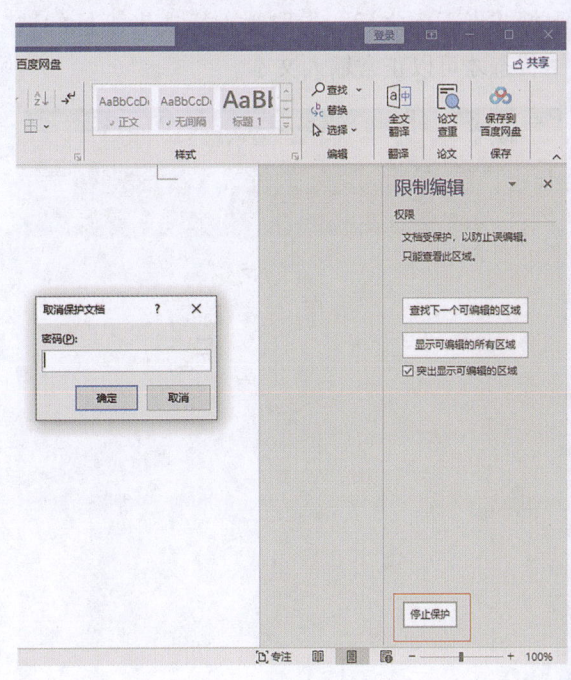

(5) 这时需要取消强制保护的话,单击"停止保护"按钮,在弹出的"取消保护文档"

1.4 Word 编辑小技巧

1.4.1 快速返回上次编辑点

一篇有很多页的长文档,如果对某页的文档编辑之后,又跳到另一页编辑,如果此时想要返回上次编辑的地方,使用"Shift + F5"快捷键就可以快速回到上次编辑的地方了。

1.4.2 关闭更正拼写和语法功能

有时使用 Word 编辑文档时,文字下方会出现一条波浪线,这是键入时自动检查拼写与语法错误功能检测出文本中可能出现了拼写错误或者语法错误,如果不需要此项功能,可用以下方法关闭。

单击"文件"按钮,在左侧界面中单击"选项"按钮,弹出"Word 选项"对话框。在对话框中找到并单击"校对"选项卡,然后在右侧出现的界面中把"在 Word 中更正拼写和语法时"栏中的"键入时检查拼写"撤销选中。

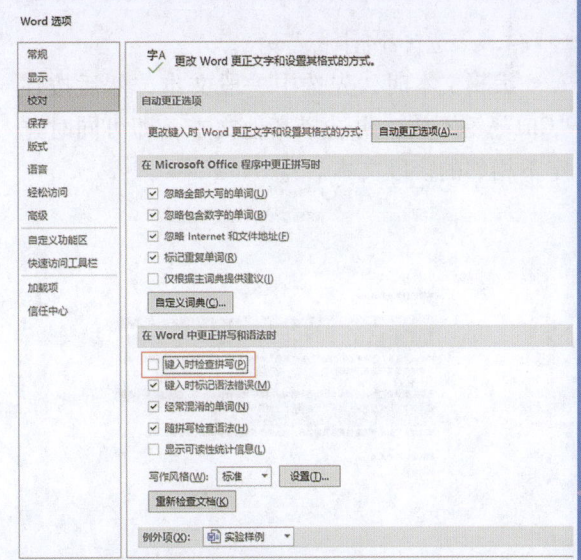

1.4.3 输入带下标或者上标的文本

新建一个空白文档,在文档中输入"F",单击"开始"选项卡,在"字体"组中单击"下标"按钮,这时输入"a"即可将"F"的下标变为"a"。输入上标的时候只需单击上标的标志即可，其余步骤一样。注意，在输入完上标或者下标之后，先取消上标或者下标的选中状态才可以正常输入文本。

☞1.4.4 选择不相邻文本

编辑文本时，先选中一段文本，然后按住"Ctrl"键不放，再选择其他文本，即可同时选定不相邻的多段文本。

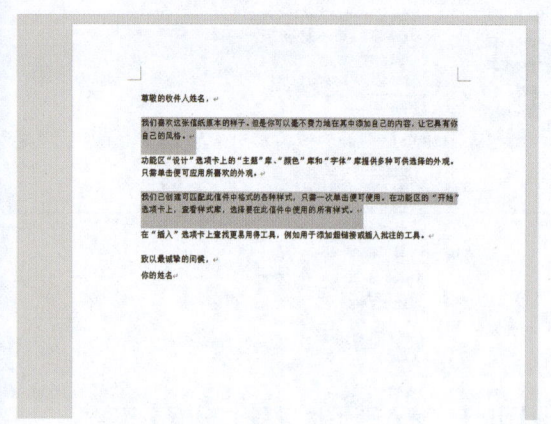

☞1.4.5 设置带圈字符

单击"开始"选项卡，在"字体"组中单击"带圈字符"，弹出"带圈字符"对话框，在"样式"栏中有三种样式供用户选择，此外用户还可以选择"文字"和"圈号"，所有选项都设置完毕之后单击"确定"按钮，就可以将带圈字符输入Word文档之中。除了圆圈以外，还有其他种类的圈号供选择。

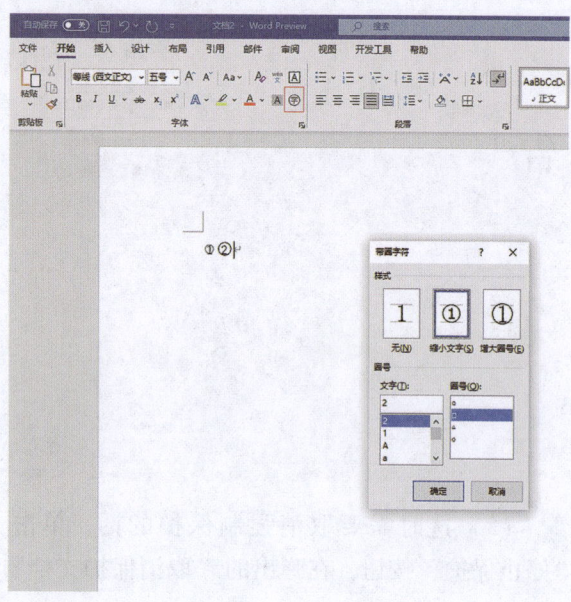

☞1.4.6 简繁体转换

选中需要转换的文本，单击"审阅"选项卡，在"中文简繁转换"组中单击"简转繁"按钮即可完成转换。若要把繁体转换为简体，只需要单击"繁转简"按钮即可。

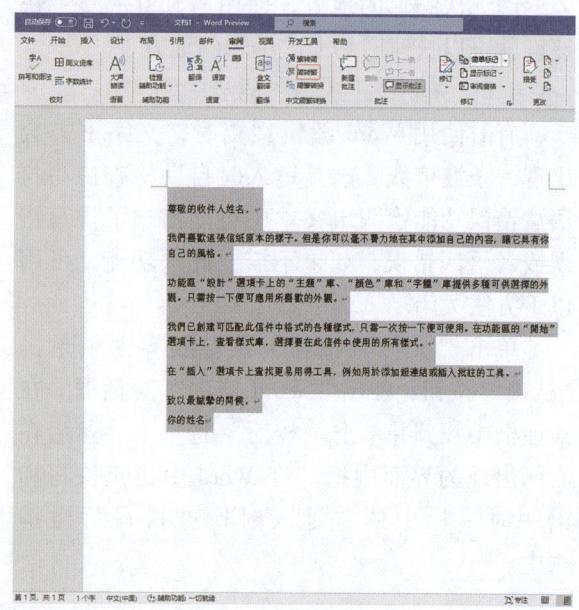

第二章　为Word文档排版

扫码看视频

概述

在完成对Word文档内容的输入后，为了使文档看上去更加干净精致，需要用户对Word文档版面进行美化加工。本章涉及的主要内容有插入文本框、设置边框、添加底纹，设置页面背景等。

2.1 设计一篇短文的版面

☞2.1.1 插入文本框

在编辑 Word 文档时，为了突出显示某些内容，会将这些内容放在文本框中。具体操作步骤如下。

（1）单击"插入"选项卡，在"文本"组中找到并单击"文本框"，在下拉菜单中选择要插入的文本框样式，如"简单文本框"，当然用户也可以单击"文本框"下拉菜单中的"绘制文本框"选项，根据自己的需要绘制文本框。

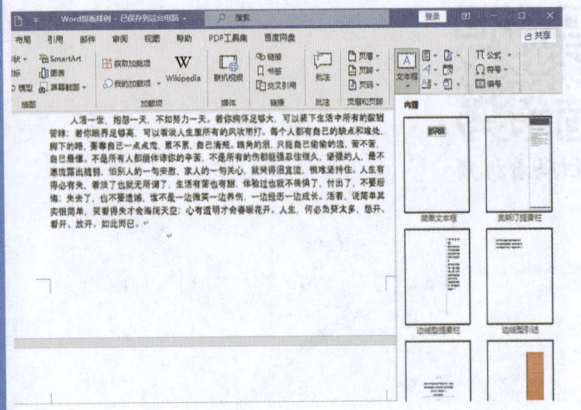

（2）插入文本框后，菜单栏会自动添加"形状格式"选项卡，这时用户可以在文本框中输入需要的内容。选中文本框中的文本，切换到"开始"选项卡，在"字体"组中将"字体"设置为"仿宋"，"字号"设置为"小四"，"字体颜色"设置为"蓝色"。将文本框放在文档中的合适位置，在"形状格式"选项卡下选择"排列"组中的"位置"选项来设置文本框与文本内容的位置关系。在"形状样式"中选择合适的样式来美化文本框。

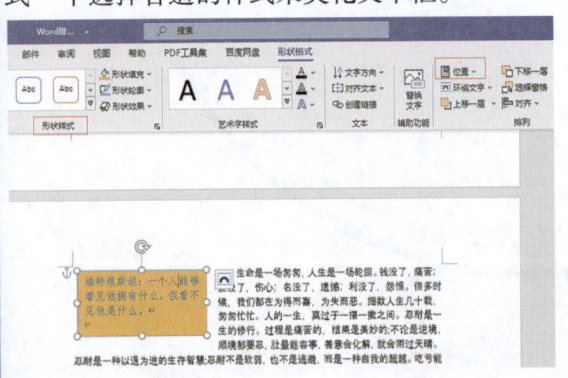

☞2.1.2 设置中文版式

1. 设置首字下沉

（1）打开文档，选择"人生是一场轮回"文本，单击"插入"选项卡，单击"首字下沉"按钮，再单击"首字下沉选项"按钮。

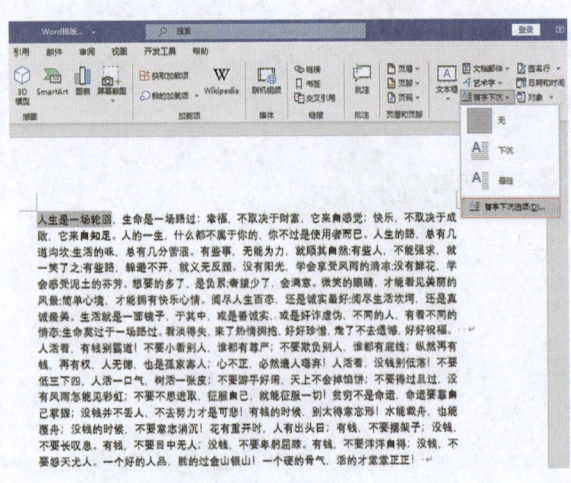

（2）弹出"首字下沉"对话框，在"位置"一栏中选择"下沉"选项，在"字体"的下拉列表中选择"幼圆"选项，"下沉行数"设置为"3"，"距正文"设置为"0.3 厘米"。

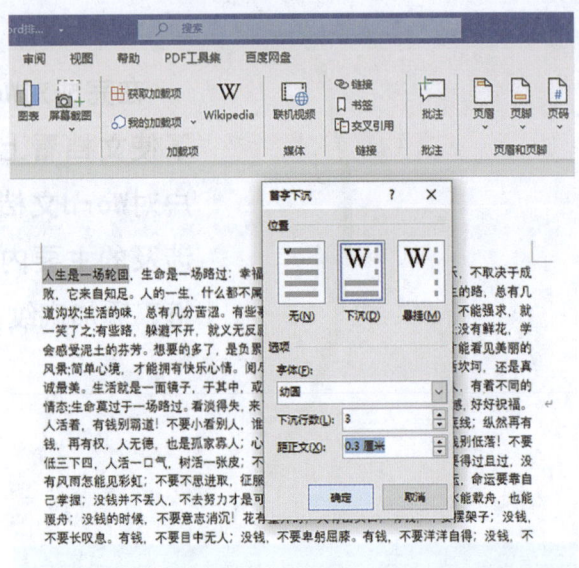

（3）选中"人"文本，单击"开始"选项卡，在"字体"组中将"字体颜色"设置为"浅蓝"。

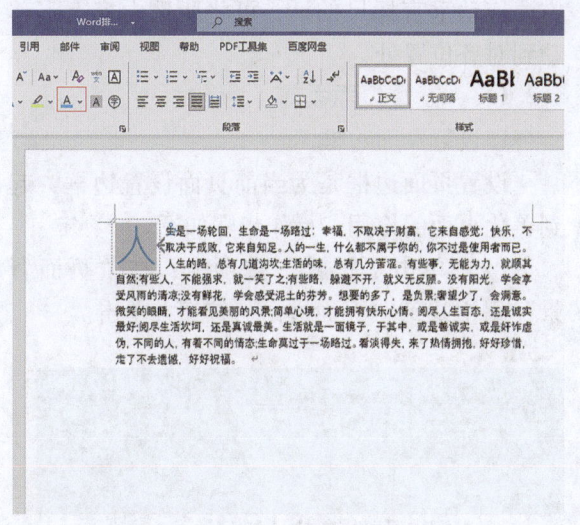

2. 设置字符底纹

在文档中添加字符底纹是为了突出强调某些内容,常用于通知、注意事项等。其具体步骤如下。

(1)添加底纹。

选择需要添加底纹的字符,单击"开始"选项卡,在"字体"组中单击"字符底纹"按钮,这时 Word 会为所选文本添加一个默认的底纹。

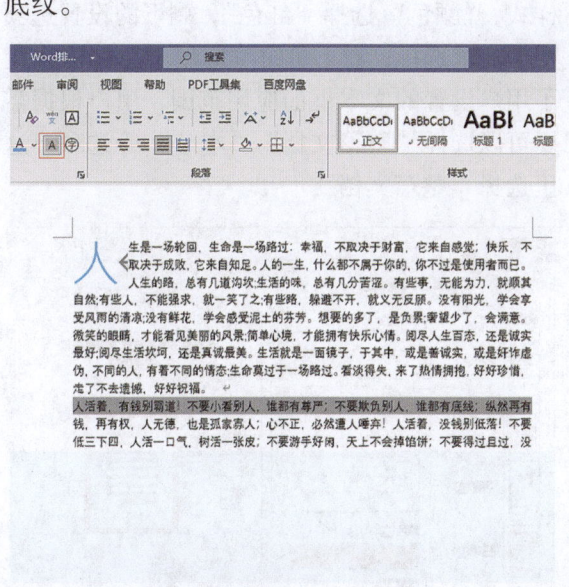

(2)设置底纹颜色。

首先选中添加底纹的文本,同样在"字体"组中找到并单击"文本突出显示颜色"选项,在下拉列表中选中"青绿"选项。

3. 设置段落底纹

段落底纹是为选择的文本段落设置底纹,同样可以对添加的底纹效果进行设置,其具体操作步骤如下。

(1)选择第三段文本内容,单击"开始"选项卡,在"段落"组中单击"边框"下拉按钮,在弹出的下拉列表中选择"边框和底纹"选项。

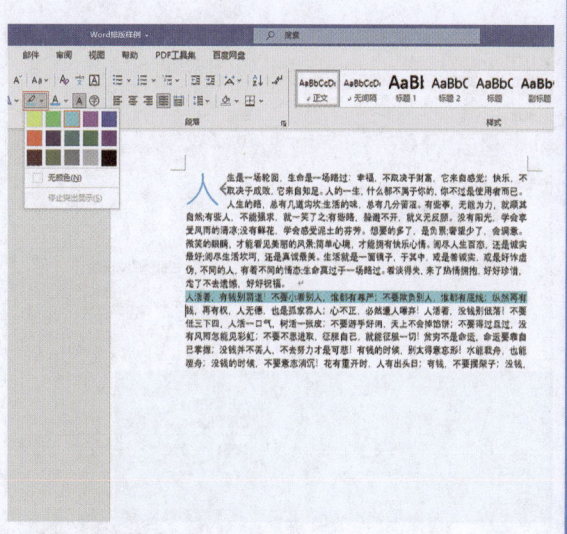

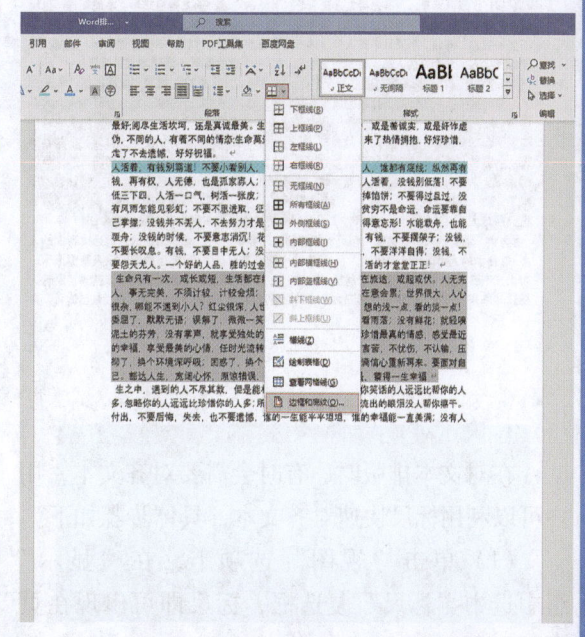

(2)弹出"边框和底纹"对话框,单击"底纹"按钮,单击"填充"按钮下拉箭头,在下拉列表中选择一种颜色;在"图案"组中"样式"下拉列表中选择"10%"选项。

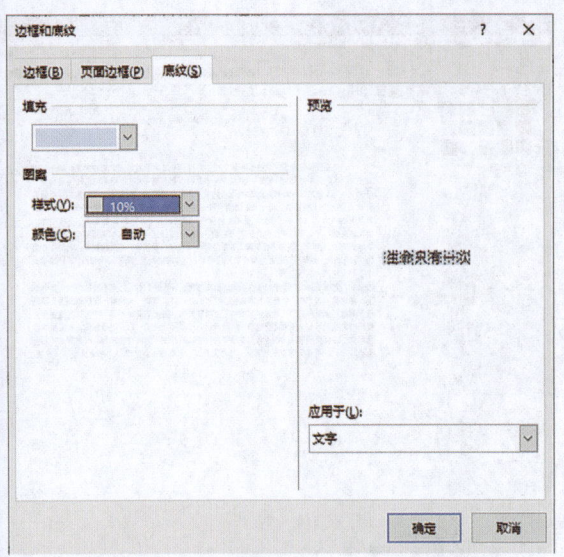

(3) 单击"确定"按钮，完成设置。

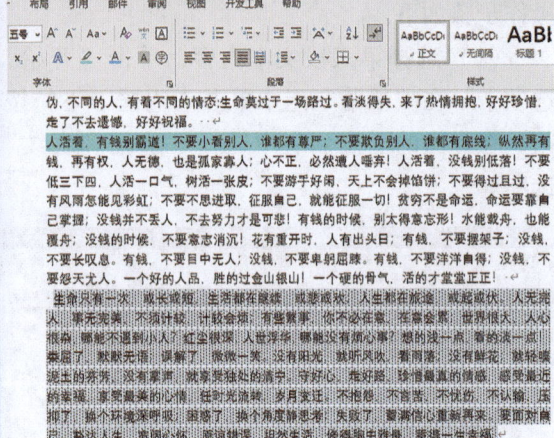

4. 快速对齐文本

在对文本排版时，有时会需要对齐文本，用户可以利用标尺快速对齐文本，具体步骤如下。

（1）单击"视图"选项卡，在"显示"组中选中"标尺"复选框，标尺即可出现在页面的上方。

（2）选择要对齐的文本，单击水平标尺，按住鼠标左键拖动标尺，可以将选中的内容的行首左右移动到水平对齐位置处，如果按相同方法拖动垂直标尺的话，可将所选内容上下移动到对齐位置处。

2.1.3 设置页面版式

1. 设置页面边框

设置页面边框是为当前页面设置边框，起到美化页面的作用。操作步骤如下。

（1）单击"设计"选项卡，在"页面背景"组中找到"页面边框"按钮并单击。

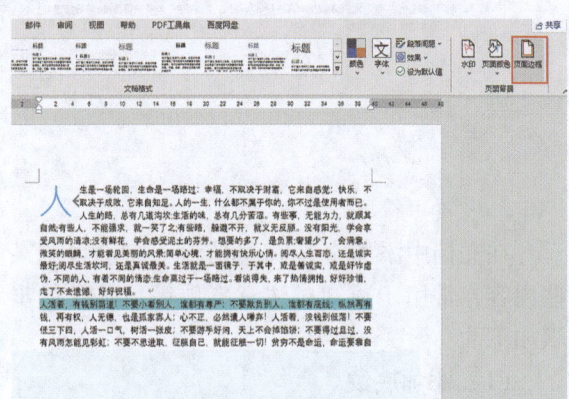

（2）弹出"边框和底纹"对话框，对话框默认在"页面边框"选项栏，选择"设置"选项下的"方框"，在"样式"栏中选择第七种样式，"颜色"选择"红色"，剩下的设置选项根据需求选择；右下角的"应用于"功能决定了用户设置的文本框的应用范围，用户根据需要可以选择"整篇文档""本节"等选项。这里选择"整篇文档"。

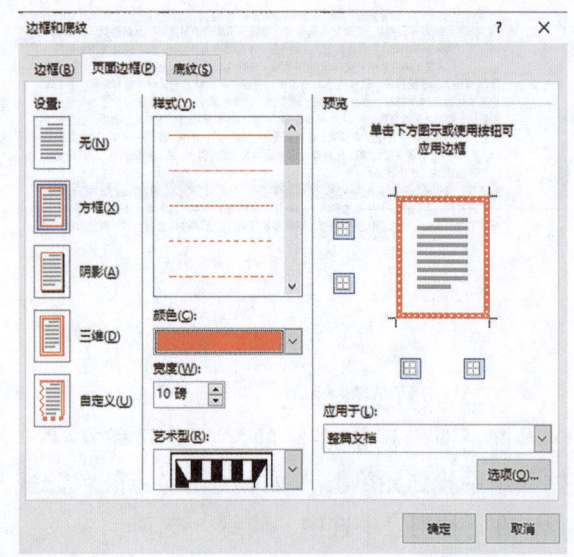

（3）单击"确定"按钮完成设置。

 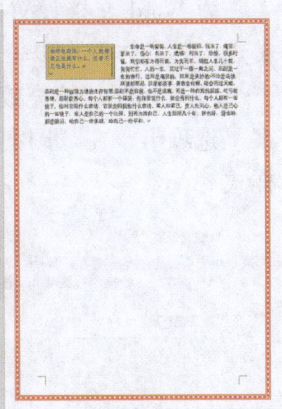

2. 设置页面背景

为 Word 设置背景会使文档看起来更加美观，背景设置包括页面颜色、水印等。

（1）设置页面背景颜色。

页面颜色指的是 Word 文档最底层的颜色，用于美化 Word 文档。具体操作步骤如下。

单击"设计"选项卡，在"页面背景"组中单击"页面颜色"选项，在弹出的下拉列表中选择合适的颜色，这里选择"橙色，个性色2，淡色60%"选项。

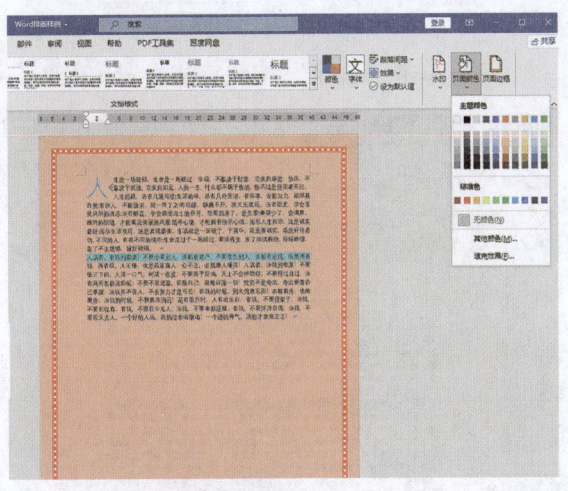

（2）设置填充效果。

为文档设置填充效果会使文档更有层次感。其步骤如下。

①单击"设计"选项卡，在"页面背景"组中单击"页面颜色"下拉按钮，弹出下拉菜单，单击"填充效果"选项。

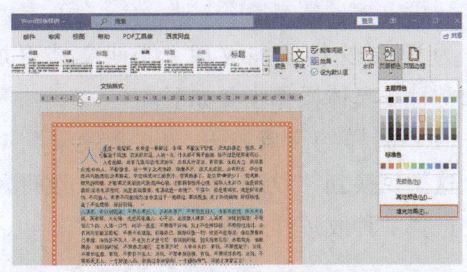

②打开"填充效果"对话框，单击"渐变"选项，在"颜色"一栏中选择"双色"，在右侧"颜色1""颜色2"中选择两种颜色。

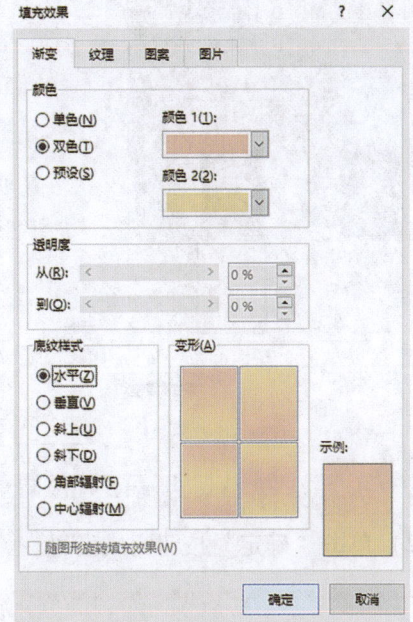

③单击"确定"按钮完成设置。

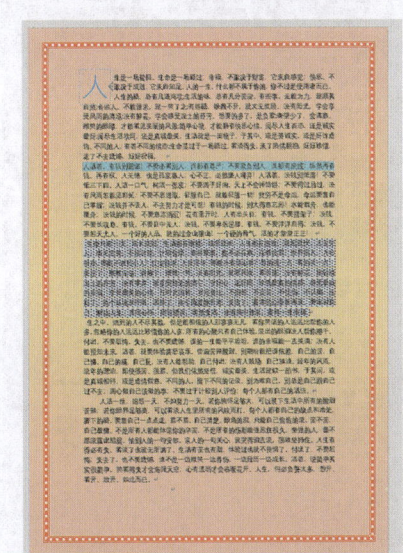

3. 设置纹理效果

为 Word 文档添加纹理，能使文档更加具有欣赏性。具体操作步骤如下。

（1）同样的步骤打开"填充效果"对话框，这次切换到"纹理"选项，在"纹理"选项中选择一种纹理样式。

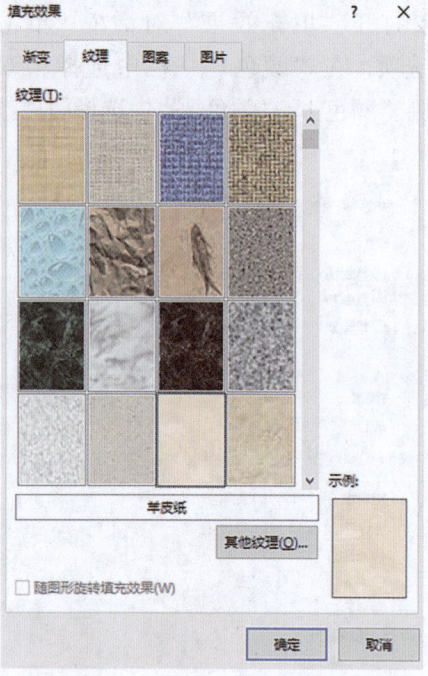

（2）单击"确定"按钮完成设置。

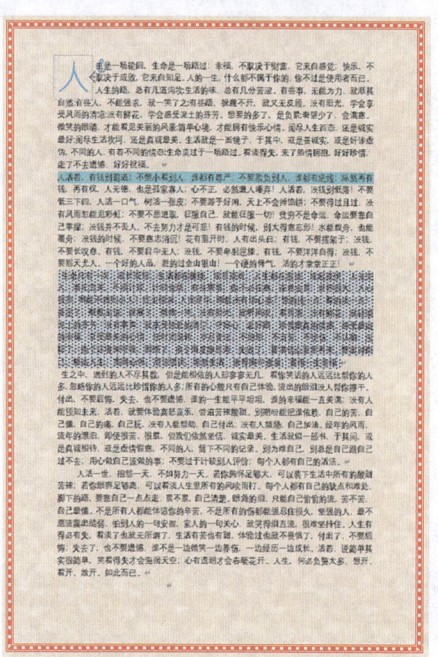

4. 设置图案效果

为 Word 文档设置图案效果会使文档更加美观，其具体操作步骤如下。

（1）打开"填充效果"对话框，单击"图案"选项卡，在"图案"选项中选择一种图案样式。

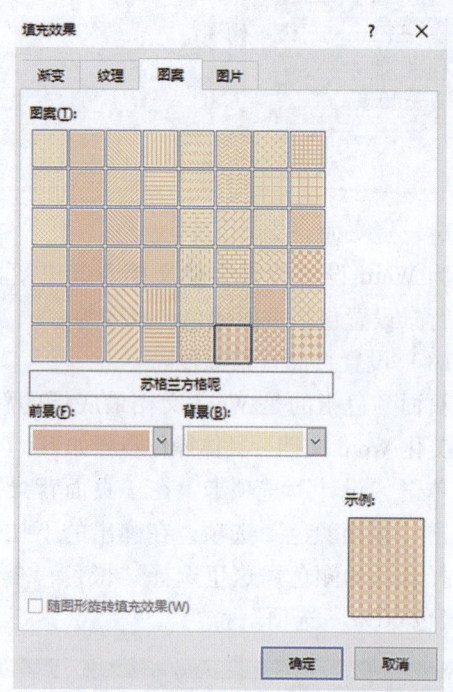

（2）单击"确定"按钮完成设置。

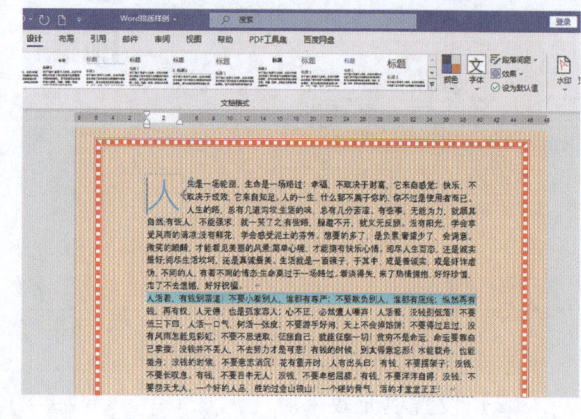

5. 设置水印

为 Word 文档设置水印步骤如下。

（1）单击"设计"选项卡，在"页面背景"组中单击"水印"选项，在出现的下拉菜单中单击"自定义水印"选项。

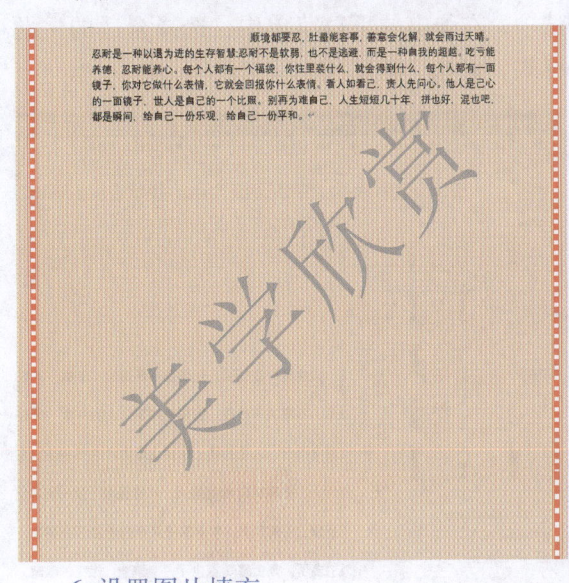

(3) 单击"确定"按钮，查看效果。

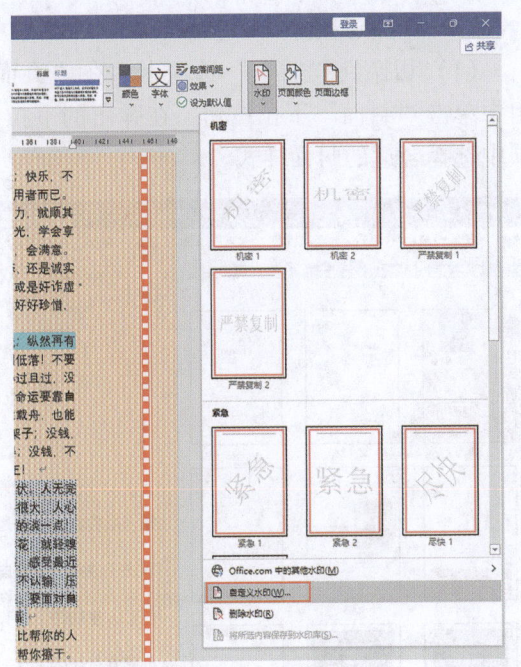

(2) 打开"水印"对话框，单击选择"文字水印"选项，在"文字"一栏输入"美文欣赏"；在"字体"下拉列表中选择"宋体"选项，选择合适字体的颜色。

6. 设置图片填充

在"填充效果"对话框中单击"图片"选项，再单击"选择图片"按钮在计算机内选择合适的图片，最后单击"确定"按钮。

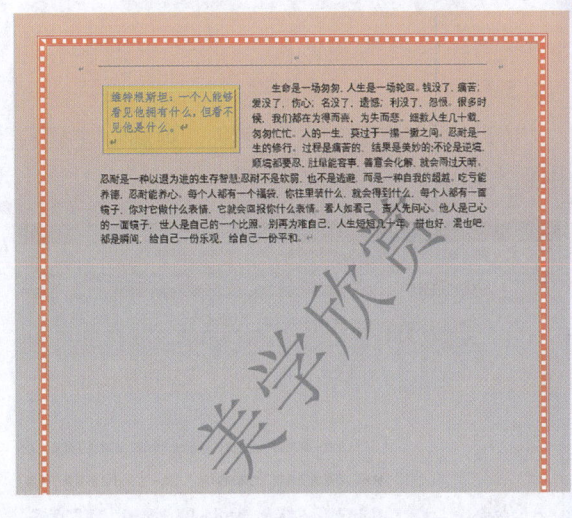

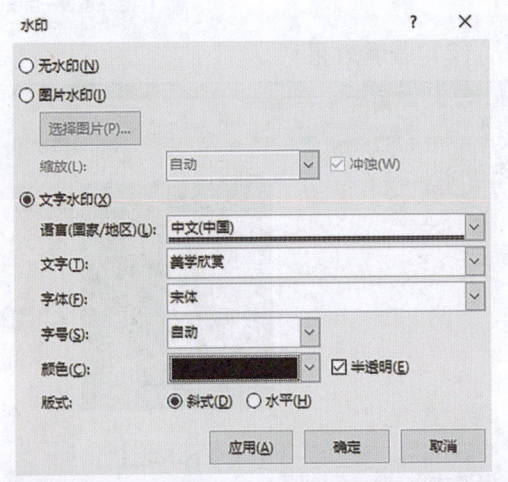

2.2 插入封面和使用主题

我们把文档的页面背景、效果和字体称作 Word 的主题，我们前面的章节已经讲述了用户如何根据需要自己设置主题，在 Word 2021 中，系统为我们提供了丰富的主题与封面。下面将介绍如何使用这些主题与封面。

2.2.1 应用主题

为 Word 文档应用主题的步骤如下，在 Word 2021 中新建一个空白文档并输入需要的文本，再分别根据下列步骤进行设置。

（1）单击"设计"选项卡，单击"主题"选项，在弹出的下拉菜单中，选择合适的主题样式，例如"画廊"。

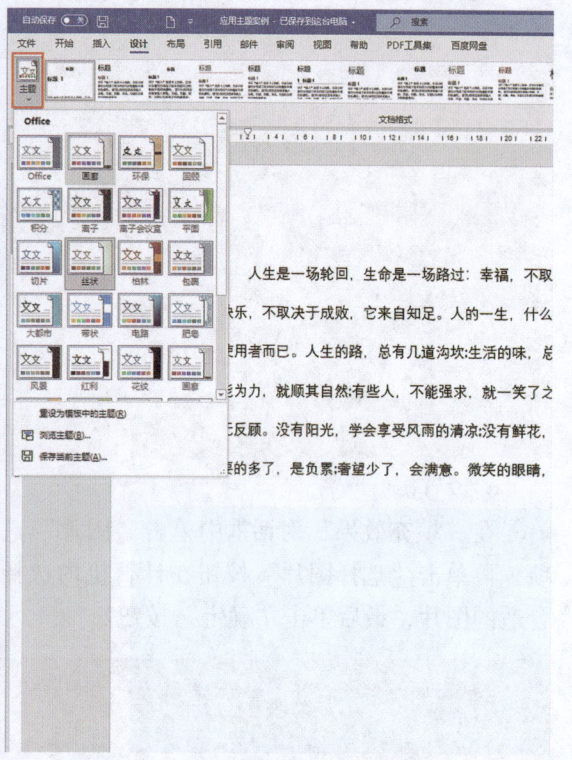

（2）可以看到文本已经将"画廊"主题应用到文档中。

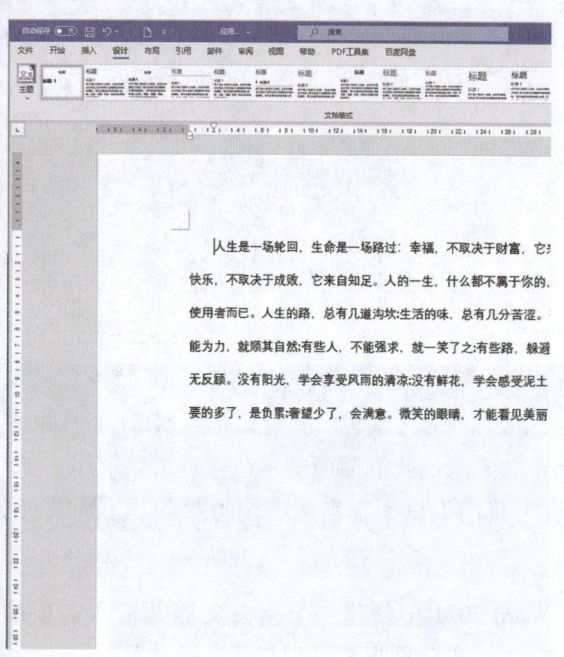

2.2.2 插入封面

（1）切换到"插入"选项卡，在"页面"组中单击"封面"下拉按钮，在弹出的下拉选项中选择合适的封面样式。

（2）查看效果。

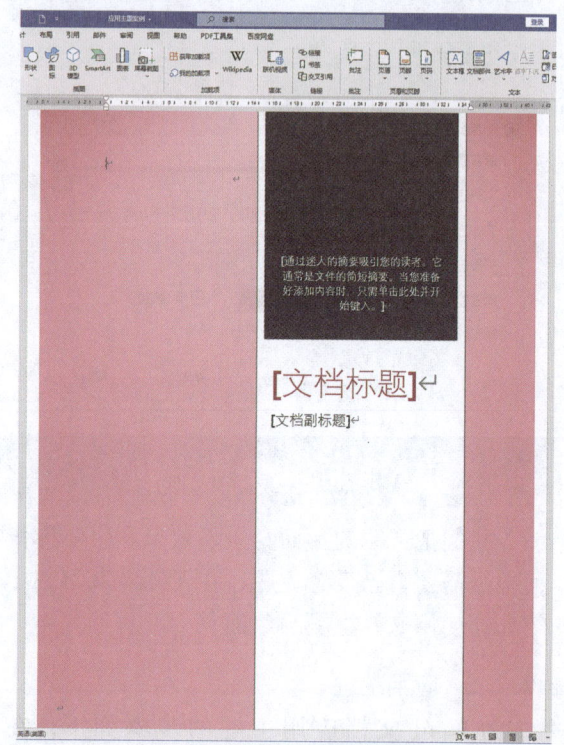

☞ 2.2.3 打印颜色和图片背景

注意在默认条件下,用户设置的文档中的颜色或者图片背景,是打印不出来的,经过一些设置才能将背景打印出来,具体操作步骤如下。

切换到"文件"选项卡,单击"选项"按钮,在弹出的"Word 选项"对话框中单击"显示"选项,然后在右侧的界面中找到"打印选项"组,选中组中的"打印背景色和图像"选项,最后单击"确定"按钮。

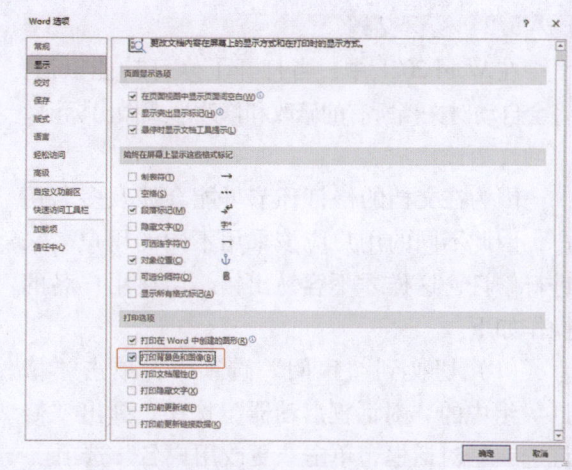

2.3 审阅文档

现实生活中,完成一个文档之后,往往需要多方人员审查,经检验、讨论过后方可执行,这时就需要在这些文件上做一些批示、修订。

☞ 2.3.1 添加批注

1. 添加批注

打开要进行审阅的文件,选中要添加批注的文本,再单击"审阅"选项卡,在"批注"组中单击"新建批注"选项,随即工作界面右侧会出现一个批注框,批注框显示了添加批注的用户名和添加批注的时间,用户可以在批注框里输入批注的内容。如果需要删除批注,单击"新建批注"选项旁边的"删除"选项,在弹出的下拉菜单中选择"删除"选项。

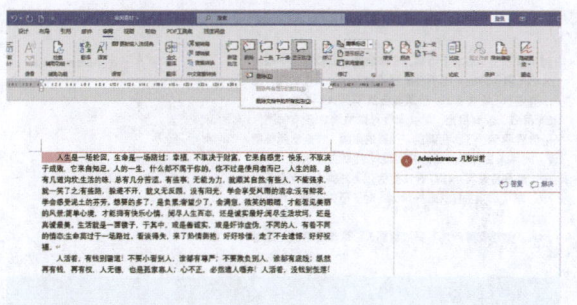

2. 答复批注

此外,Word 2021 批注框中还有"答复"和"解决"功能,用户利用这两个功能可以更好地讨论和更正批注。具体步骤如下。

(1)将鼠标光标放在右侧界面的批注框中,批注框右下方显示有"答复""解决"选项。

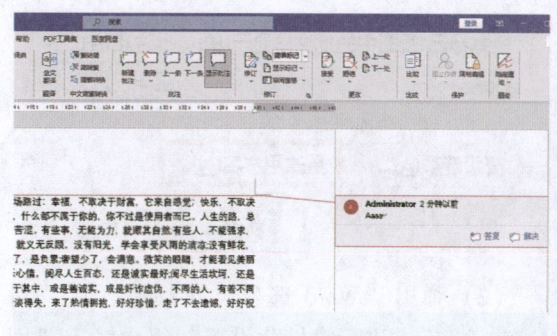

(2)单击"答复"按钮,原有批注框下方会出现一个新的批注框,直接输入内容即可。

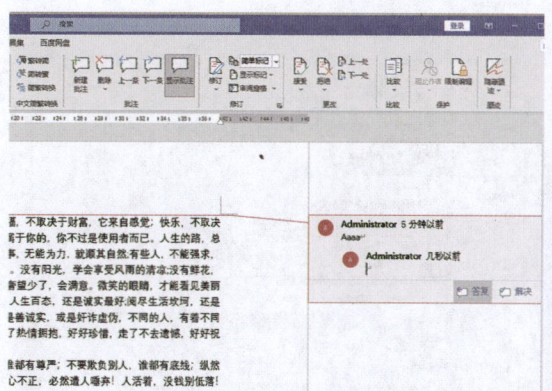

2.3.2 修订文档

在 Word 2021 中,当打开了修订功能以后,将会自动对文档所有的修改和修改形式做出标记。

1. 更改用户名

因为在文档的修订环节可能会涉及多名用户,因此不同的用户应该采用不同的用户名来进行修订,这样才不容易出错。切换用户名的操作如下。

(1) 切换到"审阅"选项卡,单击"修订"组中的"对话框启动器"按钮,弹出"修订选项"对话框,单击"更改用户名"选项。

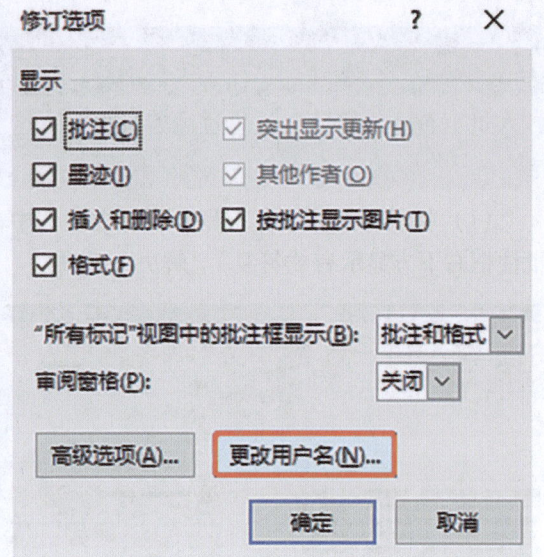

(2) 弹出"Word 选项"对话框,在"对 Microsoft office 进行个性化设置"组中输入"用户名"和"缩写"的内容,最后单击"确定"按钮。

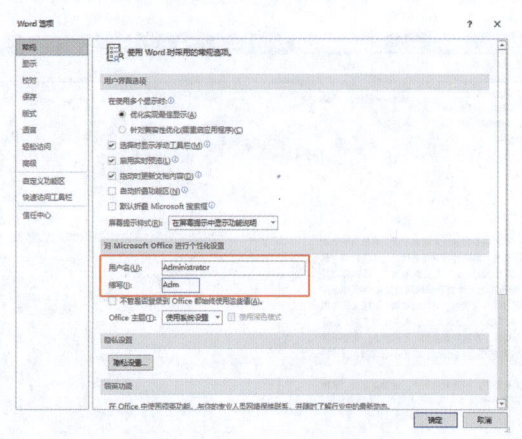

2. 修订文档

修订文档的具体步骤如下。

(1) 单击"审阅"选项卡,单击"修订"组中的"显示标记"选项,在出现的菜单中选择"批注框"选项,在弹出的下拉列表中选中"在批注框中显示修订"选项。

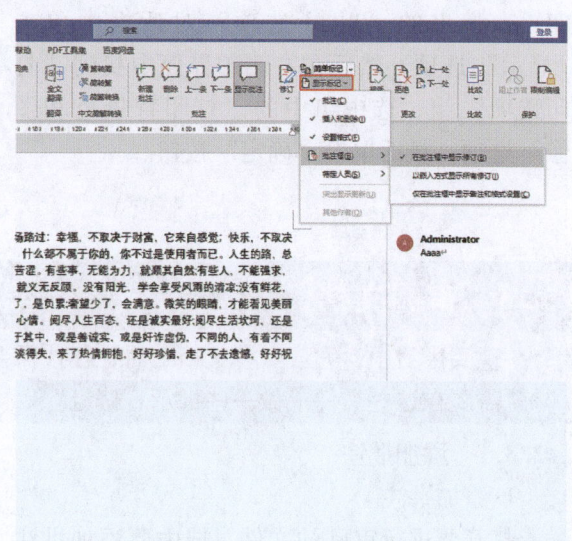

(2) 在"显示以供审阅"栏中,选择"所有标记"选项。

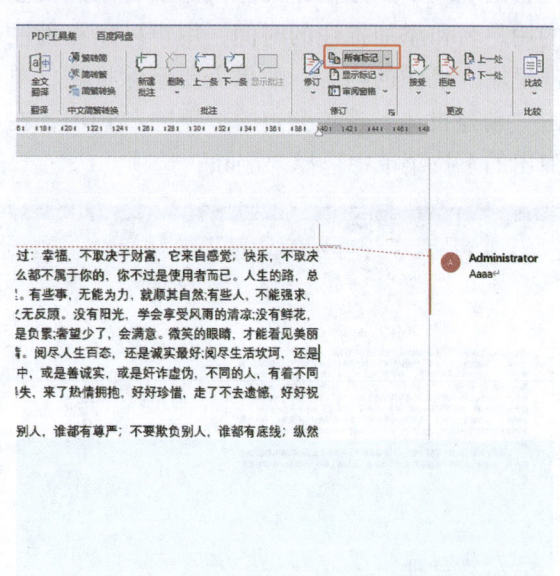

(3) 单击"修订"组中的"修订"向下箭头,在下拉选项中单击"修订"按钮,进入修订状态。

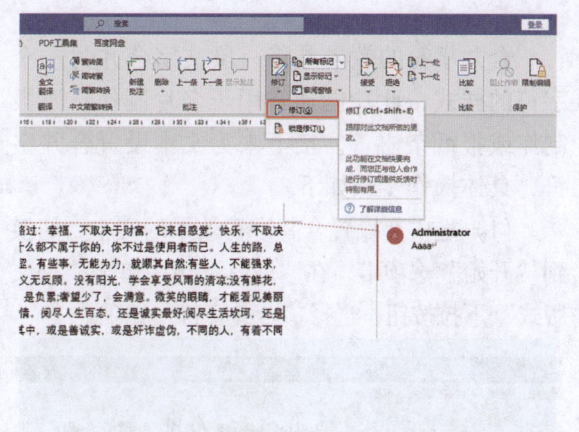

(4) 对文档进行修订。右侧批注界面会显示修订的详细信息。

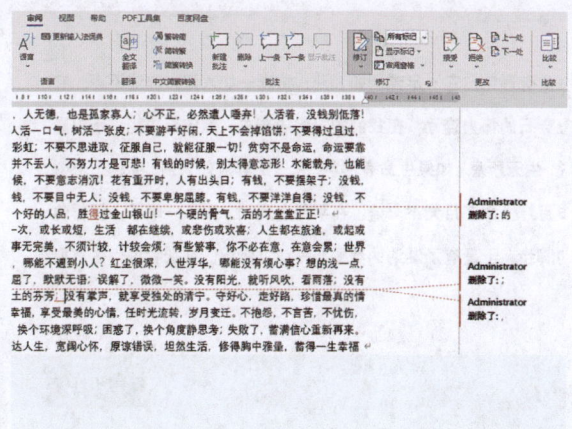

(5) 再次单击"修订"按钮，修订状态就会取消。

(6) 在"修订"组中单击"审阅窗格"的向下箭头，在下拉菜单中选择"水平审阅窗格"选项。下方出现一个导航窗格，窗格中显示了修订的详细信息。

2.3.3 更改文档

用户可以对修订的内容选择接受或者不接受，具体步骤如下。

（1）选中修订的文本，单击"审阅"选项卡，在"更改"组中单击"接受"按钮，或者单击"接受"项的向下按钮，在下拉列表中选择"接受并移到下一处"选项。

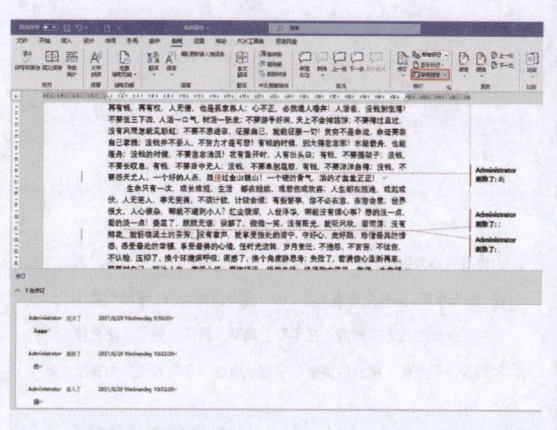

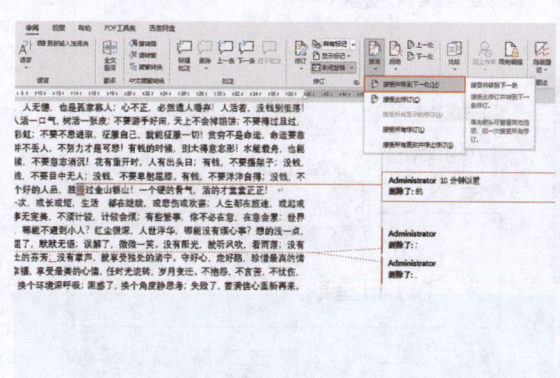

（2）逐个检查完修订的内容后就完成了审阅。

2.4 Word 文档排版小技巧

2.4.1 设置中文版式小技巧

下面我们以一段文字为例介绍一些设置中文版式的小技巧。

1. 设置双行合一

双行合一效果是将多行文本以两行的形式显示在文档的一行中，所选文本内容将被平均分为两部分，第一部分排列在第一行，第二部分排列在第二行，起到美化文档的作用。其具体操作步骤如下。

（1）选中要设置双行合一的文本，切换到"开始"选项卡，在"段落"组中单击"中文版式"下拉按钮，选择"双行合一"选项。

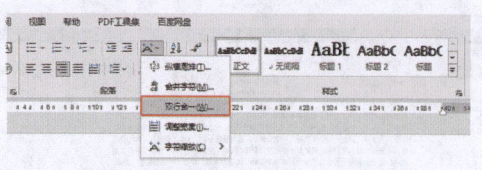

生命有形色，它一定奔涌如大河，挟卷一切入海，奔流不返，它以劈山穿石的伟力流动，在我们的叹惋中奔去，雄伟而决绝。所以勤勉者说：生无所息。如果生命有形色，它一定奔流如大河，穿越千里，穿越岁月，生命在月光下奔流，在平原上涌动，累了，倦了，便暂停下匆匆脚步，于是有了湖泊的美丽与宁谧。所以，睿智者说：生有所

2021 年 9 月 11 日星期六
摘抄于红江

（2）弹出"双行合一"对话框，选中"带括号"单选按钮，单击"括号样式"列表框的下拉按钮，选择合适的样式。

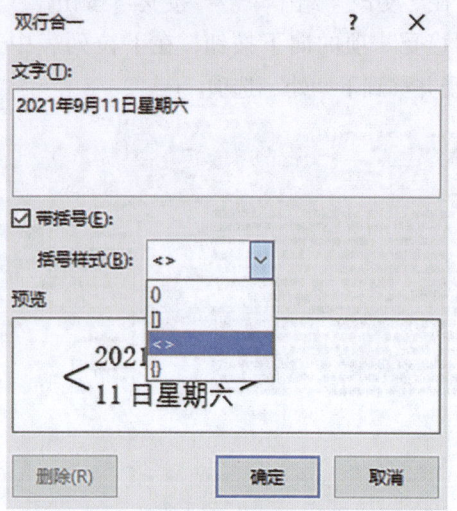

（3）查看效果，调整设置了双行合一效果的文本字体格式。

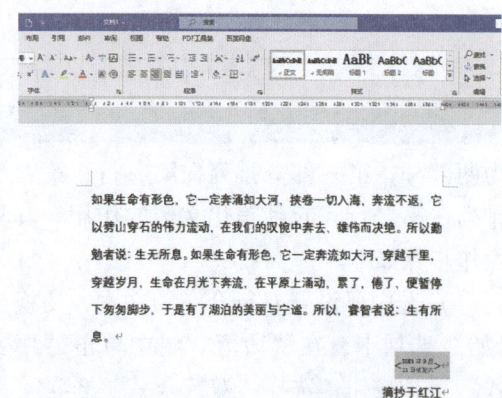

2. 合并字符

合并字符的效果是将一段文字合并为一个字符的样式，此功能通常用于名片制作，海报制作或报纸杂志等。接下来为文本设置合并字符，具体操作步骤如下。

（1）选中要设置合并字符效果的文本，切换到"开始"选项卡，在"段落"组中单击"中文版式"下拉按钮，选择"合并字符"选项。

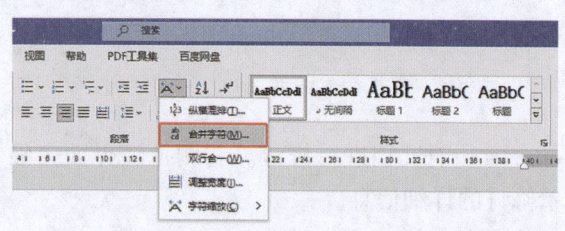

命有形色，它一定奔涌如大河，挟卷一切入海，奔流不返，它穿石的伟力流动，在我们的叹惋中奔去，雄伟而决绝。所以勤：生无所息。如果生命有形色，它一定奔流如大河，穿越千里，月，生命在月光下奔流，在平原上涌动，累了，倦了，便暂停脚步，于是有了湖泊的美丽与宁谧。所以，睿智者说：生有所

摘抄于红江

（2）弹出"合并字符"对话框，在"文字"文本框中的"红江"两字中间插入一个空格；单击"字体"文本框的下拉按钮，选择"仿宋"样式；单击"字号"下拉按钮，选择"10"选项，设置完字体格式后，在右侧"预览"窗口中预览设置效果，单击"确定"按钮。

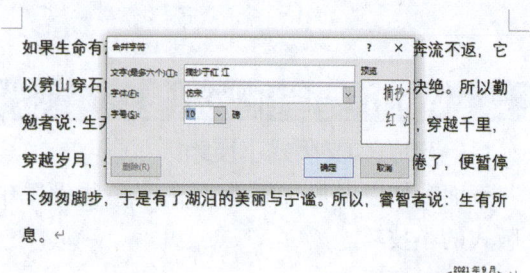

(3) 返回到 Word 工作界面查看效果。

3. 设置分栏

分栏是按照排版需要将所选文本分成若干个栏目，使得版面更加美观，使得文档的结构、条理更加清晰，分栏功能多用于报纸杂志。设置分栏可以将所选文档分成多个栏目，每个栏目的宽度由用户设置，因此用户可以将栏目设置为等宽的，也可以设置为不等宽的。

（1）选中要设置分栏的文本，切换到"布局"选项卡，在"页面设置"组中单击"栏"下拉按钮，在下拉列表中选择"更多栏"选项。

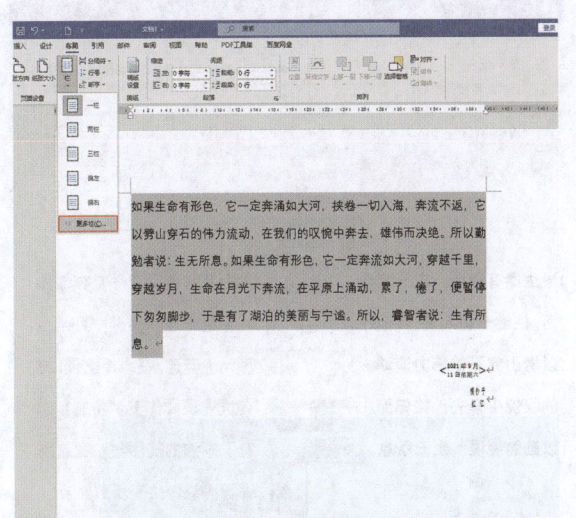

（2）弹出"栏"对话框，在"预设"栏目中选中"两栏"选项，如果需要自定义栏数，在"栏数"文本框中输入需要分栏的数目即可；栏的宽度默认是相等的，如果需要设置栏宽，取消选中"栏宽相等"复选框，然后在"宽度和间距"栏目中对对应的栏设置宽度即可。

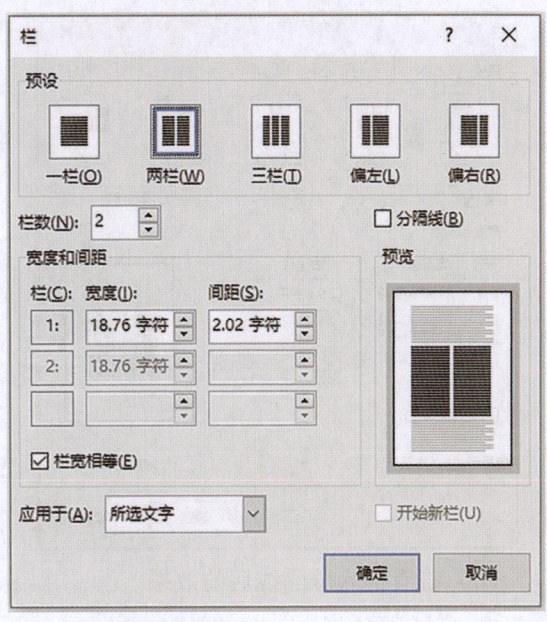

（3）查看效果。

（4）调整文本的字体格式以及段落间距、行间距等。将光标定位在第一栏的第二个"如果生命有形色"文本之前，按两下"Enter"键，即可将该文本移动到第二栏中。

（5）调整好文本的位置之后，如果有需要还可以在栏与栏之间插入分隔线。打开"栏"对话框，勾选中"分隔线"复选框，即可为文档文本插入分隔线。

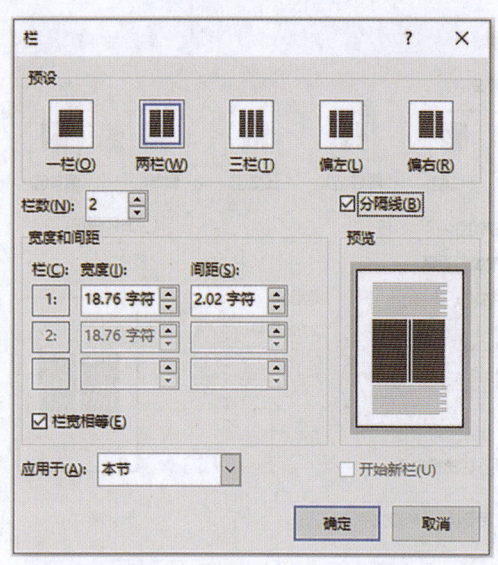

（6）查看插入分隔线后的效果。

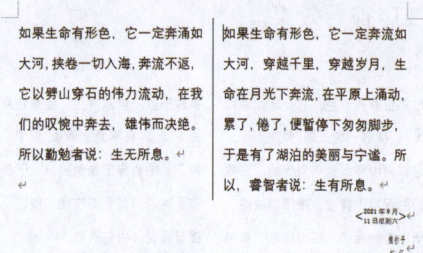

☞2.4.2 设置字符边框

前面已经介绍过如何为 Word 文档的页面添加边框，接下来介绍如何在文档中为字符添加边框，具体步骤如下。

1. 设置字符边框

（1）选中要添加边框的字符，切换到"开始"选项卡，在"字体"组中单击"字符边框"按钮。

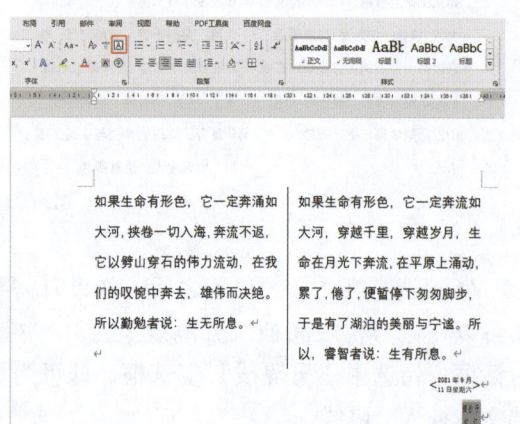

（2）此时，所选字符已经添加了一个边框。

2. 设置段落边框

段落边框是为所选中的文本段落添加一个边框，用户可以设置边框的显示效果，包括边框线条样式、颜色和粗细等，其具体操作步骤如下。

（1）选中要添加边框的文本段落，切换到"开始"选项卡，在"段落"组中单击"边框"下拉按钮，选择"边框和底纹"选项。

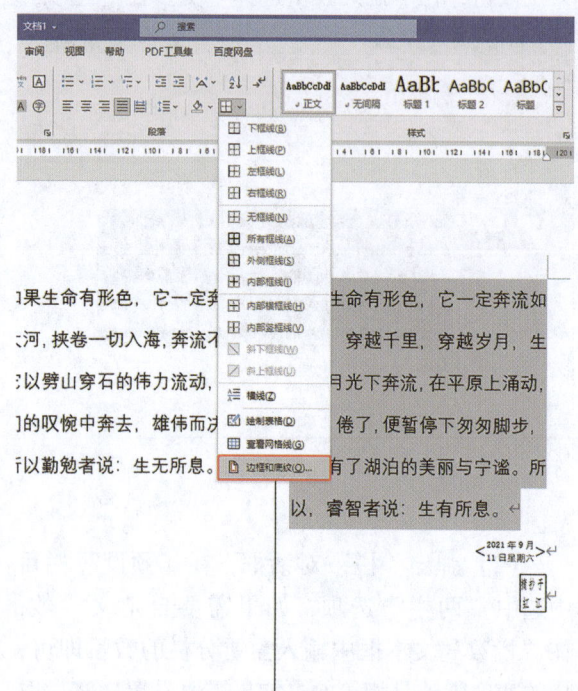

（2）弹出"边框和底纹"对话框，在"边框"选项卡下，选择"样式"列表框中的第二种样式；单击"颜色"列表框的下拉按钮，选择"红色"选项；在右侧的"预览"界面中可以预览添加边框的效果；单击"确定"按钮。

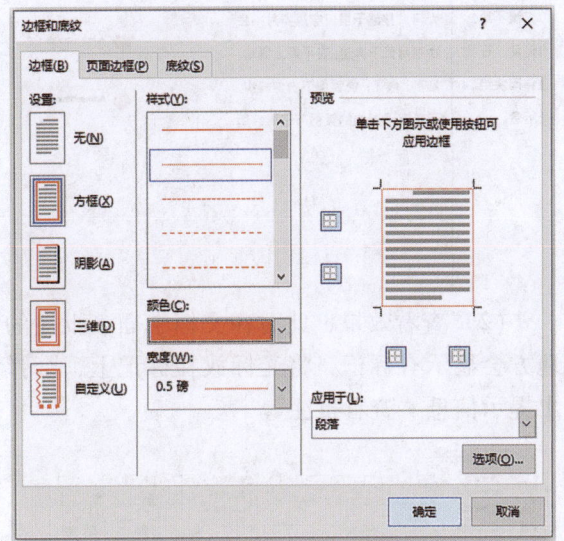

（3）返回 Word 工作界面调整文本，查看效果。

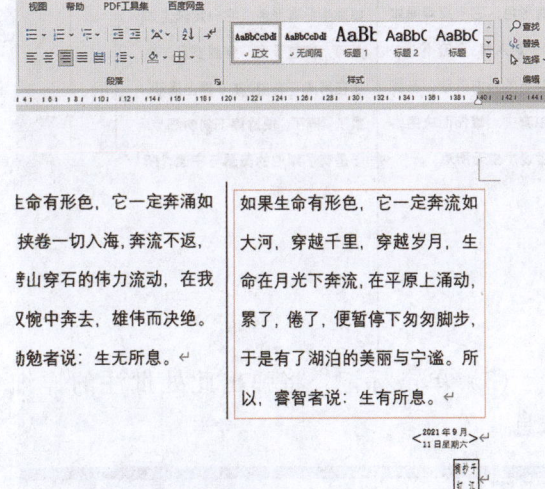

2.4.3　编辑批注小技巧

1. 在批注中插入图片

（1）批注框中不仅能输入文字，还可以插入图片，将光标定位在批注框内，然后切换到"插入"选项卡，单击"插图"组中的"图片"按钮。

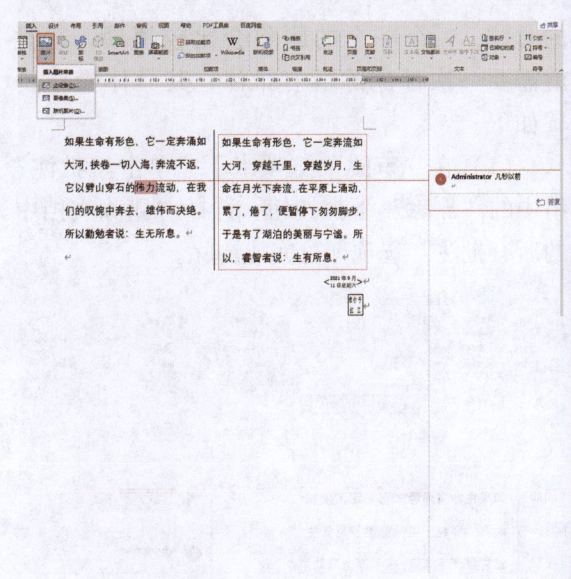

（2）弹出"插入图片"对话框，选中要插入的图片后，单击"插入"按钮。

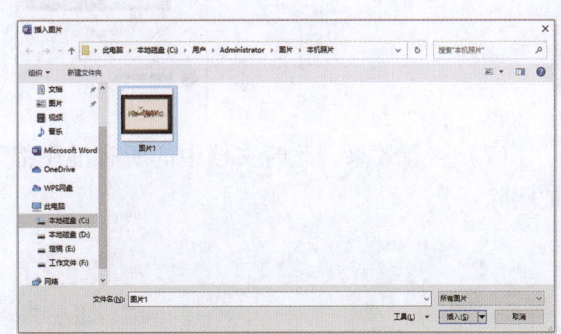

（3）调整图片的大小，查看效果。

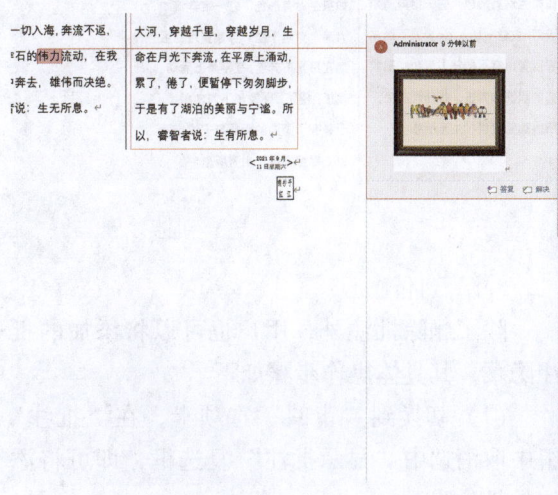

2. 删除全部批注

当文档中存在多个批注，在删除这些批注

的时候，一个一个的删除会比较烦琐，这时就需要一次性删除所有批注，其具体操作步骤如下。

（1）在"审阅"选项卡下，单击"批注"组中的"删除"下拉按钮，选择"删除文档中的所有批注"选项即可完成删除。

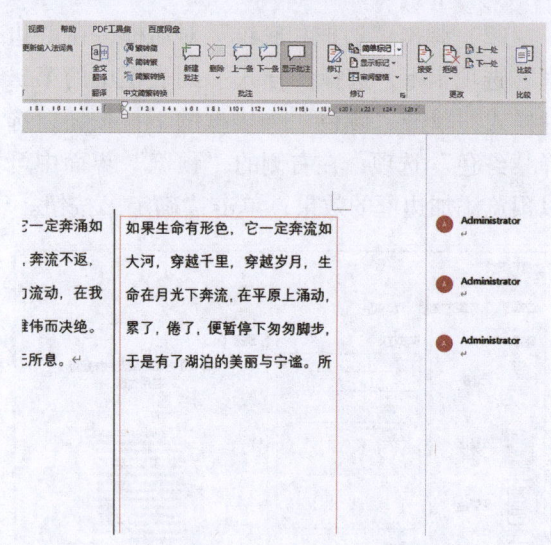

（2）查看效果，此时在文档中插入批注的地方会显示有标记，将光标放在标记上，会弹出提示信息"查看批注"。

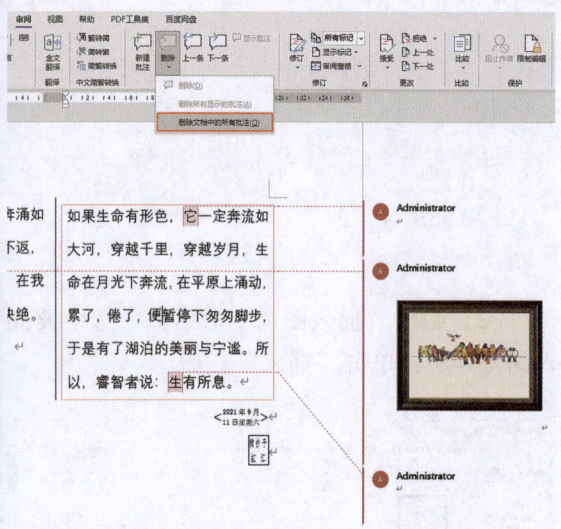

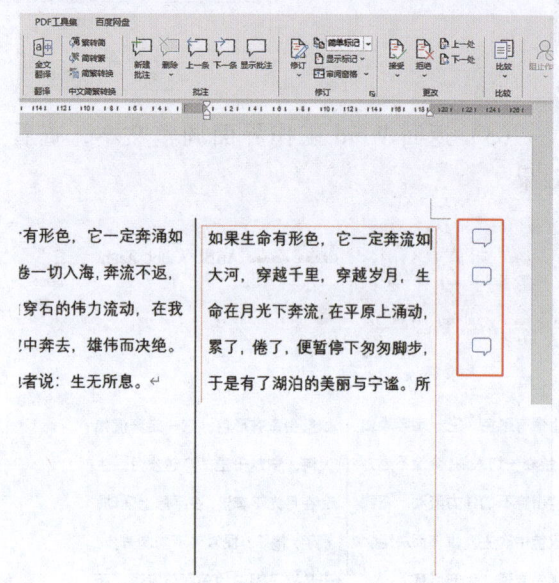

（2）查看效果，此时文档中的所有批注都被删除。

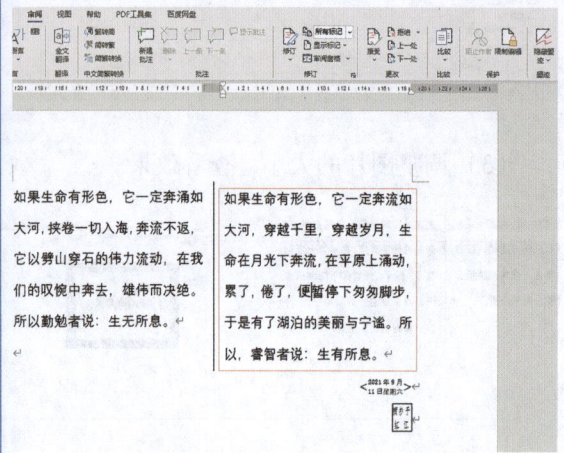

（3）单击标记，将弹出此处批注的详细信息。

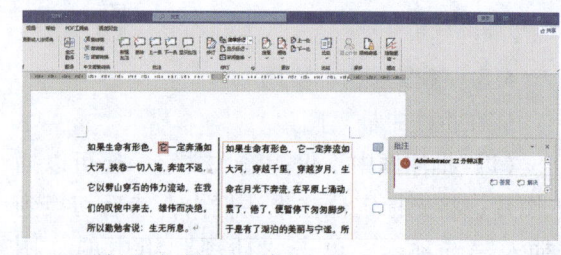

3. 隐藏批注

除了删除批注外，用户也可以将添加的批注隐藏，其具体操作步骤如下。

（1）切换到"审阅"选项卡，在"批注"组中取消选中"显示批注"复选框，即可将添加的批注隐藏。

4. 接受或者拒绝修订

当文档添加了修订之后，用户可以选择接

受文档中修订的地方,也可以拒绝修订,其具体步骤如下。

(1)选中相应的修订条目,单击"更改"组中的"接受"或者"拒绝"按钮。

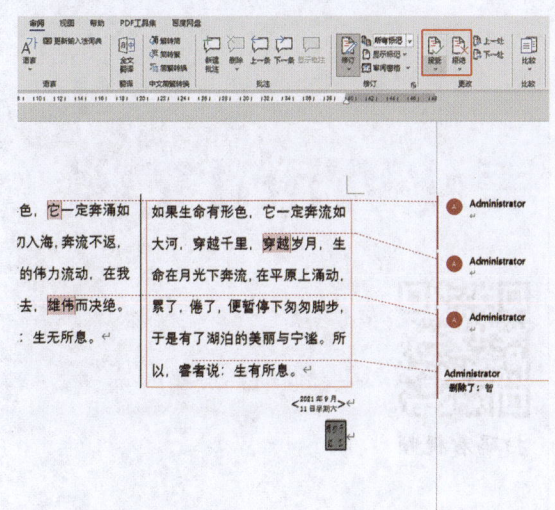

(2)单击"接受"按钮,查看效果。

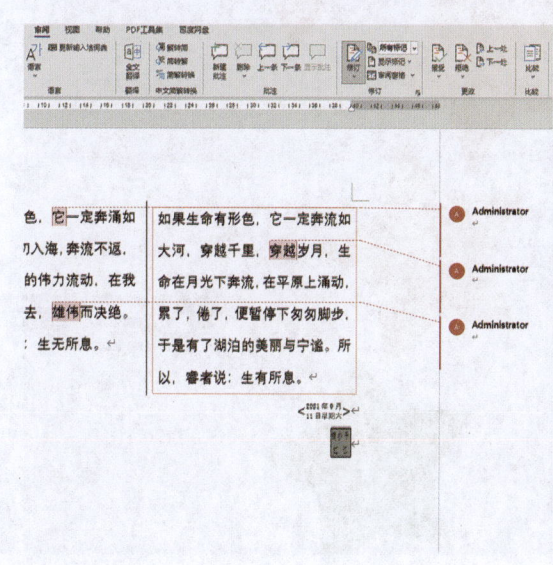

第三章 美化Word文档

扫码看视频

概述

为了使Word文档更加美观,可以使用Word的插入图片、绘制形状、插入艺术字、插入表格等功能美化文档。本章主要介绍的内容有设置图片背景、插入艺术字、SmartArt图形的使用、Word文档中表格的简单应用等操作。

3.1 制作活动海报

海报是一种随处可见的宣传形式，利用 Word 2021 可以制作一些简单精美的海报。下面以活动海报为例介绍海报的具体制作方法。

3.1.1 制作海报的背景

海报的背景应该简洁明了，向宣传对象清楚地表达出宣传的内容与目的。首先选择合适的图片作为海报的背景。

1. 设置页面尺寸

根据需求对当前页面的尺寸进行设置。步骤如下。

（1）设置纸张的大小。单击"布局"选项卡，在"页面设置"组中单击"纸张大小"的下拉箭头，在下拉列表中选择"A4"选项。

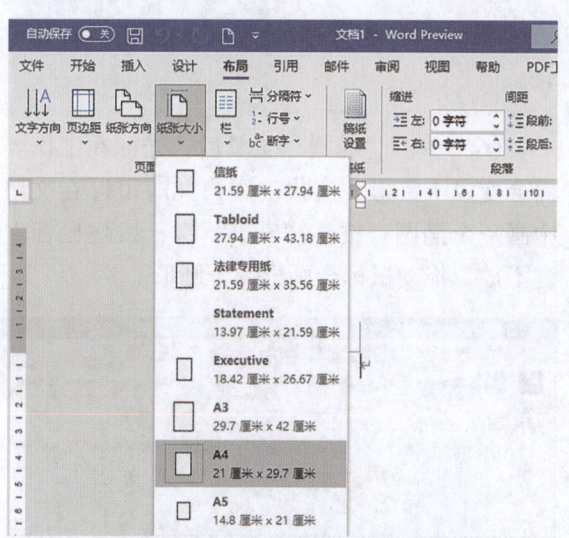

（2）设置纸张方向。单击"纸张方向"的下拉箭头，在下拉列表中选择"纵向"选项。

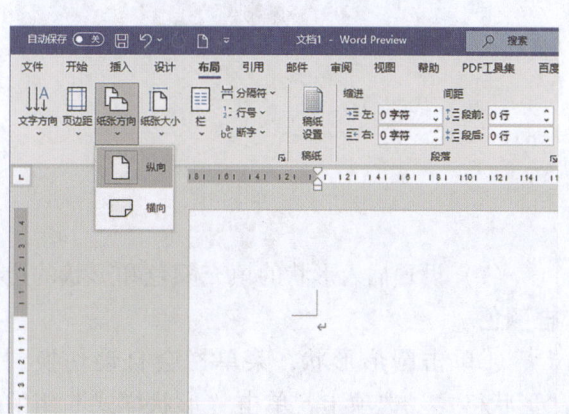

（3）再单击"页边距"选项的下拉箭头，在下拉菜单中选择"自定义页边距"选项，在弹出的"页面设置"对话框中单击"页边距"选项，将页面的上、下、左、右页边距均设置为"2厘米"。

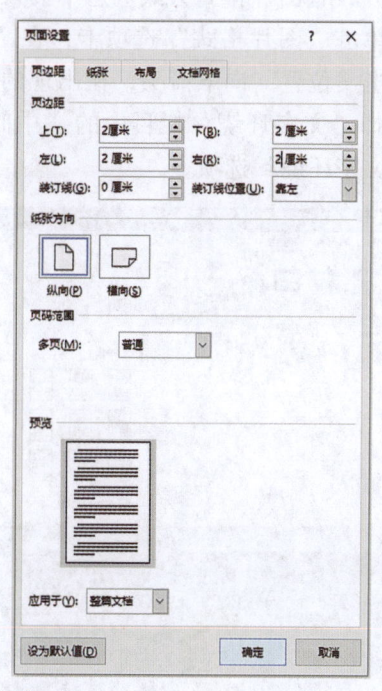

2. 添加背景

为海报添加图片背景，步骤如下。

（1）单击"插入"选项卡，再单击"插图"组中的"图片"选项的下拉箭头，点击"此设备"。

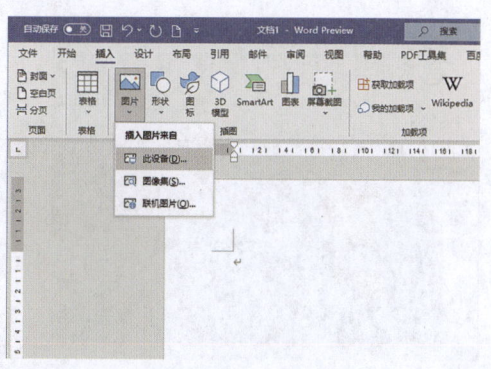

(2) 弹出"插入图片"对话框，选择一张合适的图片作为背景，最后单击"插入"按钮。

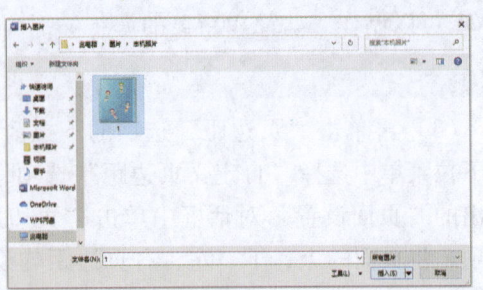

(3) 设置图片排列方式。选中插入的背景图片，单击"图片格式"选项卡，在"排列"组中单击"位置"向下箭头，在出现的下拉列表中选择"文字环绕"栏目中的"中间居中，四周型文字环绕"选项。

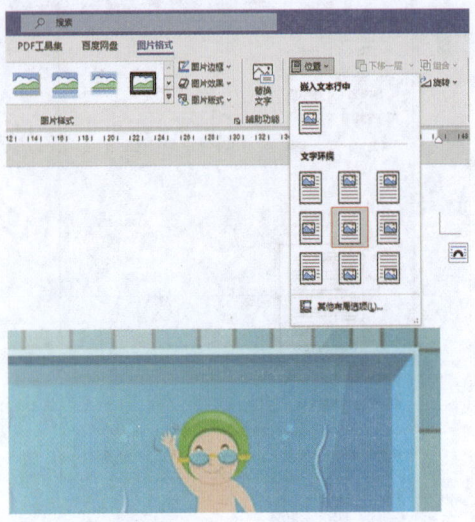

(4) 调整图片大小。选中图片之后，可以看到图片四周会出现标记，将鼠标放在这些标记上光标会变成双向箭头状，按住鼠标左键并拖动鼠标即可将图片调整至需要的大小。

(5) 插入"形状"。单击"插入"选项卡，在"插图"组中单击"形状"按钮，在出现的下拉列表中选择"椭圆"工具。

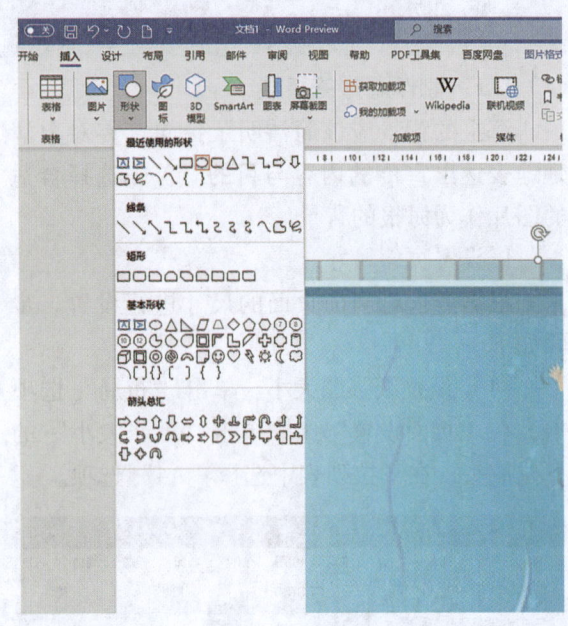

(6) 单击"椭圆"工具后，光标在工作界面会变成十字形，这代表用户此时可以在文档中画一个椭圆。按住"Shift"键，按住鼠标左键不放，拖动鼠标会画出一个圆形。

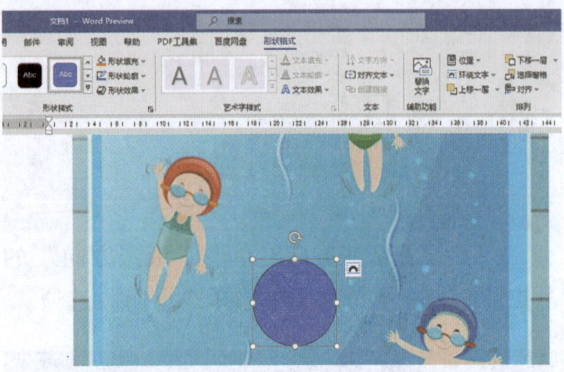

(7) 设置插入形状的填充颜色和形状的边框颜色。

①单击圆形形状，菜单栏会自动切换到"形状格式"选项卡，单击"形状样式"组的

"形状填充"选项,在出现的下拉菜单中选择合适的颜色。

②设置完成形状的填充颜色之后,单击"形状轮廓"选项,在出现的下拉列表中选择合适的颜色。

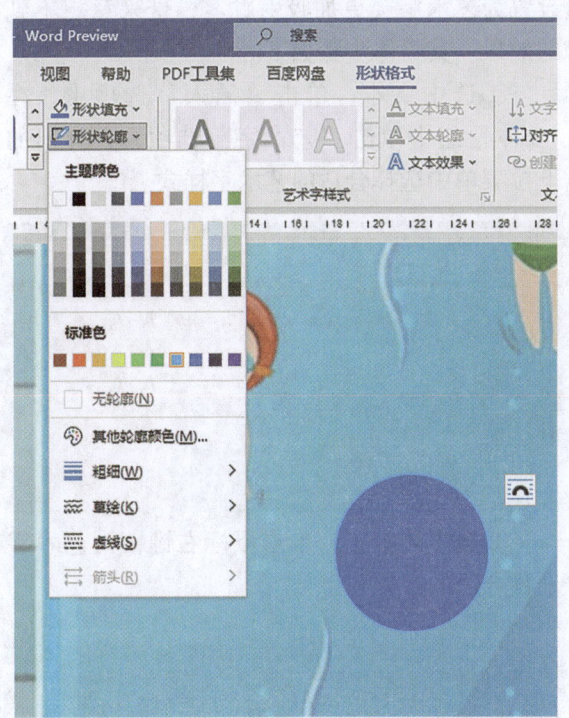

(8)绘制第二个圆形。用上述方法绘制第二个圆,并使第二个圆与第一个圆相交,单击第二个圆,在"形状格式"选项卡的"排列"组中单击"下移一层"选项,这时便将第二个圆的位置放在第一个圆的下边。

(9)设置第二个圆的填充颜色与轮廓颜色,方法参考第一个圆。

(10)组合图形。按下"Ctrl"键的同时选中两个圆形,在"形状格式"选项卡的"排列"组中单击"组合"按钮的向下箭头,然后选择"组合"选项。

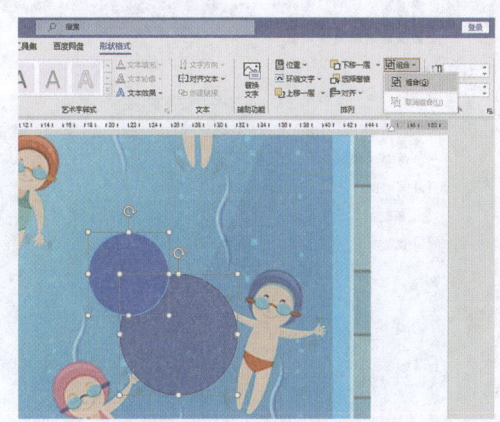

☞3.1.2 制作海报文本

在海报上添加文本，可以使用文本框添加或者可以利用形状工具来输入文本。具体操作如下。

1. 利用文本框为海报添加艺术字标题

文本框输入文本步骤如下。

（1）文本框的使用方法前面已经介绍过，不再详细叙述。单击"文本框"下拉菜单中的"绘制文本框"选项，在 Word 文档中绘制一个文本框，接着在文本框中输入内容。

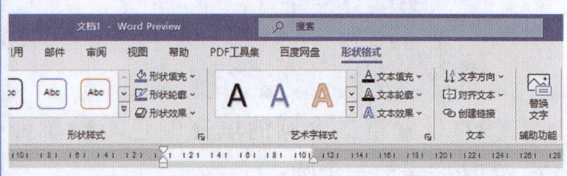

（2）插入文本框之后要设置文本框内的颜色与海报保持一致。步骤如下。

选中文本框，在"形状格式"选项卡的"形状样式"组中单击"形状填充"选项，在出现的下拉列表中选择"无填充"选项。

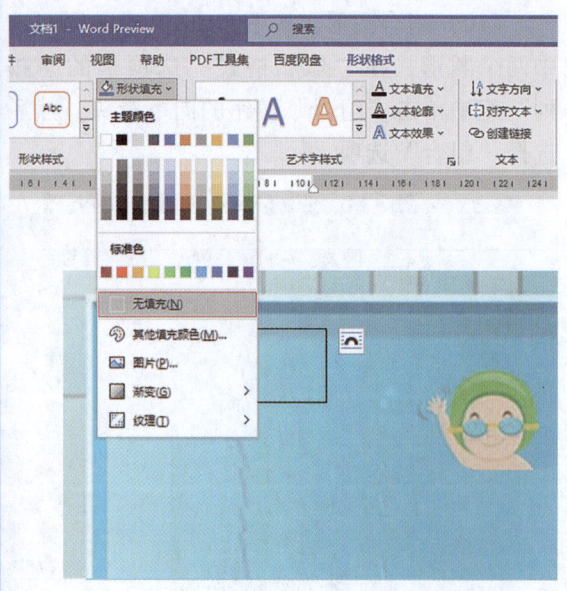

（3）单击"形状样式"组中的"形状轮廓"选项，在下拉菜单中选择"无轮廓"选项，这时文本框的边框已经去掉。

（4）将字体设置为艺术字。将海报的标题设置为艺术字会更加吸引顾客，带来意想不到的效果。其具体步骤如下。

①选中文本，单击"插入"选项卡，在"文本"组中单击"艺术字"选项，在弹出的下拉菜单中选择合适的艺术字样式。

②选中艺术字，单击鼠标右键，为艺术字设置合适的字体和字号。

③选中艺术字,单击"形状格式"选项卡,在"艺术字样式"组中,单击"文本填充"按钮可以更改艺术字的颜色;单击"文本轮廓"按钮可以设置艺术字的字体轮廓;单击"文本效果"按钮可以选择艺术字的形状。

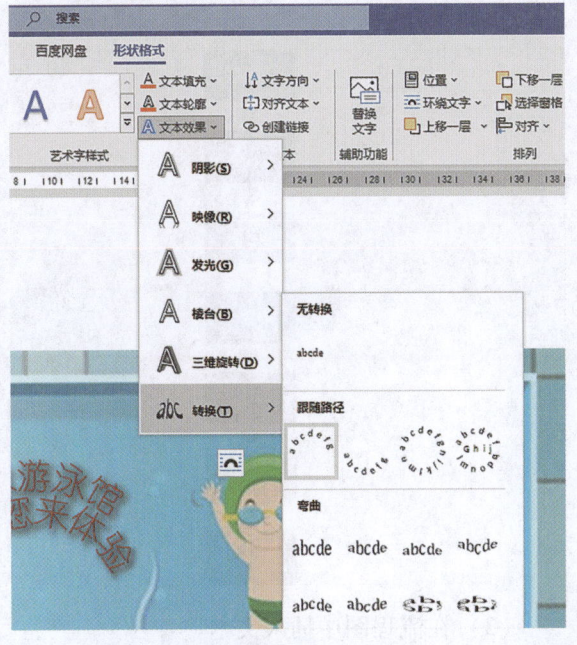

(2) 在形状中输入所需文本内容。

2. 在形状工具上添加文本

(1) 选中将要添加文本的形状,单击鼠标右键,弹出选项菜单,选择"编辑文字"选项。

3.2 使用 SmartArt 制作流程图

上节讲述了如何在文档中插入形状,以及在形状中添加文字,利用形状也可以制作简单的流程图,缺点是耗费的时间长,工作量也很大。但利用 **Word 2021** 中提供的 **SmartArt** 图形就可以非常方便的表示出关系。

3.2.1 插入 SmartArt 图形

在开发软件的过程中,设计软件开发流程图是必要也是必不可少的一个环节,使用 SmartArt 图形可以将软件开发的过程清晰地展现出来。其具体步骤如下。

1. 插入 SmartArt 图形

(1) 新建一个空白文档,单击"插入"选项卡,再单击"插图"组中的"SmartArt"选项,弹出"选择 SmartArt 图形"对话框。

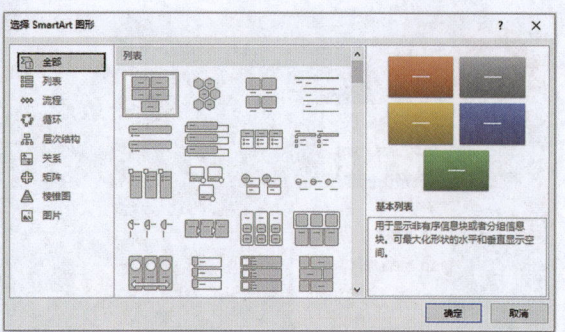

（2）选择"流程"选项，在右侧的界面中选择合适的流程图。

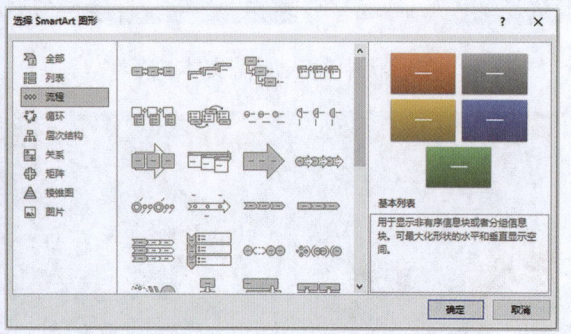

2. 添加形状

如果添加的 SmartArt 图形中的形状不够用的话，可以继续添加形状，步骤如下。

（1）选中流程图最后一个形状，在"SmartArt 设计"选项卡的"创建图形"组中单击"添加形状"的下拉箭头，在弹出的下拉菜单中选择"在后面添加形状"选项。

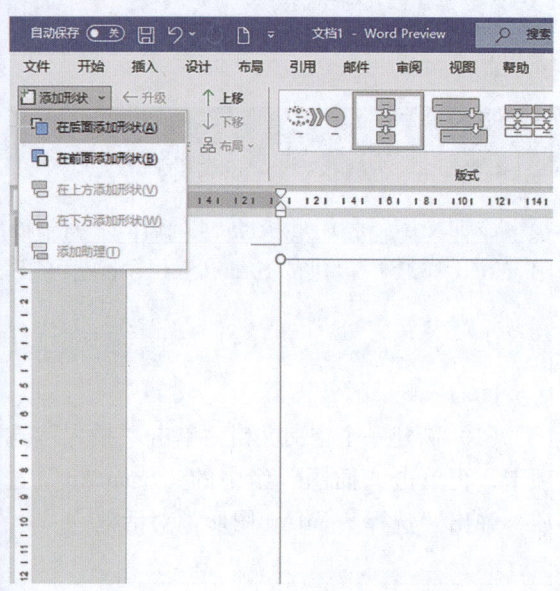

（2）将流程图中的形状数量添加至合适数目。

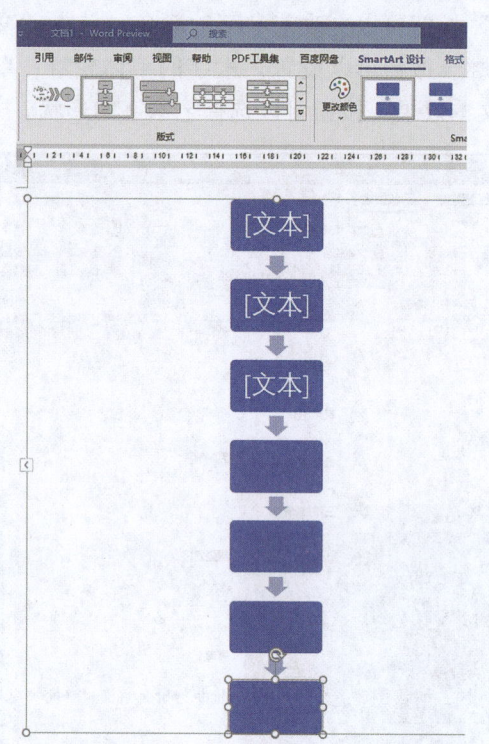

（3）在流程图中插入文本。

单击流程图中的"文本"字样，输入内容。输入完文本内容之后，将光标移动到边框角控制点，可以调整流程图的大小。

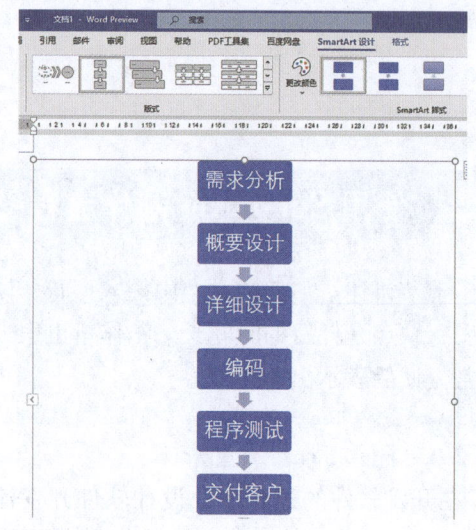

3.2.2 设置 SmartArt 格式

SmartArt 图形的格式设置包括颜色设置、样式设置等。

1. 设置 SmartArt 图形颜色

选中流程图,在"SmartArt 设计"选项卡的"SmartArt 样式"组中,单击"更改颜色"选项,在弹出的下拉菜单中选择合适的颜色。

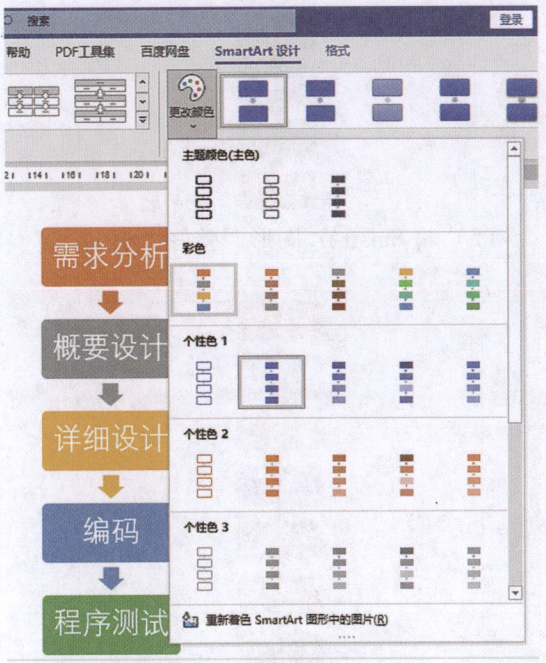

2. 设置样式

在"SmartArt 样式"组中单击向下箭头,在弹出的下拉菜单中选择合适的样式,如图所示。

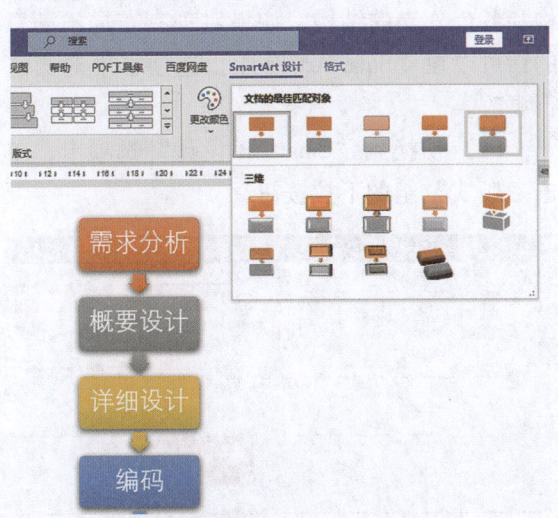

3. 设置文本字体格式

(1)选中流程图,单击"格式"选项卡,在"艺术字样式"组中可以将字体设置为艺术字,并可以设置字体的轮廓样式和字体的填充颜色等。

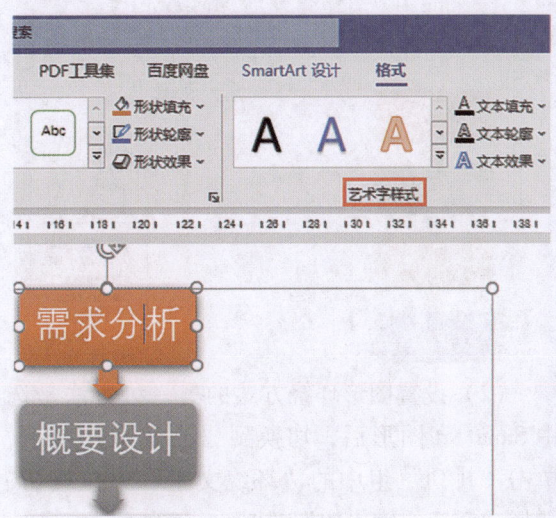

(2)选中流程图中的一个形状,在"形状样式"组中可以对流程图中的各个图形进行设计。

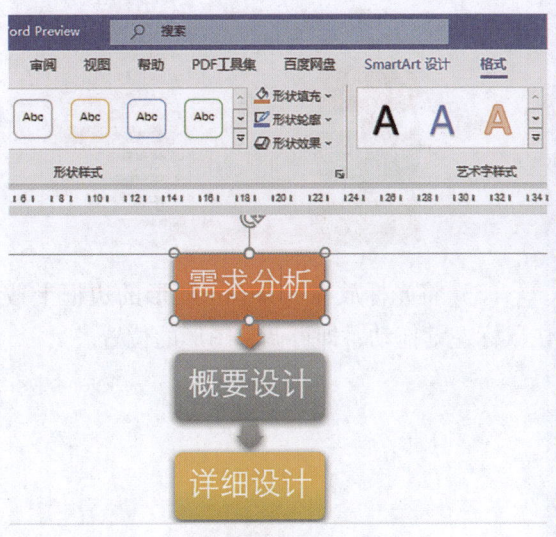

4. 调整 SmartArt 图形的位置

插入到 Word 中的 SmartArt 图形通常无法随意调整位置,如果用户需要调整图形的位置就需要先设置 SmartArt 图形的环绕方式。下面将介绍调整软件开发流程图的位置的方法,其具体步骤如下。

(1)设置环绕方式。单击 SmartArt 图形的边框,选中整个图形,单击图形边框右上角的"布局选项"按钮,选择"浮于文字上方"选项。

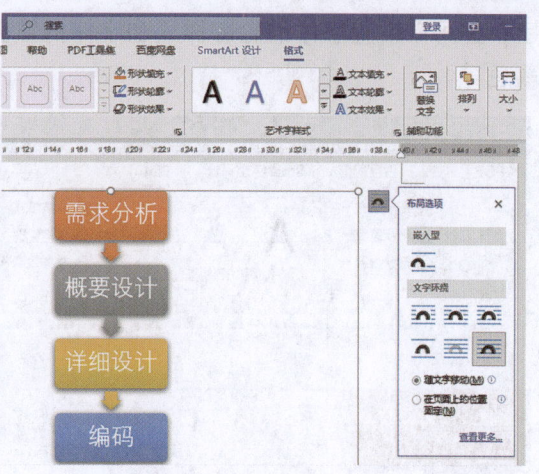

（2）设置图形环绕方式的另一种方法是选中 SmartArt 图形后，切换到"格式"选项卡，单击"排列"组中的"环绕文字"下拉按钮，选择"浮于文字上方"选项。

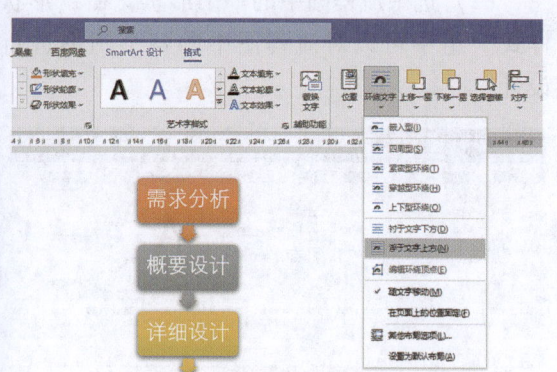

（3）将光标放在 SmartArt 图形的边框上按住鼠标左键拖动，即可调整图形的位置。

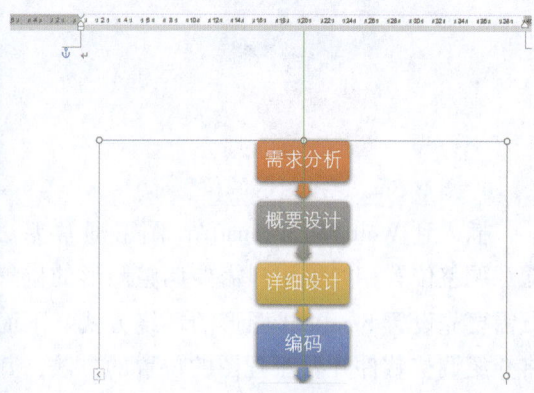

（4）将 SmartArt 图形调整好位置后，单击图形边框，将光标放在图形边框的控制点上按住鼠标左键不放，拖动鼠标，即可调整图形的大小。

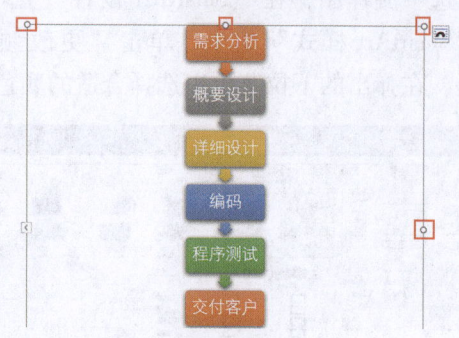

（5）将 SmartArt 图形调整好大小。

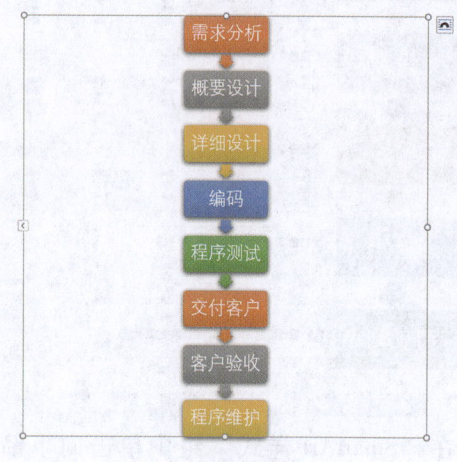

5.更改 SmartArt 图形布局

SmartArt 图形布局包括整个图形形状的结构和各个分支的结构，如果对现有布局不满意的话可以在"SmartArt 设计"选项卡下对其进行更改。

（1）切换到"SmartArt 设计"选项卡，单击"版式"组的下拉按钮。

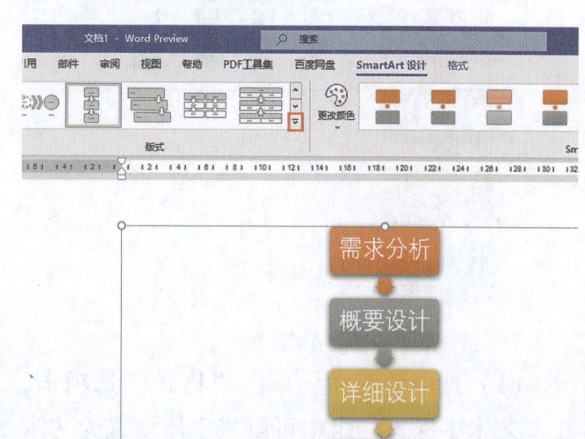

(2)在下拉列表中选择想要的图形布局。

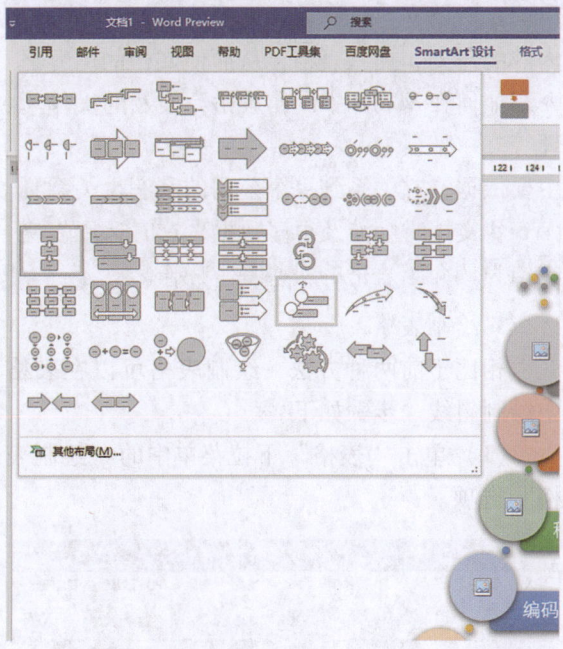

(3)查看更改后的布局。

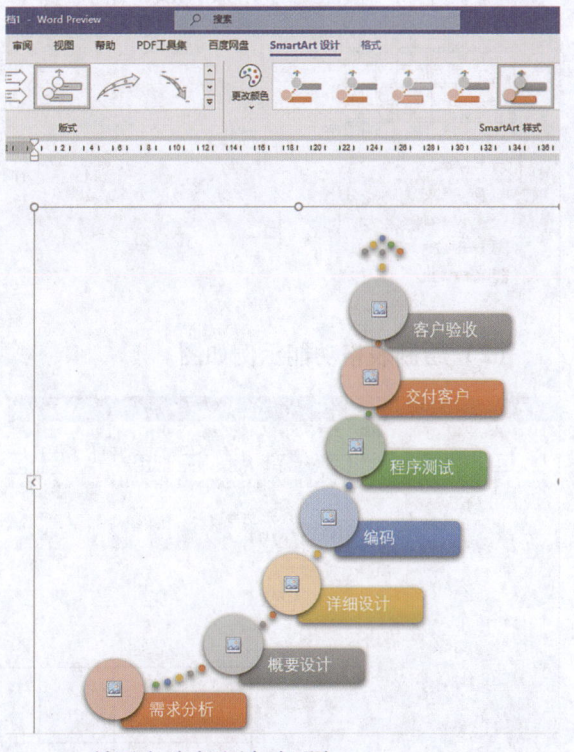

6.利用文本框添加标题

(1)插入文本框,为 SmartArt 图形设置标题。

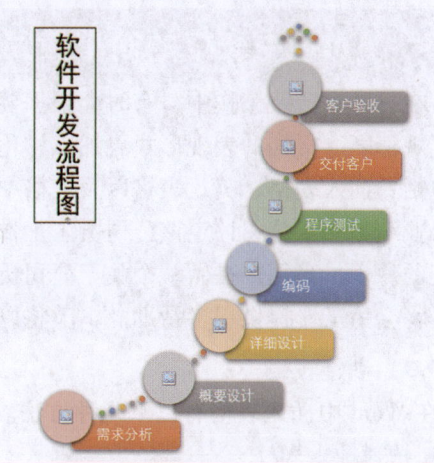

(2)选中文本框边框,在"形状格式"选项卡下,单击"形状样式"组中的"形状轮廓"下拉按钮,选择"无轮廓"选项。

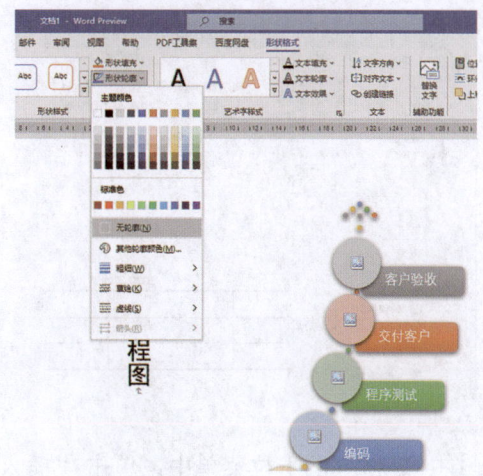

(3)查看效果。

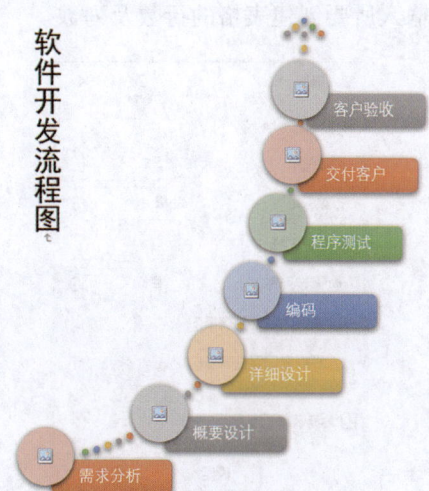

3.3 Word 中表格的简单应用

在日常生活及工作中，有时会根据要求及文档内容的需要，插入表格，从而使文档的内容更加直观清晰、文档的表现形式更加多样化。本节将介绍如何在 **Word** 中制作表格，涉及的操作功能包括：插入表格、美化表格以及表格中数据的处理等。

业绩是一个公司评定该公司员工工作成果的最主要依据，它关系到一个公司的利润也关系到员工的薪资。当用户在做一个关于公司员工业绩的 **Word** 文档时会涉及很多数据，这时运用表格工具将会为工作提供很多帮助。本节将以销售业绩文档为例介绍表格的一些基本操作。

☞3.3.1 创建表格

在 Word 中插入表格有以下几种方法。

1. 快速插入表格

单击"插入"选项卡，在"表格"组中，单击"表格"选项，在弹出的下拉菜单中，绘制所需要的表格。

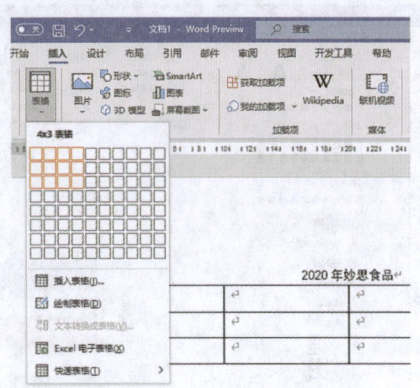

2. 插入表格

在"表格"的下拉菜单中，单击"插入表格"选项，弹出"插入表格"对话框，在对话框中输入所要创建表格的行数及列数。

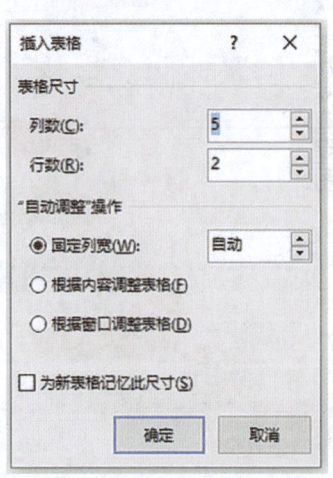

3. 绘制表格

相比于前两种方法，绘制表格可以在表格中绘制斜线。步骤如下。

（1）单击"表格"下拉菜单中的"绘制表格"选项。

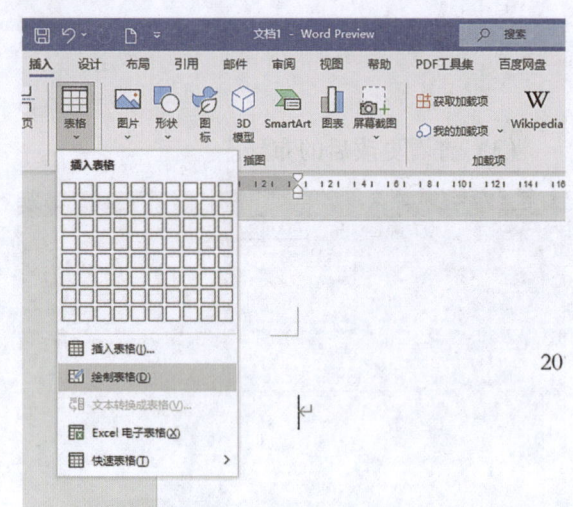

（2）绘制表格功能示例如图。

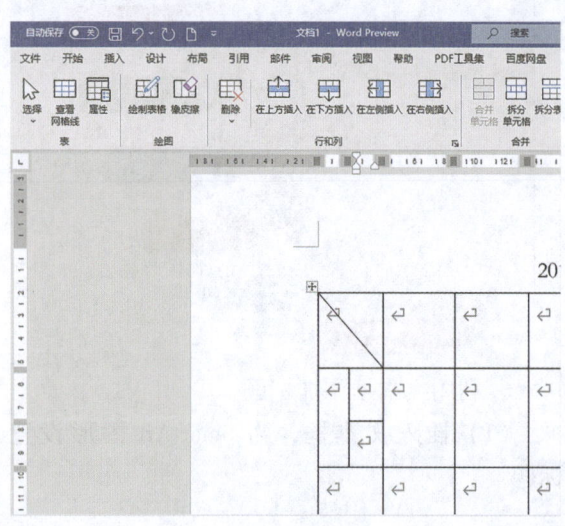

3.3.2 表格的基本操作功能

以制作个人信息登记表为例介绍表格的基本操作，包括插入行和列，合并单元格等。接下来将介绍这些操作。

1. 插入行和列

在 Word 中新建一个空白文档，用上节中介绍的任意一种方法创建一个表格。

（1）插入行。

鼠标单击表格中任意一行，切换到"布局"选项卡，在"行和列"组中单击"在下方插入"选项，鼠标选中的这一行下边就添加了新的一行。

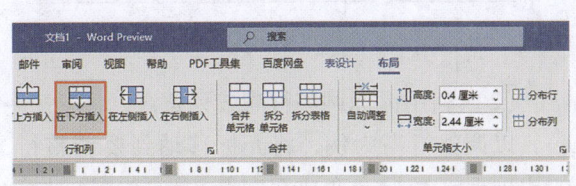

（2）插入列。

选择表格中任意一列，例如最后一列，单击"布局"选项卡，在"行和列"组中单击"在右侧插入"选项，在选择列的右侧添加了一个空白列。

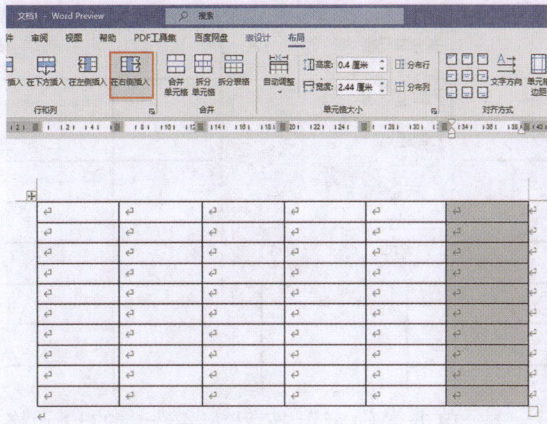

2. 拆分与合并单元格

在制作表格的过程中经常需要将一个单元格拆分为多个单元格，或者需要将多个单元格合并为一个单元格，这些情况就需要用到表格的拆分与合并功能，具体步骤如下。

（1）拆分单元格。

①将光标定位在要拆分的单元格中，单击"布局"选项卡，单击"合并"组中的"拆分单元格"选项。

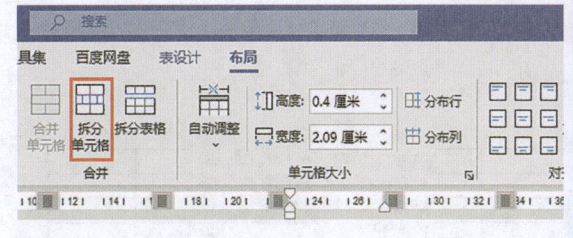

②进行拆分的步骤如下。

a. 弹出"拆分单元格"对话框，在"列数"一栏中输入"2"。

3. 调整行高和列宽

在 Word 2021 中既可以精确输入行高和列宽的数值，也可以用鼠标拖动的方法调整行高和列宽。

（1）精确设置行高或列宽。

单击表格左上角的"选择表格"按钮，选中整个表格。单击"布局"选项卡，在"单元格大小"组中，找到"表格行高"一栏，在输入栏中输入要设置的行高数值。列宽的设置方法同行高的设置方法一样。

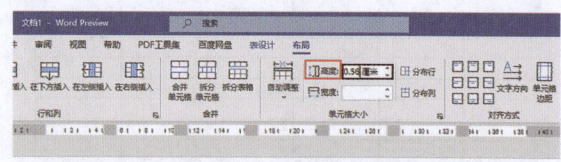

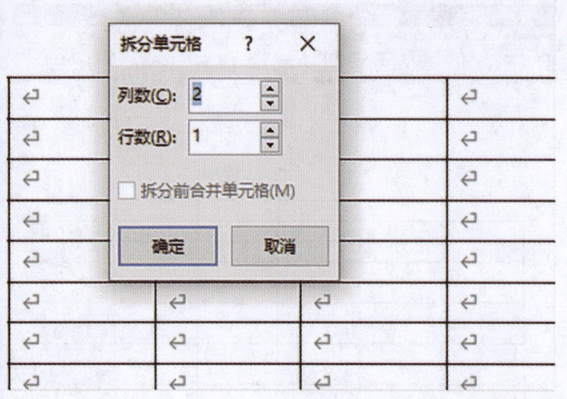

b. 单击"确定"按钮，将选中的单元格拆分为 2 列。

（2）合并单元格。

①选中要合并的单元格，单击鼠标右键，弹出快捷菜单，在菜单中单击"合并单元格"选项。

（2）利用鼠标调整行高或列宽。

以调整行高为例，将光标移动到要调整行的边框上，光标会变成双向箭头形状，这时按住鼠标上下拖动即可调整行高。如果需要调整整个表格的行高和列宽，将光标移动到表格右下角，按住鼠标左键拖动表格，此时，光标变成十字形，调整表格的行高、列宽。

②合并后的效果如图。

4. 在表格中输入内容

利用合并与拆分还有调整行高及列宽的方法对表格进行调整。并在调整好的表格中输入内容。

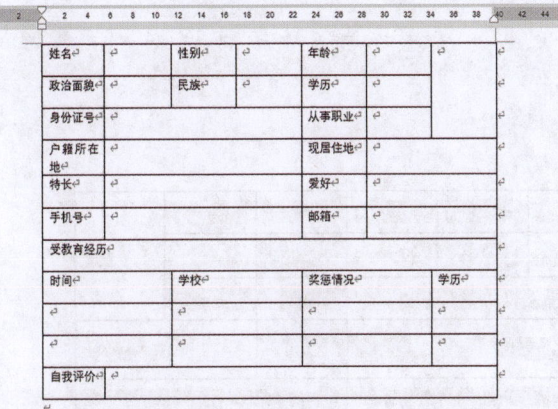

3.3.3 修饰表格

1. 设置表格内文本对齐方式

选中整个表格内容，单击"布局"选项卡，在"对齐方式"组中选择"水平居中"选项。

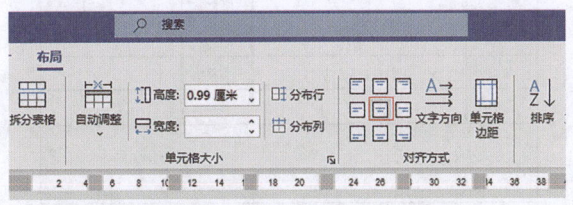

2. 设置表格样式

单击表格左上角的"选择表格"按钮，选中整个表格，切换到"表设计"选项卡，在"表格样式"组中单击下拉箭头，在下拉菜单中选择合适的表格样式。

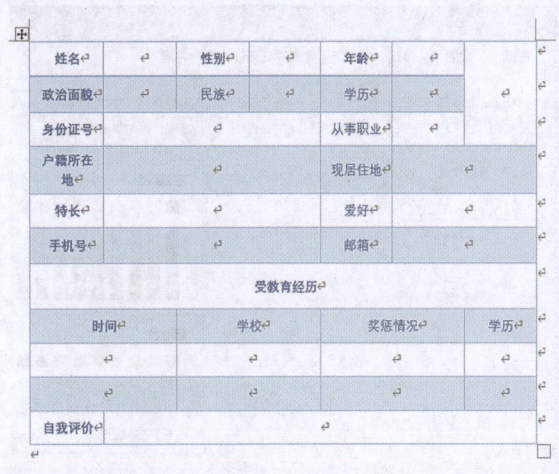

3. 设置边框和底纹

除了为表格设置边框和样式，同样可以为单元格设置边框底纹。

（1）为单元格设置底纹的具体步骤如下。

①选中"姓名"所在的单元格，单击"表设计"选项卡，在"表格样式"组中单击"底纹"按钮，选择合适的颜色。

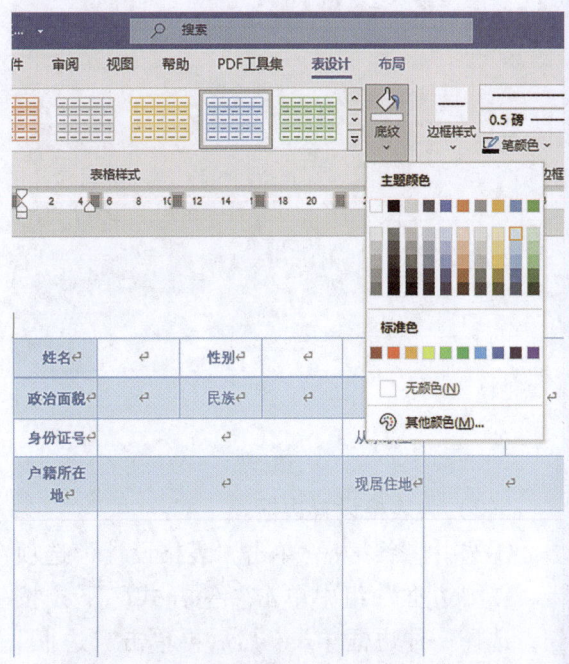

②选中"政治面貌"右边没有文本内容的空白单元格，同样单击"底纹"按钮，在出现的下拉菜单中选择"无颜色"选项。

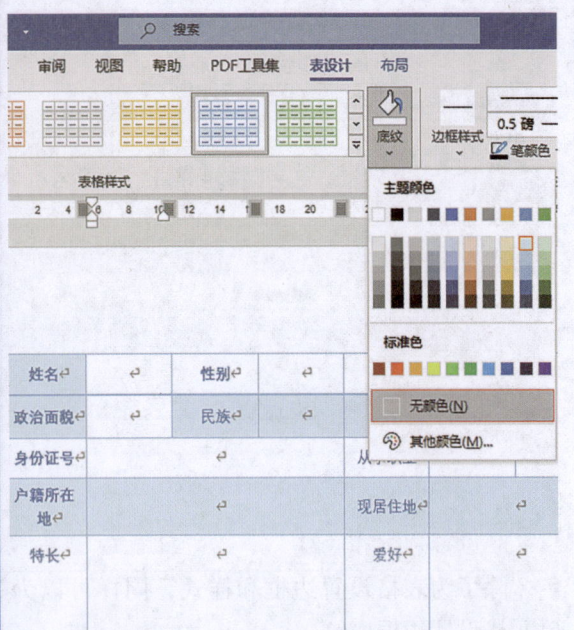

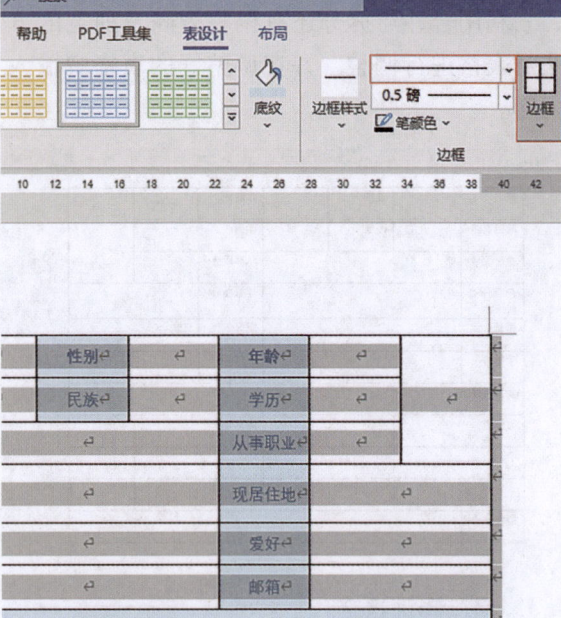

③将表格中有文本的单元格设置为相同的颜色，将空白单元格设置为无颜色。设置完成后，查看效果。

②查看效果。

（2）为表格设置边框。

①选中整个表格，单击"表格设计"选项卡，在"边框"组中单击"笔样式"下拉按钮，选择一种边框样式。然后再单击"边框"下拉按钮，选择"所有框线"选项。

3.3.4 处理表格数据

用户在制作 Word 文档时，会经常使用表格处理数据，包括数据之间的加、减、乘、除运算等，这时候用户就可以利用 Word 2021 提供的数学公式以及运算功能完成数据的处理。本节以妙思食品公司 2020 年度的销售业绩表为例，介绍表格处理数据的一些功能。

1. 为表格设置标题

（1）打开"妙思食品公司 2020 年度销售业绩"文档。

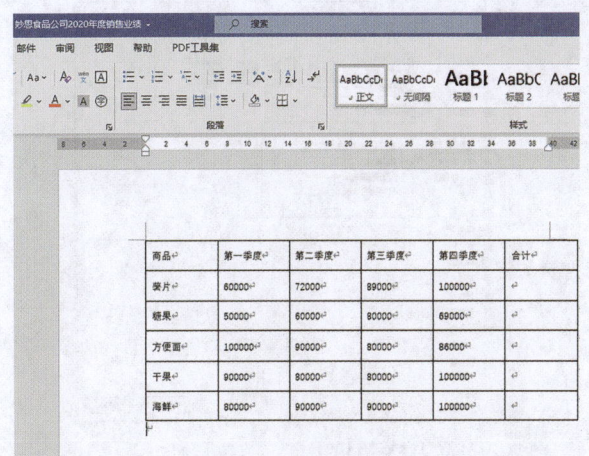
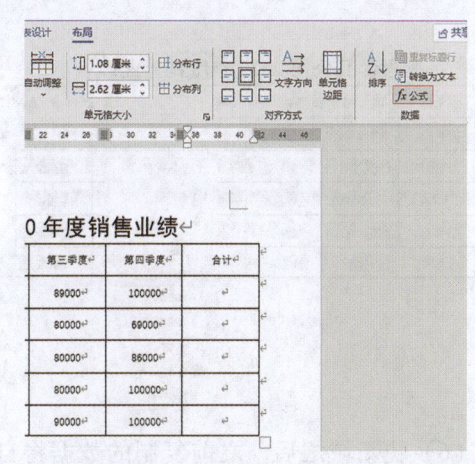

（2）将光标定位在表格第一行第一列所在的单元格，按下"Ctrl + Shift + Enter"快捷键，插入标题行，输入标题内容。

（2）弹出公式对话框，在公式栏中默认为"=SUM(LEFT)"，单击"确定"按钮。

（3）将标题字体设置为"黑体"，字号设置为"二号"，并设置居中显示。同时将表格调整到合适大小。设置表格内文本的对齐方式为"水平居中"。

（3）查看结果是否正确。

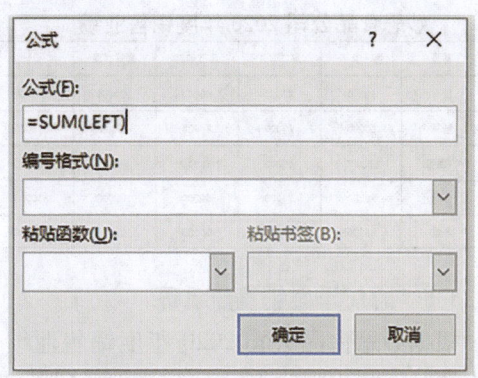

（4）将求和的结果复制粘贴到下方的几个单元格中。

2. 对表格中的数据进行计算

用插入公式的方法对表格中数据进行计算，步骤如下。

（1）把光标定位在要插入公式的单元格中，切换到"布局"选项卡下"数据"组中，单击"公式"按钮。

（5）选中整篇文档，单击鼠标右键，在弹出的快捷菜单中选择"更新域"选项。

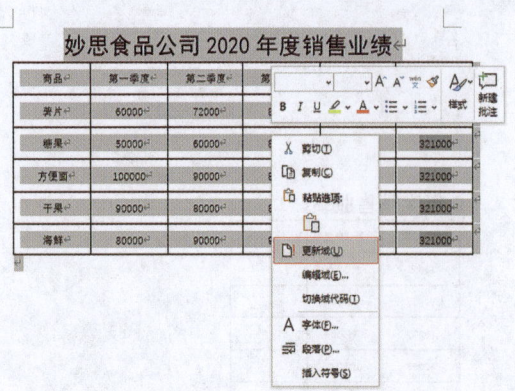

(6) 更新域之后,之前复制的数据将自动更新。

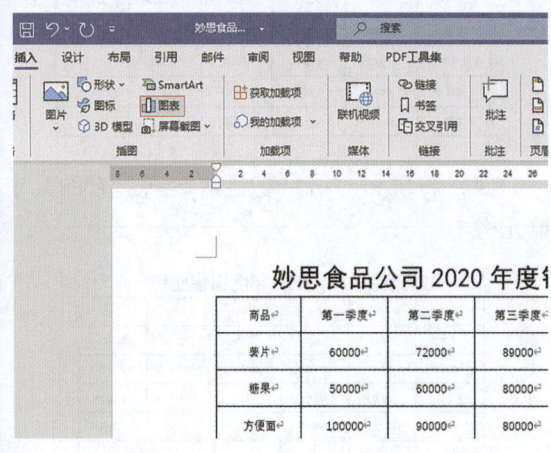

☞3.3.5 添加季度销售统计图

根据妙思食品公司 2020 年度销售业绩表,制作统计图,步骤如下。

1. 启动插入图表功能

将光标放在图表插入点,单击"插入"选项卡,在"插图"组中单击"图表"选项。

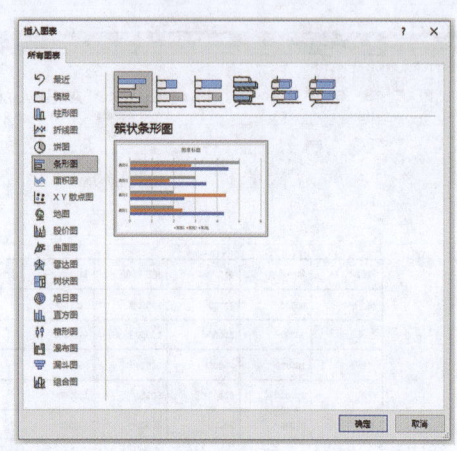

2. 选择图表类型

弹出"插入图表"对话框,选择合适的图表类型,之后单击"确定"按钮。

3. 录入表格数据

系统会自动插入图表,并弹出电子表格编辑界面,在该界面中输入表格中的数据。

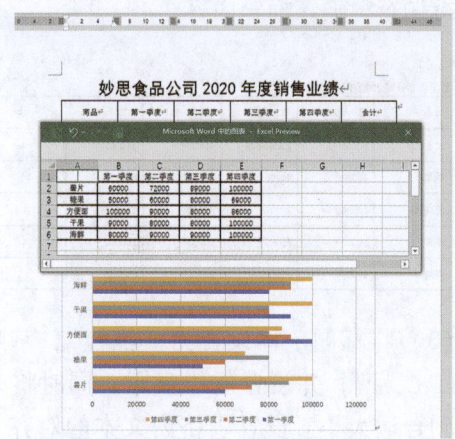

4. 关闭电子表格

在输入完数据后,关闭电子表格,查看效果。

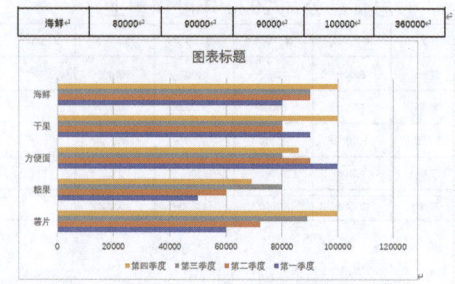

5. 添加标题并设置图表样式

为图表添加标题和设置图标样式的具体步骤如下。

(1) 单击图标上方的"图表标题"文本框,输入标题。然后选中图表,在"图表设计"选项卡的"图表样式"组中选择合适的样式。

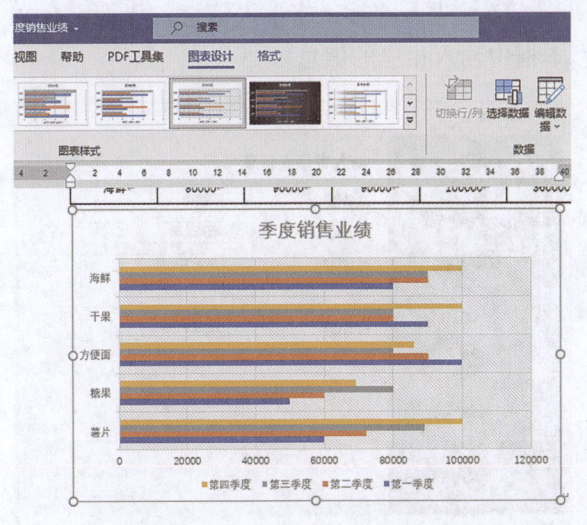

(2) 单击文档空白处查看效果。

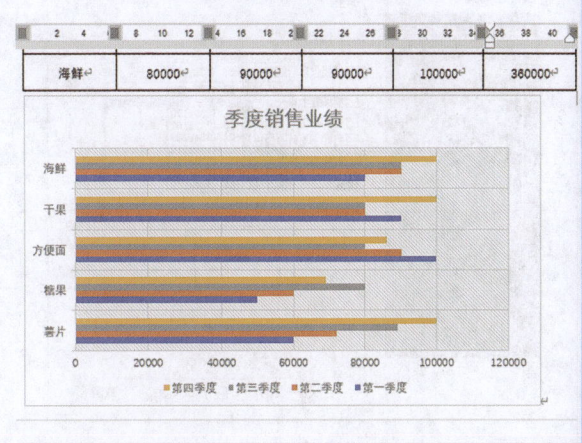

3.4 制作面试邀请信函

在招聘新员工的时候，公司人事部往往需要制作统一的面试邀请信函，然后再通过电子邮件统一发送到应聘者邮箱里。Word 2021 为用户提供了强大的邮件功能，包括普通邮件和电子邮件两个功能。对于普通的邮件，具有制作本公司特色化、个性化邮件信封的功能；至于电子邮件，则具有编辑、合并以及发送邮件的功能。

3.4.1 制作信封

公司的面试邀请信函需要具备的最重要的特点是要体现公司的形象，给应聘者留下一个美好的印象。下面将介绍利用 Word 2021 制作传统的办公信封，其具体步骤如下。

(1) 打开 Word 2021，新建一个空白文档，切换到"邮件"选项卡，在"创建"组中单击"中文信封"按钮。

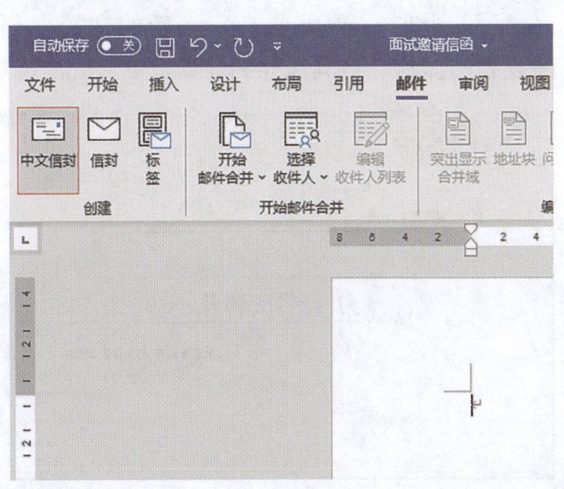

(2) 弹出"信封制作向导"对话框，单击"下一步"按钮。

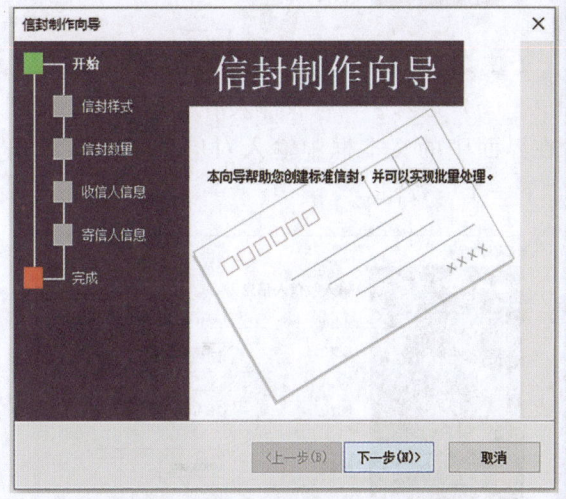

(3) 进入到"选择信封样式"界面，打开"信封样式"下拉列表，选择"国内信封-DL"选项，然后单击"下一步"按钮。

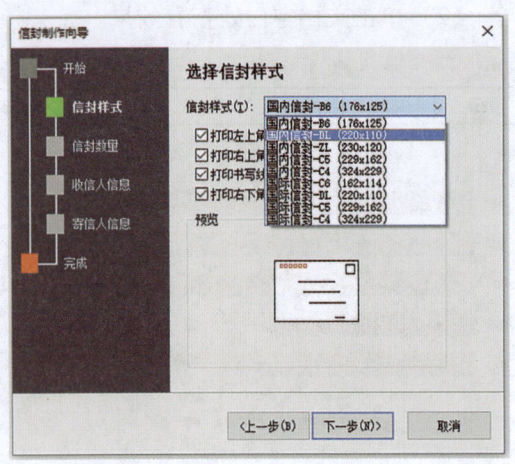

（4）进入"选择生成信封的方式和数量"界面，单击选中"键入收信人信息，生成单个信封"单选按钮。然后单击"下一步"按钮。

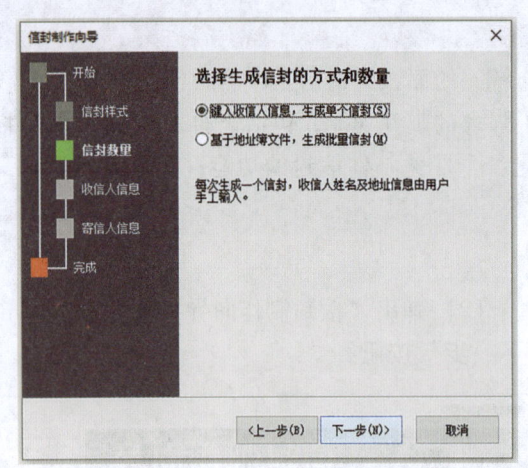

（5）进入"输入收件人信息"界面，分别在界面中的文本框中输入对应的信息，单击"下一步"按钮。

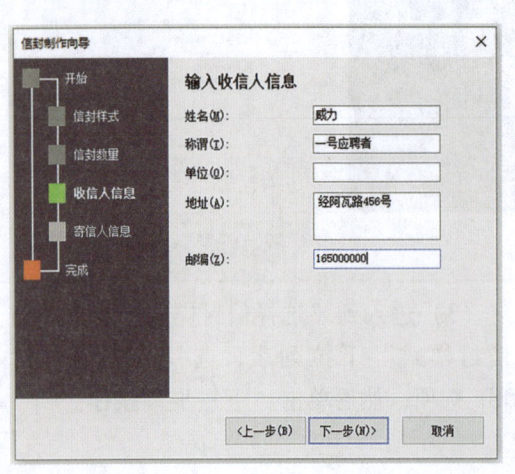

（6）进入"输入寄信人信息"界面，在文本框中输入相应的信息。

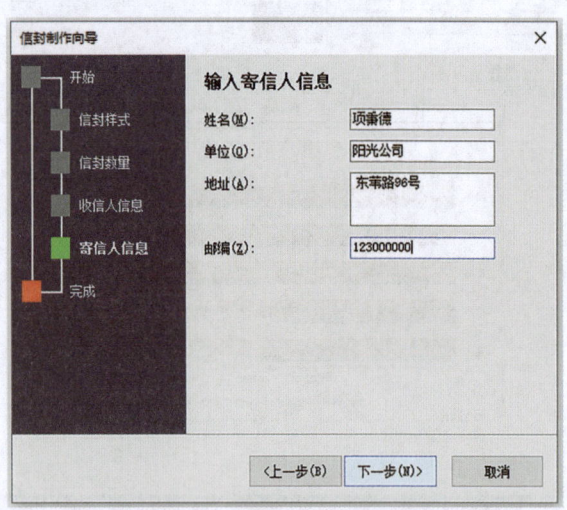

（7）进入"信封制作向导"界面，提示用户完成信封制作，单击"完成"按钮。

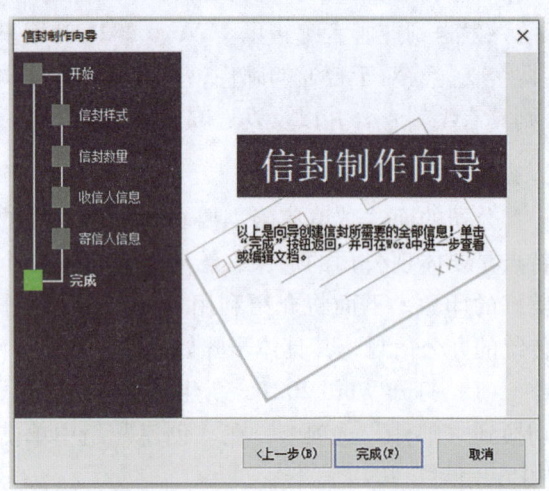

（8）此时，Word将在一个新的文档中创建设置的信封，将其保存到计算机中。

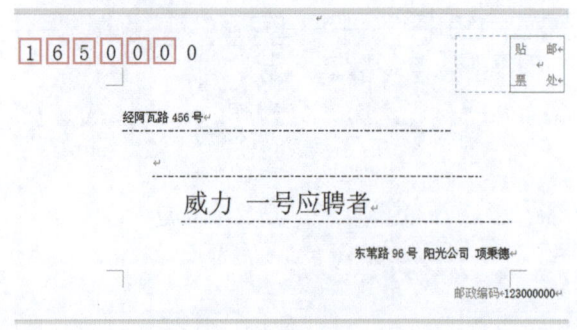

除了通过制作向导制作信封外，用户也可以通过自定义的方式制作。

3.4.2 邮件合并

邮件合并可以将内容有变化的部分当作数据源，例如姓名、称谓和地址等。将文档中内容相同的部分制作成一个主文档，接着再把数据源中的信息合并到主文档。利用邮件合并功能可以很方便地制作邀请函等类型的文档。

1.制作数据源

制作数据源有两种方法：一种是直接使用现成的数据源，另一种是新建用户需要的数据源。两种方法虽然不同，但是都要在合并操作中进行。接下来在"面试邀请函"文档中制作所需的数据源，具体操作步骤如下。

（1）在"面试邀请函"文档中，切换到"邮件"选项卡，单击"开始邮件合并"组中的"开始邮件合并"下拉按钮；在下拉列表中选择"邮件合并分布向导"选项。

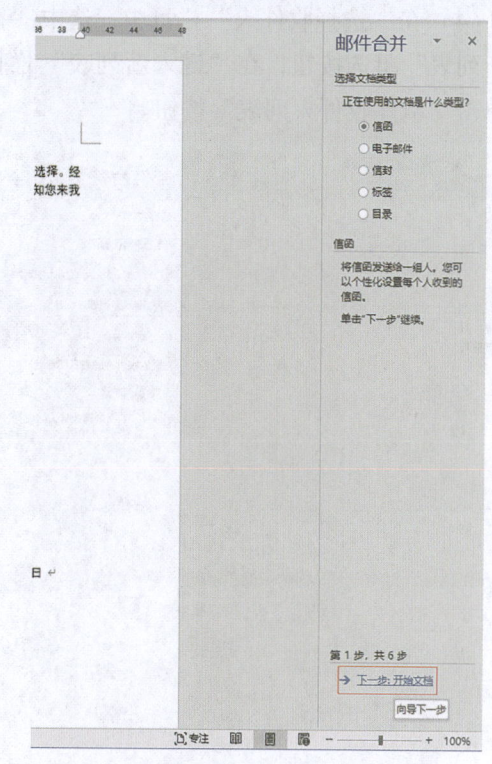

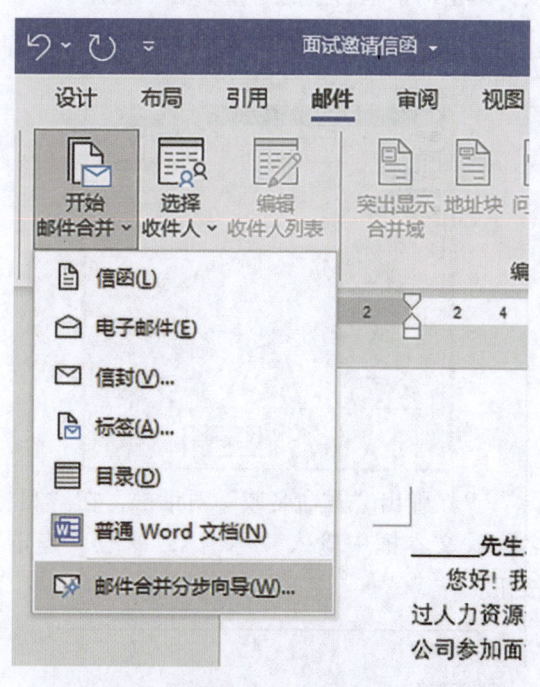

（2）弹出"邮件合并"窗格，在"选择文档类型"栏目中勾选中"信函"单选按钮。然后在窗格下方的步骤栏中单击"下一步：开始文档"按钮。

（3）在"选择开始文档"栏目中选中"使用当前文档"单选按钮，然后再单击"下一步：选择收件人"选项。

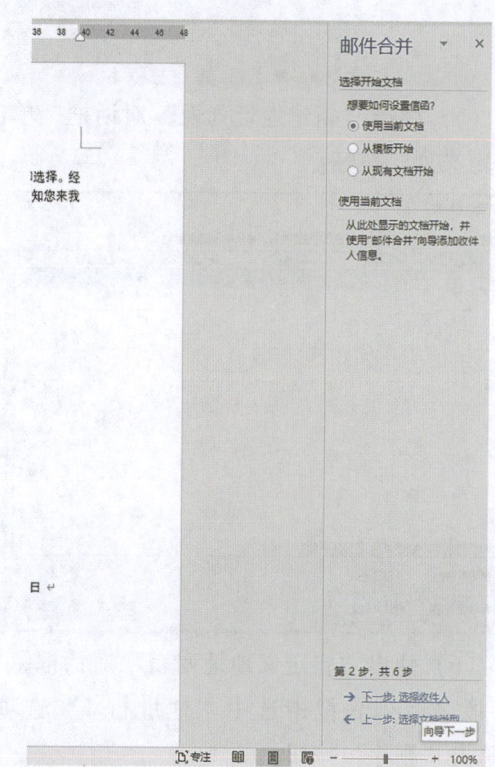

(4)在"选择收件人"栏目中,选中"键入新列表"单选按钮,在"键入新列表"栏目中单击"新建收件人列表"按钮。

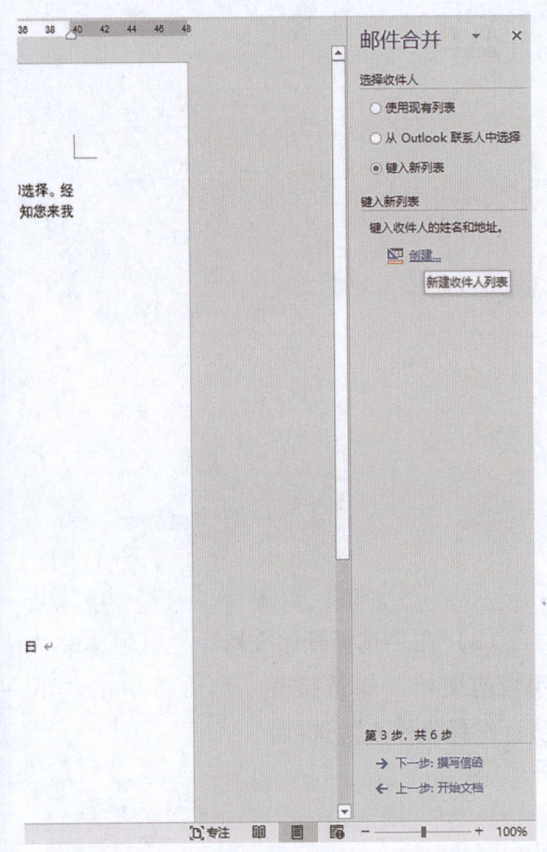

(5)弹出"新建地址列表"对话框,单击"自定义列"按钮。

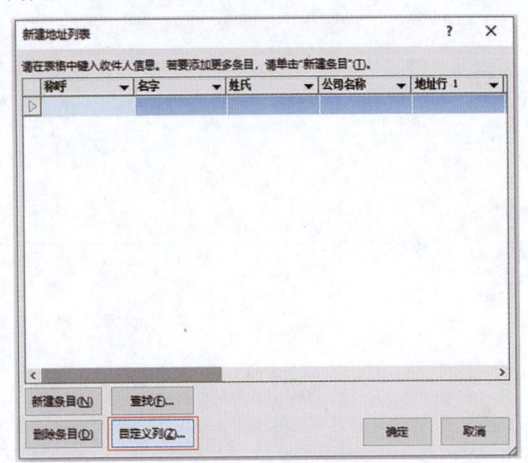

(6)弹出"自定义地址列表"对话框,在"字段名"列表框中选中"地址行1"选项,再单击"删除"按钮。

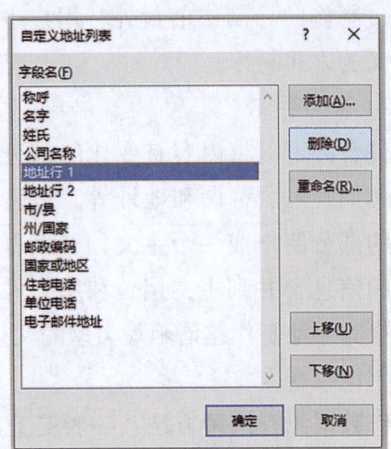

(7)弹出提示框,单击"是"按钮,即可删除该字段。

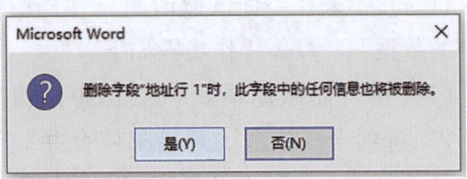

(8)删除其他多余字段,选中"称呼"选项,单击对话框右侧的"重命名"按钮。

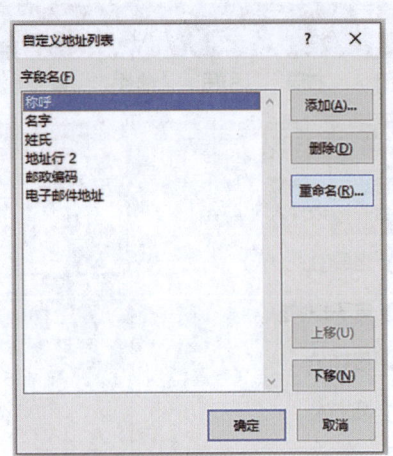

(9)弹出"重命名域"对话框,在"目标名称"文本框中输入"称谓",单击"确定"按钮。

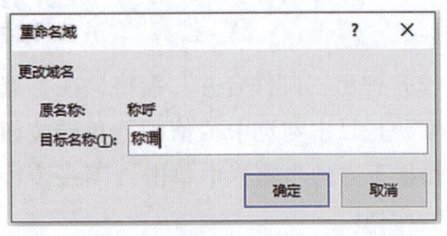

（10）接下来调整字段的位置。选中"称谓"选项，单击右侧的"下移"按钮，调整"称谓"字段的位置。

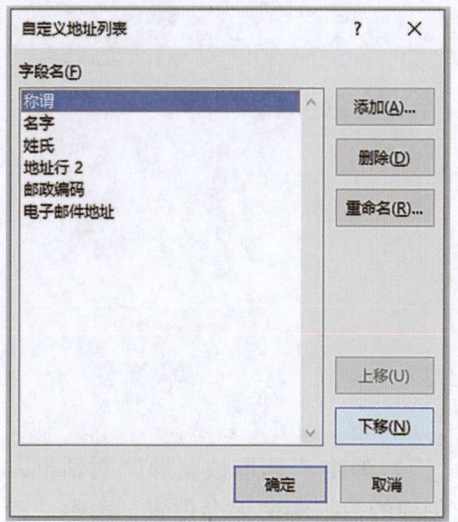

（11）将"称谓"字段调整到"姓氏"之后，单击"添加"按钮；弹出"添加域"对话框，在"键入域名"文本框中输入"电话号码"，单击"确定"按钮。用同样的方法添加"性别"字段，添加完成后单击"自定义地址列表"对话框中的"确定"按钮，完成对字段的调整。

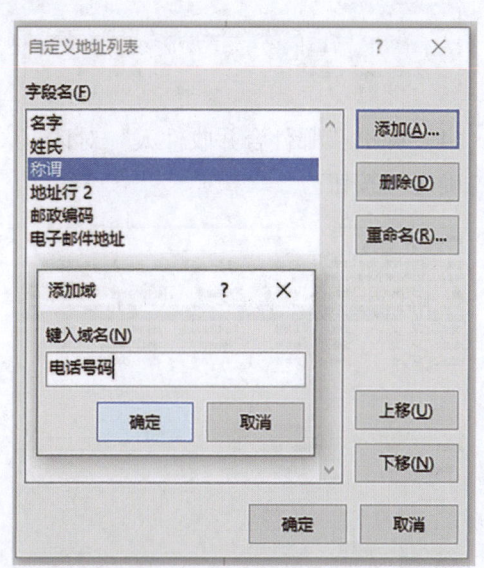

（12）返回"新建地址列表"对话框，在对应字段下方的文本框中输入相应的内容；然后单击"新建条目"按钮。

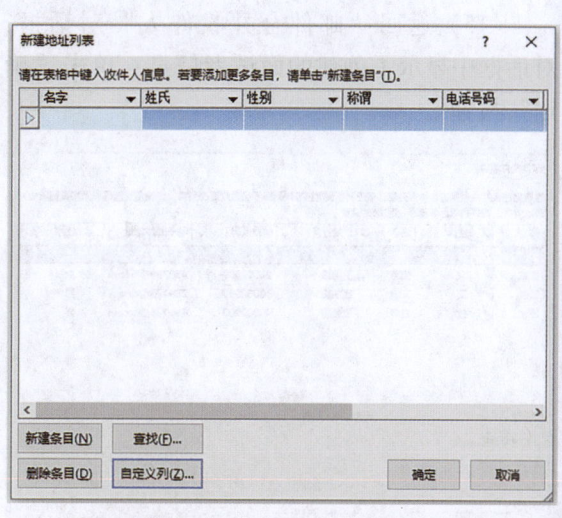

（13）输入新建条目的信息，利用此方式添加更多的条目信息，单击"确定"按钮。

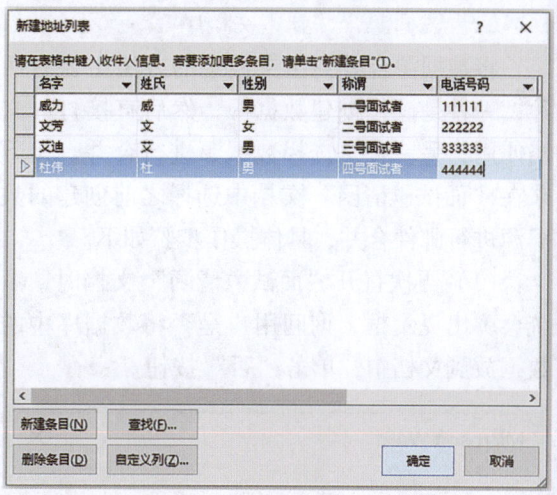

（14）弹出"保存通讯录"对话框，在"文件名"下拉列表框中输入"面试者数据"，选择好保存位置，单击"保存"按钮。

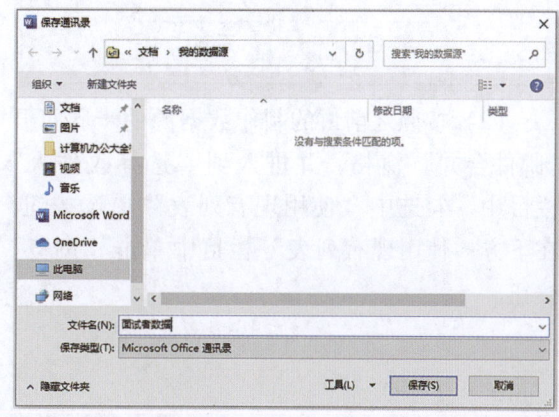

（15）返回"邮件合并收件人"对话框，对话框中显示了创建的面试者信息，单击"确定"按钮。

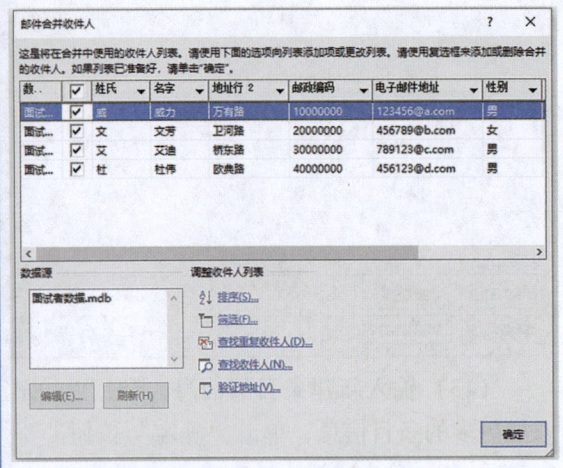

2. 将数据源合并到主文档中

将数据源合并到主文档中的方法主要有两种，一种是操作创建数据源，然后直接打开文档使用；另一种是选择数据源进行合并。接下来在"面试邀请函"文档中选择之前创建的数据源进行邮件合并，具体操作步骤如下。

（1）再次打开"面试邀请函"文档时，系统会弹出提示框，询问用户是否将数据库中的数据放到文档中，单击"否"按钮。

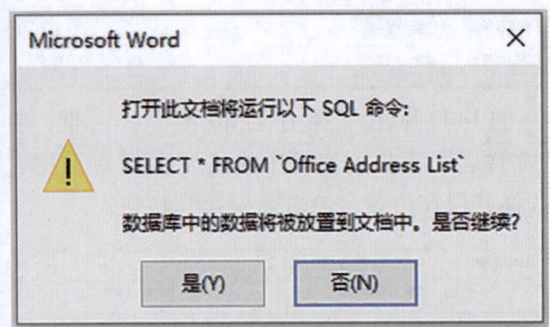

（2）按照之前讲的制作数据源的步骤打开"邮件合并"窗格，并进入到"选择收件人"栏目中，勾选中"使用现有列表"单选按钮，在下方"使用现有列表"栏目中单击"浏览"按钮。

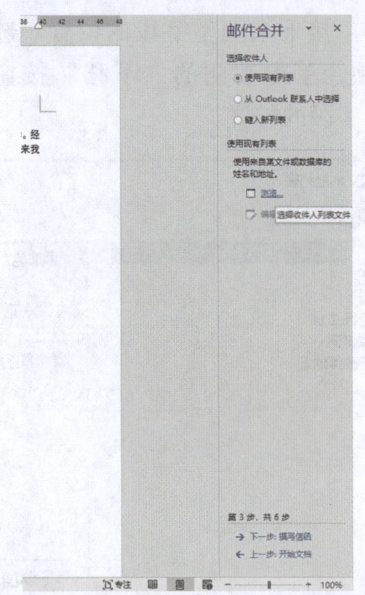

（3）弹出"选取数据源"对话框，找到之前创建的数据源的保存位置，选中"面试者数据"文件，单击"打开"按钮。

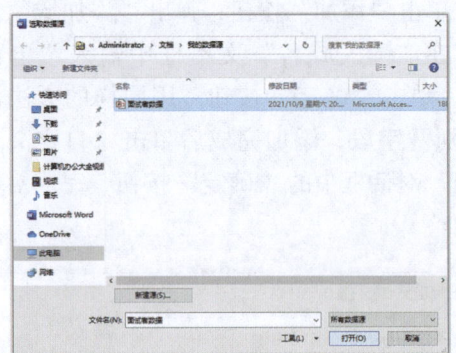

（4）弹出"邮件合并收件人"对话框，单击"确定"按钮。

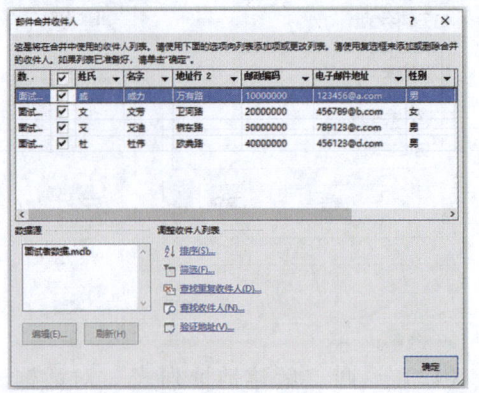

（5）返回 Word 工作界面，在"邮件合并"窗格中，单击"下一步：撰写信函"按钮。

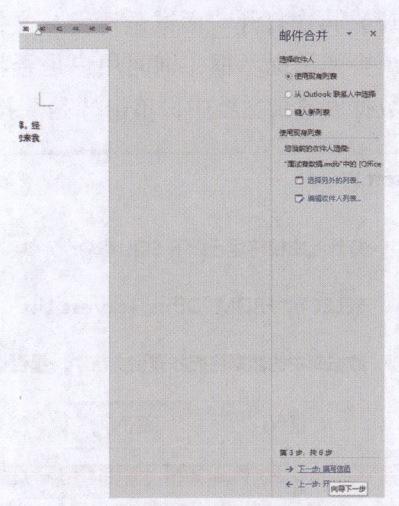

（6）删除文档中的"先生/女士："文本和文本前的下划线；在"邮件合并"窗格的"撰写信函"栏目中单击"其他项目"按钮。

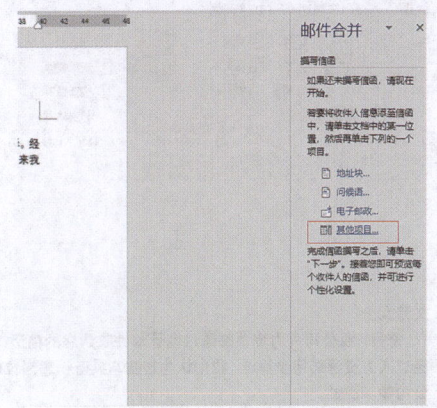

（7）弹出"插入合并域"对话框，在"域"栏目中选择"名字"选项，单击"插入"按钮，将"名字"域插入文档中。

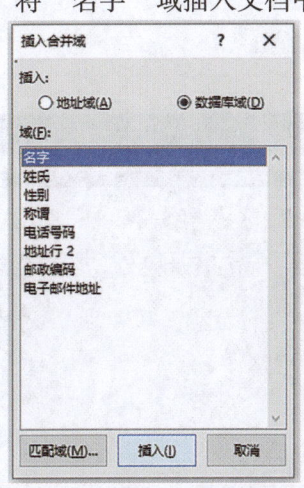

（8）利用同样的方法将"性别"域插入到文档中。

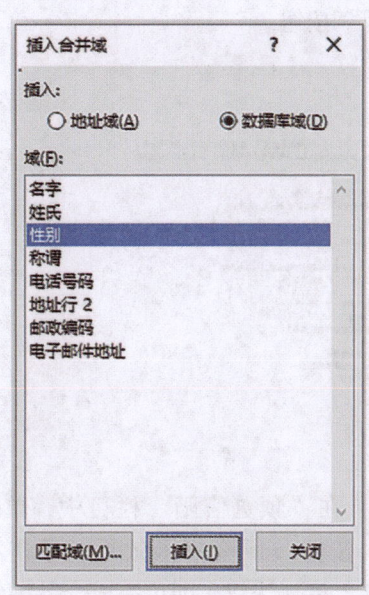

（9）单击"关闭"按钮，在插入的域后输入"土"字，并用相应的文本代替文档中的下划线。

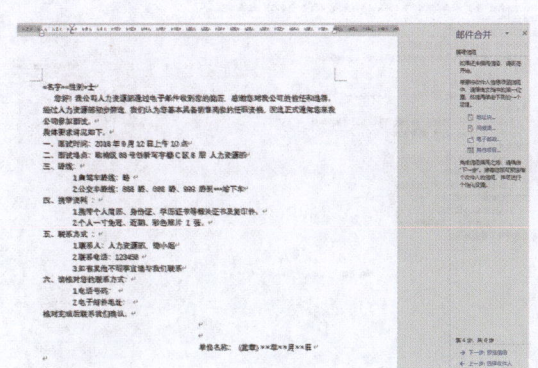

（10）在"核对您的联系方式"组中插入"电话号码"和"电子邮件地址"域。

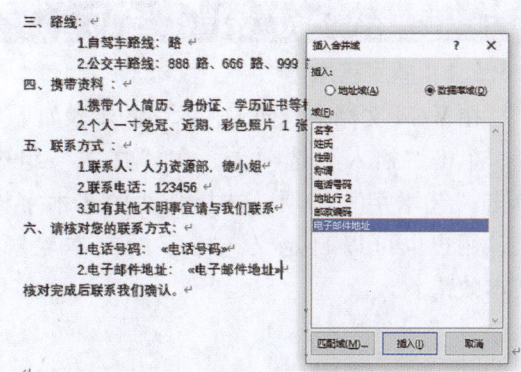

(11)选中插入的域,将字体设置为"黑体"。在"邮件合并"窗格中单击"下一步:预览信函"按钮。

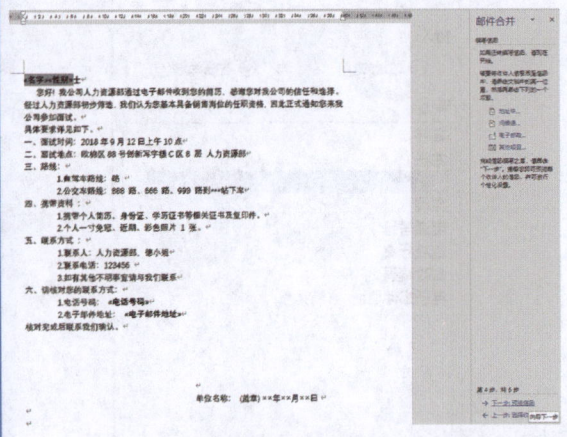

(12)在"预览信函"栏目中,单击"下一记录"按钮,预览信函效果。单击"下一步:完成合并"按钮,即可完成合并操作。

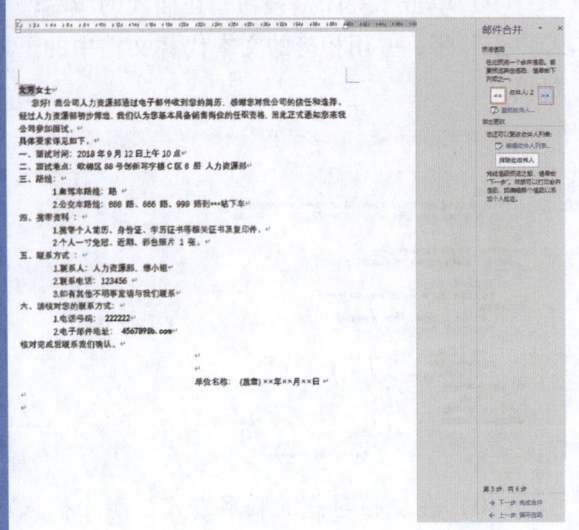

(13)再次打开"面试邀请函"文档的时候,系统会弹出提示框,询问用户是否将数据库中的数据放置到文档中,单击"是"按钮。

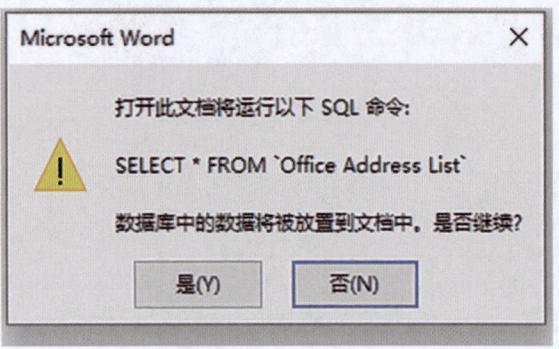

(14)切换到"邮件"选项卡下,单击"预览结果"组中的"下一记录"按钮,对信函的效果进行查看。

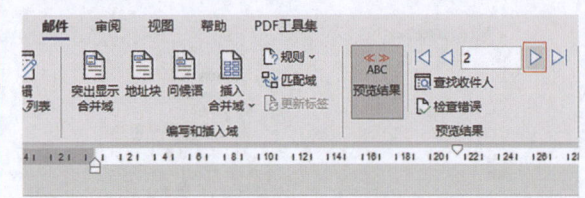

3.5 美化 Word 文档小技巧

3.5.1 插入艺术字

在 Word 文档中,插入艺术字的步骤如下。

单击"插入"选项卡,在"文本"组中单击"艺术字"选项,选择合适的艺术字样式,用户也可以自定义艺术字的文本轮廓、文本效果。

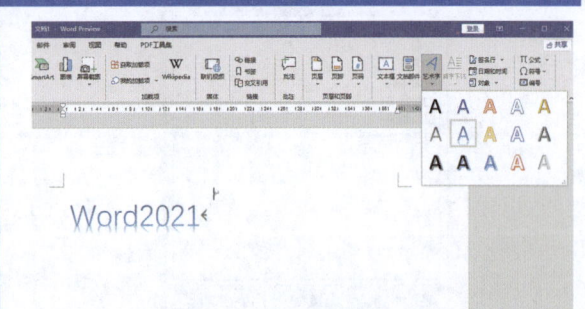

3.5.2 如何删除文档中的所有图片

切换到"开始"选项卡，单击"编辑"组中的"替换"选项，弹出"查找与替换"对话框，在"查找内容"一栏中输入"^g"，单击"全部替换"按钮。

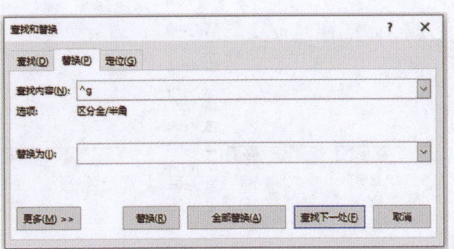

3.5.3 Word中表格应用小技巧

1. 为多行设置指定行高

选中要设置行高的表格，切换到"布局"选项卡，单击"表"中的"属性"按钮，弹出"表格属性"对话框，切换到"行"选项卡，勾选中"指定高度"单选按钮，在"指定高度"中输入需要设置的行高数值，单击"上一行"或"下一行"按钮对表格的行高依次进行设置。

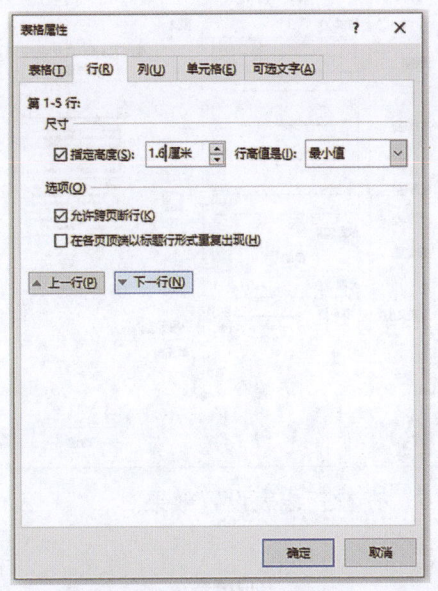

2. 为多列设置指定列宽

打开"表格属性"对话框，切换到"列"选项卡，勾选中"指定宽度"单选按钮，输入指定列宽数值，单击"上一列"或"下一列"按钮对列宽依次进行设置。

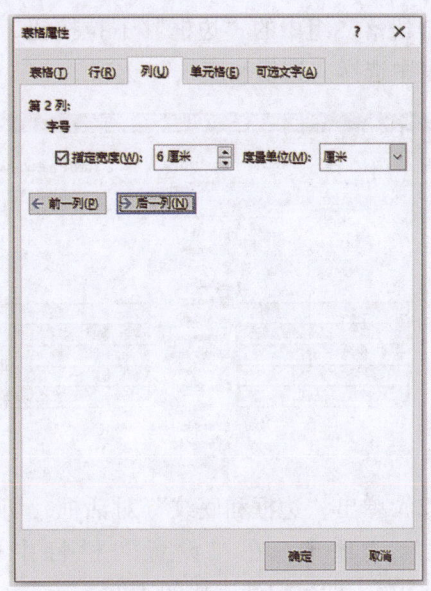

3. 设置跨页页首自动显示表头

选中表头之后，切换到"布局"选项卡，打开"表格属性"对话框，切换到"行"选项卡，勾选中"在各页顶端以标题形式重复出现"复选框，单击"确定"按钮即可。

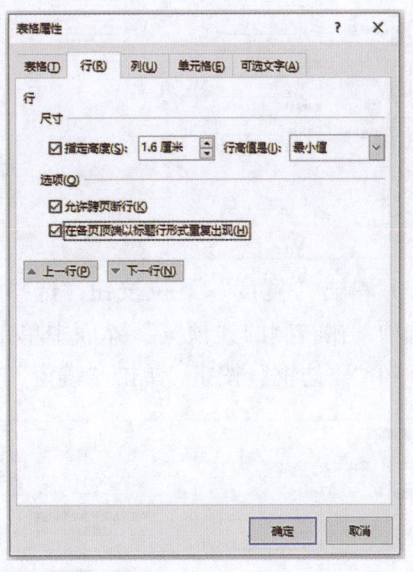

4. 快速制作三线表

在Word中使用表格的时候，经常会用到三线表，尤其是在论文的写作过程中。三线表是指只有上边框、标题行下面的较细边框以及下边框的表格，在Word 2021中制作三线表的具体操作步骤如下。

（1）选中表格，切换到"开始"选项卡，

单击"段落"组中的"边框"下拉按钮,在下拉列表中选择"边框和底纹"选项。

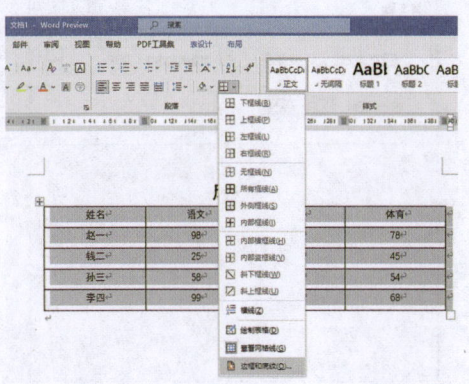

(2)弹出"边框和底纹"对话框,切换到"边框"选项卡,在"设置"栏目中选择"无"选项,即可取消表格的边框。

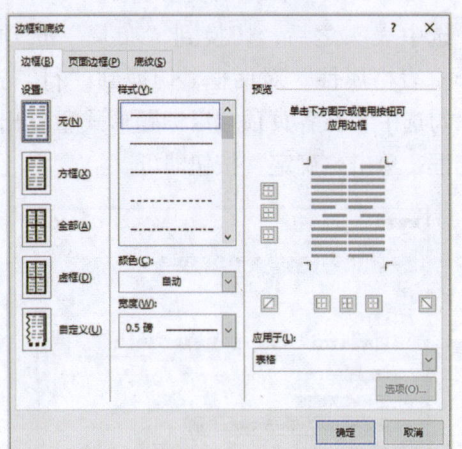

(3)单击"宽度"下拉按钮,选择"1.5磅"选项,在右侧的"预览"界面中单击"上边框"和"下边框"按钮,单击"确定"按钮。

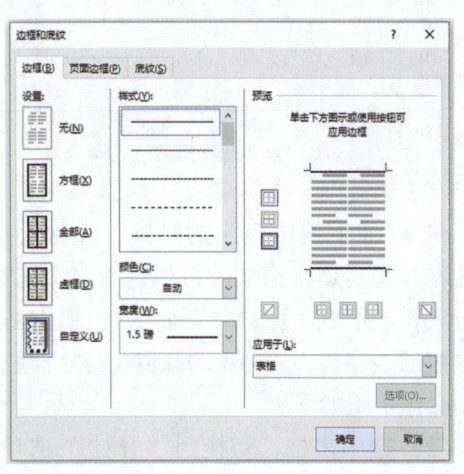

(4)选中标题行,切换到"开始"选项卡,单击"段落"组中"边框"下拉按钮,在弹出的下拉列表中选择"边框和底纹"选项。

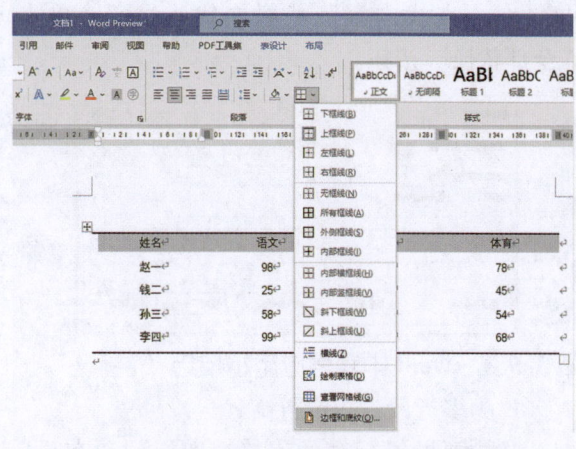

(5)弹出"边框和底纹"对话框,单击"宽度"下拉按钮,选择"0.5磅"选项,在右侧"预览"界面中单击"下边框"按钮,然后单击"确定"按钮。

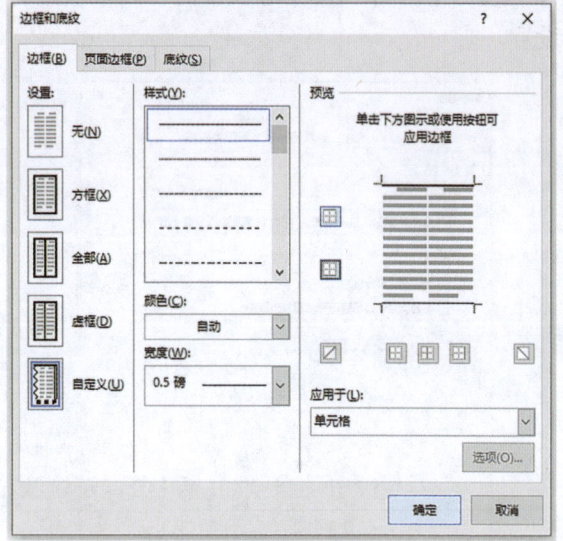

(6)查看三线表设置效果。

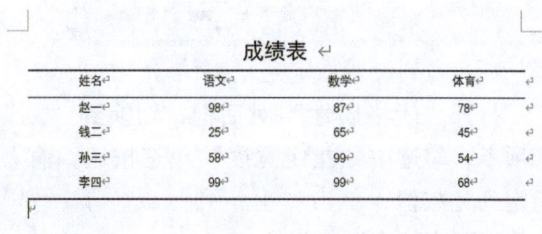

第四章　Word的高级应用

扫码看视频

概述

使用Word对文档进行编辑之后，还可以对文档的样式进行设计，例如为文档设计页眉页脚、插入目录及控件的使用等。此外本章讲述的另一个重要内容是Word中模板的使用。

4.1　Word 中样式的应用

样式是多种格式的集合，在编辑文档时要频繁使用某些格式时，可以将其创建为样式，以便直接使用。Word 自身提供了多种样式，这些内置样式可以直接拿来使用，用户也可以根据需要创建样式。接下来以"公司管理制度"文件为例介绍样式的应用。

4.1.1　使用内置样式

1. 设置标题样式

打开原始文件，选中文档的标题，单击"开始"选项卡，在"样式"组中单击下拉箭头，在下拉菜单中选择"标题"样式，这样"标题"样式就运用到了文档中的标题。

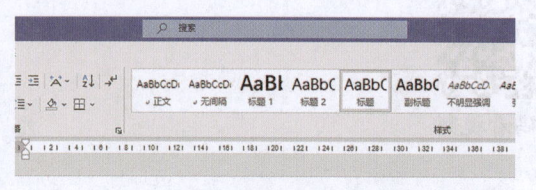

2. 设置显示选项

单击"样式"组的"对话框启动器"按钮，弹出"样式"窗格，单击右下角的"选项"按钮，弹出"样式窗格选项"对话框，单击"选择要显示的样式"栏的下拉箭头，在下拉列表中选择"所有样式"选项。

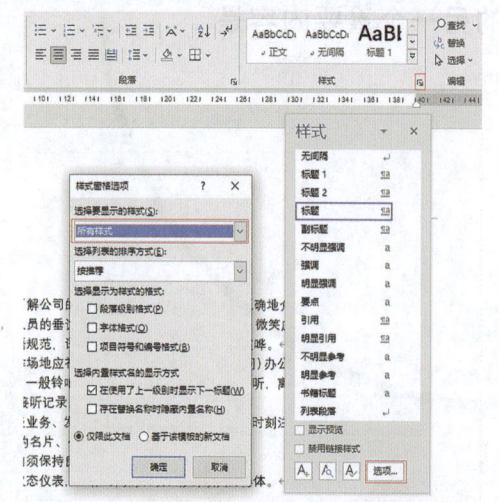

3. 设置多级标题

（1）选中文档中的一级标题，在"样式"窗格中单击"标题1"，这时便将"标题1"样式应用到所选标题。

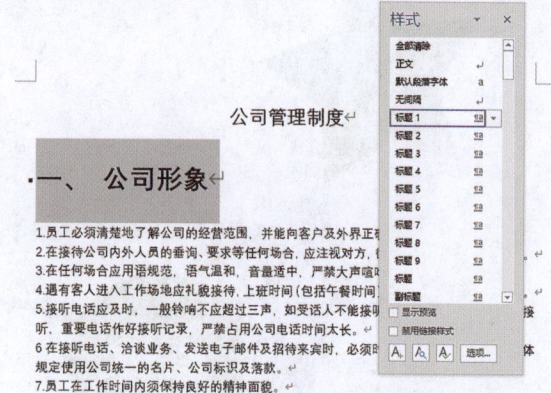

（2）利用此方法将其他一级标题的样式都设置为"标题1"。

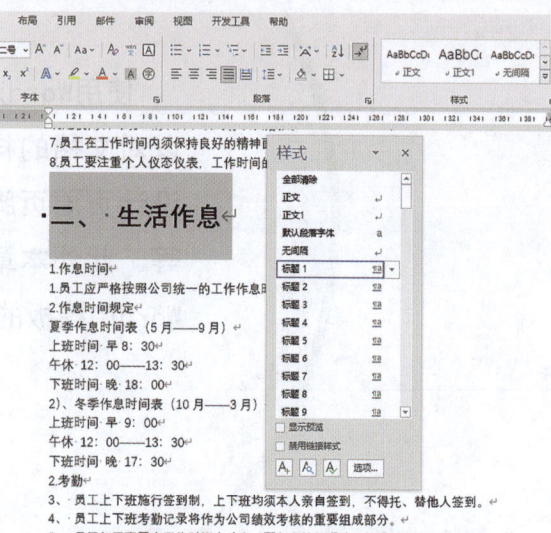

（3）选中文档中的二级标题，在"样式"窗格中选择"标题2"选项即可将"标题2"样式应用到所选二级标题。

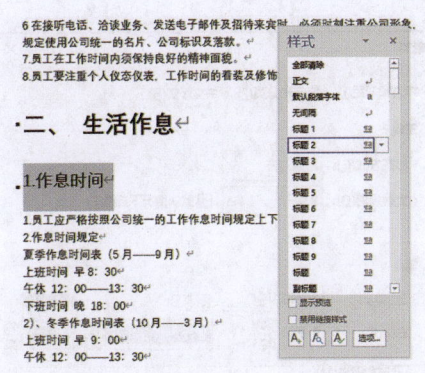

（4）将文档中"标题2"样式应用到所有二级标题中。

4.1.2 新建样式

用户根据需要创建新的样式，步骤如下。

1. 执行"新建样式"命令

选中正文第一句话，在"样式"窗格中，单击左下角"新建样式"选项。

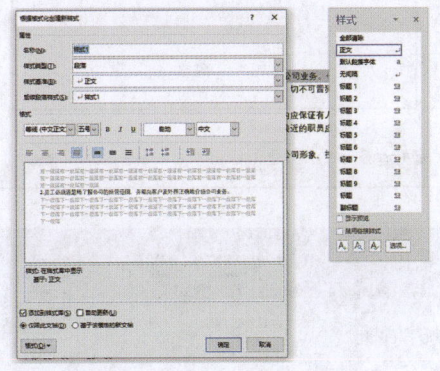

2. 设置新建样式

弹出"根据格式化创建新样式"对话框，在"属性"组中设置"名称"为"正文1"，字体设置为"宋体"，字号为"四号"。单击"确定"按钮。

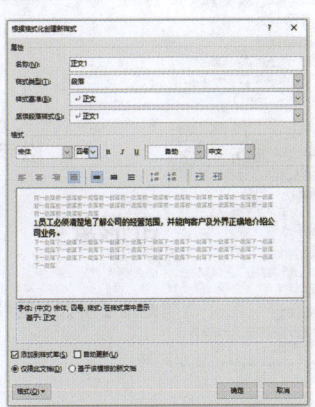

3. 应用新建样式

选中文档中的内容，将正文样式设置为"正文1"。

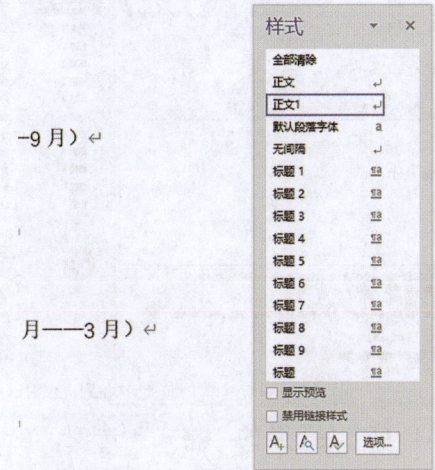

4. 修改样式

无论是Word内置样式还是用户新建的样式都可进行修改，步骤如下。

（1）在"样式"窗格中，将光标放在需要修改的样式名字上，这时样式名称右侧会出现向下箭头，单击向下箭头，在打开的下拉菜单中选择"修改"选项，即可对样式进行修改。

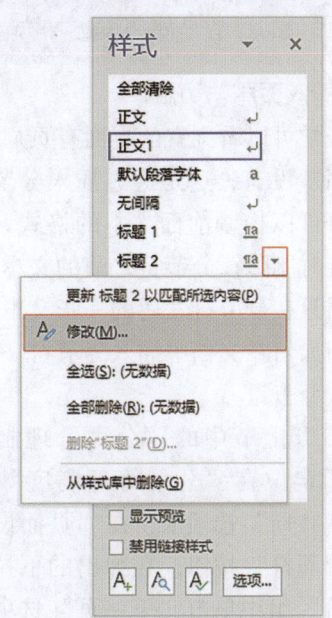

(2)弹出"修改样式"对话框。

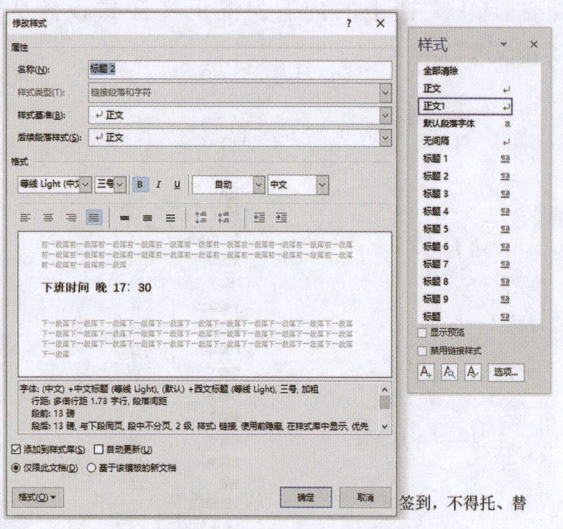
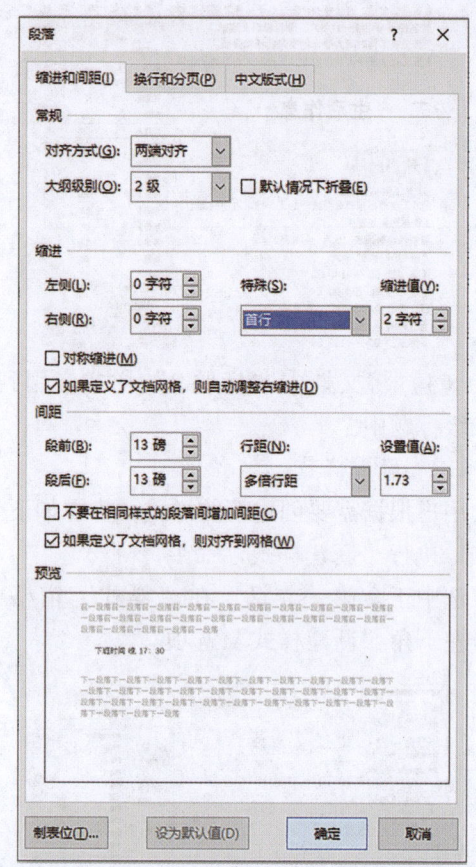

(3)单击左下角的"格式"选项,在下拉列表中可以对样式的"字体""段落"等进行修改。以段落为例,单击"段落"后出现"段落"对话框,在"缩进"组中将"特殊格式"选项设置为"首行","缩进值"设置为"2字符"。单击"确定"按钮。

4.2 设置目录

设置目录的目的是使阅读更加方便,使文档层次更加清晰。

4.2.1 插入页眉与页脚

我们经常可以看到有的页面有页眉和页脚,而有的界面却没有,这是通过插入分节符实现的。分节符可以控制前面文本的格式,删除某分节符会同时删除该分节符之前的文本的格式。页脚和页眉只在分节符之后的一张文本中显示。接下来介绍如何在文档中插入分节符。

1. 插入分节符

(1)打开上节中的"公司管理制度"文档,将光标定位在"公司管理制度"文本之前,单击"布局"选项卡,在"页面设置"组中单击"分隔符"按钮,在弹出的下拉菜单中的"分节符"组中单击"下一页"选项。

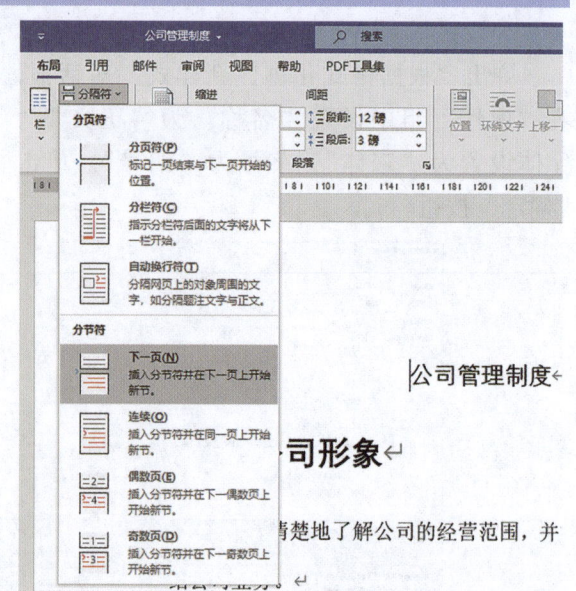

（2）单击"分隔符"后出现下拉菜单中还有一个是"分页符"，作用是将光标当前所在的位置之后的内容移到下一页。

2. 插入页眉和页脚

（1）插入页眉。

单击"插入"选项卡，在"页眉和页脚"组中单击"页眉"选项，在弹出的下拉菜单中选择合适的样式。

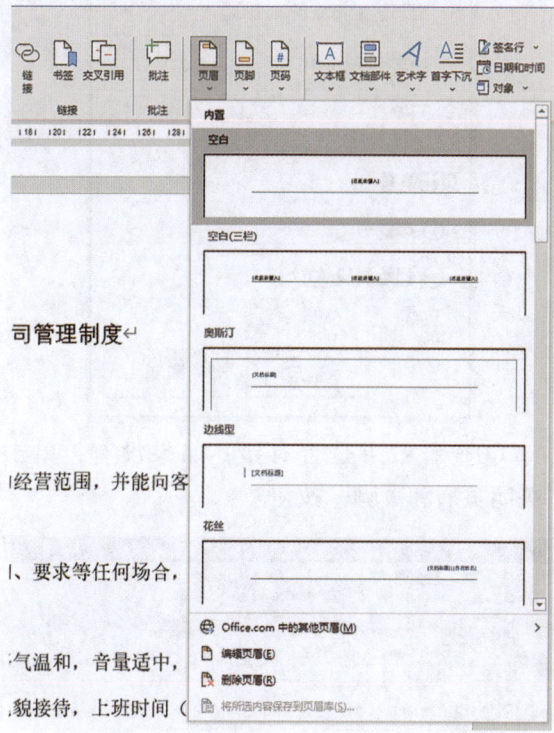

（2）输入页眉文本。

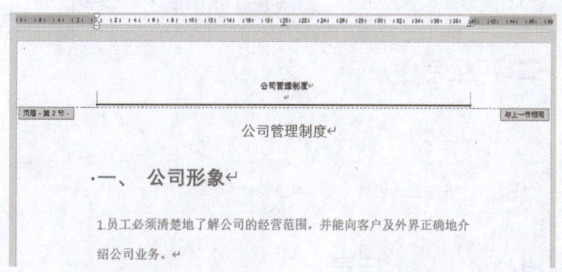

（3）设置页脚。

单击"插入"选项卡，在"页眉和页脚"组中单击"页脚"选项，在弹出的下拉菜单中选择合适的页脚。

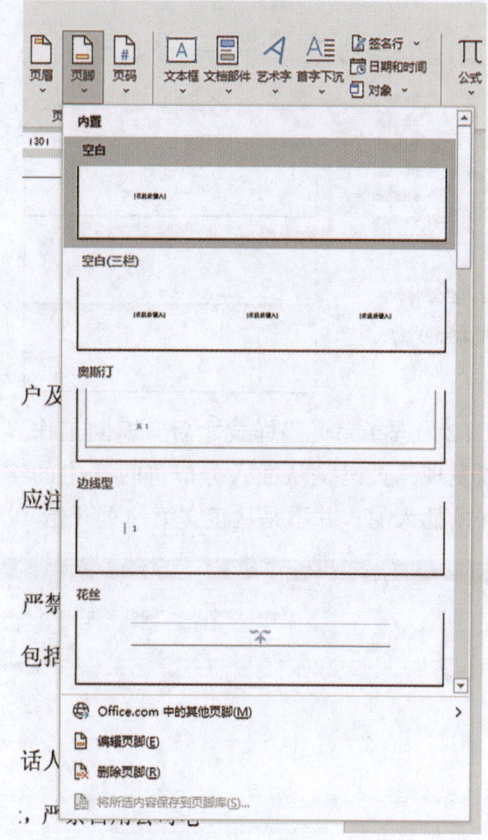

（4）输入页脚文本。

输入页脚文本后，单击"关闭页眉和页脚"按钮退出页眉和页脚编辑状态。

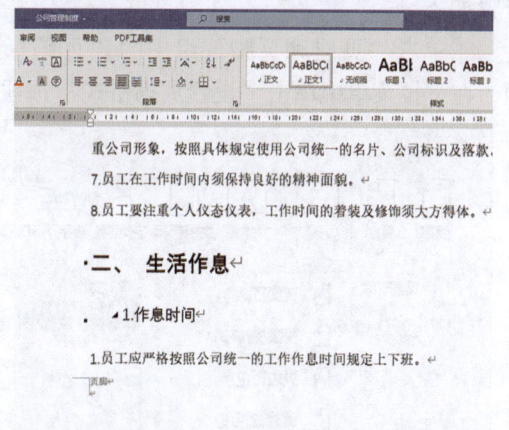

3. 设置页码

（1）单击"插入"选项卡，在"页眉和页脚"组中单击"页码"选项，在弹出的下拉菜单中选择"页面底端"选项，弹出新的列表选项，选择合适的页码样式。

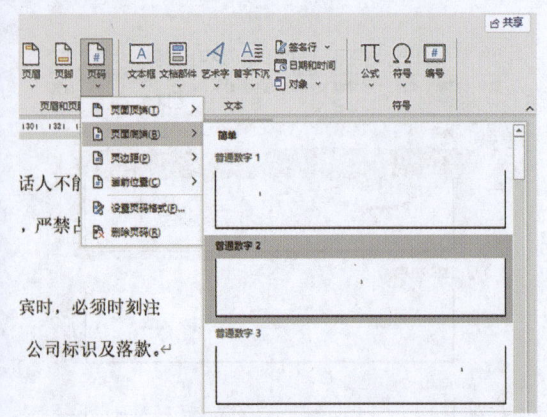

(2)选择完页码样式之后,返回工作界面可以发现,页码是从插入分节符时产生的空白页开始插入的,并不是从正文第一页开始。

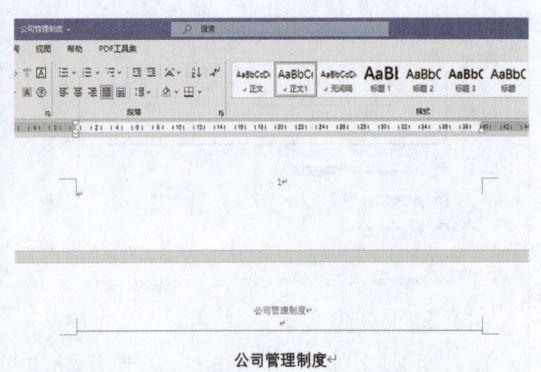

此时我们就需要对页码的格式进行设置,步骤如下。

①单击"页眉和页脚"组中的"页码"选项,在下拉菜单中单击"设置页码格式"选项。

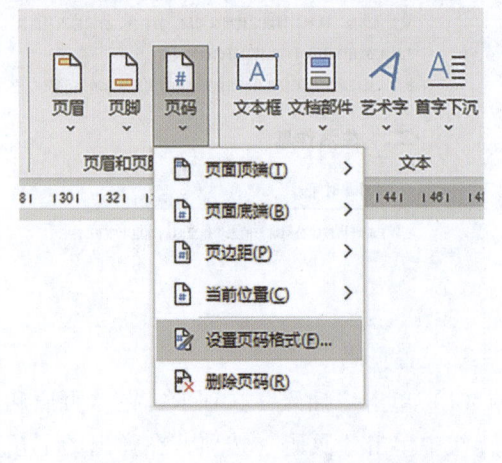

②弹出"页码格式"对话框,在"页码编号"组中,选中"起始页码"前的复选框。单击"确定"按钮。

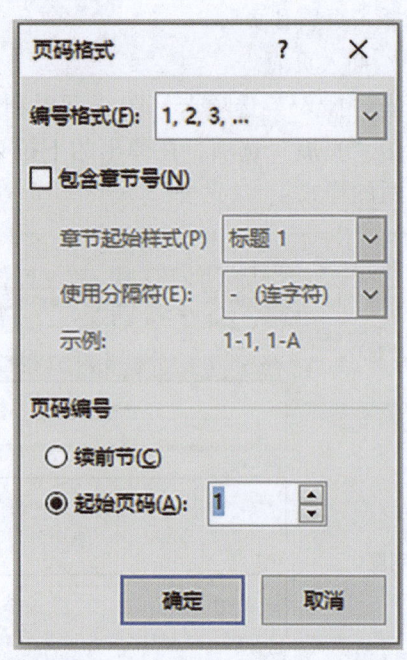

③查看效果是否有错,如果没有,单击"关闭页眉和页脚"按钮。

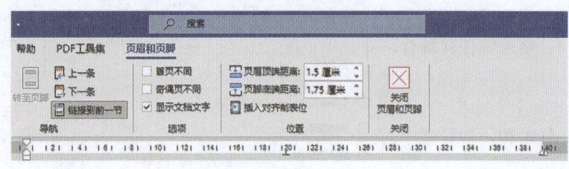

重公司形象,按照具体规定使用公司统一的名片、公司标识及落款。
7.员工在工作时间内须保持良好的精神面貌。
8.员工要注重个人仪态仪表,工作时间的着装及修饰须大方得体。

二、生活作息

1.作息时间

1.员工应严格按照公司统一的工作作息时间规定上下班。

4.2.2 插入目录

1. 插入自动目录

(1)将光标定位在文档正文内容之前的空白页,单击"引用"选项卡,在"目录"组中单击"目录"选项,在出现的下拉菜单中选择"自动目录1"选项。

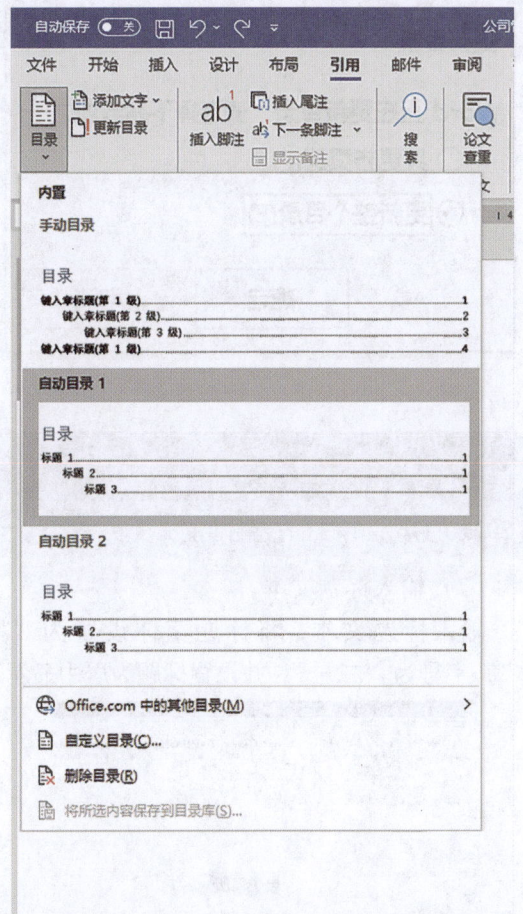

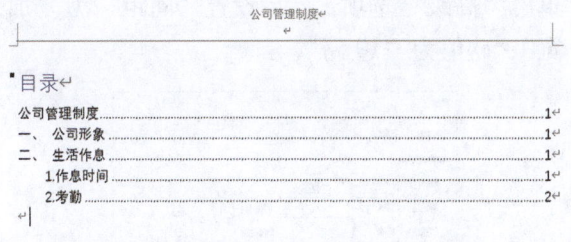

(2)此时正文内容之前的空白页就插入了目录。

2. 调用导航窗格

"导航"窗格方便了用户了解文档的大致内容,调用导航窗格的具体步骤如下。

(1)切换到"视图"选项卡,在"显示"组中选中"导航窗格"选项。

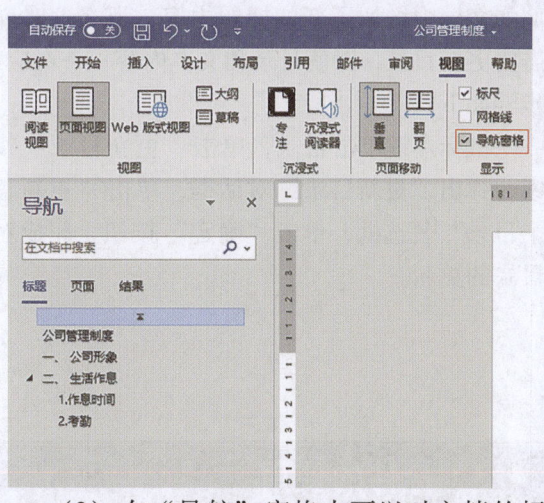

(2)在"导航"窗格中可以对文档的标题进行一些简单的操作。将光标放在"导航"窗格任一标题上,单击鼠标右键。在弹出的快捷菜单中选择想要的操作。

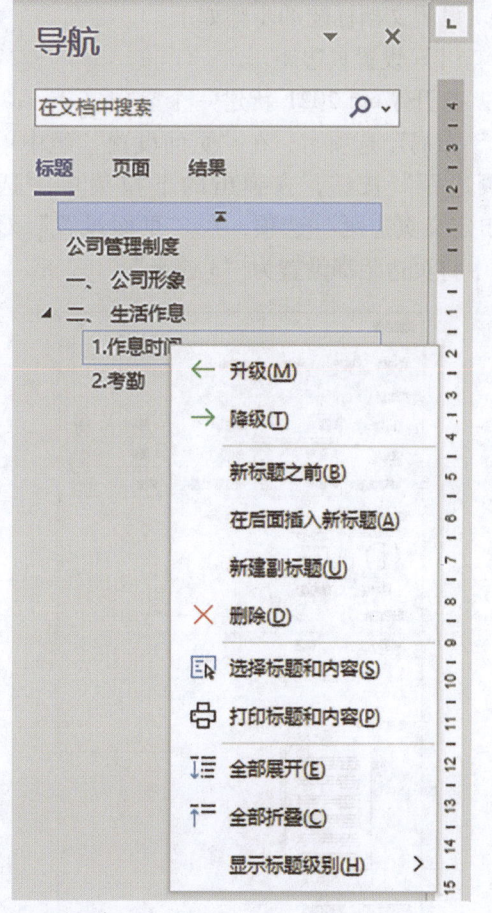

3. 更新目录

有时在插入目录之后,文档仍然需要编辑,

例如文档中增加了新的标题内容，那么这时就需要更新目录，以使目录和文本内容一一对应，步骤如下。

鼠标左键单击目录，单击"更新目录"按钮，弹出"更新目录"对话框，单击"更新整个目录"复选框，单击"确定"按钮，完成对目录的更新。

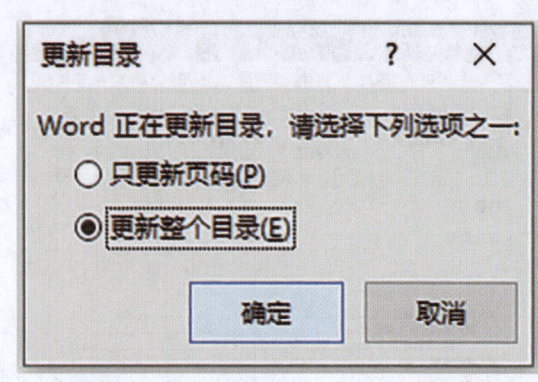

4.3 控件的使用

本节将以制作个人电子简历为例介绍如何使用 **Word 2021** 的开发工具的控件功能。

☞4.3.1 制作简历文本部分

1. 设置文档标题

设置文档标题的步骤如下。

（1）设置页边距。

打开 Word 2021 新建一个空白文档，切换到"布局"选项卡，在"页面设置"组中单击"页边距"按钮，在弹出的下拉菜单中选择"自定义页边距"选项，在"页面设置"对话框中将页边距都设置为"3厘米"。

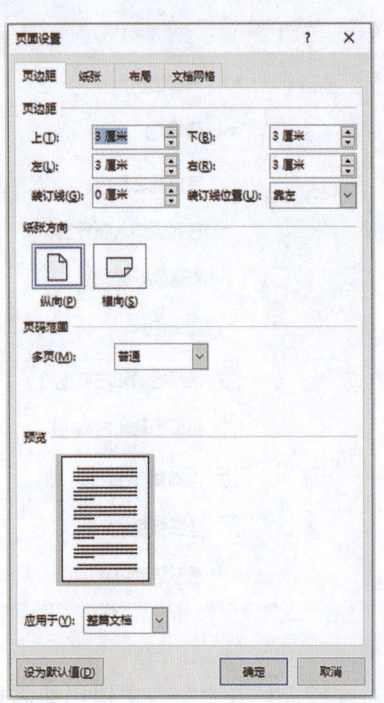

（2）输入标题文本。

输入标题文本，将标题字体设置为"黑体"，字号为"二号"，并设置标题为居中显示。

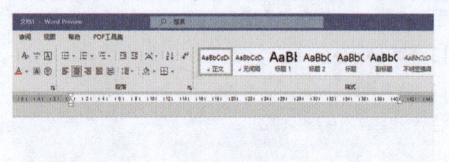

电子简历

（3）字体的高级设置。

选中标题文本，单击"字体"组中"对话框启动器"按钮，在弹出的"字体"对话框中单击"高级"选项，然后设置"间距"为"加宽"，磅值为"10 磅"。

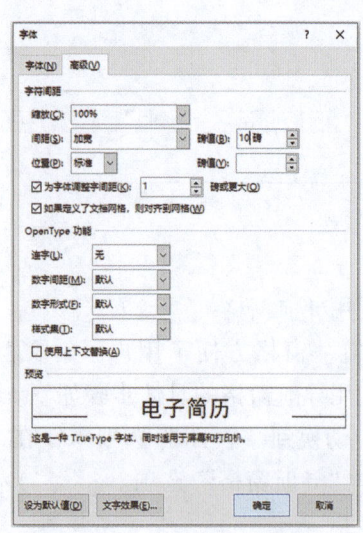

（4）设置行距。

单击"段落"组中"对话框启动器"按钮，弹出"段落"对话框，在对话框中，将"间距"栏中的"段前""段后"值均设置为"2 行"。

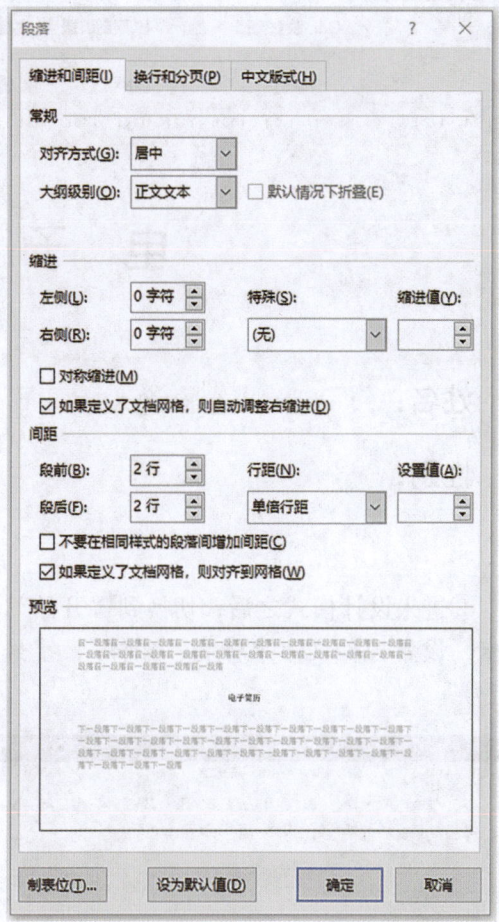

2. 设置正文文本的格式

（1）设置制表符。

输入正文前，在"字体"组中设置"字体"为"黑体"、字号为"四号"。然后在标尺上单击"22"，把此处设置为制表符位。

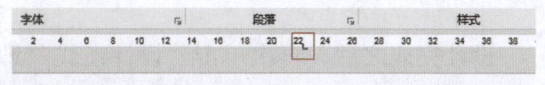

（2）输入正文文本。

输入"姓名："，使用 Tab 键转到下一制表符位输入"年龄："。

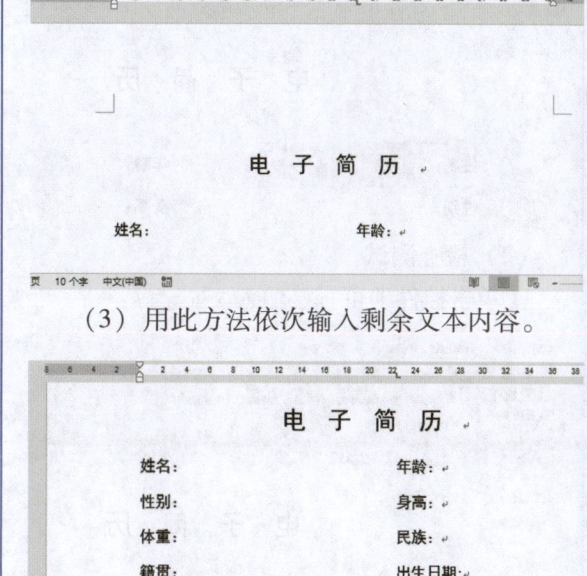

（3）用此方法依次输入剩余文本内容。

4.3.2 运用控件制作文档

1. 设置"格式内容文本控件"

（1）插入控件。

①将光标放在"姓名："之后，切换到"开发工具"选项卡，单击"控件"组中的"格式文本内容控件"按钮。

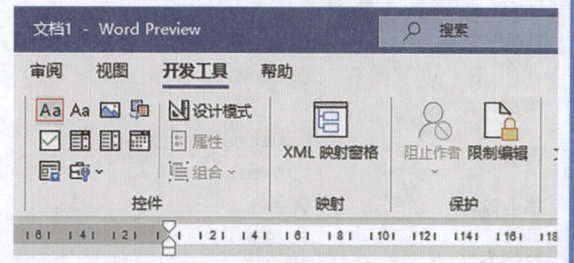

②效果如图。

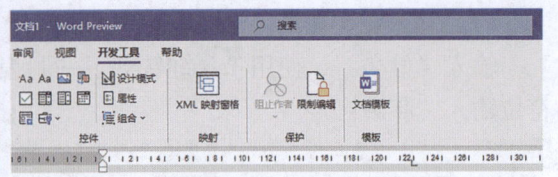

（3）设置控件文字。

①在"控件"组中单击"设计模式"选项，进入控件设计模式。

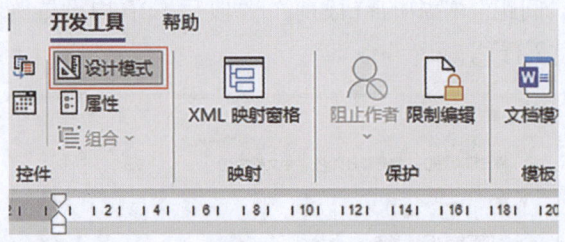

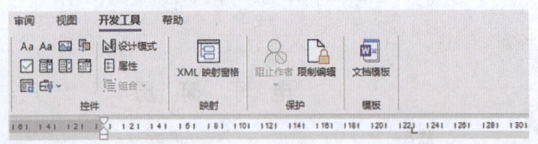

（2）检查测试。

①单击控件即可直接输入文本。

②若控件可以正常使用，将输入的测试文本删除之后再单击页面空白处即可返回到初始状态；若控件不能正常使用，需要删除它，那么在控件上单击鼠标右键，单击"删除内容控件"按钮，即可删除控件。

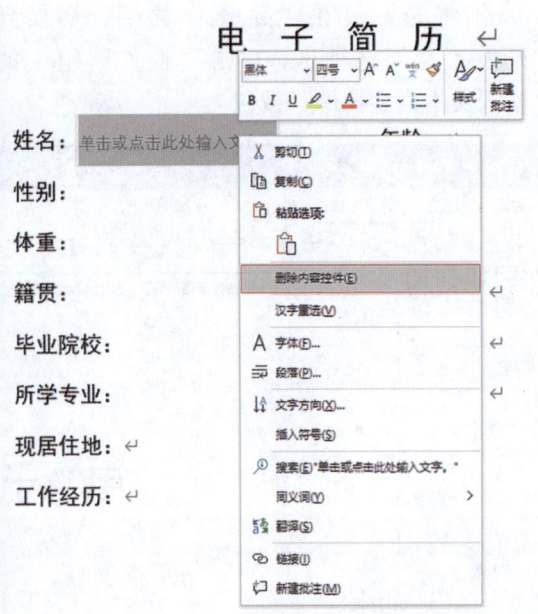

②进入设计模式之后，切换到"开始"选项卡，设置控件文字字体为"宋体"，字号为"五号"。

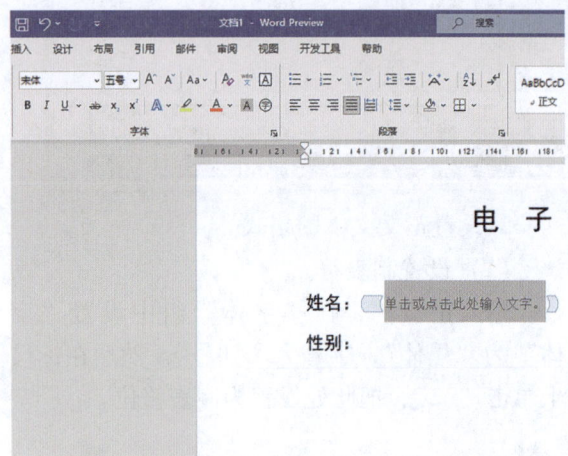

设计完成之后，再次单击"设计模式"即可退出控件设计模式。

2. 设置单选按钮

（1）将光标定位在"性别："之后，切换到"开发工具"选项卡，单击"控件"组中的"旧式工具"下拉箭头。

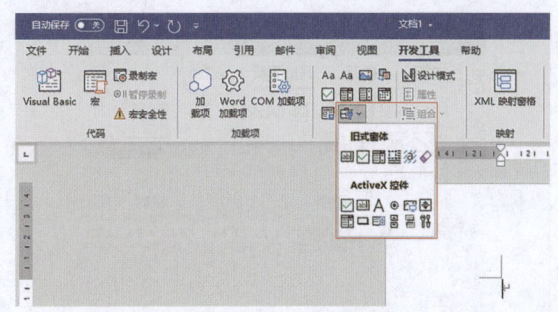

(2)选中添加的"选项按钮"控件,在"控件"组中单击"属性"按钮。弹出"属性"对话框。

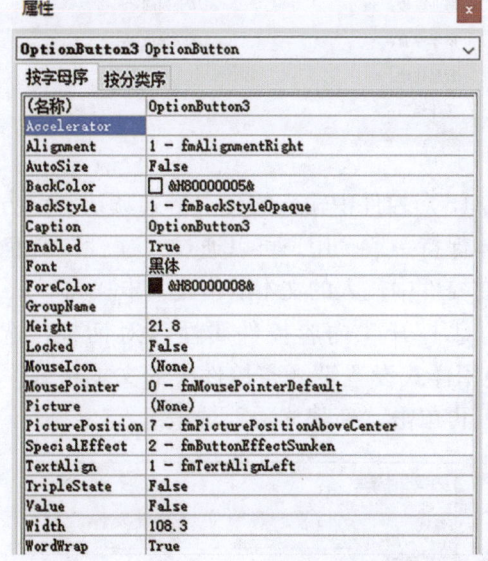

(3)将"Caption"一栏的原有值删除,输入"男",将"Width"值设为"60"。

(4)关闭属性对话框即可查看已添加的控件。

电 子 简 历

姓名：单击或点击此处输入文字。　年龄：
性别：○男　　　　　　　　　　身高：
体重：　　　　　　　　　　　　民族：

(5)用同样的方法添加"女"单选按钮。

电 子 简 历

姓名：单击或点击此处输入文字。　年龄：
性别：○男　○女　　　　　　　身高：
体重：　　　　　　　　　　　　民族：

3. 设置日期选取控件

(1)将光标定位在"出生日期"之后,在"控件"组中单击"日期选取器内容控件"按钮。

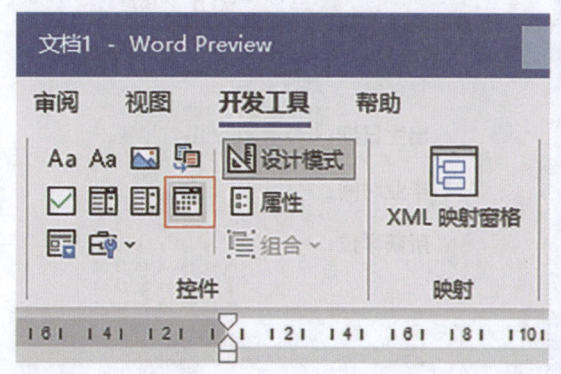

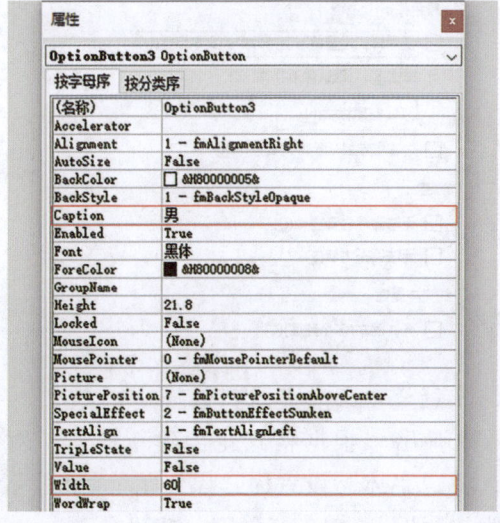

(2）单击"控件"组中的"属性"按钮，弹出"内容控件属性"对话框，将"日期显示方式"设置为需要的样式，单击"确定"按钮。

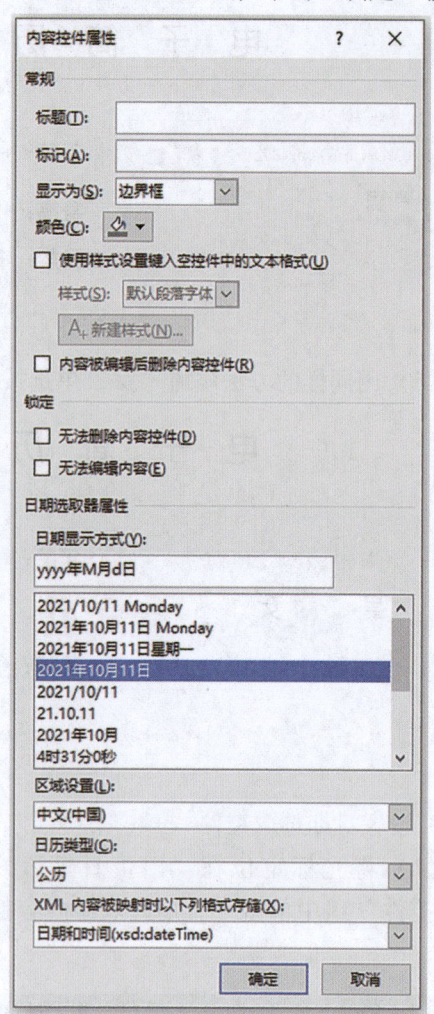

(3）单击控件下拉箭头即可选择日期。

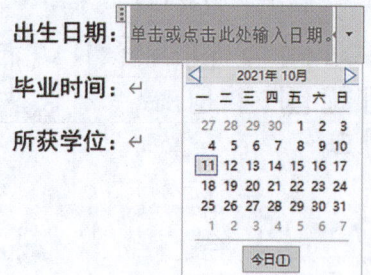

4. 插入纯文本内容控件

（1）将光标定位在"工作经历："下一行，在"控件"组中，单击"纯文本内容控件"按钮。

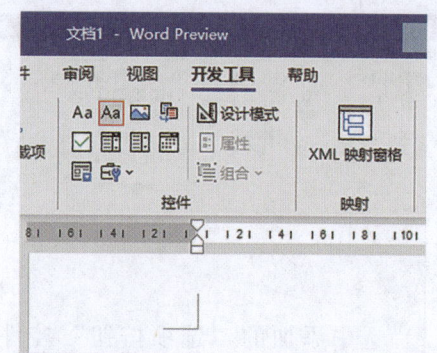

（2）查看效果。

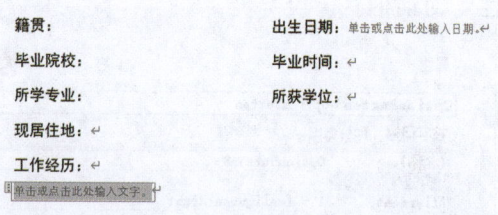

（3）控件中输入的文本格式默认和前方的字体保持一致，用户可以通过"属性"界面设置在控件中输入的文本的格式，步骤如下。

①打开"内容控件属性"对话框，选中"使用样式设置键入空控件中的文本格式"一项，再单击"新建样式"选项框。

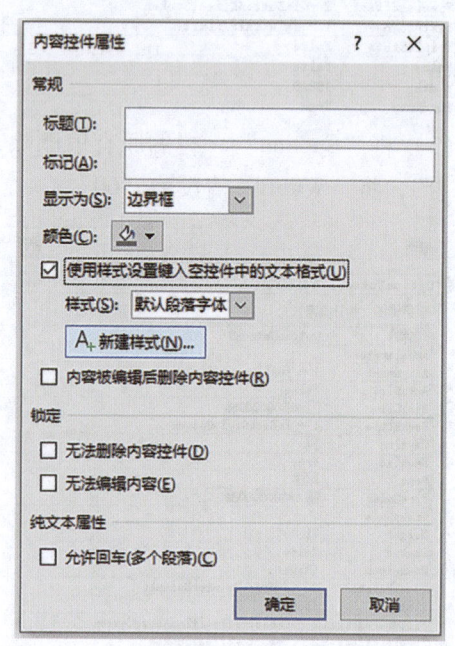

②弹出"根据格式化创建新样式"对话框，将"字体"设置为"黑体"，"字号"设置为"小四"，单击"确定"按钮。

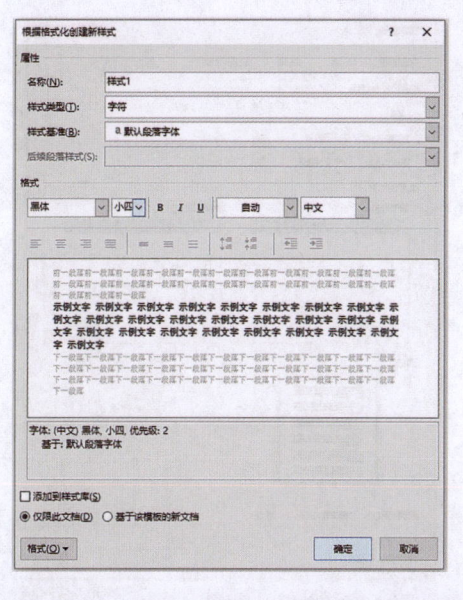

(4)按照以上方法为其他文本内容添加合适的控件,并修改提示信息。

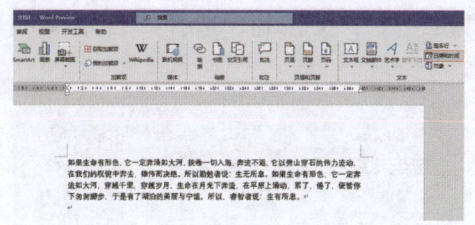

4.4 Word 高级应用小技巧

☞4.4.1 在文档中插入当前时间

用户可以根据需要在文档中插入当前时间,并设置自动更新时间,具体步骤如下。

(1)将光标定位在需要插入时间的位置,切换到"插入"选项卡,单击"文本"组中的"日期和时间"按钮。

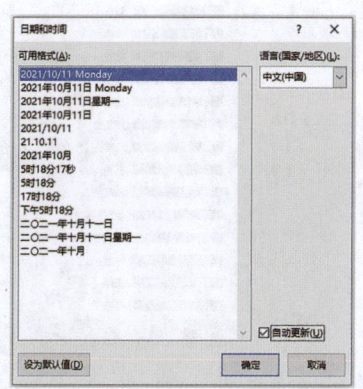

(2)弹出"日期和时间"对话框,在"可用格式"栏目选择合适的时间和日期格式,勾选中"自动更新"单选按钮,单击"确定"按钮。

(3)查看插入日期的效果。

☞4.4.2 打印文档的背景

在默认情况下,文档中设置好的颜色或图片背景是打印不出来的,用户可以进行相应的设置,使其能够被打印出来,具体操作步骤如下。

(1)在 Word 文档中,单击"文件"按钮,在"文件"界面中选择"打印"选项,单击"打印"栏目中的"页面设置"按钮。

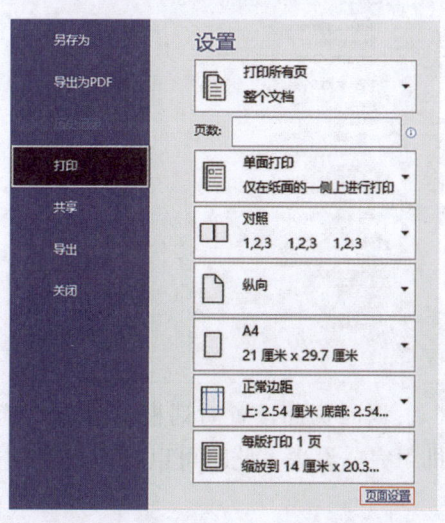

（2）弹出"页面设置"对话框，切换到"纸张"选项卡，单击"打印选项"按钮。

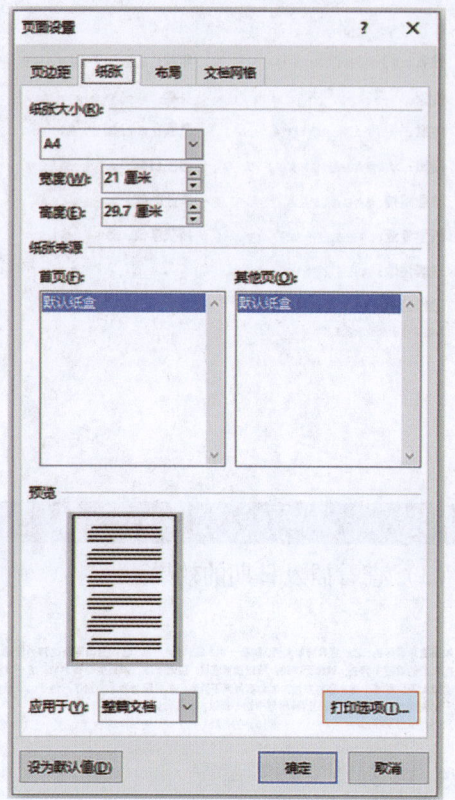

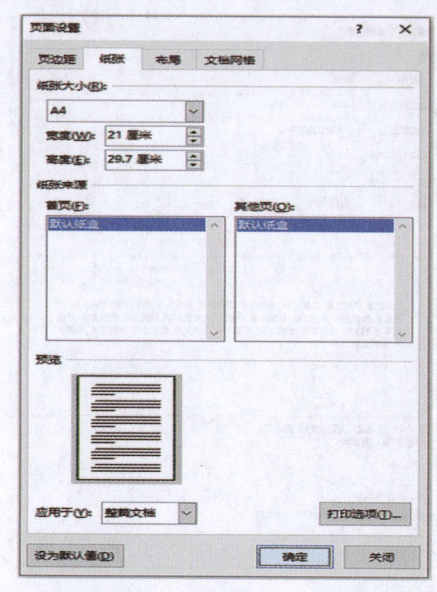

4.4.3 新建 Word 主题

在制作 Word 文档时，用户经常会用到 Word 内置的主题对文档进行编辑，但有时 Word 内置的主题并不能满足用户所有的要求，这时就需要用户根据自己的需要新建 Word 主题，具体操作步骤如下。

（1）在 Word 2021 中新建一个空白文档，切换到"设计"选项卡，在"文档格式"组中，单击"颜色"下拉按钮，选择"自定义颜色"选项。

（3）弹出"Word 选项"对话框，单击"显示"选项，在"打印选项"栏目中勾选中"打印背景色和图像"复选框，单击"确定"按钮完成设置。

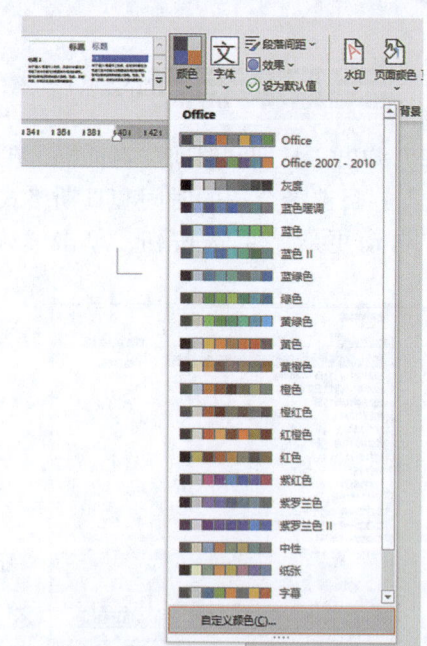

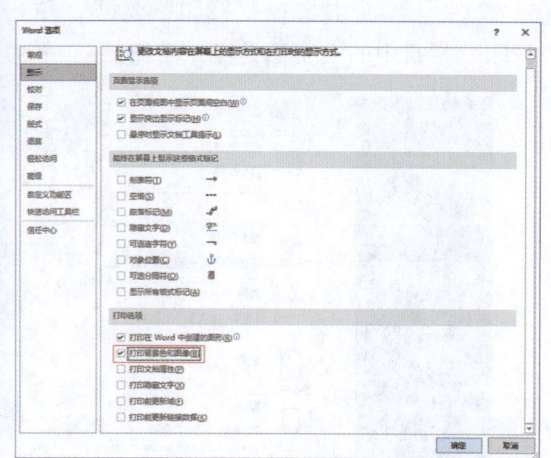

（4）返回页面设置对话框，单击"确定"按钮即可完成设置，此时可以打印设置的文档背景。

（2）弹出"新建主题颜色"对话框，在对话框中设置相应项目的颜色，设置完成后，单击"保存"按钮。

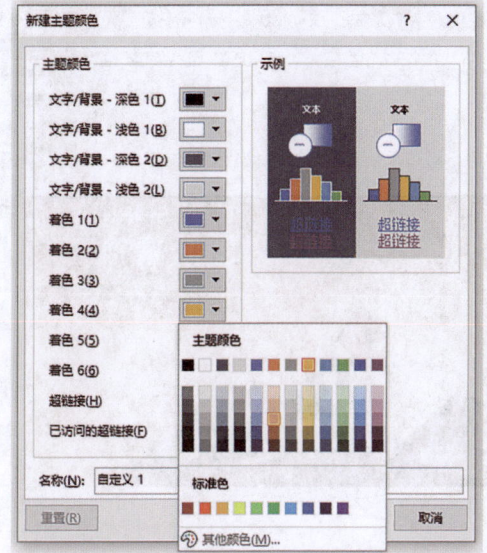

（3）单击"字体"下拉按钮，在下拉列表中选择一种字体样式或者单击"自定义字体"按钮。

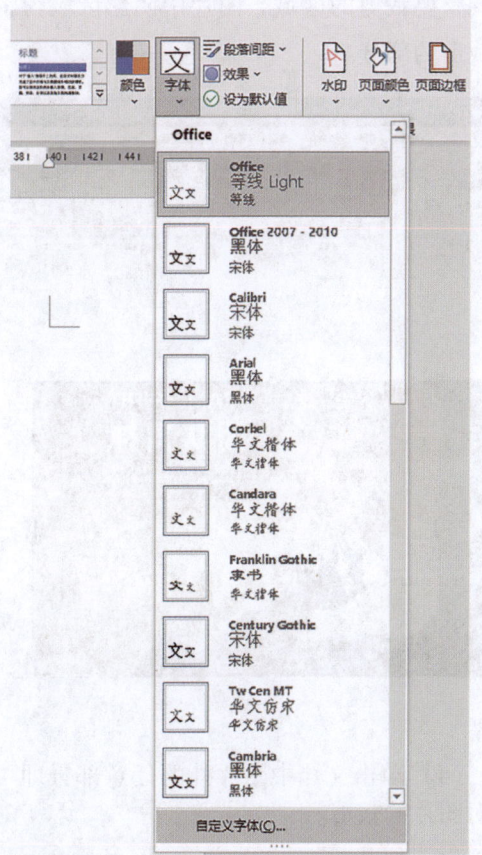

（4）弹出"新建主题字体"对话框，在对话框中相应的栏目中进行设置。

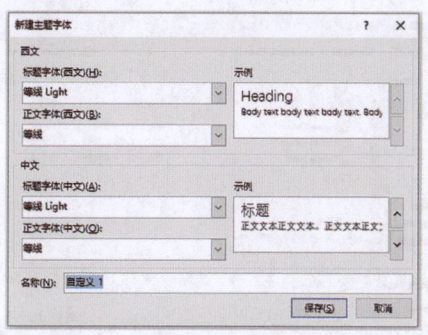

（5）单击"效果"下拉按钮，选择主题使用的效果样式。

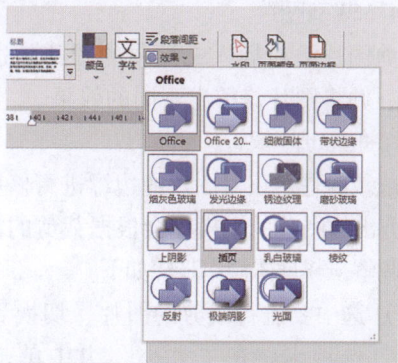

（6）单击"主题"下拉按钮，在下拉列表中选择"保存当前主题"选项。

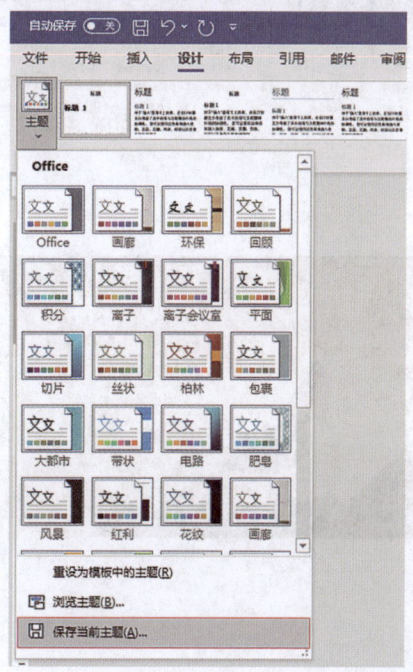

(7)弹出"保存当前主题"对话框,设置新建主题的名称,单击"保存"按钮。

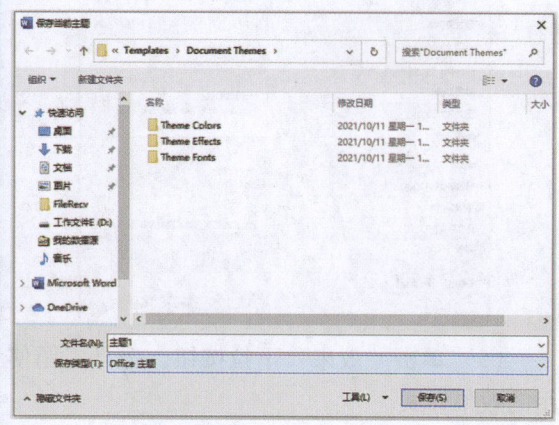

4.4.4 裁剪图片

裁剪图片是对插入文档中的图片的边缘进行修剪,并将图片修剪出不同的效果。

1. 一般裁剪

一般裁剪是指仅对图片的边缘进行修剪,此方法裁剪出的图片的纵横比会根据裁剪的范围自动进行调整,其具体操作步骤如下。

(1)选中要进行裁剪的图片,切换到"图片格式"选项卡,在"大小"组中单击"裁剪"下拉按钮。

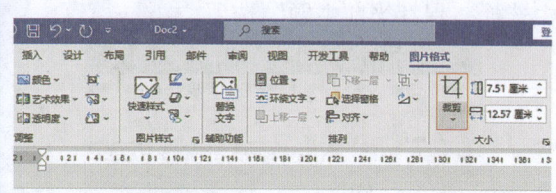

(2)在下拉菜单中选择"裁剪"选项。

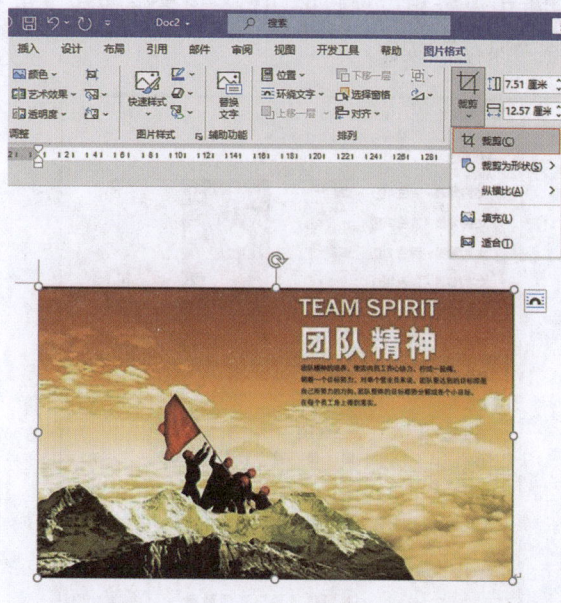

(3)返回到 Word 文档中,此时图片的边缘会出现黑色的控制点,用鼠标拖动这些控制点调整要裁剪的区域,图片中阴影区域为将要被裁剪的部分。

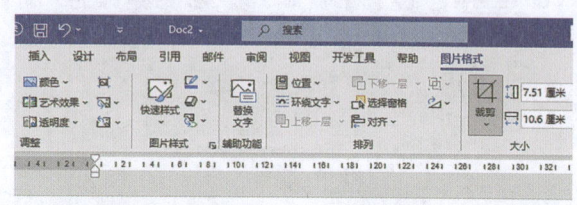

(4)单击文档中图片外的任意部分即可完成对图片的裁剪。

2. 裁剪为形状

除了前面所讲的方法，用户还可以将图片裁剪为其他形状，这会使图片与文档的内容搭配更加得当、美观，其具体操作步骤如下。

（1）选中需要裁剪的图片，切换到"图片格式"选项卡，在"大小"组中单击"裁剪"下拉按钮，在下拉菜单中选择"裁剪为形状"选项，再在弹出的子菜单中选择合适的形状。

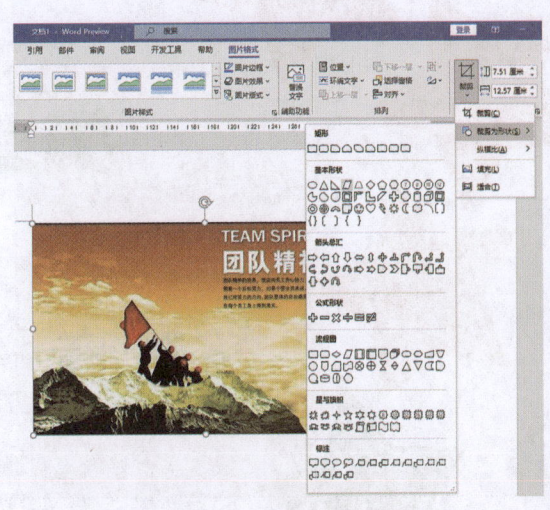

（2）查看图片裁剪为形状的效果。

第二部分　Excel 应用

第五章　Excel的基本操作

扫码看视频

概述

Excel电子表格是Office最常用的组件之一，它可以进行各种数据的处理、统计分析和辅助决策等操作。熟练使用Excel对处理繁杂的数据信息有非常大的帮助。

5.1 制作学生请假登记表

学校需要对学生的请假情况做一个登记表，加强对学生的管理，保护本校学生的安全。

☞5.1.1 工作簿的基本操作

工作簿，即 Excel 文件，也称为电子表格，是用于存储和处理数据的主要文档。工作簿的基本操作包括新建、保存、保护等。

1. 新建工作簿

启动 Excel 2021，在 Excel 开始界面中单击"空白工作簿"按钮即可新建一个名为"工作簿1"的空白工作簿。

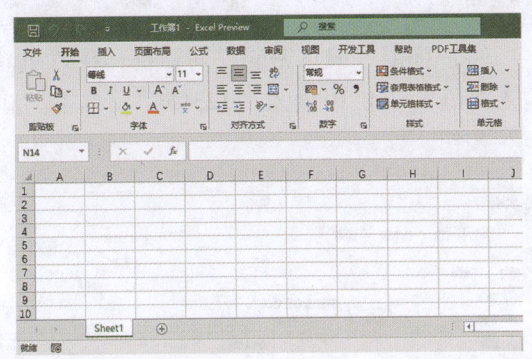

2. 保存工作簿

保存工作簿包括保存新建工作簿和保存已有的工作簿两种情况。

（1）保存新建工作簿。

①单击"文件"选项卡，在出现的界面左侧中单击"保存"按钮。因为这是新建的工作簿，系统会自动跳转到"另存为"界面，选择"这台电脑"选项，单击"浏览"按钮，选择保存的位置。

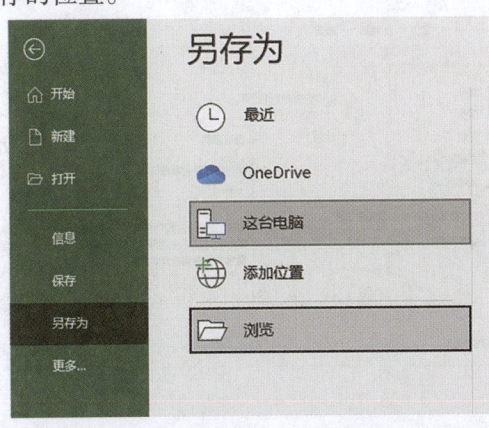

②选择好保存的位置，在"文件名"一栏中将文件名改为"学生请假登记表"，单击"保存"按钮即可。

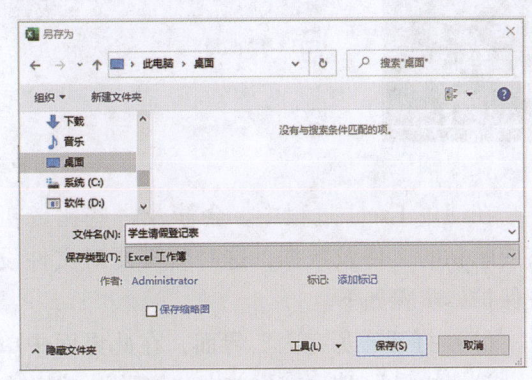

（2）保存已有的工作簿。

①对于已有的工作簿，只需单击"保存"按钮即可将文件保存在原来的位置。

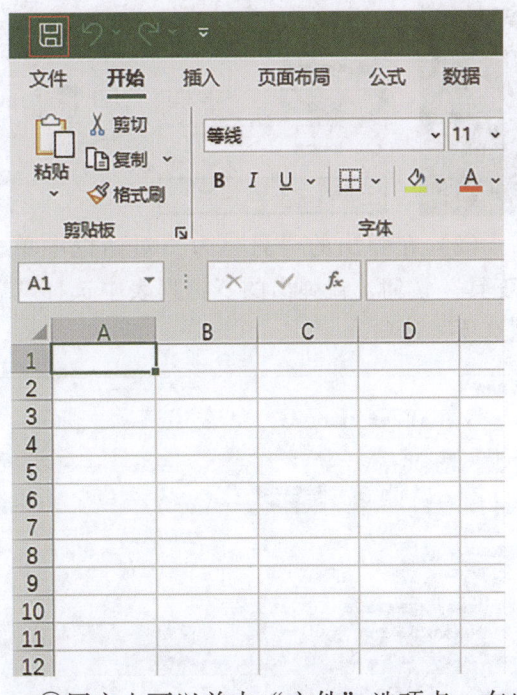

②用户也可以单击"文件"选项卡，在出现的界面中单击"另存为"选项，在"另存为"界面中单击"这台电脑"选项，再单击"浏览"按钮，选择合适的保存位置。

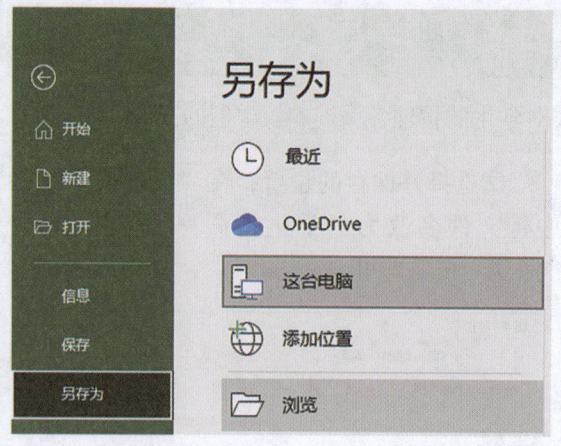

3. 保护工作簿

在使用 Excel 过程中，会涉及一些比较机密或隐私的文件及数据，这时就需要对文件设置保护，步骤如下。

（1）打开"另存为"界面，在此界面中单击"这台电脑"选项，再单击"浏览"按钮。

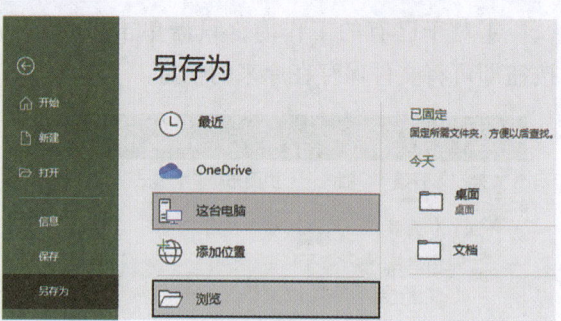

（2）在弹出的"另存为"对话框中单击"工具"按钮，在弹出的下拉列表中选择"常规选项"选项。

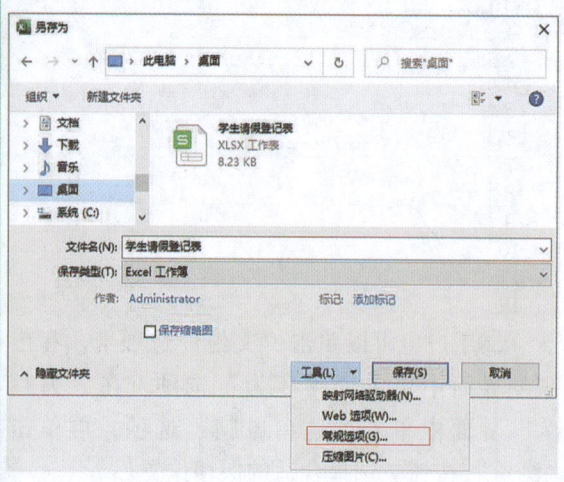

（3）弹出"常规选项"对话框，在"打开权限密码"和"修改权限密码"两栏中均输入"123456"，然后单击"确定"按钮。

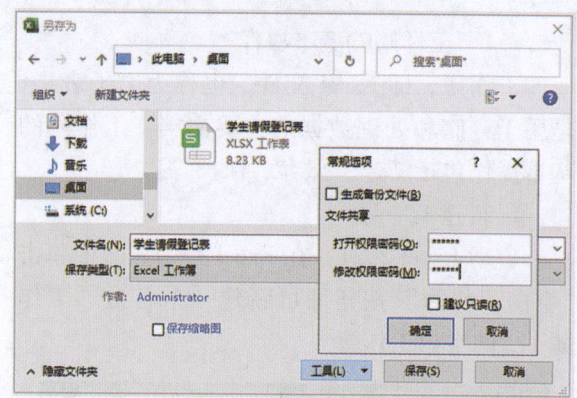

（4）弹出"确认密码"对话框，在"重新输入密码"一栏中输入"123456"，单击"确定"按钮。

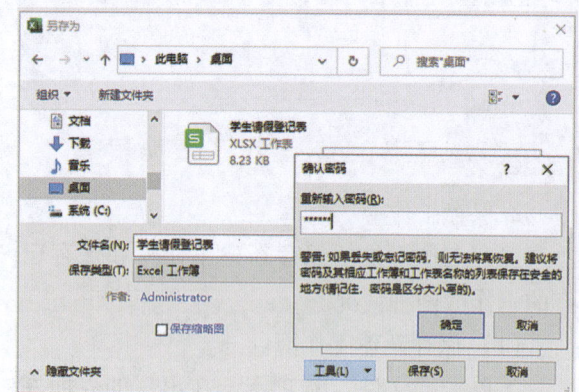

（5）弹出"确认密码"对话框，在"重新输入修改权限密码"一栏中输入"123456"，单击"确定"按钮。

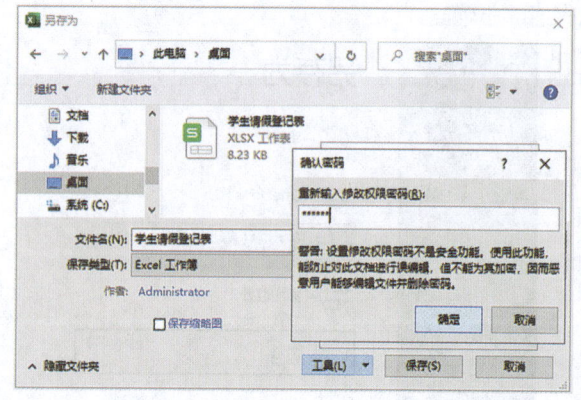

(6) 返回"另存为"对话框，选择要保存的位置，单击"保存"按钮。

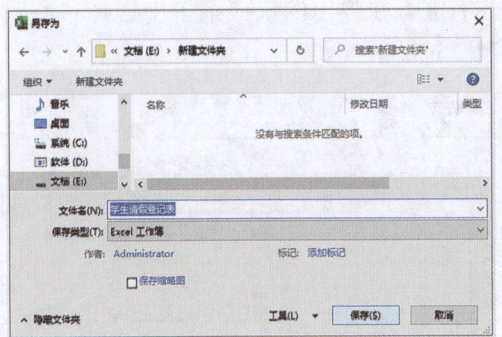

(7) 当再次打开该文件时，系统会提示用户输入密码，输入密码后单击"确定"按钮。

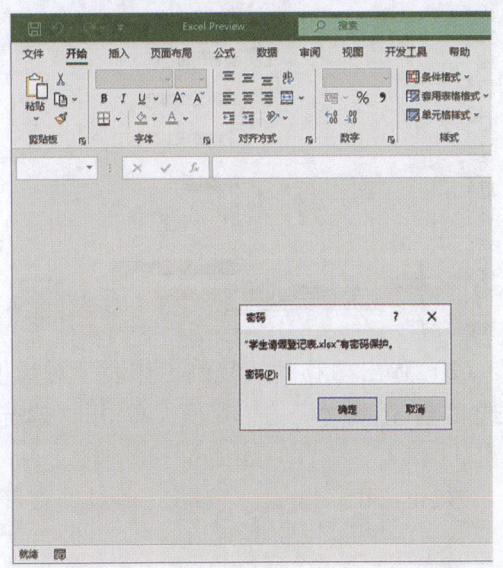

(8) 系统会再次弹出"密码"对话框，请用户输入密码以获取写权限，或以只读方式打开，输入密码后单击"只读"或者"确定"按钮即可打开该工作簿。

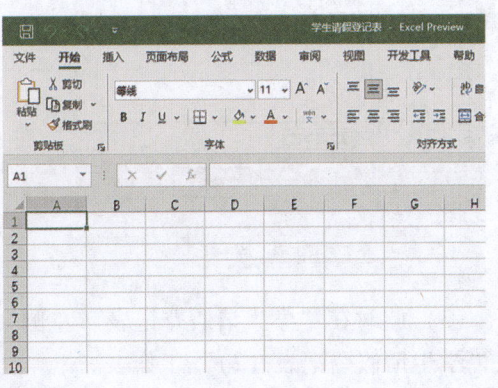

(9) 撤销工作簿的保护。

①在"另存为"对话框中，打开"常规选项"对话框，将"打开权限密码"和"修改权限密码"两栏目中的密码删除。

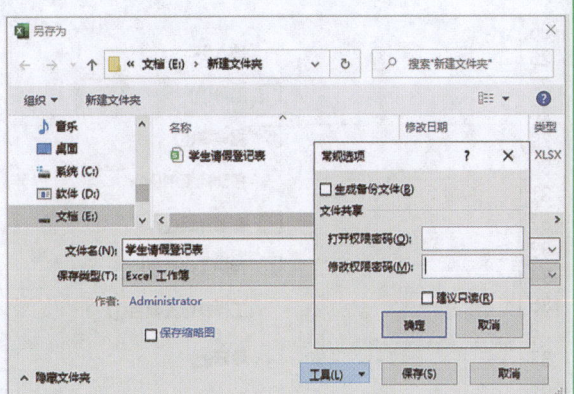

②删除密码之后，单击"确定"按钮，返回"另存为"界面，选择合适的存储位置，单击"保存"按钮即可。

5.1.2 工作表的基本操作

工作表存储在工作簿中，用户可以对其进行添加、删除、移动、复制等基本操作。

1. 添加工作表

系统默认新建的工作簿中有一个工作表，命名为"Sheet1"。用户可以根据需要添加更多的工作表，步骤如下。

单击当前表标签右侧的"新工作表"按钮，可添加新的工作表。

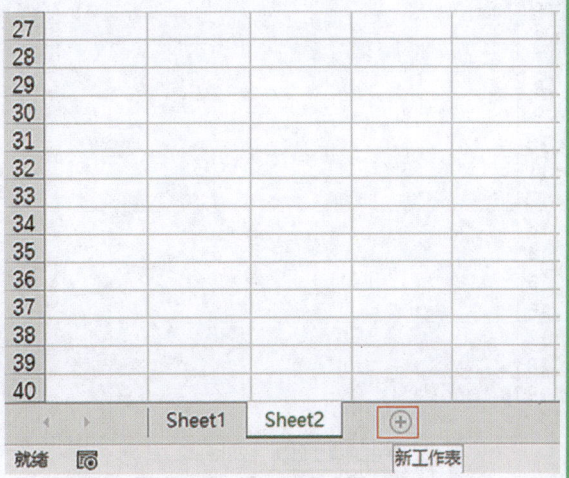

2. 删除工作表

鼠标右键单击要删除的工作表标签,在出现的快捷菜单中单击"删除"按钮即可完成删除。

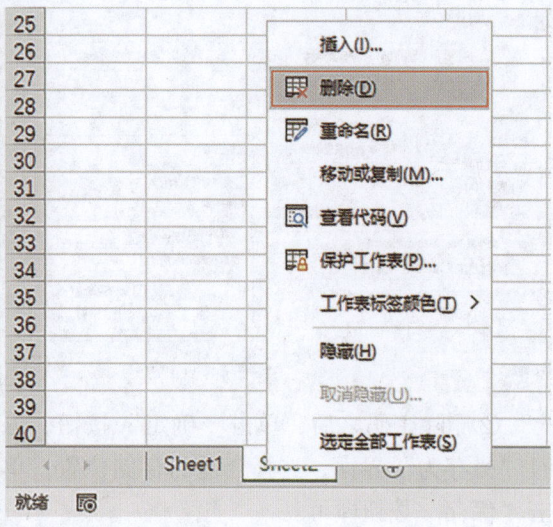

3. 重命名工作表

双击工作簿左下角工作表标签,工作表进入编辑状态,在标签处输入新的名称即可。

4. 在同一工作簿中移动或复制工作表

(1)在"学生请假登记表"工作表上单击鼠标右键,在弹出的快捷菜单中选择"移动或复制"选项。

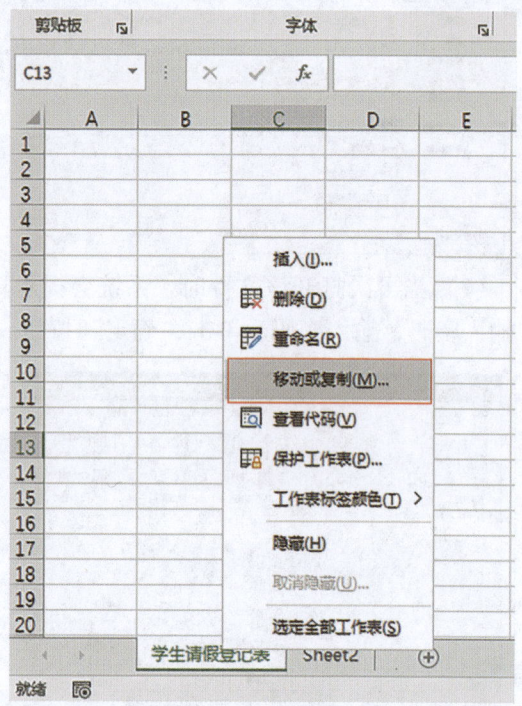

(2)弹出"移动或复制工作表"对话框,勾选"建立副本"选项框,单击"确定"按钮。

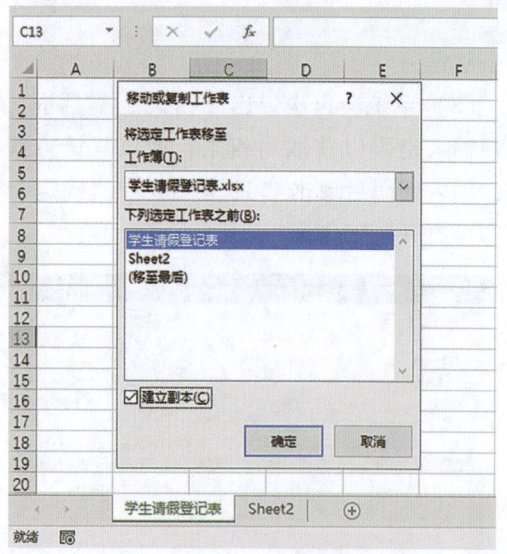

(3)此时在"学生请假登记表"左侧会出现"学生请假登记表(2)"工作表。

(4）选中所需要移动的工作表，按住鼠标左键不放，拖动该标签至合适的位置，放开鼠标即可完成移动。

5. 在不同工作簿中移动或复制工作表

（1）打开新工作簿，在"Sheet1"工作表标签上单击鼠标右键，在出现的快捷菜单中单击"移动或复制"选项。

（2）弹出"移动或复制工作表"对话框，单击"工作簿"栏的下拉箭头，在下拉列表中选择"学生请假登记表"选项，勾选"建立副本"复选框，单击"确定"按钮。

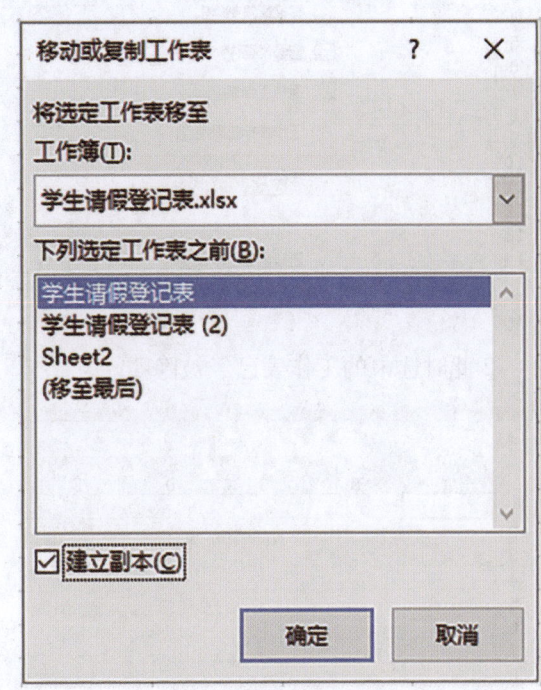

（3）此时已将新表工作簿中的"Sheet1"工作表复制到了"学生请假登记表"左侧。

6. 隐藏和显示工作表

（1）隐藏工作表。

①选中要隐藏的工作表标签，单击鼠标右键，在弹出的快捷菜单中选择"隐藏"选项。

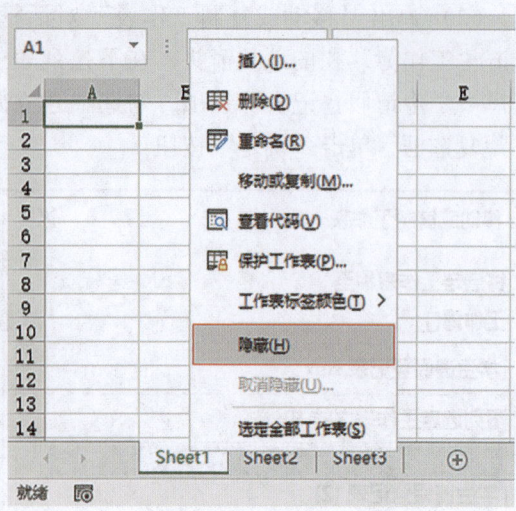

②此时选中的工作表已经被隐藏。

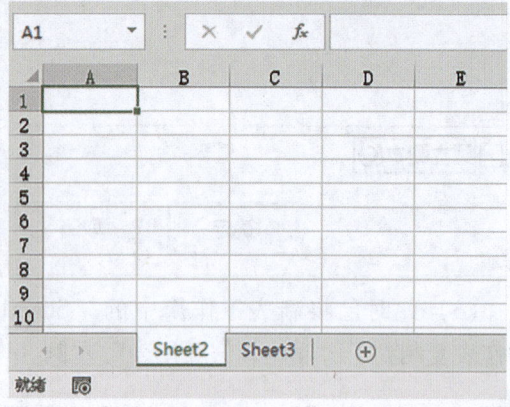

（2）显示工作表。

①在任意一个工作表标签上单击鼠标右键，在弹出的快捷菜单中选择"取消隐藏"选项，弹出"取消隐藏"对话框，选择取消隐藏的工作表。

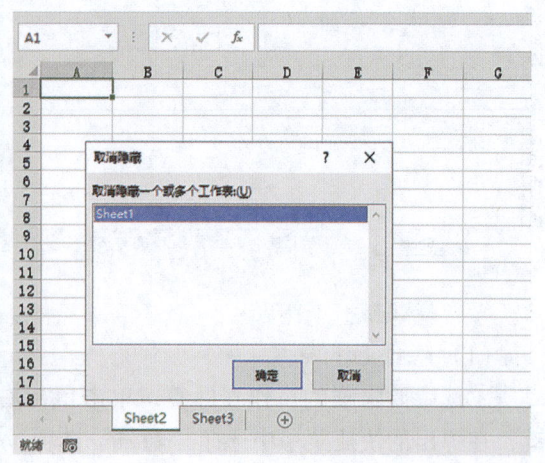

②单击"确定"按钮，已被隐藏的工作表就会显示出来。

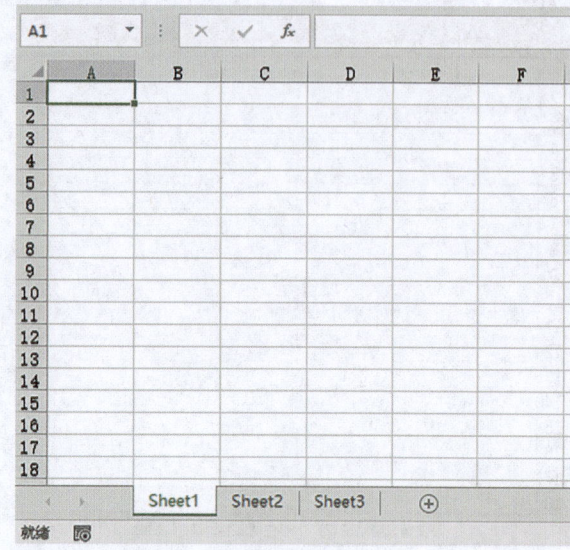

5.1.3 输入工作表内容

1. 输入表头

在工作表中，单击 A1 单元格，然后再在单元格中输入内容。

2. 输入剩余内容

按下键盘上的"Enter"键，光标转到 A2 单元格，输入内容。再按下键盘上向右的箭头，光标定位到 B2 单元格，输入内容，照此方法完成工作表的内容。

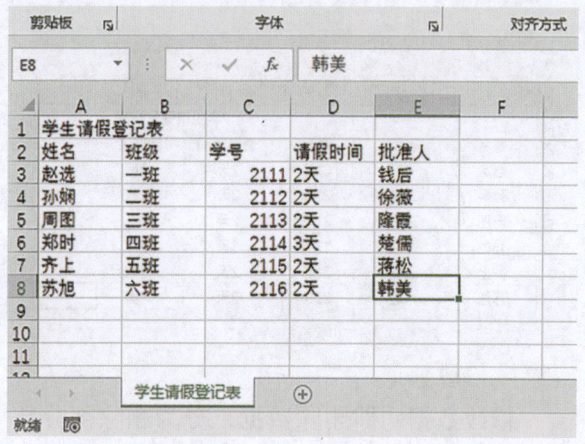

3. 合并单元格

（1）选中 A1:I1 单元格区域，在"开始"选项卡下的"对齐方式"组中，单击"合并后居中"的下拉按钮，在下拉列表中选择"合并后居中"选项，或者直接单击"合并后居中"按钮。

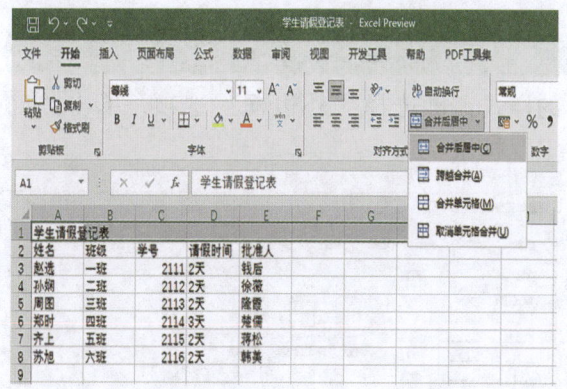

（2）查看效果。

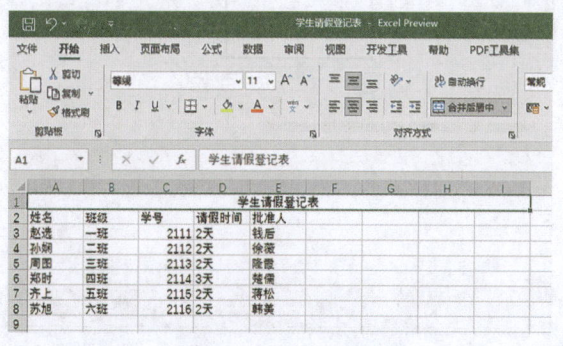

4. 设置工作表文本对齐方式

（1）选中"姓名"单元格区域，单击"对齐方式"组中的"对话框启动器"按钮。

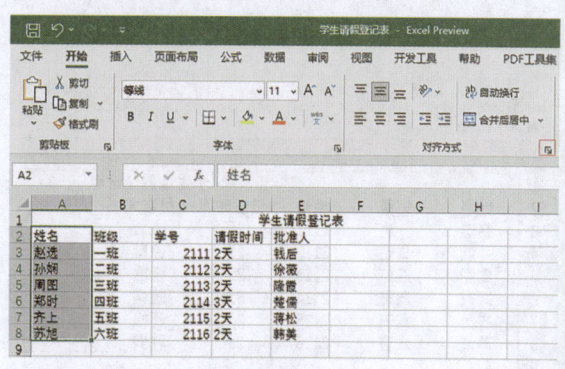

（2）弹出"设置单元格格式"对话框，将"水平对齐"和"垂直对齐"均设置为"居中"。

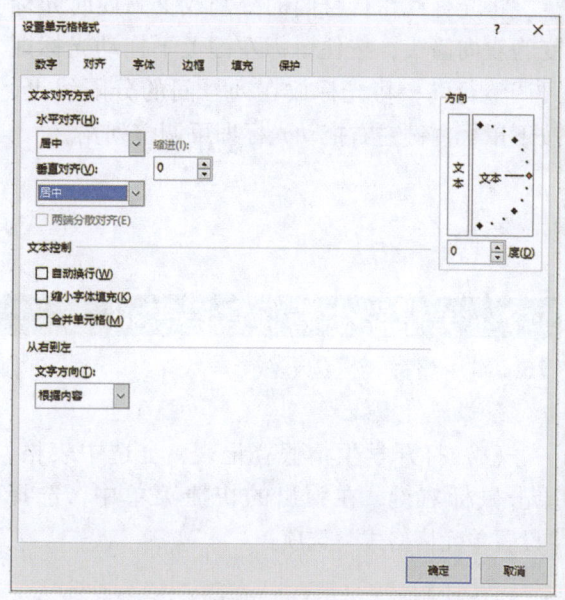

（3）单击"确定"按钮，查看效果。

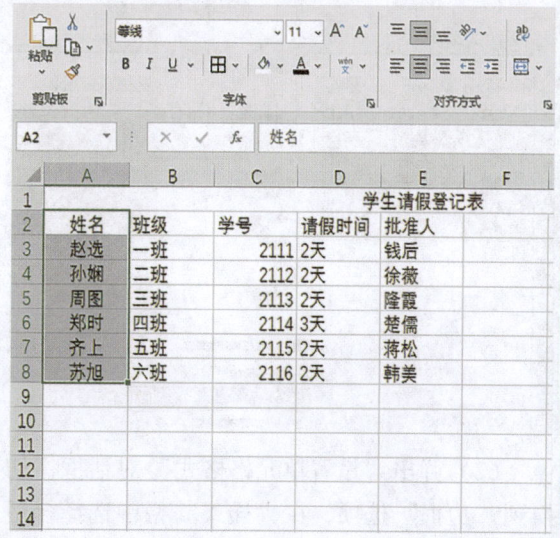

（4）照此方法设置其余单元格的对齐方式。

5.调整表格行高和列宽

将光标放在行号间的分割线上，此时光标变为双向箭头，按住鼠标左键上下拖动光标即可调整行高；将光标放在列号间的分隔线上，按下鼠标左键左右拖动光标即可调整列宽。

6.修改数据

修改数据，即删除数据，分为删除部分数据和删除全部数据。

（1）删除部分数据时，将光标插入到单元格中，按下"Backspace"键即可删除。

（2）删除全部数据时，选中单元格，直接输入修改后的文本，即可将原来单元格中的内容删除。

5.2 美化学生请假登记表格

5.2.1 设置表格边框线

1.设置外框线

（1）打开学生请假登记表，全选中表格，单击鼠标右键，在弹出的快捷菜单中，选择"设置单元格格式"选项。

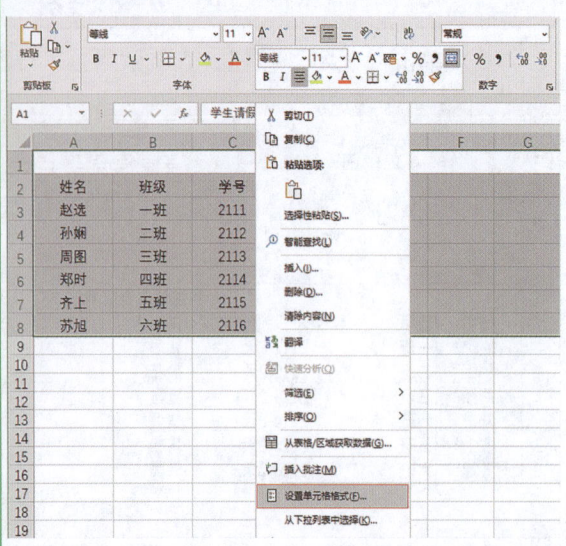

（2）弹出"设置单元格格式"对话框，切换到"边框"选项，在"样式"栏中选择合适的样式，再选择"外边框"选项，单击"确定"按钮。

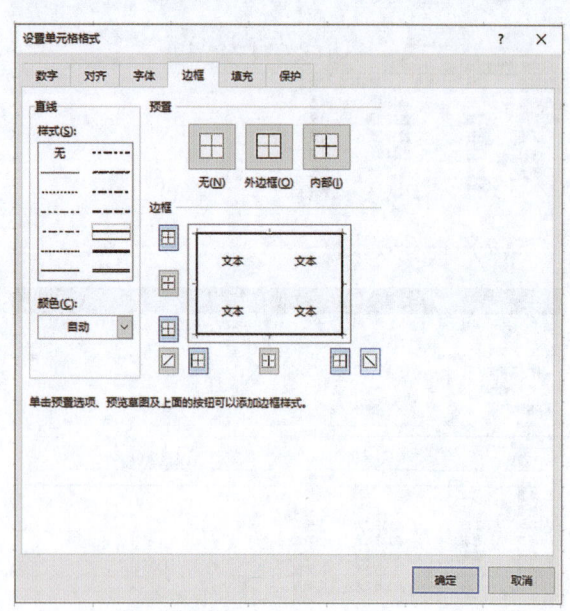

2.设置内框线

（1）同样打开"设置单元格格式"对话框，切换到"边框"选项，在"样式"栏中选择合适的样式，之后单击"内部"选项，最后单击"确定"按钮即可。

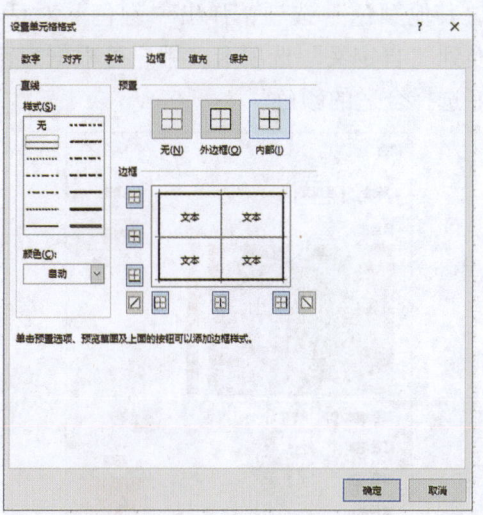

（2）查看设置完内外框之后效果。

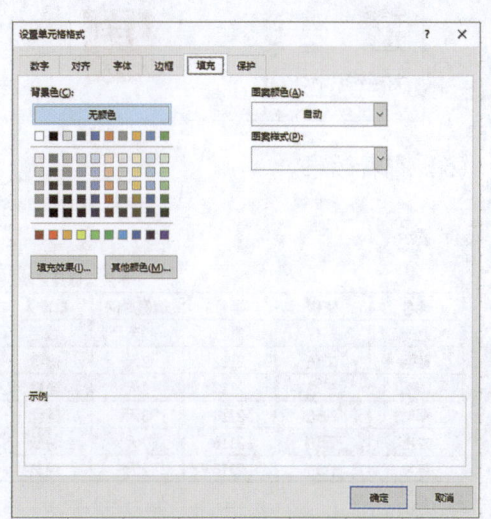

☞**5.2.2 设置表格样式**

1. 设置底纹

（1）选中表格第二行，单击鼠标右键，选择"设置单元格格式"选项，弹出"设置单元格格式"对话框，切换到"填充"选项卡。

（2）在"背景色"一栏中选择合适的颜色，单击"确定"按钮。

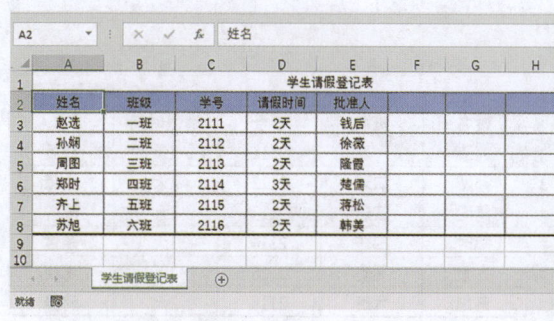

2. 应用内置样式

（1）选中表格单元格区域，单击"开始"选项卡，在"样式"组中单击"套用表格格式"选项，在下拉菜单中选择合适的样式。

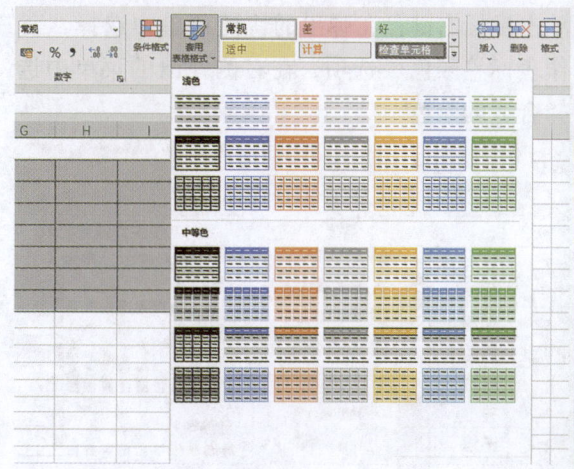

（2）弹出"套用表格式"对话框，在对话框中确认表格区域，勾选"表包含标题"选项，单击"确定"按钮。

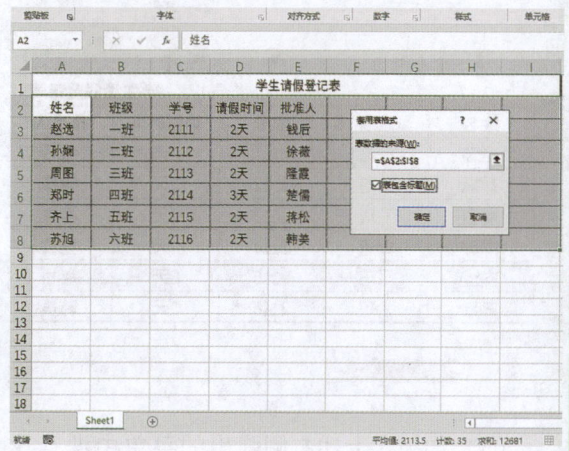

(3) 查看样式效果。

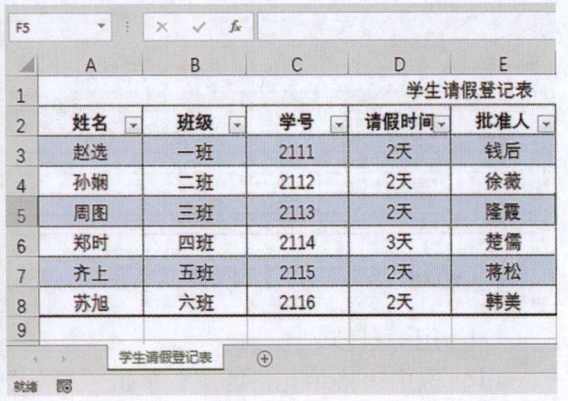

3. 设置工作表标签颜色

(1) 在工作表标签"学生请假登记表"上单击鼠标右键，在弹出的快捷菜单中选择"工作表标签颜色"选项，在右侧弹出的菜单中选择合适的颜色。

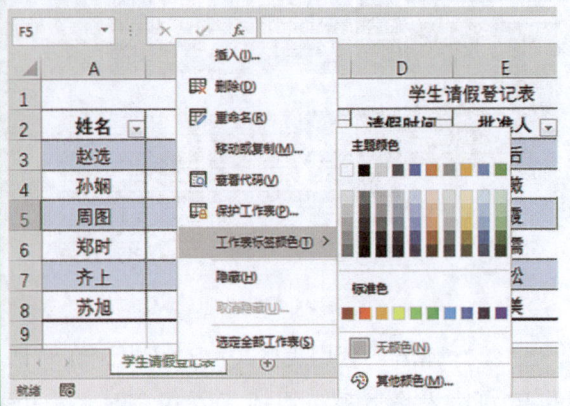

(2) 查看效果。

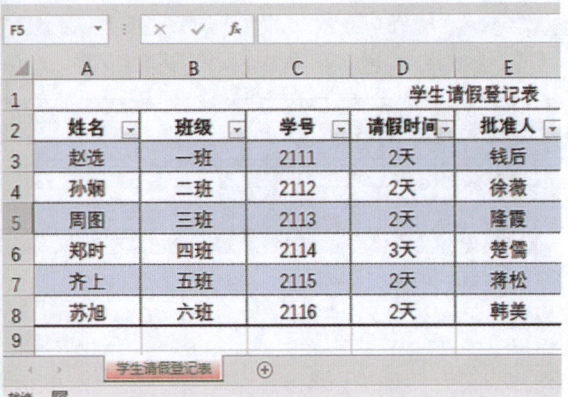

(3) 如果在上述右侧弹出的菜单中没有找到合适的颜色，用户可以自定义喜欢的颜色。

同样打开"工作表标签颜色"级联菜单，再选中"其他颜色"选项，弹出"颜色"对话框，切换到"自定义"选项卡，用户可根据自己的喜好选择合适的颜色。

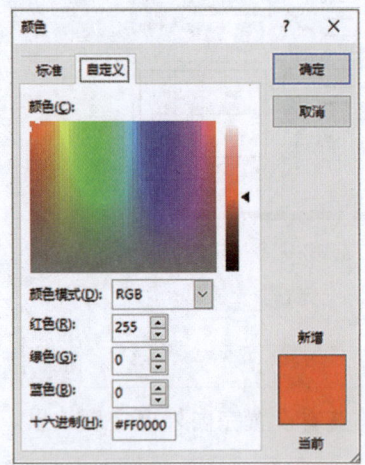

(4) 选择合适的颜色后，单击"确定"按钮。

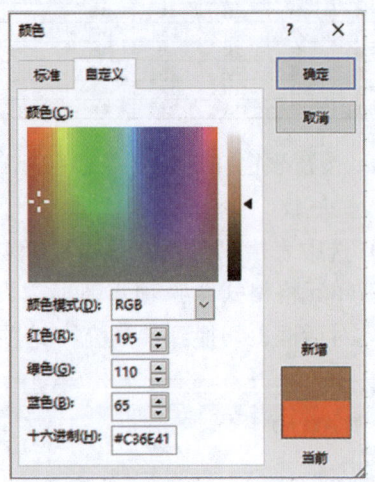

(5) 查看效果。

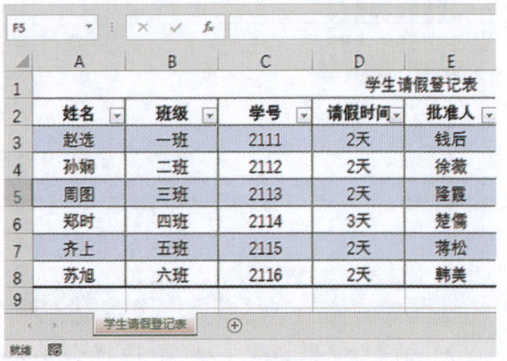

5.3 Excel操作小技巧

5.3.1 表格中文本的处理

表格中文本的处理包括区别数字文本和数值与设置的单元格文本的换行。

1. 区分数值与数值文本

在输入表格内容时经常会用到数字文本，为了区分输入的数字是数字文本还是数值，需要在输入的数字文本前先输入英文状态下的单引号。在公式中输入文本时，需要将文本用英文状态下的双引号括起来。

（1）在Excel表格中，选中任一单元格，输入"'010"。

（2）按下"Enter"键，单元格中的文本将变为"010"，此时单元格的左上角会出现一个绿色三角标识，表示单元格中的数字为文本格式。

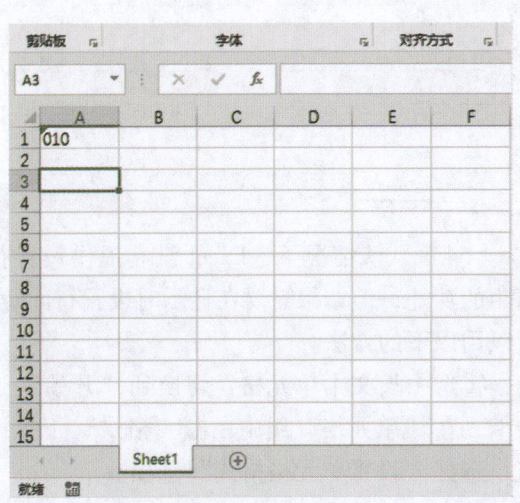

（3）选中任一单元格，这里选中A2单元格，输入公式"=IF(B2=10,"是","不是"")"，公式中包含的符号均为英文状态下的输入的符号。

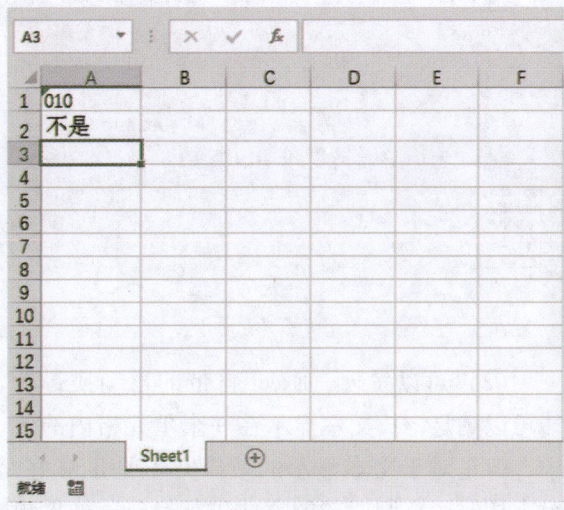

（4）按下"Enter"键，A2单元格就会显示出"不是"。

2. 单元格中文本的换行

用户在使用单元格的时候会发现，如果在单元格中输入了很多字符，而单元格的宽度不够显示所有的字符，这时会出现部分字符显示不出来的情况。如果长文本右侧的单元格是空单元格，那么Excel会继续显示长文本的其他内容直到全部内容都显示出来，或者遇到一个非空单元格而不再继续显示，如图所示。

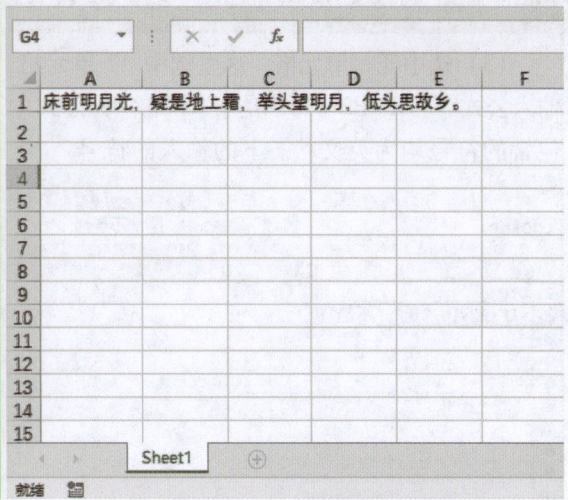

为了将长文本的内容完整地显示出来,可以设置单元格文本换行,具体操作步骤如下。

(1)选中长文本单元格,在"开始"选项卡下,单击"对齐方式"组中的"自动换行"按钮。

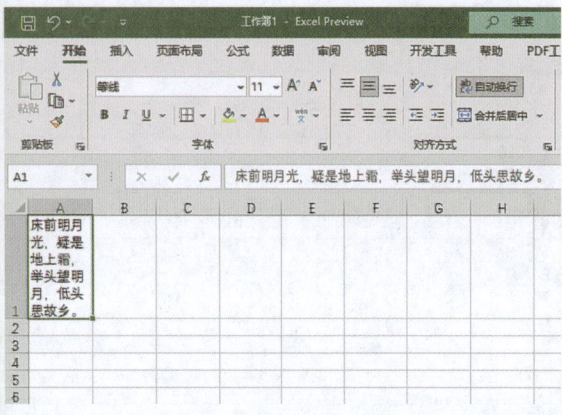

(2)可以发现,Excel自带的自动换行功能可以满足将长文本显示在一个单元格内的要求,但是对于文本显示的效果并不是足够好,没有按照用户所期望的方式进行换行。如果想要在此基础上达到期望的效果,那就需要用户自定义换行,具体操作步骤如下。

选中长文本所在的单元格后,把光标依次定位在每个我们需要换行的地方之后,然后再单击"Alt + Enter"快捷键实现自定义换行效果。

(3)自定义换行之后可以发现,虽然换行效果有所改善,但并没有达到预期的效果,主要是因为长文本所在单元格的宽度不够,所以用户可以用拖动鼠标的方式调整列宽。

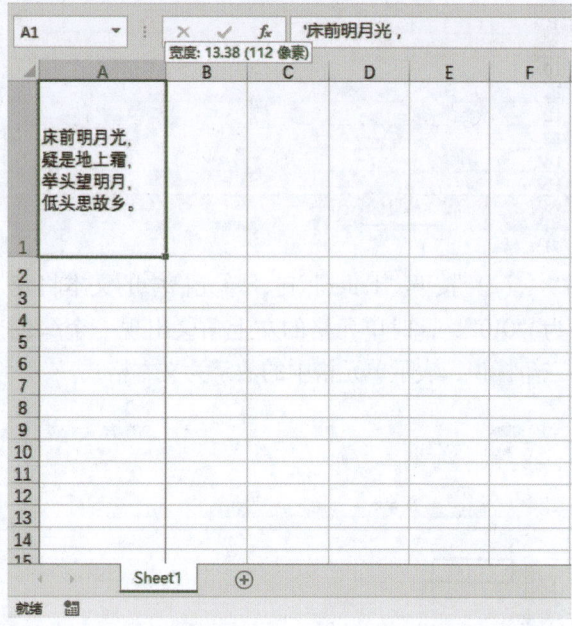

(4)默认情况下,Excel没有提供设置行间距的功能,但如果需要在显示时设置行间距,可以用以下的方法。

①选中长文本单元格,切换到"开始"选项卡,在"单元格"组中单击"格式"下拉按钮,选择"设置单元格格式"选项。

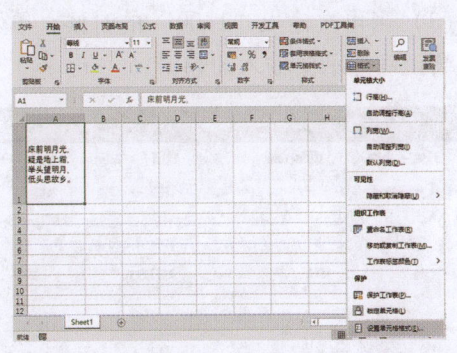

②弹出"设置单元格格式"对话框，切换到"对齐"选项，单击"垂直对齐"下拉按钮，选择"两端对齐"选项。

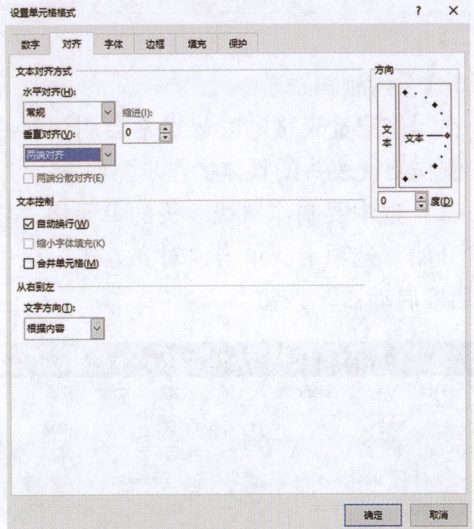

③返回到 Excel 表格工作界面，调整行高，文本间的行距也会随之调整。

3. 输入以"0"结尾的小数

默认情况下，输入以"0"结尾的小数，Excel 表格中不能正确显示，例如输入"1.00"，会显示为"1"。如图所示，在 A1 单元格中输入"1.00"，再按下"Enter"键，会显示为"1"。

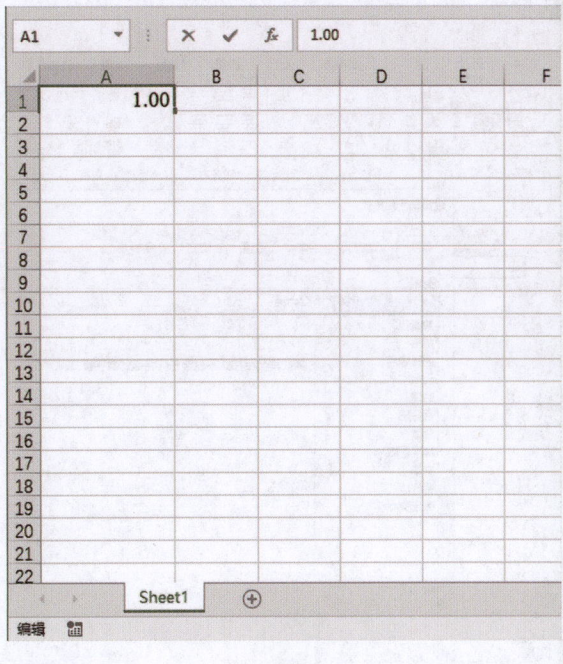

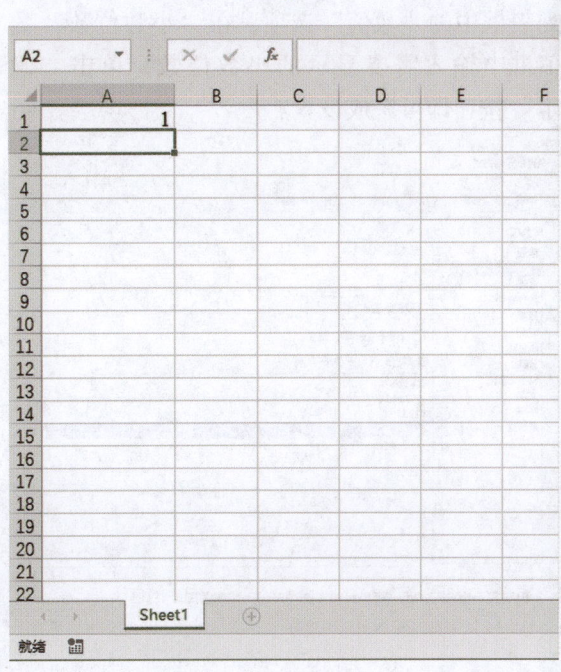

此时，如果用户输入的数据需要保留小数点后结尾的"0"的话，可以通过以下步骤实现。

（1）选中要输入数据的单元格，切换到"开始"选项卡，在"数字"组中单击"对话框启动器"按钮，弹出"设置单元格格式"对话框。

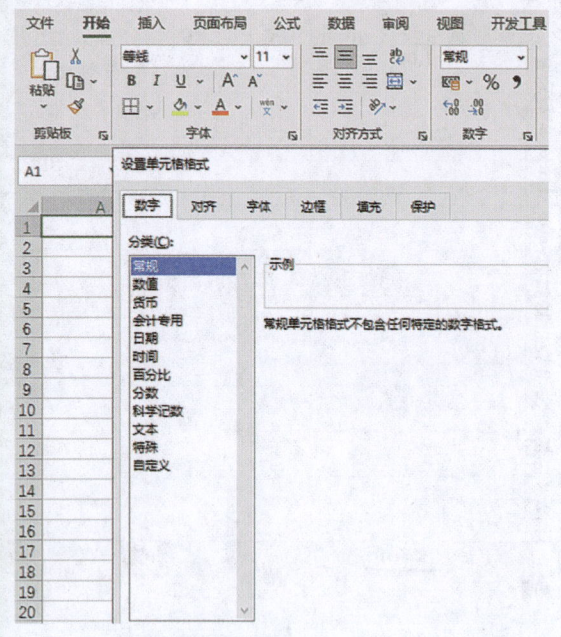

（2）在"数字"选项卡下，单击"分类"列表框中的"数值"选项，在"小数位数"数值框中输入需要显示的小数位数，单击"确定"按钮即可完成设置。

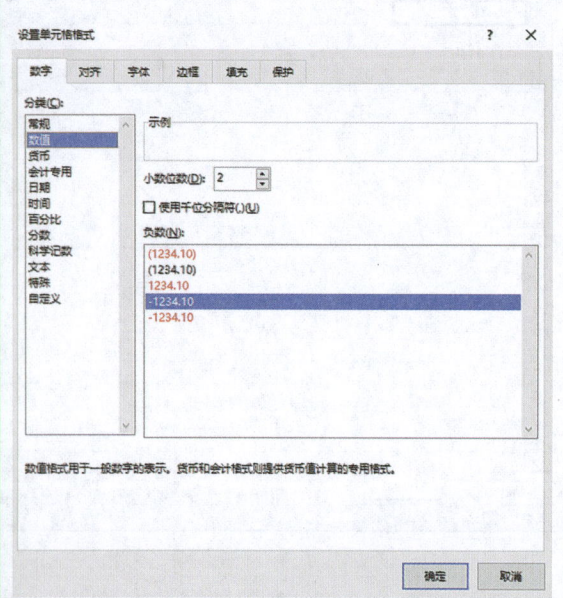

（3）当再次输入"1.00"的时候，单元格中就会正确显示要输入的数据。

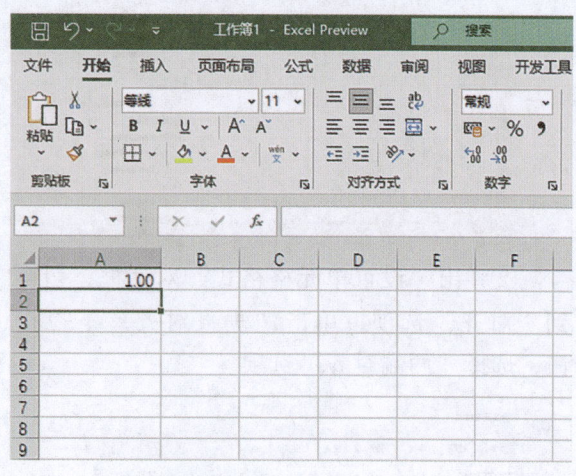

5.3.2 绘制斜线表头

在制作测量表格的时候经常会用到斜线表头，制作斜线表头的具体操作步骤如下。

（1）选中要制作斜线表头的单元格，切换到"开始"选项卡，单击"对齐方式"组中的"对话框启动器"按钮。

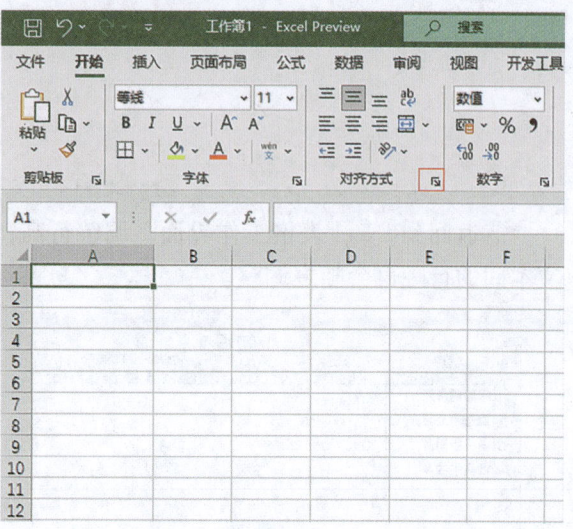

（2）弹出"设置单元格格式"对话框，切换到"对齐"选项，单击"垂直对齐"下拉箭头，选择"靠上"选项，在"文本控制"组中勾选"自动换行"复选框。

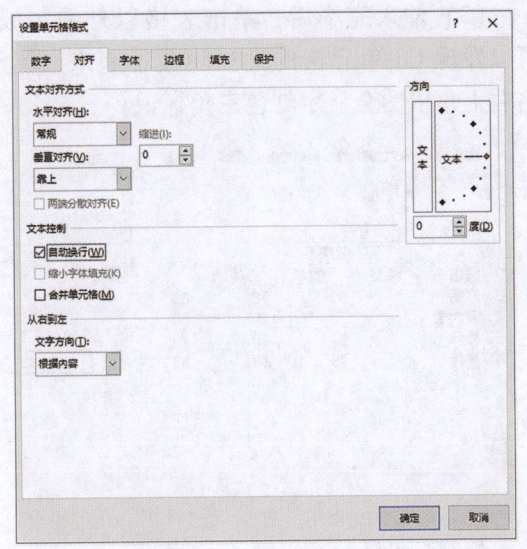

（3）切换到"边框"选项，在"预置"栏中选择"外边框"选项，在"边框"栏中单击"右斜线"按钮，然后单击"确定"按钮。

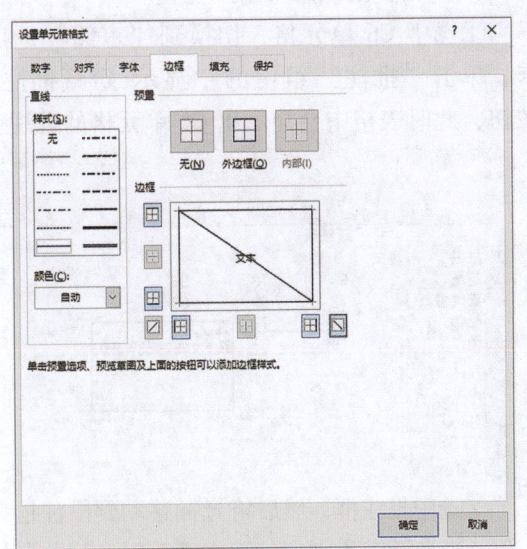

（4）返回 Excel 表格工作界面，此时选中的表格中显示了一个斜线表头。

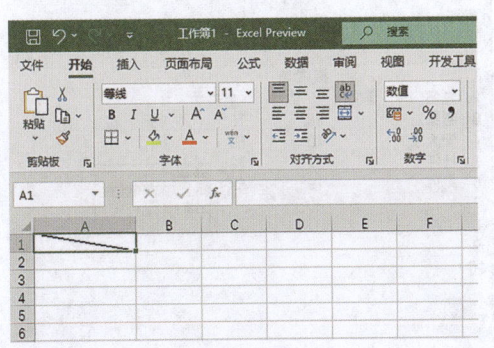

（5）调整斜线表头所在单元格的大小。

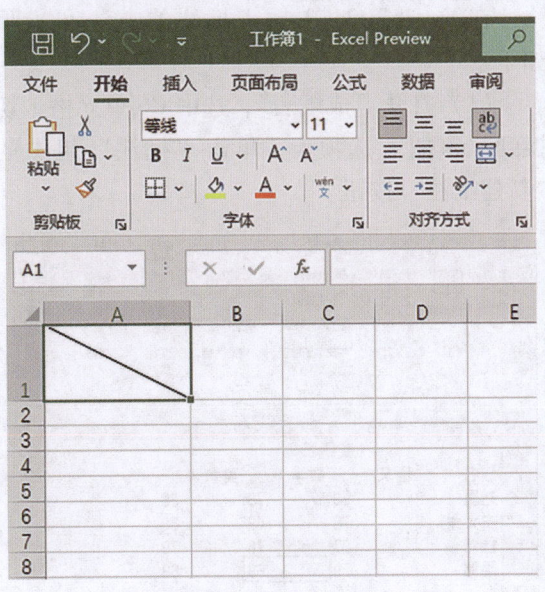

（6）在斜线表头所在单元格中输入"学生成绩"文本，将光标定位在"学"字之前，按下空格键直到将"成绩"二字调整到下一行，然后再按下"Enter"键。

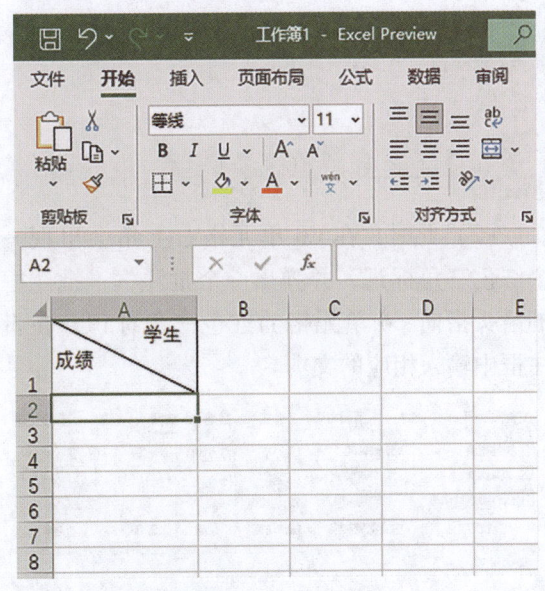

5.3.3 添加批注

为表格添加批注是指为表格的内容添加一些注释，对表格内的一些内容进行说明。当光标放在添加了批注的单元格时，用户可以查看单元格中添加的每条批注，也可以同时查看所有的批注。

1. 插入批注

在 Excel 2021 中插入批注的方法和步骤如下。

(1) 打开"成绩表",选中 C6 单元格,切换到"审阅"选项卡,单击"批注"组中的"新建批注"按钮。

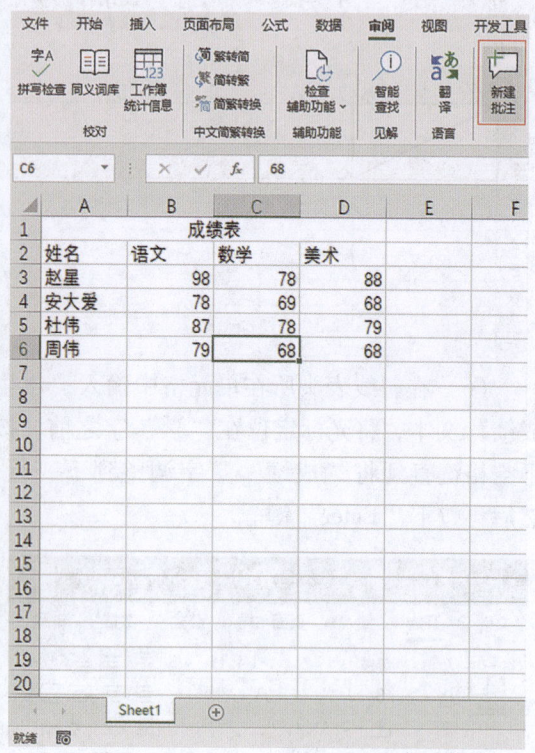

(2) 此时,在 C6 单元格右上角会出现一个红色三角标识,并弹出一个批注框,批注框的箭头指向 C6 单元格的红色三角标识,在批注框中输入相应的文本。

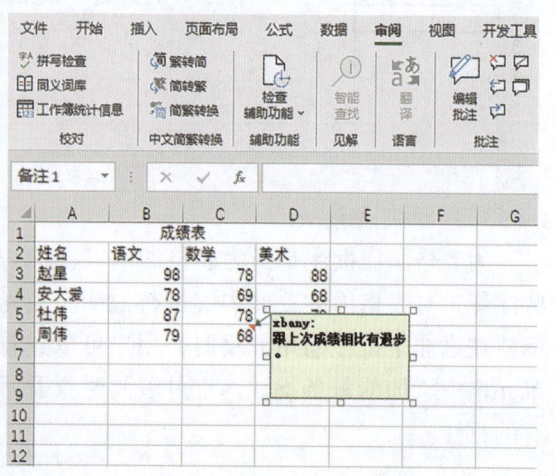

(3) 输入完毕后,单击表格以外的区域,可以发现 C6 单元格的批注隐藏了起来,单元格右上角依然会显示红色三角标识。

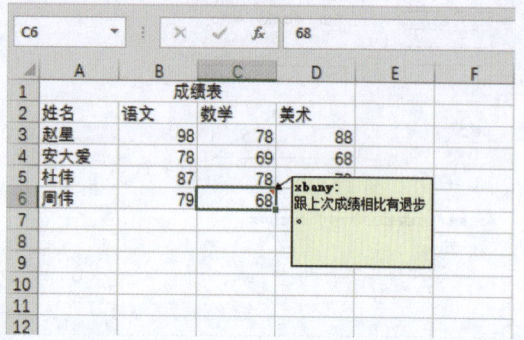

2. 调整批注

插入批注后,用户可以对批注的位置、大小进行调整,也可以调整批注的格式。

(1) 调整批注的大小及位置。

①选中 C6 单元格,切换到"审阅"选项卡,单击"批注"组中的"显示/隐藏批注"按钮,此时表格中会显示出 C6 单元格的批注。

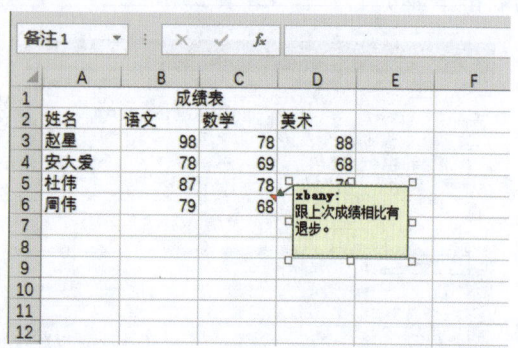

②选中批注框,然后将光标移动到批注框右下角,当光标变为斜向的双向箭头时,按住鼠标左键不放,拖动鼠标调整批注框大小。

③选中批注框,当光标变为十字形时,按住鼠标左键不放,拖动鼠标即可调整批注框的位置。

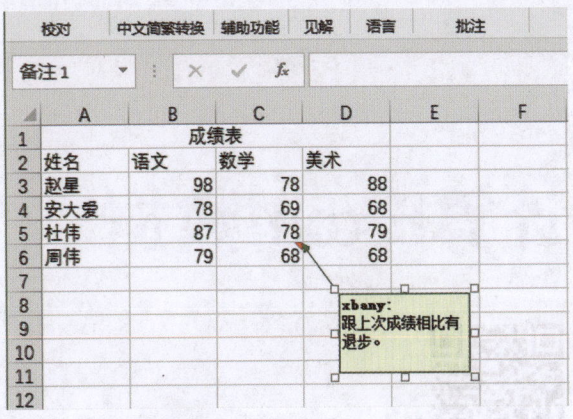

(2) 调整批注的格式。

①选中批注框中的内容,然后单击鼠标右键,在弹出的快捷菜单中选择"设置批注格式"选项。

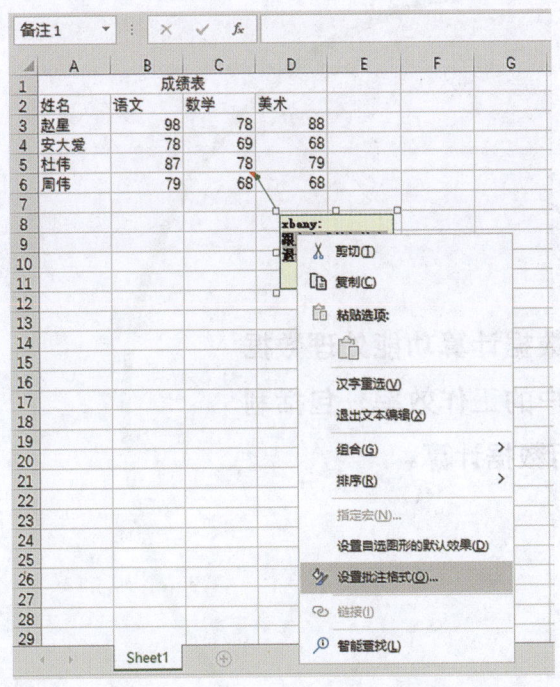

②弹出"设置批注格式"对话框,在"字体"列表框中选择"黑体"选项,在"颜色"下拉列表框中选择"红色"选项,单击"确定"按钮。

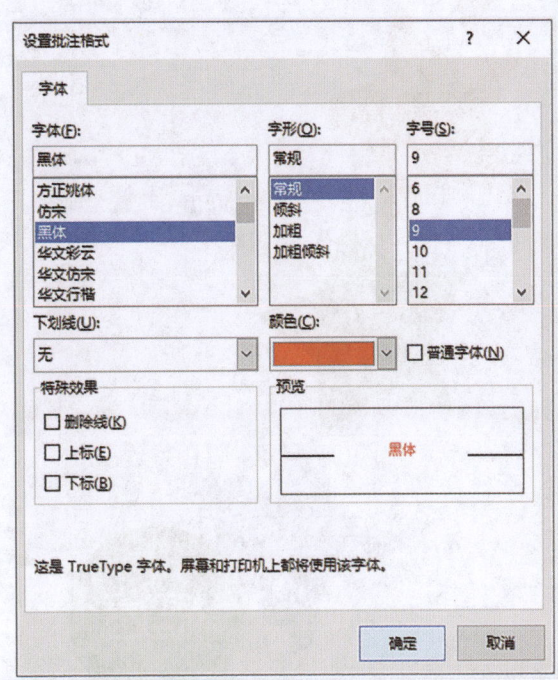

③返回 Excel 表格工作界面,查看批注的格式效果。

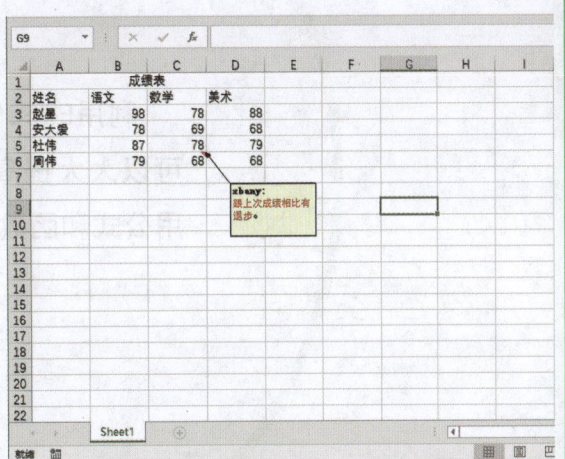

第六章　计算Excel数据

扫码看视频

概述

利用Excel的数据计算功能处理数据可以大大提高用户的工作效率，包括利用公式和函数进行数据计算。

6.1 制作商品销售统计表

某超市要定期对商品销售情况做一个销售统计表,以便于更好地经营超市。销售统计表包括商品名称、单价、销量、销售额等。

6.1.1 输入数据

1. 快速输入数据

在 Excel 输入以"0"开始的数据时,默认情况下是不能正确显示的,例如,在输入"01"时,数据会变为"1",此时可以通过设置避免类似的情况发生。

(1)选中 A3 单元格,单击"开始"选项卡,在"数字"组中单击"数字格式"下拉按钮,在下拉列表中单击"其他数字格式"选项。

(2)弹出"设置单元格格式"对话框,在"数字"选项中单击"分类"下的"自定义"选项,将"类型"设置为"0#",单击"确定"按钮。

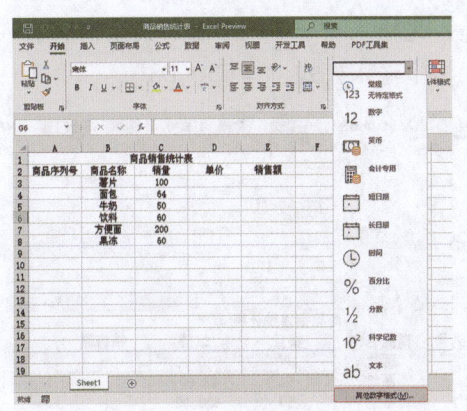

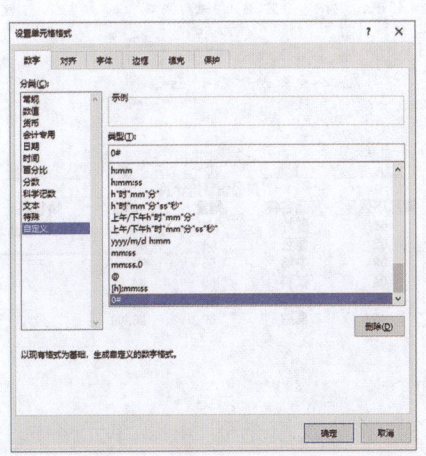

(3)在 A3 单元格中输入"01"。

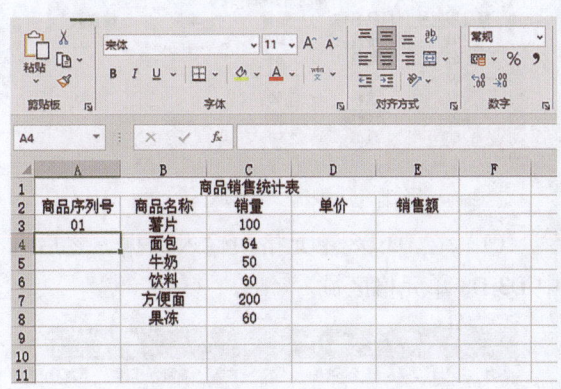

(4)将公式填充至 A4:A8 单元格中,方法是把光标移到 A3 单元格右下角,变成黑色十字形状,按住鼠标左键一直往下拖到 A8 单元格,松开鼠标,即可为 A4:A8 单元格快速填充数据。

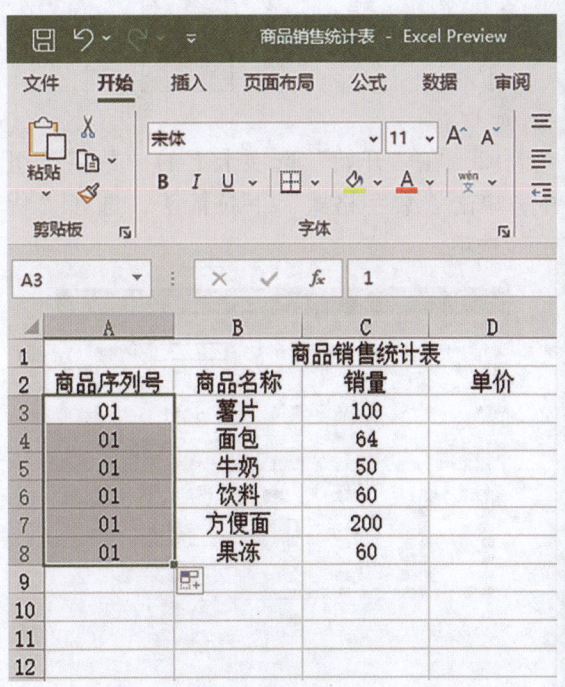

(5)单击单元格右下角的"自动填充选项"按钮,选中"填充序列"选项。

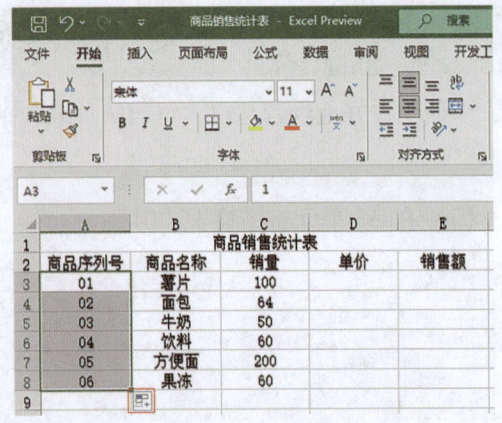

2. 输入货币型数据

（1）在 D3:D8 单元格中输入数据，之后选中 D3:D8 单元格区域。

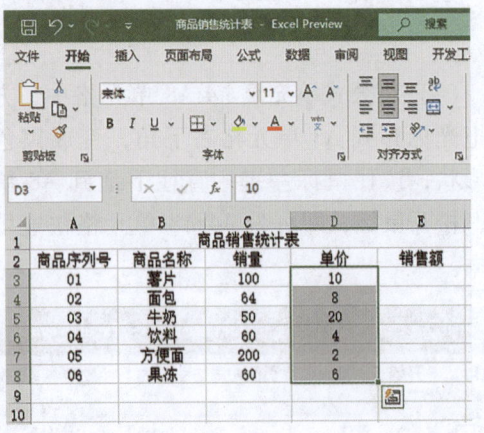

（2）在"开始"选项卡下的"数字"组中，单击"数字格式"下拉箭头，选择"货币"选项。

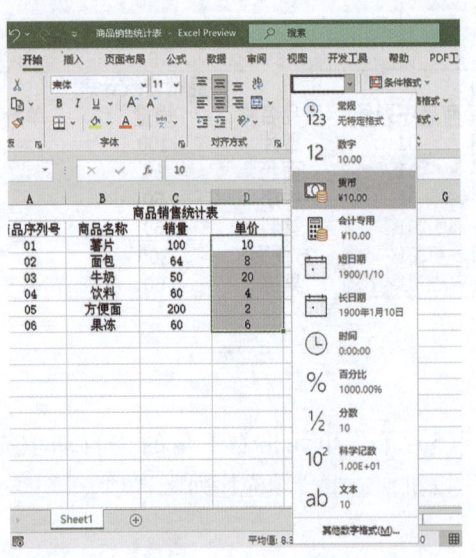

（3）查看效果。

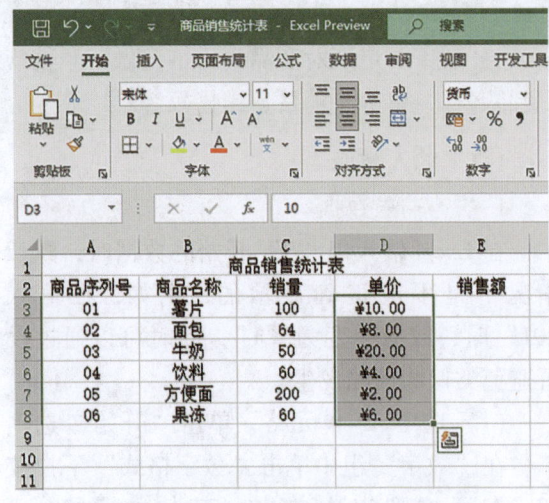

3. 使用公式计算销售额

（1）在 Excel 中，输入公式计算数据的语法是：先输入"＝"，再输入其余内容。在 E3 单元格中输入公式"＝C3＊D3"。

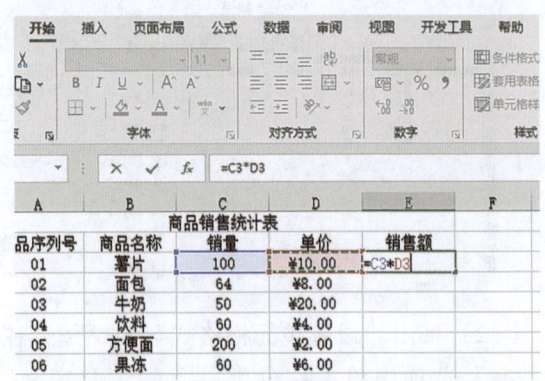

（2）按下"Enter"键

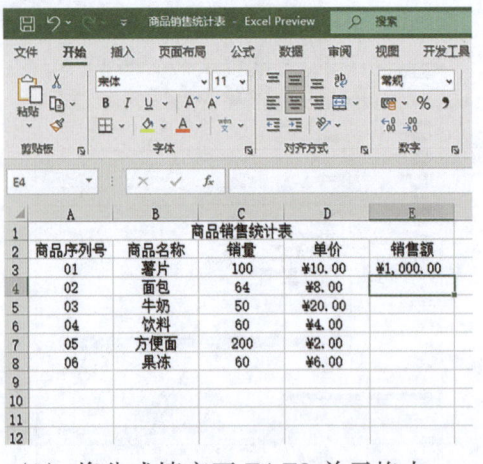

（3）将公式填充至 E4:E8 单元格中。

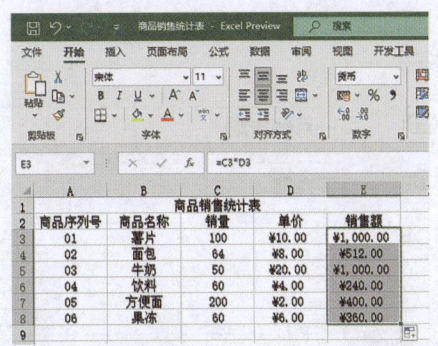

(4) 在使用公式过程中，为防止出错，应对公式进行检查。

①单击"文件"选项卡，在出现的界面中选择"选项"选项。

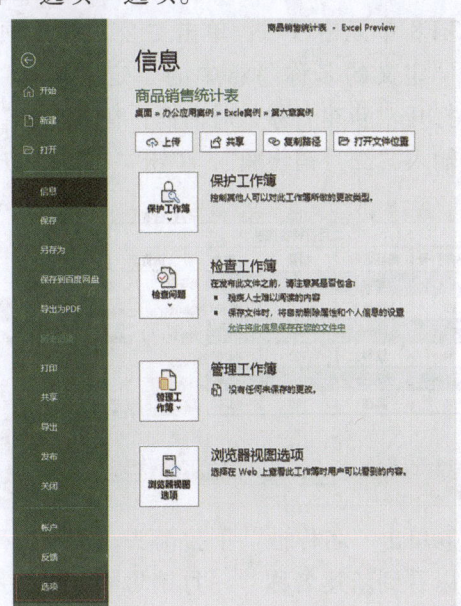

②弹出"Excel 选项"对话框，单击"公式"选项，在右侧的界面中，在"错误检查规则"栏中勾选相应的复选框，单击"确定"按钮。

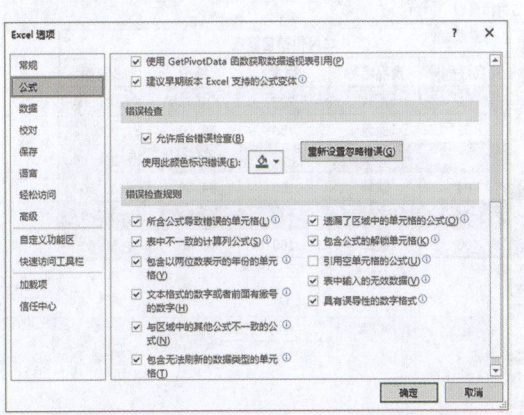

③单击 E3 单元格，切换到"公式"选项卡，在"公式审核"组中单击"错误检查"按钮。

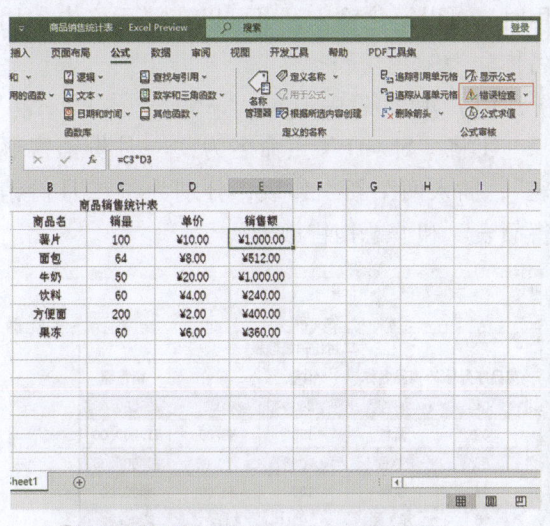

④查看效果。

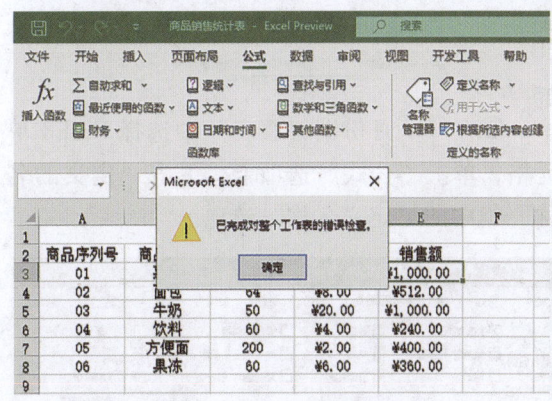

⑤单击"确定"按钮完成检查。

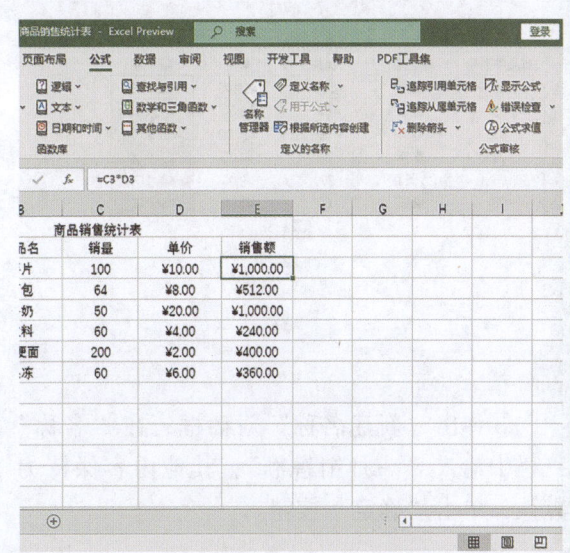

4. 引用定义名称计算销售额

为指定区域定义名称，在公式或函数中使用时，可以简化输入，也可以在单元格中使用名称。

（1）定义名称。

①将"Sheet1"重命名为"一月份销售额表"，插入两个新工作表，分别为"二月份销售额表"和"总销售额表"。

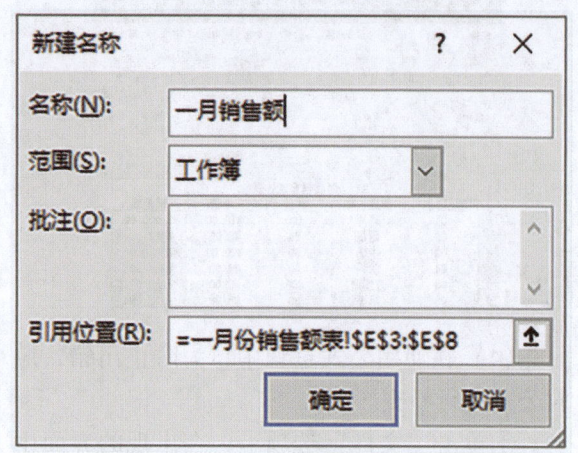

②在"一月份销售额表"中选择 E3:E8 单元格，单击"公式"选项卡，单击"定义的名称"组中的"定义名称"选项。

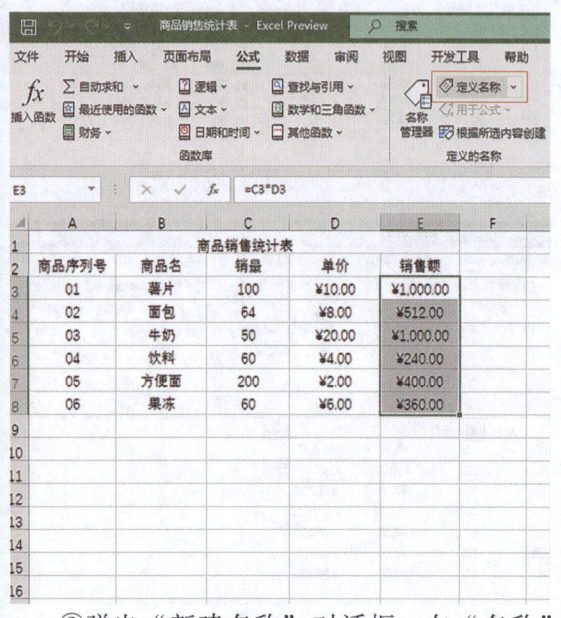

③弹出"新建名称"对话框，在"名称"一栏中输入"一月销售额"，其他内容保持为默认，单击"确定"按钮。

④切换到"二月份销售额表"工作表，选中 E3:E8 单元格区域，单击"公式"选项卡，单击"定义的名称"组中的"定义名称"选项，打开"新建名称"对话框，在"名称"一栏中输入"二月销售额"，单击"确定"按钮。

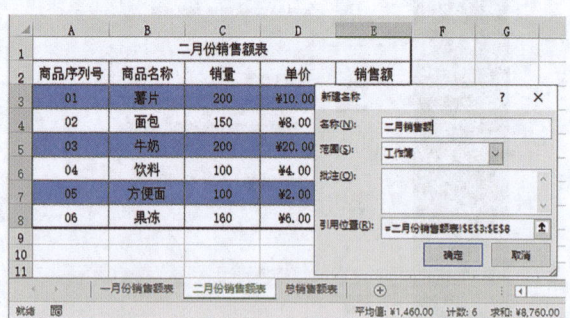

⑤单击"名称框"下拉箭头，在下拉列表中可以看到新建名称"一月销售额""二月销售额"。选中下拉名称可以快速选中对应的单元格区域。

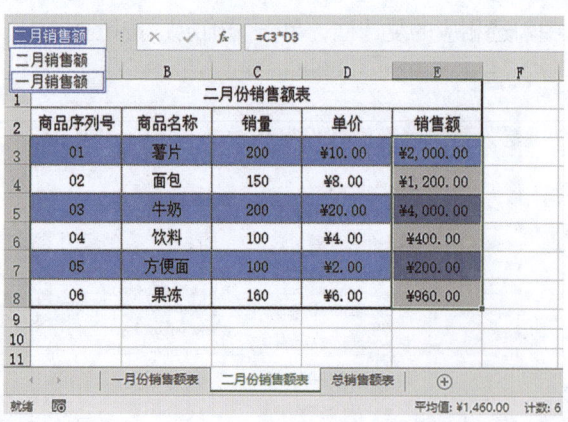

(2)在公式中使用名称。

在公式中使用名称，相比于单元格引用，可以简化输入过程。

①切换到"总销售额表"工作表，选中D3单元格，输入公式"=SUM(一月销售额，二月销售额)"。

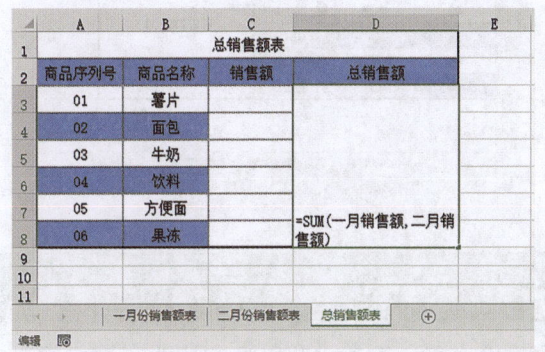

②按下"Enter"键，算出一、二月份的总销售额，将数据格式设置为"货币"类型。

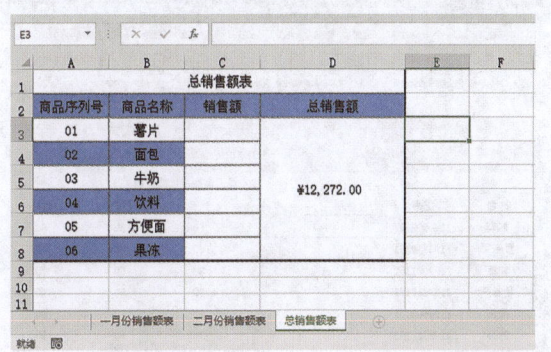

③计算每种商品在一、二月份的总销售额，可以采用合并运算。在"总销售额表"工作表中选中C3:C8单元格，切换到"数据"选项卡，在"数据工具"组中单击"合并计算"按钮。

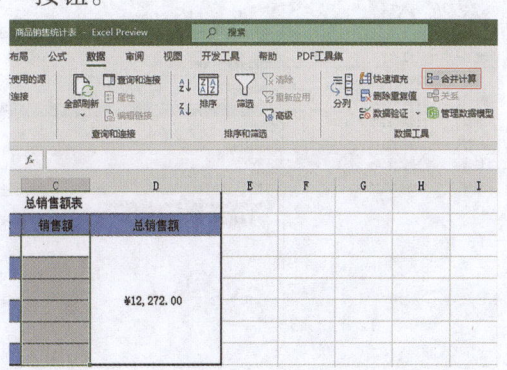

④弹出"合并计算"对话框，单击"引用位置"一栏向上箭头按钮。

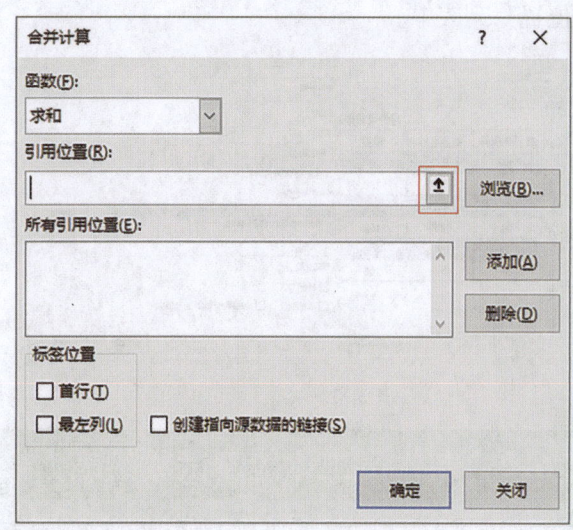

⑤切换到"一月份销售额表"工作表中，选中E3:E8单元格区域。单击"合并计算－引用位置："对话框中的向下箭头按钮。

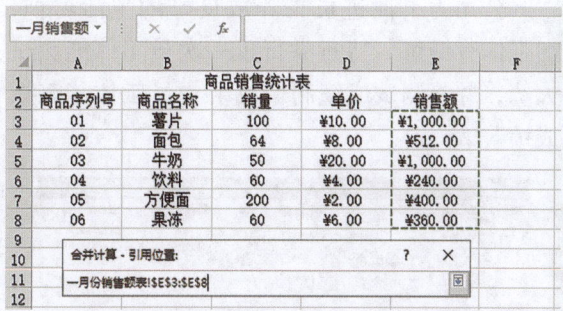

⑥切换到"合并计算"对话框中，单击"添加"按钮，将"引用位置"里的内容添加到"所有引用位置"列表中。

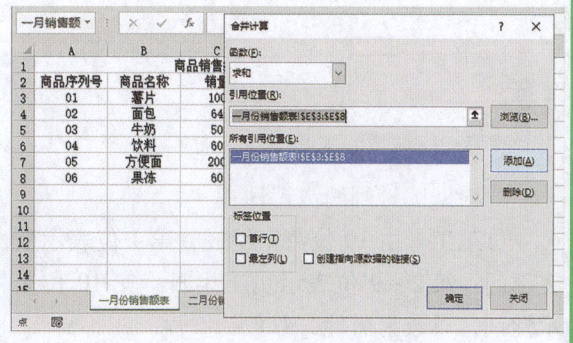

⑦用同样的方法将"二月份销售额表"工作表中的 E3:E8 单元格区域添加到"所有引用位置"列表中。

⑧单击"确定"按钮，计算出每种商品在一、二月份的总销售额。

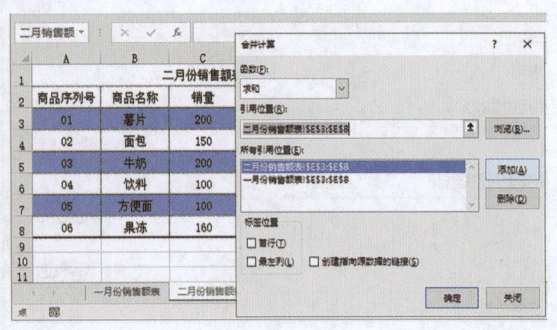

6.2 制作员工体能测试成绩表

在日常使用 Excel 时，经常需要对输入的数据按要求进行运算，本节以员工体能测试成绩表为例，介绍如何使用 Excel 自带的公式与函数对数据进行处理。

6.2.1 利用函数获取数据

公司为了促进员工养成良好的生活习惯，加强体育锻炼，特意举行了一次员工体能测试大赛，并将测试成绩制作成了"员工体能测试成绩"表。

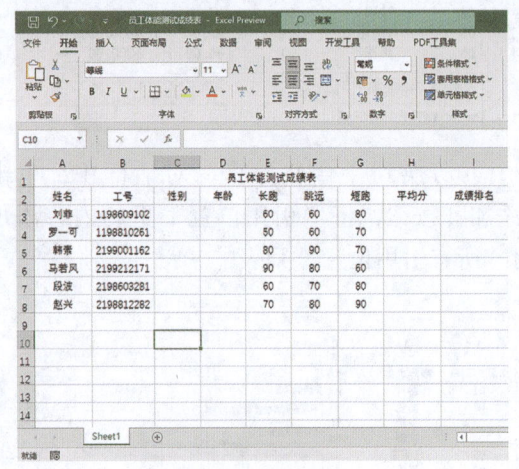

（2）弹出"插入函数"对话框，在"选择函数"栏目中，选择"IF"函数选项，单击"确定"按钮。

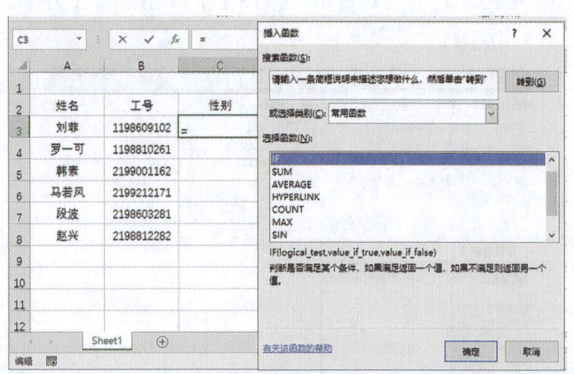

1. 根据工号判断员工性别

员工工号由 10 位数字组成，第 1 位表示所在部门；第 2~9 位表示员工生日；第 10 位表示性别，单数为男性，双数为女性。

（1）选中 C3 单元格，单击"公式"选项卡，在"函数库"组中，单击"插入函数"按钮。

(3)弹出"函数参数"对话框,在"Logical_text"一栏中,输入函数"ISODD(MID(B3,10,1))",在"Value_if_true"一栏输入"男",在"Value_if_false"一栏中输入"女",输入完成后,单击"确定"按钮。

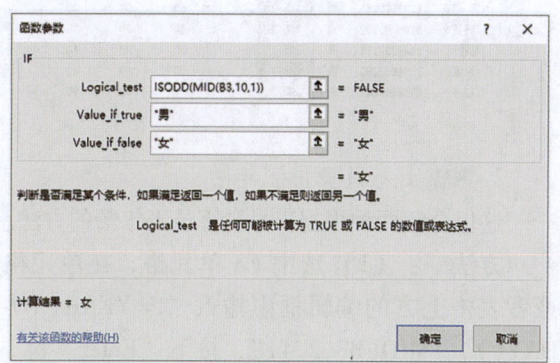

(4)此时,C3单元格已经填充了"女",选中单元格就可以查看此单元格的函数表达式。

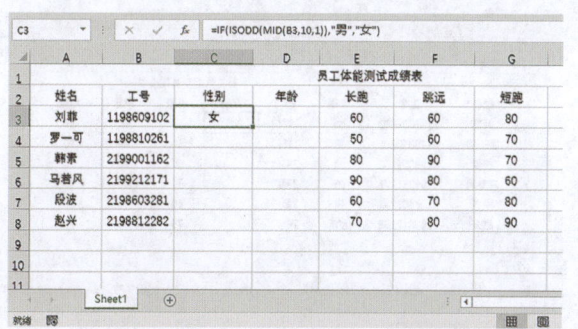

(5)将光标放在C3单元格右下角,待光标变为黑色十字形状时,向下拖动光标至C8单元格,此时C3:C8单元格已经全部填充了员工的性别。

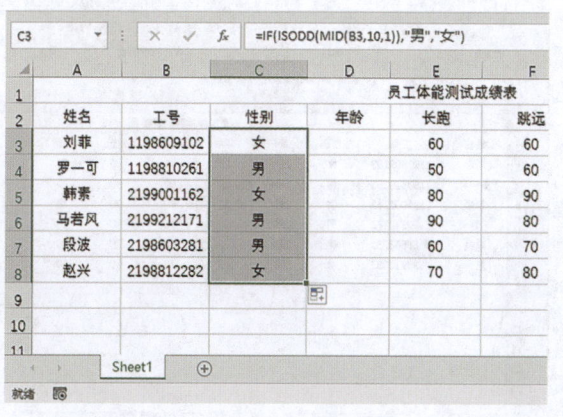

(6)除了拖动光标填充单元格以外,用户也可以选中C3:C8单元格,然后单击"开始"选项卡,在"编辑"组中,单击"填充"按钮,在下拉菜单中选择"向下"选项。

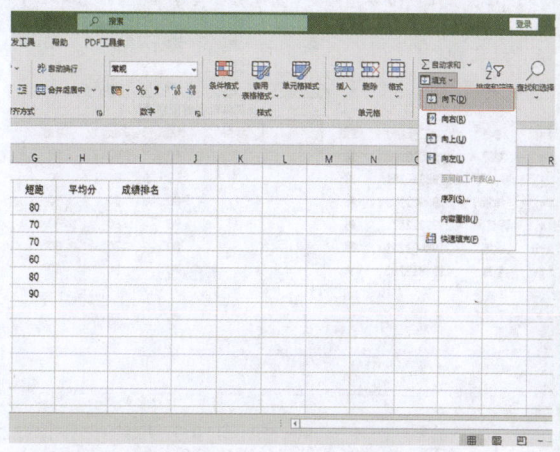

(7)此时,C4:C8单元格已经填充了对应的员工性别。

(8)在输入"年龄"列之前,需要为表格添加"部门"列。选中D列,单击鼠标右键,选择"插入"选项。

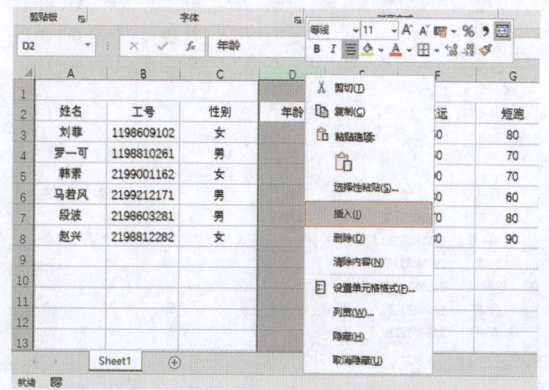

（9）此时表格中新增了一列，调整列宽。

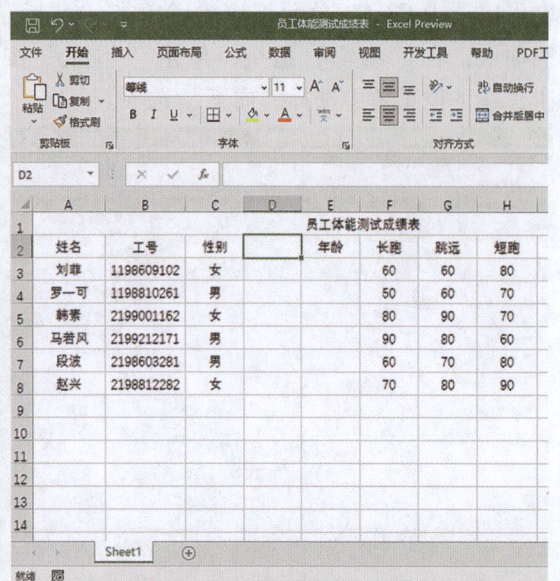

（10）在 D2 单元格中输入"部门"，之后选中 D3 单元格，在单元格中直接输入"=MID(B3,1,1)&"部门""，按下"Enter"键完成输入。

（11）查看填充效果是否正确。

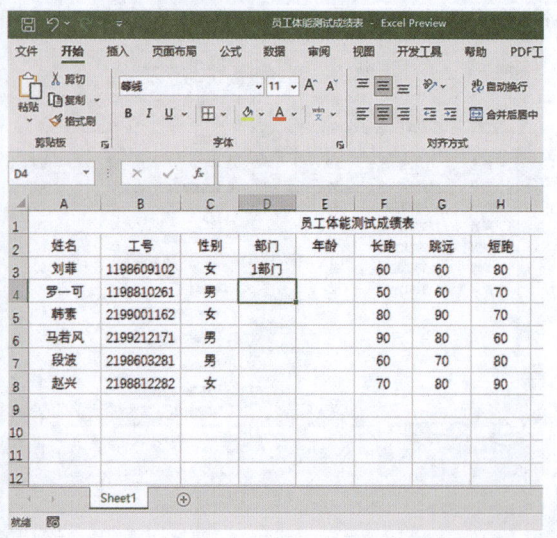

（12）确认无误后，完成 D4:D8 单元格区域的填充。

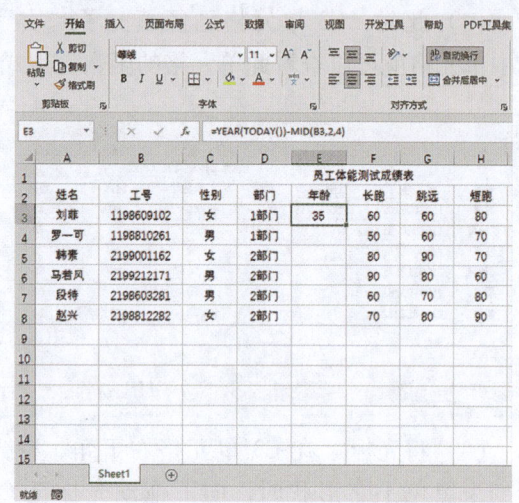

2. 根据工号计算员工年龄

这里介绍两种根据工号计算员工年龄的方法。

方法一：（1）选中 E3 单元格，在单元格或者表格上方的编辑框中输入"=YEAR(TODAY())–MID(B3,2,4)"，按下"Enter"键。

（2）拖拽并填充到 E4:E8 单元格区域。

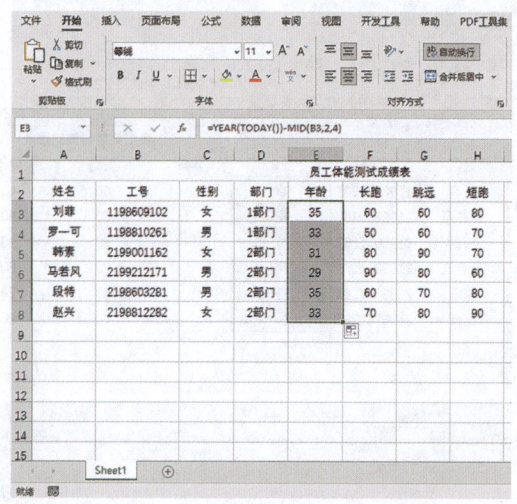

方法二：(1) 在"年龄"列之前添加"出生日期"列。

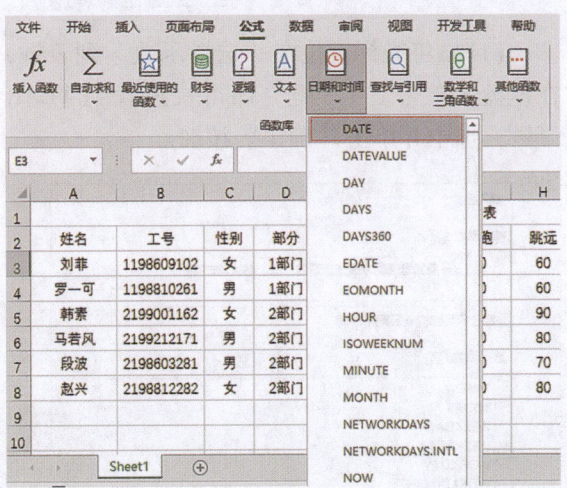

(2) 选中 E3 单元格，切换到"公式"选项卡，在"函数库"组中单击"日期和时间"下拉箭头，选择"DATE"选项。

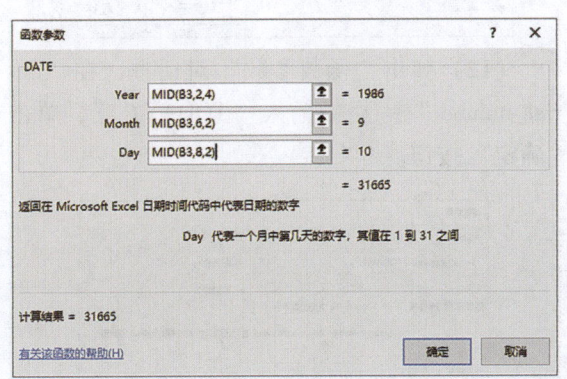

(3) 弹出"函数参数"对话框，在"Year"一栏中输入"MID（B3,2,4）"，在"Month"一栏中输入"MID（B3,6,2）"，在"Day"一栏中输入"MID（B3,8,2）"。

(4) 单击"确定"按钮，查看填充内容是否正确。

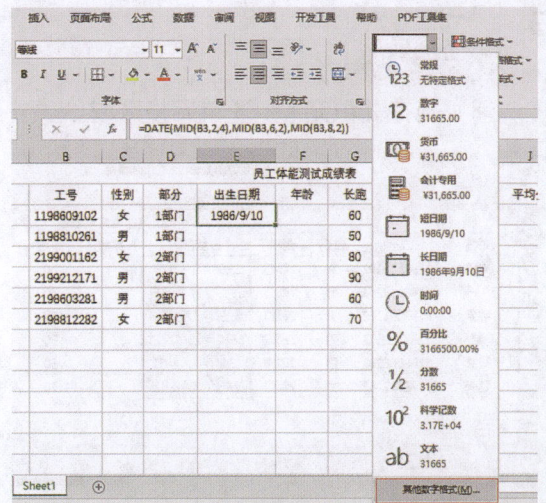

(5) 选中 E3 单元格，切换到"开始"选项卡，在"数字"组中，单击"数字格式"下拉箭头，选择"其他数字格式"选项。

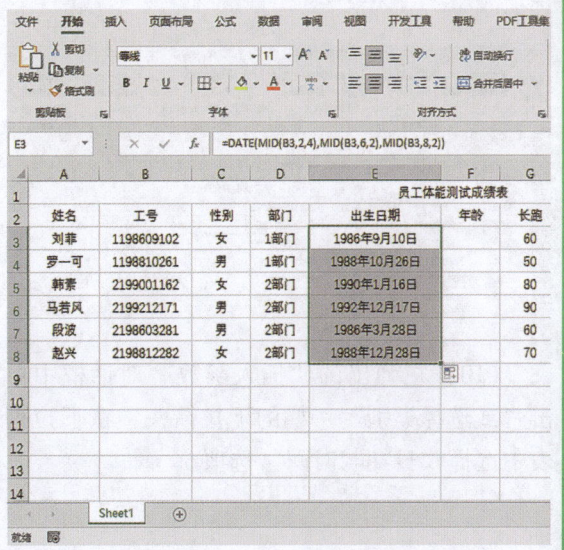

(6) 弹出"设置单元格格式"对话框，选择合适的日期类型，之后再单击"确定"按钮。

(7) 查看效果。

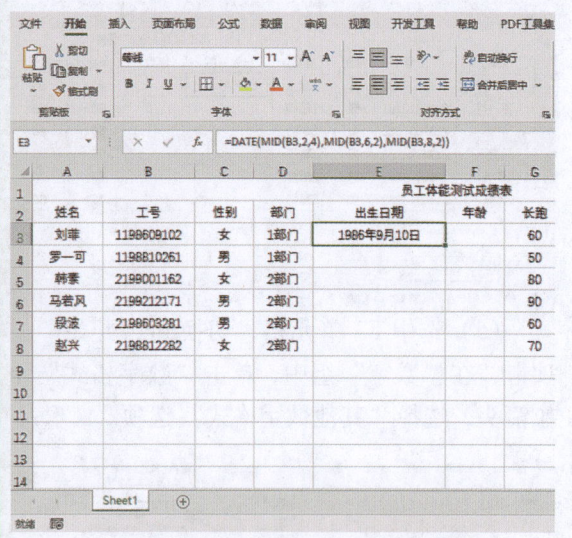

(8) 拖拽并填充 E4:E8 单元格区域。

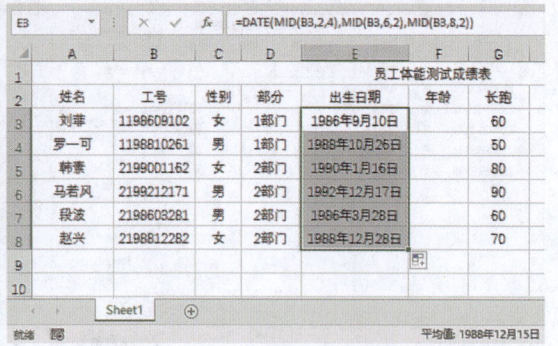

(9) 选中 F3 单元格，切换到"公式"选项卡，在"函数库"组中单击"插入函数"选项。

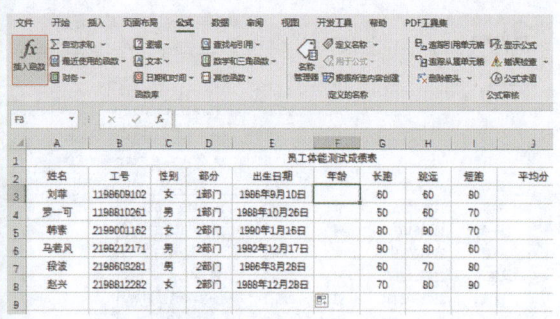

(10) 在弹出的"插入函数"对话框中单击"或选择类别"一栏的下拉箭头，在下拉列表中选择"日期与时间"选项。

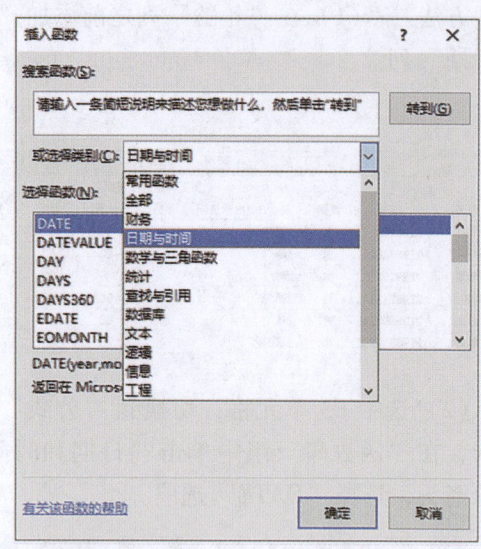

(11) 将光标定位在"选择函数"列表框，在键盘上单击"Y"键，即可快速找到 YEAR 函数，选中并单击"确定"按钮。

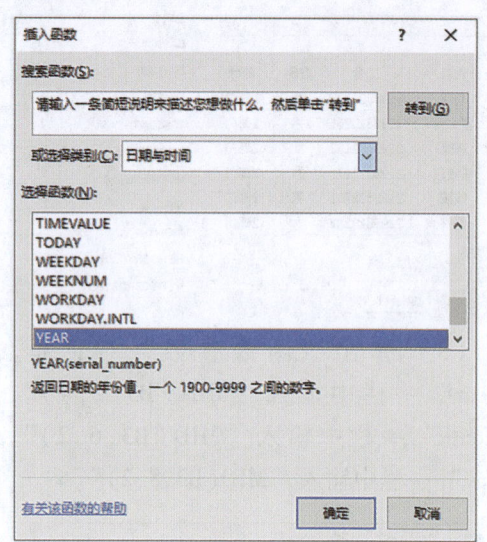

(12) 弹出"函数参数"对话框，在"Serial_number"一栏中输入"TODAY()"，单击"确定"按钮。

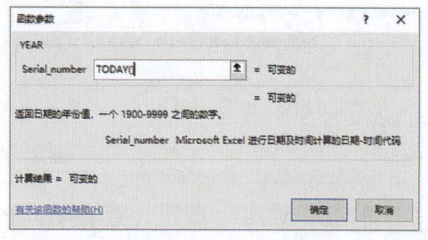

(13) 查看效果，F3 单元格中已经输入了

本年年份，用本年年份减去出生日期即可得到年龄。

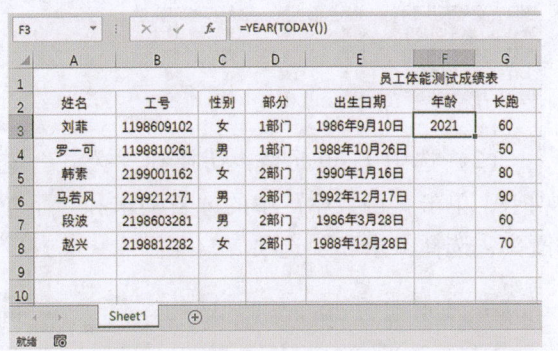

（14）双击 F3 单元格并在单元格中输入"="，单击"插入函数"选项。

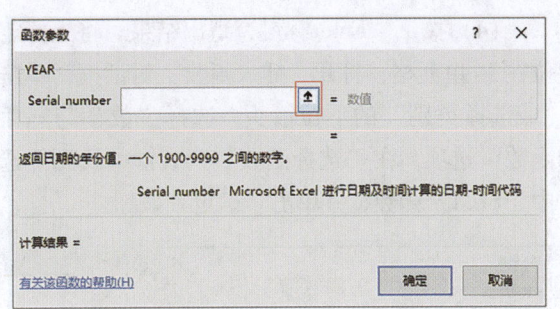

（15）选中"YEAR"函数选项，在弹出的"函数参数"对话框中，单击参数后的向上箭头。

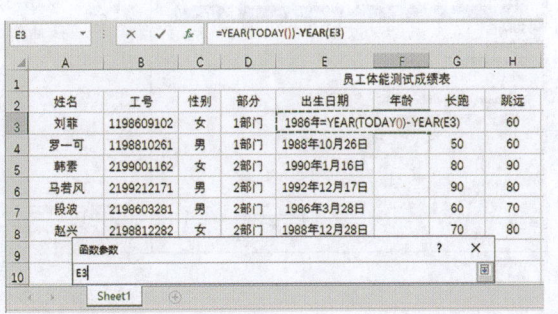

（16）接着会弹出"函数参数"对话框，单击表格中的 E3 单元格，这时对话框中会自动输入"E3"。

（17）按下"Enter"键。

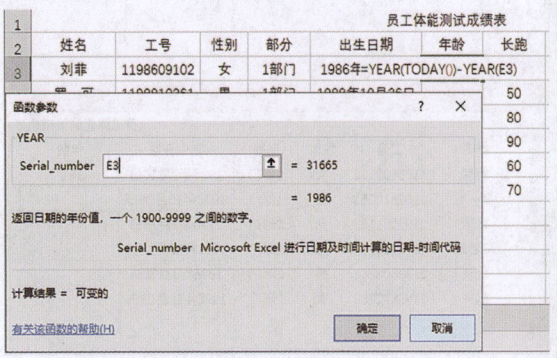

（18）单击"确定"按钮。

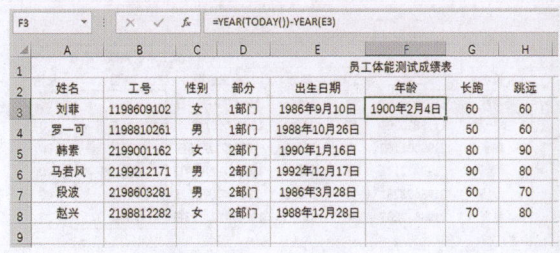

（19）修改年龄格式。选中 F3 单元格，切换到"开始"选项卡，在"数字"组中单击"数字格式"下拉箭头，选择"常规"选项。

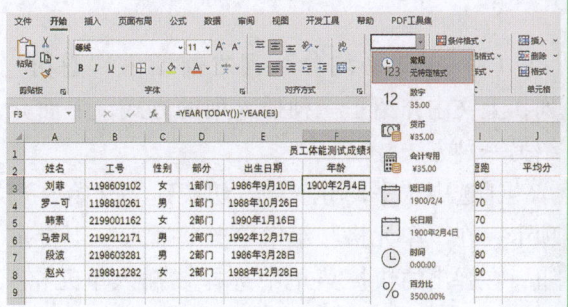

（20）双击 F3 单元格，并在单元格中输入"&"岁""。

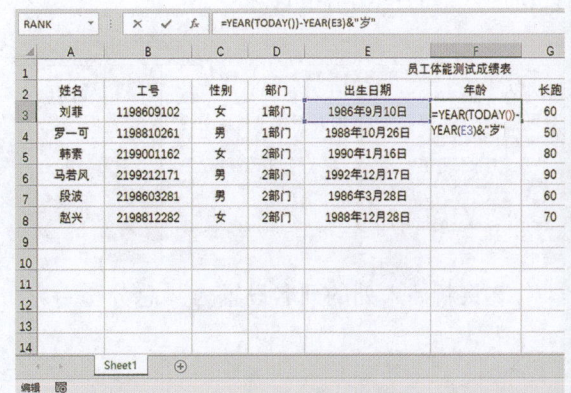

(21）按下"Enter"键，表格中显示"35岁"。

(22）拖拽填充柄填充 F4:F8 单元格区域。

6.2.2 使用函数计算

利用函数可以对表格进行一些基本运算，例如求和运算，求平均值，求最大、最小值等。

1. 求和运算

（1）在"平均分"列之前插入"总分"列，上文中介绍了一种插入列的方式，下面介绍另一种方法。

① 选中"平均分"列，切换到"开始"选项卡，在"单元格"组中单击"插入"下拉按钮，在弹出的快捷菜单中选择"插入单元格"选项，即可在"平均分"列之前插入空白列，单击空白列旁边的"插入选项"按钮，可以设置新插入列的单元格格式。

② 将新插入列的列名设置为"总分"。

（2）选中 J3 单元格，切换到"公式"选项卡，单击"函数库"中的"自动求和"下拉箭头，选择"求和"选项。

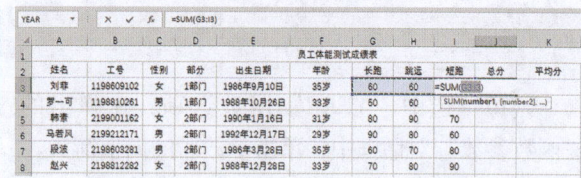

（3）在 J3 单元格中可以发现，Excel 是调用了"SUM"函数进行求和运算。

（4）按下"Enter"键，得出结果。将光标定位在 J4 单元格，打开"插入函数"对话框，单击"或选择类别"的下拉箭头，选择"数学与三角函数"选项，在"选择函数"列表框中找到并选中"SUM"函数，并单击"确定"按钮。

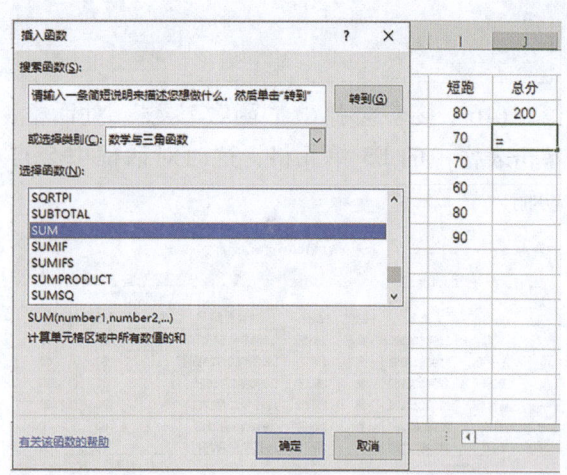

(5)弹出"函数参数"对话框,在参数"Number1"一栏中,系统默认输入了"G4:I4",说明已经选中了 G4:I4 单元格中的数据,用户也可以单击"Number1"一栏后的选取按钮选取需要的数据。

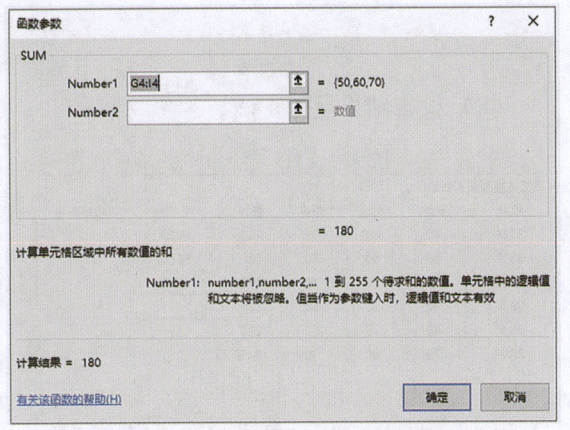

(6)单击"确定"按钮,查看效果。

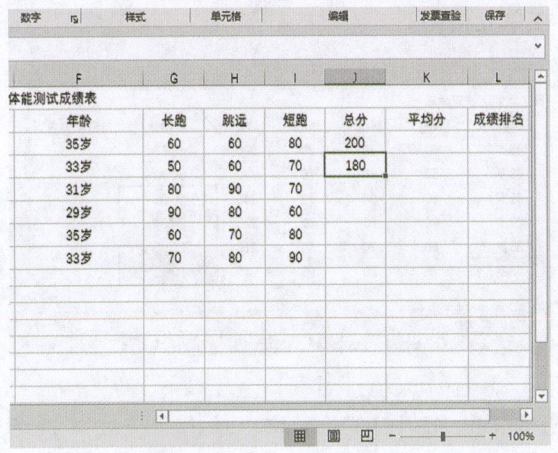

(7)拖拽并填充"总分"列剩余单元格。

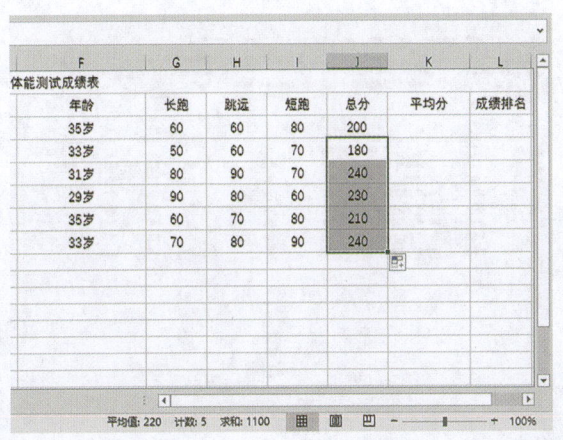

2.求平均值

(1)选中 K3 单元格,单击"函数库"组中的"插入函数"按钮。

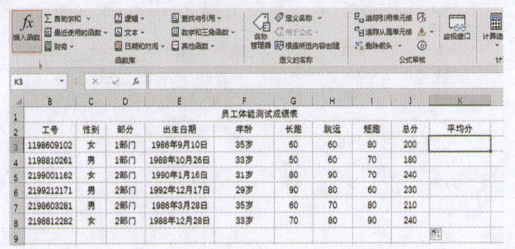

(2)弹出"插入函数"对话框,在"搜索函数"一栏中输入"平均值",单击"转到"按钮,在"选择函数"列表中选中"AVERAGE"函数,单击"确定"按钮。

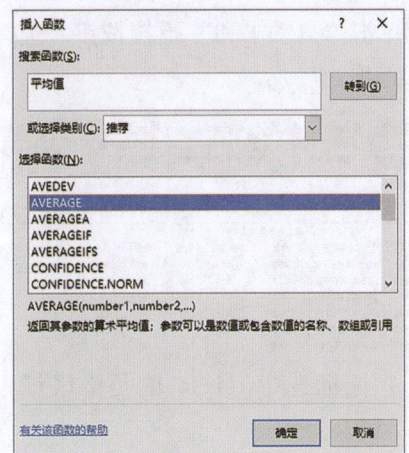

(3)弹出"函数参数"对话框,在参数"Number1"一栏中系统默认选中了"G3:J3"单元格的区域,由于不需要计算 J3 单元格中的内容,所以将选中的单元格区域改为"G3:I3",单击"确定"按钮。

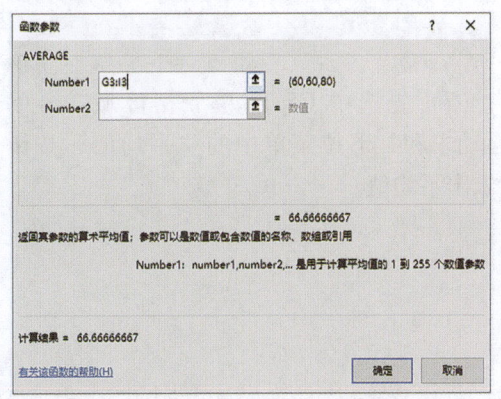

（4）查看结果，为结果设置合适的数字格式。

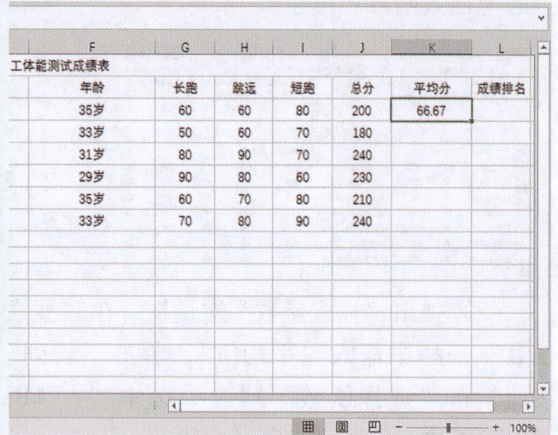

（5）选中K4单元格，切换到"公式"选项卡，单击"自动求和"下拉按钮，选择"平均值"选项。

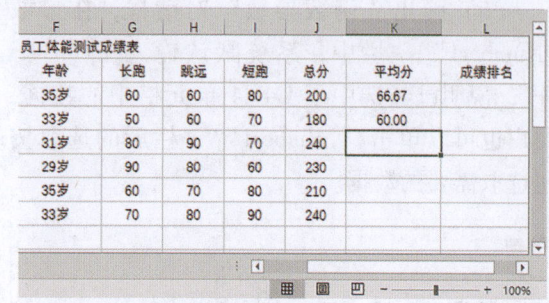

（6）鼠标选中G4:I4单元格区域，按下"Enter"键。

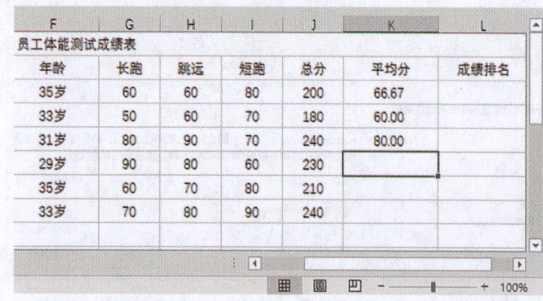

（7）先选中G5:I5单元格区域，再单击"自动求和"下拉菜单中的"平均值"按钮也可求出平均值。

（8）检查结果是否正确。

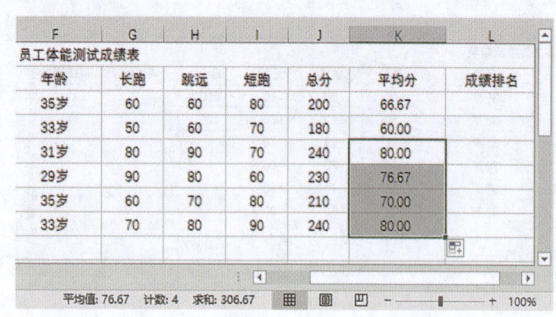

（9）计算"平均分"列的剩余结果并填充在单元格中。

3. 计算成绩排名

（1）选中L3单元格，单击"公式"选项卡，在"函数库"组中，单击"插入函数"选项。

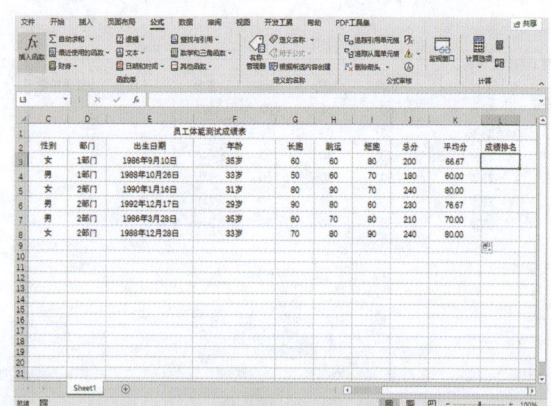

(2)弹出"插入函数"对话框,单击"或选择类别"一栏的下拉按钮,选择"兼容性",在"选择函数"列表框中,选择"RANK"函数。

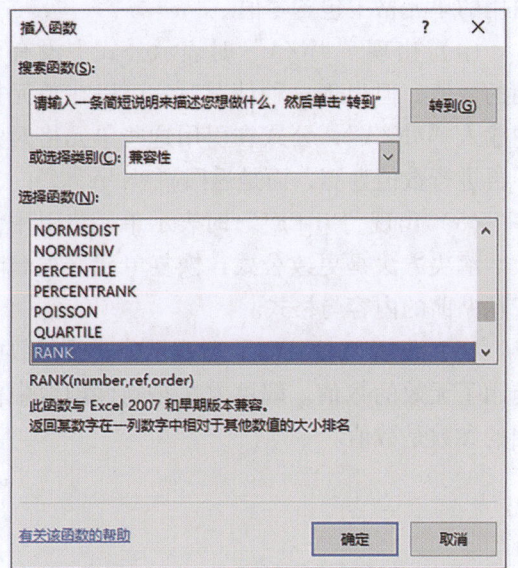

(3)弹出"函数参数"对话框,设置函数的参数。

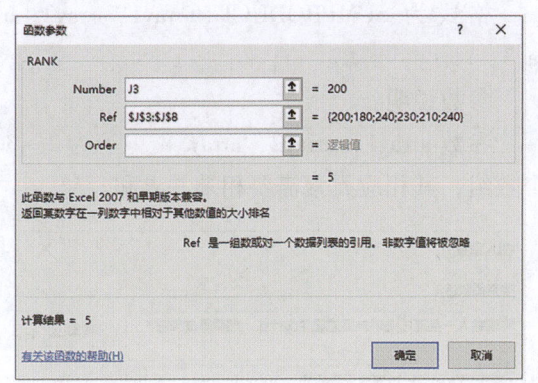

(4)单击"确定"按钮,并将"成绩排名"列剩余单元格都进行填充。

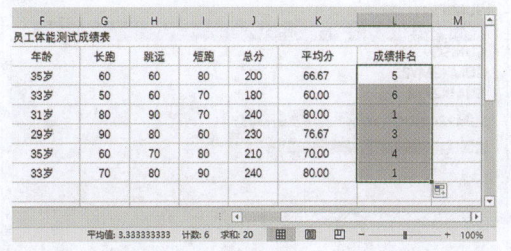

4. 获取最大、最小值

(1)在 A9、A10 单元格中分别输入"总分最高""总分最低"。选中 B9 单元格,单击"函数库"组中"自动求和"下拉按钮,单击"最大值"按钮。

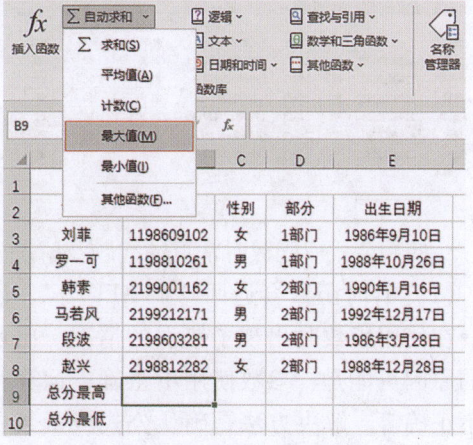

(2)选中 J3:J8 单元格区域。

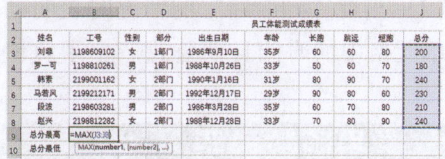

(3)按下"Enter"键,计算出结果。

(4)选中 B10 单元格,在"自动求和"下拉列表中选择"最小值"。

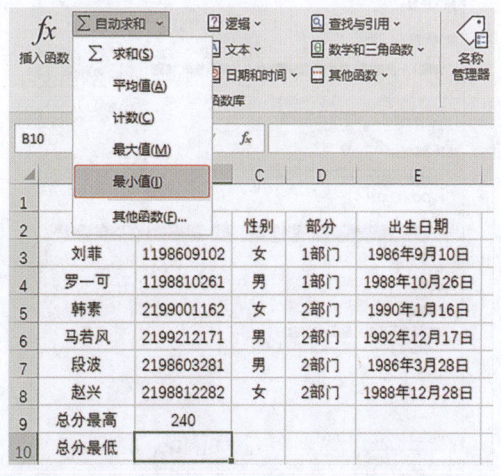

(5) 选中 J3:J8 单元格区域，按下"Enter"键，计算出结果。

5. 使用公式或函数时常见的问题及解决办法

（1）有时函数会返回"#VALUE!"，说明用户在使用函数时出现了错误的情况。出现错误的原因可能是：参数使用不正确；运算符使用不正确等。解决方法是确认公式或函数中的运算符或参数使用正确。

（2）出现"######"的情况时表明列宽不足或单元格中的时间日期公式产生了负值。解决方法是增加单元格的列宽、应用不同的数字格式、保证时间与日期公式的正确性。

（3）当单元格中出现"#DIV/0!"时表示公式中的除数为 0、除数引用了空白单元格或引用的单元格中包含零值。

（4）出现"#N/A"时表示公式中没有可用的数值，但出现这种情况时，可以在单元格中输入"#N/A"，公式在引用这些单元格时将不再进行数值计算，而是返回"#N/A"。

（5）出现"#REF!"时表示单元格引用无效。解决方法是更改公式；恢复单元格被删除或粘贴前的内容与格式。

（6）出现"#NUM!"时表示公式或函数中使用了无效的数值。解决方法是确保函数中使用的参数是数值。

6.3 常用函数说明

6.3.1 数学与三角函数

1. INT 函数

格式为 INT(number)，功能是将数值向下取整为最接近的整数。例如，INT(9.6)结果为 9，INT(-9.6)结果为 -10。

参数说明：

参数 number 为需要取整的数值或包含数值的单元格。

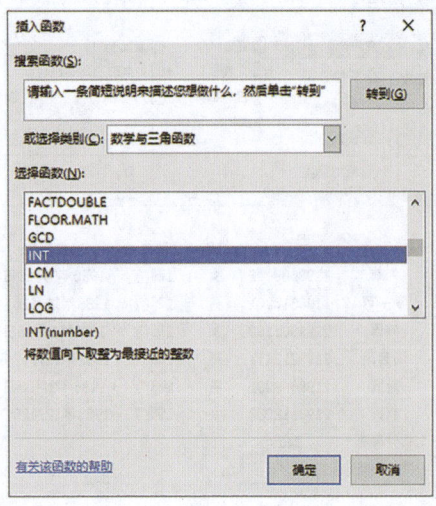

2. SUMPRODUCT 函数

格式为 SUMPRODUCT(array1, array2, array3, …)。

参数说明：

参数 array1, array2, array3, ……为 2~30 个数组，其相应元素需要相乘并求和。

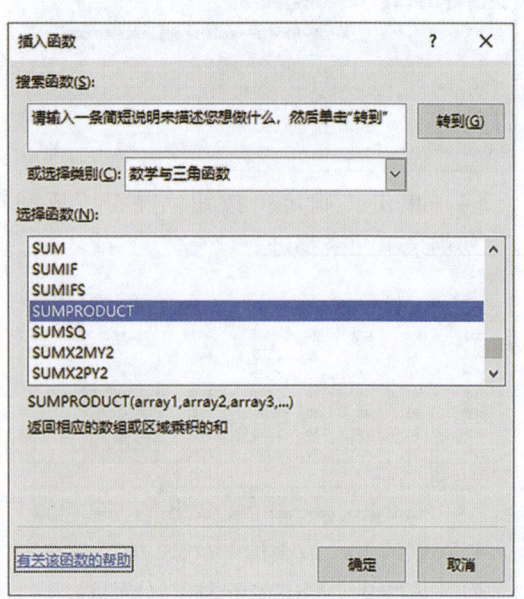

3. ROUND 函数

ROUND 函数的功能是按指定的位数对数值进行四舍五入。

格式为 ROUND(number,num_digits)。

参数说明：

参数 number 是指用于进行四舍五入的数字，不能是一个单元格区域。如果参数 number 是数值以外的文本，返回错误值"#VALUE!"。

参数 num_digits 表示位数，按此数值进行四舍五入，不可省略。

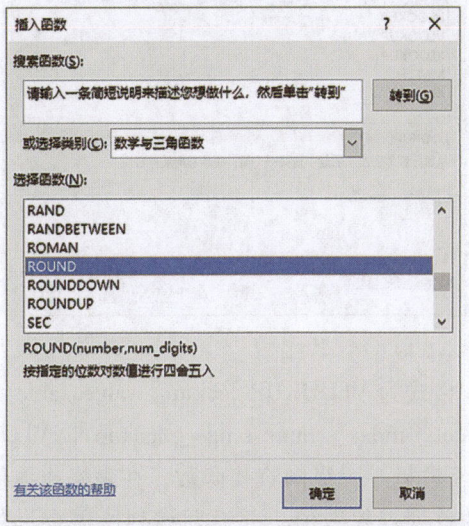

num_digits 的函数返回值的关系如下表。

num_digits	ROUND 函数返回值
num_digits > 0	按指定位数进行四舍五入
num_digits = 0	数字四舍五入到最接近的正整数
num_digits < 0	在小数点左侧前几位进行四舍五入

4. SUMIF 函数

SUMIF 函数的功能是对满足条件的单元格求和。

格式为 SUMIF(range, criteria, sum_range)。

参数说明：

参数 range 为条件判断的单元格区域。

参数 criteria 为指定条件表达式。

参数 sum_range 为需要计算的数值所在的区域。

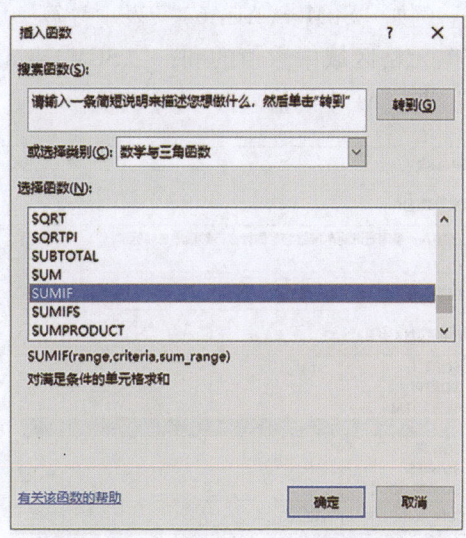

5. MOD 函数

MOD 函数的功能是计算并返回两数相除的余数，所得结果的符号与除数相同。

格式为 MOD(number, divisor)。

参数说明：

参数 number 为被除数。

参数 divisor 为除数；若 divisor 为 0，则函数返回错误值"#DIV/0!"。

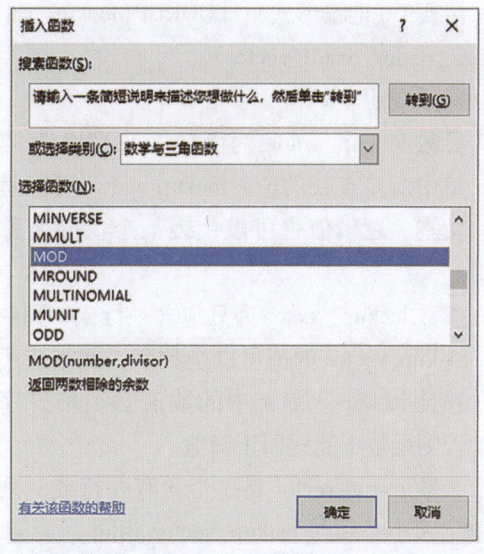

6. SUM 函数

SUM 函数的作用是计算单元格区域中所有数值的和。格式为 SUM(number1, number2,…)。

参数说明：

参数 number1，number2，……为需要求和

的值。例如"SUM=（A1:A6）"表示计算 A1:A6 所有单元格区域中数值的和；"SUM=（A1－A6）"表示 A1 中的值减去 A6 中的值。

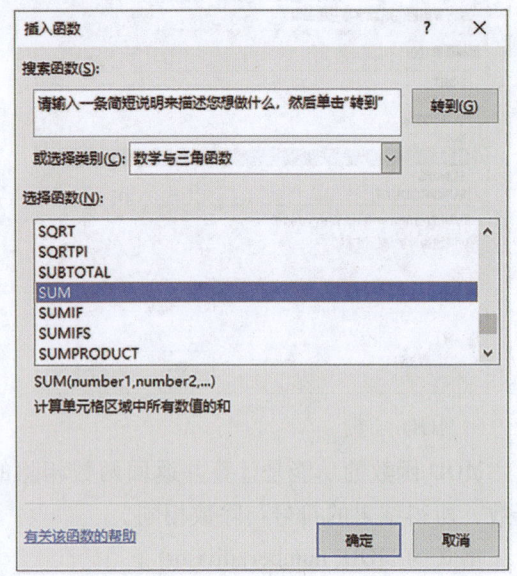

6.3.2 查找与引用函数

1. LOOKUP 函数

LOOKUP 函数的功能是返回向量或数组中的值。

格式 1（向量形式）：LOOKUP(lookup_value, lookup_vector, result_vector)。

参数说明：

参数 lookup_value 为函数 LOOKUP 在第一个向量中所要查找的值，lookup_value 可以是数字、文本、逻辑值也可以代表某个值的名称或引用。

参数 lookup_vector 为只包含一行或一列的区域，lookup_vector 的值可以是数字、文本或逻辑值，并且 lookup_vector 中的数值必须按升序排列，否则函数不能返回正确值。

参数 result_vector 是一个含有一行或一列的区域，大小必须与 lookup_vector 相同。

格式 2（数组形式）：LOOKUP(lookup_value, array)。

参数说明：

参数 lookup_value 是函数 LOOKUP 在数组中所要搜索的值。lookup_value 的值可以是数字、文本逻辑值或代表数值的名称或引用。如果 LOOKUP 函数找不到 lookup_value，它会使用数组中小于或等于 lookup_value 的最大值。

参数 array 为包含文本、数字或逻辑值的单元格区域，它的值是用于和 lookup_value 进行比较。

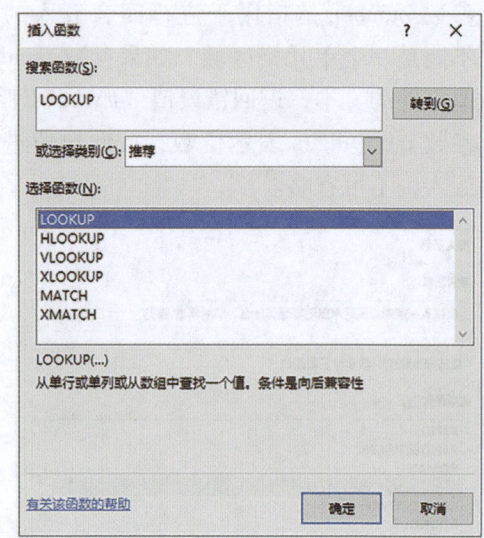

2. VLOOKUP 函数

格式为 VLOOKUP(lookup_value, table_array, col_index_num, range_lookup)。VLOOKUP 函数是一个纵向查找函数，在表格或数值数组的首列查找数值，并返回该列所需查询列序所对应的值。

参数说明：

参数 lookup_value 为需要在数据表第一列中查找的值。lookup_value 的值可以是数值、文本字符串或引用。

参数 table_array 为需要在其中查找数据的数据表。使用对区域或区域名称的引用。

参数 col_index_num 为 table_array 中查找数据的数据序列号；若 col_index_num 小于 1，函数 VLOOKUP 返回错误值"#VALUE!"，若大于 table_array，函数返回错误值"#REF!"。

参数 range_lookup 为一个逻辑值，表明了 VLOOKUP 函数查找时是精确查找还是近似查找。若为 FALSE，则返回精确查找值，如果找不到，则返回错误值"#N/A"。若为 TRUE 或 table_array，则返回近似查找值。

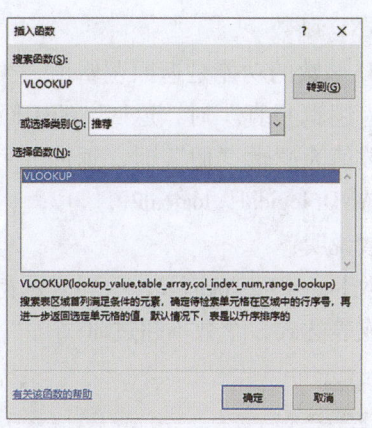

3. ADDRESS 函数

ADDRESS 函数的功能是创建一个以文本方式对工作簿中某一单元格的引用。

格式为 ADDRESS(row_num, column_num, abs_num, a1, sheet_text)。参数 row_num 是被引用单元格的行号；参数 column_num 是被引用单元格的列号；参数 abs_num 指定返回的引用类型。参数 a1 为一个逻辑值，指定 a1 或 R1C1 引用样式。如果 a1 为 TRUE 或省略，ADDRESS 返回 a1 样式的引用；若为 FALSE，函数返回 R1C1 样式的引用。参数 sheet_text 为指定要用做外部引用的工作表的名称。abs_num 的使用格式如下表。

abs_num	返回的引用类型
1 或者省略	绝对值引用
2	绝对行号、相对列标
3	相对行号、绝对列标
4	相对值

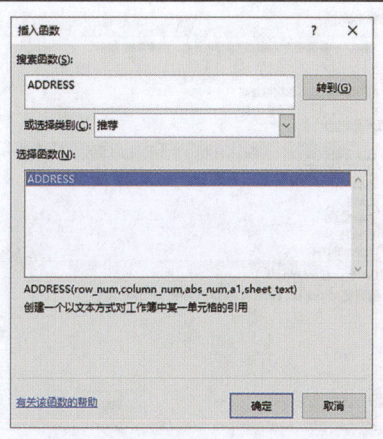

4. HLOOKUP 函数

HLOOKUP 函数是 Excel 中的一个横向查找函数，功能是在表格首行或数值数组中搜索指定的值，并返回表格或数值数组中指定列中的值。

格式为 HLOOKUP(lookup_value, table_array, row_index_num, range_lookup)。

参数说明：

参数 lookup_value 为需要在表格第一行查找的值，可以为数值、引用或字符串。

参数 table_array 为需要查找数据的数据表。

参数 row_index_num 为 table_array 中将要返回的查找值的行序号。若 row_index_num 小于 1，函数返回错误值"#VALUE!"；若 row_index_num 大于表格的行数，函数返回错误值"#REF!"。

参数 range_lookup 一个逻辑值，表明了函数 HLOOKUP 函数查找时是精确查找还是近似查找。若为 FALSE 或 0，函数将查找精确值，如果找不到，则返回错误值"#N/A"。若为 TRUE 或 1，则返回近似查找值；如果找不到精确值，则返回小于 lookup_value 的最大数值。range_lookup 的值可以省略，此时表示近似查找。

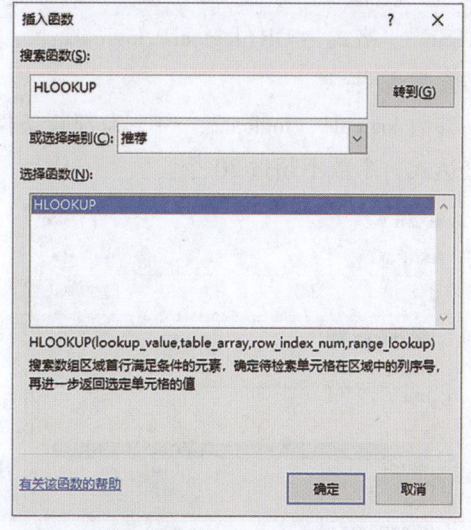

6.3.3 逻辑函数

1. IF 函数

IF 函数是一个判断并输出函数，格式为 IF (logical_test, value_if_true, value_if_false)。

参数说明：

参数 logical_test 为逻辑判断表达式。

参数 value_if_true 表示当判断条件为逻辑"真"时要显示的内容，若省略，则返回"TRUE"。

参数 value_if_false 表示当判断条件为逻辑"假"时要显示的内容。

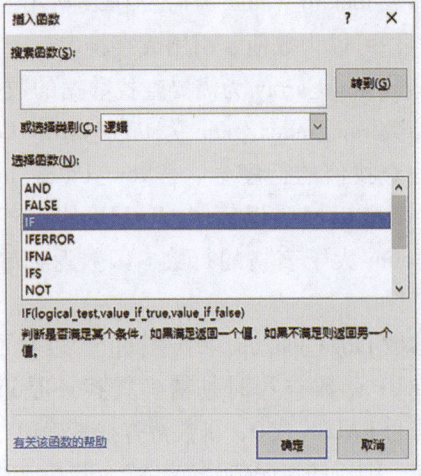

2. OR 函数

OR 函数的功能是返回逻辑值，当有任一参数值为逻辑"真"时，即返回"TRUE"；当所有参数值均为逻辑"假"时，返回"FALSE"。格式为 OR(logical1, logical2, …)。

参数说明：

参数 logical1，logical2，……为判断条件值或表达式，个数不超过 30 个。

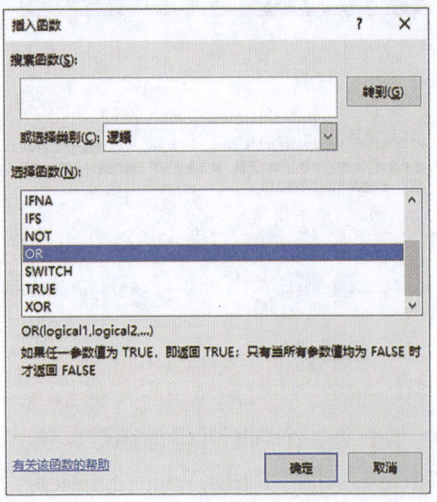

3. AND 函数

AND 函数的功能是返回逻辑值。当所有参数值均为逻辑"真"时，返回"TRUE"；当有一个参数值为逻辑"假"时，返回"FALSE"。格式为 AND(logical1, logical2, …)。

参数说明：

参数 logical1，logical2，……表示待判断的条件值或表达式，个数不超过 30 个。

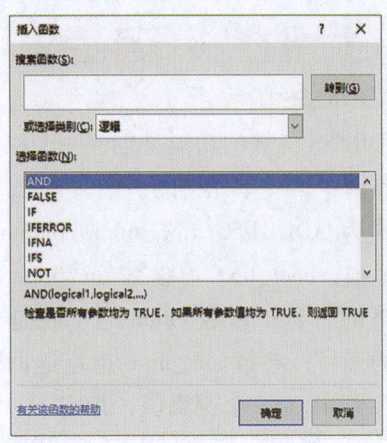

6.3.4 日期与时间函数

1. DATE 函数

DATE 函数的作用是返回在 Microsoft Excel 日期时间代码中代表日期的数字。格式为 DATE(year, month, day)。

参数说明：

参数 year 为指定的年份数值。

参数 month 为指定的月份数值（可以大于 12）。

参数 day 为天数。

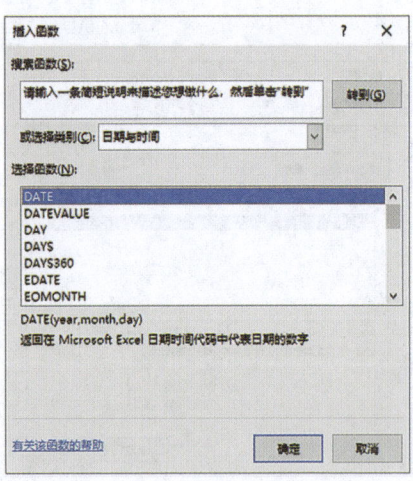

2. YEAR 函数

YEAR 函数的作用是将参数转化为年，格式为 YEAR(serial_number)。

参数说明：

参数 serial_number 是一个日期值，可以是带引号的文本串、系列数、公式或函数的运算结果。

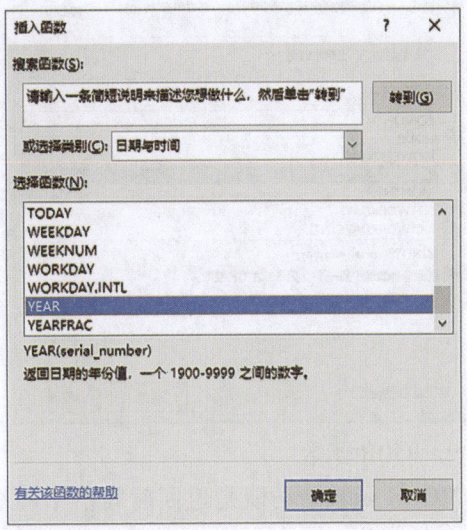

3. TODAY 函数

TODAY 函数的作用是输出当前日期，是一个可变的内容，即函数的值会随着日期的改变而改变。

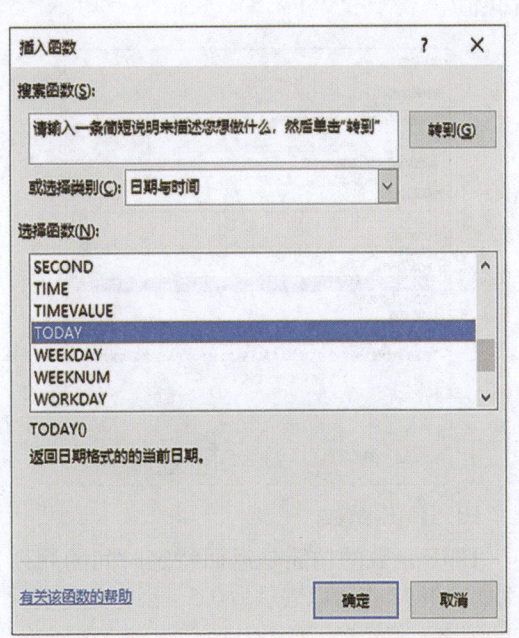

4. WEEKNUM 函数

WEEKNUM 函数的功能是返回指定日的周数。格式为 WEEKNUM(serial_number, return_type)。

参数说明：

参数 serial_number 表示一周中的日期。

参数 return_type 为一个数字，确定星期从哪一天开始计算。

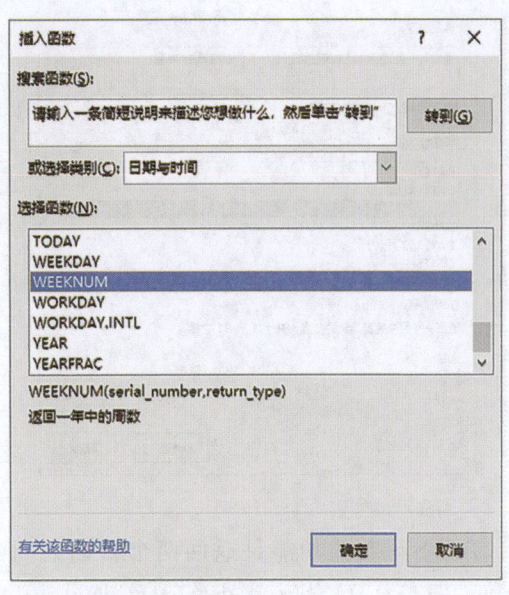

5. NOW 函数

NOW 函数的功能是返回日期时间格式的当前日期和时间。格式为 NOW()。该函数没有参数

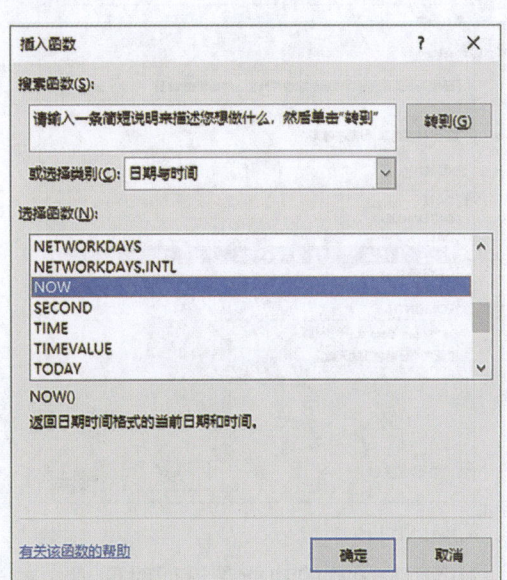

6. DAY 函数

DAY 函数的功能是返回一个月中的第几天的数值,格式为 DAY(serial_number),介于 1 到 31 之间。

参数说明:

参数 serial_number 表示要查找的日期。

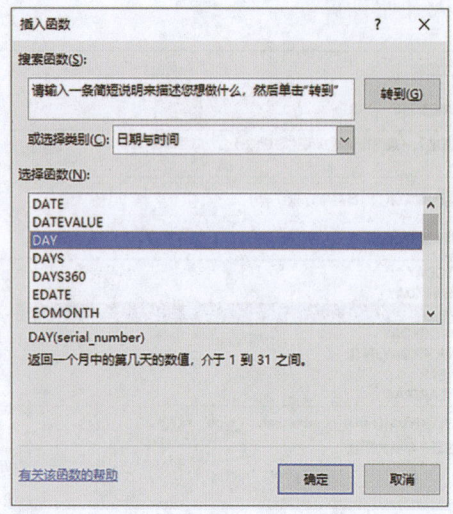

7. DAYS 函数

DAYS 函数的功能是返回两个日期之间的天数,格式为 DAYS(end_date, start_date)。

参数说明:

参数 end_date 为计算期间天数的截止日期。

参数 start_date 为计算期间天数的起始日期。

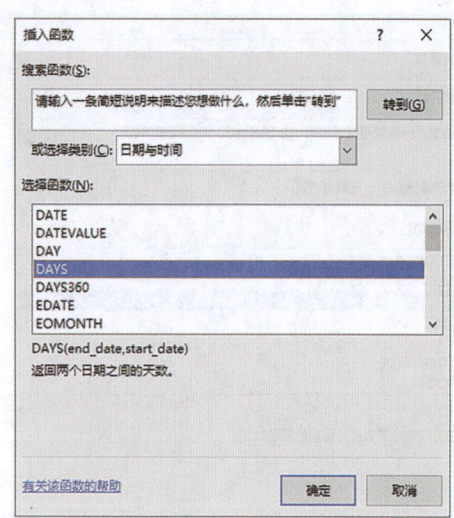

8. MINUTE 函数

MINUTE 函数的功能是返回时间值中的分钟数值,格式为 MINUTE(serial_number),函数返回的数值是一个介于 0 到 59 之间的整数。

参数说明:

参数 serial_number 为包含要查找分钟的时间值。

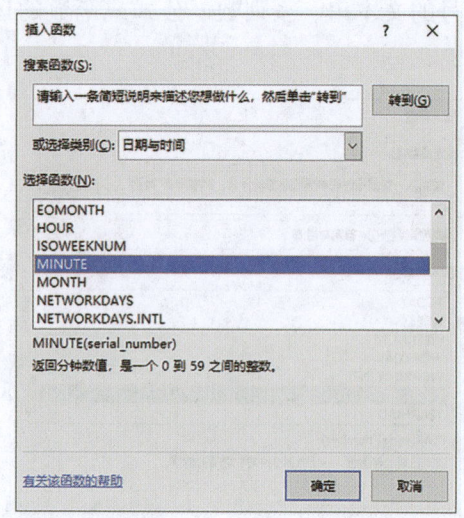

9. HOUR 函数

HOUR 函数的功能是返回时间值中的小时数值,格式为 HOUR(serial_number),函数返回的数值是一个 0 到 23 之间的整数。

参数说明:

参数 serial_number 为包含要查找小时数的时间值。

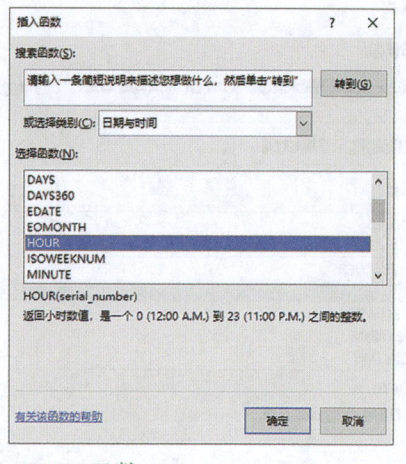

10. TIME 函数

TIME 函数的功能是返回特定时间的序列数(例如中午 12 点可以表示为 0.5,因为此时表示一天的一半),格式为 TIME(hour, minute, second)。

参数说明：

参数 hour 表示小时，为 0 到 32767 之间的数字。任何大于 23 的值都会除以 24，余数将作为小时值。

参数 minute 表示分钟，为 0 到 32767 之间的数字，任何大于 59 的值将转换为小时和分钟。

参数 second 表示秒数，为 0 到 32767 之间的数值，任何大于 59 的值，将转换为小时、分钟和秒。

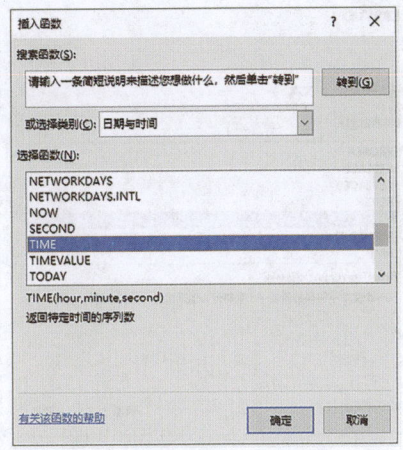

6.3.5 文本函数

1. MID 函数

MID 函数的功能是从文本字符串中指定的起始位置起返回指定长度的字符。格式为 MID(text,start_num,num_chars)。

参数说明：

text 表示文本字符串；start_num 为起始位置；num_chars 表示要返回的字符数目。

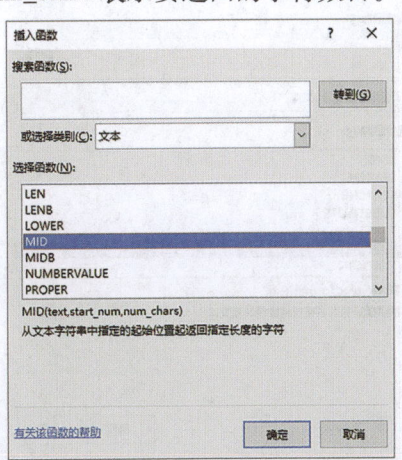

2. UPPER 函数

UPPER 函数的功能是将文本字符串中的所有字母转换成大写形式。格式为 UPPER(text)。

参数说明：

参数 text 为需要转换为大写形式的文本。

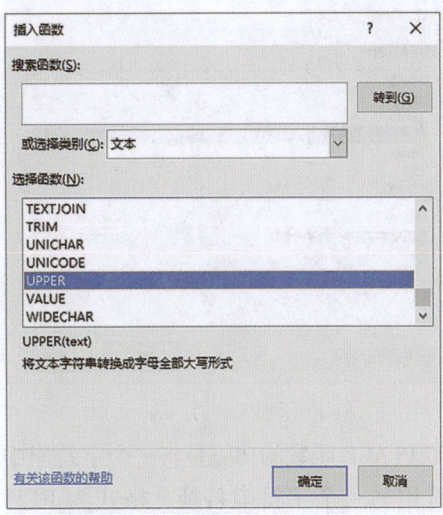

3. LOWER 函数

LOWER 函数的功能是将一个文本字符串的所有字母转换为小写形式。格式为 LOWER(text)。

参数说明：

参数 text 为需要转换为小写形式的文本。

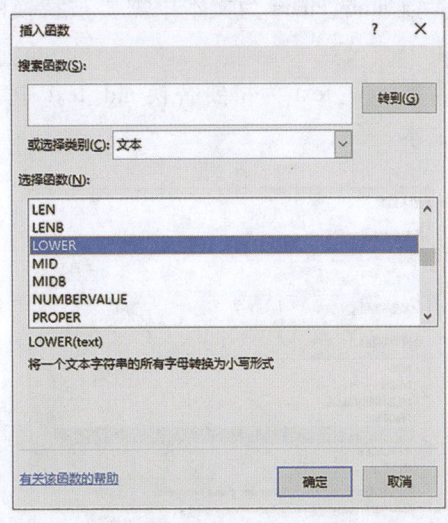

4. LEN 函数

LEN 函数的功能是计算并返回文本字符串中的字符个数，格式为 LEN(text)。

参数说明：

参数 text 为待检测的文本字符串。

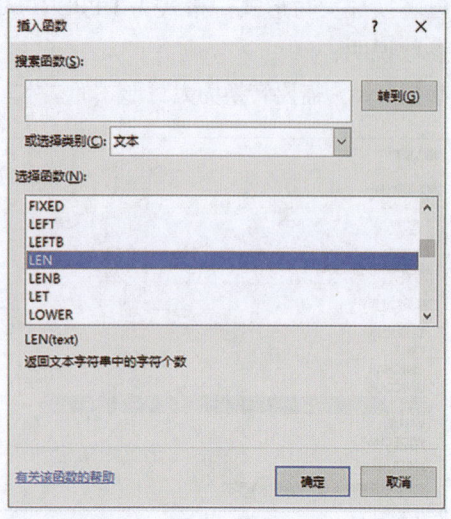

5. REPLACE 函数

REPLACE 函数的功能是将一个字符串中的部分字符用另一个字符串替换，格式为 REPLACE(old_text, start_num, num_chars, new_text)。

参数说明：

参数 old_text 为需要被替换部分字符的文本。

参数 start_num 为文本中要被替换为 new_text 文本的起始字符位置。

参数 num_chars 为文本中需要被替换的字符数。

参数 new_text 为将要替换 old_text 中字符串的文本。

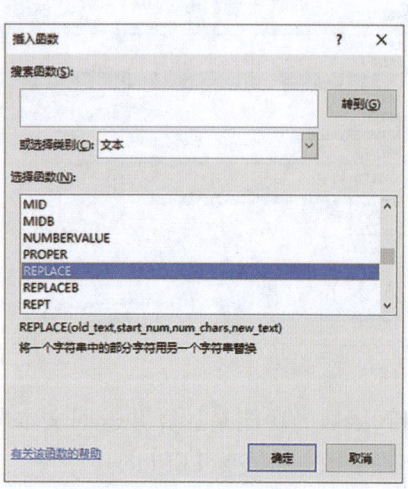

6. RIGHT 函数

RIGHT 函数的功能是从一个文本字符串的最后一个字符开始返回指定个数的字符，格式为 RIGHT(text, num_chars)。

参数说明：

参数 text 为要从中提取字符的字符串。

参数 num_chars 为函数要提取字符串的字节数。

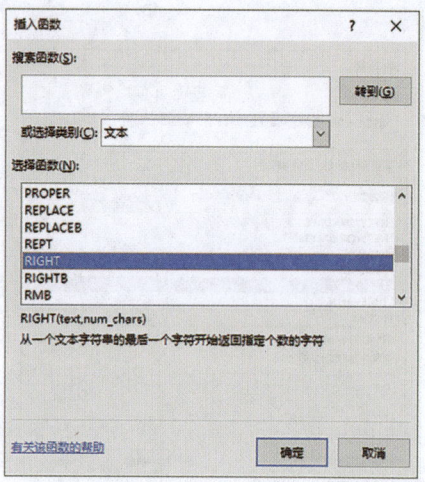

7. TEXT 函数

TEXT 函数的功能是将数字转化为指定数值格式的文本，格式为 TEXT(value, format_text)。

参数说明：

参数 value 为要转换为文本的数值。

参数 format_text 为一个文本字符串，指定了要应用于所提供数值的格式。

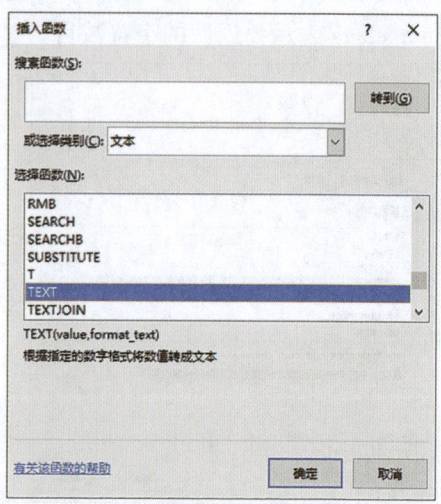

8. TRIM 函数

TRIM 函数的功能是删除字符串中多余的空格，但会保留英文字符串之间的分隔空格，格式为 TRIM(text)。

参数说明：

参数 text 为要删除空格的文本。

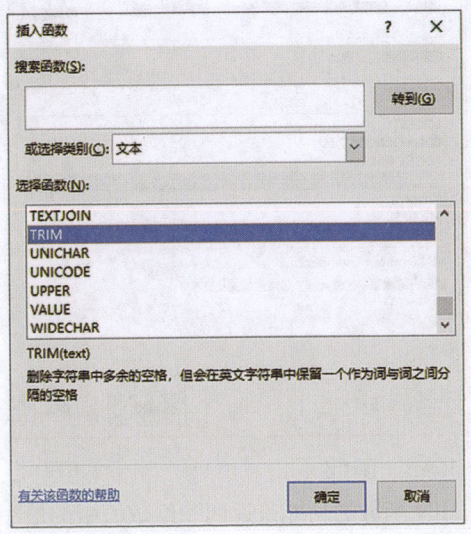

9. VALUE 函数

VALUE 函数的功能是将一个代表数值的文本字符串转换为数值，格式为 VALUE(text)。

参数说明：

参数 text 为要转换为数值格式的文本字符串或单元格引用。

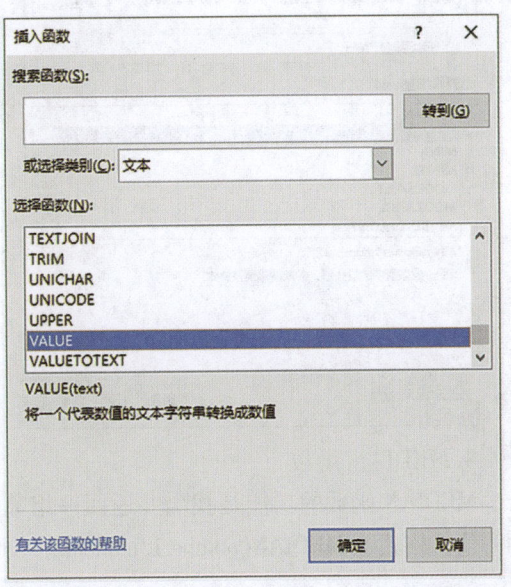

10. CLEAN 函数

CLEAN 函数的功能是删除文本中不能打印的字符。

格式为 CLEAN(text)。

参数说明：

参数 text 为需要从中删除非打印字符的文本。

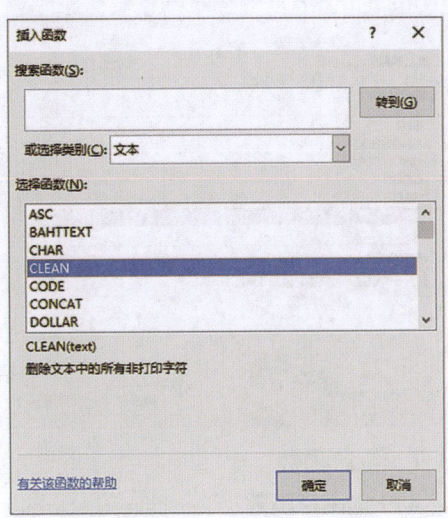

6.3.6 信息函数

1. ISODD 函数

格式为 ISODD(number)。

参数说明：

参数 number 为需要测试的数字，若数字为奇数则返回"TRUE"，若数字为偶数则返回"FALSE"。

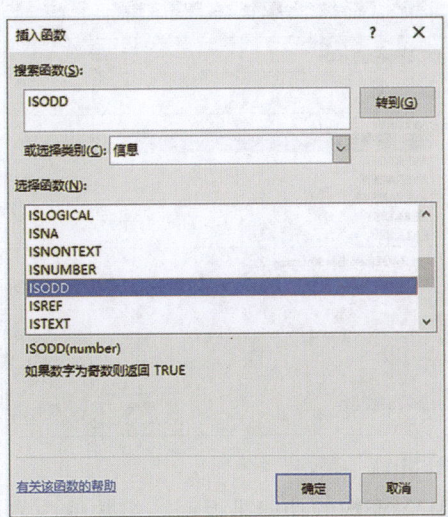

2. ISTEXT 函数

ISTEXT 函数的功能是检测一个值是否为文本，格式为 ISTEXT（value）。若是文本返回"TRUE"，不是则返回"FALSE"。

参数说明：参数 value 为需要检测的值。

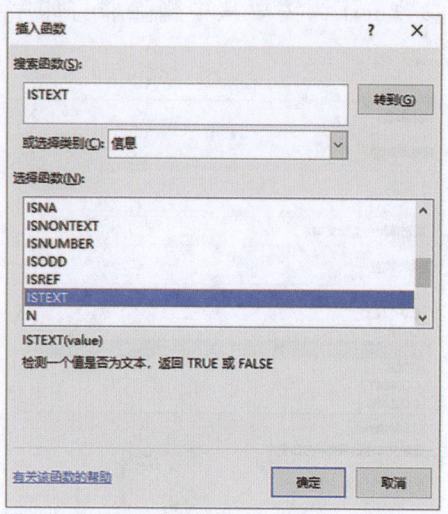

☞6.3.7 统计函数

1. AVERAGE 函数

AVERAGE 函数的功能是计算并返回参数的算术平均值，格式为 AVERAGE（number1，number2，…）。

参数说明：number1，number2，……为需要求平均值的数值或引用的单元格。

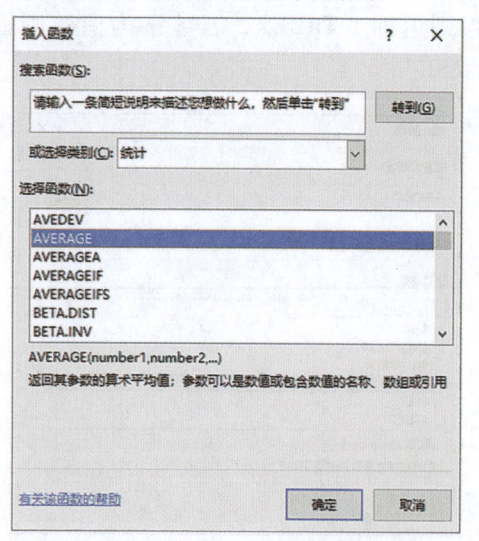

2. MAX 函数

MAX 函数的功能是返回一组数值中的最大值，格式为 MAX（number1，number2，…）。

参数说明：

参数 number1，number2，……为需要求最大值的数值或引用的单元格。

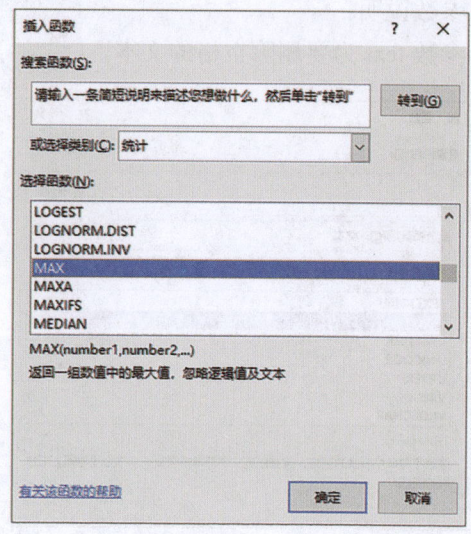

3. MIN 函数

MIN 函数的功能是返回一组数值中的最小值，格式为 MIN（number1，number2，…）。

参数说明：

参数 number1，number2，……为需要求最小值的数值或引用的单元格。

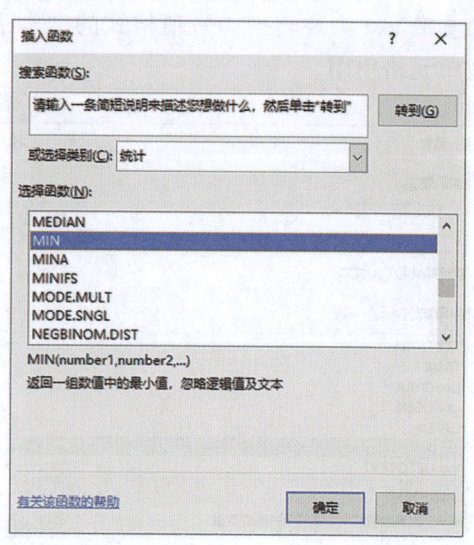

4. MEDIAN 函数

MEDIAN 函数的功能是找出并返回一组数中的中值，格式为 MEDIAN（number1，number2，…）。

参数说明：

参数 number1，number2，……为要找出中值的数组。

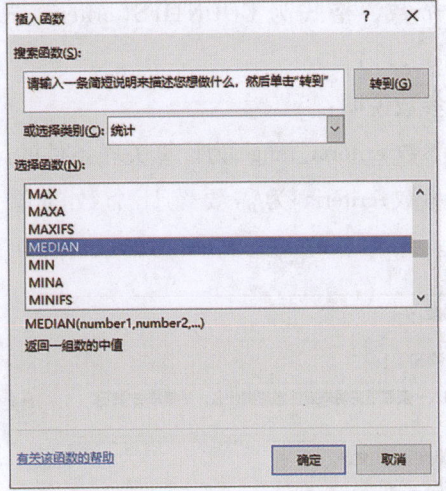

5. MINA 函数

MINA 函数的功能是返回一组参数中的最小值，格式为 MINA(value1,value2,...)，不忽略逻辑值和字符串。

参数说明：

参数 value1，value2，……为需要求最小值的数值或引用的单元格。

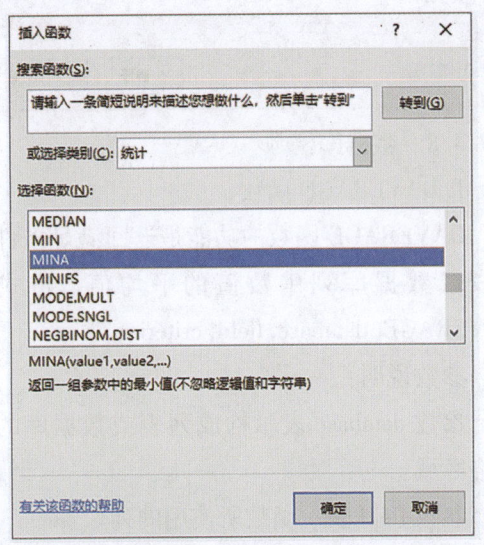

6. COUNT 函数

COUNT 函数的功能是计算单元格区域中包含数字的单元格的个数以及参数列表中数字的个数，格式为 COUNT(value1,value2,...)。

参数说明：

参数 value1 为要计算其中数字个数的第一项、单元格引用或区域，不可省略。

参数 value2，……为要计算其中数字个数的其他项、单元格引用或区域，可以省略。该函数参数可以引用各类型的数据，但只有数字才会被计算在内。

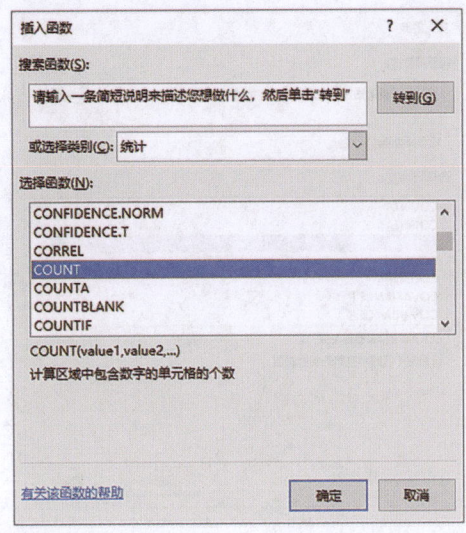

7. COUNTA 函数

COUNTA 函数的功能是计算区域中不为空的单元格的个数，格式为 COUNTA(value1,value2,...)。

参数说明：

参数 value1,value2,……为要计数的值的参数，其中第一个参数 value1 不能省略。

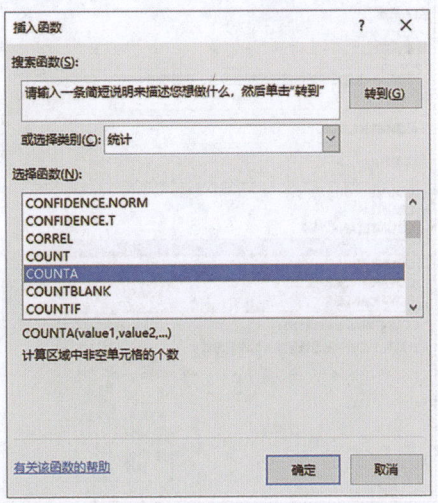

8. COUNTBLANK 函数

COUNTBLANK 函数的功能是计算单元格区域中空单元格的个数，格式为 COUNTBLANK(range)。

参数说明：

参数 range 为需要计算空单元格个数的单元格区域。

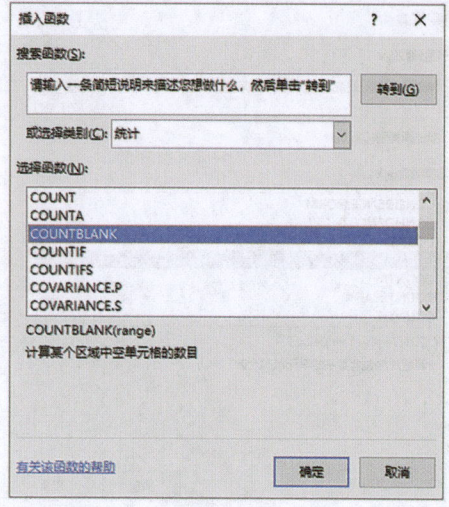

9. COUNTIF 函数

COUNTIF 函数的功能是统计某个单元格区域中满足指定条件的单元格的个数，格式为 COUNTIF(range, criteria)。

参数说明：

参数 range 为要检查的区域。

参数 criteria 为指定的条件。

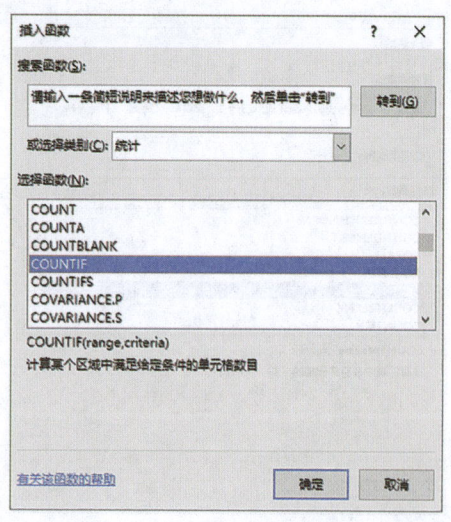

10. COUNTIFS 函数

COUNTIFS 函数的功能是指定条件应用于多个区域的单元格，统计出来满足条件的单元格个数，格式为 COUNTIFS(criteria_range, criteria, ...)。

参数说明：

参数 criteria_range 为计算关联条件的区域。

参数 criteria 为需要统计个数的单元格范围。

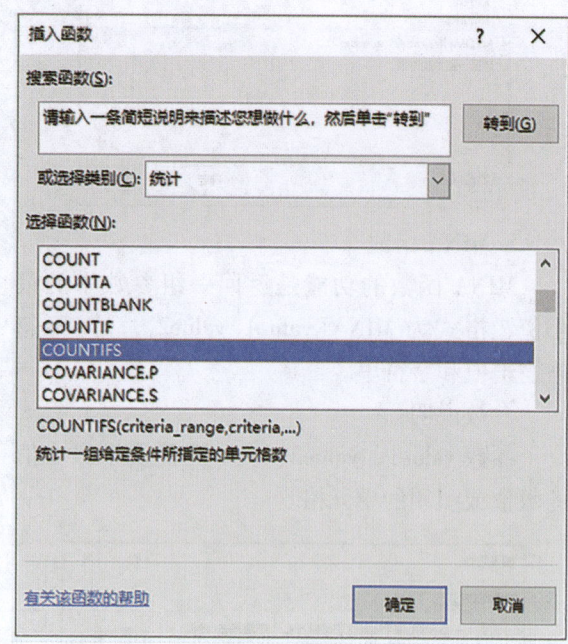

☞6.3.8 数据库函数

1. DAVERAGE 函数

DAVERAGE 函数的功能是返回满足条件的列表或数据库列中数值的平均值，格式为 DAVERAGE(database, field, criteria)。

参数说明：

参数 database 表示构成列表或数据库的单元格区域。

参数 field 表示函数所使用的列。

参数 criteria 表示包含指定条件的单元格区域。

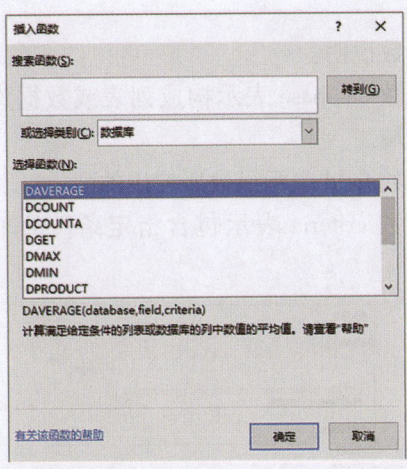

2. DCOUNT 函数

DCOUNT 函数的功能是返回列表或数据库中满足指定条件并且包含数字的单元格数目，格式为 DCOUNT(database, field, criteria)。

参数说明：

参数 database 表示构成列表或数据库的单元格区域。

参数 field 表示函数所使用的列。

参数 criteria 表示包含指定条件的单元格区域。

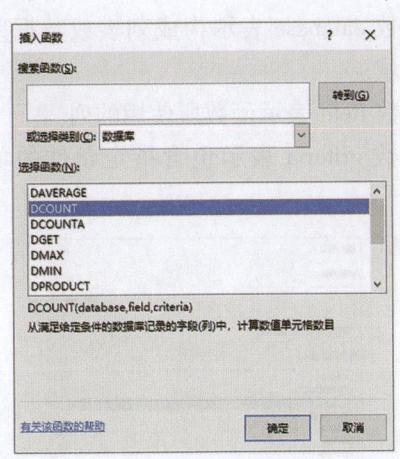

3. DCOUNTA 函数

DCOUNTA 函数的功能是返回满足给定条件的数据库或列表中记录字段的非空单元格数目，格式为 DCOUNTA(database, field, criteria)。

参数说明：

参数 database 表示构成列表或数据库的单元格区域。

参数 field 表示函数所使用的列。

参数 criteria 表示包含指定条件的单元格区域。

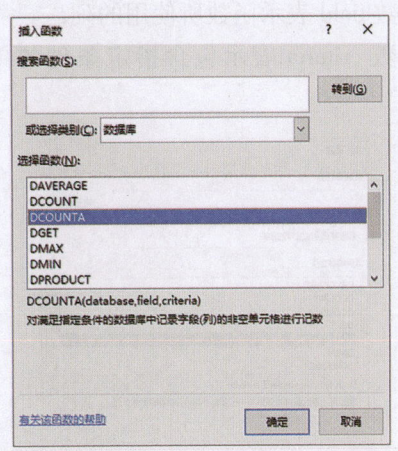

4. DGET 函数

DGET 函数的功能是从数据库或列表中提取满足指定条件的单个值，格式为 DGET(database, field, criteria)。

参数说明：

参数 database 表示构成列表或数据库的单元格区域。

参数 field 表示函数所使用的列。

参数 criteria 表示包含指定条件的单元格区域。

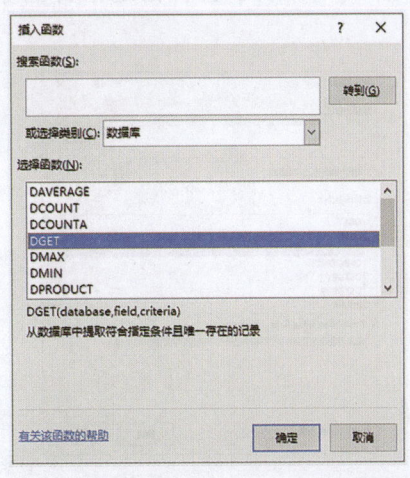

5. DMAX 函数

DMAX 函数的功能是从数据库或列表中找到并返回满足指定条件的记录字段（列）中的最大数字，格式为 DMAX(database, field, criteria)。

参数说明：

参数database表示构成列表或数据库的单元格区域。

参数field表示函数所使用的列。

参数criteria表示包含指定条件的单元格区域。

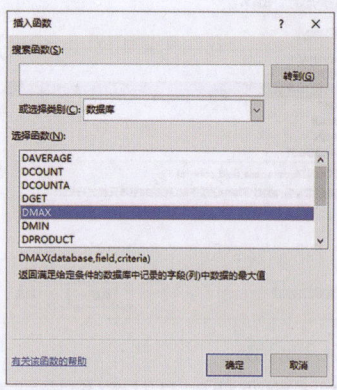

6. DMIN 函数

DMIN函数的功能是从数据库或列表中找到并返回满足指定条件的记录字段（列）中的最小数字，格式为DMIN(database, field, criteria)。

参数说明：

参数database表示构成列表或数据库的单元格区域。

参数field表示函数所使用的列。

参数criteria表示包含指定条件的单元格区域。

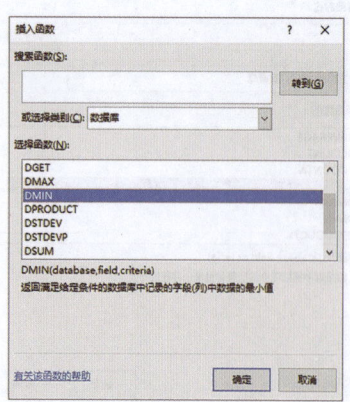

7. DPRODUCT 函数

DPRODUCT函数的功能是返回数据库或列表中满足指定条件的记录字段（列）中的数值的乘积，格式为DPRODUCT(database, field, cri-teria)。

参数说明：

参数database表示构成列表或数据库的单元格区域。

参数field表示函数所使用的列。

参数criteria表示包含指定条件的单元格区域。

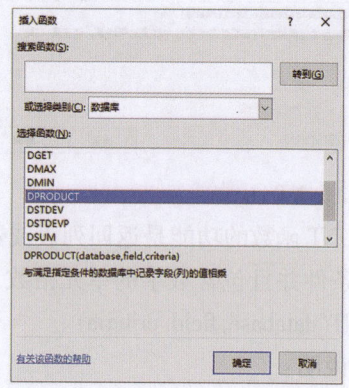

8. DSTDEV 函数

DSTDEV函数的功能是将数据库或列表中满足指定条件的数据作为样本，估算出总体标准偏差，格式为DSTDEV(database, field, criteria)。

参数说明：

参数database表示构成列表或数据库的单元格区域。

参数field表示函数所使用的列。

参数criteria表示包含指定条件的单元格区域。

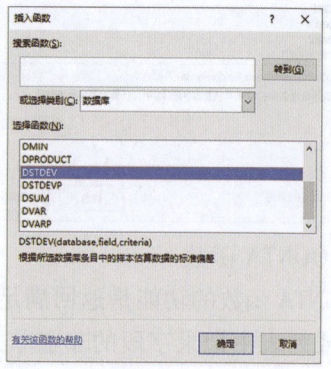

9. DSTDEVP 函数

DSTDEVP函数的功能是将数据库或列表中满足指定条件的记录字段（列）中的数据作为样本估算总体的标准偏差，格式为DSTDEVP (database, field, criteria)。

参数说明：

参数 database 表示构成列表或数据库的单元格区域。

参数 field 表示函数所使用的列。

参数 criteria 表示包含指定条件的单元格区域。

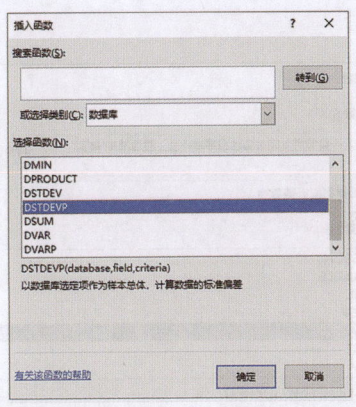

10. DSUM 函数

DSUM 函数的功能是计算并返回数据库或列表中满足指定条件的记录字段（列）中的数字之和，格式为 DSUM(database, field, criteria)。

参数说明：

参数 database 表示构成列表或数据库的单元格区域。

参数 field 表示函数所使用的列。

参数 criteria 表示包含指定条件的单元格区域。

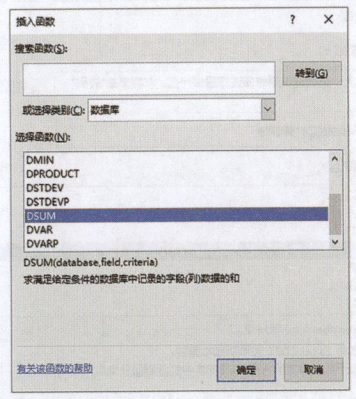

11. DVAR 函数

DVAR 函数的功能是将数据库或列表中满足指定条件的记录字段（列）中的数据作为一个样本，估算总体的方差，格式为 DVAR(database, field, criteria)。

参数说明：

参数 database 表示构成列表或数据库的单元格区域。

参数 field 表示函数所使用的列。

参数 criteria 表示包含指定条件的单元格区域。

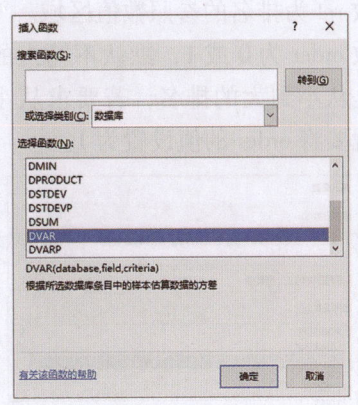

12. DVARP 函数

DVARP 函数的功能是将数据库或列表中满足指定条件记录字段（列）中的数据作为总体样本，计算总体的方差，格式为 DVARP(database, field, criteria)。

参数说明：

参数 database 表示构成列表或数据库的单元格区域。

参数 field 表示函数所使用的列。

参数 criteria 表示包含指定条件的单元格区域。

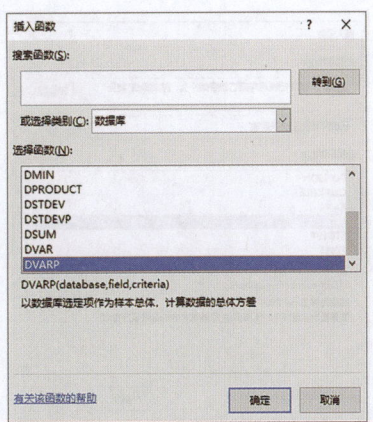

6.3.9 兼容性函数

1. RANK 函数

RANK 函数的作用是求某数字在某一区域内相对于其他数值的大小排名。格式为 RANK(number, ref, order)。

参数说明：

参数 number 为需要排名的数值或单元格名称。

参数 ref 为排名的参照数值区域。

参数 order 为 0 或 1，默认不输入的情况下得到的是从小到大的排名，若要求从小到大的排名，就要将 order 的值设置为 1。

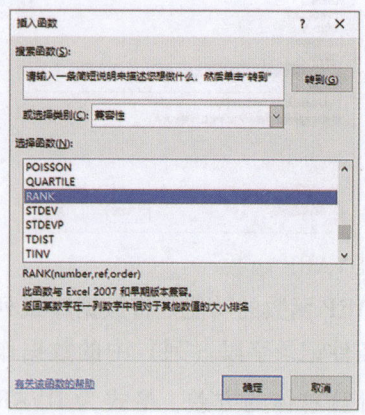

2. STDEV 函数

STDEV 函数的功能是估算基于给定样本的标准偏差。格式为 STDEV(number1, number2,…)。

参数说明：

参数 number1，number2，……为对应于总体样本的数值参数，第一个参数 number1 不可省略。

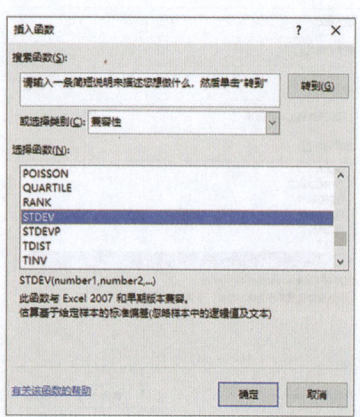

3. STDEVP 函数

STDEVP 函数的功能是计算基于给定的样本总体的标准偏差，格式为 STDEVP(number1, number2,…)。

参数说明：

参数 number1，number2，……为各个对应于总体的数值参数，第一个参数 number1 不可省略。

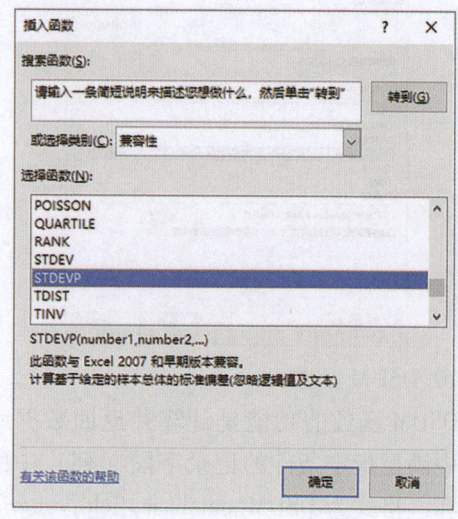

4. VAR 函数

VAR 函数的功能是计算基于给定样本的方差，格式为 VAR(number1, number2,…)。

参数说明：

参数 number1，number2，……为对应于总体样本的数值参数，第一个参数 number1 不可省略。

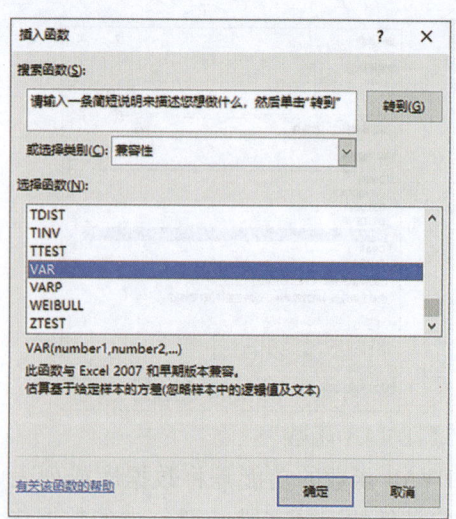

5. VARP 函数

VARP 函数的功能是计算基于给定样本总体的方差，格式为 VARP（number1，number2，…）。

参数说明：

参数 number1，number2，……为对应于总体的数值参数，第一个参数 number1 不可省略。

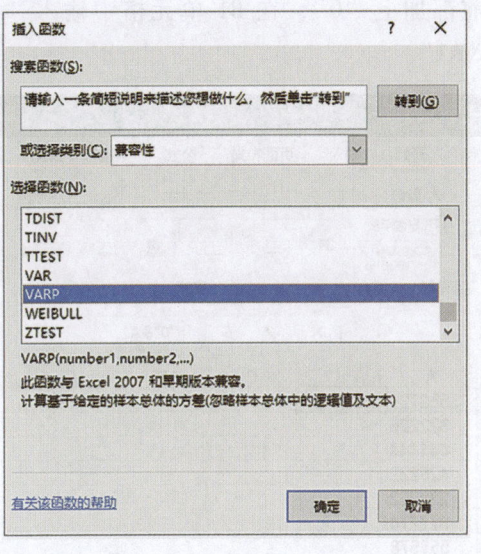

6. COVAR 函数

COVAR 函数的功能是返回协方差，即每对变量的偏差乘积的均值，格式为 COVAR(array1, array2)。

参数说明：

参数 array1 为整数的第一个单元格区域。

参数 array2 为整数的第二个单元格区域。

需要说明的是 array1 和 array2 必须是数字，或者是包含数字的名称、数组或引用。

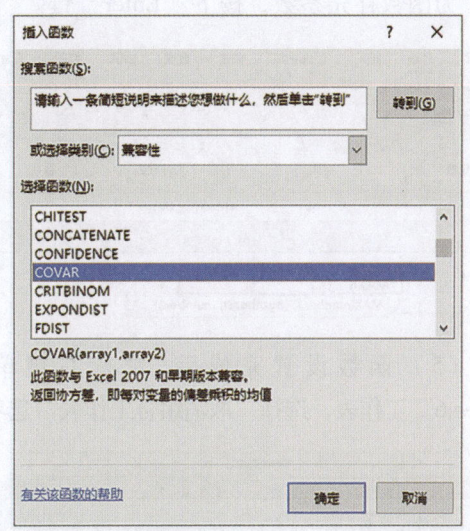

6.4　使用 Excel 小技巧

当一个工作簿中存在多个样式都相同的表，且用户需要在工作表中的相同单元格内输入相同的数据或设置相同的格式时，对各个表依次设置的过程十分烦琐，此时用户可以对多个工作表同时设置，这就大大节省了时间，提高了工作效率。

6.4.1　多个工作表同时设置格式

（1）打开含有多个工作表的工作簿。

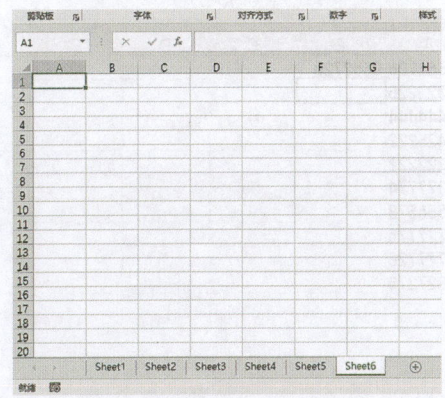

（2）在"Sheet6"工作表标签上单击鼠标右键，选择"选定全部工作表"选项。

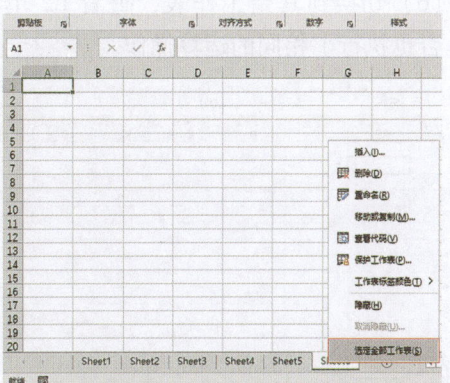

(3)选中 B2 单元格,切换到"开始"选项卡,单击"编辑"组中的"自动求和"下拉按钮,在下拉列表中选择"最大值"选项。

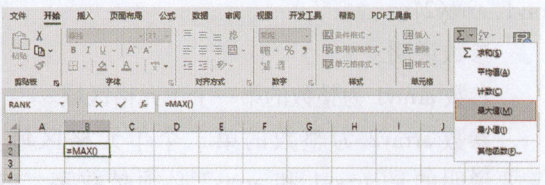

(4)此时 B2 单元格中插入了"MAX"函数,为函数补充参数,按下"Enter"键。

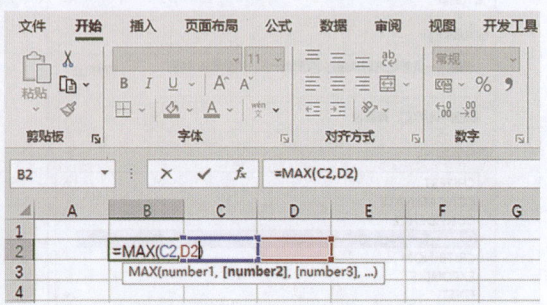

(5)函数设置完成后,鼠标右键单击"Sheet6"工作表,选择"取消组合工作表"选项。

(6)切换到其余工作表,查看 B2 单元格中是否也执行了相同的运算操作。

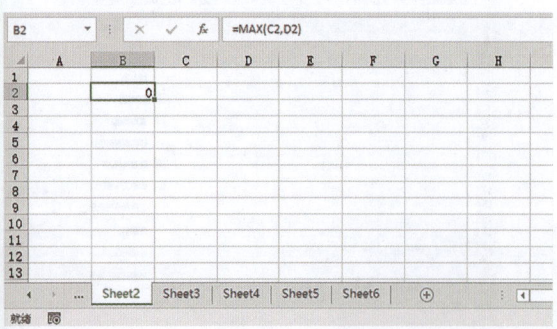

6.4.2 处理表格中文本和对象

1.批量加入固定字符

用户在 Excel 中输入数据之后,如果需要对表格中的每个数据中添加新的固定的字符,一个一个修改数据的过程很麻烦,下面将介绍如何批量进行设置。

(1)如图所示,假如需要对表格中每个数据前都加上"0",在 B1 单元格中输入"="0"&A1"。

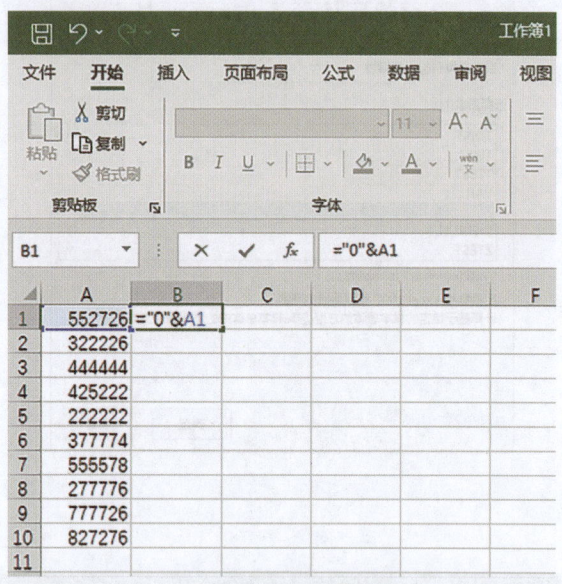

(2)按下"Enter"键,查看效果。

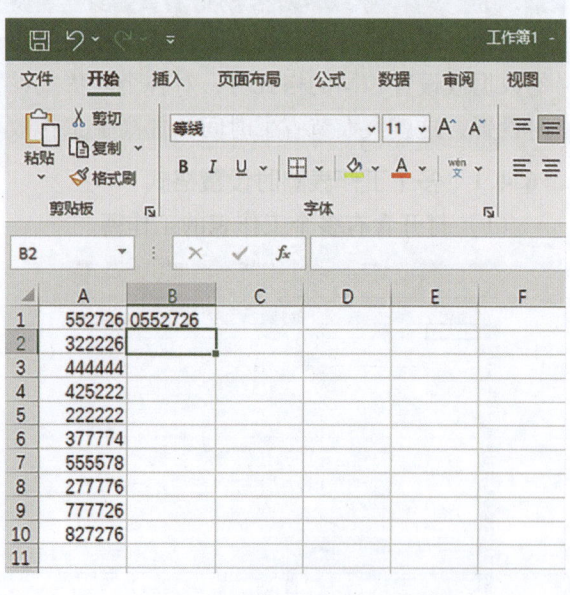

(3）选中 B1 单元格，使用拖动鼠标的方法，快速填充 B2:B10 单元格区域中的内容。

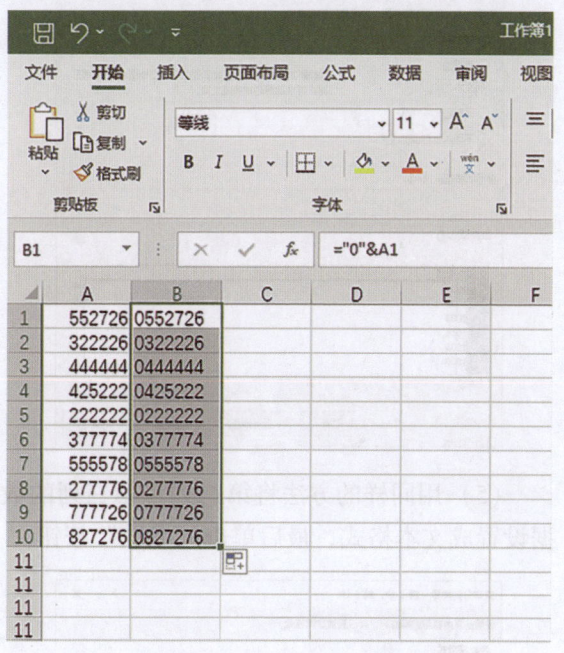

(4）下面介绍如何在表格中每个数据后添加数字"0"，在 C1 单元格中输入"＝A1&"0""。

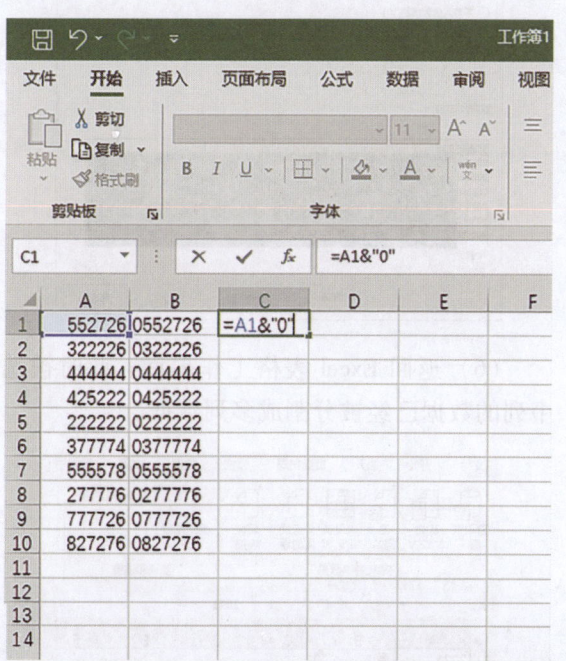

(5）按下"Enter"键，查看效果。

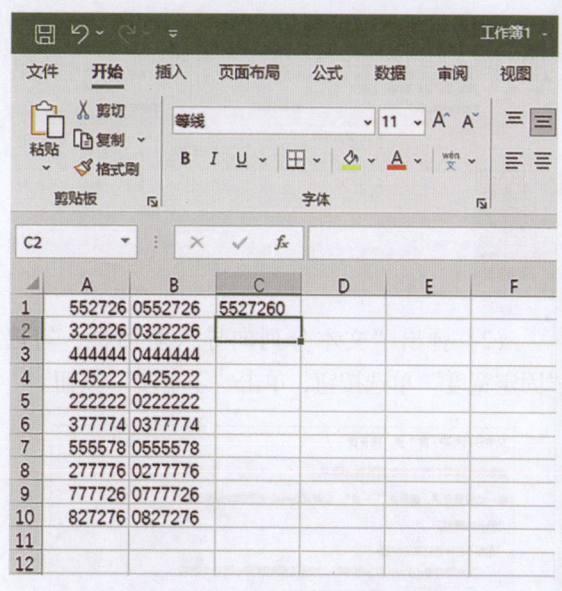

(6）选中 C1 单元格，拖动鼠标，使用快速填充来填充 C2:C10 单元格区域中的数据。

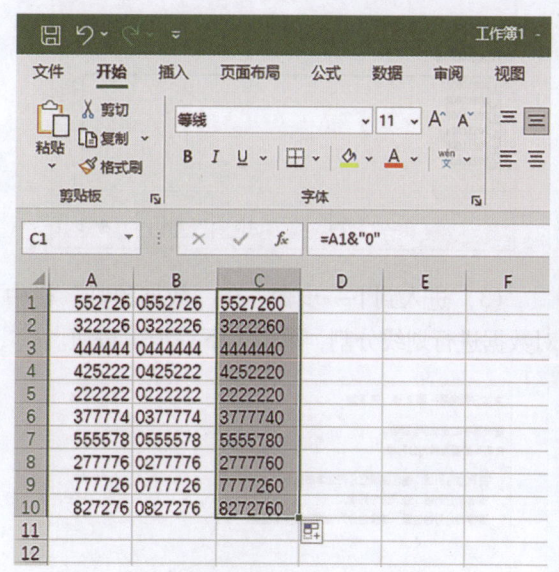

2. 分割单元格数据

在 Excel 表格中用户可以使用分割功能，在一列数据中分割出想要的多列数据，具体操作步骤如下。

(1）选中需要分割的数据列，切换到"数据"选项卡，在"数据工具"组中单击"分列"按钮。

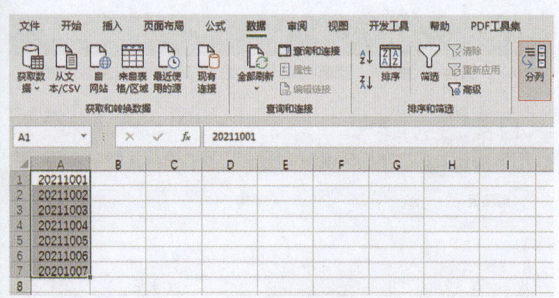

（2）弹出"文本分列向导"对话框，勾选"固定宽度"单选按钮，单击"下一步"按钮。

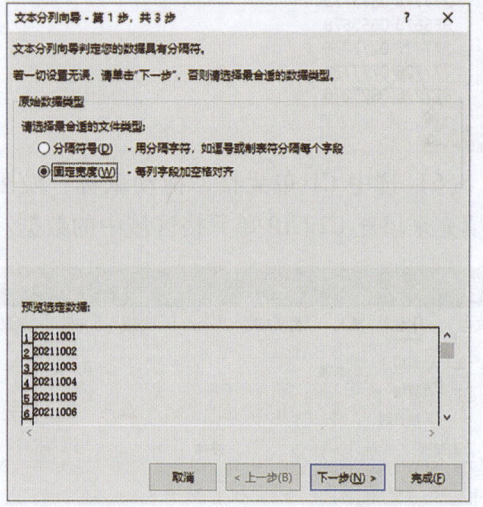

（3）进入到下一步骤，在"数据预览"栏中对数据进行划线分割，单击"下一步"按钮。

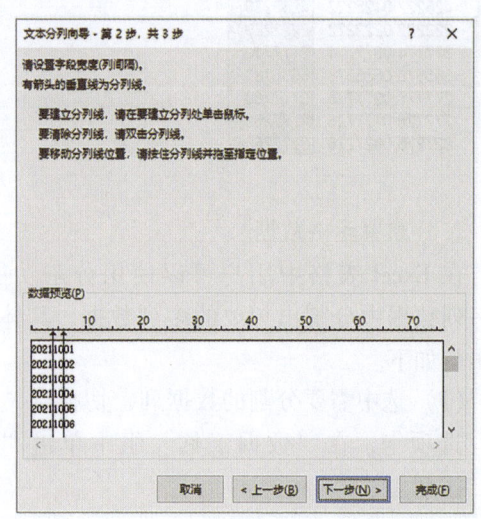

（4）在"数据预览"栏中系统默认选中第一列数据，不需要修改，单击"列数据格式"栏中的"文本"按钮。

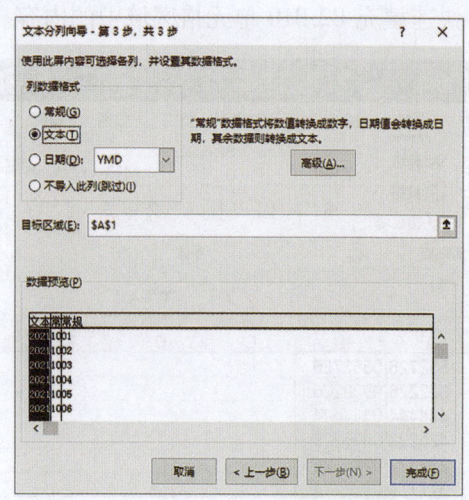

（5）用同样的方法将第二列和第三列的数据设置成文本格式，最后单击"完成"按钮。

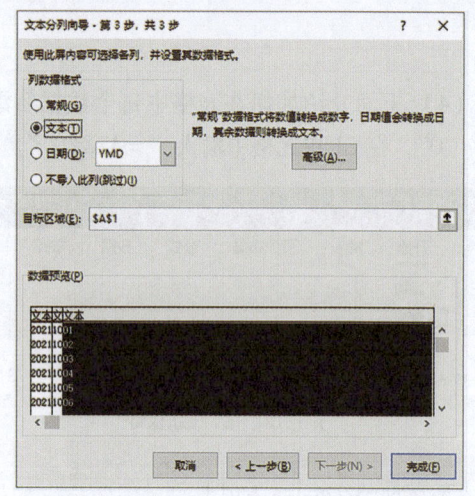

（6）返回 Excel 表格工作界面，此时被选中列的数据已经被分割成多列数据。

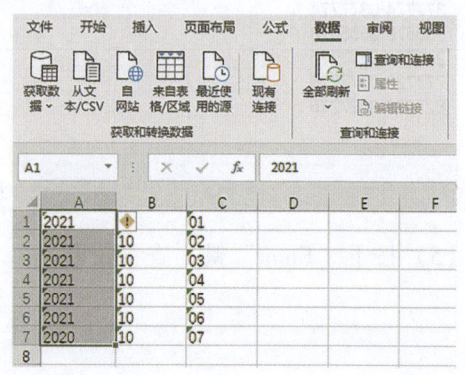

第七章 处理Excel数据

扫码看视频

概述

面对烦琐的数据,想要从中获取有用的信息并不容易,但只要对这些数据进行适当的处理,用户便能更快地、更好地理解数据,最终做出明智的决定。对数据的处理包括数据排序、数据筛选和数据分类汇总等操作。

7.1 制作销售人员提成表

销售人员提成表涉及商品名称、商品价格、商品提成等数据，为了使用户方便查看并理解数据，需要对数据进行分类排序、筛选等。

7.1.1 提成表排序

1. 删除重复数据

表格中的重复数据是指某行中的所有数据跟另一行中的所有数据完全相同，对于这些数据，用户可以逐个进行删除，但这种办法不适用于数据繁多的工作表，想要批量删除工作表中的重复值，就要采用 Excel 中的删除重复值功能。

（1）选中表格中任意一个单元格，切换到"数据"选项卡，在"数据工具"组中单击"删除重复值"选项。

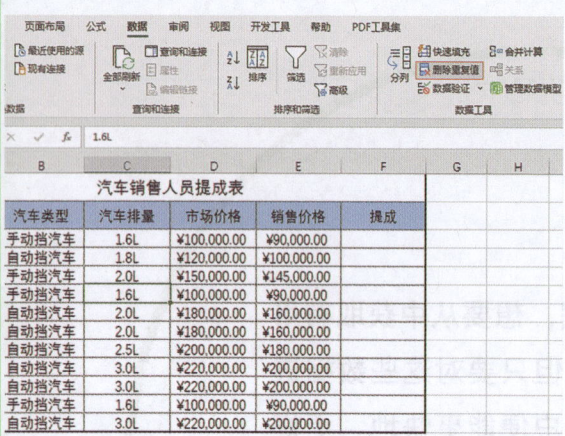

（2）弹出"删除重复值"对话框，单击"全选"按钮。

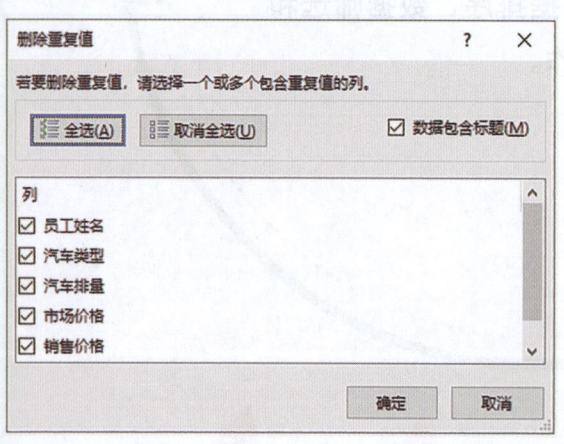

（3）单击"确定"按钮，弹出"Microsoft Excel"提示框，提示用户删除重复值的信息，单击"确定"按钮。

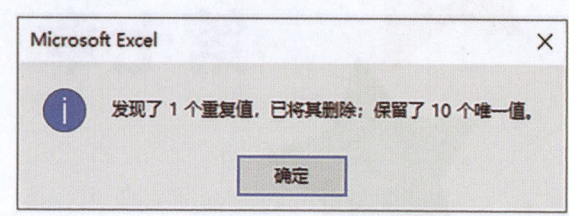

（4）此时，表格中的重复数据已经被删除。

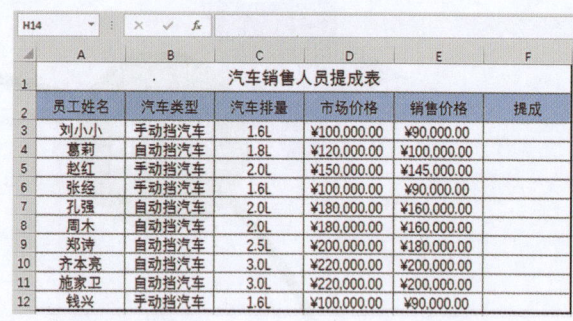

2. 简单排序

简单排序是按某列或某行中的数据进行单条件排序，是处理数据时最常用的排序方法。

（1）选中 B3 单元格，切换到"数据"选项卡，在"排序和筛选"组中单击"升序"按钮。

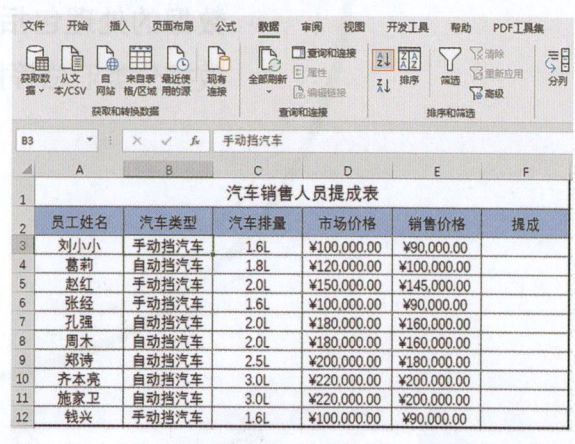

（2）此时表格中的数据将以"汽车类型"

列中数据为排序标准,汽车类型按照 A～Z 的拼音首字母的顺序排列,这一操作是将相同汽车类型的数据排列到一起。

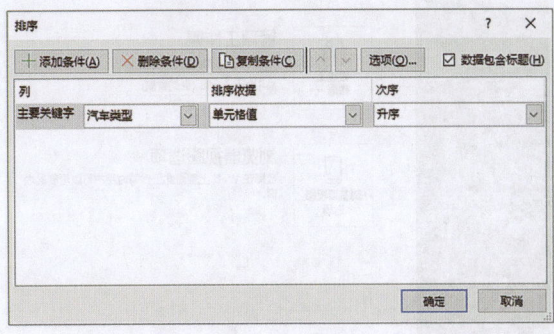

(3) 添加"次要关键字"。单击"添加条件"按钮,单击"次要关键字"下拉箭头,在列表中选择"市场价格"选项,单击"排序依据"下拉箭头,选择"单元格值"选项,同样在"次序"下拉列表中选择"降序"选项。

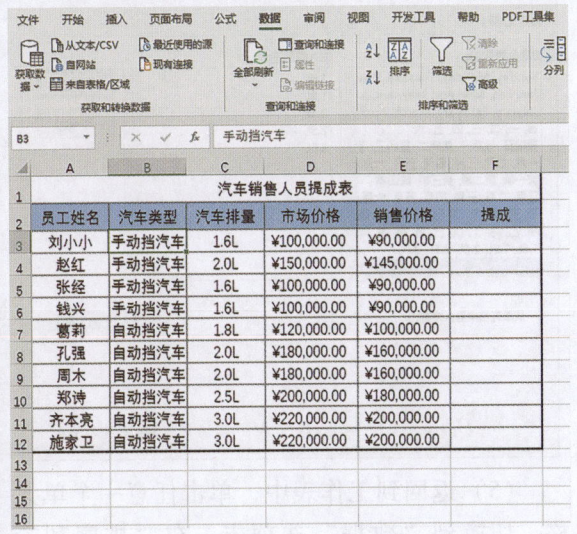

3. 复杂多条件排序

根据单一的条件往往无法对繁多且复杂的数据进行精确的排序,用户如果想要让数据按理想的顺序排列,就要设置其他的条件对数据进行排序。

(1) 选中表格中任意一个单元格,单击"数据"选项卡,在"排序和筛选"组中单击"排序"按钮。

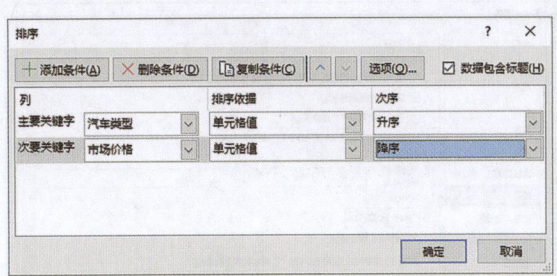

(4) 单击"确定"按钮,查看表格可以发现,表中数据是先以"汽车类型"列数据为标准进行升序排列,再按照"市场价格"序数据进行降序排列。

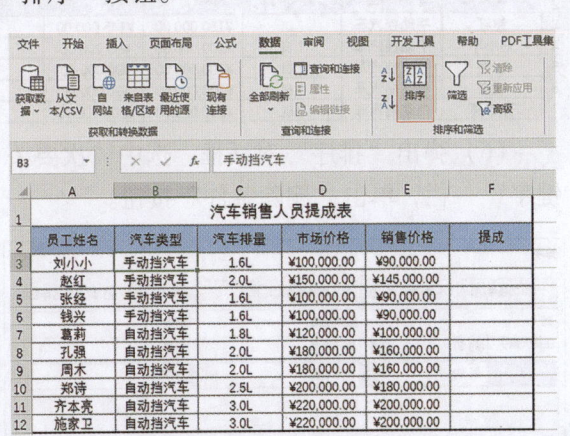

(2) 弹出"排序"对话框,"主要关键字"一栏的默认值为"汽车类型",如果不是,将其设置为"汽车类型"。"排序依据"一栏选择"单元格值"选项,在"次序"下拉列表中选择"升序"选项。

4. 自定义排序

除了上述两种排序方法,用户还可以对数据进行自定义排序以满足需求,具体操作步骤如下。

(1) 单击"文件"选项卡,在打开的界面中选择"选项"选项。

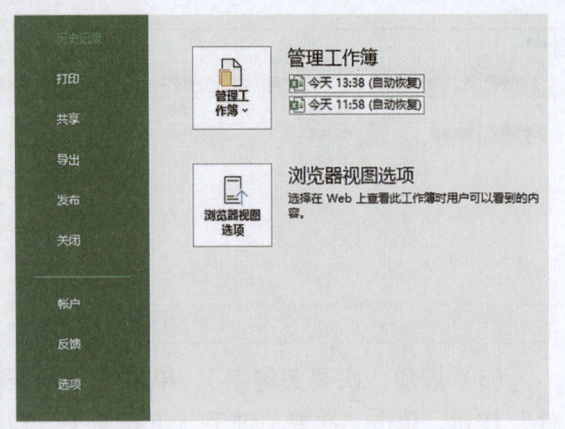

(2)弹出"Excel 选项"对话框,单击"高级"选项,在右侧界面中的"常规"栏中,单击"编辑自定义列表"按钮。

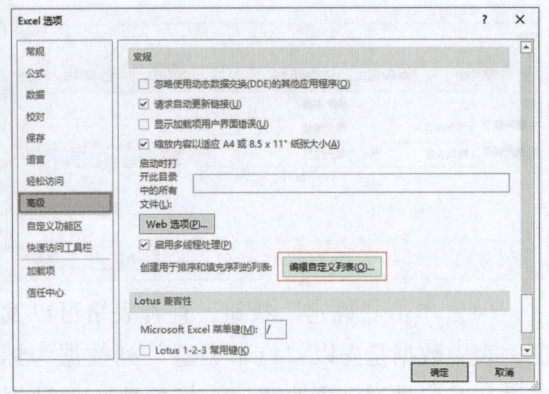

(3)弹出"序列"对话框,在"输入序列"中输入"1.6L,1.8L,2.0L,2.5L,3.0L",最后单击"添加"按钮。

输入序列时,各个字段间必须使用英文逗号或者分号隔开。

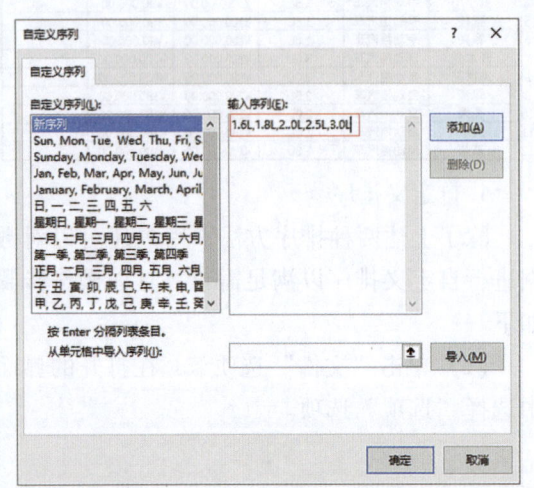

(4)此时自定义序列已经被添加到左侧的"自定义序列"列表中,单击"确定"按钮。

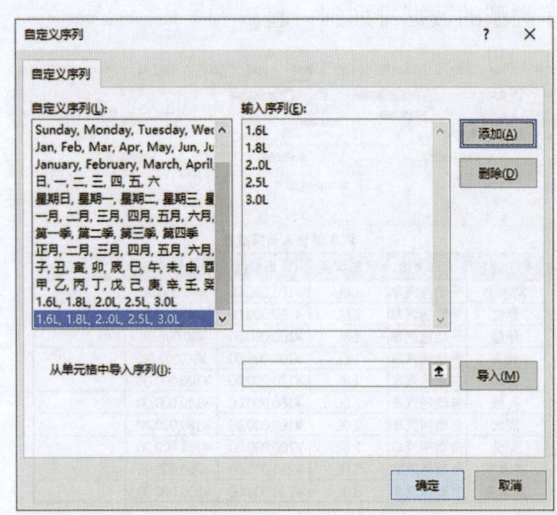

(5)返回到工作表中,单击任意一个单元格,切换到"数据"选项卡,在"排序和筛选"组中单击"排序"按钮。

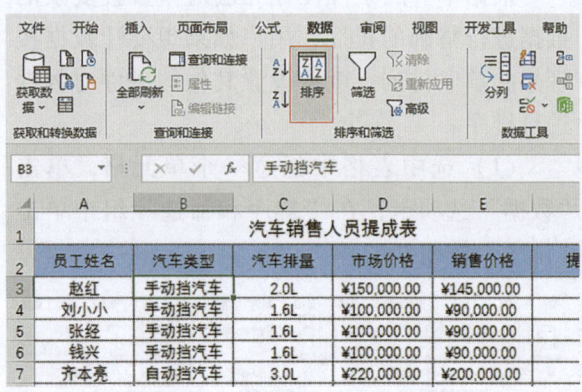

(6)弹出"排序"对话框,选中"次要关键字"一栏,单击"删除条件"按钮。

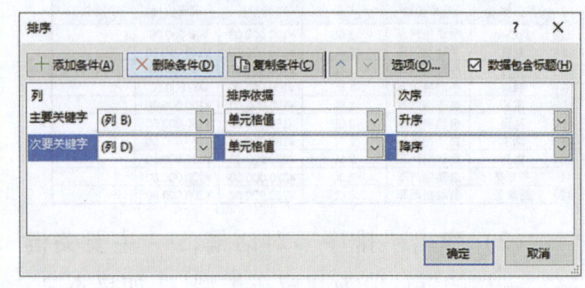

(7)此时"次要关键字"一栏已被删除。

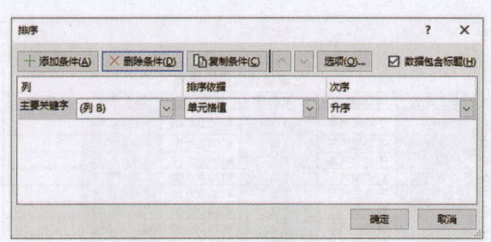

（8）单击"主要关键字"下拉列表按钮，选择"（列C）"选项，同样在"次序"一栏选中"自定义序列"选项。

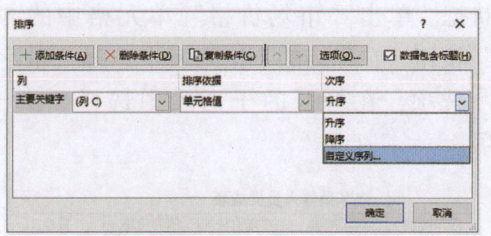

（9）弹出"自定义序列"对话框，在"自定义序列"列表中选中"1.6L, 1.8L, 2.0L, 2.5L, 3.0L"选项，单击"确定"按钮。

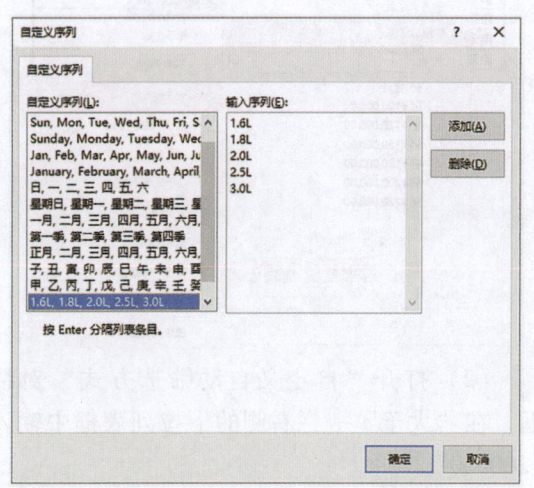

（10）返回"排序"对话框，单击"确定"按钮完成排序。

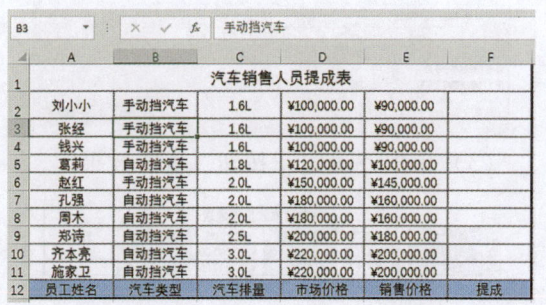

（11）单击12行行号，在12行行号上单击鼠标右键，在弹出的快捷菜单中选择"剪切"选项。

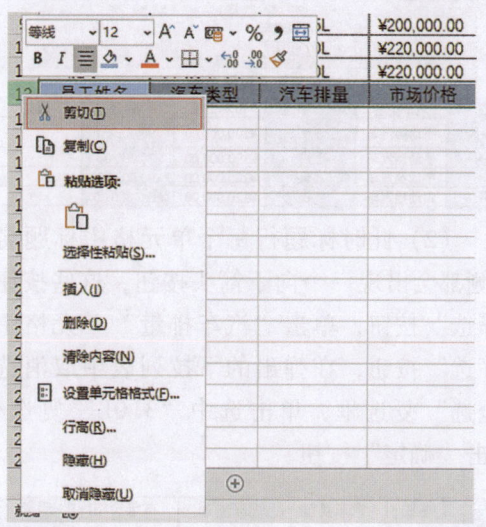

（12）单击第2行行号，在第2行行号上单击鼠标右键，在弹出的快捷菜单中选择"插入剪切的单元格"选项，最后将表格修饰即可。

7.1.2 筛选数据

筛选是在表格中找出满足条件的数据。筛选之后的数据只包含满足筛选条件的数据，不满足条件的数据会被暂时隐藏起来，当筛选条件被撤销时会重新显示。

1. 自动筛选

自动筛选是根据用户设置的条件，自动将表格中符合条件的数据显示出来，具体操作步骤如下。

（1）选中表格中任意一个单元格，单击"数据"选项卡，在"排序和筛选"组中单击"筛选"按钮。

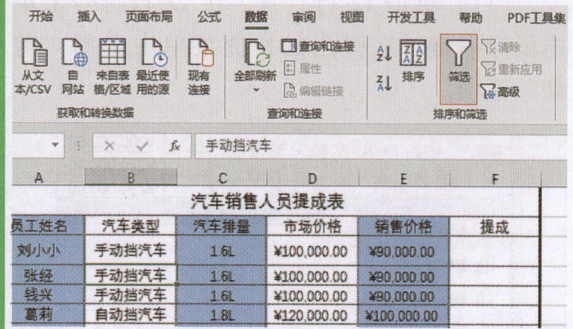

（2）此时标题行每个单元格中标题名的右侧都会出现一个向下箭头按钮，这些按钮是"筛选"按钮，单击"汽车排量"单元格中的"筛选"按钮，在弹出的下拉列表中取消选中"全选"复选框，单击选中"3.0L"复选框，单击"确定"按钮。

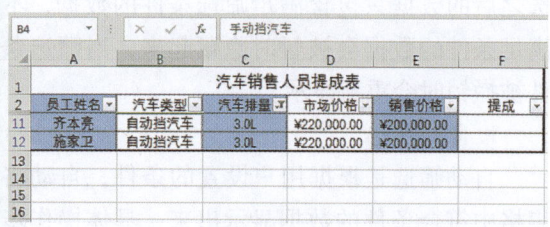

（3）查看效果，此时表格中只显示汽车排量为3.0L的数据，其他数据则被隐藏了起来。

（4）单击"清除"按钮，只清除对"汽车排量"的筛选操作，此时工作表仍可以进行筛选；或者单击"筛选"按钮，所有筛选效果都会被撤销，并且工作表会退出筛选状态。

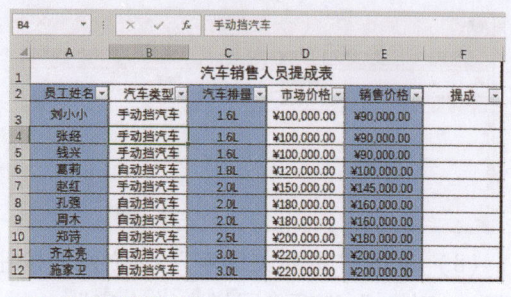

2. 自定义筛选

（1）单击"筛选"按钮，使工作表处于筛选状态。单击"市场价格"单元格中的"筛选"按钮，在弹出的下拉列表中选择"数字筛选"选项，在打开的子列表中选择"大于"选项。

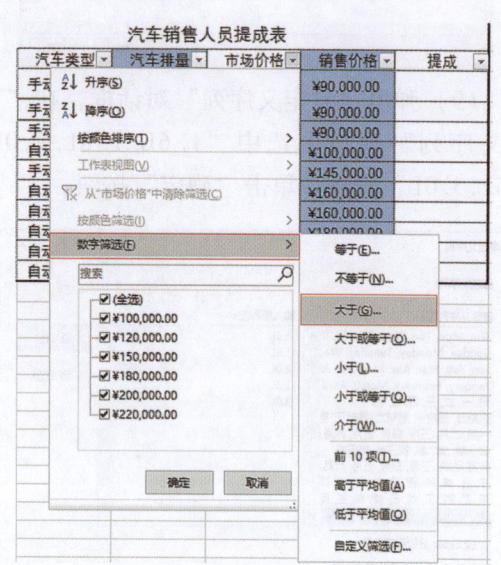

（2）打开"自定义自动筛选方式"对话框，在"大于"一栏右侧的下拉列表框中输入"200000"。

（3）单击"确定"按钮，查看效果。

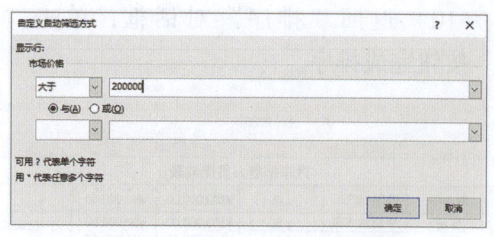

3. 高级筛选

高级筛选是根据用户自己设置的筛选条件对数据进行筛选。高级筛选可以筛选出同时满足两个或两个以上筛选条件的数据。下面将在"汽车销售人员提成表"中筛选出排量为 1.6L 的手动挡汽车的销售数据，具体操作步骤如下。

（1）单击"筛选"按钮退出筛选状态，在表格中合适位置的单元格中分别输入"汽车类型""手动挡汽车""汽车排量""1.6L"。

（2）选中 A2:F12 单元格区域，单击"数据"选项卡，在"排序和筛选"组中单击"高级"按钮。

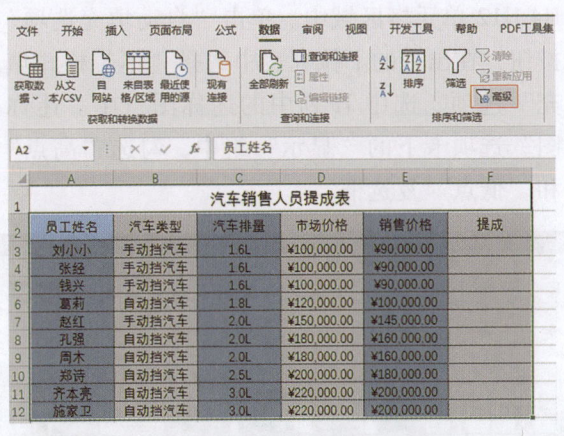

（3）弹出"高级筛选"对话框，单击"条件区域"框的选取按钮，选择 H4:I5 单元格区域。

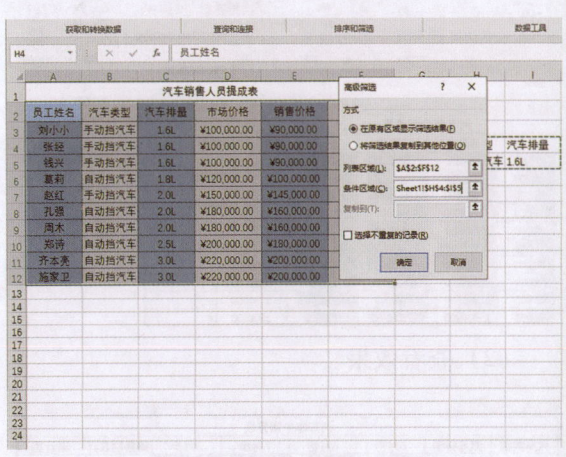

（4）单击"确定"按钮，表格中已显示出符合条件的数据。

7.2 处理汽车年中销售表中的数据

汽车年中销售表主要包括 5 月份到 8 月份各种类型汽车的销售情况，原始表格中的数据杂乱无章，不利于用户理解数据。要想让数据变得直观、清晰，需要对表格中的数据进行处理。

7.2.1 设置数据格式

设置条件格式的目的是使表格中符合条件的数据以特殊的格式突出显示出来，方便用户的查阅。

1. 添加数据条

（1）打开"汽车年中销售表"工作簿，选中 A3:F12 单元格区域，单击"开始"选项卡，在"样式"组中单击"条件格式"按钮，在弹出的下拉列表中选择"数据条"选项，在子菜单中选择一种合适的数据条。

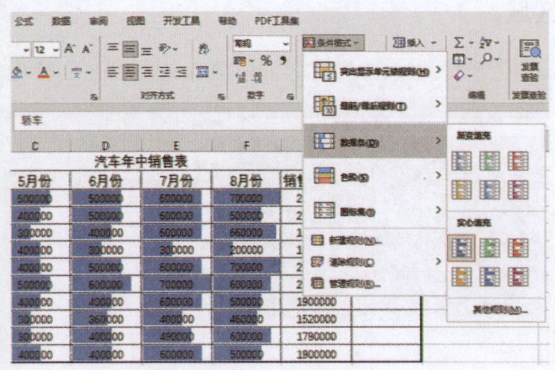

(2) 查看效果。

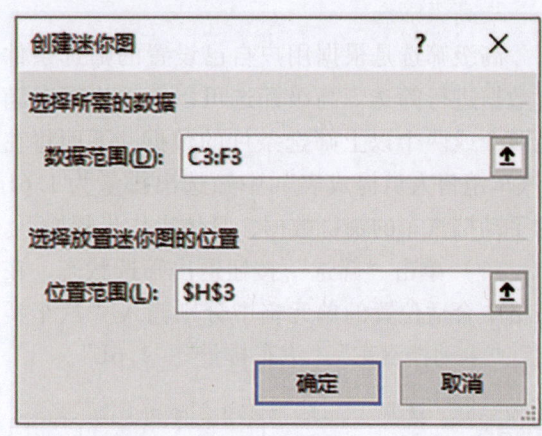

(3) 单击"确定"按钮，查看效果。

2. 插入迷你图

迷你图就是插入在表格单元格中的微型图表，包括柱形图、折线图等。迷你图能够为用户提供更直观的数据变化趋势。

(1) 选中 H3 单元格，单击"插入"选项卡，在"迷你图"组中单击"柱形"选项。

(2) 弹出"创建迷你图"对话框，在"选择所需的数据"栏中，单击"数据范围"文本框右侧的选取按钮，选取 C3:F3 的单元格区域。

(4) 将 H3 单元格中的迷你图快速复制到 H4:H12 单元格区域中。单击"自动填充选项"按钮，在出现的下拉列表中选择"不带格式填充"选项。选中 H 列中的迷你图，在"迷你图"选项卡下的"显示"组中，勾选"高点"和"低点"复选框。

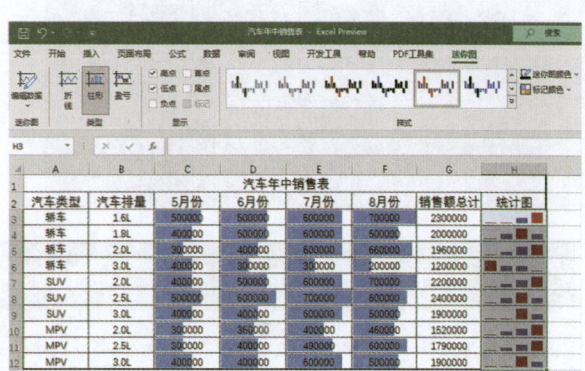

（5）在"样式"组中对柱形图的样式进行设置，单机"标记颜色"下拉按钮可设置"高点""低点"的颜色。

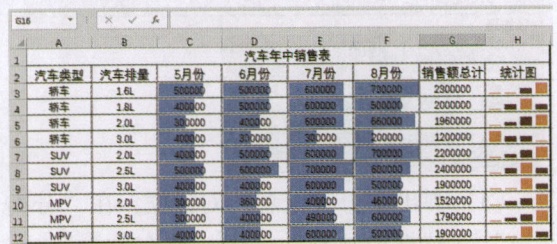

（6）删除迷你图。选中单元格或单元格区域，切换到"迷你图"选项卡，在"组合"组中单击"清除"按钮即可删除迷你图。

3. 设置图标

Excel 中的图标有不同的形状和颜色，不同的形状和颜色代表了数据的大小。设置图标的目的是按大小将数据分类，每个图标代表一个数据范围，用户需根据数据选择。添加图标的具体操作步骤如下。

（1）选中 G3：G12 单元格区域，切换到"开始"选项卡，在"样式"组中单击"条件格式"按钮，在下拉列表中选择"图标集"选项，在子列表中选择合适的图标集。

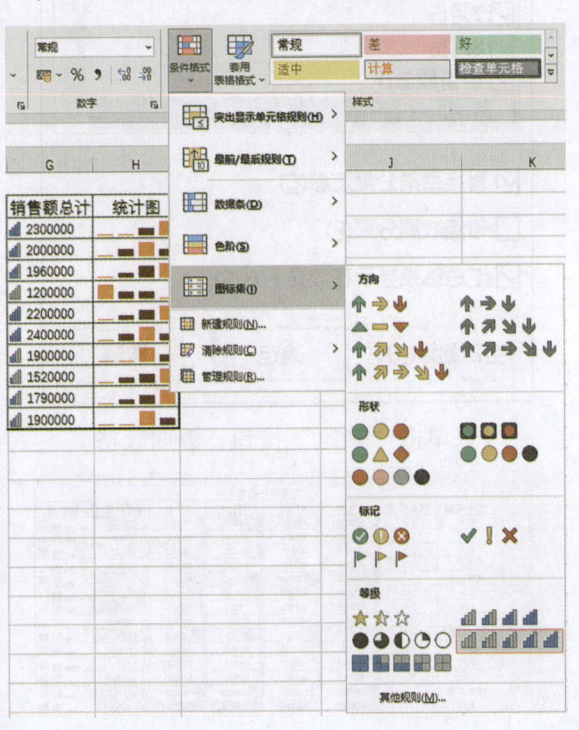

（2）查看效果。

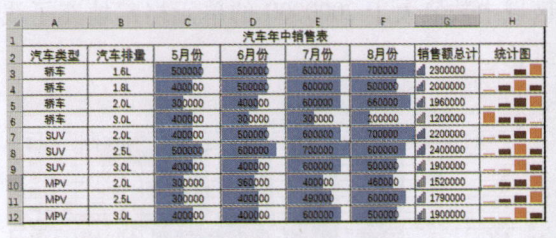

4. 突出显示单元格

通过设置符合条件的数值所在单元格的颜色来达到突出显示单元格的目的，有利于用户快速找出符合条件的数据，具体操作步骤如下。

（1）选中 G3:G12 单元格区域，在"开始"选项卡的"样式"组中单击"条件格式"选项，在弹出的列表中选择"突出显示单元格规则"选项，在子列表中单击"大于"按钮。

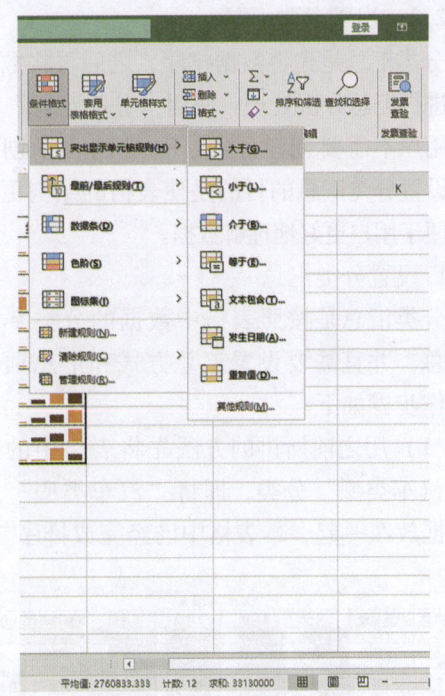

（2）弹出"大于"对话框，在"为大于以下值的单元格设置格式"文本框中输入"2000000"。

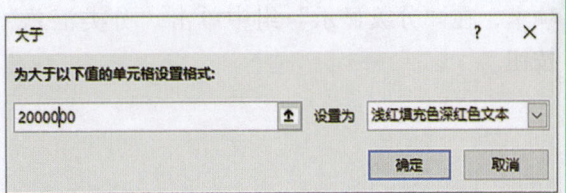

(3)单击"确定"按钮，G3:G12 单元格区域中数值大于 2000000 的单元格都填充了浅红色。

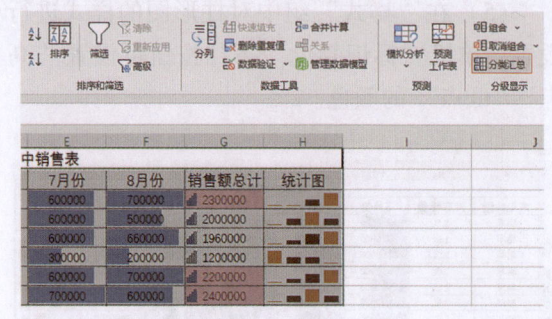

(4)删除单元格的条件格式。选中要删除格式的单元格或单元格区域，单击"开始"选项卡，在"样式"组中单击"条件格式"选项，在下拉列表中选择"清除规则"选项，在子菜单中选择"清除所选单元格的规则"选项。

7.2.2 设置分类汇总

分类汇总是先将数据排序，之后再将数据按类别进行汇总分析处理。使用"分类汇总"工具时，用户不需要创建公式，Excel 将自动创建公式。设置分类汇总的目的是使表格的结构更加清晰，便于用户更好地理解数据。

1.设置分类汇总

分类汇总是按照表格中数据的分类字段进行汇总，并且需要设置汇总方式和汇总项，具体操作步骤如下：

(1)用之前所讲的方法先将表格中的数据按"汽车类型"分类，即将"汽车类型"相同的数据放在一起，本表格中已经完成排序。

(2)选中 A2:H12 区域，单击"数据"选项卡，在"分级显示"组中单击"分类汇总"按钮。

(3)弹出"分类汇总"对话框，在"分类字段"下拉框中找到并选中"汽车类型"；在"汇总方式"下拉框中选择"求和"；在"选定汇总项"框中，勾选"5月份""6月份""7月份""8月份""销售额总计"复选框。

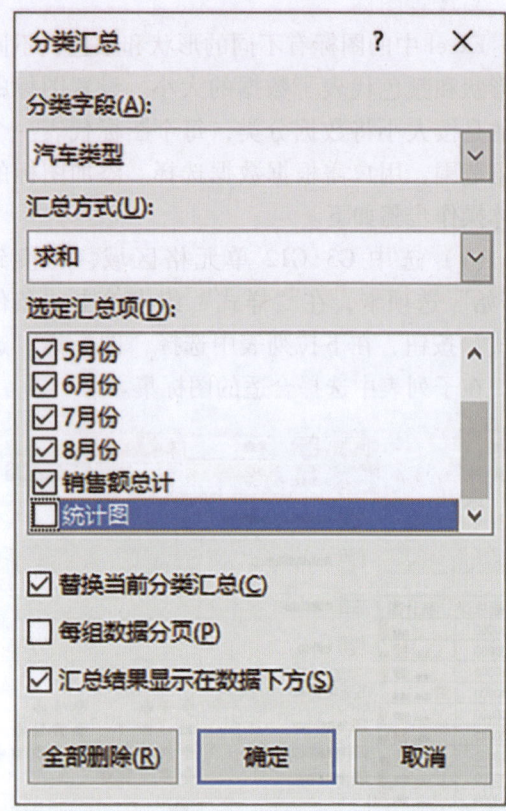

(4)单击"确定"按钮，返回表格。

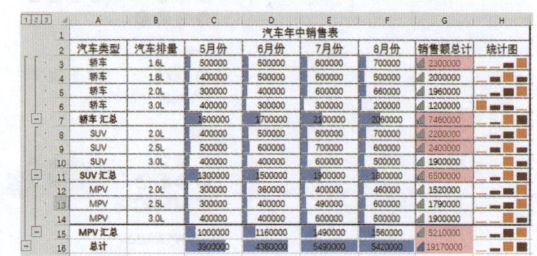

(5) 在对数据进行分类汇总后，表格左侧会出现会汇总的结构，单击"－"按钮，将把对应的栏中的数据隐藏起来；相反的，单击"＋"按钮，将显示该栏的数据。

2. 隐藏与显示分类汇总

用户有时只查看某部分数据，暂时不需要查看其他数据，这时就可以将不需要的数据隐藏起来，具体操作步骤如下。

(1) 单击表格左上角的"1"按钮，将只显示表格中"总计"中的数据。

(2) 单击"2"按钮，将显示更多的汇总数据。

(3) 单击"分级显示"组中的"显示明细数据""隐藏明细数据"也可以将汇总信息显示或隐藏。

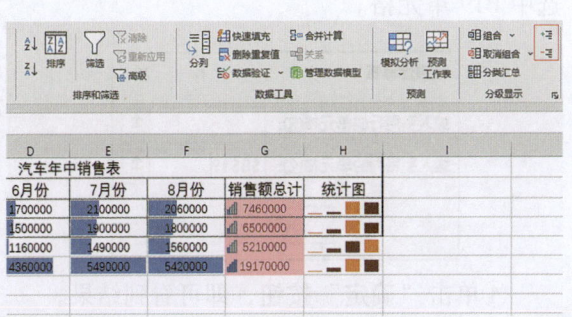

🖅 7.2.3 模拟分析

分析繁多且复杂的数据时，可利用 Excel 的"模拟分析"功能对数据进行管理。"模拟分析"功能包括"单变量求解"、"模拟运算表"和"方案管理器"三种方式。

1. 单变量求解

单变量求解是解决假定一个公式要取得某一个值，其中变量所引用的单元格应取值为多少的问题。

(1) 在表中各个适当位置分别输入"销售额总计""19170000""奖金比率""2%""奖金"。

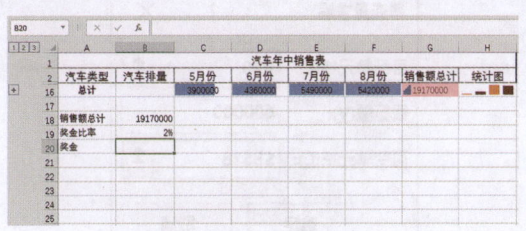

(2) 在 B20 单元格中输入"＝B18＊B19"，之后按下"Enter"键。

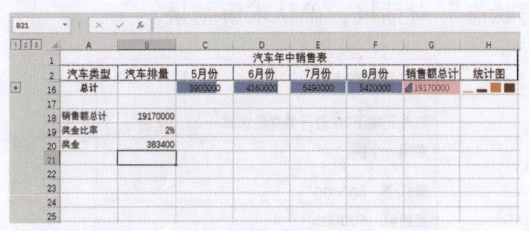

(3) 选中 B20 单元格，在"数据"选项卡中，单击"预测"组中的"模拟分析"选项，在弹出的下拉列表中选择"单变量求解"选项。

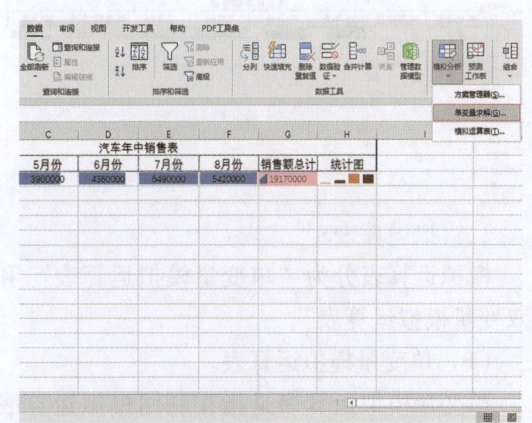

(4)弹出"单变量求解"对话框。

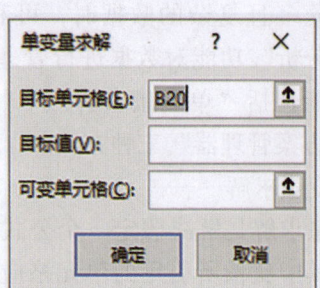

(5)在"目标值"文本框中输入"600000",单击"可变单元格"文本框右侧的选取按钮,选中B18单元格。

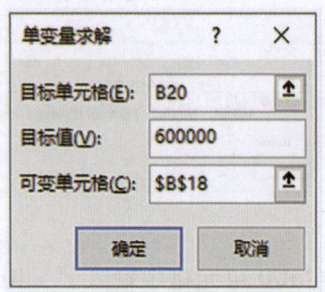

(6)单击"确定"按钮,弹出"单变量求解状态"对话框,确认求解结果。

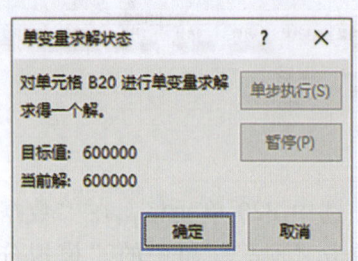

(7)单击"确定"按钮,返回工作界面。

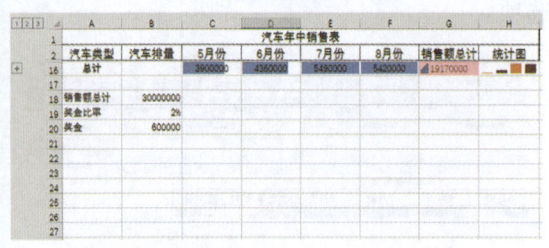

2. 模拟运算表

模拟运算表分为"单变量模拟运算表"和"双变量模拟运算表"。

(1)单变量模拟运算表。

单变量模拟运算表是指在利用模拟运算表计算结果的过程中只有一个变量,使用单变量模拟运算表的具体操作步骤如下。

①在A22:B25的单元格区域中分别输入"奖金比率""轿车""2.20%""SUV""3.00%""MPV""2.00%",在C23单元格中输入"=INT(600000/B19)"。

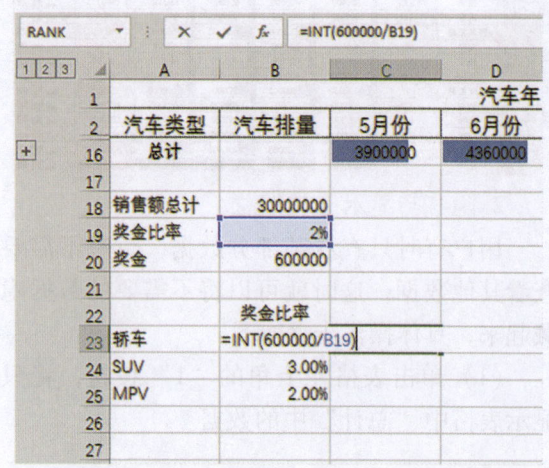

②按下"Enter"键,选中B23:C25单元格区域,在"预测"组中单击"模拟分析"按钮,在弹出的下拉列表中选中"模拟运算表"选项。

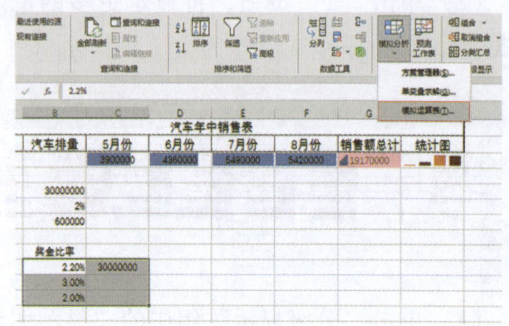

③弹出"模拟运算表"对话框,单击"输入引用列的单元格"文本框右侧的选取按钮,选中B19单元格。

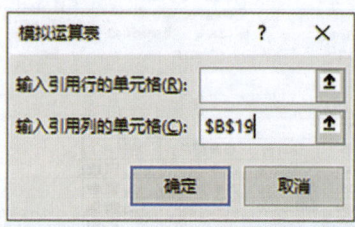

④单击"确定"按钮,即可看到结果。

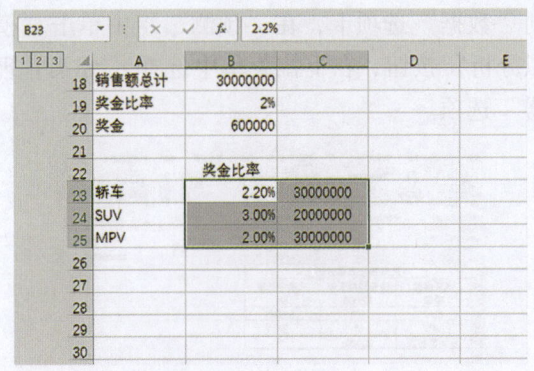

(2)双变量模拟运算表。

双变量模拟运算表是指利用模拟运算表计算结果的过程中存在两个变量。在"汽车年中销售表"工作簿中,把奖金分为1000、2000和3000三个级别,根据每种汽车不同的奖金比率来计算销售总额。

①在 A27:E31 单元格区域中分别输入"轿车""SUV""MPV""奖金比率""2.20%""3.00%""2.00%""1000""2000""3000",在 B28 单元格中输入"= INT(B20/B19)",并按下"Enter"键,然后调整数据格式,如图所示。

②选中 B28:E31 单元格区域,切换到"数据"选项卡,在"预测"组中单击"模拟分析"按钮,在下拉列表中选择"模拟运算表"选项,弹出"模拟运算表"对话框。

③单击"输入引用行的单元格"文本框右

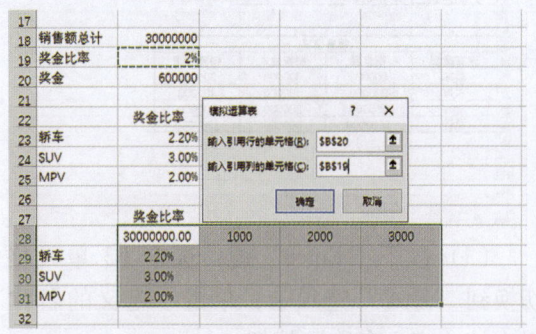

侧的选取按钮,选中 B20 单元格;同样,单击"输入引用列的单元格"文本框右侧的选取按钮,选中 B19 单元格。

④单击"确定"按钮,返回工作表界面,查看结果并调整数据格式。

3. 创建方案

"单变量求解""模拟运算表"只能分析运算中一个或者两个变量的情况,如果要分析两个以上变量的情况,就要用到"方案管理器"。

(1)在当前工作簿中添加"Sheet2"表格,并在其中输入文本。

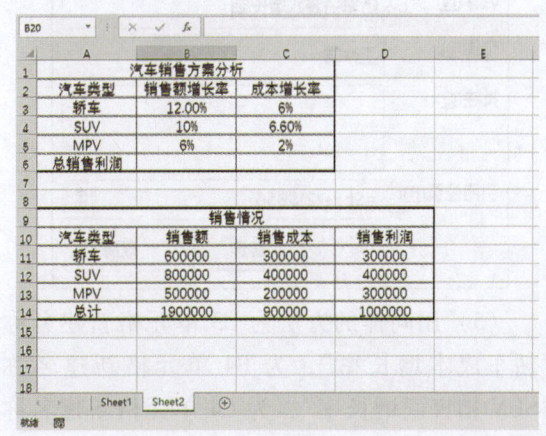

(2)在 B6 单元格中输入"= SUMPRODUCT(B11:B13,1 + B3:B5)– SUMPRODUCT(C11:C13,1 + C3:C5)"。

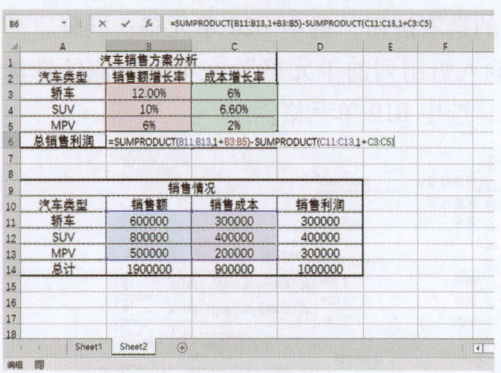

（3）按下"Enter"键，选中 B3 单元格，切换到"公式"选项卡，单击"定义的名称"组中的"定义名称"按钮。

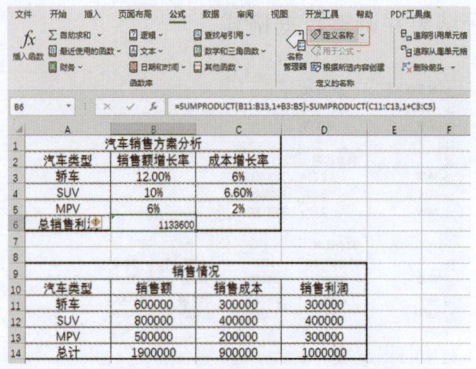

（4）打开"新建名称"对话框，在"名称"文本框中输入"轿车销售额增长率"，单击"确定"按钮。

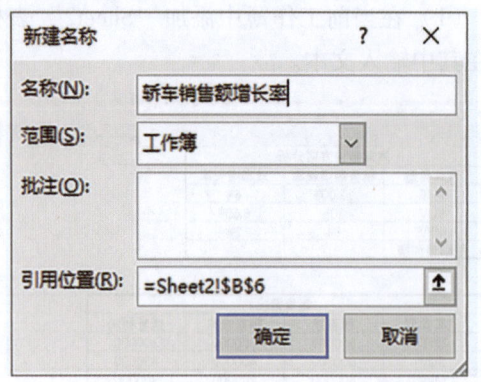

（5）用同样的方法为 C3 单元格新建名称"轿车成本增长率"，为 B4 单元格新建名称"SUV 销售额增长率"，为 C4 单元格新建名称"SUV 成本增长率"，为 B5 单元格新建名称"MPV 销售额增长率"，为 C5 单元格新建名称"MPV 成本增长率"。新建完所有名称后，切换

到"数据"选项卡，在"预测"组中单击"模拟分析"按钮，在下拉菜单中选择"方案管理器"选项。

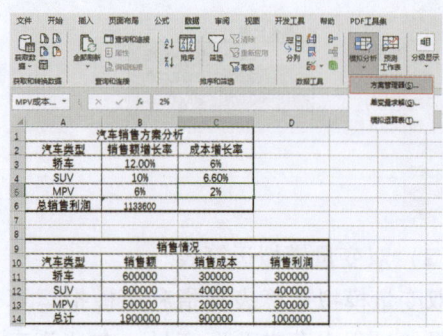

（6）弹出"方案管理器"对话框，单击"添加"按钮。

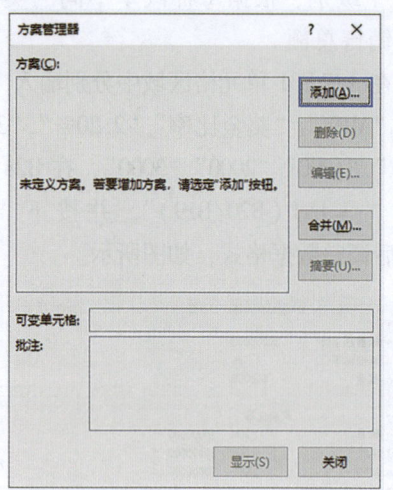

（7）弹出"添加方案"对话框，在"方案名"文本框中输入"方案一"；单击"可变单元格"文本框右侧的选取按钮。

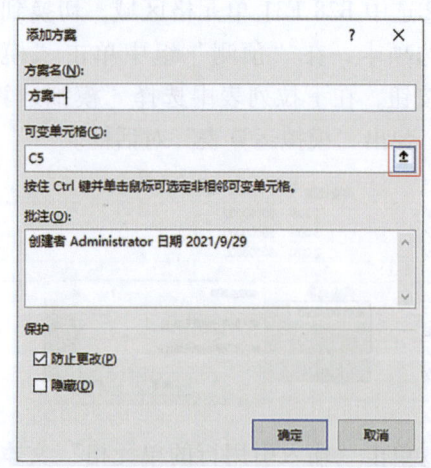

（8）选中 B3:C5 单元格区域，单击对话框右侧的按钮。

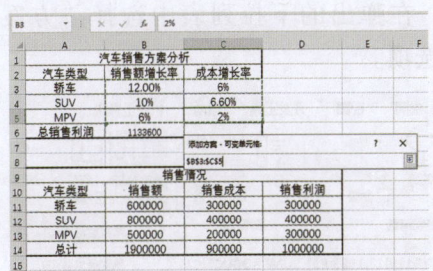

（9）返回"编辑方案"对话框，单击"确定"按钮，弹出"方案变量值"对话框，在对应的文本框中输入变量值，最后单击"确定"按钮。

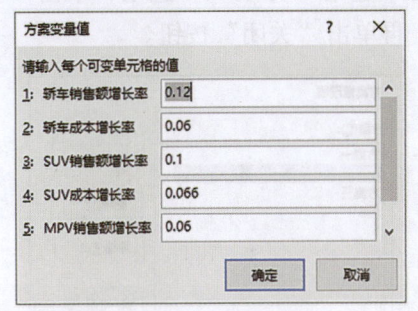

（10）返回到"方案管理器"对话框，单击"添加"按钮。

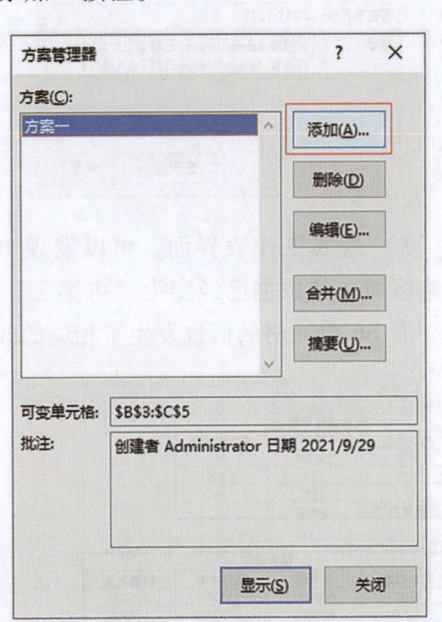

（11）弹出"添加方案"对话框，在"方案名"文本框中输入"方案二"，单击"确定"按钮。

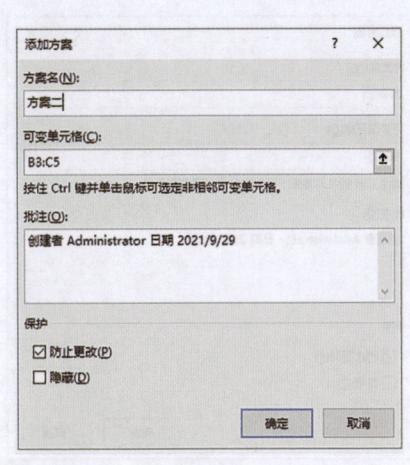

（12）弹出"方案变量值"对话框，在对应的文本框中输入变量值，单击"确定"按钮。

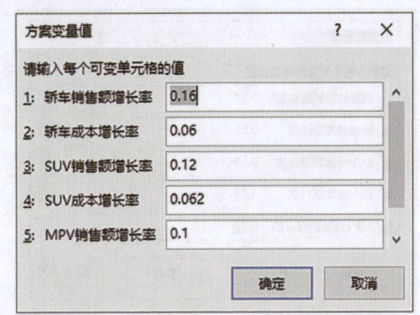

（13）返回"方案管理器"对话框，单击"添加"按钮。

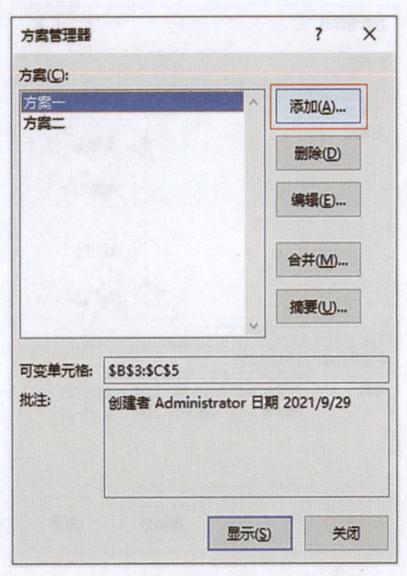

（14）弹出"添加方案"对话框，在"方案名"文本框中输入"方案三"，单击"确定"按钮。

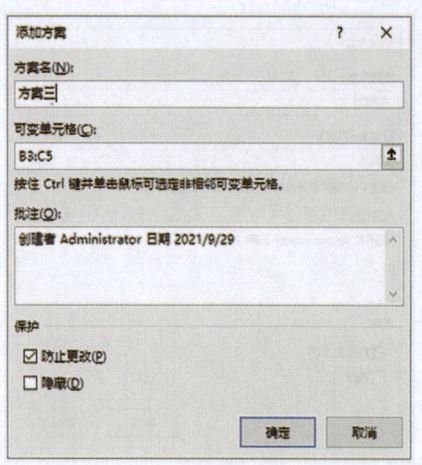

（15）弹出"方案变量值"对话框，在对应的文本框中输入变量值，单击"确定"按钮。

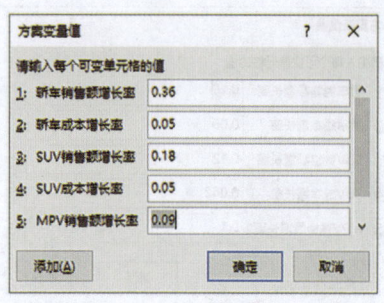

（16）返回"方案管理器"对话框，单击"关闭"按钮。

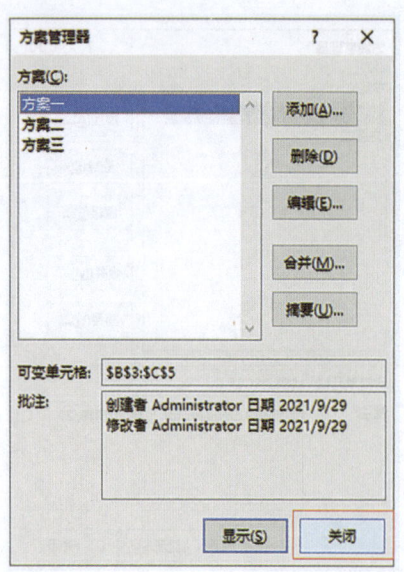

4. 显示方案

创建完方案后，选择不同的方案可显示不同的结果。下面将介绍在表格中显示"方案

二"的步骤。

（1）在"预测"组中单击"模拟分析"按钮，在弹出的下拉列表中选择"方案管理器"选项。

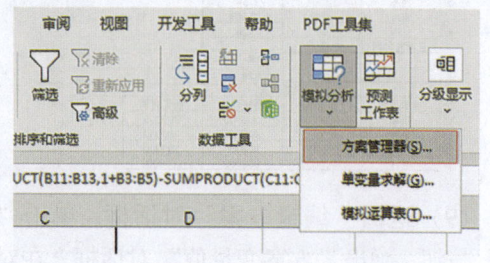

（2）弹出"方案管理器"对话框，在"方案"栏中选中"方案二"选项，单击"显示"按钮，再单击"关闭"按钮。

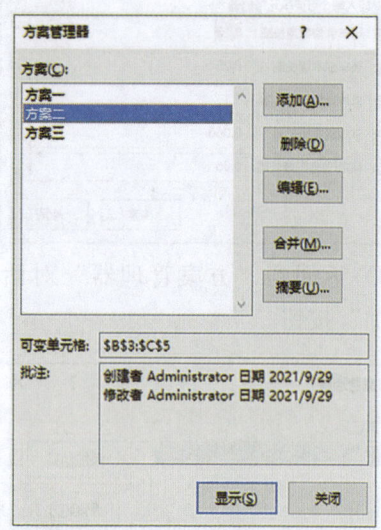

（3）返回工作表界面，可以发现 B3:C5 单元格区域中的数据已经变为"方案二"中的数据，而 B6 单元格的值也发生了相应的改变。

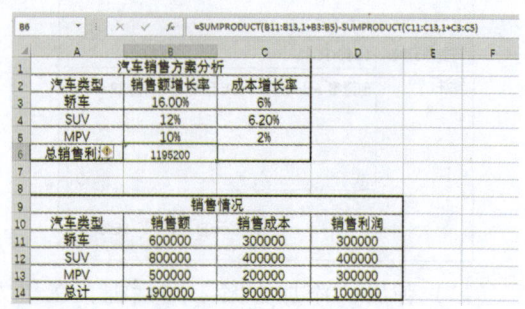

5. 生成报告

如果用户想让所有的方案结果都显示出来，

就需要制作方案报告。

（1）在"预测"组中单击"模拟分析"按钮，在弹出的下拉列表中选择"方案管理器"选项。

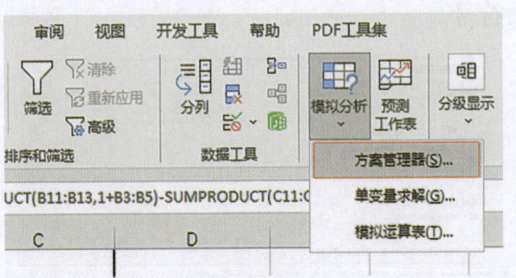

（2）弹出"方案管理器"对话框，在"方案"栏中选择"方案二"，再单击"摘要"选项。

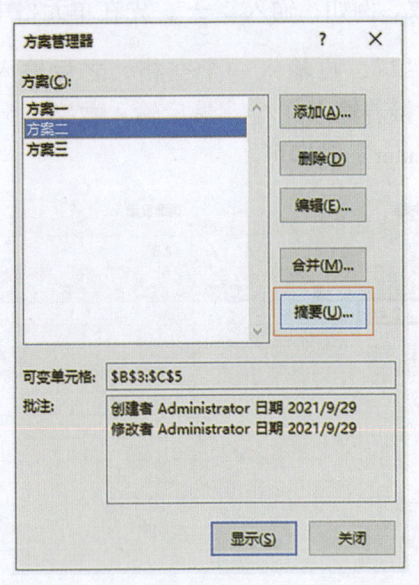

（3）弹出"方案摘要"对话框，在"报表类型"栏中勾选"方案摘要"复选框，在"结果单元格"中输入"B6"。

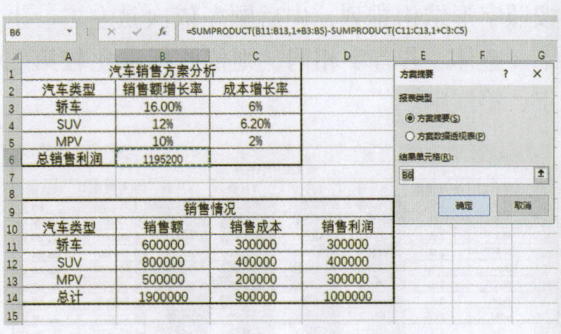

（4）单击"确定"按钮，返回工作表界面即可看到工作簿中生成了一个"方案摘要"的工作表，表中显示了三种方案的摘要。

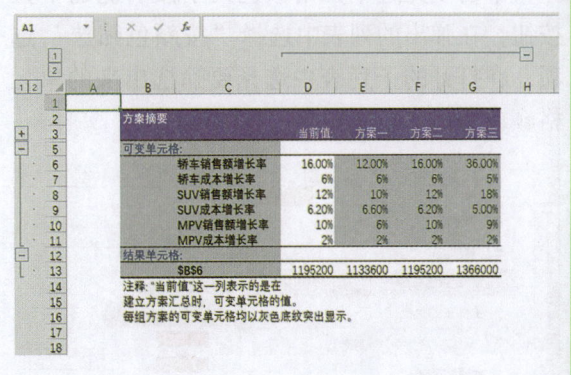

7.3　处理 Excel 数据小技巧

7.3.1　特殊排序

1. 按单元格颜色排序

选中表格中任意一个单元格，切换到"数据"选项卡，单击"排序和筛选"组中的"排序"按钮，弹出"排序"对话框，单击"排序依据"下拉按钮，选中"单元格颜色"，再在"次序"下拉列表中选中单元格颜色，按不同颜色设置不同的序列，单击"确定"按钮。

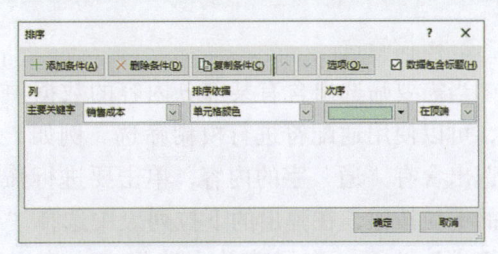

2. 按汉字笔画排序

当工作表中需要对汉字内容排序时，用户

可以以汉字的笔画为标准进行排序。笔画排序的原则是按照首字的笔画数排列，若笔画数相同，则按照起笔顺序排列。若前两者相同，则按照字形结构排列，先后顺序依次是左右、上下、整体。若首字相同，则依此标准比较第二字、第三字。

择"等于"选项，在右侧的文本框中输入"通?"，单击"确定"按钮，即可筛选出含有"通"字的内容。注意，这时筛选出的是以"通"字为第一个汉字的内容，其中问号为英文符号。

7.3.3 在表格中输入分数

1. 输入含有整数部分的分数

（1）选中要输入分数的单元格，在其中输入分数。例如，输入 $2\frac{4}{5}$，先在单元格中输入数字"2"，再输入一个空格，之后输入数字"4"，接着输入"/"，最后输入数字"5"，按下"Enter"键即可。

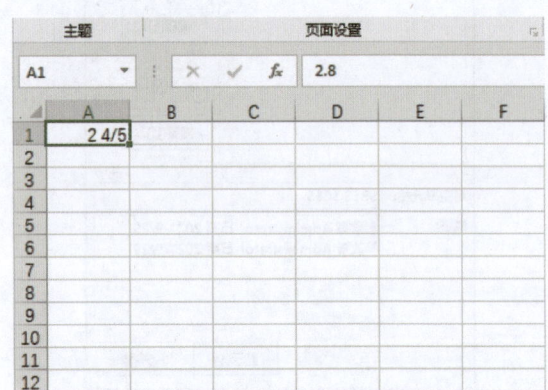

7.3.2 特殊筛选

1. 按单元格颜色筛选

单击填充过单元格颜色列字段右侧的下拉按钮，在弹出的列表中选择"按颜色筛选"选项，在打开的子列表中选择要筛选出来的单元格颜色。

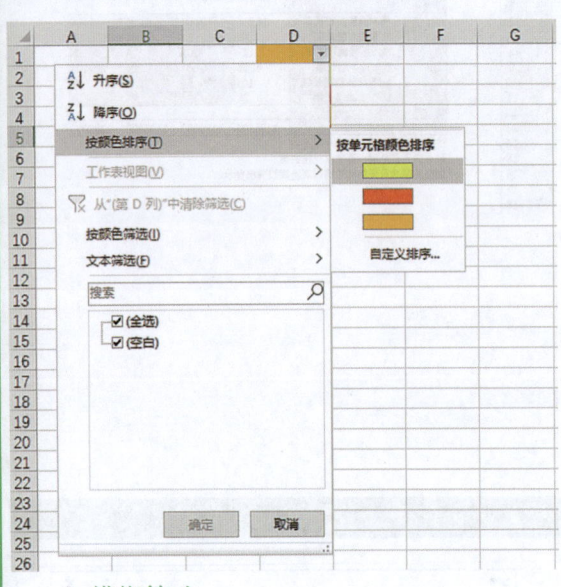

2. 模糊筛选

当需要筛选出含有某部分内容的数据项目时，可以使用通配符进行模糊筛选。例如，要筛选出含有"通"字的内容，单击要进行筛选列的下拉按钮，在弹出的下拉列表中选择"文本筛选"选项，在子菜单中选择"自定义筛选"选项，弹出"自定义自动筛选方式"对话框，在"显示行"栏的第一个下拉列表框中选

（2）双击此单元格，单元格中的分数将转换为"2.8"。

2. 输入真分数

真分数是不含整数部分，且分子小于分母的分数。在输入真分数的时候，需要在前面输入数字"0"，否则 Excel 中输入值为日期。例如，输入 $\frac{4}{5}$，需要输入"0 4/5"，最后按下"Enter"键即可。

3. 输入假分数

（1）假分数是分子大于分母的分数。在 Excel 中输入假分数时，系统会将此分数转换为一个整数和一个真分数。例如，输入"0 8/3"，按下"Enter"键之后，Excel 会将其自动转换为"2 2/3"。

（2）另外，Excel 还会对输入的分数进行约分。例如，输入"0 3/6"，系统会自动转换为"1/2"。

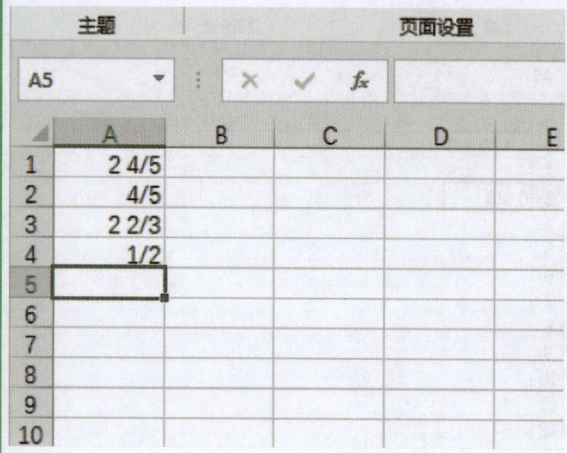
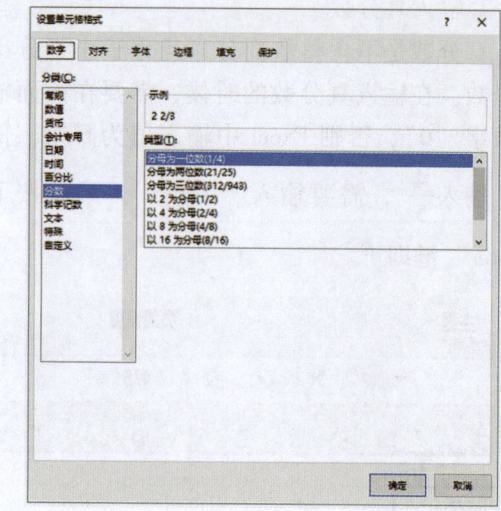

（3）如果需要对分数进行更多、更详细的设置，可以在"设置单元格格式"对话框中进行设置。

第八章　使用图表分析数据

扫码看视频

概述

面对一些复杂的表格数据，用户往往无法直接读取数据之间的关系。这时可以利用图表将数据信息以及数据之间的关系清晰地展现在用户面前。本章将主要介绍图表的基本操作，如图表的创建、数据透视表和数据透视图的创建等。

8.1 制作家具销量图表

根据家具销售表中的数据创建图表，将表格中数据展现在图表中，用户可以直观地看到各组数据之间的联系与差异，大大提高了用户从表格中获取信息的效率。

☞ 8.1.1 创建图表

创建图表的操作包括图表的创建、图表布局的调整、更改图表类型以及修改图表数据等。

1. 插入图表

Excel 2021 为用户提供了多种图表类型，包括柱形图、条形图以及折线图，每种类型的图表又可以分为二维图表和三维图表。用户根据实际需要选择合适的图表，具体操作步骤如下。

（1）打开"家具销售表"工作簿，选中 A2:G6 单元格区域，切换到"插入"选项卡，在"图表"组中，单击"插入柱形图或条形图"按钮，在弹出的下拉菜单中选择"三维簇状条形图"选项。

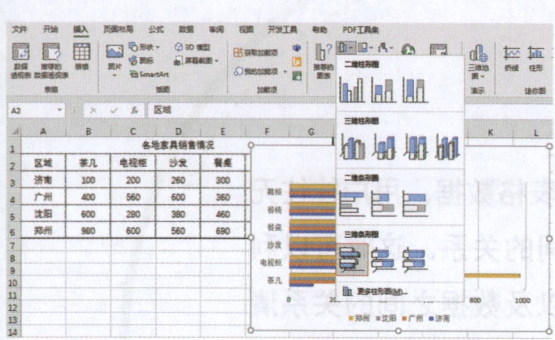

（2）单击图表中"图表标题"文本框，为图表添加标题。

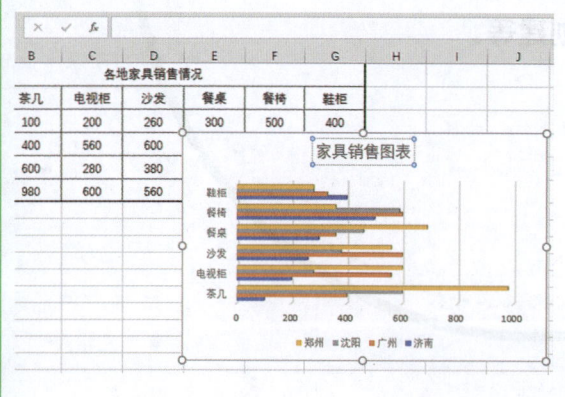

（3）单击图表中任意地方，再单击图表右侧的"图表元素"按钮，在"图表元素"菜单中，打开"图表标题"子菜单，在菜单中可以设置标题的位置及其他内容。

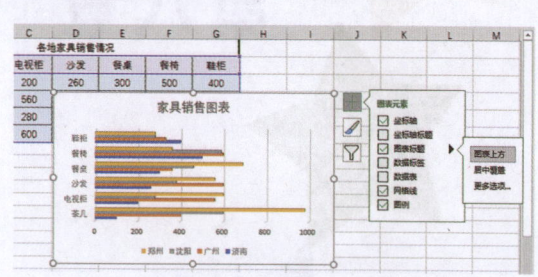

（4）对标题进行调整后，效果如图。

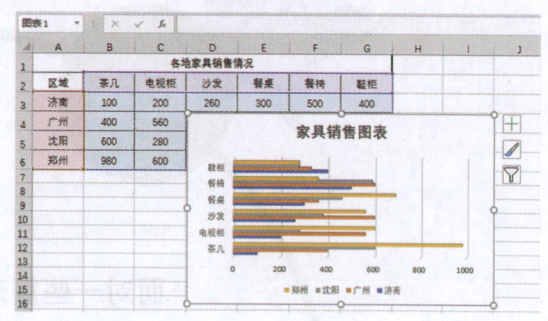

2. 调整图表布局

插入的图表浮于表格上方，会挡住表格中的数据，下面就要对图表的位置及大小进行调整，具体操作步骤如下。

（1）调整图表的大小。将光标放在图表边缘的控制点上，按住鼠标左键，拖动光标调整图表的大小。

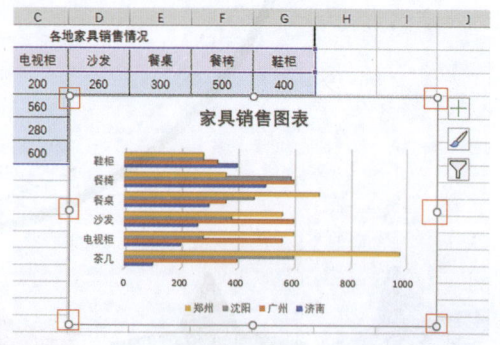

(2)移动图表位置。单击图表空白区域，当光标变为十字箭头形状时，按住鼠标左键，拖动鼠标将图表放在表格中空白位置。

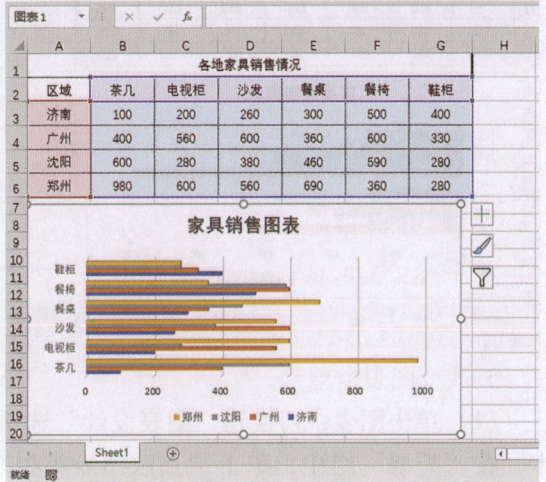

3. 更改图表数据源

假如图表在创建的过程中出现了错误或者图表需要根据要求进行更新，就需要重新选择图表的数据源，具体操作步骤如下。

（1）切换到"图表设计"选项卡，在"数据"组中，单击"选择数据"选项。

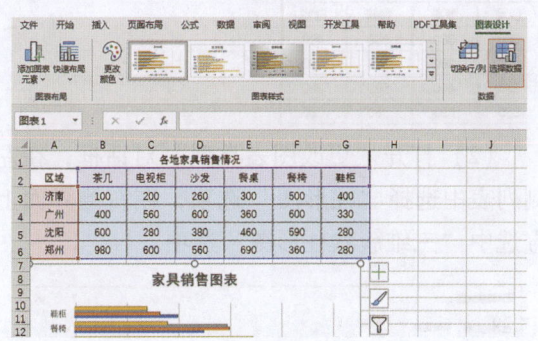

（2）弹出"选择数据源"对话框，单击"图表数据区域"文本框右侧的选取按钮。

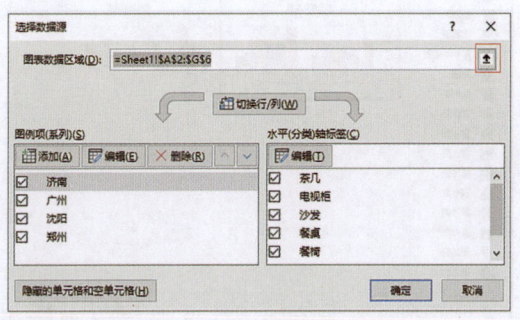

（3）选中 A4:G6 单元格区域，单击"选择数据源"文本框右侧的选取按钮。

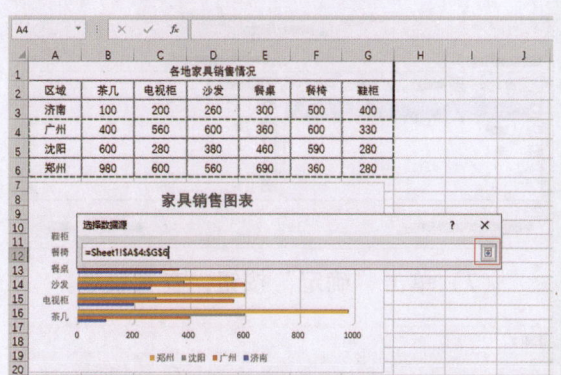

（4）返回"选择数据源"对话框，单击"确定"按钮。

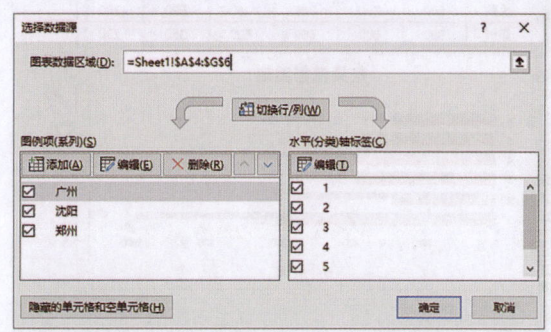

（5）返回工作表界面，查看效果。

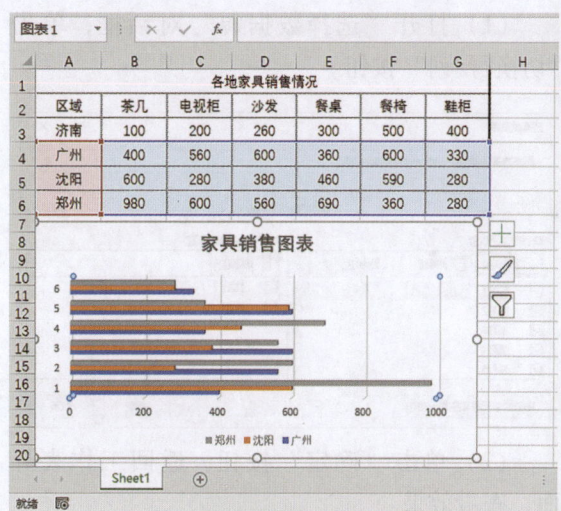

（6）快速修改数据。打开"选择数据源"对话框，在"图例项(系列)"栏中，单击"广州"，再单击"删除"按钮，将图表中关于"广州"的内容删除。

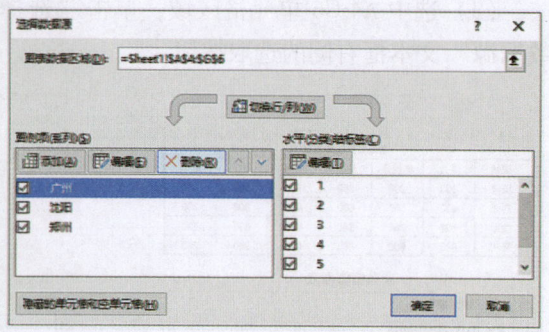

(7) 单击"确定"按钮,查看效果。

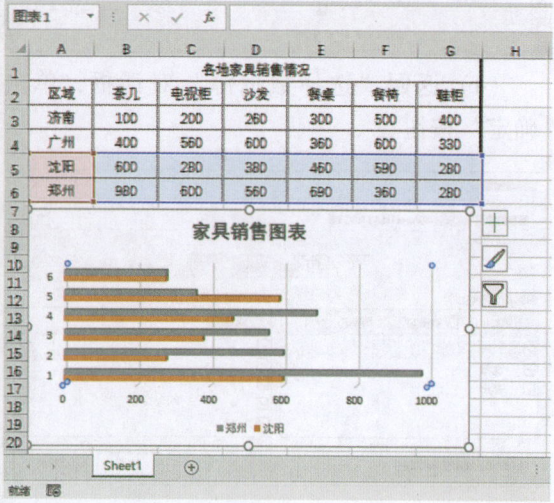

4. 互换图表行和列

(1) 打开"选择数据源"对话框,单击"切换行/列"按钮。

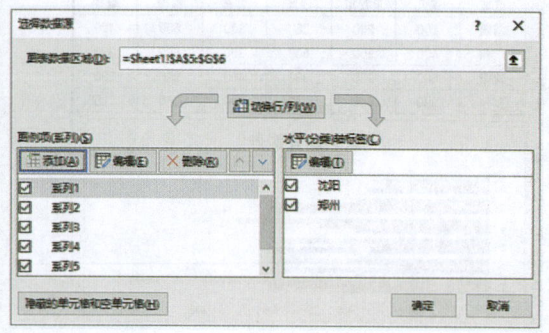

(2) 单击"确定"按钮,返回工作表界面,查看效果。

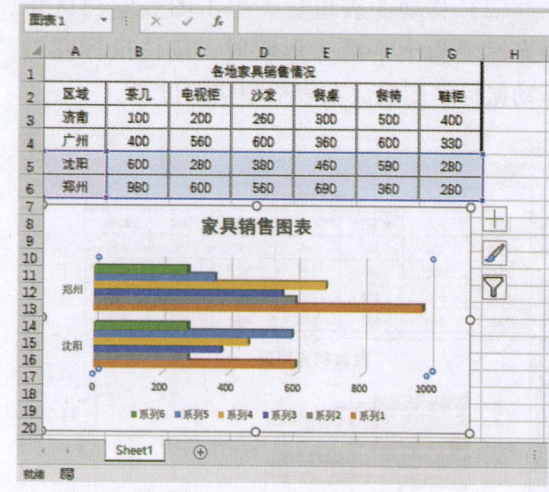

5. 改变图表类型

(1) 单击图表,切换到"图表设计"选项卡,在"类型"组中,单击"更改图表类型"按钮。

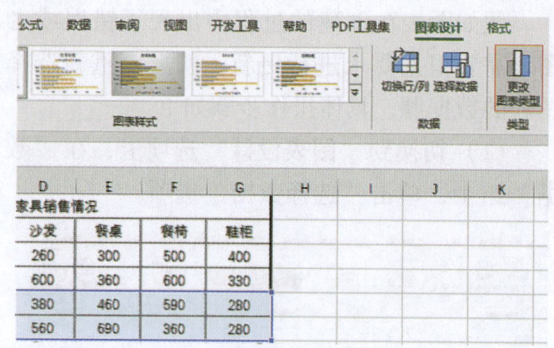

(2) 打开"更改图表类型"对话框,在左侧列表中选择"柱形图"选项,在右侧界面上方选中"三维簇状柱形图"选项。

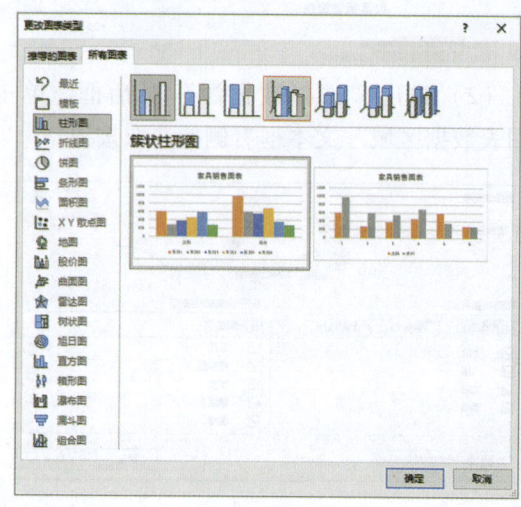

（3）单击"确定"按钮，返回工作表界面，查看效果。

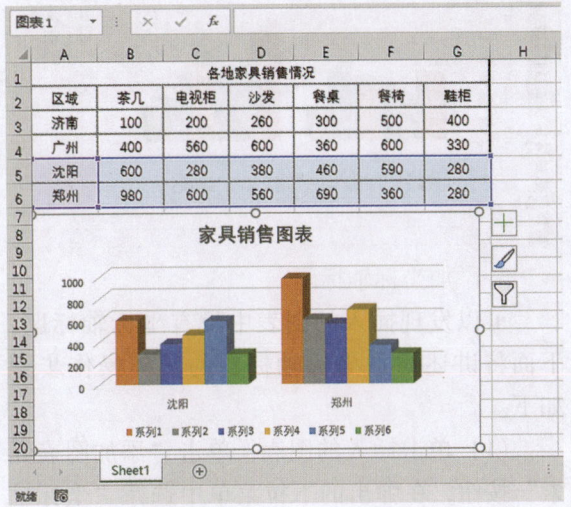

8.1.2 美化图表

当遇到插入的图表过于简单而无法达到要求的时候，可以对其进行美化操作。美化图表能使图表的内容表达得更加生动形象，便于用户理解数据。

1. 添加数据标签

（1）单击图表，切换到"图表设计"选项卡，单击"图表布局"组中的"添加图表元素"按钮，在下拉列表中单击"数据标签"，在子列表中选择"其他数据标签选项"。

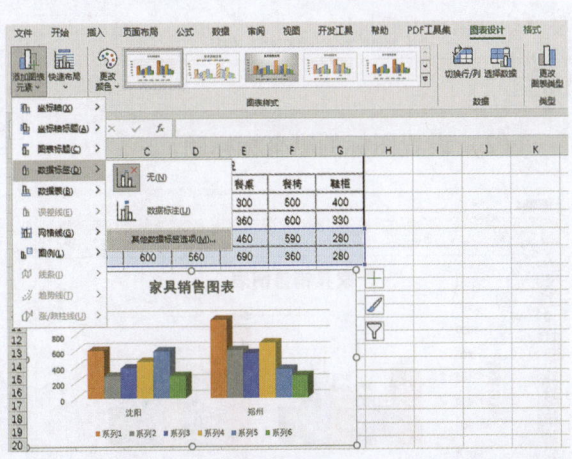

（2）在工作表界面右侧弹出"设置数据标签格式"界面，查看界面中"标签选项"栏中的"标签包括"组中默认选中"值"选项和"显示引导线"选项，关闭界面。

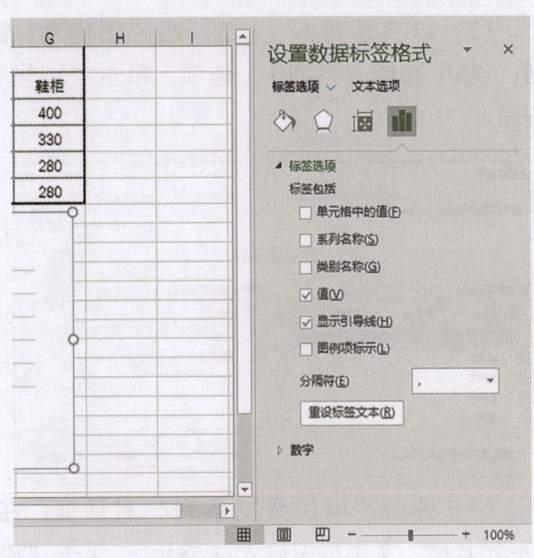

（3）查看效果。

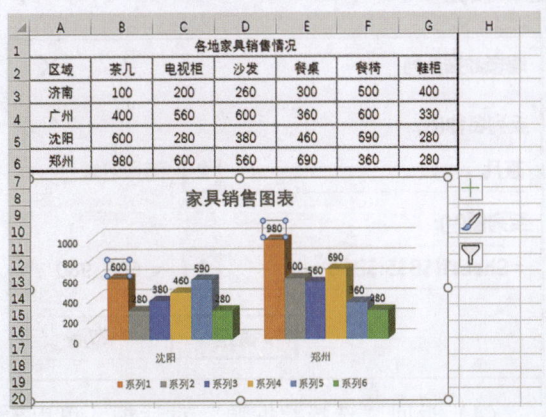

2. 更改图例项

插入图表中默认图例为"系列1""系列2"等，显然不能准确定义图表中的数据含义，需要对图例进行设置，具体操作步骤如下。

（1）单击图例所在的行，在"图表设计"选项卡下，单击"选择数据"按钮，弹出"选择数据源"对话框。

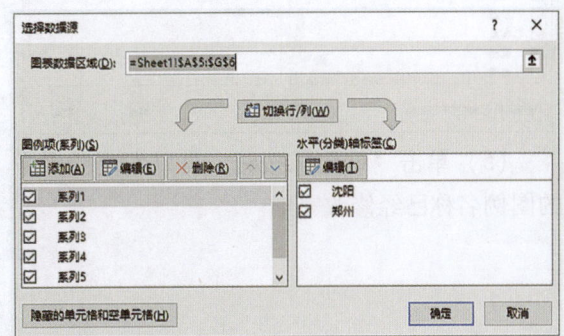

(2)以"系列1"为例。在"图例项(系列)"栏中选择"系列1"选项,单击"编辑"按钮。

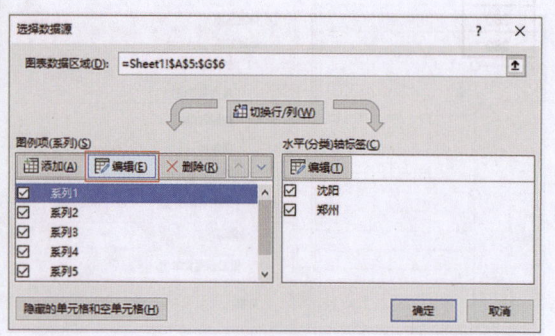

(3)弹出"编辑数据系列"对话框,在"系列名称"文本框中输入"茶几",单击"确定"按钮。

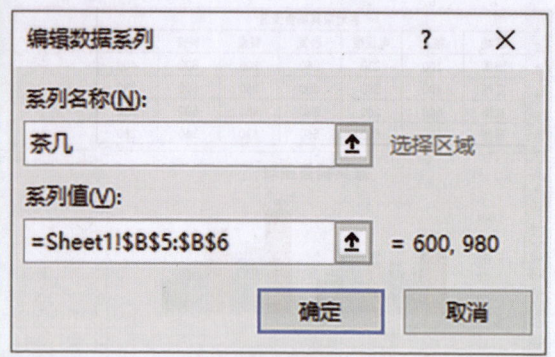

(4)返回"选择数据源"对话框,可以看到图表中的图例名称已经变为"茶几",用同样的方法修改剩余图例名称。

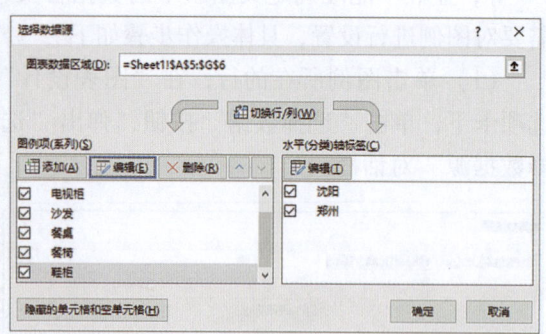

(5)单击"确定"按钮,可以发现图表中的图例名称已经修改完毕。

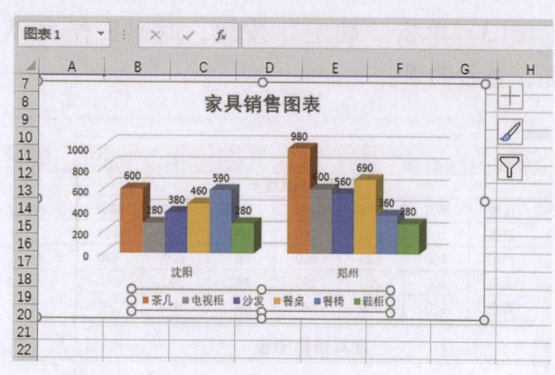

3. 添加坐标轴标题

可以发现插入的图表中没有坐标轴标题,下面将讲述添加坐标轴标题的具体操作步骤如下。

(1)单击插入的图表,单击"添加图表元素"按钮,在弹出的下拉菜单中选择"坐标轴标题"选项,在子菜单中选择"主要纵坐标轴"选项。

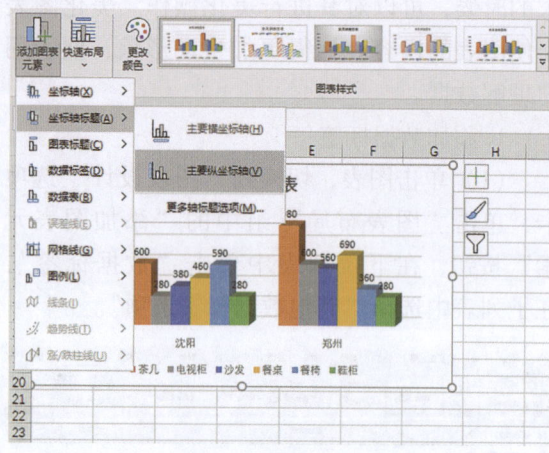

(2)设置图标的纵坐标标题。

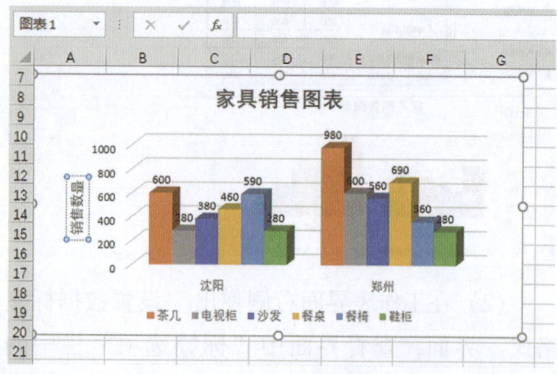

（3）双击纵坐标标题，工作表右侧弹出"设置坐标轴标题格式"界面，单击"大小与属性"按钮，在"文字方向"下拉列表中选择"竖排"选项。

（2）弹出"更改图表类型"对话框，选择"簇状柱形图"选项，单击"确定"按钮。

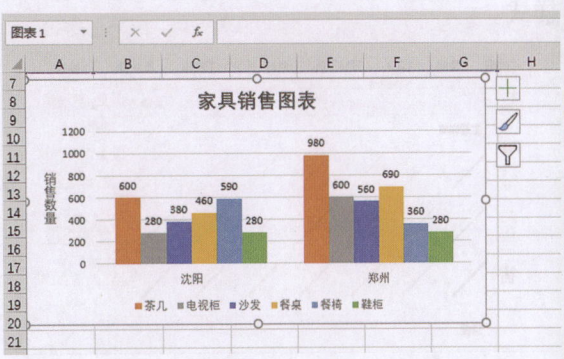

（3）单击"添加图表元素"按钮，在下拉菜单中选择"趋势线"选项，在子菜单中选择"线性"选项。

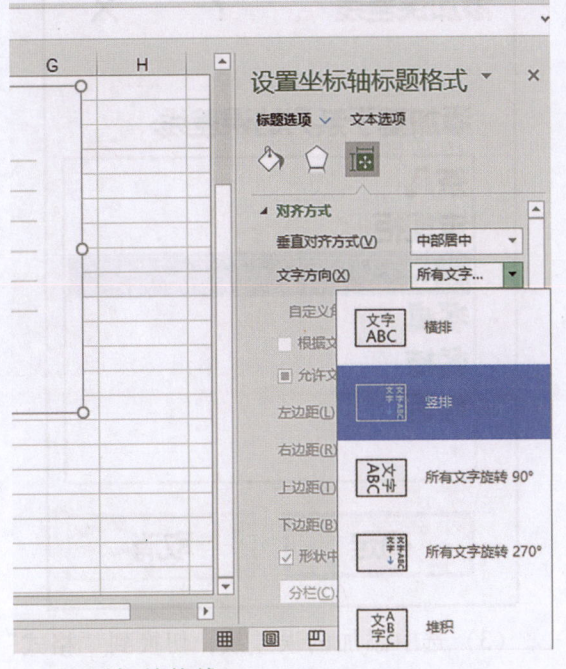

4. 添加趋势线

趋势线反映了数据变化的趋势，据此可以对以后数据的走向做预测，在实际生活中有很大的作用。添加趋势线的具体操作步骤如下。

（1）由于三维图不能添加趋势线，所以先将图表类型转换为二维类型。在"图表设计"选项卡下，单击"类型"组中的"更改图表类型"按钮。

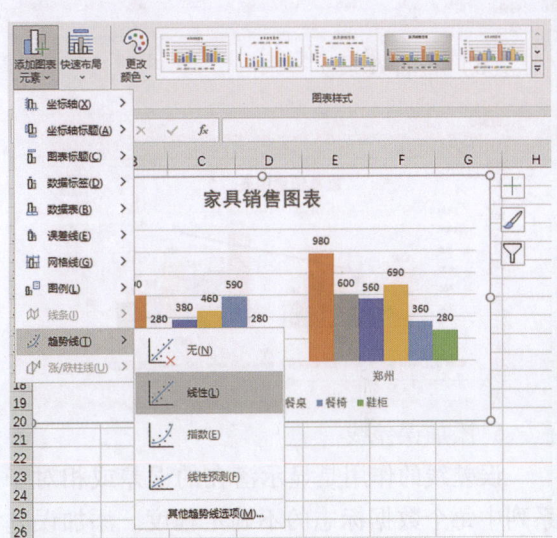

（4）弹出"添加趋势线"对话框，在"添加基于系列的趋势线："列表框中选择"茶几"选项，单击"确定"按钮。

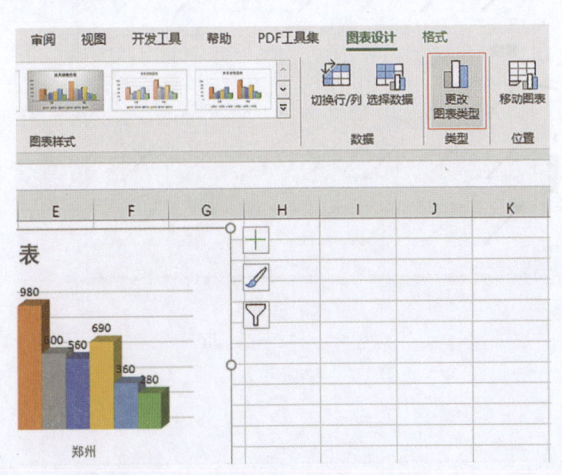

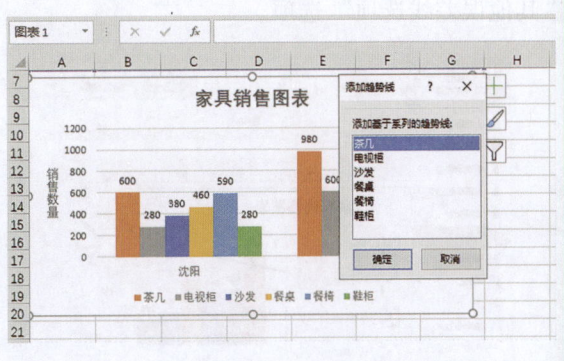

(5)选中添加的趋势线,切换到"图表格式"选项卡,在"形状样式"组中选择合适的样式。

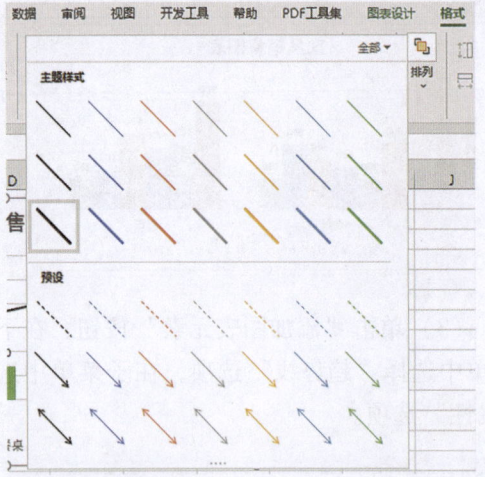

(6)查看效果。

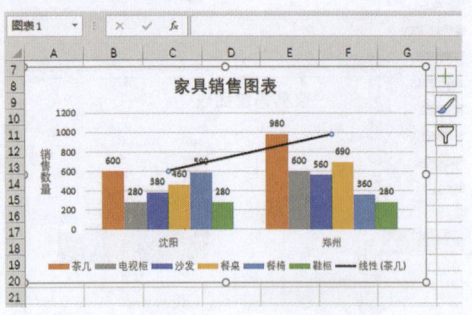

5. 添加误差线

误差线的作用是显示潜在的误差或相对于系列中每个数据标志的不确定程度。添加误差线的具体操作步骤如下。

(1)单击"添加图表元素"按钮,在下拉菜单中选择"误差线"选项,在子菜单中选择"其他误差线选项"选项。

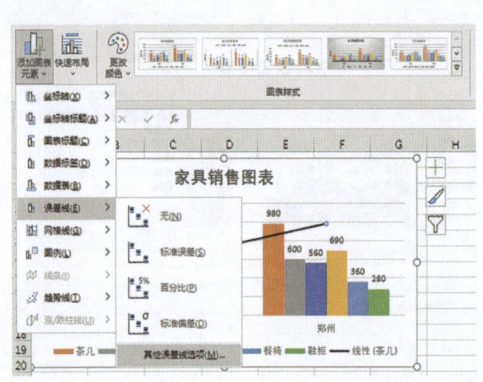

(2)弹出"添加误差线"对话框,在"添加基于系列的误差线:"列表框中选择"沙发"选项,单击"确定"按钮。

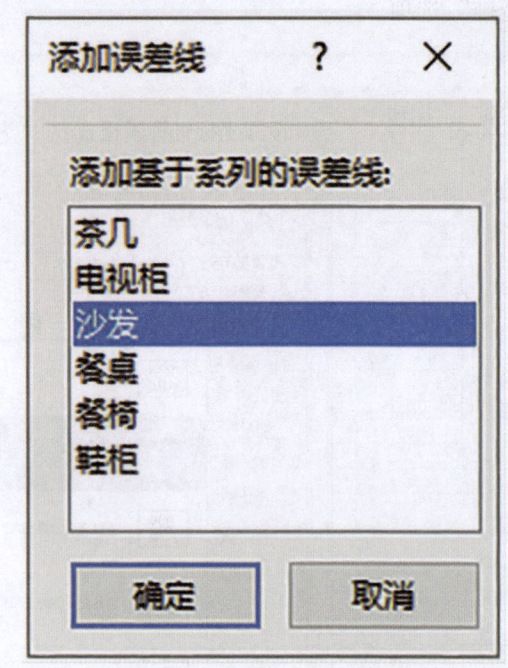

(3)选中添加的误差线,切换到"格式"选项卡,在"形式样式"组中选择合适的样式。

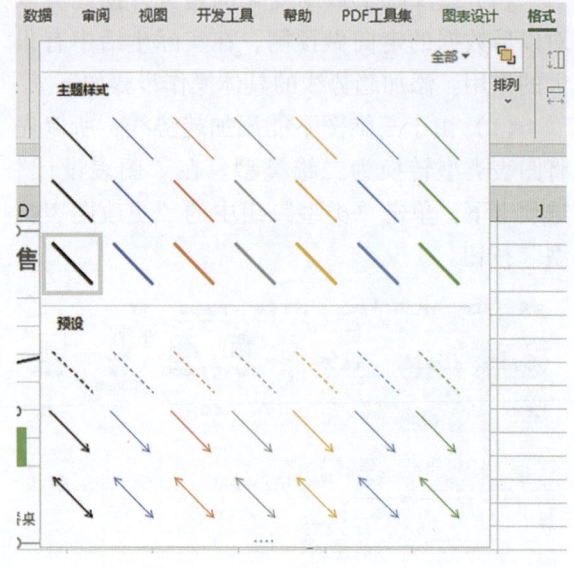

（4）查看误差线效果。

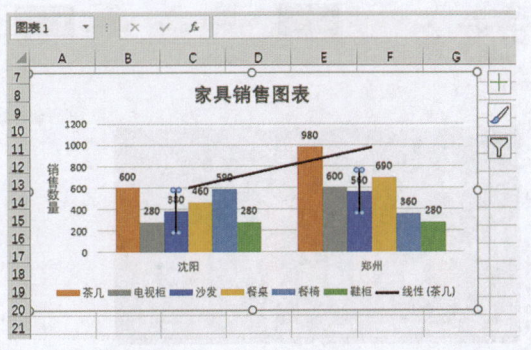

6. 设置图表区

图表区是整个图表的背景区域，设置背景区域会使图表更加吸引人。设置图表区的具体操作步骤如下。

（1）单击插入的图表，切换到"格式"选项卡，在"形状样式"组中单击"形状填充"按钮，在下拉菜单中选择"纹理"选项，在子菜单中选择合适的纹理填充。

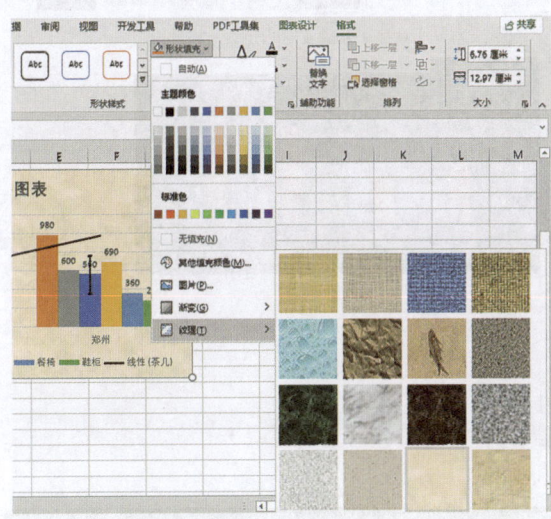

（2）查看效果。

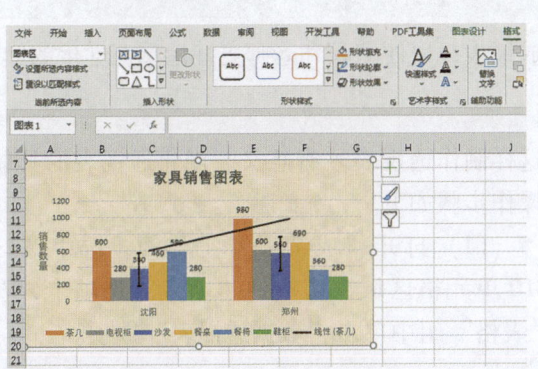

7. 设置绘图区

绘图区是图表中绘制数据图形的区域，除了绘制的数据图形，还包括坐标轴、网格线等。用户对绘图区的设置步骤如下。

（1）单击图表中的绘图区，切换到"格式"选项卡，在"形状样式"组中单击"形状填充"按钮，在弹出的下拉列表中选择合适的颜色填充。

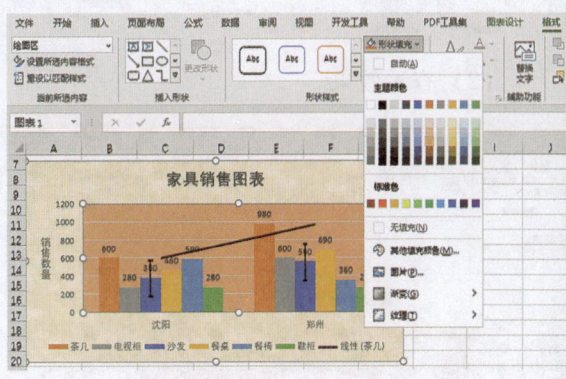

（2）查看效果。

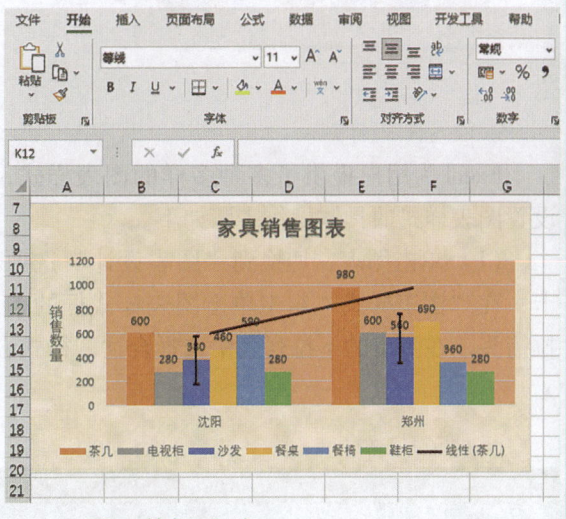

8. 设置数据系列

用户也可以对图表中数据系列及图表背景格式进行设置，具体操作步骤如下。

（1）单击图表绘图区，切换到"图表设计"选项卡，在"图表样式"组中单击"更改颜色"按钮，在下拉菜单中选择合适的颜色。

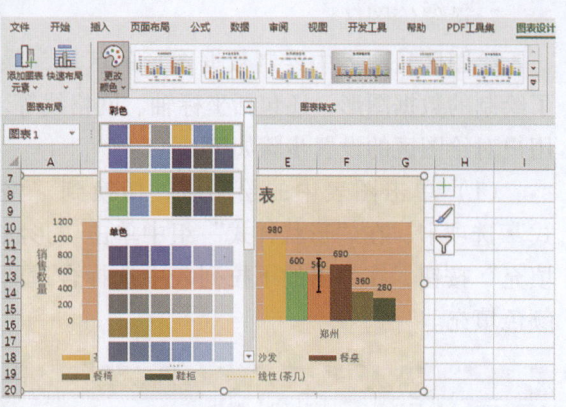

(2)查看效果。

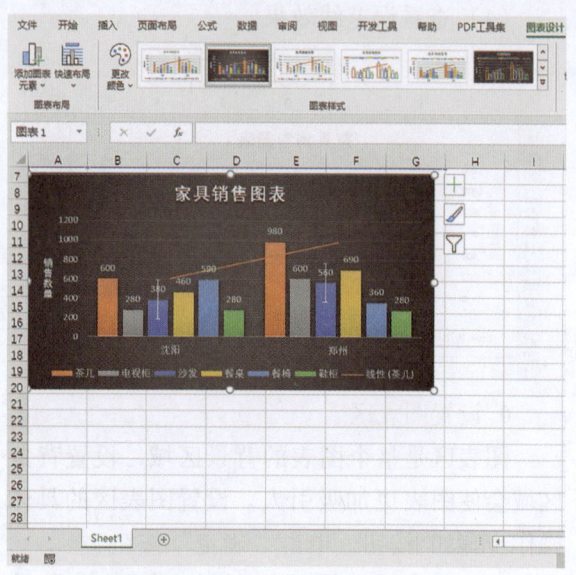

(2)查看效果。

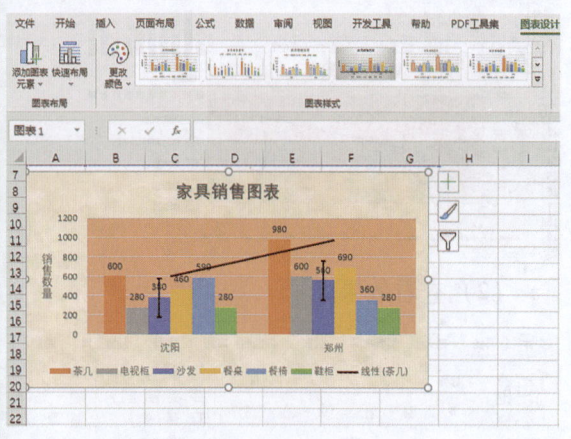

9. 设置图表样式

Excel 为用户提供了多种多样的图表样式,设置图表样式的具体操作步骤如下。

(1)单击图表,切换到"图表设计"选项卡,在"图表样式"组中单击图表样式框的下拉箭头,在弹出的下拉列表中选择合适的样式。

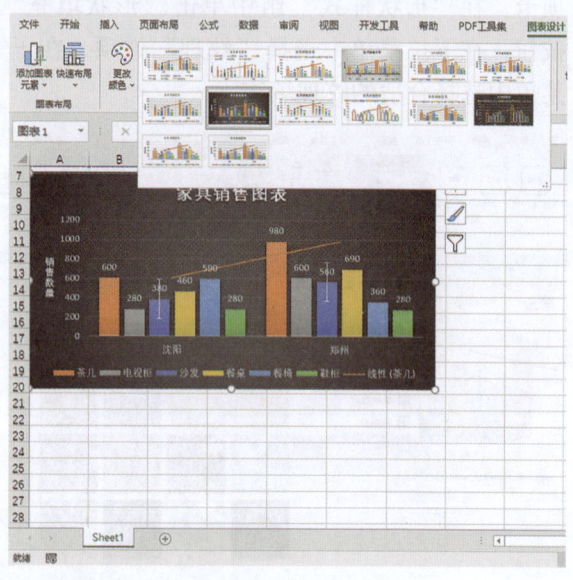

8.2 分析成绩表

本节将介绍如何使用透视表、透视图分析学生成绩表,以便家长和老师更好地掌握学生的学习状态。

8.2.1 创建并处理透视表

数据透视表是一种交互式的报表,可以按照不同的的需求来处理和分析数据。

1. 创建透视表

要创建透视表的表格,数据内容要有分类,这样制作透视表才有意义。创建透视表的具体操作步骤如下。

(1)打开"成绩表"工作簿,选中 A3:G10 单元格区域,切换到"插入"选项卡,在"表格"组中单击"数据透视表"选项。

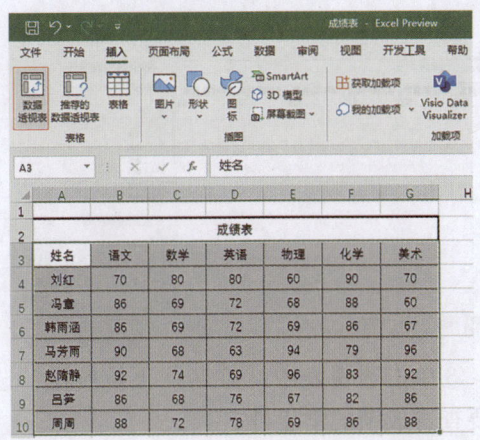

(2)弹出"创建数据透视表"对话框,在"选择放置数据透视表的位置"栏中,选中"新工作表"按钮,单击"确定"按钮。

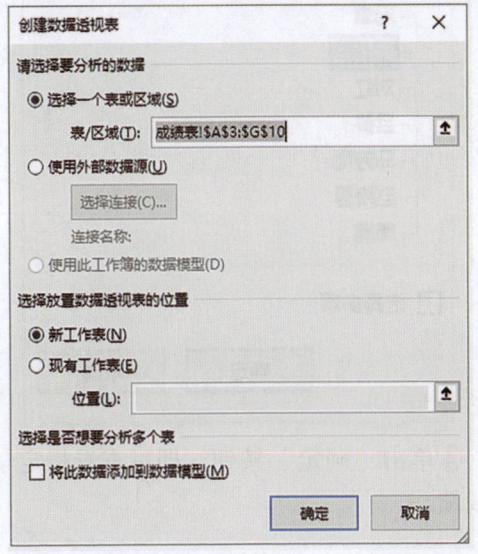

(3)双击插入的工作表标签,将其重命名。

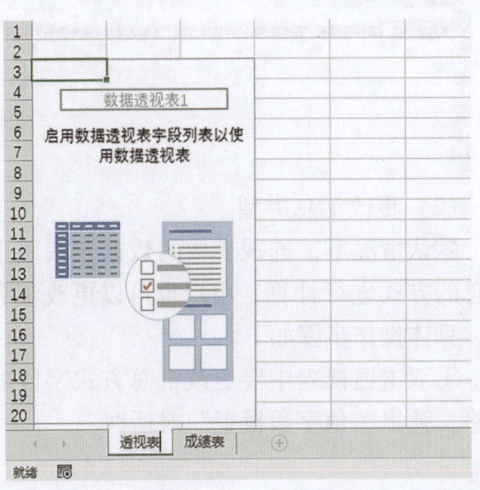

(4)选中新建的工作表标签,按住鼠标左键,将标签拖动至新位置。放开鼠标完成表的移动。

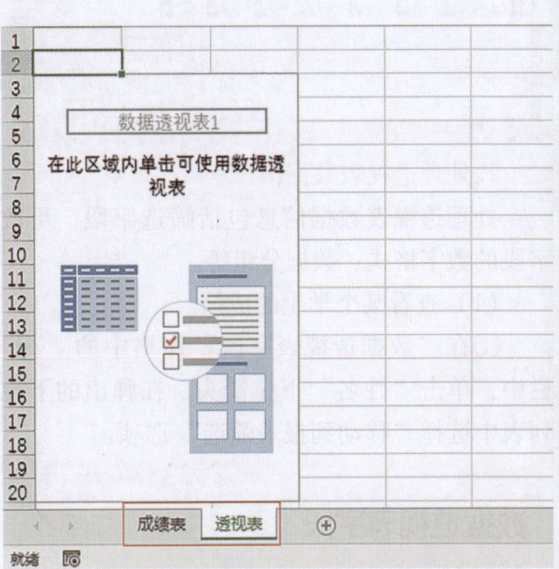

(5)在工作表界面右侧的"数据透视表字段"的窗格中的"选择要添加到报表的字段"栏中,选中要显示的数据。

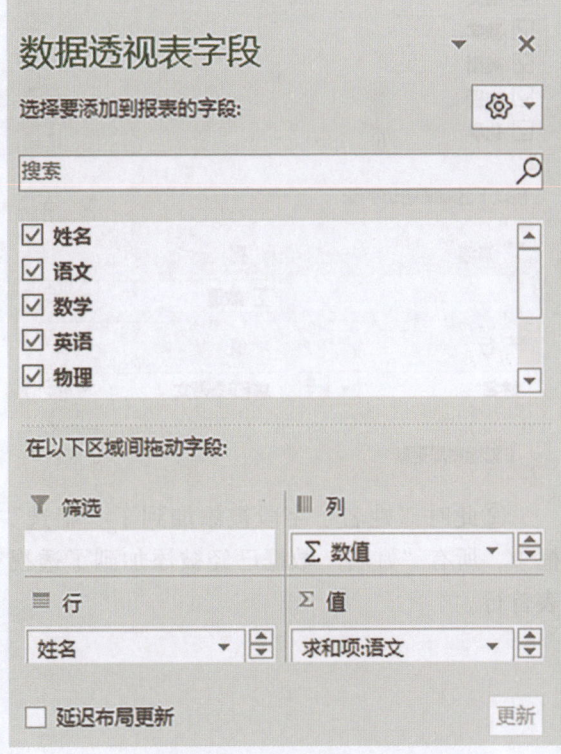

(6)此时报表中会显示相关的字段。

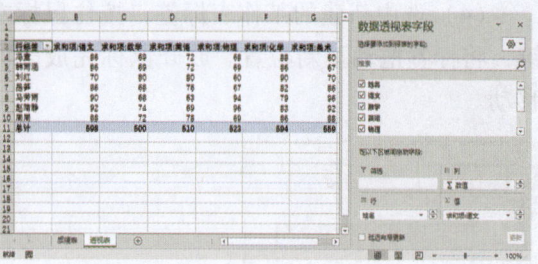

2. 处理透视表数据信息

处理透视表数据信息包括筛选字段、更改字段的数字格式、数据分组等。

（1）查看某个学生的成绩。

①在"数据透视表字段"窗格中的"行"栏中，单击"姓名"下拉箭头，在弹出的下拉列表中选择"移动到报表筛选"选项。

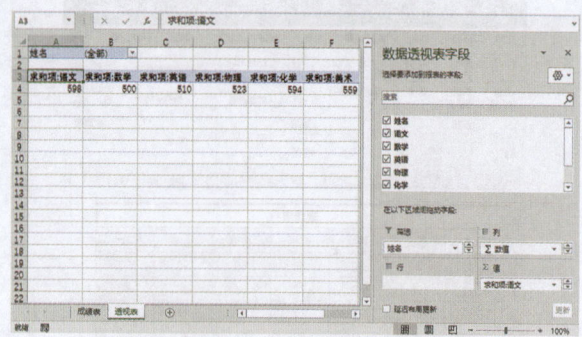

③单击透视表中"姓名"下拉按钮，选择需要查看成绩的学生姓名。

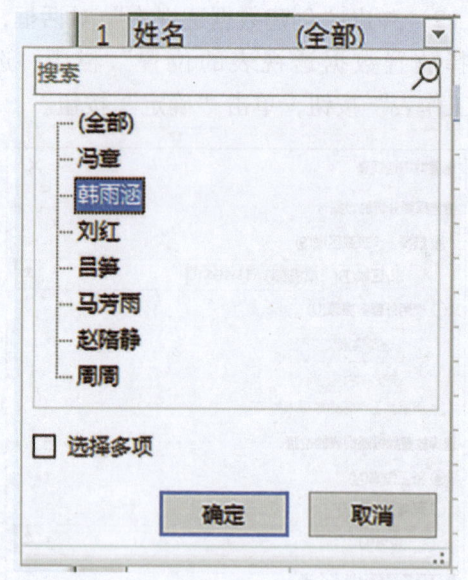

④单击"确定"按钮，即可查看指定学生的成绩。

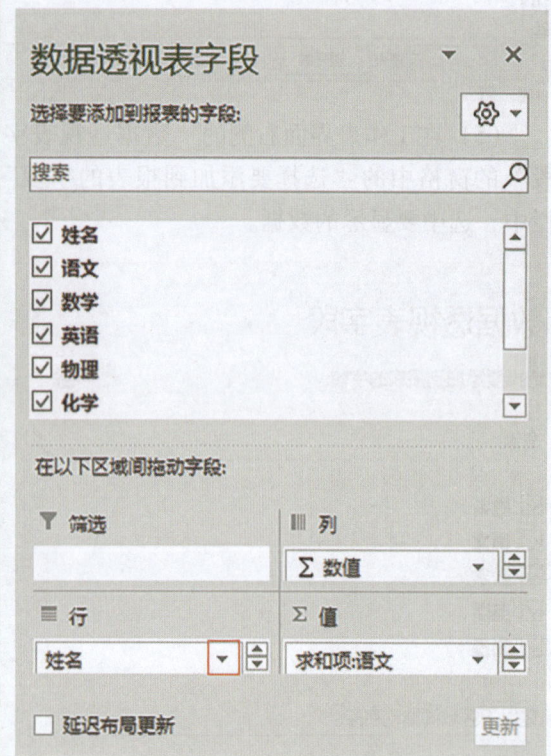

②此时"姓名"字段被添加到了"筛选"框中，所有"姓名"数据已经被添加到了透视表首行。

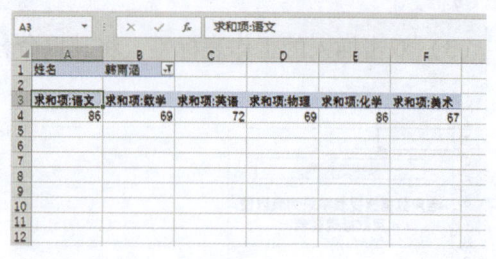

（2）更改汇总类型。

默认情况下，透视表中的数据会按照求和汇总的方式进行计算，用户也可以更改汇总方式，具体操作步骤如下。

①双击透视表中要更改汇总方式字段的单元格，弹出"值字段设置"对话框。

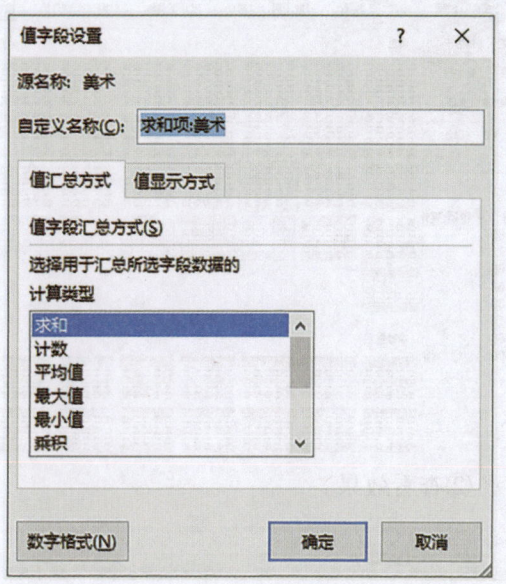

②在"计算类型"框中,选择"最大值"选项。

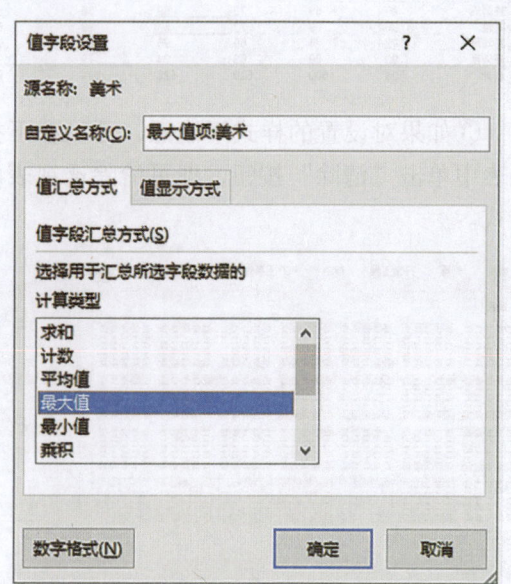

③单击"确定"按钮,可以看到在透视表已经显示"美术"的最大值即最高分。

(3)对数据进行排序。

根据"英语"科目的分数对数据进行排序,按分数由高到低的顺序对数据进行排列。

①选中 D4:D10 单元格区域,切换到开始选项卡,在"编辑"组中,单击"排序和筛选"按钮,选择"降序"选项。

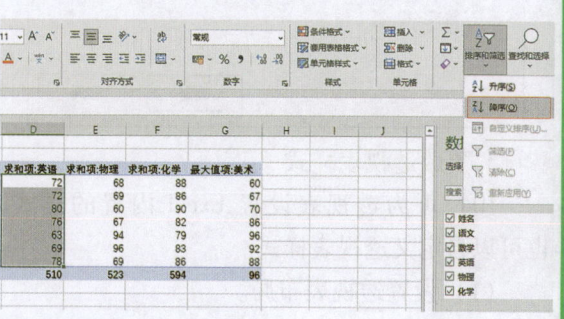

②查看排序效果。

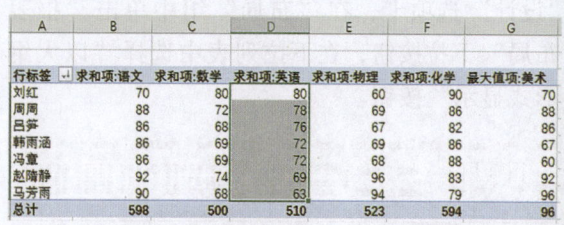

(4)更改数据源。

更改透视表数据源的具体操作步骤如下。

①单击透视表中任意一个单元格,切换到"数据透视表分析"选项卡,在"数据"组中单击"更改数据源"下拉按钮,选择"更改数据源"选项。

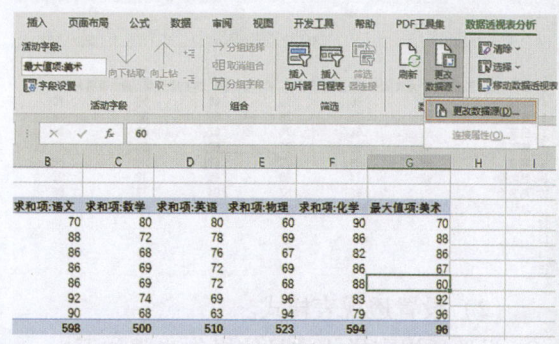

②弹出"更改数据透视表数据源"对话框,单击"表/区域"文本框右侧的折叠按钮,选择数据源文件,之后再次单击折叠按钮,最后单击"确定"按钮即可完成更改。

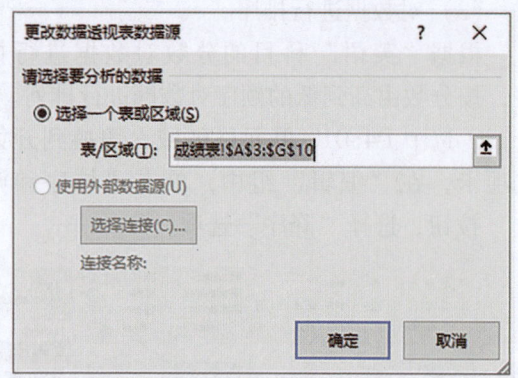

3. 更改透视表样式

用户可为透视表设置 Excel 内置的样式，也可以自定义透视表样式。

（1）设置透视表布局。

①单击透视表中任意一个单元格，切换到"设计"选项卡，在"布局"组中单击"报表布局"下拉按钮，在下拉列表中选择"以大纲形式显示"按钮。

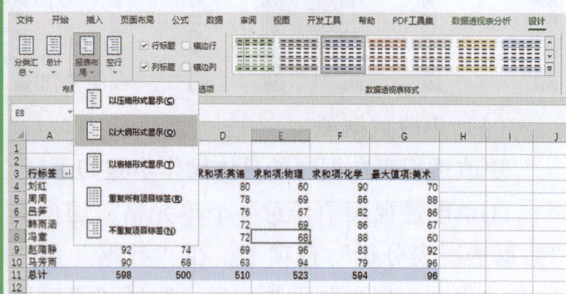

②查看效果。

（2）设置透视表样式。

设置透视表样式的具体操作步骤如下。

①单击透视表中任意一个单元格，切换到"设计"选项卡，在"数据透视表样式"组中单击样式框中的下拉按钮，在下拉列表中选择合适的样式。

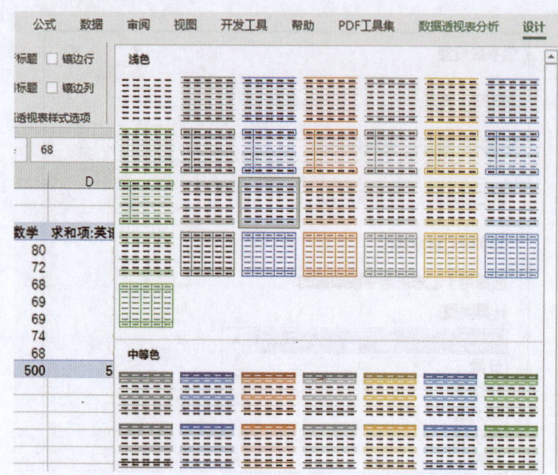

②查看效果。

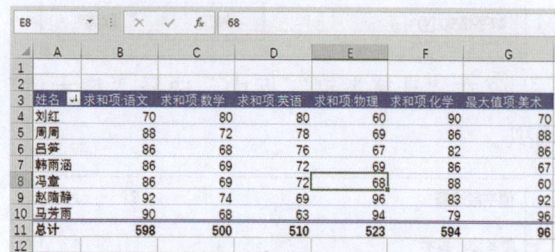

③如果对设置的样式不满意，可以在下拉列表中单击"清除"按钮，即可清除透视表的样式。

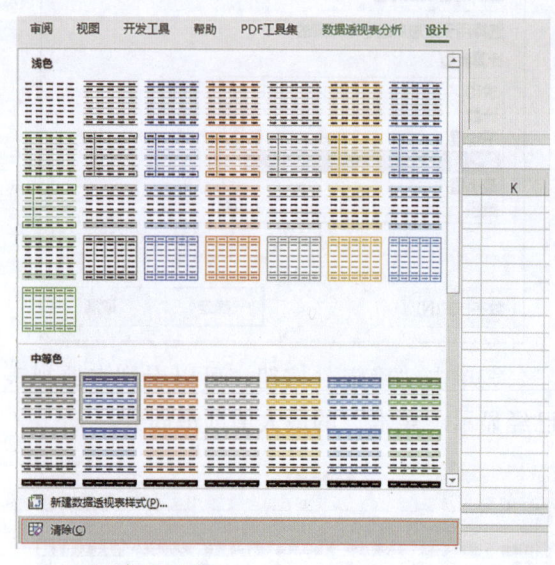

4. 创建透视图

透视图是用合适的图表和多种颜色来展现数据，是数据表现形式的一种。

（1）切换到"成绩表"工作表，单击"成

绩表"中任意一个单元格，切换到"插入"选项卡，在"图表"组中，单击"数据透视图"下拉按钮，在下拉列表中选择"数据透视图"选项。

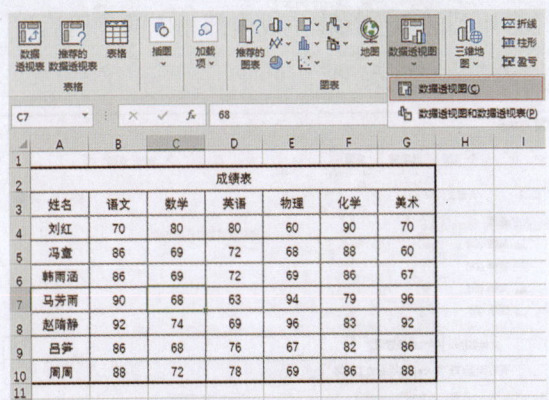

（2）弹出"创建数据透视图"对话框，选中"成绩表"中所有数据，勾选"新工作表"选项。

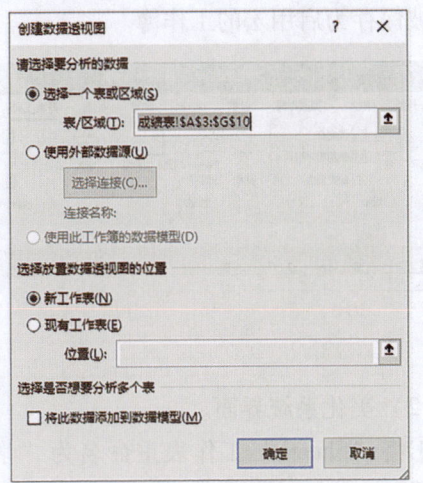

（3）单击"确定"按钮，将新工作表重命名并将其移动到合适的位置。

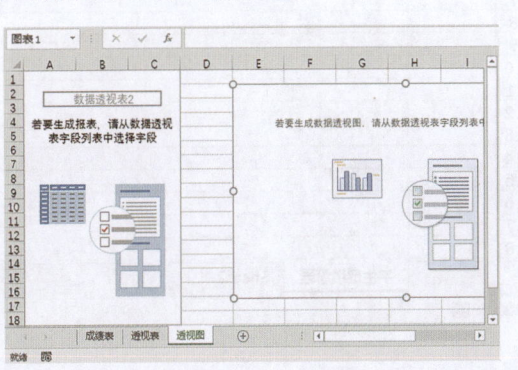

（4）在"数据透视图字段"窗格中，勾选要在透视图显示的透视图字段，并调整透视图的位置。

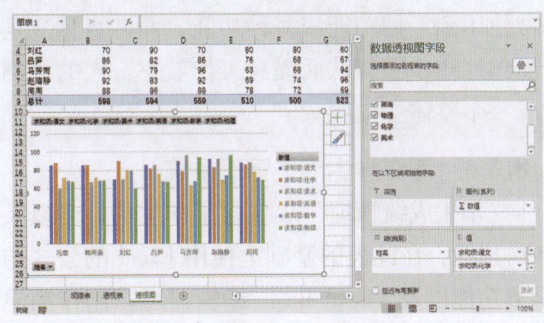

5. 筛选透视图数据

筛选透视图数据的具体操作步骤如下。

（1）单击"姓名"下拉按钮，选择筛选的条件。

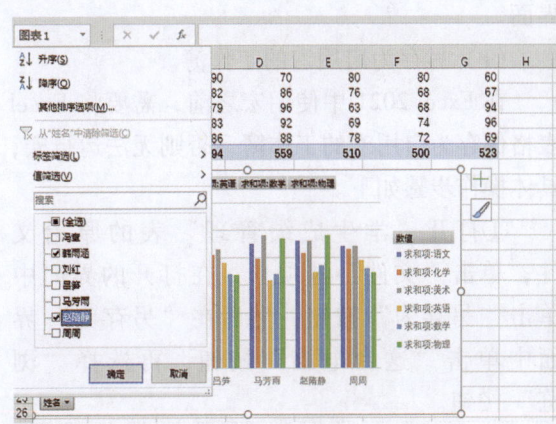

（2）单击"确定"按钮，查看效果。

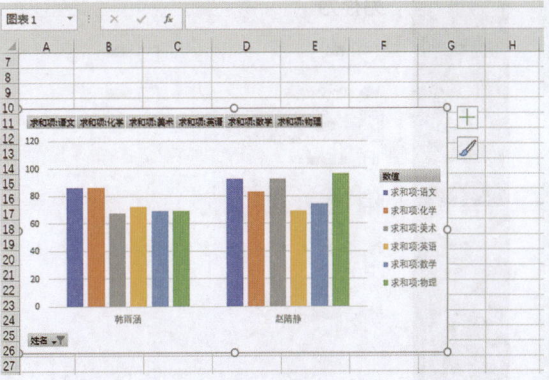

8.3 宏的简单介绍

Excel 的宏是由一系列的 Visual Basic 语言代码构成的，用户在制作表格的过程中可能会经常使用到一种功能或多种功能，而一直重复这些操作的话会非常烦琐。这时可以利用宏的录制来简化这些步骤，从而提高工作效率。宏的录制是将经常用到的多步操作生成内部相应的代码后组成一个整体。

☞ 8.3.1 制作学生成绩管理系统

"学生成绩管理"表包含了学生的姓名以及各科成绩，在此表的基础上使用 Excel 的公式与函数功能以及 Visual Basic 编辑器可以制作简单的学生成绩管理系统，有助于更好地分析各个学生的成绩和每门学科的成绩。

1. 制作学生成绩管理系统的界面

接下来介绍如何制作学生成绩管理系统的界面。

（1）另存为启用宏的工作簿。

在 Excel 2021 中使用宏之前，需要将 Excel 表格保存为启用宏的工作簿，否则无法运行宏，具体操作步骤如下。

①打开"学生成绩管理"表的原始文件，单击"文件"选项卡，在打开的界面中单击"另存为"按钮，然后在"另存为"界面中单击"这台电脑"按钮，再选择"浏览"按钮。

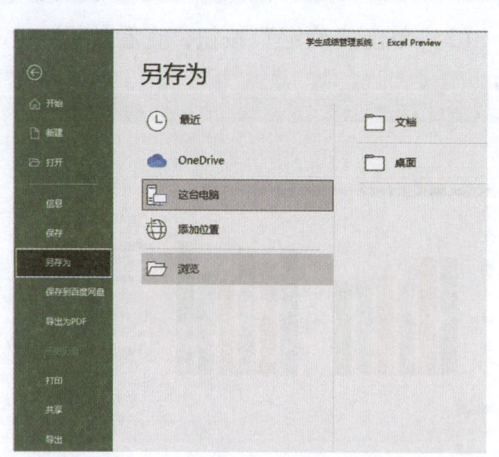

②弹出"另存为"对话框，选择完保存位置后，单击"保存类型"下拉按钮，在下拉列表中选择"Excel 启用宏的工作簿"选项，单击"保存"按钮。

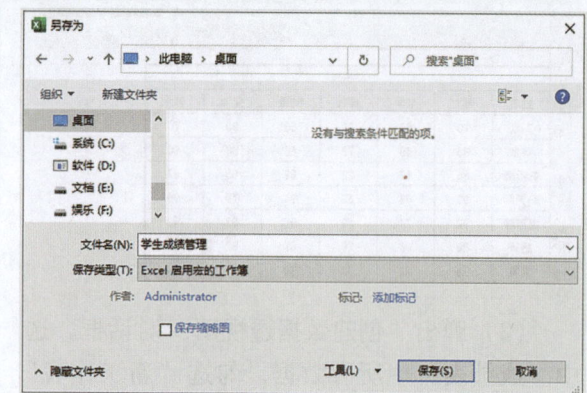

③返回 Excel 表格工作界面，此时工作簿已经被保存为启用宏的工作簿。

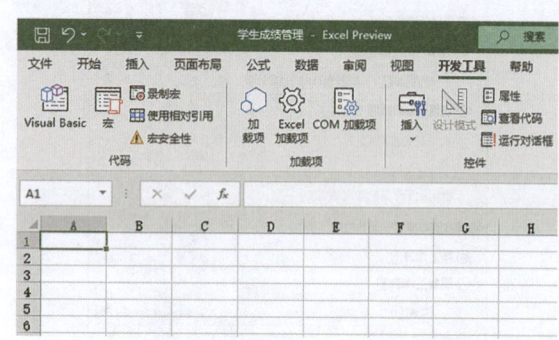

（2）美化系统界面。

①将"Sheet1"工作表重命名为"学生成绩管理"。

②切换到"页面布局"选项卡,在"页面设置"组中单击"背景"按钮。

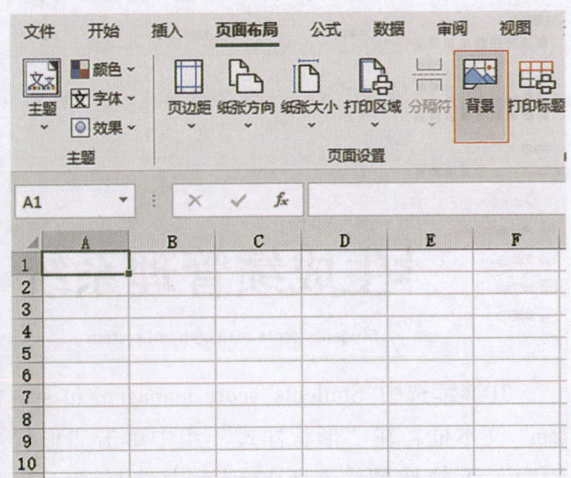

③弹出"插入图片"对话框,选择插入图片的路径,为工作表设置图片背景。

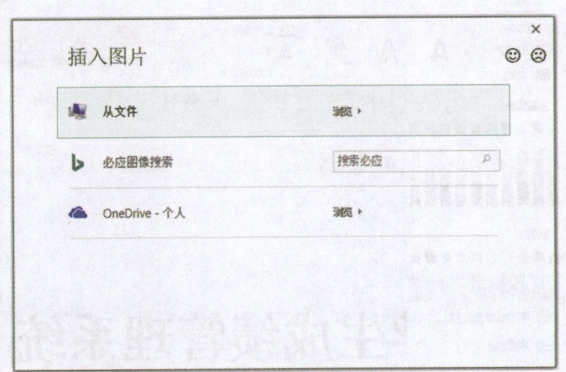

④返回 Excel 表格工作界面,查看设置的图片背景效果。

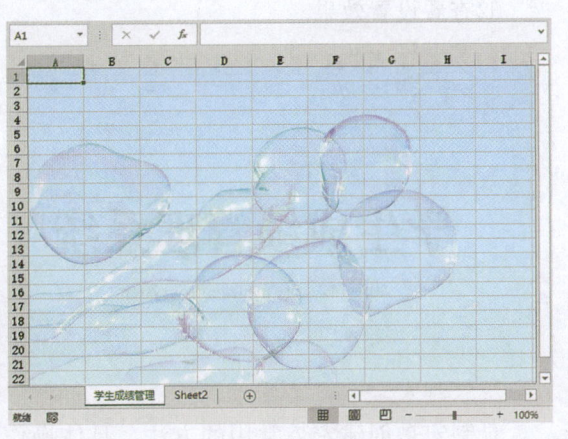

⑤切换到"插入"选项卡,在"文本"组中单击"艺术字"下拉按钮。

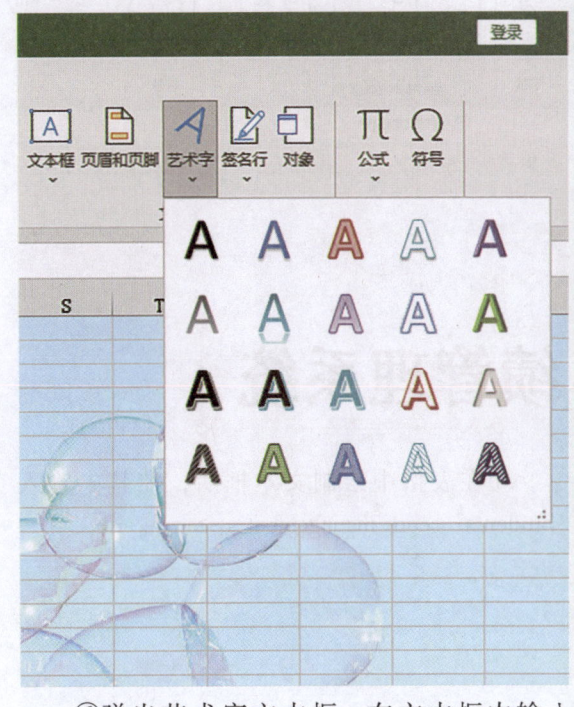

⑥弹出艺术字文本框,在文本框中输入"学生成绩管理系统"。

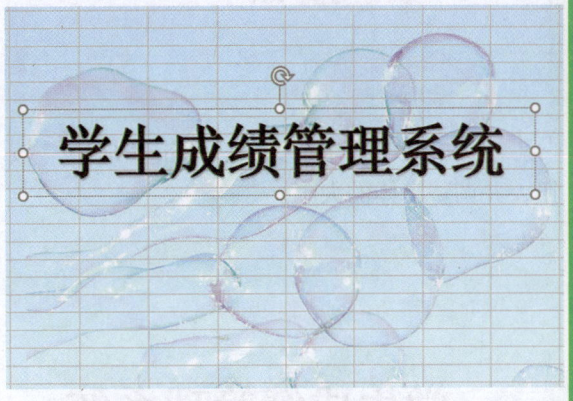

⑦切换到"插入"选项卡,在"文本"组中找到并单击"绘制横排文本框"按钮。

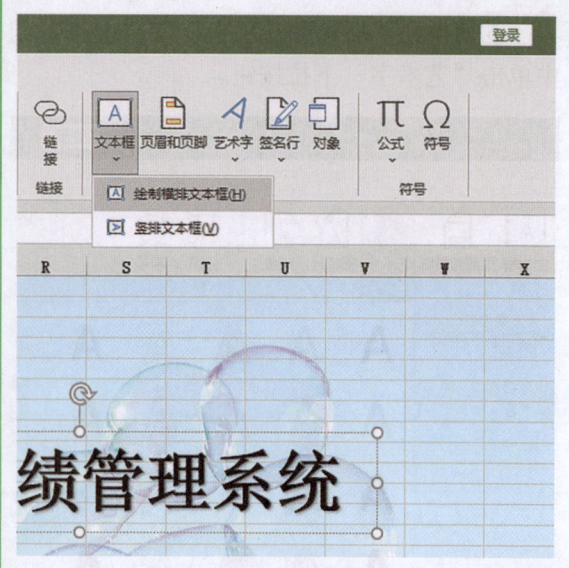

⑧在表格中绘制文本框后，在其中输入"Students' score management system"。

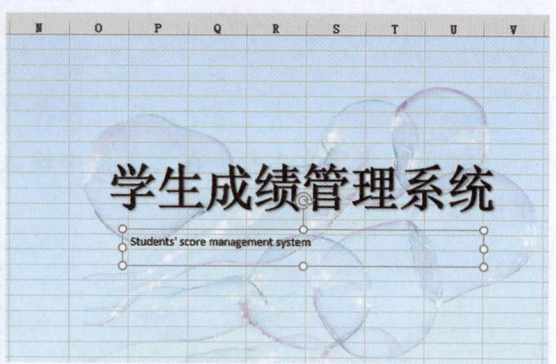

⑨选中文本框中的文本，单击"居中"按钮，并调整字体的大小。

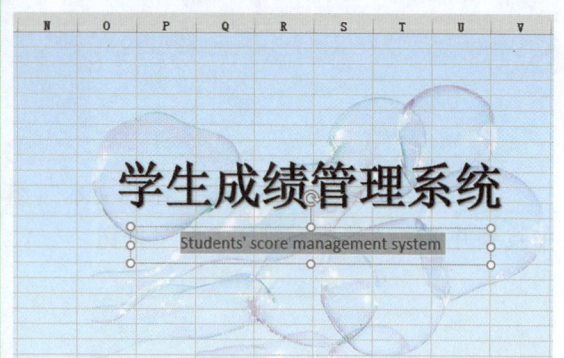

⑩选中"Students' score management system"文本框，在"形状格式"选项卡下，单击"形状样式"组中的"形状填充"下拉按钮，在下拉列表中选择"无填充"选项。

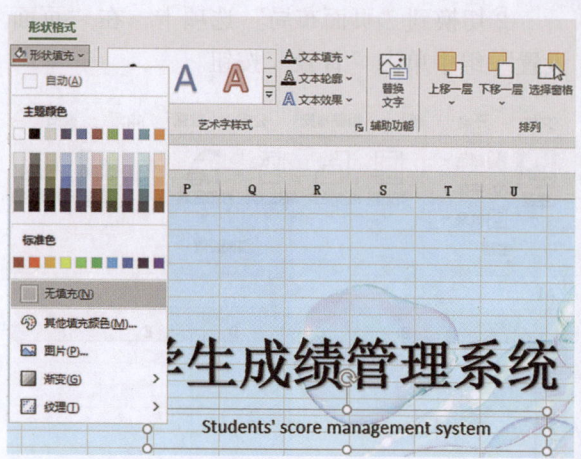

⑪继续选中"Students' score management system"文本框，在"形状样式"组中单击"形状轮廓"下拉按钮，在下拉列表中选择"无轮廓"选项。

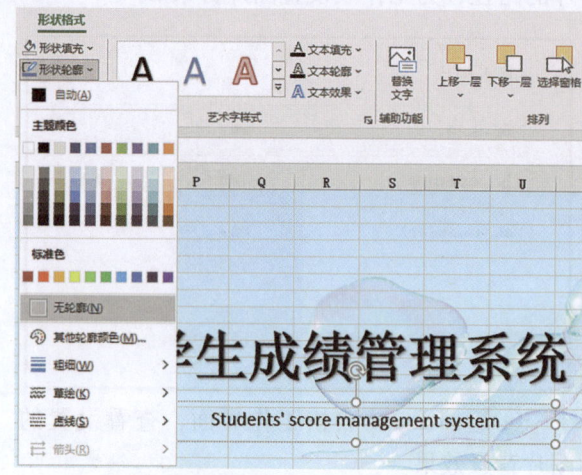

⑫查看设置效果。

2. 录制宏

录制宏是创建宏最常用的方法，具体操作步骤如下。

（1）录制宏。

①将"Sheet2"工作表重命名为"成绩表"。

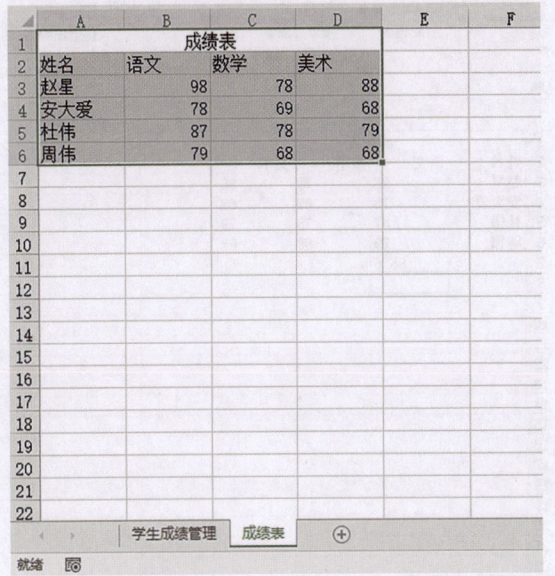

②在"成绩表"工作表中，切换到"开发工具"选项卡，在"代码"组中单击"录制宏"按钮。

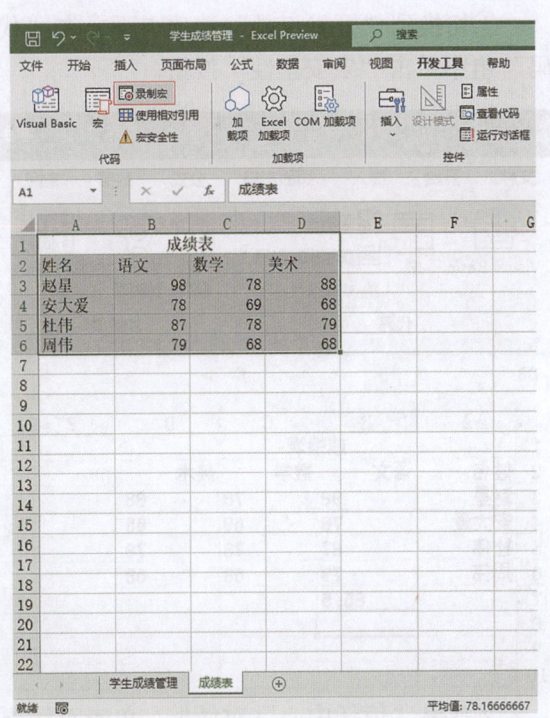

③弹出"录制宏"对话框，在"宏名"文本框中输入宏的名字（这里保持默认名字），并设置宏的快捷键，单击"确定"按钮。

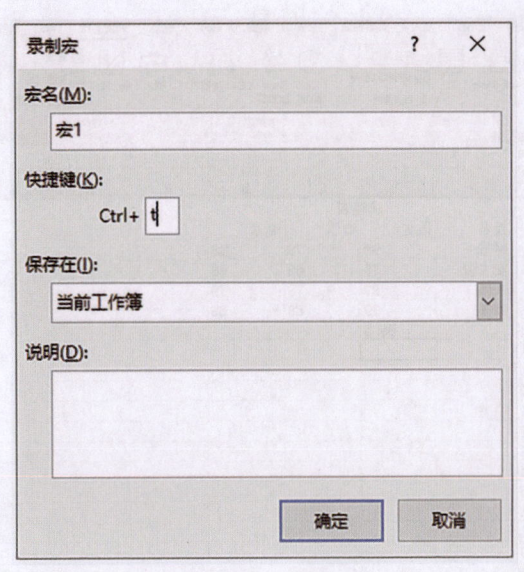

④选中 B7 单元格，切换到"开始"选项卡，单击"编辑"组中的"自动求和"下拉按钮，在下拉列表中选择"平均值"选项。

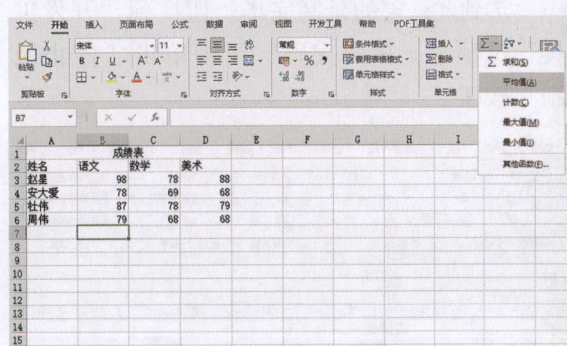

⑤此时，B7 单元格会自动显示求平均值公式，公式的参数区域为 B3:B6 单元格区域。

⑥按下"Enter"键，将求得"语文"成绩的平均分。

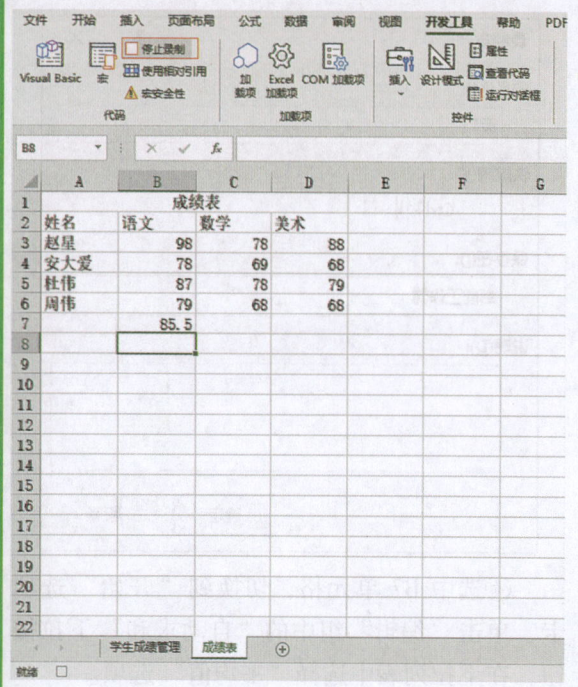

⑦到此，宏的录制完毕。切换到"开发工具"选项卡，在"代码"组中单击"停止录制"按钮。

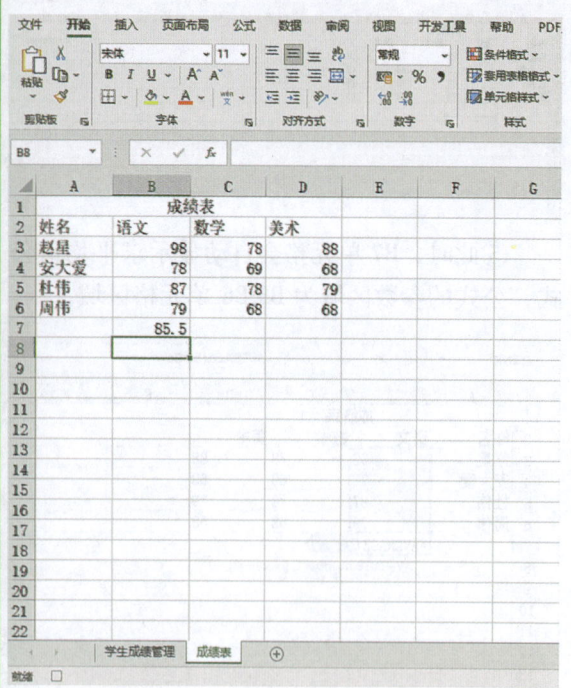

⑧单击"停止录制"按钮后，再单击"保存"按钮即可。

（2）设置宏的安全性。

宏的安全性的设置步骤如下。

①切换到"开发工具"选项卡下，在"代码"组中单击"宏安全性"按钮。

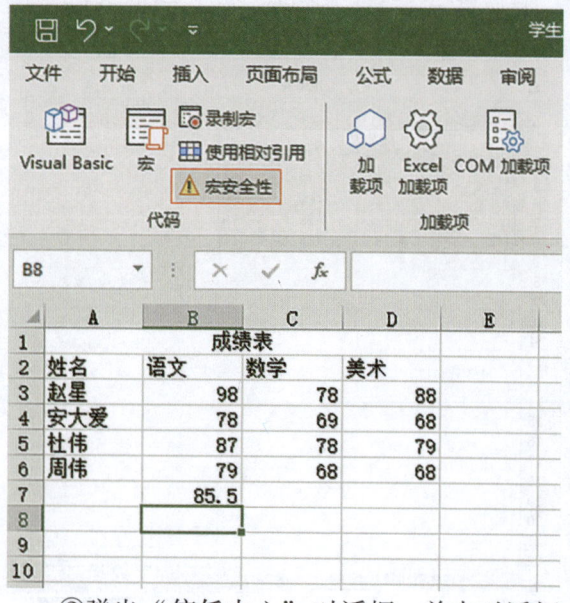

②弹出"信任中心"对话框，单击对话框左侧中的"宏设置"选项，在右侧"宏设置"界面中单击"启用 VBA 宏"按钮，最后单击"确定"按钮。

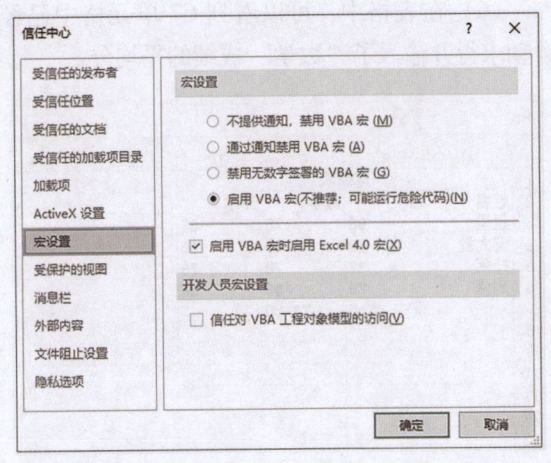

3. 查看和执行宏

完成宏的录制后，用户可以继续查看或者修改宏，对宏的内容查看完毕后就可以执行宏，具体操作步骤如下。

（1）切换到"开发工具"选项卡，单击"代码"组中的"宏"按钮。

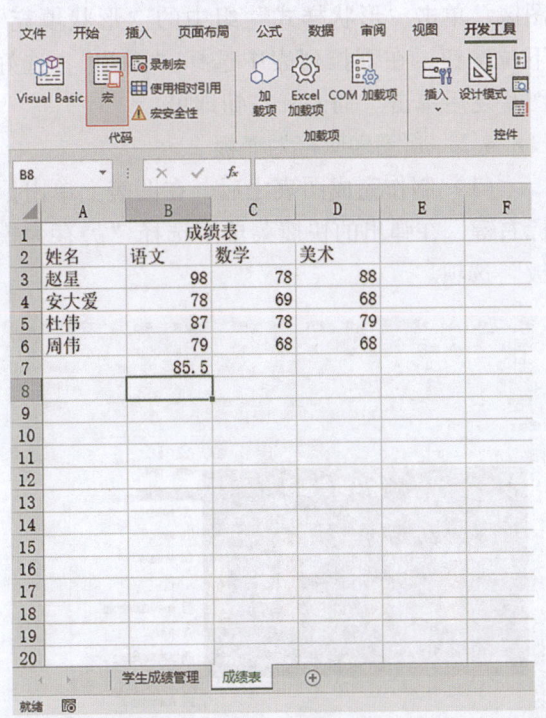

（2）弹出"宏"对话框，如果需要将设置的宏删除，选中宏的名称之后，再单击"删除"按钮即可完成删除。例如，要删除"宏1"，先选中"宏1"，再单击"删除"按钮，即可将"宏1"删除。

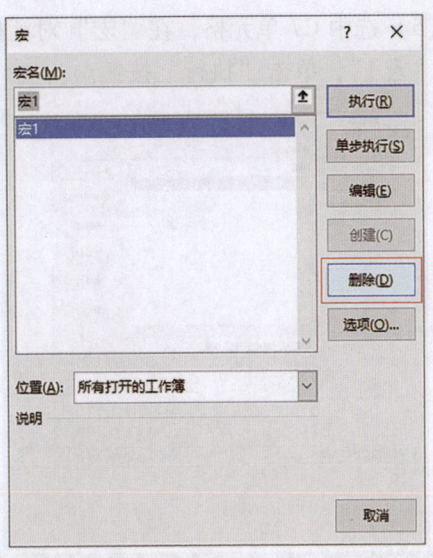

（3）如果需要对设置的宏编辑的话，选中宏名之后单击"编辑"按钮即可。例如要对"宏1"进行编辑，先选中"宏1"，再单击"编辑"按钮。

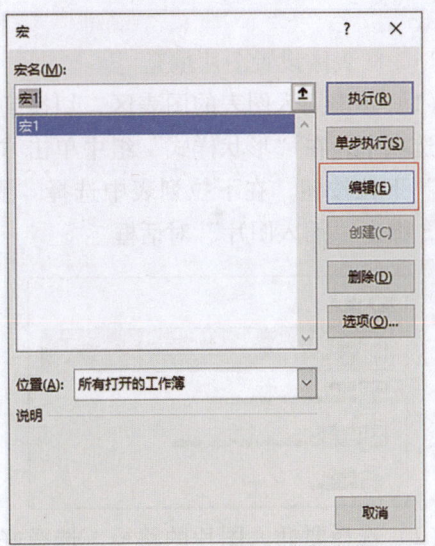

（4）之后会弹出"宏1"的代码窗口。

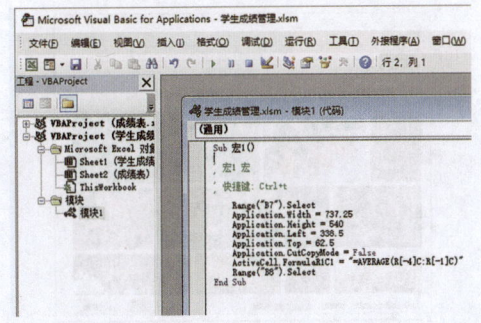

(5)选中C7单元格,在"宏"对话框中,选中"宏1",单击"执行"按钮。

(6)在表格中,可以看到C7单元格中已经自动求得并输入了"数学"成绩的平均分。

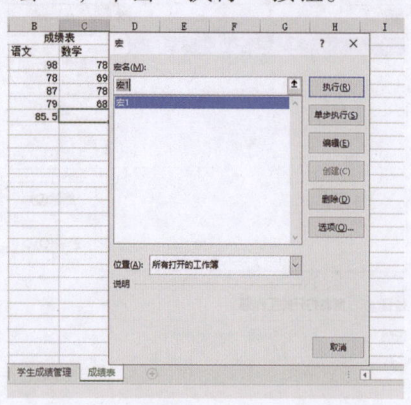

8.4 制作图表小窍门

8.4.1 在图表中添加图片

除了颜色填充、渐变填充和纹理填充之外,还可以为图表设置图片填充,具体操作步骤如下。

1. 为图表区设置图片填充

(1)单击插入图表的图表区,切换到"格式"选项卡,在"形状样式"组中单击"形状填充"下拉按钮,在下拉列表中选择"图片"选项,弹出"插入图片"对话框。

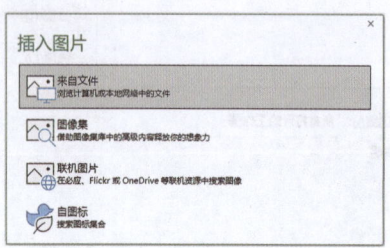

(2)选择要插入图片的路径,选择好图片之后,单击"插入"按钮即可插入图片。

2. 为绘图区设置图片填充

为绘图区设置图片填充的方法与为图表区设置图片填充的方法一样。单击插入图表的绘图区,单击"形状样式"组中的"形状填充"下拉按钮,在下拉列表中选择"图片",选好图片之后单击"插入"按钮即可。

8.4.2 将图表保存为模板

(1)制作完成图表之后,在图表上单击鼠标右键,在弹出的快捷菜单中选择"另存为模板"选项。

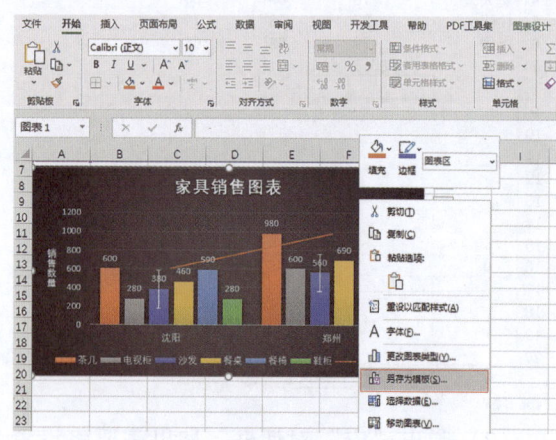

(2)弹出"保存图表模板"对话框,在对话框中选择要保存的位置,最后单击"保存"按钮即可。

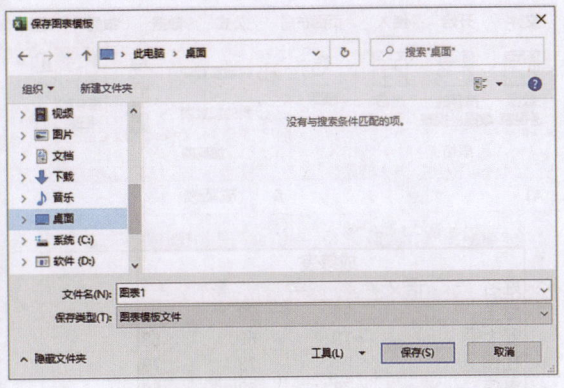

8.4.3 快速分析图表

快速分析可以帮助用户快速地进行数据统计和分析工作，并将数据转换成各种图表。接下来以"成绩表"为例介绍快速分析并创建统计图表。

（1）在"成绩表"中选中要进行快速分析的数据区域，选中之后单击数据区域的右下角的"快速分析"按钮。

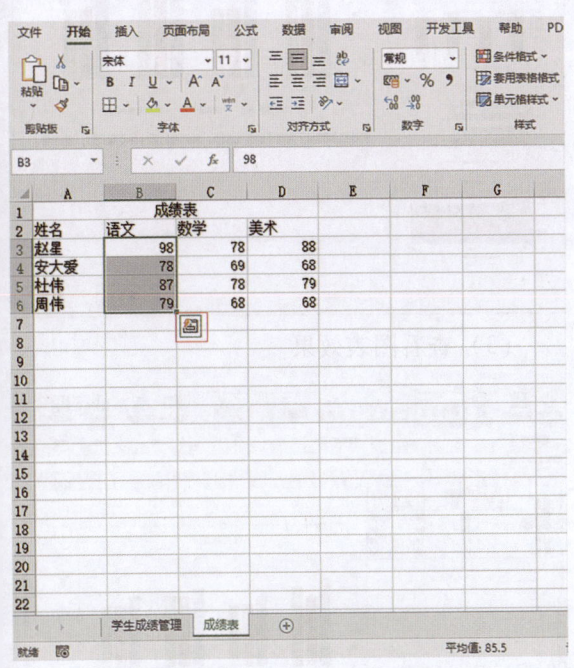

（2）弹出"快速分析"快捷菜单，单击"格式化"选项卡，单击"色阶"选项。

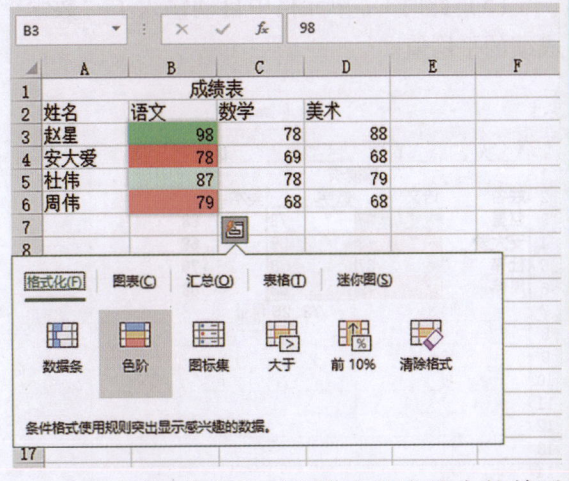

（3）利用此方法可以快速地为选中的单元格区域添加色阶。

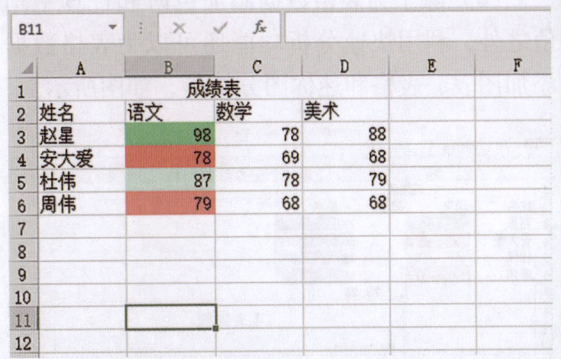

（4）选中"数学"成绩列，打开"快速分析"快捷菜单，切换到"汇总"选项卡，单击"平均值"按钮。

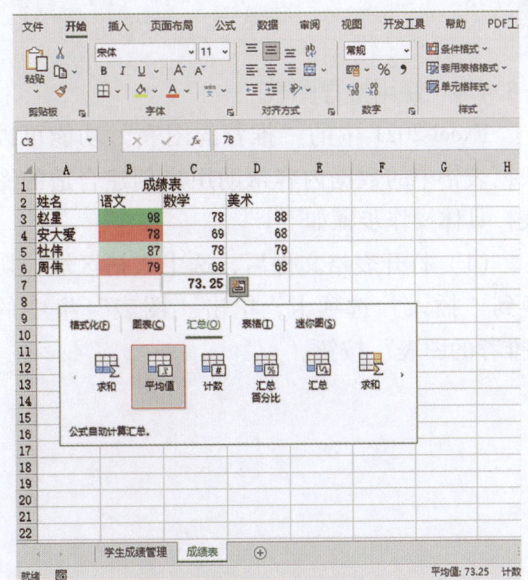

（5）此时 C7 单元格中自动输入了"数学"成绩的平均值。

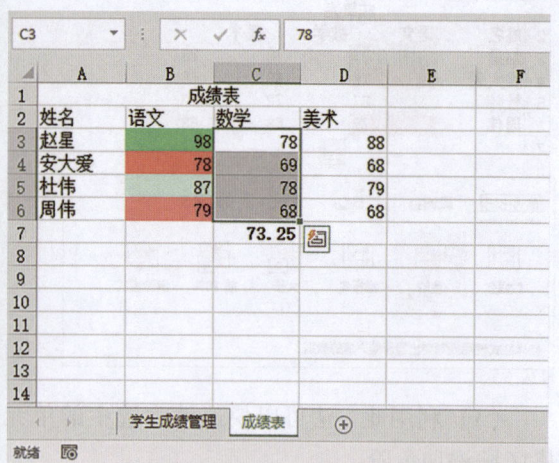

（6）除了为表格数据添加色阶和计算平均值之外，利用快速分析功能还可以为表格数据添加图表、表格和迷你图分析等，如图所示。

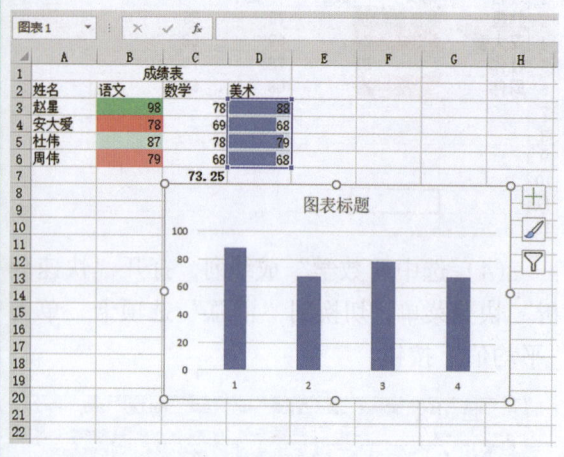

8.4.4 使用推荐图表

Excel 2021 中的"推荐的图表"功能可以根据表格中的数据内容帮助用户创建合适的图表，具体操作步骤如下。

（1）打开表格文件后，选中表格区域，切换到"插入"选项卡，单击"图表"组中的"推荐的图表"按钮。

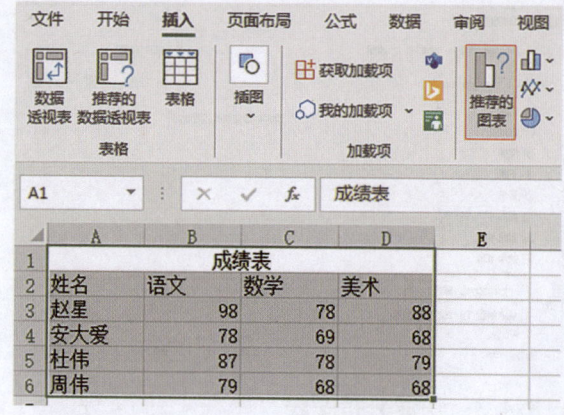

（2）弹出"插入图表"对话框，在"推荐的图表"选项中选择合适的图表，单击"确定"按钮即可。

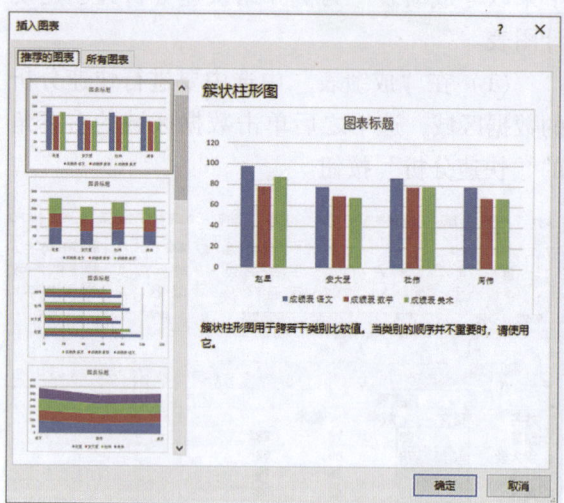

（3）查看图表效果。

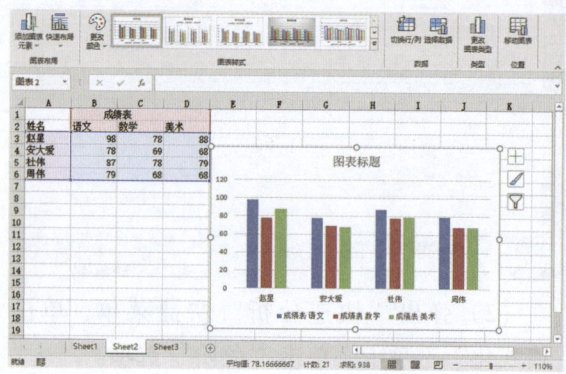

第三部分 PPT应用

第九章 幻灯片基本操作

扫码看视频

概述

PowerPoint主要用于演示文稿的制作，制作演示文稿实际上是对多张幻灯片进行编辑后再将它们组织到一起。利用PowerPoint能够制作集图片、声音和视频等多媒体元素于一身的演示文稿。

9.1 制作企业宣传演示文稿

PowerPoint 简称 **PPT**，正在成为人们办公和生活的重要组成部分，在企业宣传、教育培训、会议报告等领域占据着越来越重要的地位。本节将介绍 **PPT** 的一些基本操作。

☞9.1.1 演示文稿的基本操作

在制作企业宣传演示文稿之前，先通过简单的例子了解、掌握演示文稿的基本操作，主要包括演示文稿的创建和保存。

1. 创建演示文稿

（1）双击"PowerPoint 2021"图标，进入PPT 创建界面，在右侧界面中单击"空白演示文稿"选项。

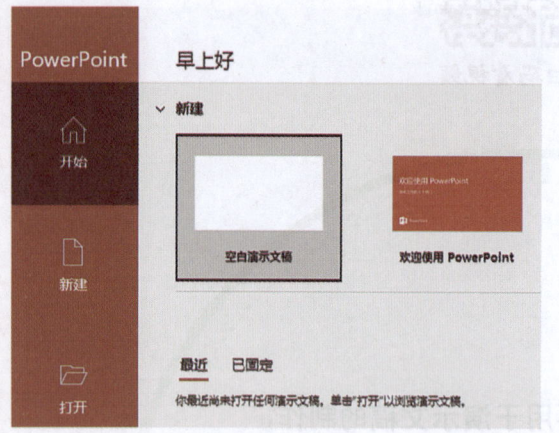

（2）进入到 PPT 的编辑界面，查看新建的空白演示文稿。

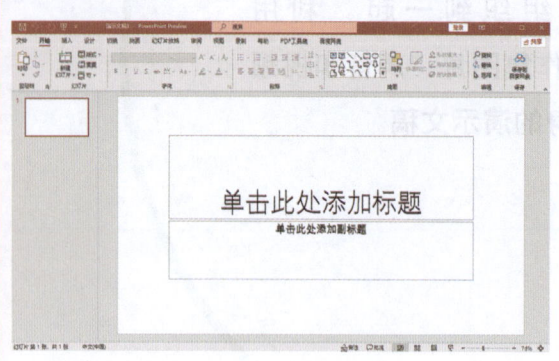

2. 保存演示文稿

（1）单击"保存"按钮。

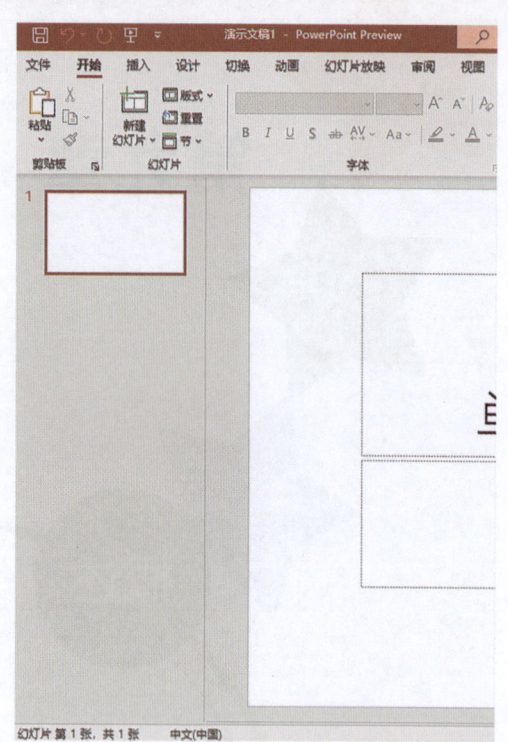

（2）进入"另存为"界面，选择"这台电脑"选项，然后单击"浏览"按钮。

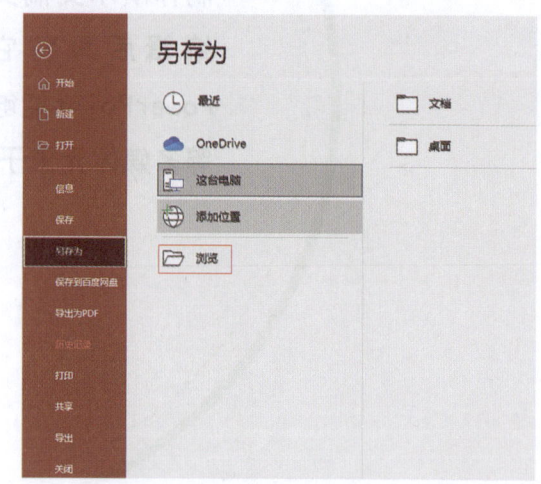

（3）弹出"另存为"对话框，选择合适的位置保存文件，设置"文件名"为"演示文稿1"，单击"保存"按钮。

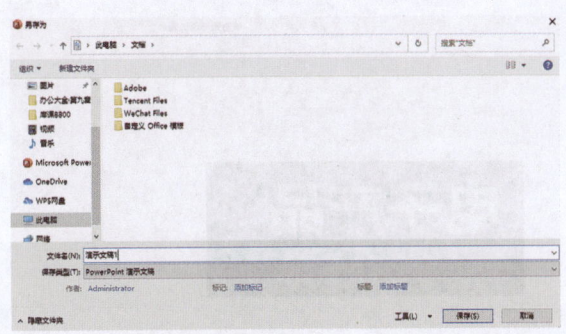

(4)返回 PPT 编辑界面,此时,演示文稿被保存为标题为"演示文稿1"的文件。

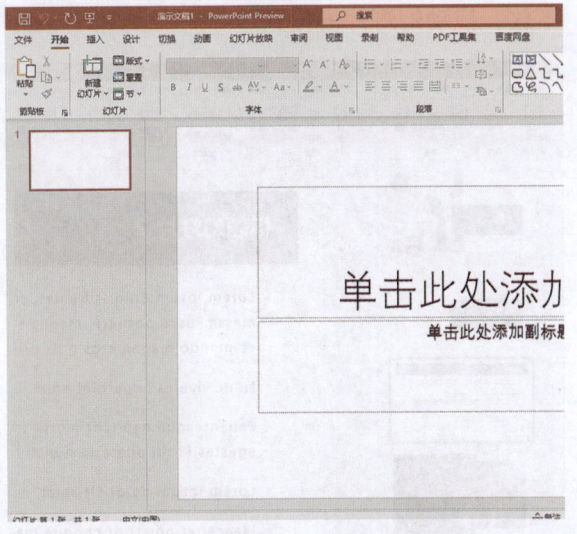

3. 使用 PPT 模板

(1)单击"文件"按钮,再选择"新建"选项,在右侧的界面中选择需要的模板。

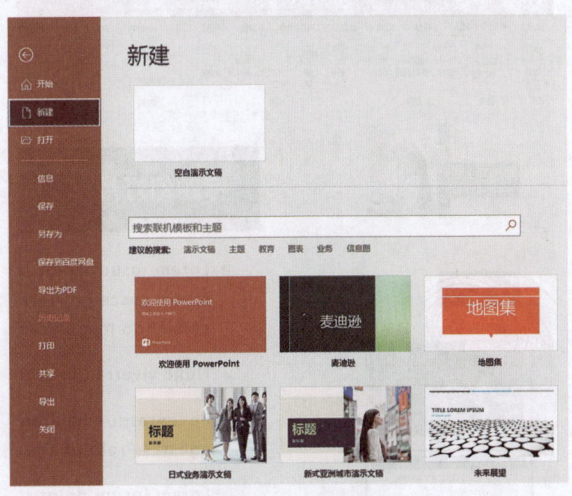

(2)双击模板下载,查看幻灯片模板。

☞ 9.1.2 幻灯片的基本操作

幻灯片的基本操作包括新建、删除、编辑、移动等。

1. 新建和删除幻灯片

(1)在幻灯片窗口选中要在其后插入的幻灯片,切换到"插入"选项卡,在"幻灯片"组中,单击"新建幻灯片"下拉按钮,在下拉菜单中选择"标题幻灯片"选项。

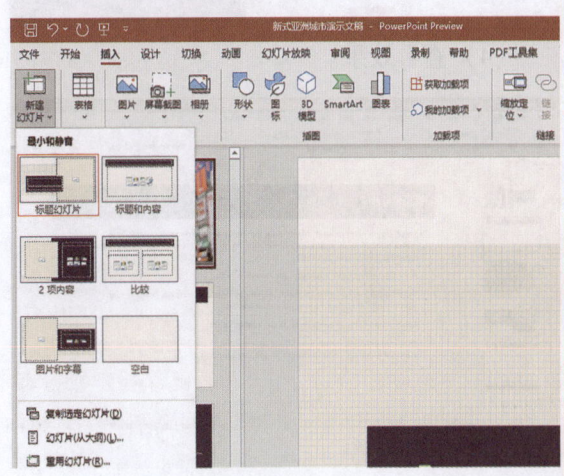

(2)此时幻灯片中插入了一张新的幻灯片,并且样式与模板样式一致。

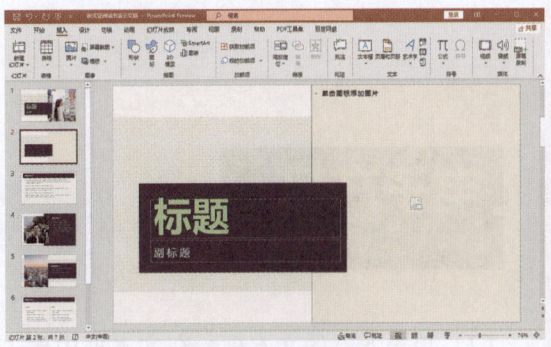

（3）鼠标右键单击要删除的幻灯片，在弹出的快捷菜单中，选择"删除幻灯片"选项，即可删除该幻灯片。

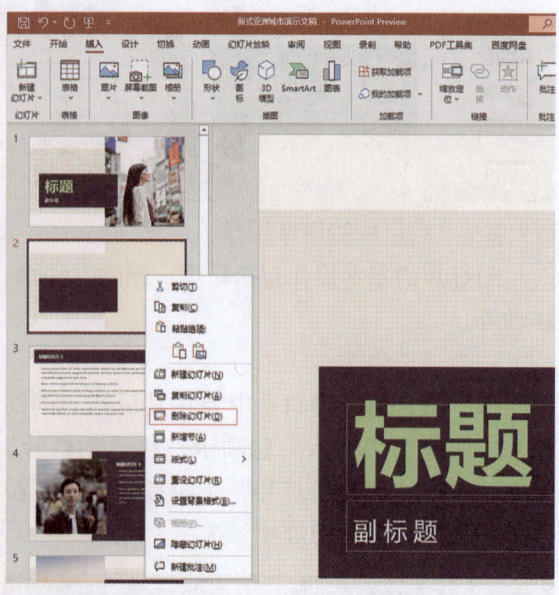

（4）查看效果。

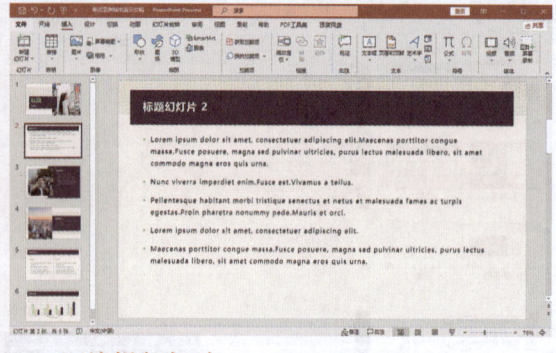

2. 编辑幻灯片

（1）单击"标题"文本框，输入"电子产品"。

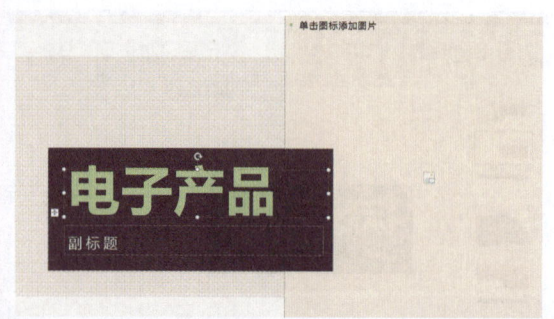

（2）单击下方的文本框，在文本框中输入文本。

3. 移动和复制幻灯片

（1）选中要移动的幻灯片，按住鼠标左键不放，拖动幻灯片的位置。

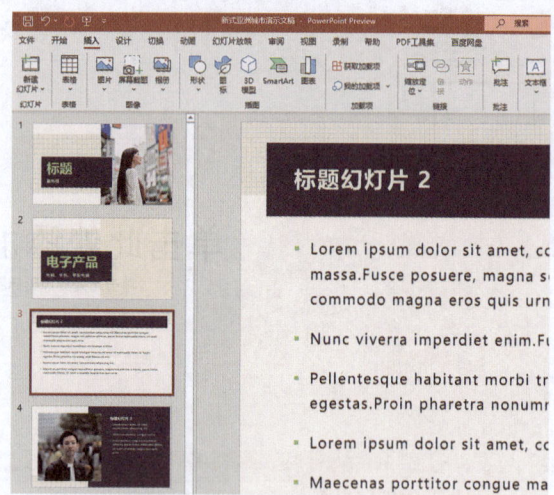

（2）拖动到合适的位置后，释放鼠标，即可完成幻灯片的移动。

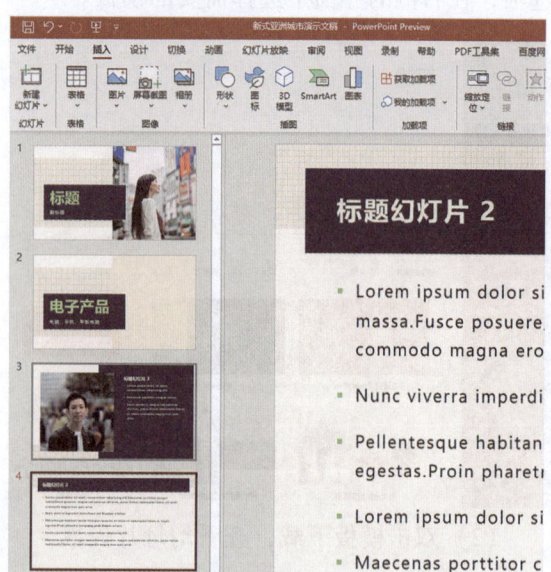

（3）在需要复制的幻灯片上单击鼠标右键，在弹出的快捷菜单中选择"复制幻灯片"选项。

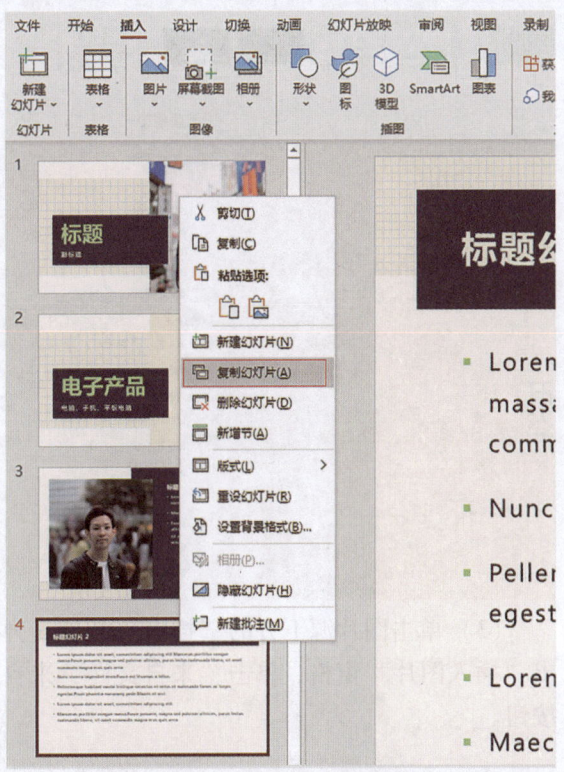

（4）查看复制的幻灯片。

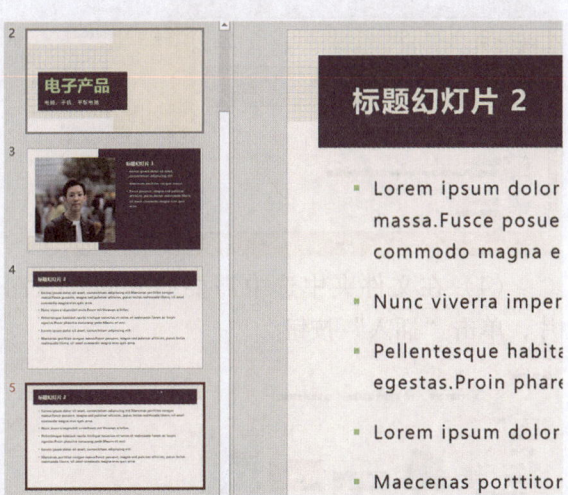

4. 隐藏幻灯片

（1）选中要隐藏的幻灯片，单击鼠标右键，在弹出的快捷菜单中，选择"隐藏幻灯片"选项。

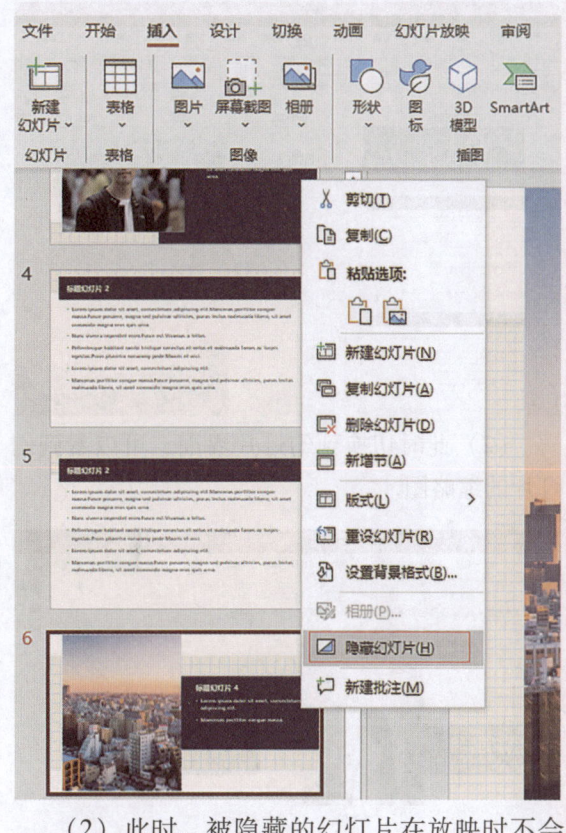

（2）此时，被隐藏的幻灯片在放映时不会显示出来。

5. 浏览幻灯片

（1）单击"视图"选项卡，在"演示文稿视图"组中单击"幻灯片浏览"按钮。

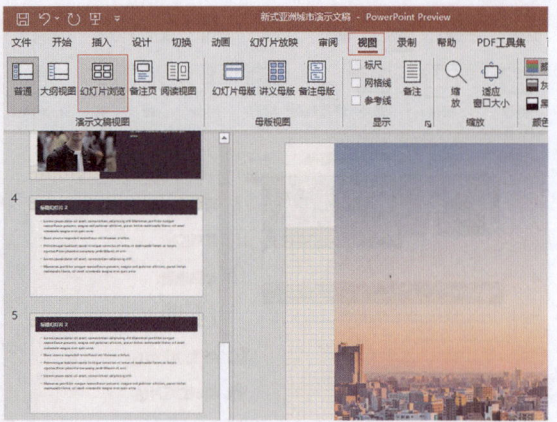

(2)此时切换到幻灯片界面,可以看到幻灯片的缩略图。

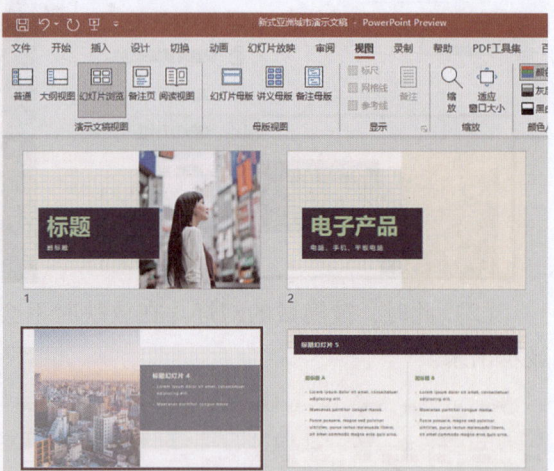

♪ 9.1.3 制作演示文稿

掌握了演示文稿以及文稿中幻灯片的基本操作之后,接下来就可以制作企业宣传文稿,具体步骤如下。

1. 制作文稿封面

(1)切换到"设计"选项卡,单击"自定义"组中的"设置背景格式"按钮。

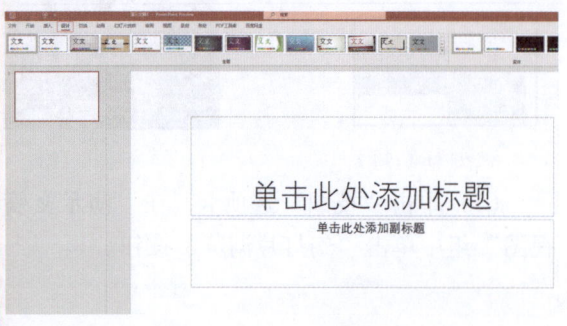

(2)弹出"设置背景格式"窗格,单击窗格中"图片或纹理填充"单选按钮。

(3)单击图片源下方的"插入"按钮,弹出"插入图片"窗格,单击"来自文件"来自按钮。

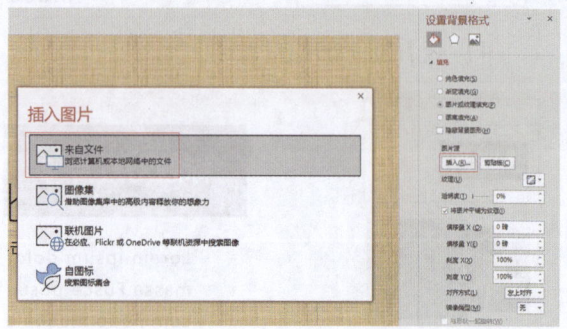

(4)在文件夹中选中需要插入的背景图片,单击"插入"按钮。

（5）返回到编辑界面，查看效果。

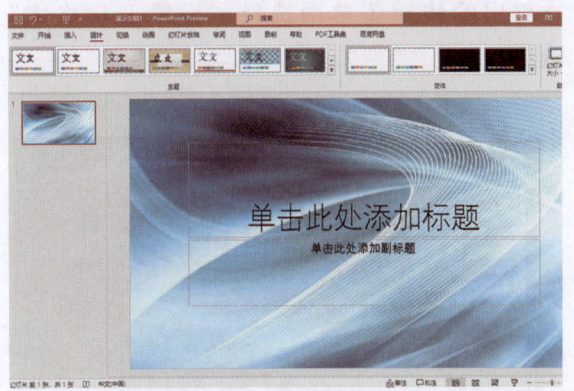

（6）在标题文本框中输入"旭日农业"，选中标题文本，切换到"开始"选项卡，在"字体"组中将"字体"设置为"黑体"，"字号"设置为"96"，将字体颜色设置为"红色"并加粗显示。

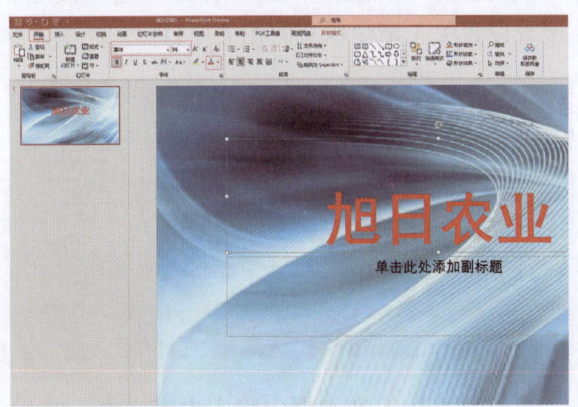

（7）选中副标题文本框，按下"Delete"键，删除副标题文本。

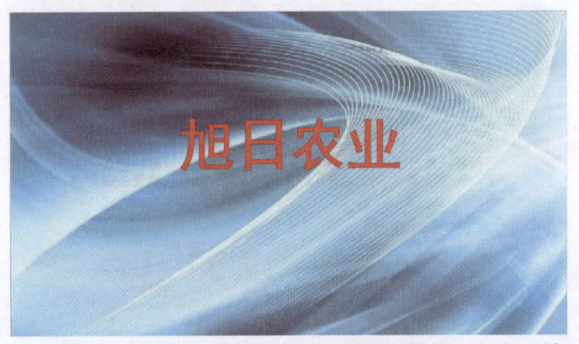

（8）选中标题文本框，按住鼠标左键，拖动文本框至合适位置，释放鼠标，即可将标题文本移动到合适的位置。

（9）选中标题文本，单击鼠标右键，弹出快捷菜单，选择"设置文字效果格式"选项。

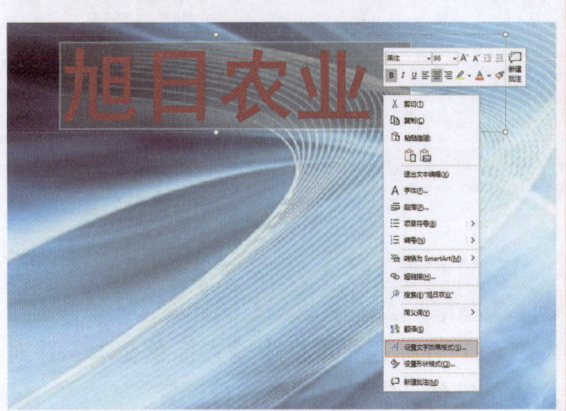

（10）编辑界面右侧弹出"设置形状格式"窗格，单击"文字选项"按钮，在栏目中设置标题文本的效果。

2. 制作文稿正文

（1）用之前讲过的方法插入版式为"标题和内容"版式的幻灯片。

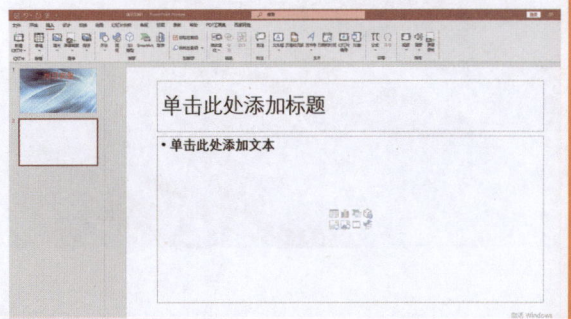

（2）在编辑区单击鼠标右键，在弹出的快捷菜单中单击"设置背景格式"选项，弹出"设置背景格式"窗格，为新建的幻灯片设置相同的背景。

（3）在标题文本框中输入标题文本，并对文本的字体、字号、颜色进行设置。

（4）将标题文本框移动到合适的位置。

（5）选中标题文本框，单击鼠标右键，在弹出的快捷菜单中选择"设置形状格式"选项。

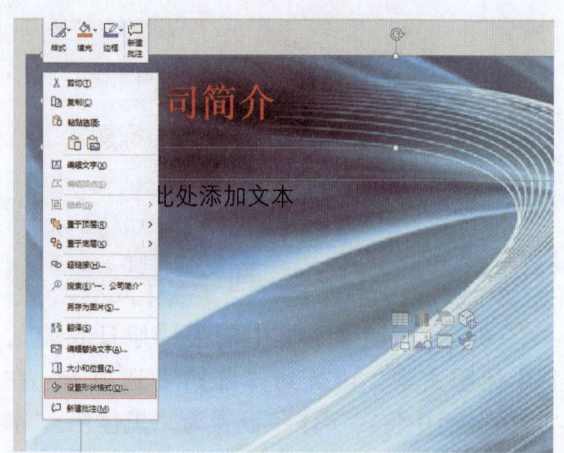

（6）弹出"设置形状格式"窗格，单击"形状选项"按钮。单击"渐变填充"按钮，接着设置关于渐变填充的相关项目。

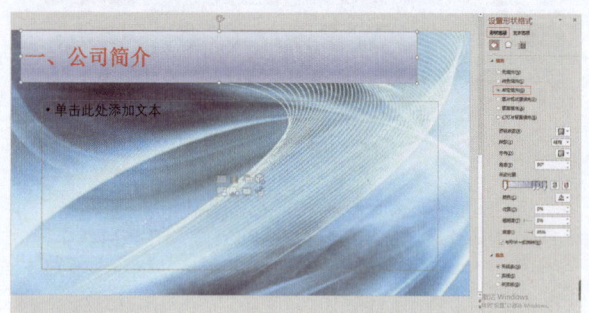

（7）在内容文本框中输入内容文本，并设置内容文本的字体、颜色、字号等。

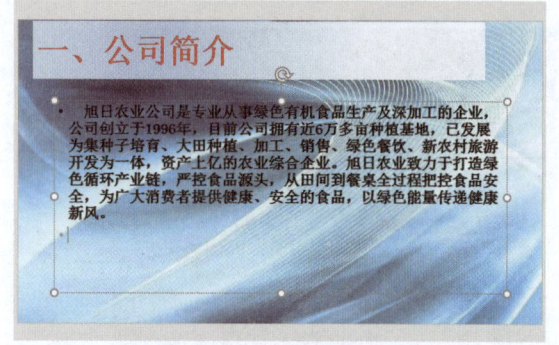

（8）为了方便幻灯片排版，调整内容文本框的大小及位置。将光标放在文本框左侧的控制点上，当光标变为双向箭头时，按住鼠标左键，拖动控制点将文本框调整至合适的大小。

(11) 选中插入的图片, 当光标变为十字形时, 按住鼠标左键, 将图片拖动到合适的位置, 释放鼠标完成图片的移动。

(9) 在"插入"选项卡下, 单击"图像"组中的"图片"按钮。

(12) 将光标放在图片的控制点上, 使用鼠标拖动控制点调整图片的大小。

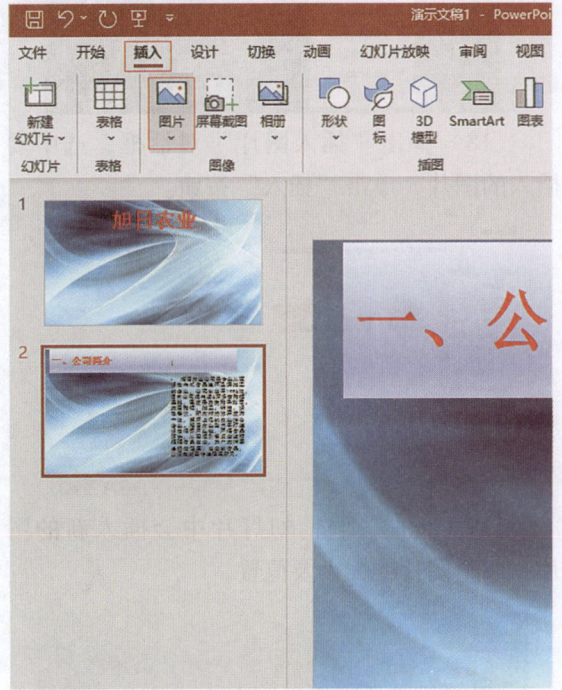

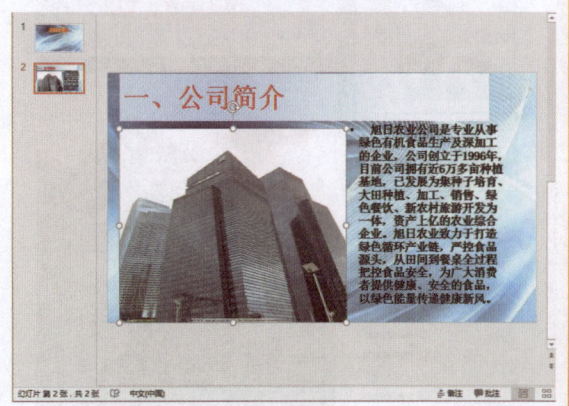

(13) 复制第2张幻灯片。

(10) 弹出"插入图片来自"对话框, 选中要插入的图片, 再单击"插入"按钮, 即可完成图片的插入操作。

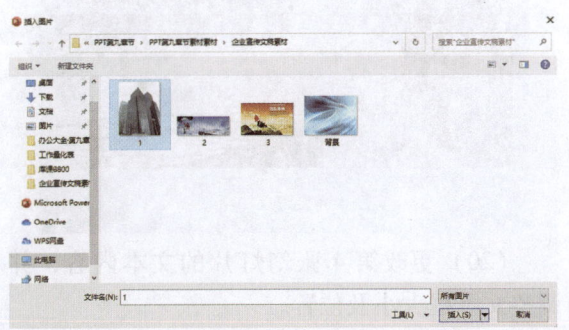

(14) 在第3张幻灯片中, 更改文本框中的内容。

（15）在左侧幻灯片预览视图中，右击第3张幻灯片，在弹出的快捷菜单中单击"复制"按钮。

（16）在预览视图中的第3张幻灯片下方单击鼠标右键，弹出快捷菜单，选择"保留源格式"粘贴选项。

（17）在第4张幻灯片中，在图片上单击鼠标右键，在弹出的快捷菜单中，选择"更改图片"选项，在子菜单中选择"来自文件"选项。

（18）弹出"插入图片"对话框，选中要插入的图片，单击"插入"按钮。

（19）此时，当前幻灯片中会插入新的图片，调整图片的大小及位置。

（20）更改第4张幻灯片的文本内容，并调整文本框大小及位置。

(21) 按照上述方法制作第 5 张幻灯片。

(22) 在预览视图中,将第 1 张幻灯片复制在第 5 张幻灯片之后。

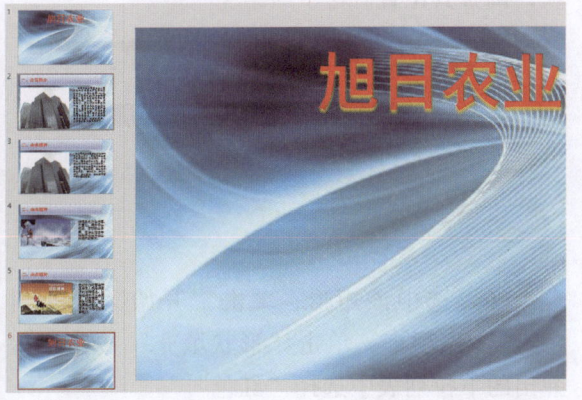

(23) 将标题更改为"谢谢欣赏",并调整文本框位置。

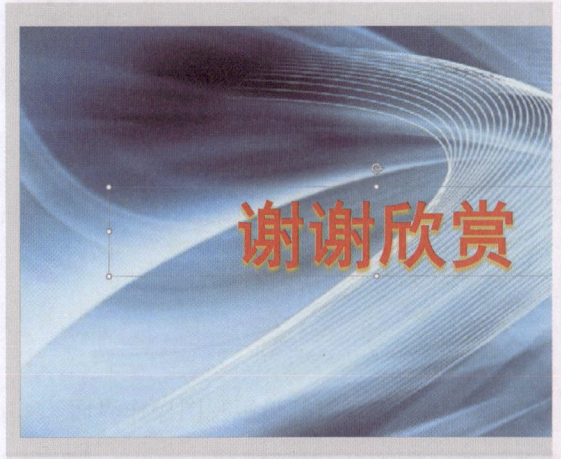

(24) 修改文本框内容的字体格式和文字效果。

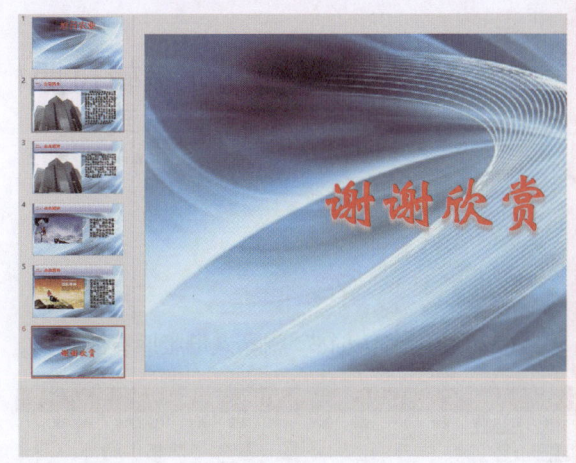

9.2 制作班级文化演示文稿

班级文化是一种隐性的教育力量,表现出一个班级独特的精神风貌。构建良好的班级文化对提高班级管理水平、促进学生全面发展有很大帮助。下面以班级文化演示文稿为例,介绍幻灯片的一些基本操作。

9.2.1 制作母版幻灯片

制作母版幻灯片是为了实现演示文稿的内容、背景、颜色等效果及风格的统一,具体步骤如下。

1. 设计母版幻灯片样式

(1) 新建空白演示文稿,切换到"视图"选项卡,在"母版视图"组中,单击"幻灯片母版"按钮。

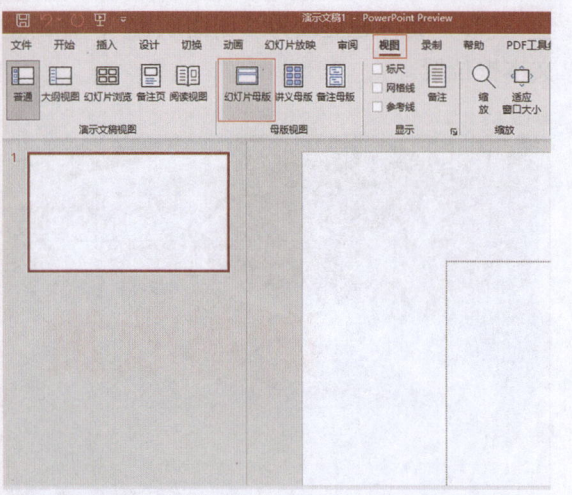

(2) 系统自动打开母版视图操作界面。

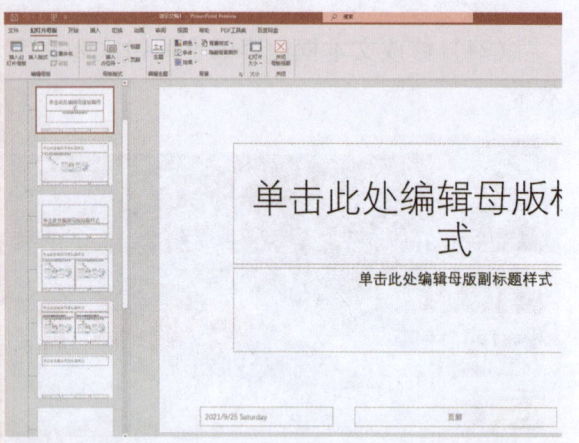

(3) 使用"Delete"删除该母版原有的版式。

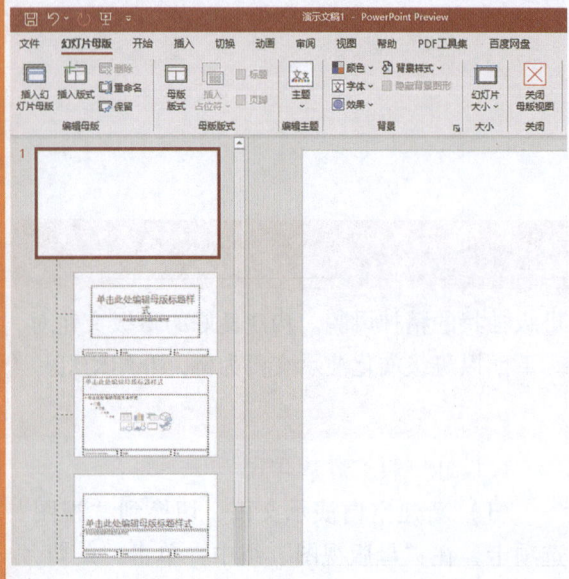

(4) 切换到"插入"选项卡,单击"插图"组中的"形状"按钮。

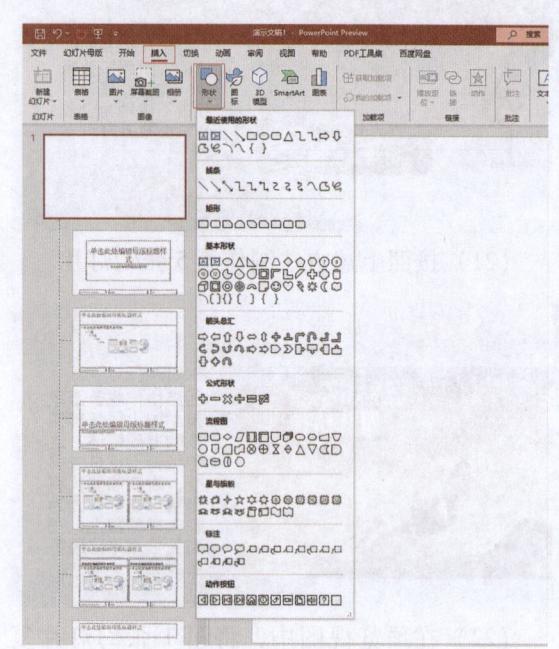

(5) 在下拉菜单中选择"矩形:圆角"选项,调整其位置。

(6) 选中该矩形,单击"开始"切换到"绘图"选项卡,单击"形状填充"按钮,在弹出的下拉列表中选择"红色"。

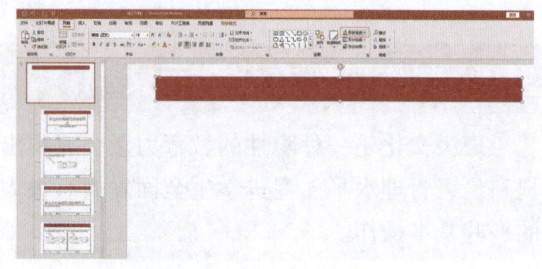

(7) 切换到"插入"选项卡,单击"图像"组中的"图片"按钮,在弹出的"插入图片来自"对话框中选择要插入的图片,单击"插入"按钮。

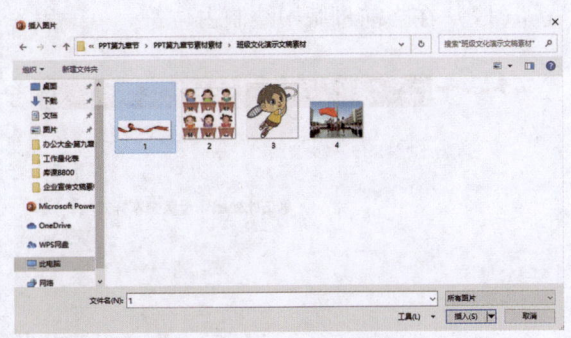

(8) 调整插入图片的位置及大小。

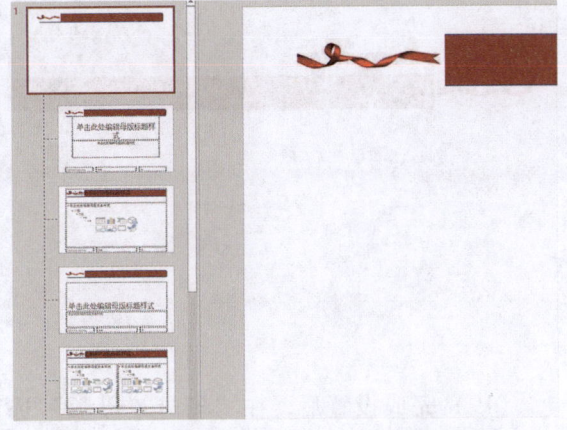

(9) 在"插入"选项卡下，单击"文本"组中的"文本框"下拉按钮，选择"绘制横排文本框"选项。

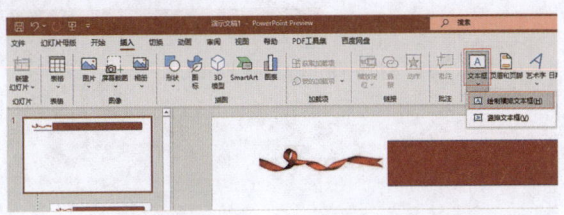

(10) 绘制文本框，并调整文本框位置。

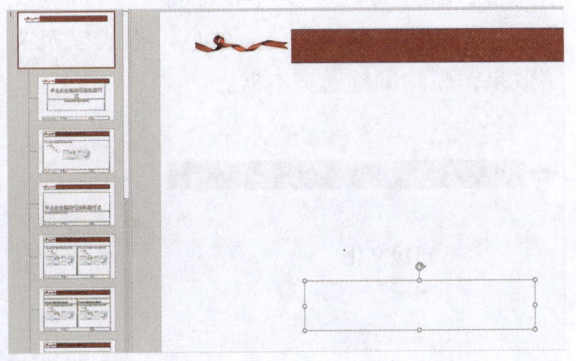

(11) 在文本框中输入"六年级二班"，并对文字的格式进行设置。

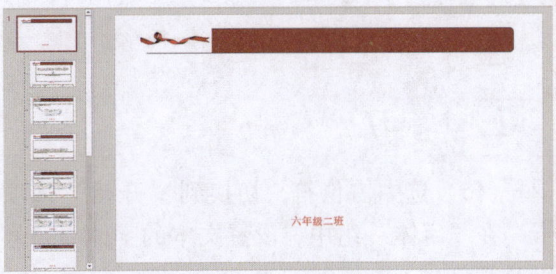

(12) 切换到"空白版式"母版，将母版中的原有版式删除。

(13) 切换到"幻灯片母版"选项卡，单击"母版版式"中的"插入占位符"下拉按钮，选择"文本"选项。

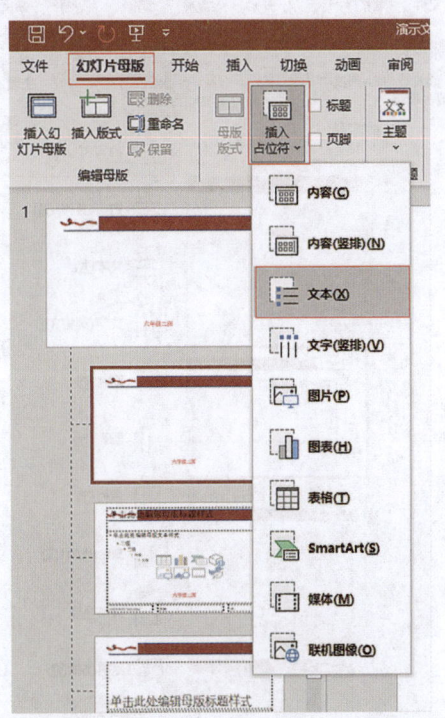

(14) 在当前母版中绘制文本占位符。

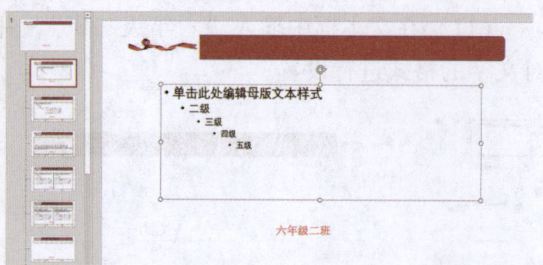

(15) 选中占位符,切换到"开始"选项卡,在"字体"组中,设置文本的字体、字号以及颜色。

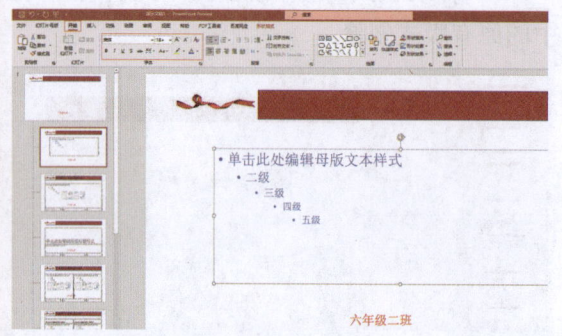

(16) 切换到"幻灯片母版"选项卡,选中"插入占位符"下拉菜单中的"内容"选项。

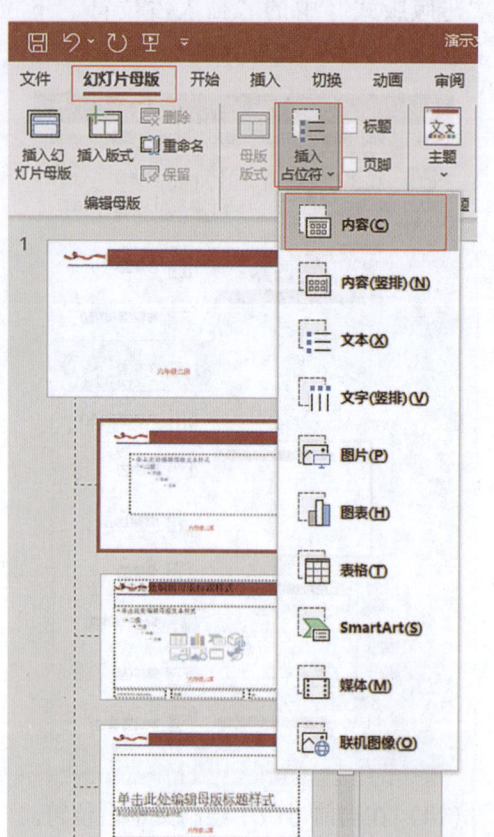

(17) 在当前母版中绘制占位符。

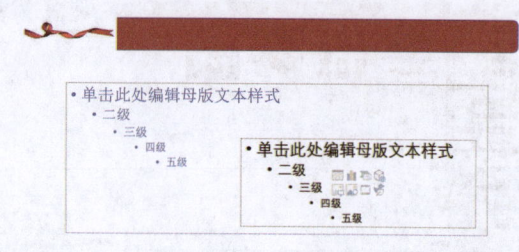

(18) 用同样的方法设置该占位符的文本格式。

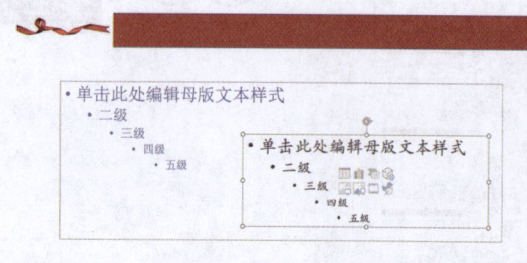

(19) 完成设置后,在"幻灯片母版"选项卡中单击"关闭母版视图"按钮。

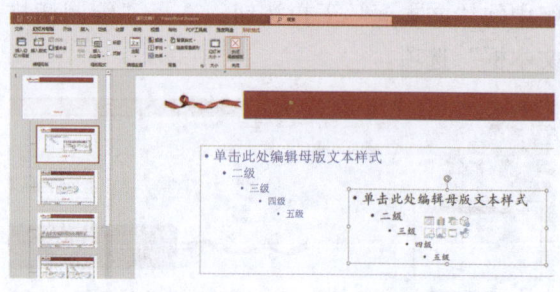

2.编辑幻灯片封面内容

(1) 在"标题"文本框中输入"班级文化",并设置文本的字体、颜色、格式以及文字效果,删除副标题文本框。

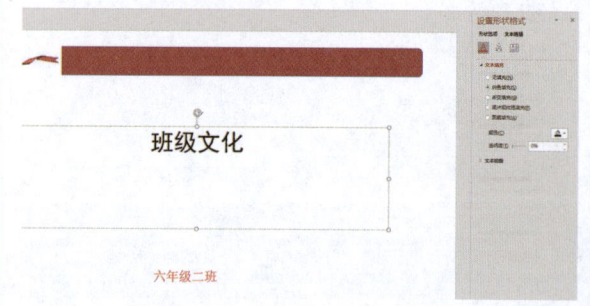

（2）切换到"插入"选项卡，在"插图"组中单击"形状"下拉按钮，在下拉菜单中选择"波形"选项。

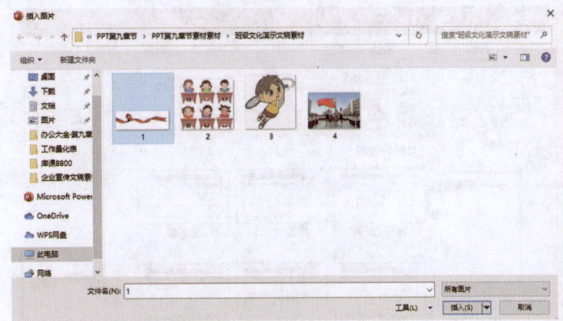

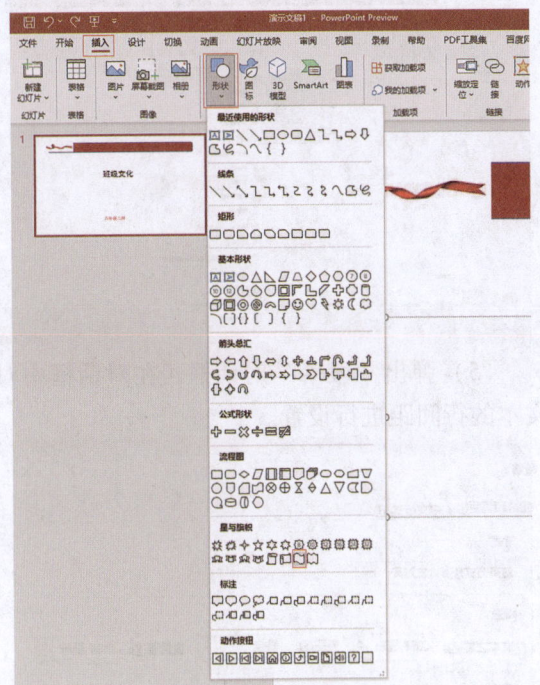

（5）选中图片，单击右键，此时，界面右侧弹出"设置图片格式"窗格，在"形状选项"中单击"填充与线条"按钮，在"线条"组中单击"无线条"单选按钮。

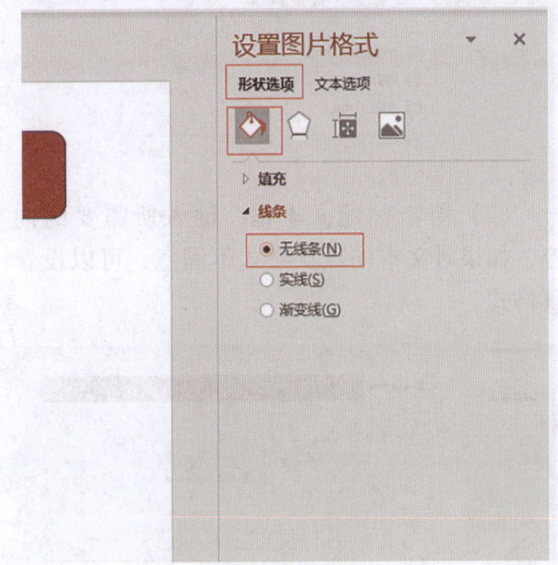

（3）在当前幻灯片中绘制出形状，选中该形状，切换到"形状格式"选项卡，在"形状样式"组中单击"形状填充"下拉按钮，在下拉列表中选择"图片"选项。

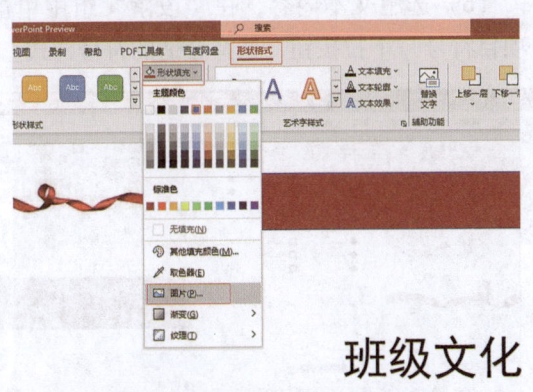

（6）调整形状的位置。

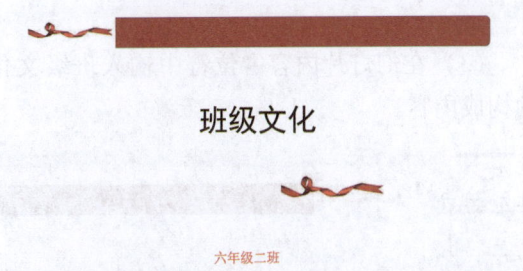

3. 编辑幻灯片正文内容

编辑幻灯片正文内容的步骤如下。

（1）单击"开始"选项卡，在"幻灯片"组中单击"新建幻灯片"下拉按钮，选择"标题幻灯片"版式。

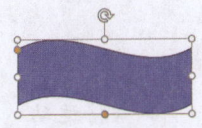

（4）弹出"插入图片"对话框，选中图片，单击"插入"按钮。

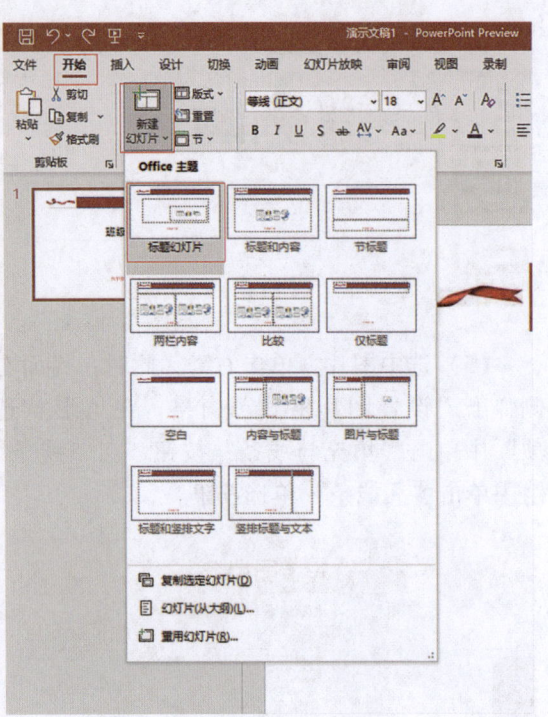

(4)选中文本内容,单击鼠标右键,在弹出的快捷菜单中选择"段落"选项。

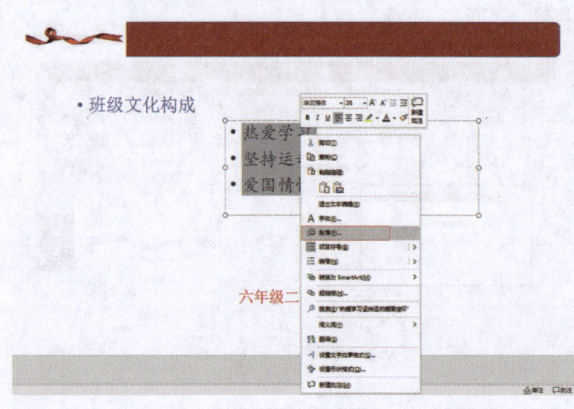

(5)弹出"段落"对话框,在对话框中对文本的行间距进行设置。

(2)单击标题文本框,输入所需要的内容,如果对文本的默认格式不满意,可以设置其格式。

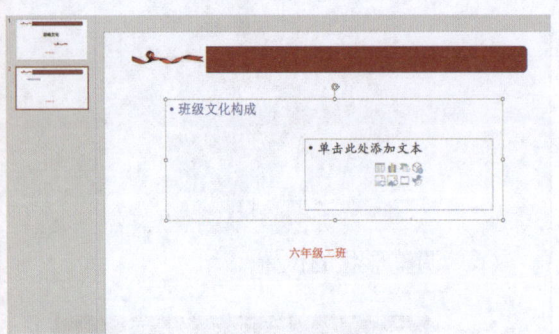

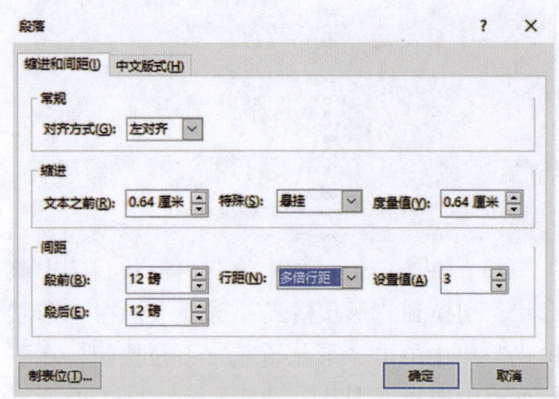

(6)选中文本内容,在"段落"组中单击"项目符号"下拉按钮,选择合适的符号样式。

(3)在幻灯片内容占位符中输入班级文化的构成内容。

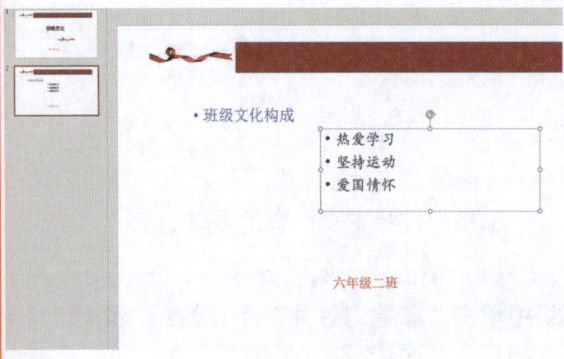

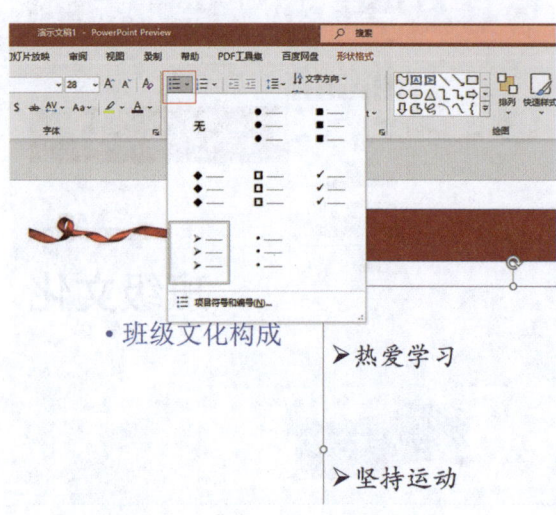

(7)将占位符调整到合适的位置。

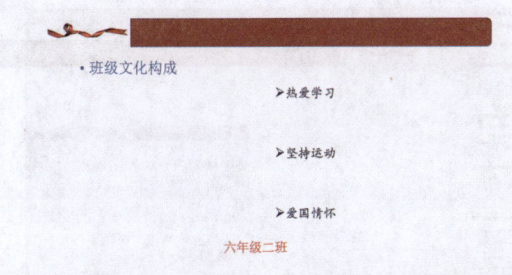

(8) 在预览视图中再次单击"新建幻灯片"按钮,选择"图片与标题"版式。

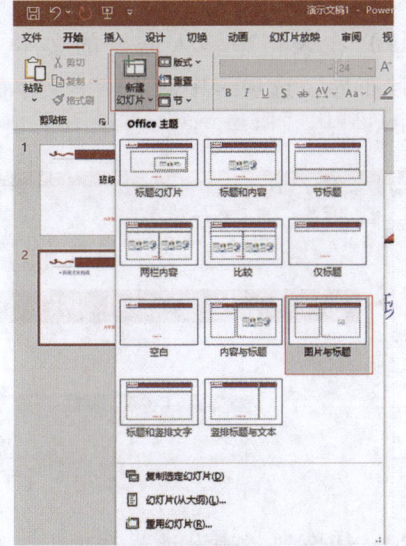

(9) 查看新建的幻灯片。

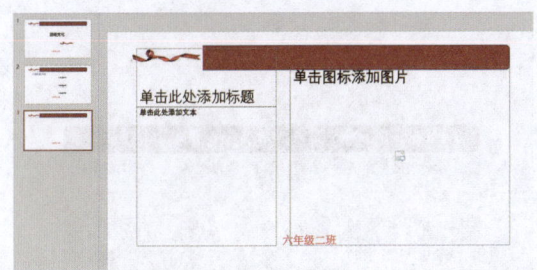

(10) 在新的幻灯片中输入文本内容,并调整文本的格式。

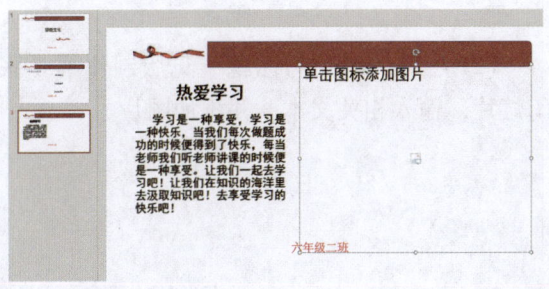

(11) 单击右侧占位符的"图片"图标按钮,弹出"插入图片"对话框,选择图片,再单击"插入"按钮即可。

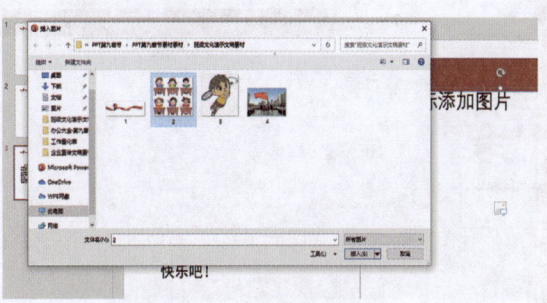

(12) 调整图片的位置及大小。

(13) 利用同样的方法,插入"图片与标题"版式,并输入标题文本和内容文本,并对输入的文本格式进行调整。

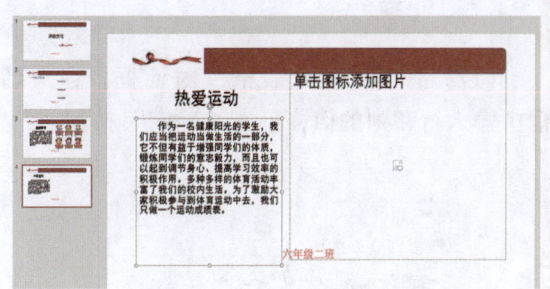

(14) 同样单击幻灯片中的"图片"图标按钮,为幻灯片插入图片,调整图片的位置及大小。

（15）再次插入"标题幻灯片"模板作为第 5 张幻灯片，并输入标题文本。

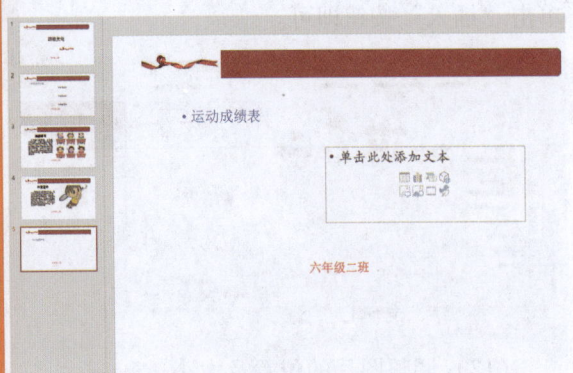

（16）单击内容占位符中的"插入表格"图标按钮。

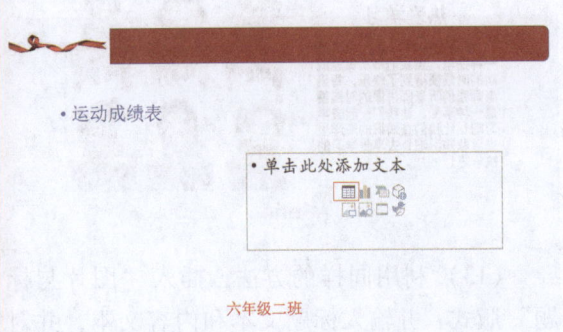

（17）弹出"插入表格"对话框，在对话框中输入行和列的值，单击"确定"按钮。

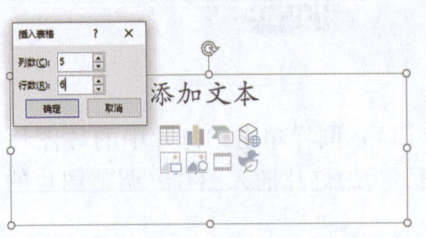

（18）对于在幻灯片中插入的表格，用户依然可以对其进行合并单元格、拆分单元格以及插入或删除行和列的操作，利用之前介绍过的知识对表格进行修改。

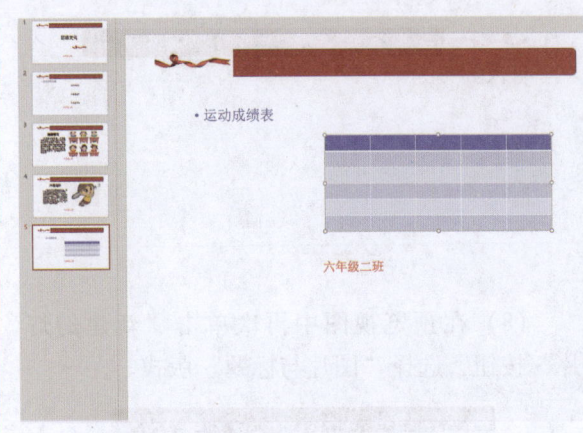

（19）在表格中输入需要的文本，并在"表设计布局"选项卡中对表格中文本的格式进行调整。

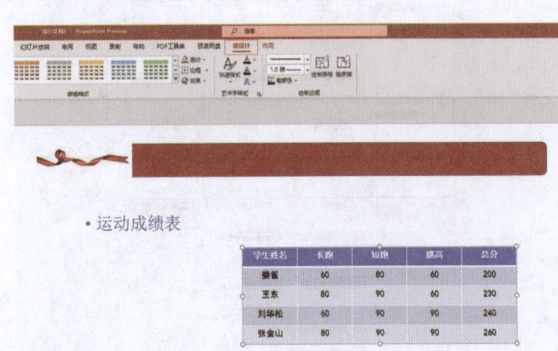

（20）切换到"表设计"选项卡，对表格的样式进行设置。

学生姓名	长跑	短跑	跳高	总分
樊雀	60	80	60	200
王东	80	90	60	230
刘华松	60	90	90	240
张金山	80	90	90	260

六年级二班

（21）用"图片与标题"母版制作第 6 张幻灯片，输入相关文本，并添加图片。

(22)选中图片,单击"图片格式"下拉按钮,在下拉列表中选择合适的样式。

(23)使用"标题幻灯片"母版制作第7张幻灯片,输入标题文本,在内容占位符中单击"插入"选项卡中的"SmartArt"图标按钮。

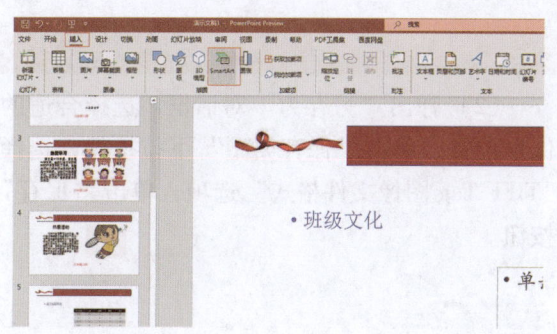

(24)弹出"选择SmartArt图形"对话框,选择"关系"选项,再选择合适的关系样式,最后单击"确定"按钮。

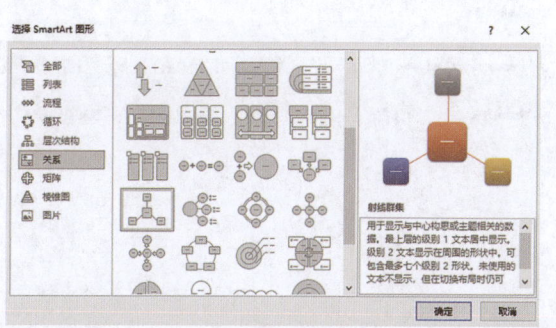

(25)此时幻灯片中已经插入了刚才选中的SmartArt图形。

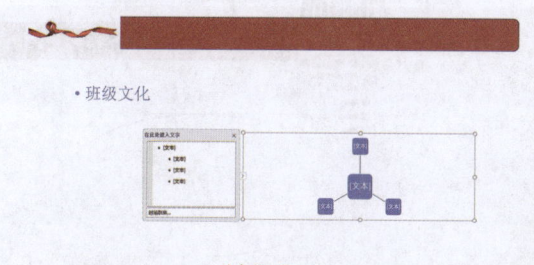

(26)单击SmartArt图形中的"文本",输入相应的内容。(也可以在"在此处输入文字"输入。)

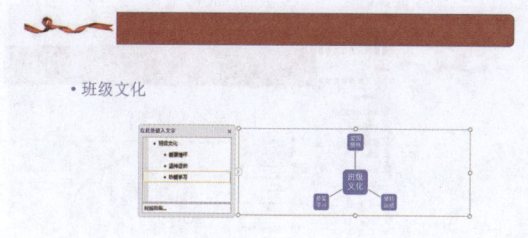

4. 编辑幻灯片结尾内容

(1)使用空白母版创建第8张幻灯片。切换到"插入"选项卡,在"插图"组中单击"形状"下拉按钮,在下拉列表中选择"椭圆"选项,之后在幻灯片中插入一个椭圆形。

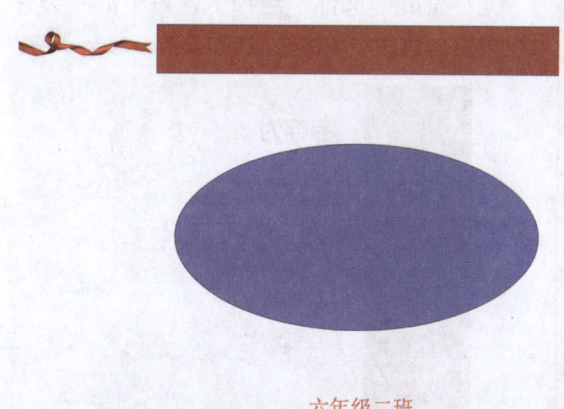

(2)选中插入的椭圆形,在"形状格式"选项卡下,单击"形状样式"组中的"形状填充"下拉按钮,选择"无填充"选项。

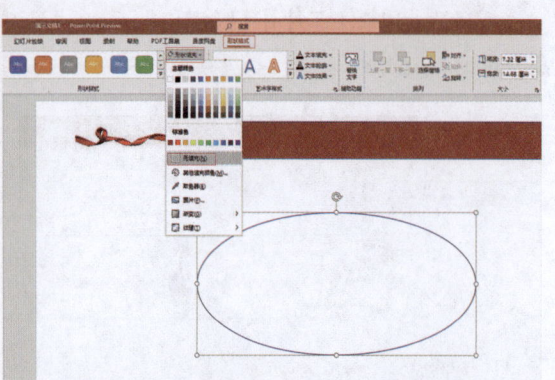

(3) 单击"形状轮廓"下拉按钮,在下拉列表中选择合适的颜色,并设置轮廓的粗细。

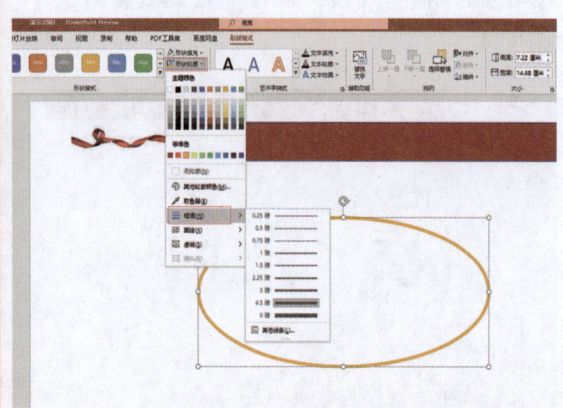

(4) 在"插入"选项卡下,单击"文本"组中的"文本框"下拉按钮,在弹出的下拉列表中选择"绘制横排文本框"选项。

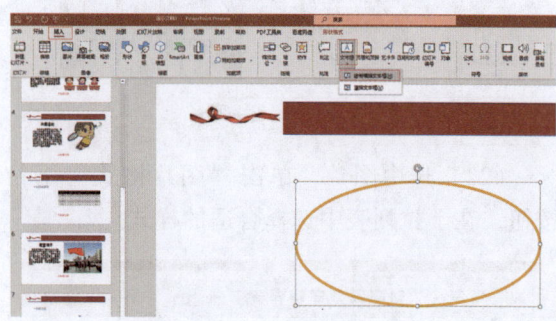

(5) 在插入的椭圆上绘制一个文本框,并输入文本内容,然后设置文本的格式。

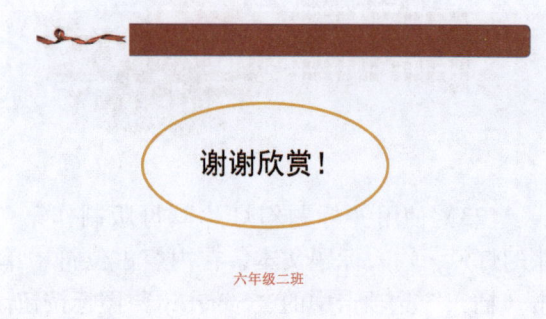

9.3 PPT 小技巧

9.3.1 将幻灯片转换成图片

将幻灯片转换成图片的步骤如下。

(1) 单击"文件"选项卡,再单击"另存为"按钮,选中"浏览"选项。

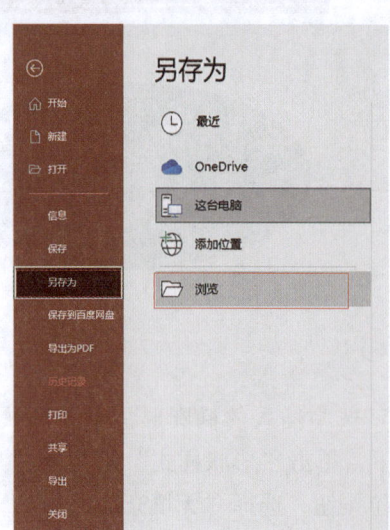

(2) 弹出"另存为"对话框,选择合适的保存位置,单击"保存类型"下拉按钮,选择"TIFF Tag 图像文件格式"选项,单击"保存"按钮。

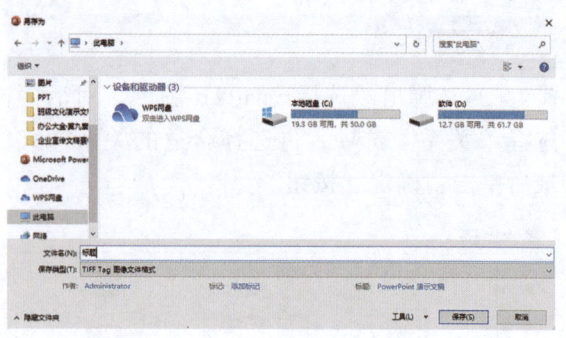

（3）弹出"Microsoft PowerPoint"对话框，单击"所有幻灯片"按钮。

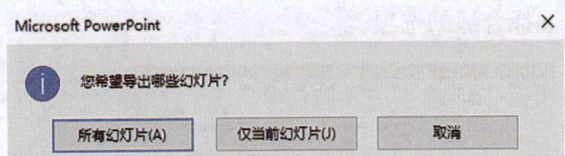

（4）弹出"Microsoft PowerPoint"对话框，对话框提示用户转换后的图片存储的位置，单击"确定"按钮。

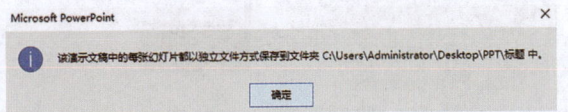

（5）打开保存图片的文件夹，可以看到所有的图片。

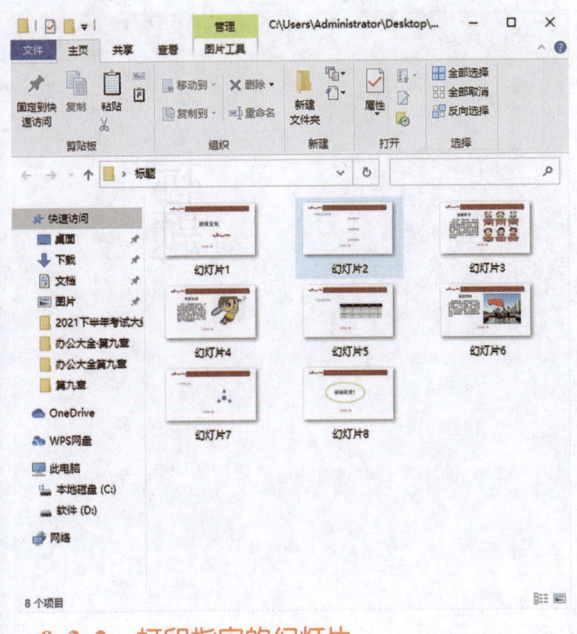

9.3.2 打印指定的幻灯片

PowerPoint 2021 为用户提供了打印幻灯片的功能，用户可以将制作的全部幻灯片打印出来，也可以打印指定的幻灯片，其具体步骤如下。

（1）打开"文件"界面，单击"打印"按钮，在"设置"栏目中，单击"打印全部幻灯片"下拉按钮，选中"自定义范围"选项。

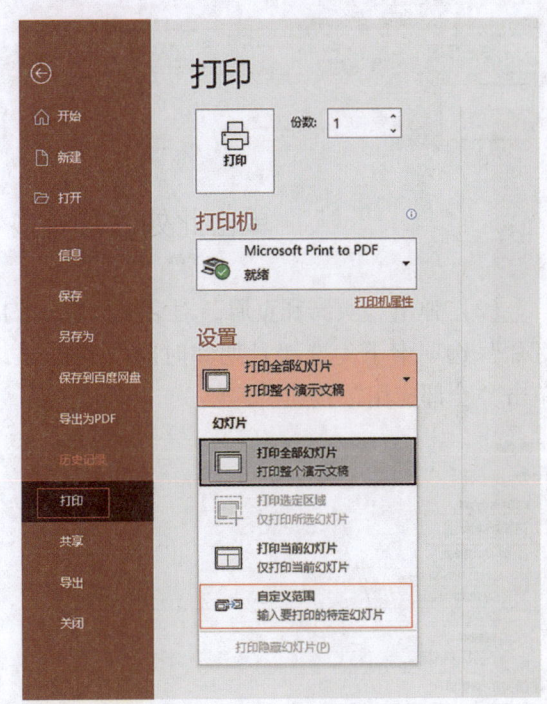

（2）在"幻灯片"文本框中输入幻灯片的编号或者幻灯片范围，即可查看指定幻灯片的打印效果。

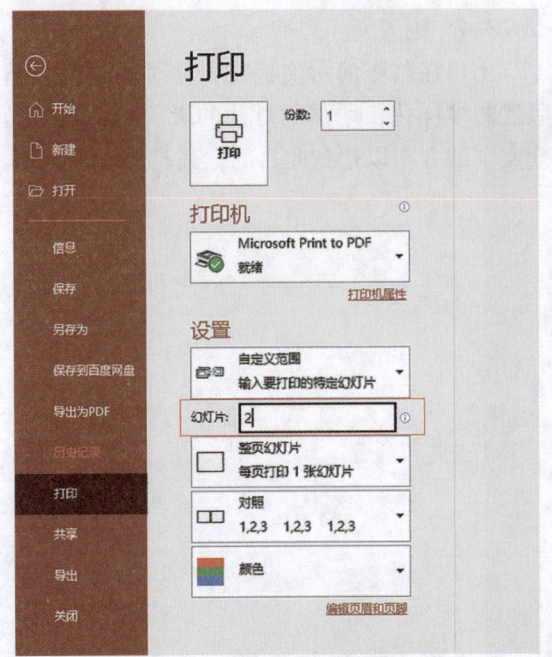

9.3.3 为幻灯片添加日期和时间

（1）在演示文稿中，选中幻灯片，切换到"插入"选项卡，单击"文本"组中的"时间与日期"按钮。

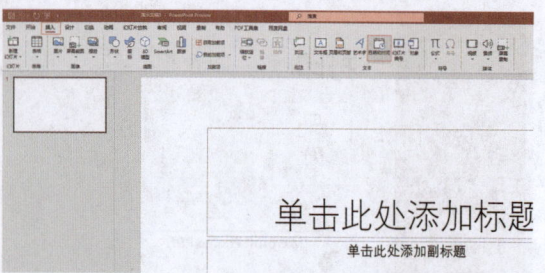

(2)弹出"页脚和页眉"对话框,在"幻灯片"选项卡下勾选"日期和时间"复选框,单击"全部应用"按钮。

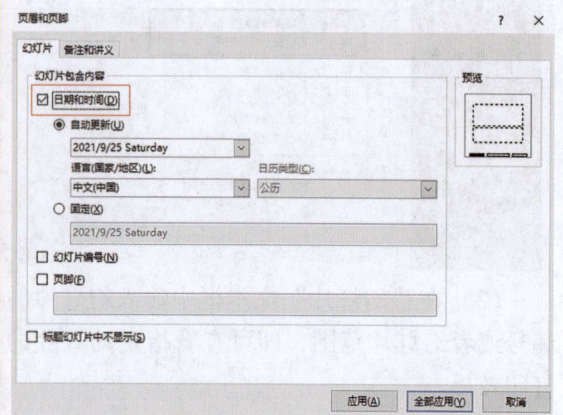

9.3.4 更改文字方向

用户在制作演示文稿时,为了幻灯片内容版式的多样化,增强幻灯片的吸引力,可以改变文字的方向以达到此目的,其具体步骤如下。

(1)选中文字,切换到"开始"选项卡,单击"段落"组中的"文字方向"下拉按钮,选择合适的选项。

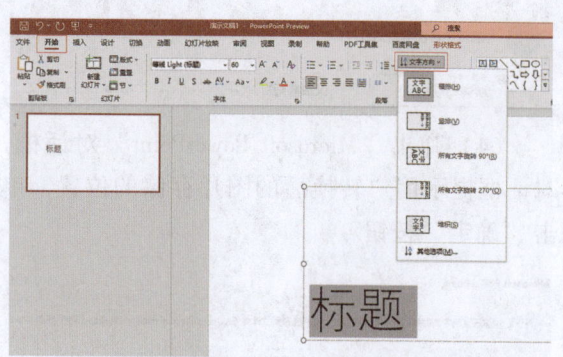

(2)查看效果。

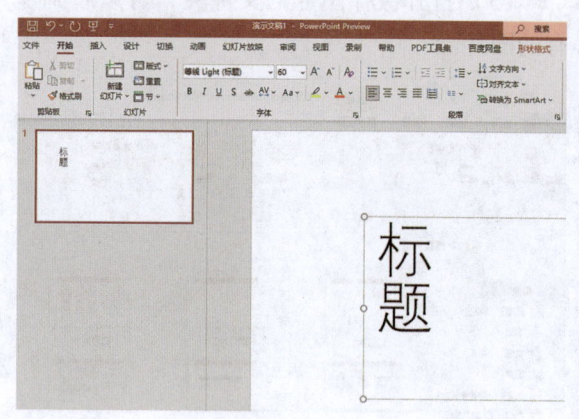

第十章　设置多媒体与动画

扫码看视频

概述

为了使演示文稿具有更高的互动性和吸引力，用户可以为幻灯片添加音频、视频文件，制作动画效果以及幻灯片之间的切换效果。与静态文稿比起来，动态文稿的表现形式更加丰富。本章介绍如何使用这些知识点制作出一个表现手法多样、画面感强的幻灯片。

10.1 制作电影赏析演示文稿

下面将以电影赏析演示文稿为例，介绍如何在演示文稿中创建超链接以及添加音频、视频文件的操作方法。

☞10.1.1 设置幻灯片超链接

在 PPT 2021 中，超链接分为内部超链接和外部超链接。本节将对两种超链接的功能与用法进行详细介绍。

1. 设置内部超链接

创建内部超链接的步骤如下。

（1）打开"电影赏析"文件，选中"歌舞片"文本，切换到"插入"选项卡，在"链接"组中单击"链接"按钮。

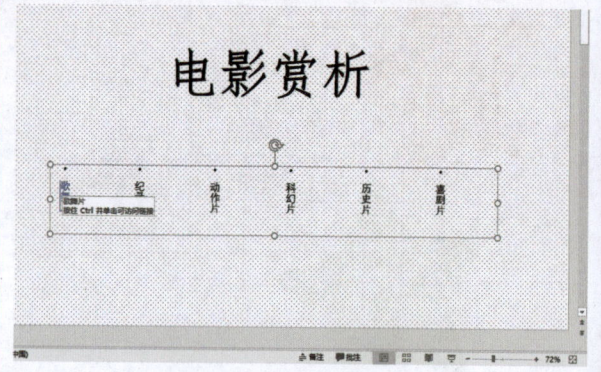

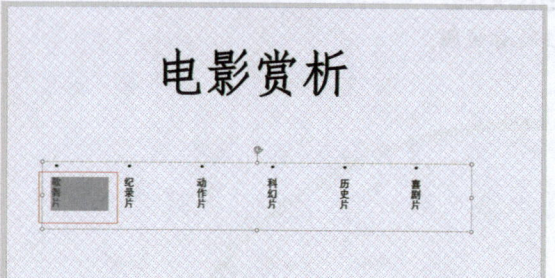

（2）弹出"插入超链接"对话框，在"链接到"栏目中单击"本文档中的位置"按钮，在"请选择文档中的位置"栏目中选择"2.歌舞片"选项，最后单击"确定"按钮。

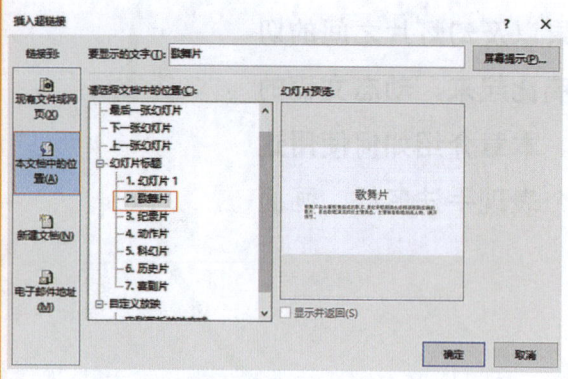

（3）返回到幻灯片，可以发现"歌舞片"文本字体颜色变为了蓝色，当光标放在文本上时，系统会提示该链接的信息。

（4）按照以上方法为当前幻灯片中除了"动作片"之外的其他文本设置超链接。

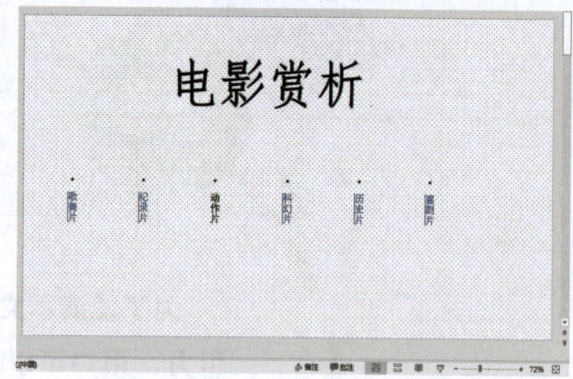

（5）单击"幻灯片放映"按钮或者按 F5 快捷键放映该幻灯片，将光标放在设置了超链接的文本上，可以发现光标变成了手指形状，此时单击该文本即可跳转到相应的幻灯片中，之后该链接文本的颜色会发生改变。

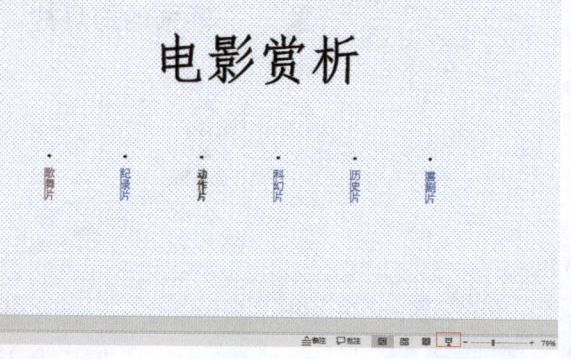

2. 设置外部超链接

将当前幻灯片中的内容链接到网页中，可以采用设置外部超链接的方法，其具体步骤如下。

（1）选中"动作片"文本，单击"链接"组中的"链接"按钮，弹出"插入超链接"对话框，在"链接到"栏目中，单击"现有文件或网页"按钮。

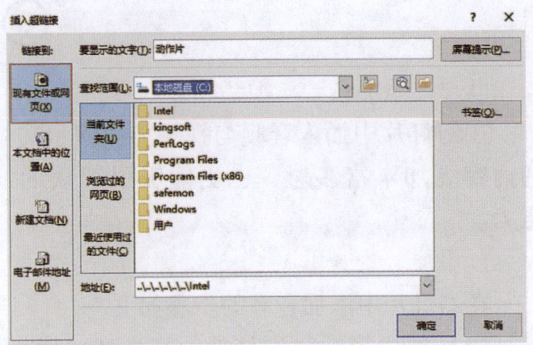

（2）在"地址"文本框中输入网页地址。

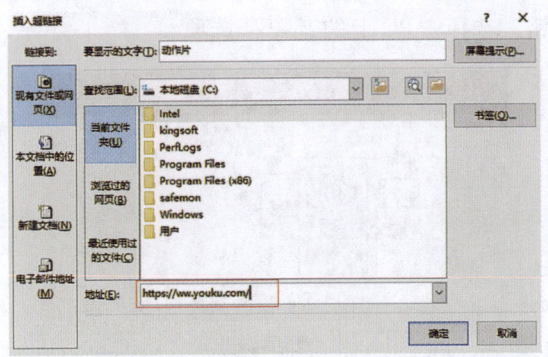

（3）单击"确定"按钮，返回幻灯片中，将光标放在"动作片"文本上系统会提示该链接的信息。

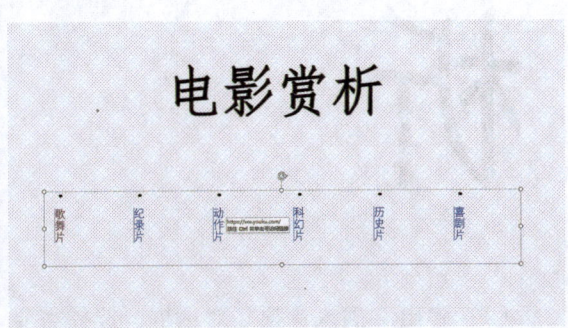

3. 创建动作按钮

设置动作按钮，是为某个对象设置相关动作，当用户单击它时执行相应的操作，其具体步骤如下。

（1）切换到纪录片幻灯片中，插入需要的返回按钮图片，并调整图片的位置以及大小。

（2）选中该图片，切换到"图片工具－格式"选项卡，在"调整"组中单击"删除背景"按钮。

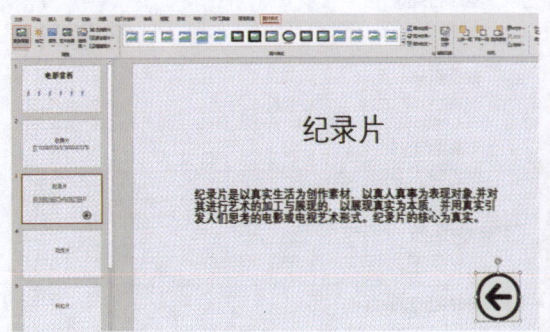

（3）单击"标记要保留删除的区域"按钮，在图片中选择要保留的区域。最后单击"保留更改"按钮，删除图片的背景。

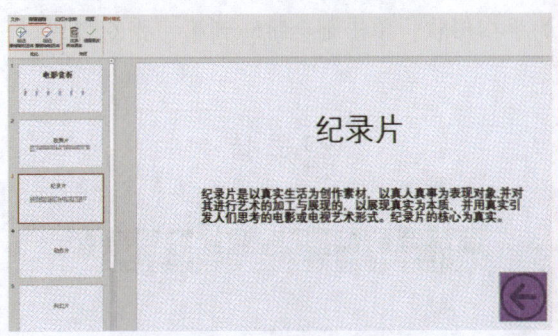

（4）选中图片，切换到"插入"选项卡，单击"链接"组中的"动作"按钮。

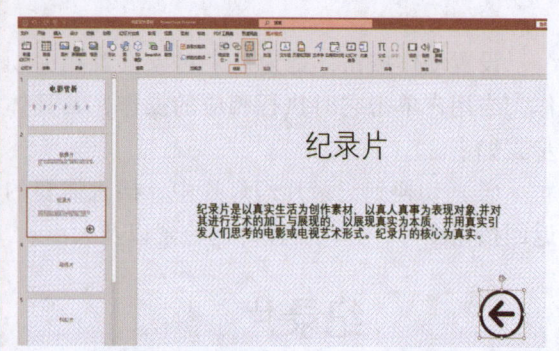

(5)弹出"操作设置"对话框,勾选中"超链接到"单选框,在其下拉列表中选择"第一张幻灯片"选项。

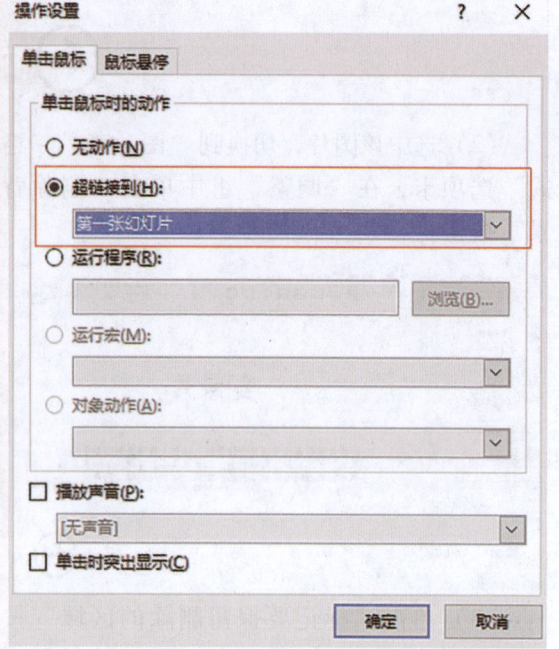

(6)单击"确定"按钮,此时,若在幻灯片放映时将光标放在该返回按钮上,光标将变为手指形状,单击则会跳转到第一张幻灯片。

(7)选中该返回按钮,将其复制粘贴到其余需要的幻灯片中。

10.1.2 添加音频与视频

在幻灯片中插入音频与视频能使演示文稿的内容更加丰富多彩,也更能吸引观众的注意力。

1. 添加背景音乐

在幻灯片中添加音频的步骤如下。

(1)选中第一张幻灯片,切换到"插入"选项卡,在"媒体"组中单击"音频"下拉按钮,选择"PC上的音频"选项。

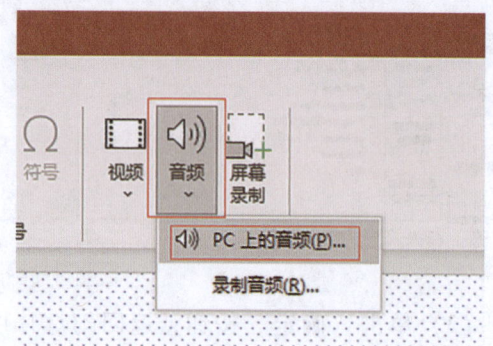

(2)弹出"插入音频"对话框,选择需要的音乐。

（5）然后在"音频选项"组中设置其播放时的音量以及播放类型等。

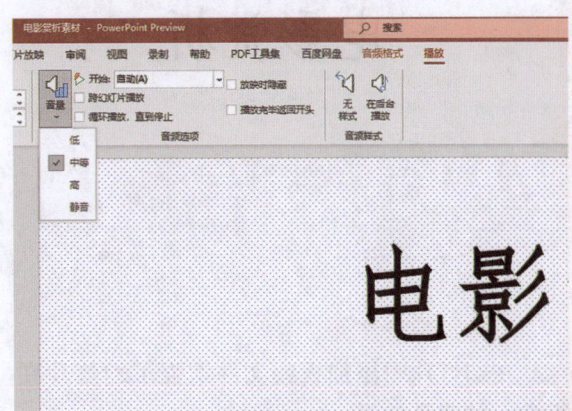

（3）选中需要的音乐后，单击"插入"按钮，此时的幻灯片中已经添加了该音频文件。

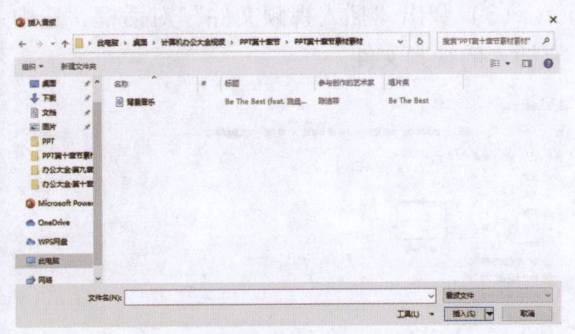

（6）如果音频文件播放的时间不满足需要，还可以对文件进行剪辑，在"编辑"中，单击"剪裁音频"按钮，弹出"剪裁音频"对话框，用鼠标拖动进度条的滑块至合适位置，释放鼠标即可完成对音频文件的剪裁。

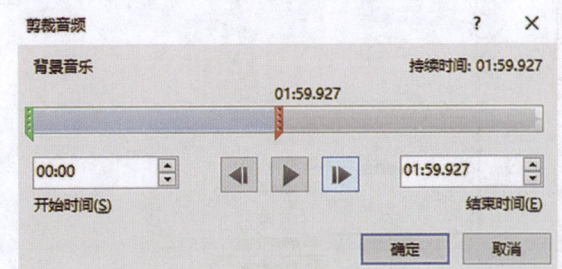

（4）选中音频文件，切换到"音频格式-播放"选项卡，在"音频选项"组中单击"开始"下拉按钮，选择"自动"选项。

（7）选中音频文件，切换到"音频格式"选项卡，在"图片样式"组中为其设置合适的样式。

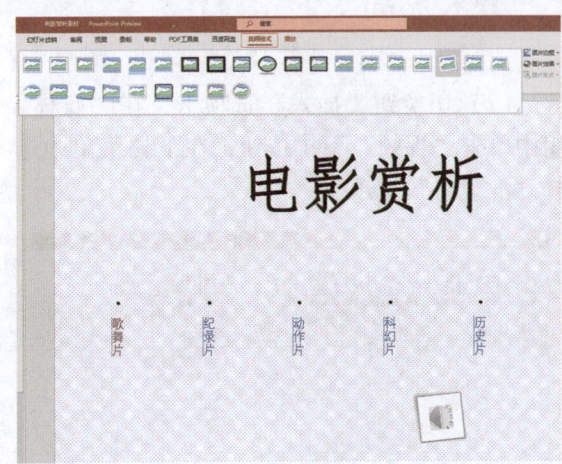

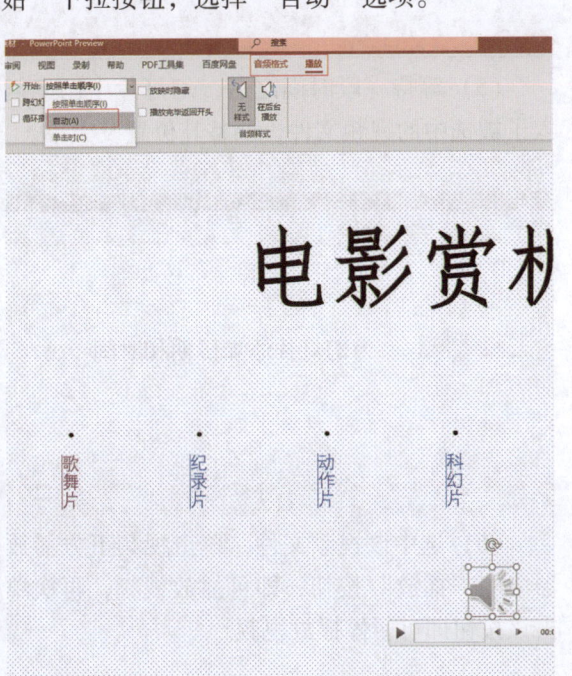

（8）将音频文件调整至合适的位置。

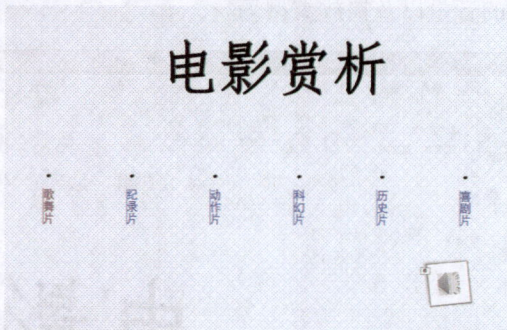

2. 添加视频文件

在幻灯片中添加视频文件增强了幻灯片在视觉上的感染效果。

（1）在"科幻片"幻灯片上单击鼠标右键，在弹出的快捷菜单中选择"复制幻灯片"选项，插入一张新的幻灯片，删除新幻灯片中的内容。

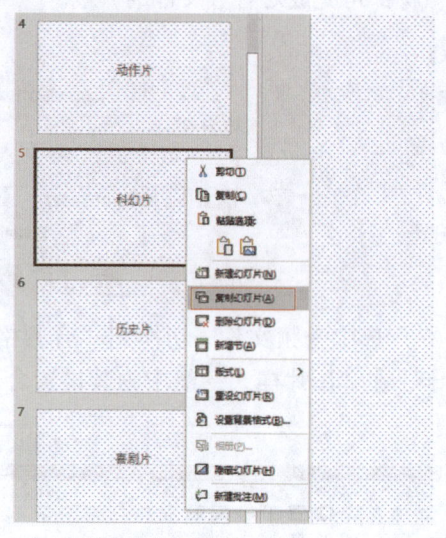

（2）切换到"插入"选项卡，在"媒体"组中单击"视频"下拉按钮，在下拉菜单中选择"此设备"选项。

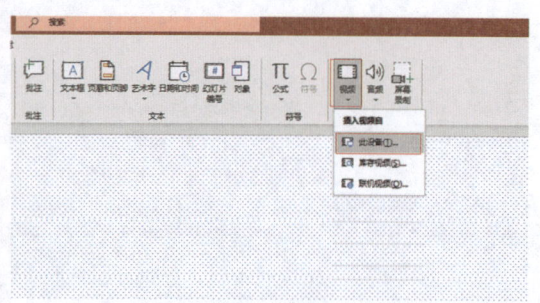

（3）弹出"插入视频文件"对话框，选中要插入的视频文件。

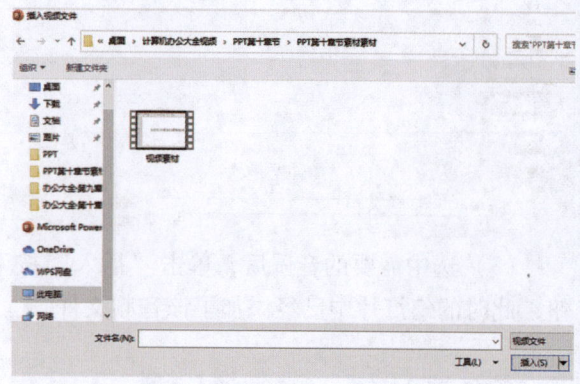

（4）单击"插入"按钮，如果插入的视频文件过大，系统会提示用户正在插入媒体。

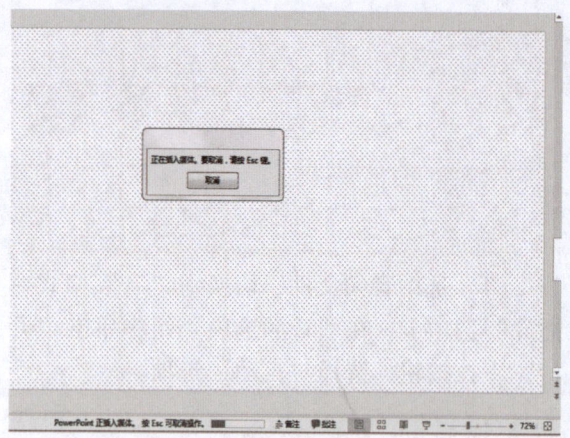

（5）等待一段时间之后，幻灯片中已经插入了被选中的视频文件，调整其位置及大小。

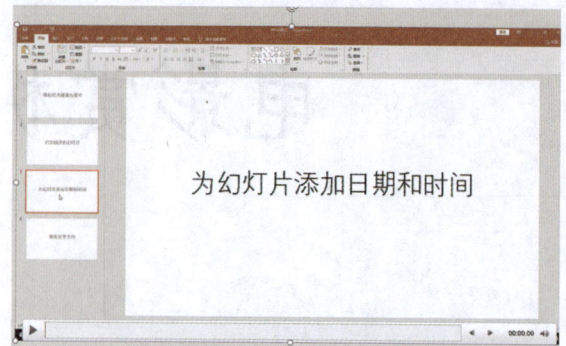

（6）选中该视频文件，单击视频下方播放器中的"播放"按钮，即可播放视频，再次单击该按钮即可暂停播放视频。

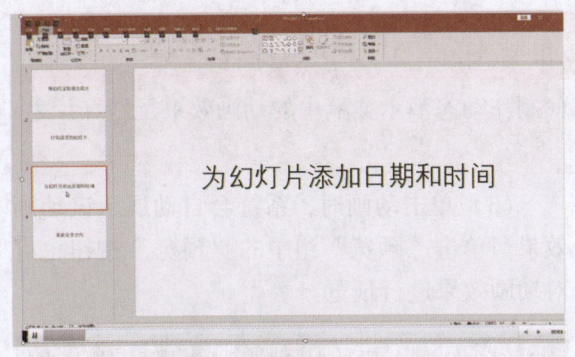

(7) 如果插入的视频播放时间过长，可对其进行剪裁。选中视频文件，切换到"视频格式播放"选项卡，在"编辑"组中单击"剪裁视频"按钮。

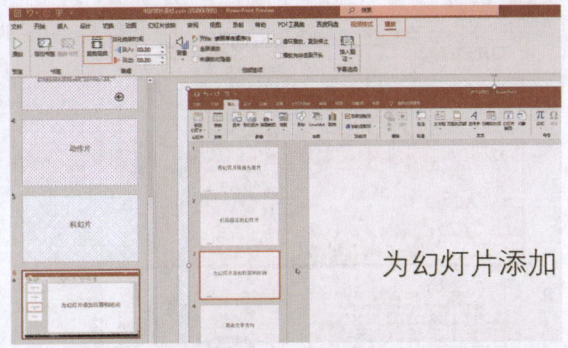

(8) 弹出"剪裁视频"对话框，选中视频进度条上的滑块，拖动至合适的位置，两滑块之间的视频片段将被保留下来。

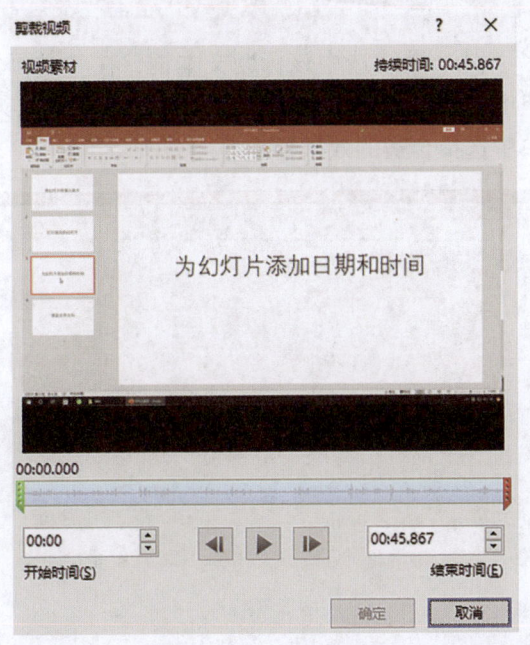

(9) 在"视频选项"组中，单击"开始"文本框中的下拉按钮，选中"自动"选项，勾选中"全屏播放"单选按钮，再勾选中"循环播放，直到停止"单选按钮，最后设置视频的音量。

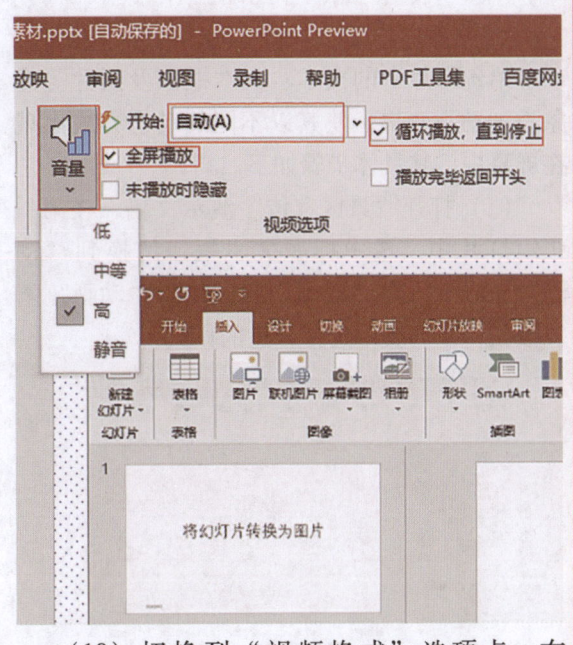

(10) 切换到"视频格式"选项卡，在"视频样式"组中选择合适的样式。

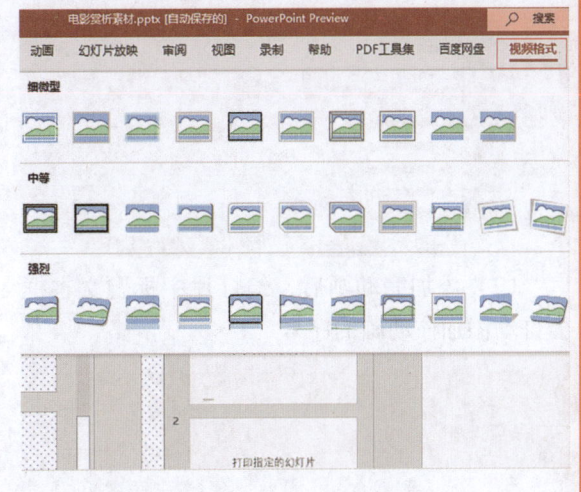

10.2 制作景区宣传演示文稿

本节将以制作景区宣传演示文稿为例，介绍如何制作动态演示文稿中的动画效果及幻灯片之间的切换效果。

☞10.2.1 设置幻灯片中的动画效果

1. 制作封面和内容的动画效果

给幻灯片中的文本、文本框以及图片等对象添加动画效果，使其以不同的动态方式出现在屏幕中，其具体步骤如下。

（1）打开"景区宣传"演示文稿，在第一张幻灯片中，选中标题文本框，切换到"动画"选项卡，在"动画"组中单击"动画"下拉按钮，在列表中选择合适的样式。

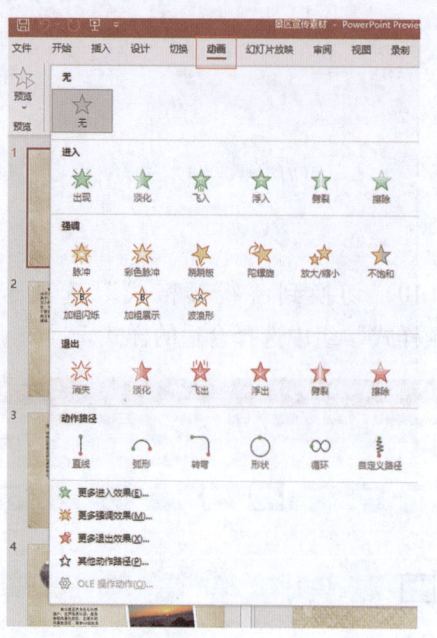

（2）添加完动画后，幻灯片中标题文本框会自动添加该动画的序号"1"。

（3）单击动画时，系统会自动展示该动画效果。单击"预览"组中的"预览"按钮也可对动画效果进行预览。

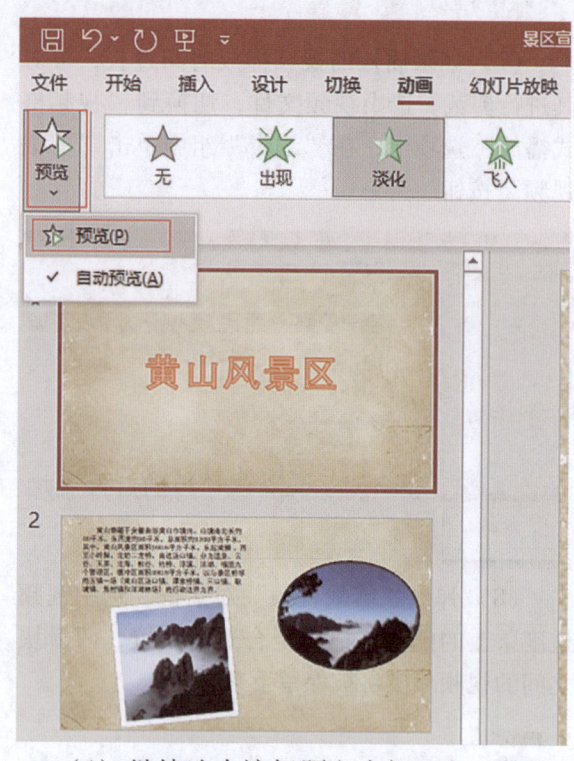

（4）继续选中该标题文本框，在"动画"组中，单击"效果选项"下拉按钮，在下拉菜单中选择合适的效果样式。

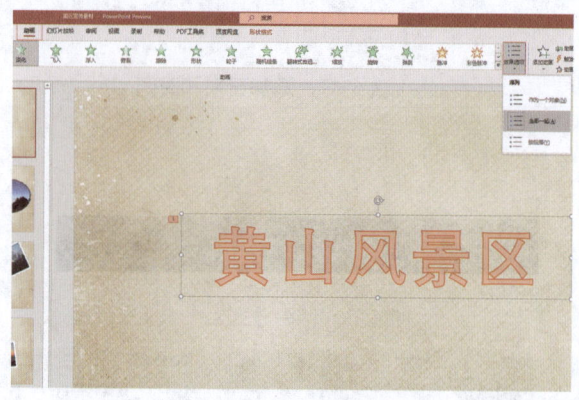

(5) 选中标题动画,在"计时"组中,设置动画的持续时间。

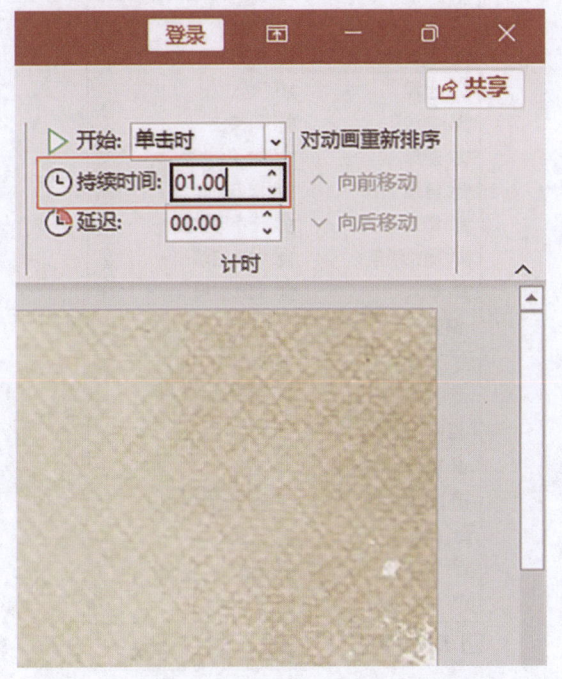

(6) 此时设置的动画在预览时单击鼠标才会执行,若想要开始放映时就执行该动画,可以在"计时"组中单击"开始"下拉按钮,选择"与上一动画同时"选项即可。

(7) 单击"幻灯片放映"按钮,查看动画效果,查看完毕后按"ESC"键退出播放。

(8) 切换到第二张幻灯片,选中左边的图片。

(9) 单击"动画"选项卡下的"动画"组中的下拉按钮,在下拉列表中选择合适的动画样式。

(10) 创建了动画之后，返回幻灯片可以看到该图片左上角会显示动画的序号"1"。

(11) 选中右边的图片，同样单击"动画"组中的下拉按钮，选择"更多进入效果"选项。

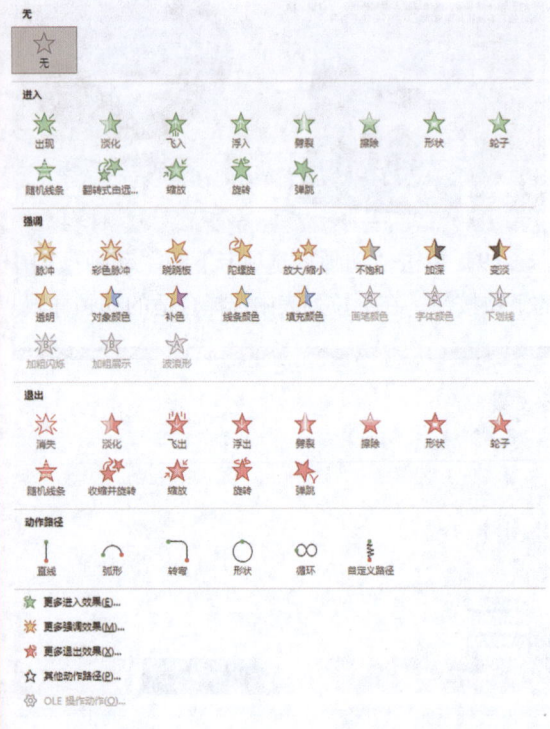

(12) 弹出"更改进入效果"对话框，选择合适的进入效果样式。

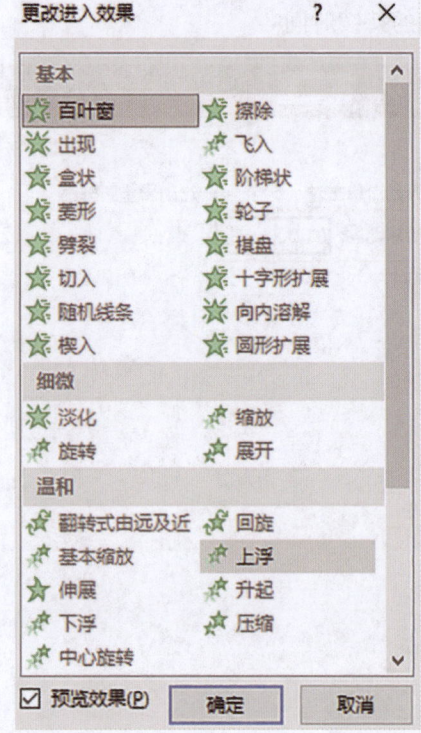

(13) 单击"确定"按钮，返回到幻灯片中，可以发现该图片左上角显示了动画的序列号"2"。

(14) 选中当前幻灯片中的文本框，在"动画"组中为其设置合适的动画效果。

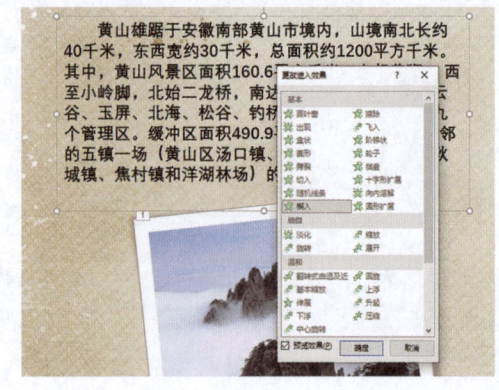

（15）返回幻灯片看到文本框左上角添加了动画的序号"3"。

（16）选中文本框，在"计时"组中单击"开始"下拉按钮，选择"与上一张动画同时"选项。

（17）选中右边的图片，同样在"计时"组中单击"开始"下拉按钮，选择"与上一张动画同时"选项。

（18）设置完当前幻灯片的动画及相应的参数之后，单击"幻灯片放映"按钮，查看动画效果。

（19）切换到第三张幻灯片，选中在下方的图片，单击"动画"选项卡，在"动画"组中选择"飞入"动画样式。

（20）同样在"动画"组中，单击"效果选项"下拉按钮，选择"自右上部"选项。

（21）选中该图片，在"计时"组中，单击"开始"下拉按钮，在下拉列表中选择"上一张动画之后"选项，持续时间设置为1秒。

（22）选中右上方的图片，为其设置"形状"动画样式，将"动画效果"设置为"方框"。

（23）选中该图片，在"计时"组中，单击"开始"下拉按钮，选择"上一张动画之后"选项，将"持续时间"设置为1秒。

（24）选中文本框，在"动画"组中，将文本框的动画样式设置为"缩放"。

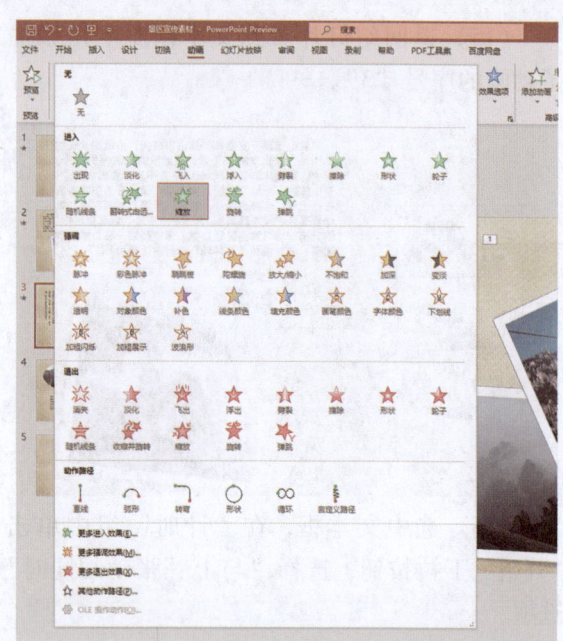

（25）单击"效果选项"下拉按钮，选择"幻灯片中心"选项，再选择"全部一起"选项。

（26）在"计时"组中，在"开始"下拉列表中选择"上一张动画之后"选项，将"持续时间"设置为1.5秒。

(27）在第 4 张幻灯片中，选中右侧的图片，在"动画"组中单击"其他动作路径"按钮。

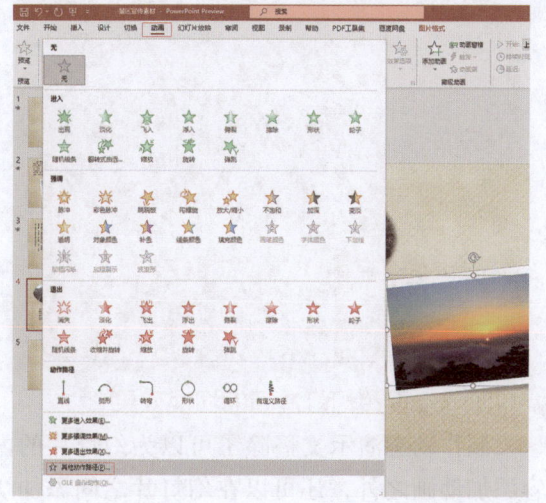

(28）弹出"更改动作路径"对话框，选择"正方形"选项，单击"确定"按钮。

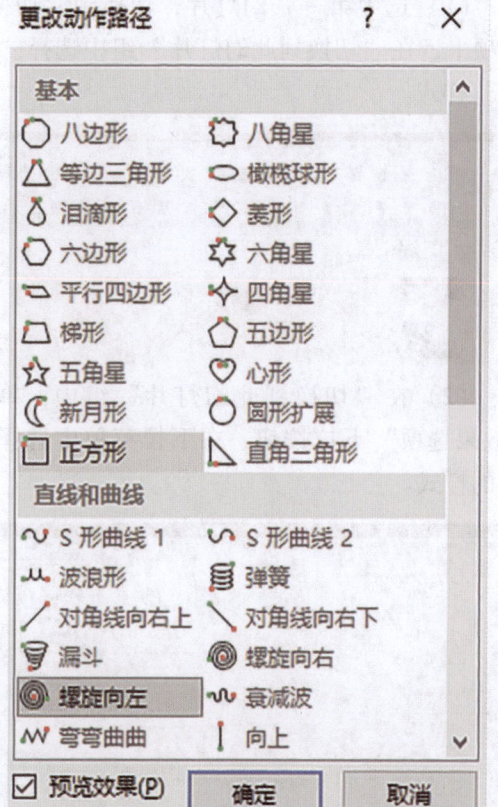

(29）返回到幻灯片中，系统会自动显示动作路径，选中图片，按住鼠标左键不放，将其拖拽至合适的位置，同时用户也可以调整图片的大小。

(30）在"计时"组中，在"开始"下拉列表中选择"上一张动画之后"选项。

(31）为该幻灯片中的其他图片以及文本框设置动画。

2. 设置结尾幻灯片动画

（1）在第5张幻灯片中，选中其中的文本框，为其设置"基本缩放"动画效果。

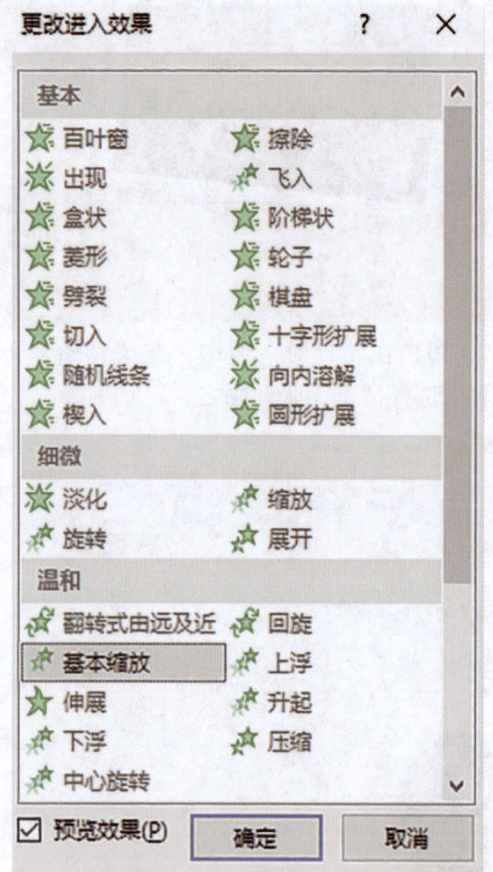

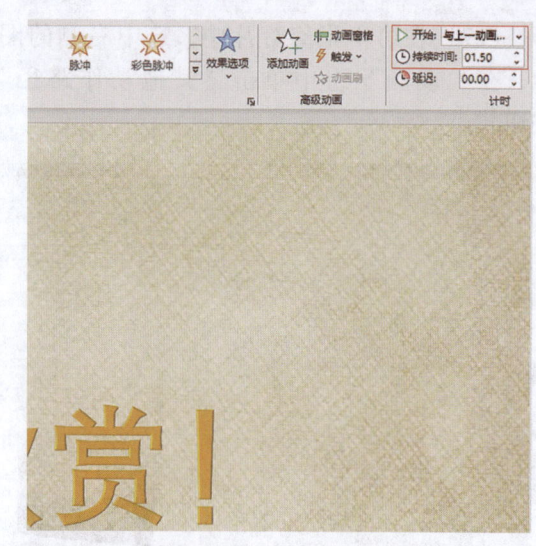

（2）继续选中该文本框，在"高级动画"组中单击"添加动画"下拉按钮，选择"波浪形"选项。

（3）在"计时"组中，单击"开始"下拉按钮，选择"与上一张动画同时"选项，"持续时间"设置为1.5秒。

10.2.2 设置幻灯片间的切换效果

制作动态演示文稿除了可以为幻灯片的内容添加动画之外，还可以在幻灯片之间添加切换效果，使幻灯片的表现手法更加多样。

1. 设置封面幻灯片切换效果

（1）选中第一张幻灯片，切换到"切换"选项卡，在"切换到此幻灯片"组中选择"涡流"样式。

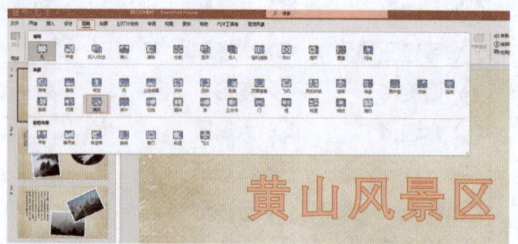

（2）在"切换到此幻灯片"组中，单击"效果选项"下拉按钮，在下拉菜单中选择合适的样式。

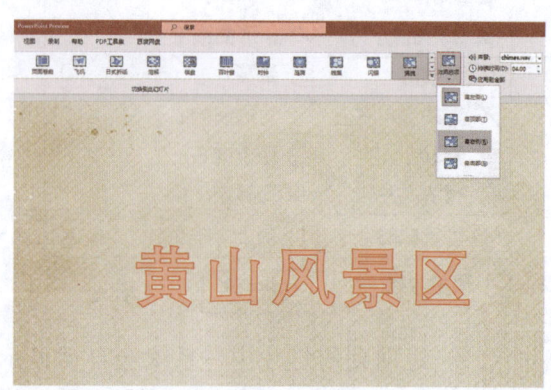

（3）在"计时"组中，单击"声音"下拉按钮，选择"风铃"选项，将"持续时间"设置为6秒。

2. 为剩余幻灯片设置切换效果

效果如下。

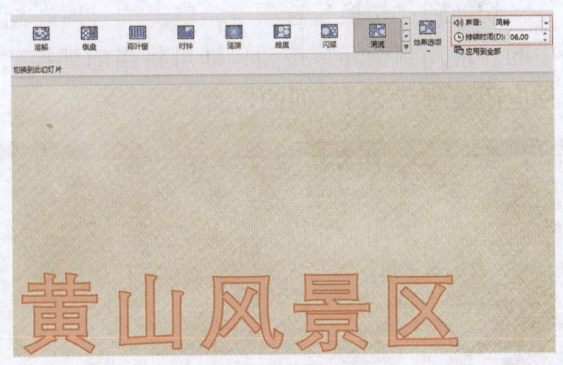

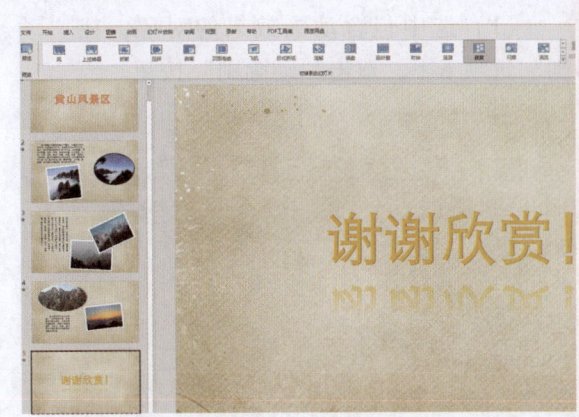

10.3 制作动态演示文稿小技巧

10.3.1 设置超链接点击前后的颜色

（1）在PPT中切换到"设计"选项卡，单击"变体"组中的下拉按钮，在下拉列表中选择"颜色"选项，在子菜单中选择"自定义颜色"选项。

（2）弹出"新建主题颜色"对话框，单击"超链接"下拉按钮，选择合适的颜色。

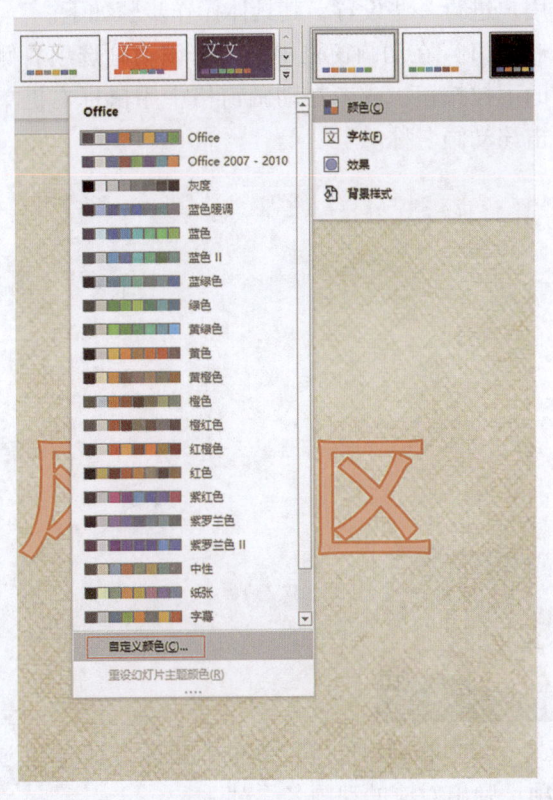

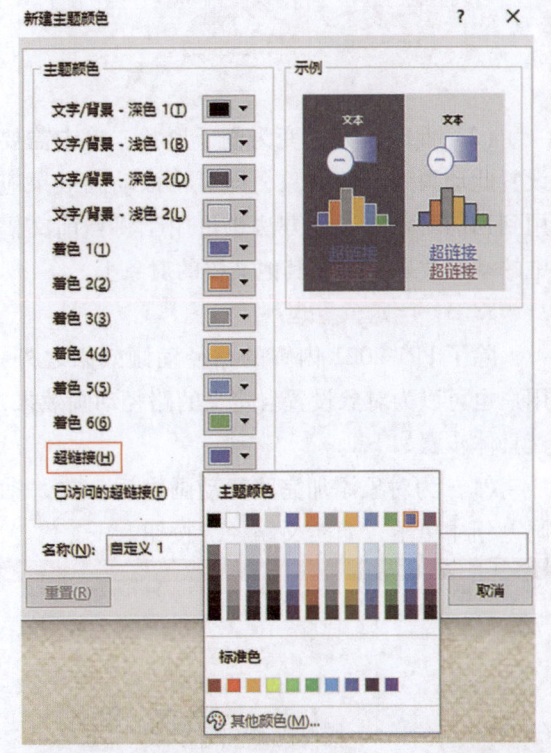

（3）用同样的方法设置"已访问的超链接"的颜色。

10.3.2 快速复制动画

若演示文稿内有多个对象需要设置同一动

画效果，可以将此动画效果复制，然后再应用到其他对象上即可。

（1）选中包含动画效果的对象，在"动画"选项卡下，双击"动画刷"按钮。

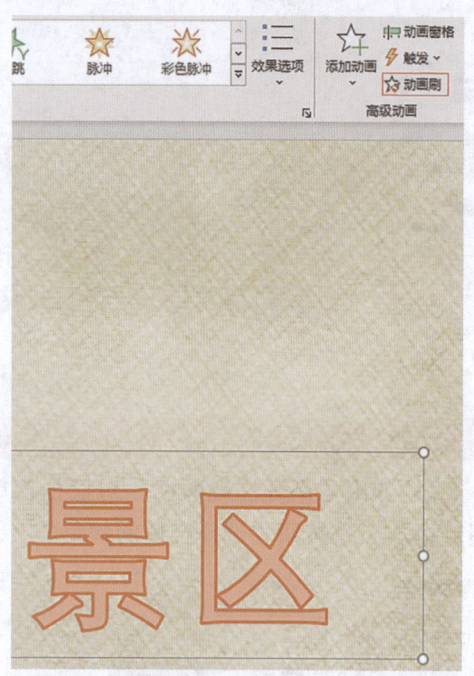

（2）此时，光标变为刷子形状，单击需要设置此动画效果的对象，即可将该动画效果应用到当前对象上。此方法也可用于将当前文稿中的动画效果应用在其他文稿的对象上。

☞10.3.3　自定义动画

除了 PPT 2021 内置的路径动画效果之外，用户也可以为对象设置自定义的路径动画效果，其具体步骤如下。

（1）为对象添加完路径动画之后，在"动画"组中单击"自定义路径"按钮。

（2）当光标变为十字形状时，用户即可在幻灯片中绘制动画的路径。

☞10.3.4　快速设置幻灯片间的切换效果

切换到"切换"选项卡，单击"计时"组中的"应用到全部"按钮，即可将当前切换效果应用至所有幻灯片间的切换。

☞10.3.5　设置连续放映的动画效果

为幻灯片中的对象设置动画效果后，该动画效果会按照系统默认的方式进行演示，这样的情况动画只自动播放一次，但有时需要将动画效果设置为连续重复放映的效果，这就需要用户进行一些设置，其具体操作步骤如下。

（1）在动画窗格中，单击该动画选项右侧的下拉按钮，或者在动画窗格中用鼠标右键单击该动画名称。

（2）在弹出的下拉菜单中选择"计时"选项，弹出对应的动画名称对话框。

不断重复放映的效果。

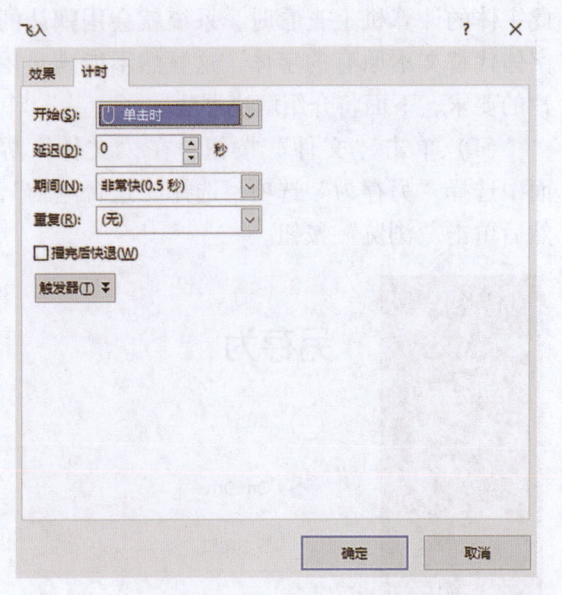

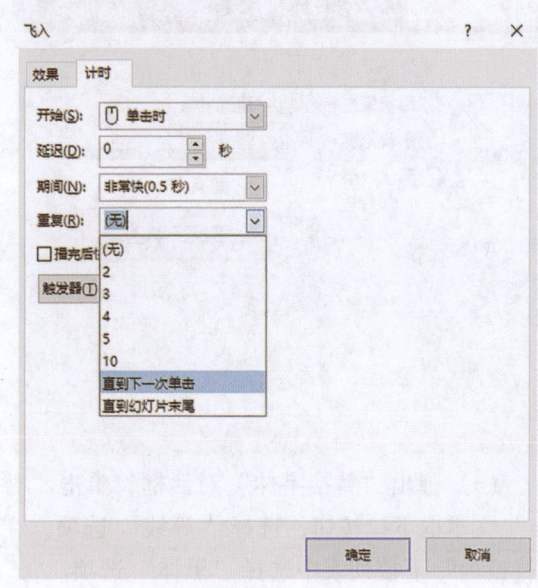

（3）在"重复"下拉列表框中选择"直到下一次单击"选项，即可将该动画设置为一直

10.4 设置幻灯片中对象的小技巧

在制作演示文稿的时候，要想使最终完成的幻灯片表达得更清晰，视觉效果更加吸引人，就需要对幻灯片中的各类对象进行美化设计。

10.4.1 处理幻灯片的文字

幻灯片中的文字是向观众传达作者意图，表达制作的主题和中心思想的重要手段，因此我们有必要掌握快速修改文字以及正确保存文字的方法。

1. 修改文字

用户可以采用一张一张修改文字的方法，但是如果演示文稿中的幻灯片数量较多，那么这个过程就会很烦琐，大大增加了用户的工作量，下面将介绍如何快速修改幻灯片中的文字。

（1）在幻灯片中，选中要修改的文字，切换到"开始"选项卡，在"字体"组中查看选中文本的字体。

（2）在"编辑"组中单击"替换"下拉按钮，选择"替换字体"选项。

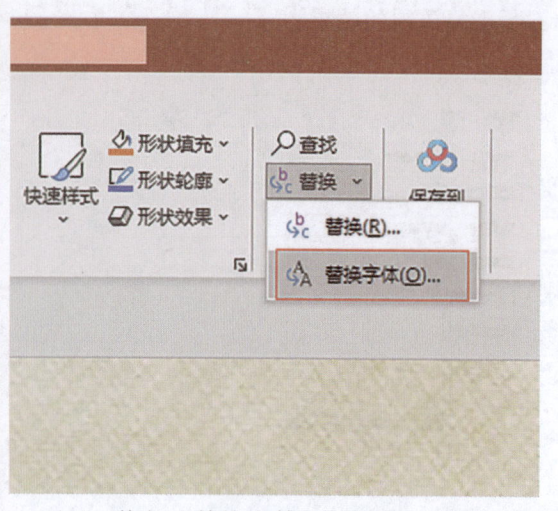

(3)弹出"替换字体"对话框,单击"替换"文本框下拉按钮,选择"等线"选项,在"替换为"下拉列表中选择"黑体"选项。

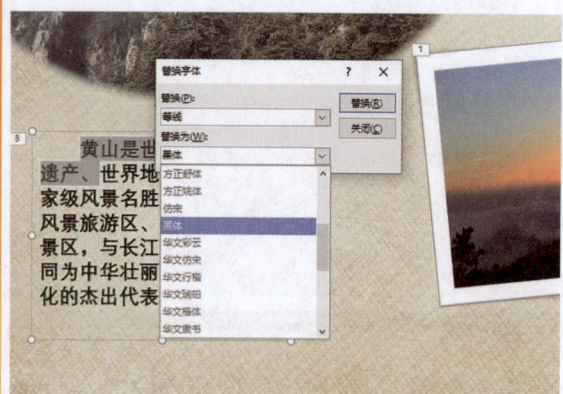

(4)单击"替换"按钮,此时幻灯片中当前文本的字体已经被替换为"黑体"。

(5)完成后单击"关闭"按钮即可。

2.保存文字

假如用户在制作幻灯片时使用了下载安装的字体,那么如果将此演示文稿放在没有安装此字体的计算机上查看时,系统就会用默认的字体代替文本原有的字体,这显然不能满足用户的要求,下面将介绍解决办法。

(1)单击"文件"按钮,在"文件"界面中选择"另存为"选项,选择"这台电脑",然后单击"浏览"按钮。

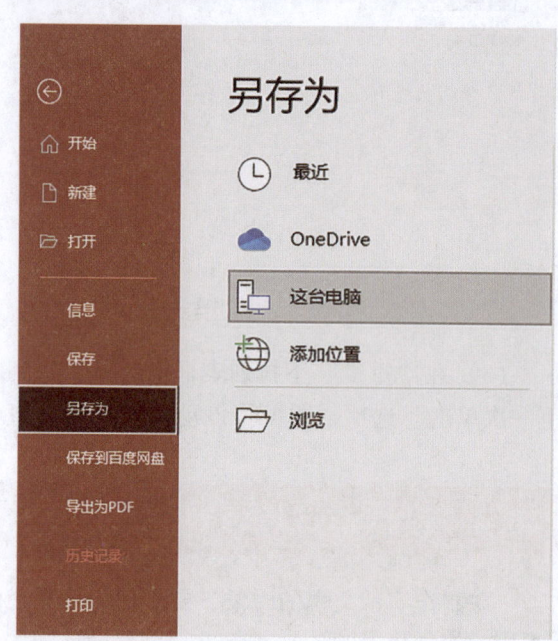

(2)弹出"另存为"对话框,选择好保存位置,单击"工具"按钮,在下拉列表中选择"保存选项"选项。

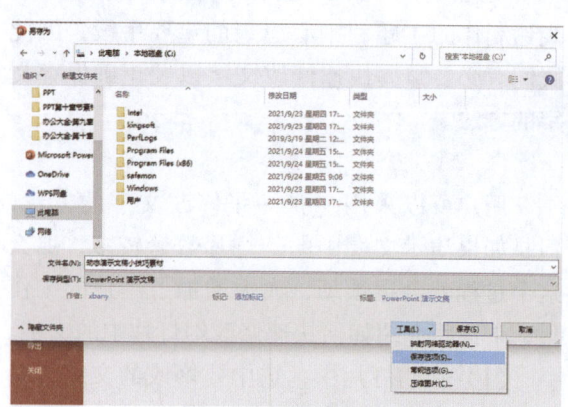

(3)弹出"PowerPoint选项"对话框,单击"保存"选项卡,在"共享此演示文稿时保真度"栏目中,勾选中"将字体嵌入文件"单选按钮。

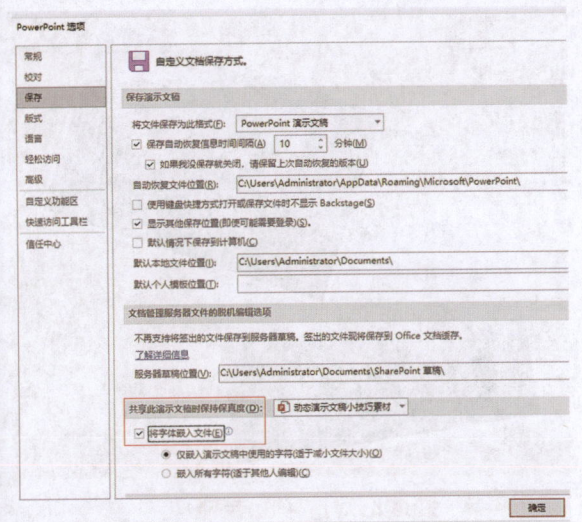

(2) 查看效果。

(4) 单击"确定"按钮，返回"另存为"对话框，单击"保存"按钮即可。

2. 设置图片效果

(1) 选中需要设置图片效果的图片，切换到"图片格式"选项卡，在"调整"组中，单击"艺术效果"下拉按钮，选择合适的效果。

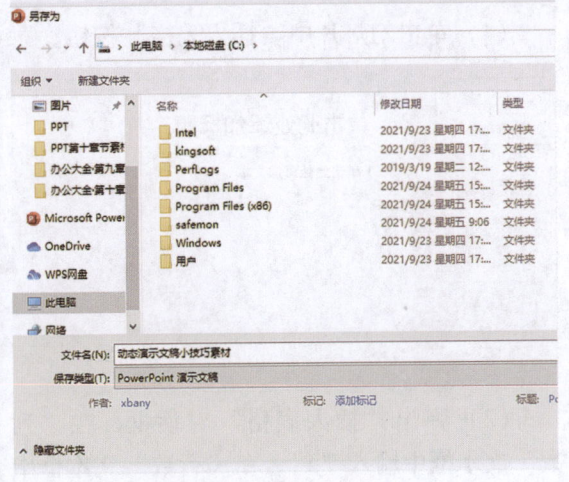

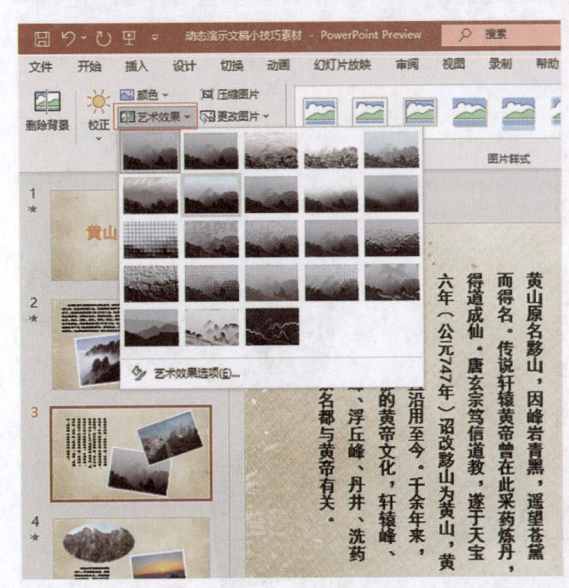

📌 10.4.2 处理幻灯片中的图片

在幻灯片中添加图片更容易达到吸引观众注意力的效果，也能使演示文稿的表现手法更加多样。

1. 设置图片样式

(1) PowerPoint 2021 自带了许多的图片样式，用户可以在 PowerPoint 2021 中直接使用这些图片样式。选中幻灯片中的图片，切换到"图片格式"选项卡，在"图片样式"组中选择合适的样式。

(2) 单击"校正"下拉按钮，选择合适的校正选项。

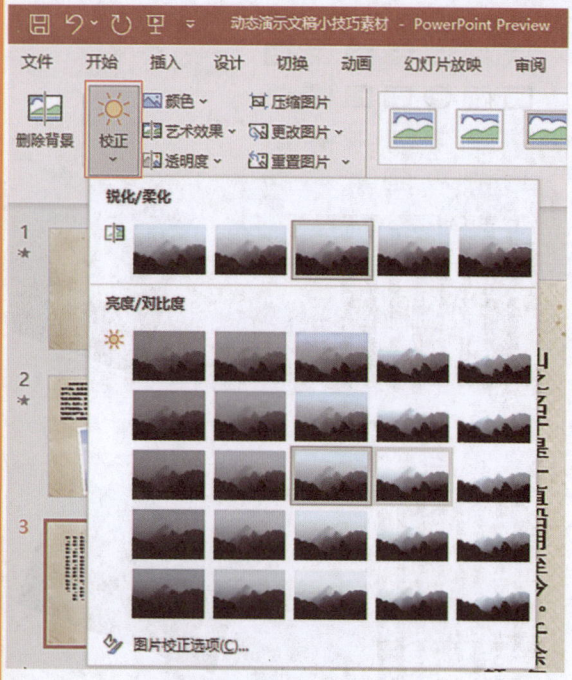

3. 组合图片

（1）按住"Shift"键，同时选中需要组合的图片，在"图片格式"选项卡下，单击"排列"组中的"组合"下拉按钮，选择"组合"按钮。

（2）此时，选中的图片就组合成了一个整体。

☞10.4.3 处理幻灯片中的表格

在幻灯片中可以使用表格，以使幻灯片中的内容更加整齐规范。

1. 插入幻灯片

（1）单击幻灯片中"插入表格"按钮。

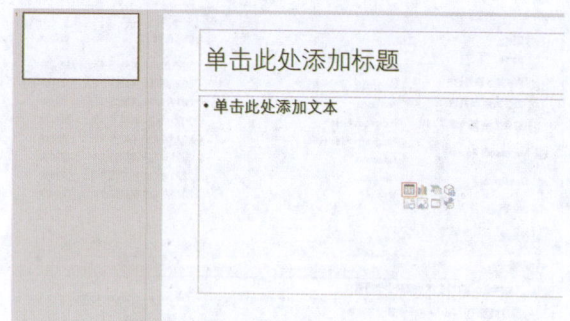

（2）弹出"插入表格"对话框，在"列数"文本框中输入"4"，在"行数"文本框中输入"6"，单击"确定"按钮。

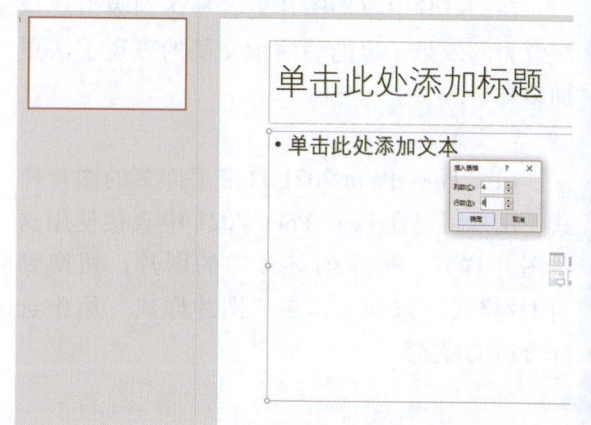

(3）返回幻灯片工作界面，此时幻灯片中插入了一个6行4列的表格。

（4）此时用户可以在表格中输入需要的内容。

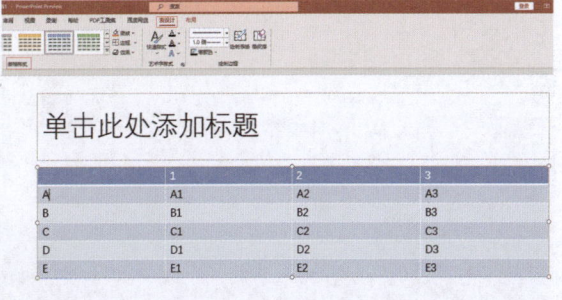

2. 修饰表格

（1）选中插入的表格，切换到"表工具设计"选项卡，在"表格样式"组中为其设置合适的样式。

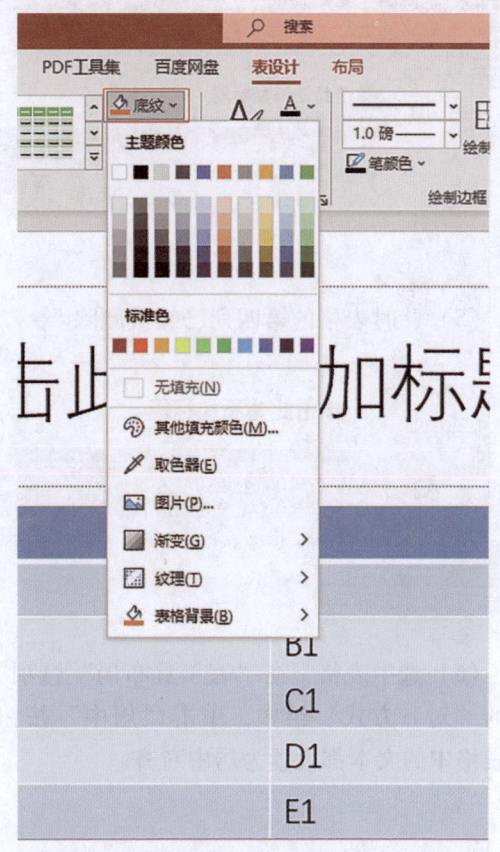

（2）在"表格样式"组中单击"底纹"下拉按钮，选择合适的底纹样式。

(3）单击"效果"下拉按钮，为此表格设置合适的效果样式。

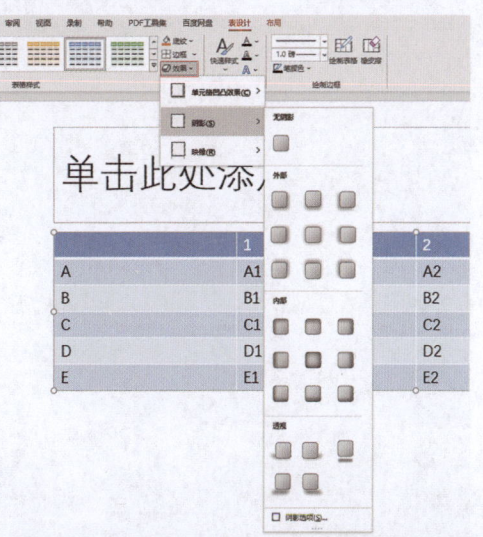

（4）选中表格第四列，切换到"表工具布局"选项卡，单击"行和列"组中的"删除"下拉按钮，选择"删除列"选项。

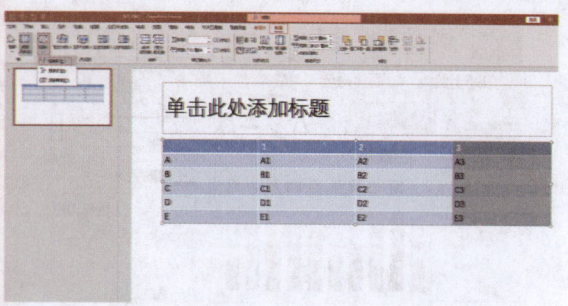

(5)此时表格的第四列已经被删除。

(6)选中表格,在"表工具布局"选项卡下的"对齐方式"组中,单击"居中"按钮,将表格中的文本都设置为居中对齐。

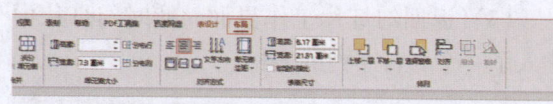

(7)选中表格,将光标放在表格的边框线上,当光标变为十字形时拖动鼠标调整表格的位置,表格的设置基本完成。

第十一章　设置演示文稿的演示效果

扫码看视频

概述

对于用户来说，制作与美化演示文稿的最终目的是将演示文稿中的幻灯片展示给观众。前面章节所讲的幻灯片放映方式只能满足基本的放映操作。如果需要演示文搞按要求进行放映，就需要对文稿的放映类型以及放映方式进行设置。本章涉及到的内容有设置放映方式和打包放映幻灯片等。

11.1 放映电影赏析演示文稿

本节以"电影赏析"演示文稿为例，介绍如何对幻灯片进行放映设置。

☞11.1.1 幻灯片的放映设置

用户可以根据幻灯片的放映类型对幻灯片的放映进行设置。

（1）打开"电影赏析"演示文稿，切换到"幻灯片放映"选项卡，在"设置"组中，单击"设置幻灯片放映"按钮。

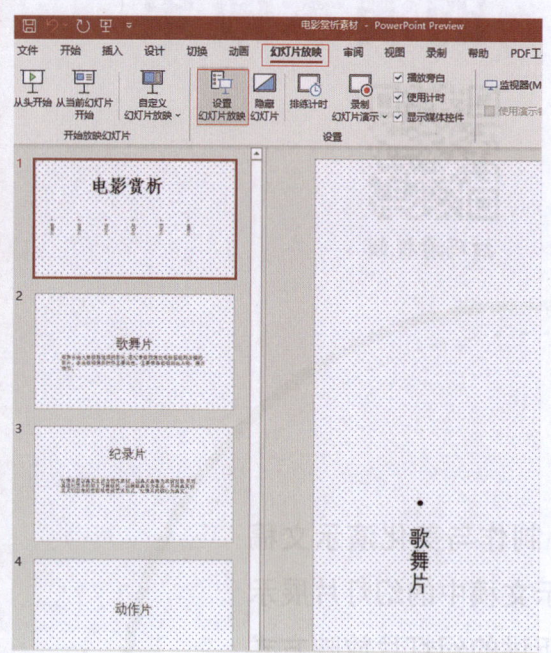

（2）弹出"设置放映方式"对话框，用户可以在对话框中选择需要的放映类型，放映类型默认为"演讲者放映（全屏幕）"，其效果如图所示。

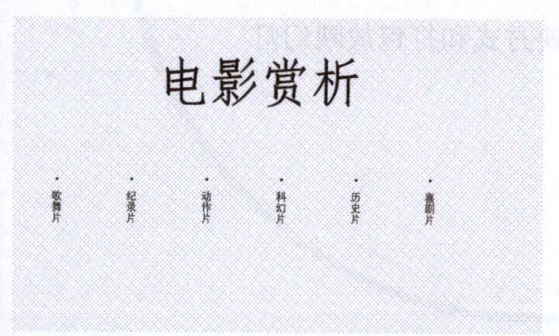

（3）勾选中"观众自行浏览（窗口）"单选按钮，演示文稿将以窗口形式放映。

（4）如果希望幻灯片在不需要人控制的情况下自动播放，可以勾选中"在展台浏览（全屏幕）"单选按钮。

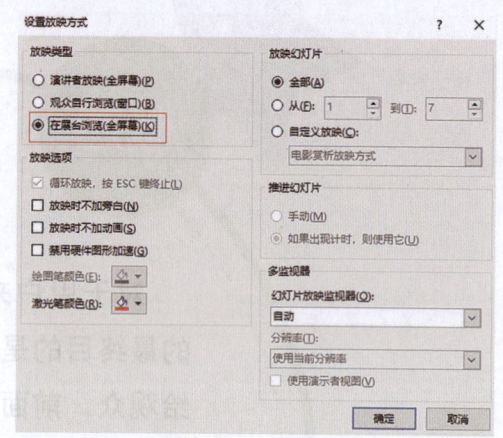

（5）在"放映选项"栏目中勾选中"循环放映，按'ESC'键终止"单选按钮；之后在放映演示文稿时，用户按下"ESC"键即可退出放映。

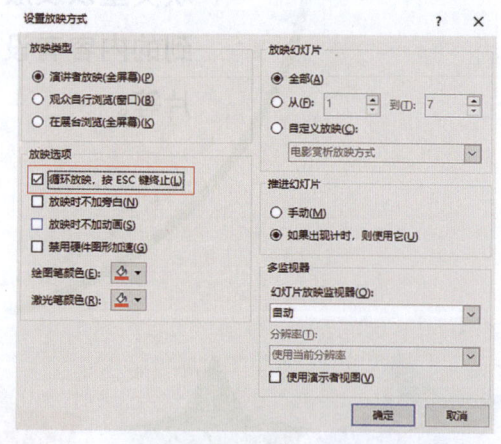

(6) 在"放映幻灯片"组中，用户可以设置幻灯片的放映范围。默认是"全部"选项，即放映全部幻灯片。用户可以勾选中"从＊＊到＊＊"单选按钮从而设置只放映指定范围内的幻灯片。

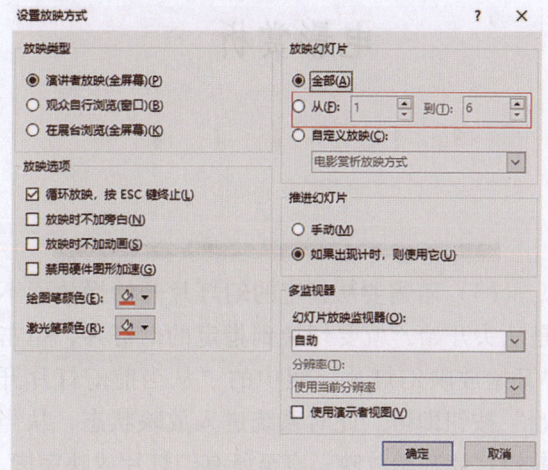

11.1.2 使用排练计时功能

排练计时的功能是设置每张幻灯片在屏幕上的停留时间，在设置自动放映幻灯片之前，用户可以利用此功能设定幻灯片的自动切换时间，其具体步骤如下。

（1）在"幻灯片放映"选项卡下，单击"设置"组中的"排练计时"按钮。

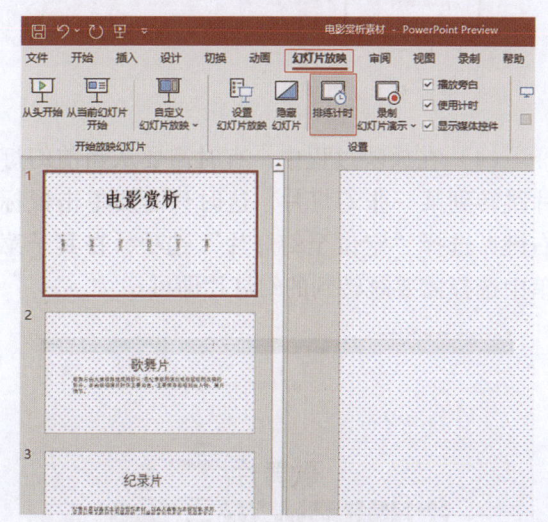

（2）此时，幻灯片进入放映状态，放映界面左上角出现"录制"对话框，文本框中的数字记录了当前幻灯片的放映时间。

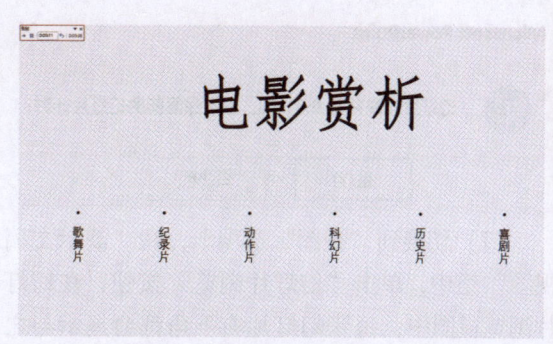

（3）选中"录制"对话框，按住鼠标左键，将对话框拖动至合适位置，单击"下一项"按钮，为第二张幻灯片记录播放时间。

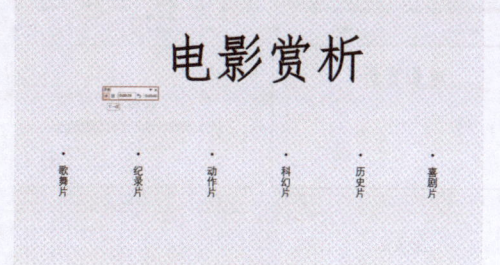

（4）单击"暂停录制"按钮，弹出"Microsoft PowerPoint"提示框，单击"继续录制"按钮，即可继续记录放映时间。

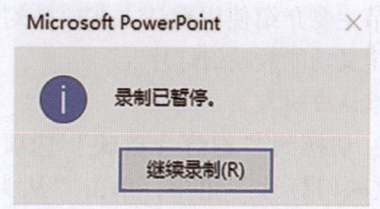

（5）单击"重复"按钮，系统会重新开始计时。

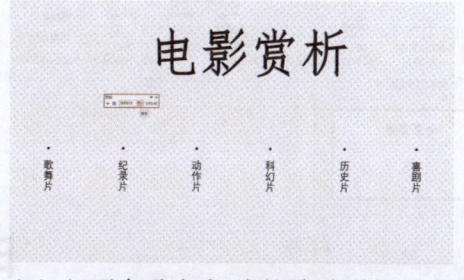

（6）记录每张幻灯片的放映时间，为最后一张幻灯片记录完放映时间后，系统会弹出提示框，提示用户幻灯片放映总共需要的时间，单击"是"按钮即可保存所有记录的时间。

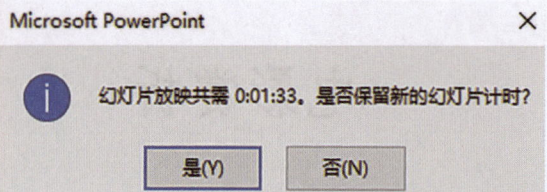

（7）切换到"视图"选项卡，在"演示文稿视图"组中，单击"幻灯片浏览"按钮，在幻灯片浏览视图中，每张幻灯片右下角都会显示与之对应的放映时间，在该演示文稿放映时，每张幻灯片都会按照其对应的时间进行播放。

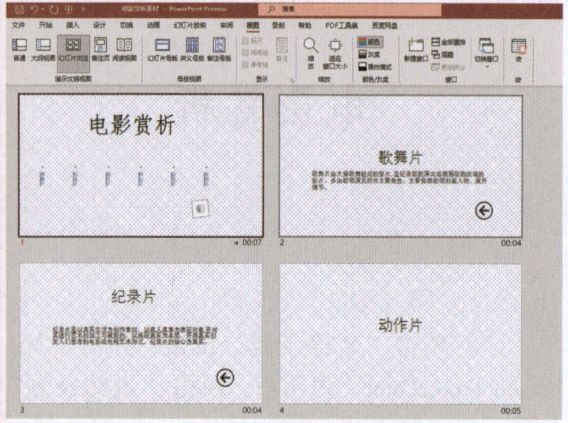

📖 11.1.3 设置幻灯片放映方式

本节主要介绍使用默认方式放映幻灯片和使用自定义功能放映幻灯片。

1. 默认放映方式

（1）切换到"幻灯片放映"选项卡，在"开始放映幻灯片"组中，单击"从头开始"按钮。

（2）此时演示文稿会处于播放状态，从第一张幻灯片开始放映，按照幻灯片次序和记录的时间依次放映幻灯片，按"ESC"键可退出放映状态。

（3）若需要从指定的幻灯片开始播放而不是从头开始，就要切换到指定的幻灯片，单击"开始放映幻灯片"组中的"从当前幻灯片开始"按钮即可。此时系统进入放映状态，从当前幻灯片开始放映，直至所有幻灯片放映完毕。

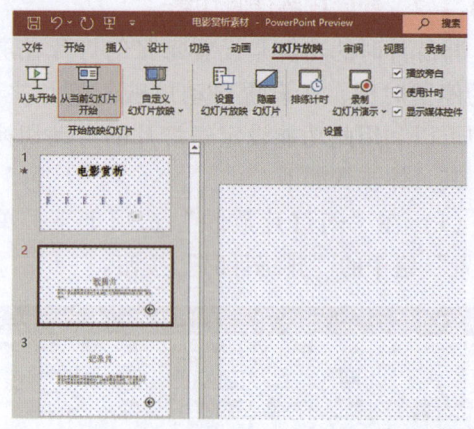

（4）在放映过程中，有时需要从当前幻灯片跳转到某一张幻灯片，这时只需要单击鼠标右键，选择"定位至幻灯片"选项，在其子菜单中选择需要跳转到的幻灯片即可。

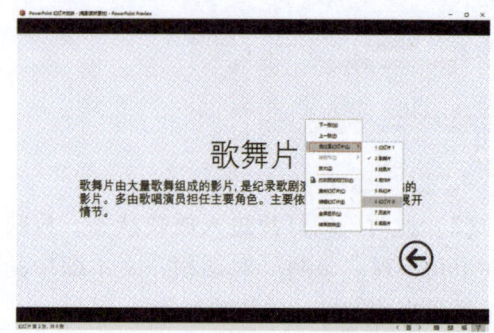

2. 自定义幻灯片放映方式

自定义幻灯片放映的方式需要用到"自定义幻灯片放映"功能，其具体方法如下。

（1）切换到"幻灯片放映"选项卡，在"开始放映幻灯片"组中单击"自定义幻灯片放映"下拉按钮，选择"自定义放映"选项。

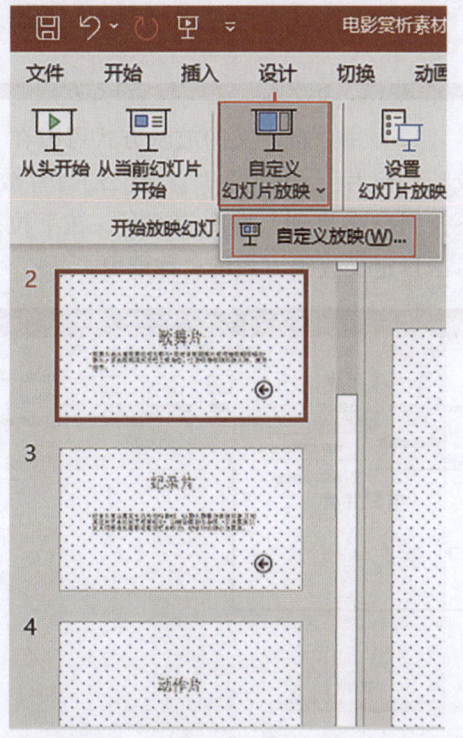

（2）弹出"自定义放映"对话框，单击"新建"按钮。

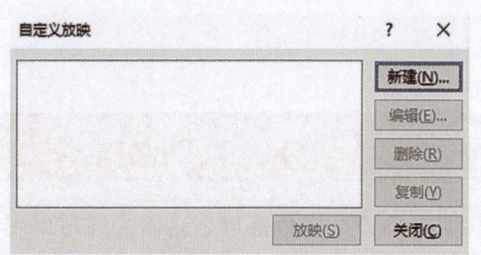

（3）弹出"定义自定义放映"对话框，在"幻灯片放映名称"文本框中输入名称。

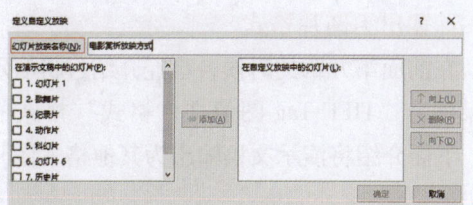

（4）在"在演示文稿中的幻灯片"栏目中，勾选要放映的幻灯片。

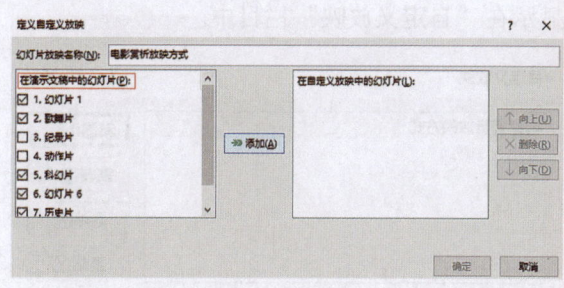

（5）单击"添加"按钮，将被选中的幻灯片添加至"在自定义放映中的幻灯片"栏目中。

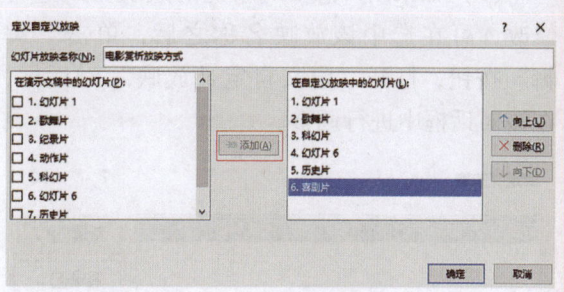

（6）选中"在自定义放映中的幻灯片"栏目中的某一张幻灯片，单击右侧的"删除"按钮，即可将选中的幻灯片从"在自定义放映中的幻灯片"栏目中删除。

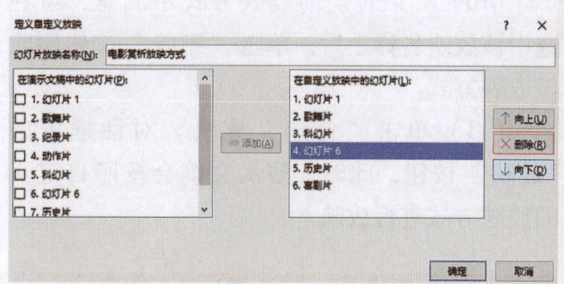

（7）在"在自定义放映中的幻灯片"栏目中选中某一幻灯片，单击右侧的"向上"或"向下"按钮，即可调整放映顺序。

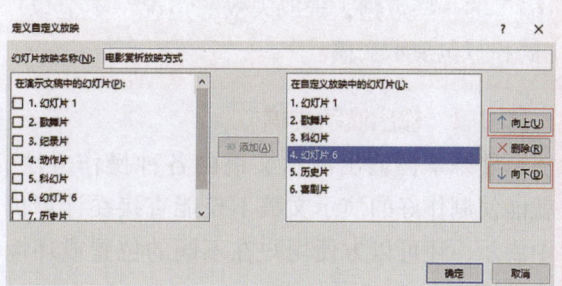

(8)单击"确定"按钮,返回到"自定义放映"对话框中,此时新建的文稿放映名称会显示在"自定义放映"栏目中。

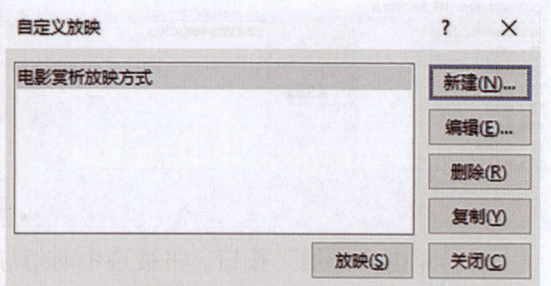

(9)如果用户想要对新建的放映方式进行修改,可在选中该放映名称之后,单击"编辑"按钮,打开"定义自定义放映"对话框,在该对话框中进行调整。

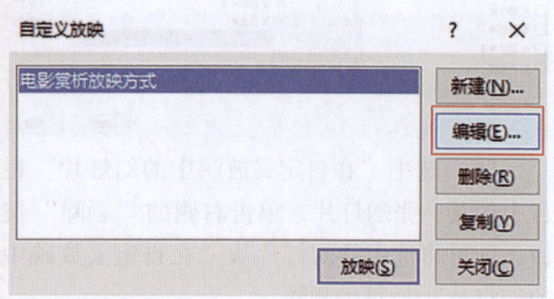

(10)如果对当前放映方式不满意,可在选中该放映名称之后,单击"删除"按钮删除该放映方式。

(11)单击"自定义放映"对话框中的"放映"按钮,此时,演示文稿会按照自定义的放映方式进行放映。

(12)用户自定义的放映方式可以在"开始放映幻灯片"组中的"自定义幻灯片放映"的下拉列表中找到。再次使用时,在下拉列表中单击自定义放映方式的名称即可。

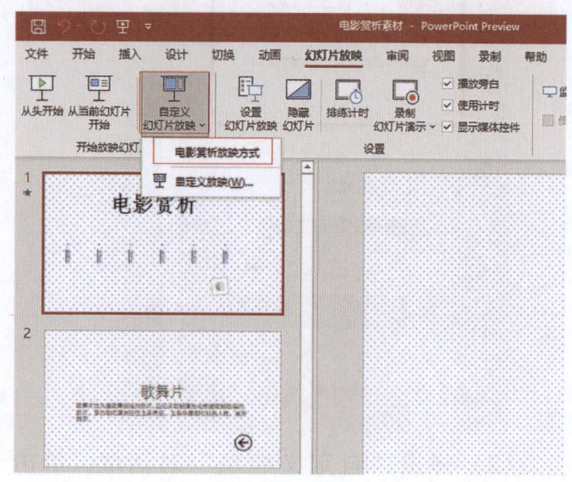

11.2 演示文稿输出和打包

在实际工作当中,用户经常需要将演示文稿放到其他的电脑上进行播放,这时会经常出现文稿里的一些数据丢失或失效的情况。本节以"景区宣传"演示文稿为例,介绍如何输出演示文稿和打包演示文稿。

☞11.2.1 输出演示文稿

熟练掌握输出演示文稿的各种操作方法,就能使制作好的演示文稿不仅能直接在计算机中展示,还可以方便用户在不同的位置或环境中使用。

1.输出为图片格式

在前面第九章的时候,已经介绍过将演示文稿保存为"TIFF Tag 图像文件格式"格式的方法,下面介绍将演示文稿输出为其他格式图片的方法。

（1）打开"景区宣传"演示文稿，单击"文件"按钮，选择"另存为"选项，在"另存为"界面中选择"这台电脑"选项，然后再单击"浏览"按钮。

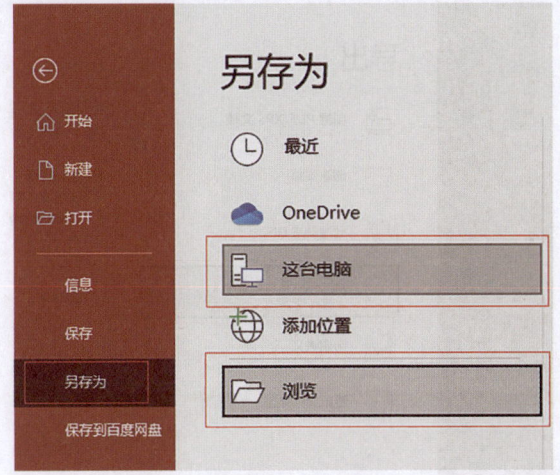

（2）弹出"另存为"对话框，单击"保存类型"下拉按钮，选择图片格式。

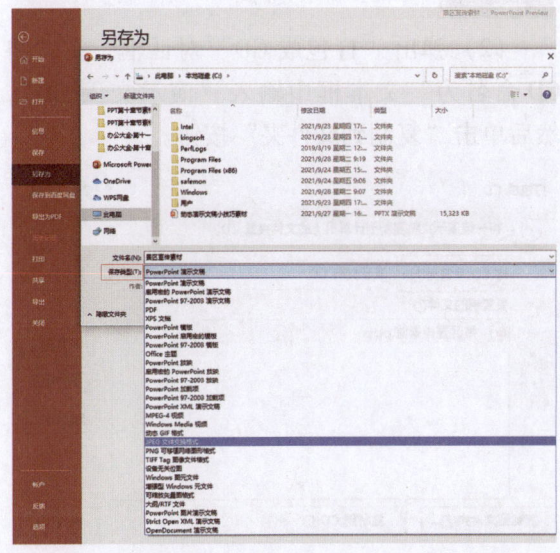

（3）单击"保存"按钮，系统会弹出提示框，提示用户选择需要输出为图片的幻灯片，用户根据需要选择相应的选项即可。

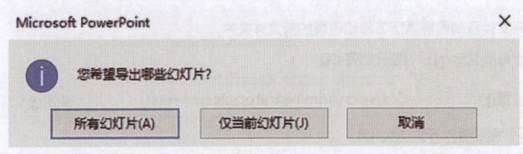

（4）打开保存图片的文件夹，查看效果。

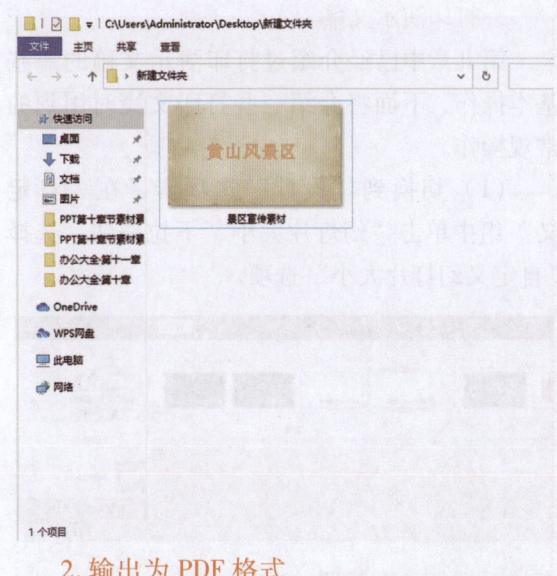

2. 输出为 PDF 格式

将演示文稿输出为 PDF 格式的步骤如下。

（1）按上述步骤打开"另存为"对话框，在"保存类型"下拉列表中，选择"PDF"选项。

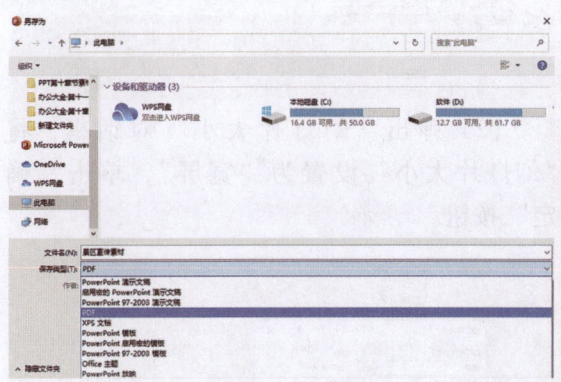

（2）单击"保存"按钮，即可完成输出操作。

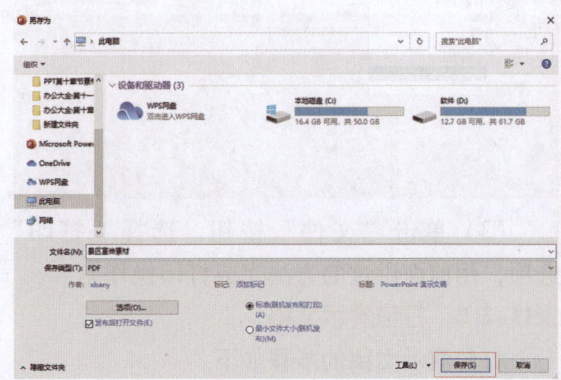

3. 打印演示文稿

第九章中已经介绍过打印演示文稿的一些基本操作，下面将介绍一些打印文稿时用到的常规操作。

（1）切换到"设计"选项卡，在"自定义"组中单击"幻灯片大小"下拉按钮，选择"自定义幻灯片大小"选项。

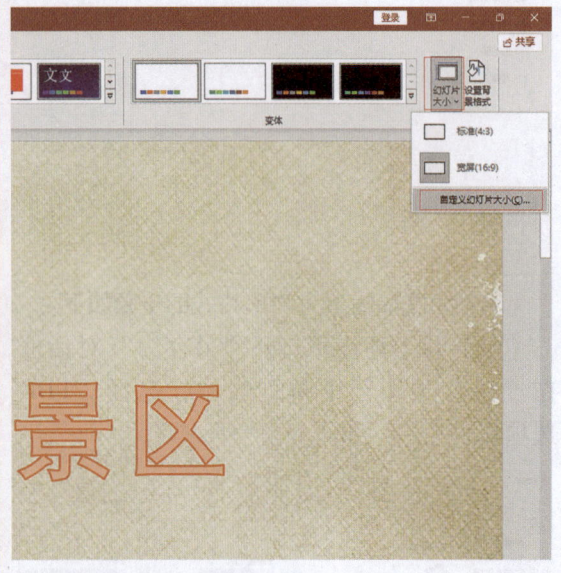

（2）弹出"幻灯片大小"对话框，将"幻灯片大小"设置为"宽屏"，单击"确定"按钮。

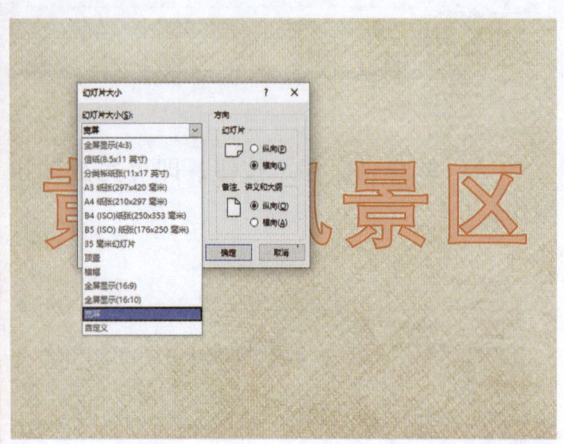

（3）单击"文件"按钮，选择"打印"选项，用前面讲过的方法完成打印操作。

11.2.2 打包演示文稿

打包演示文稿的步骤如下。

（1）单击"文件"按钮，切换到"导出"选项，在"导出"界面中选择"将演示文稿打包成CD"选项，再单击界面右侧的"打包成CD"按钮。

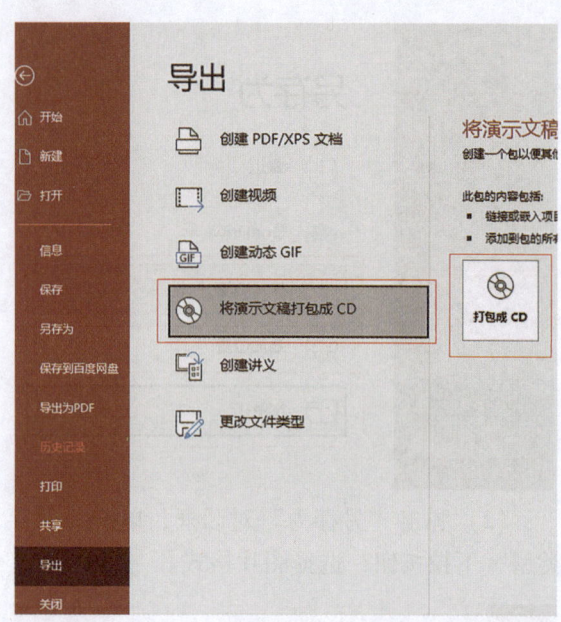

（2）弹出"打包成CD"对话框，在"将CD命名为"文本框中输入"演示文稿CD"，然后单击"复制到文件夹"按钮。

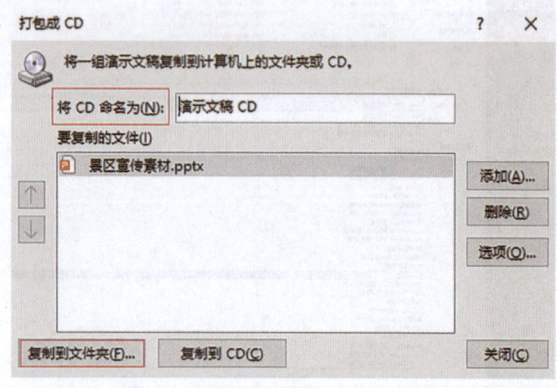

（3）弹出"复制到文件夹"对话框，单击"浏览"按钮。

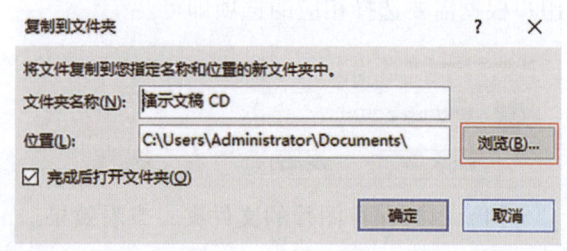

（4）弹出"选择位置"对话框，选择好文件保存的位置，单击"选项"按钮。

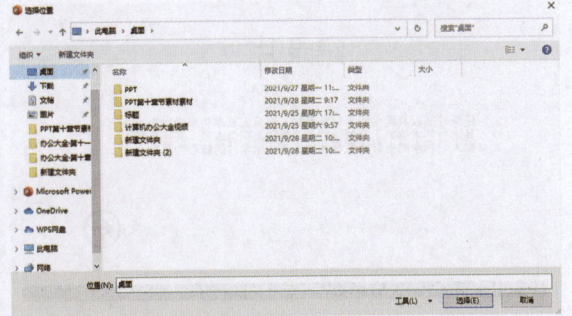

（5）返回"复制到文件夹"对话框，单击"确定"按钮，随后系统会弹出提示框，单击"是"按钮。

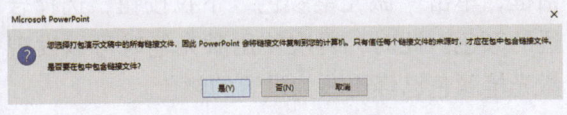

（6）稍等片刻，等系统复制完成文件后，系统会自动打开相应的文件夹。

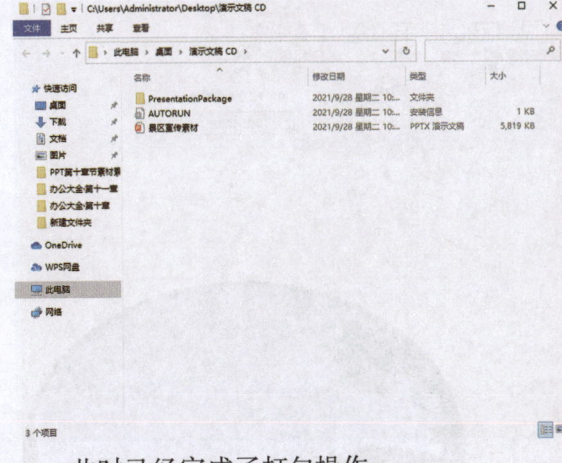

此时已经完成了打包操作。

（7）打开"PresentationPackage"文件夹，双击"PresentationPackage.html"文件，打开对应网页，下载播放器并安装后，即可播放该演示文稿。

11.3 制作PPT小技巧

☞11.3.1 为超链接对象设置提示信息

当鼠标指向超链接时，屏幕会自动出现提示文字。除了默认的提示信息外，用户还可以在PPT中设置自己所想要的提示信息，其具体步骤如下。

选中要插入超链接的对象，在"插入"选项卡下单击"链接"按钮，弹出"插入超链接"对话框，单击"屏幕提示"按钮，在弹出的对话框中的文本框中输入需要的文本内容。

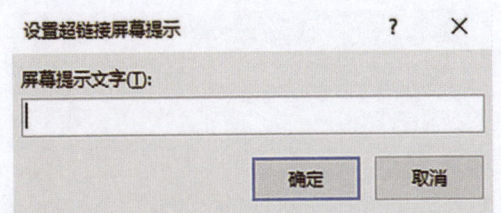

☞11.3.2 设置动画参数

在"动画"选项卡下，单击"高级动画"选项组中的"动画窗格"按钮，在动画窗格中，选中某一动画，单击其下拉按钮，在弹出的下拉菜单中，用户可选择设置选项。

☞11.3.3 插入录音音频

在制作演示文稿时，有时会需要对某一项内容进行讲解，此时就用到了录音功能。为幻灯片添加录音的步骤如下。

（1）单击"插入"选项卡的"音频"下拉按钮，选择"录制音频"选项。

射状态的红圈。

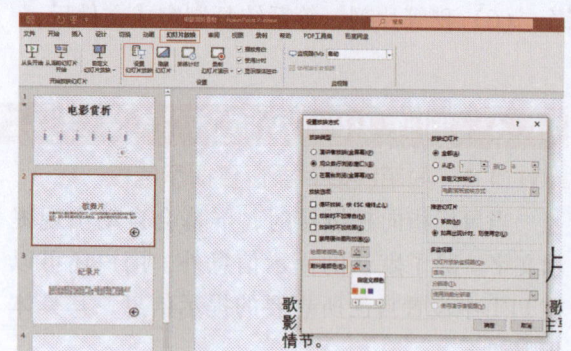

（2）弹出"录制声音"对话框，单击"录制"按钮开始录音，单击"停止"完成录音，再单击"确定"按钮即可插入录音。

11.3.4 使用激光笔

激光笔又名指星笔、镭射笔和手持激光器，多用于指示作用而得名，拥有非常显而易见的可见光束。经常被用在课堂教学中，起到指示黑板内容的作用。在PPT中使用激光笔的步骤如下。

1. 调用激光笔

在放映幻灯片时，按住"Ctrl"键，同时按住鼠标左键，这时光标会变成一个激光笔照

2. 设置激光笔颜色

在"幻灯片放映"选项卡下，单击"设置幻灯片放映"按钮，打开"设置放映方式"对话框，单击"激光笔颜色"下拉按钮，选择合适的颜色。此时，再次使用激光笔时可以发现激光笔颜色已经更改为设置的颜色。

第十二章　Office三软件协同办公

扫码看视频

概述

在日常学习及办公过程当中，用户经常需要在Word、Excel以及PPT中来回切换使用。这个时候使用Office协同办公功能会大大提高用户的办公效率。

12.1　Word 和 Excel 之间协同办公

用户可以通过 **Office** 协同办公功能，在 **Word** 中使用 **Excel** 表格。在 **Excel** 中使用 **Word** 数据。

12.1.1　在 Word 中使用 Excel 数据

在 Word 中使用 Excel 的方法如下。

1. 复制粘贴

（1）选中 Excel 中的表格数据，单击鼠标右键。在弹出的快捷菜单中选择"复制"选项，或者选中表格数据，按下"Ctrl + C"快捷键直接进行复制。

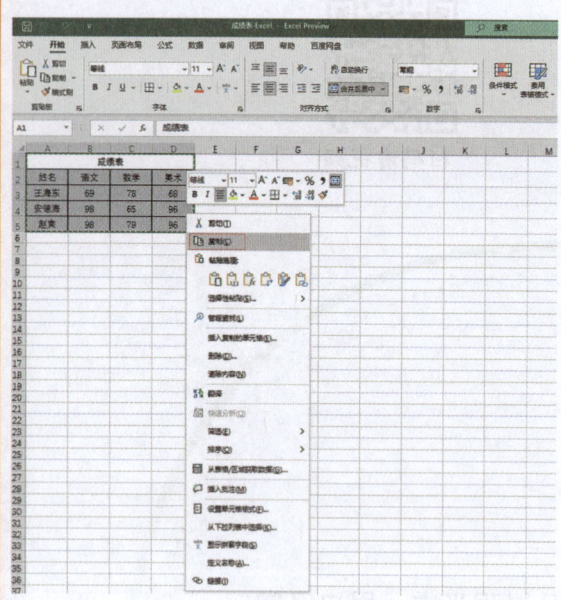

（2）在 Word 文档中，鼠标右键单击空白处，在弹出的快捷菜单中选择"保留源格式"粘贴选项。

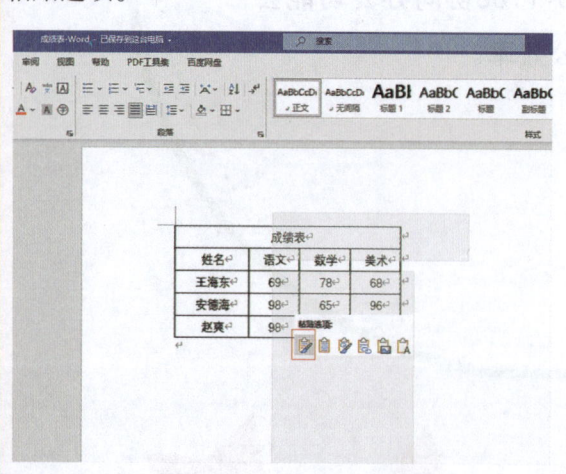

（3）在 Word 中调整表格以及表格中的文本格式。

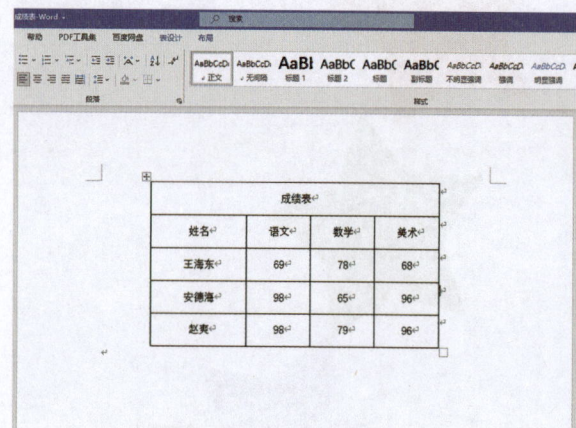

2. 插入表格

在 Word 中如果要使用 Excel 表格中的各种功能，可以通过插入表格来实现。

（1）打开 Word 文档，切换到"插入"选项卡，单击"文本"组中的"对象"下拉按钮，选择"对象"选项。

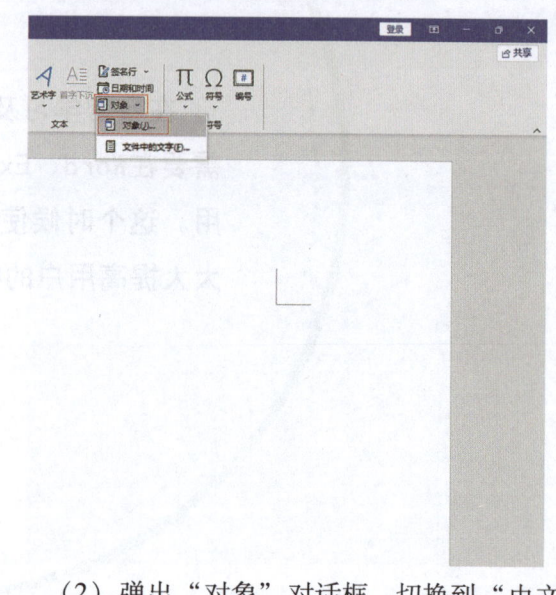

（2）弹出"对象"对话框，切换到"由文件创建"选项卡，单击文件名文本框右侧的"浏览"按钮。

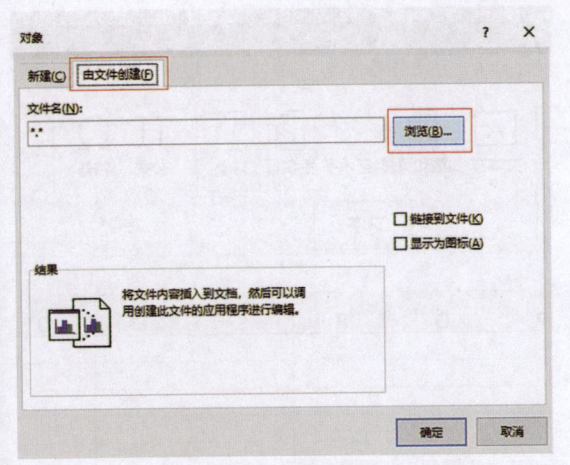

(3) 在"浏览"对话框中，选择要插入的文档，最后单击"插入"按钮。

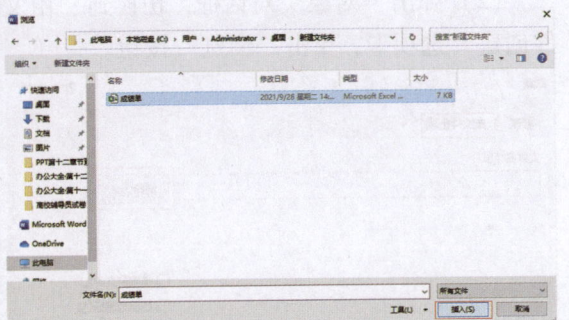

(4) 返回到"对象"对话框，单击"确定"按钮。

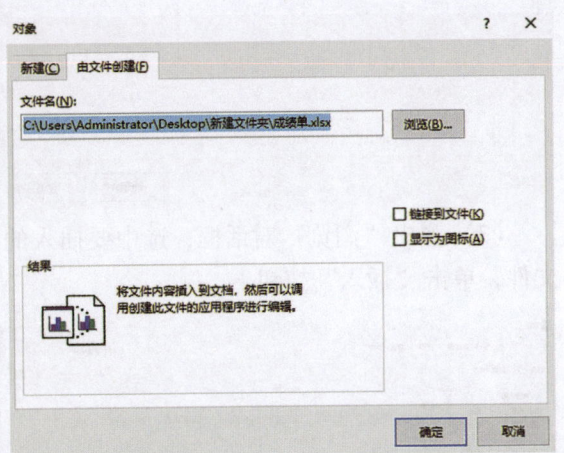

(5) 返回 Word 文档中，查看插入的表格。与复制粘贴到 Word 中的 Excel 表格不同，此时插入的表格所具有的功能和在 Excel 中的完全一致。

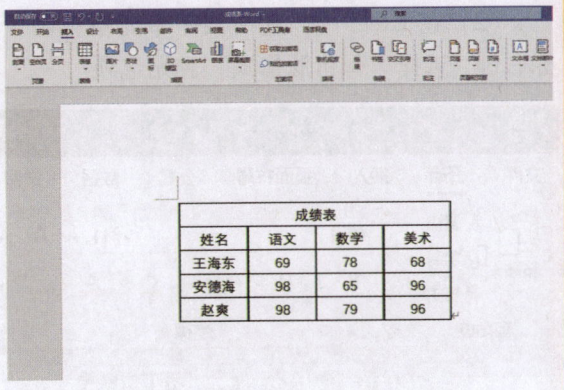

(6) 双击插入的表格即可进入编辑状态。

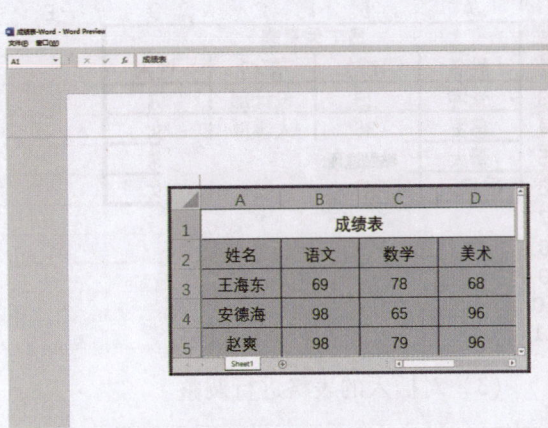

(7) 单击空白处即可退出编辑状态。

12.1.2 在 Excel 中使用 Word 数据

在 Excel 中使用 Word 数据的步骤如下。

1. 复制粘贴

(1) 打开"员工信息表"Word 文档，全选表格，单击鼠标右键，选择"复制"选项。

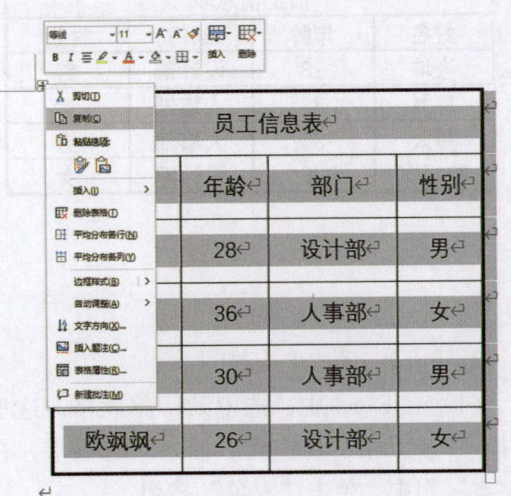

(2) 在 Excel 中，选择某一单元格单击鼠标右键，选择"保留源格式"粘贴选项。

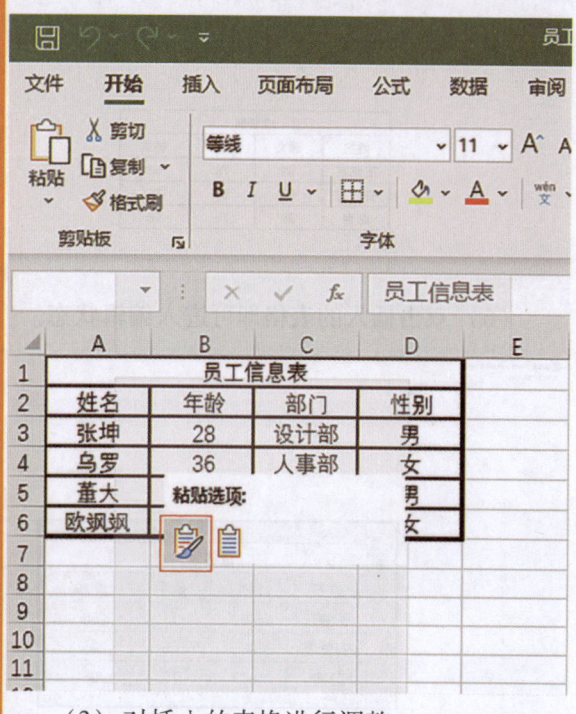

　　(3) 对插入的表格进行调整。

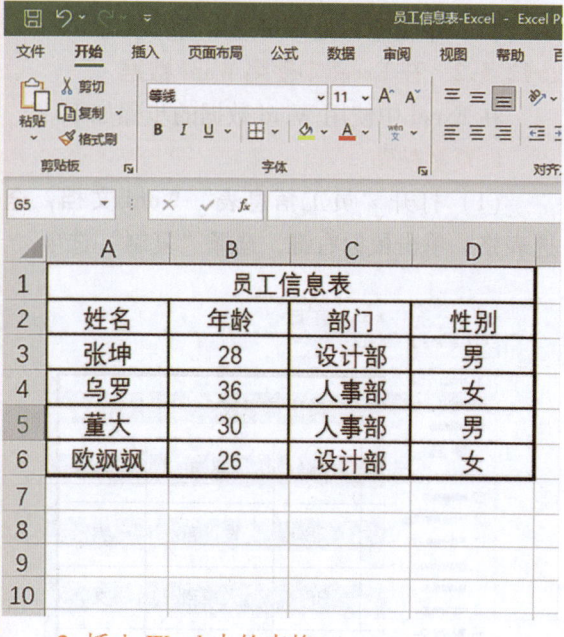

2. 插入 Word 中的表格

　　(1) 在 Excel 中，选中某一单元格，这里选择 A1 单元格，切换到"插入"选项卡，在"文本"组中，单击"对象"按钮。

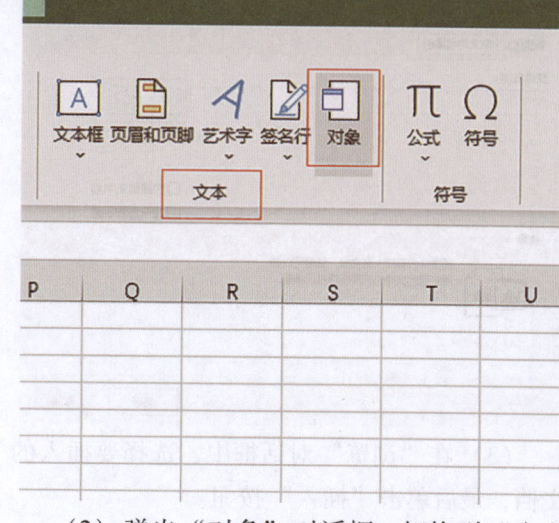

　　(2) 弹出"对象"对话框，切换到"由文件创建"选项卡，单击"浏览"按钮。

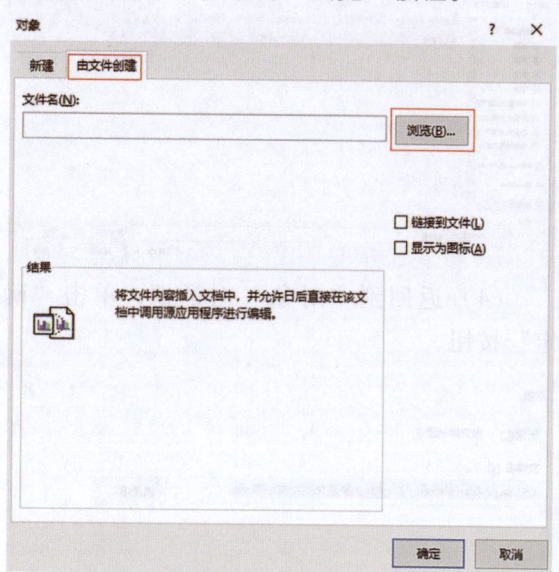

　　(3) 弹出"浏览"对话框，选中要插入的文件，单击"插入"按钮。

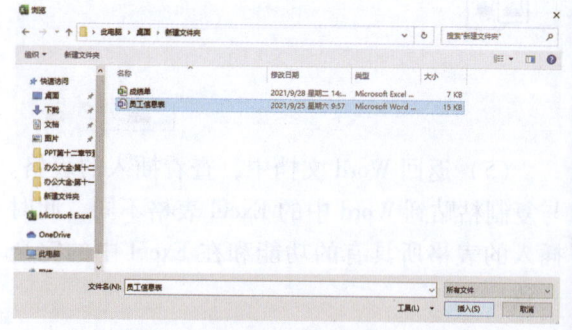

　　(4) 插入完成后，对表格进行调整。

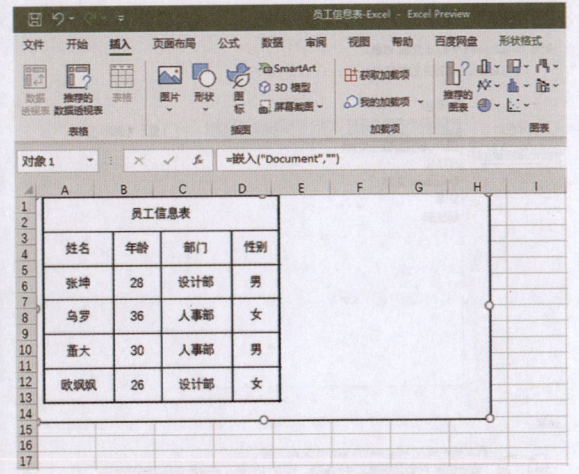

(5）双击表格，进入编辑状态，表格具有的编辑功能和在 Word 中的一致。

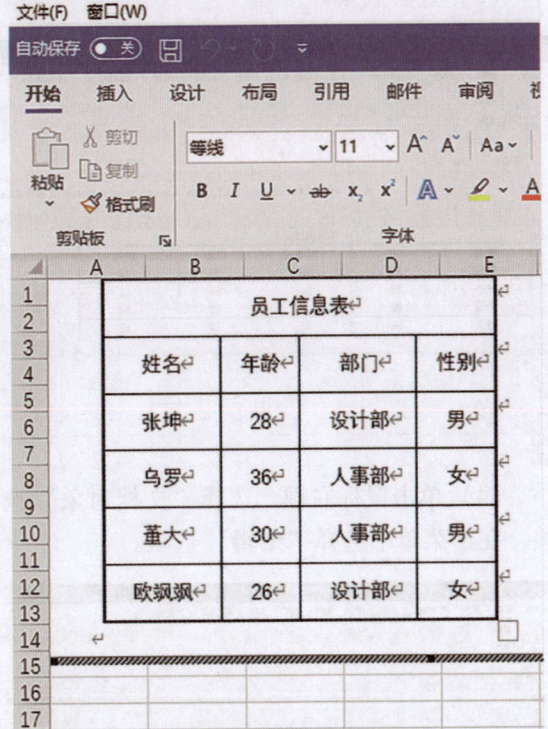

12.1.3　同步更新数据

同步更新数据是为了实现 Word 与 Excel 数据同步，即当源数据放生了变更时，引用了该数据的文档也要随之改变。

1. 使用复制粘贴

（1）在 Excel 中，选中表格数据，单击鼠标右键，选择"复制"选项，在 Word 文档中，单击鼠标右键，选择"链接与保留源格式"选项，并调整表格。

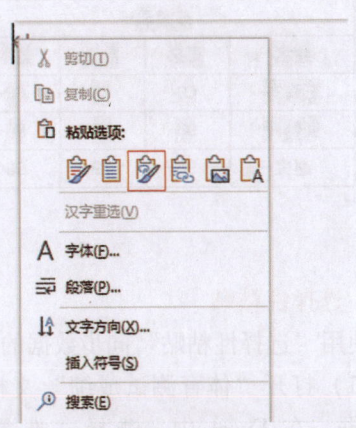

（2）在 Excel 中更改源数据。

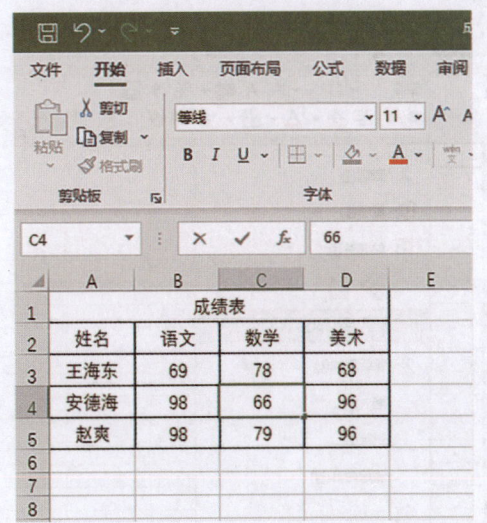

（3）返回 Word 文档中，单击鼠标右键，选择"更新链接"选项。

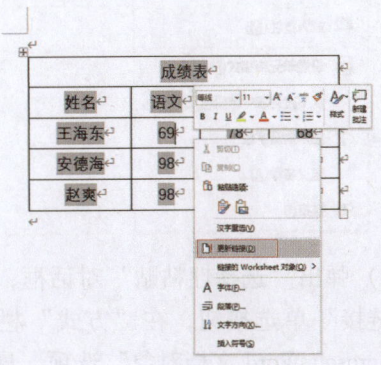

（4）此时 Word 中的表格内容也会随着 Excel 中源数据的改变而改变。

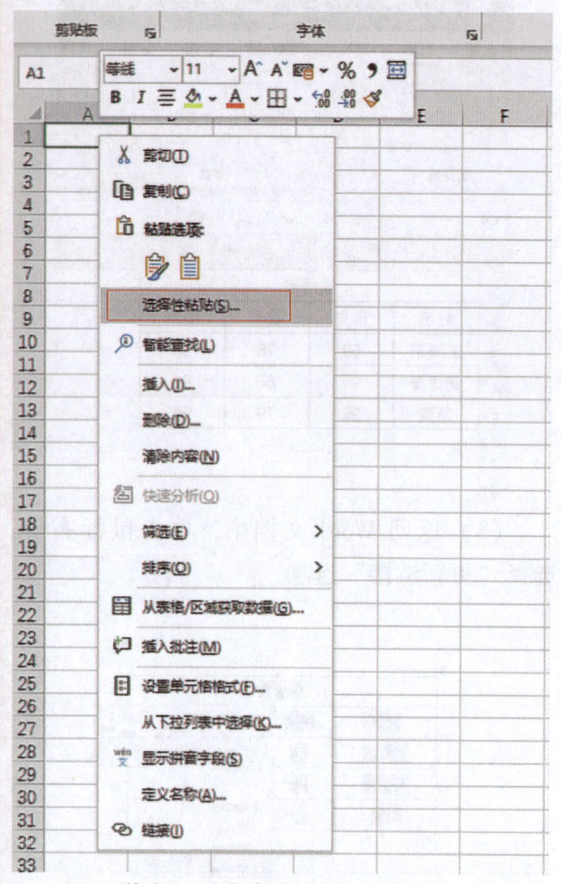

2. 选择性粘贴

使用"选择性粘贴"同步数据的步骤如下。

（1）打开"体育测试成绩"文档，复制表格数据，在 Excel 中，选择"选择性粘贴"选项。

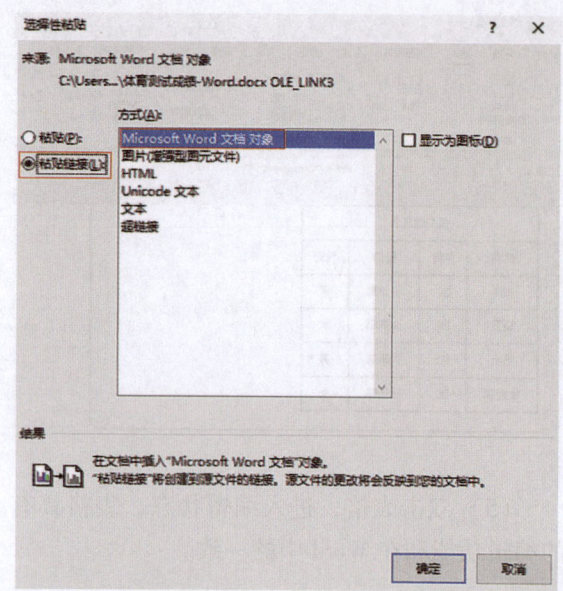

（3）查看效果。

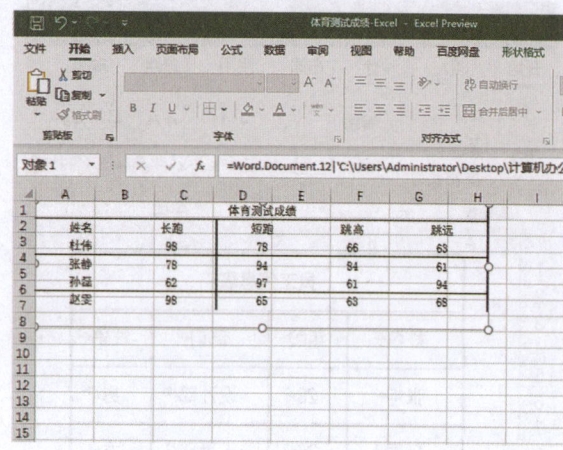

（2）弹出"选择性粘贴"对话框，勾选中"粘贴链接"单选按钮，在"方式"栏目中选择"Microsoft Word 文档对象"选项，最后单击"确定"按钮。

（4）单击鼠标右键，选择"文档对象"选项，在子菜单中选择"编辑"选项。

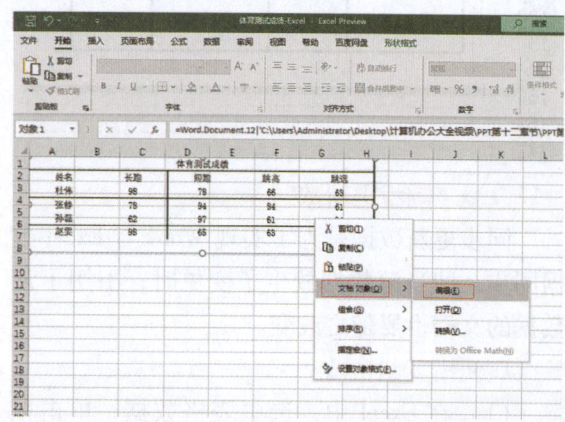

（5）返回到 Word 中，修改 Word 中的表格内容。

（6）此时返回到 Excel 中查看数据，发现已经更新。

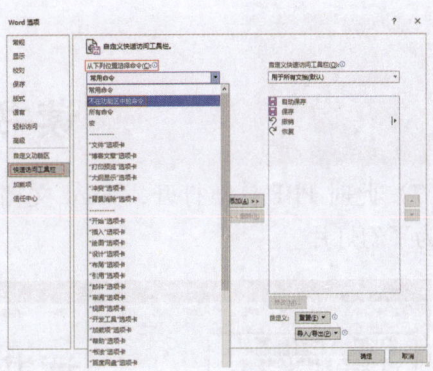

12.2 Word 与 PPT 之间协同办公

运用 Word 与 PPT 之间的协同办公功能，可以大大提高用户的工作效率。

12.2.1 使用 Word 制作 PPT 演示文稿

1. 使用发送到 PPT 功能

（1）打开 Word 文档，单击"文件"按钮。

（2）选择"选项"选项。

（3）弹出"Word 选项"对话框，选择"快速访问工具栏"选项，单击"从下列位置选择命令"下拉按钮，选择"不在功能区中的命令"选项。

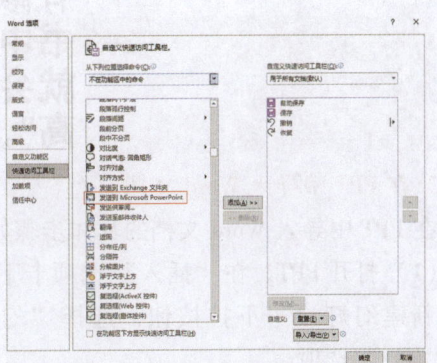

（4）在列表中选择"发送到 Microsoft PowerPoint"选项。

(5) 单击"添加"按钮。

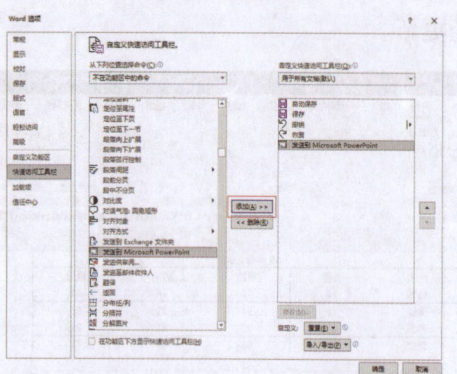

(6) 单击"确定"按钮，在快速访问工具栏中找到并单击"发送到 Microsoft PowerPoint"按钮。

(7) 此时 PPT 自动打开，Word 文档已经转换为了幻灯片。

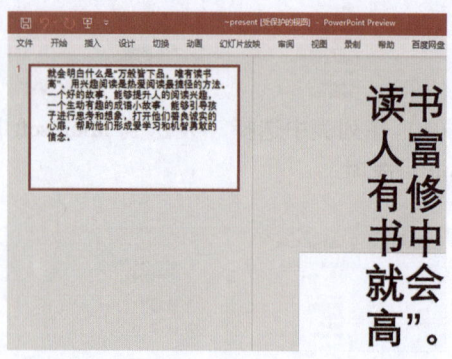

2. 在 PPT 中导入 Word 文档

在 PPT 中导入 Word 文档的具体步骤如下。

（1）打开 PPT，在"插入"选项卡下，单击"新建幻灯片"下拉按钮，选择"幻灯片（从大纲）"选项。

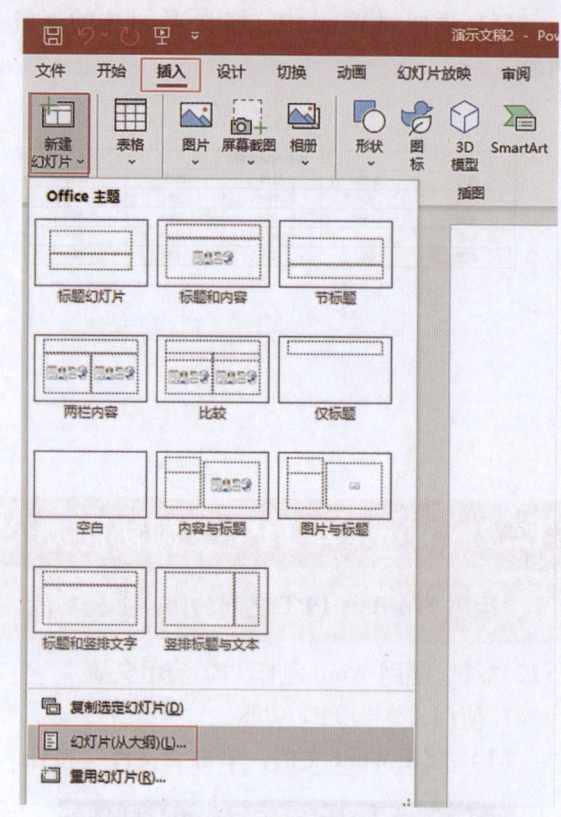

（2）弹出"插入大纲"对话框，选择文件，单击"插入"按钮。

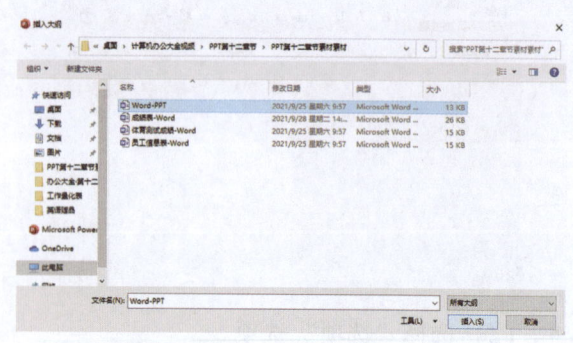

（3）查看效果。

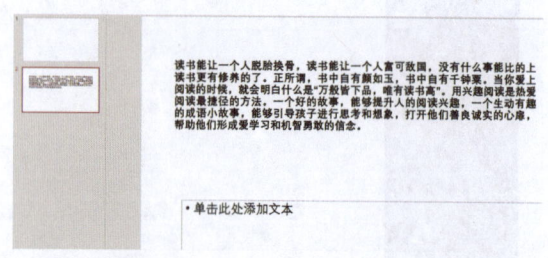

3. 使用"打开"功能

（1）新建一个 Word 文档，使用大纲视图编辑后保存。

12.2.2 将 PPT 文稿转换为 Word 文档

将 PPT 文稿转换为 Word 文档的方法如下。

1. 使用发送命令

（1）打开"故事"演示文稿，单击"文件"按钮，选择"选项"选项，打开"PowerPoint 选项"对话框。

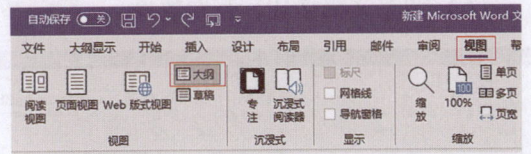

读书能让一个人脱胎换骨，读书能让一个人富可敌国，没有什么事能比的上读书更有修养的了。正所谓，书中自有颜如玉，书中自有千钟粟。当你爱上阅读的时候，就会明白什么是"万般皆下品，唯有读书高"。用兴趣阅读是热爱阅读最捷径的方法一个好的故事，能够提升人的阅读兴趣，

（2）新建 PPT 文档，在 PPT 中，单击"文件"按钮，选择"打开"选项，单击"浏览"按钮。

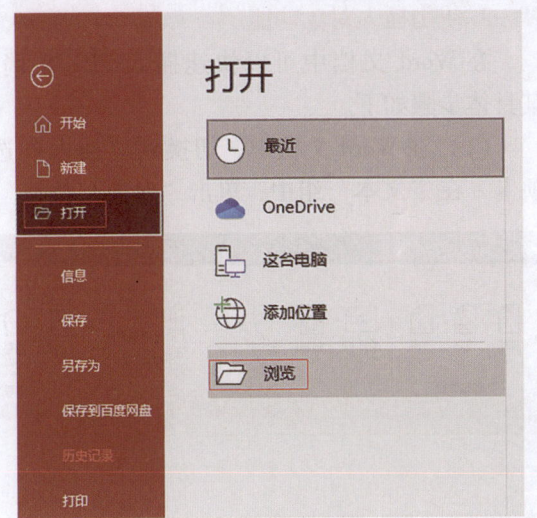

（3）弹出"打开"对话框，单击"所有 PowerPoint 演示文稿"下拉按钮，选择"所有大纲"选项，再单击"打开"按钮，之后 PPT 将自动打开 Word 大纲文件。

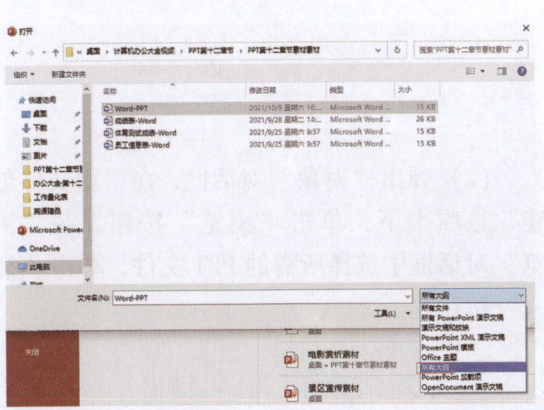

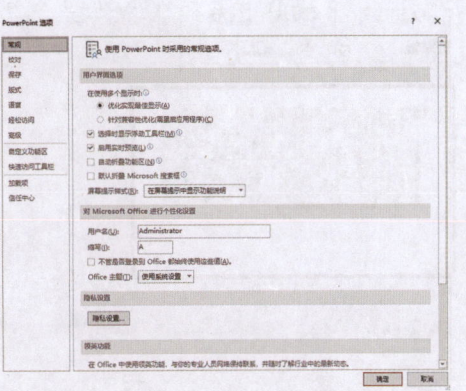

（2）选择"快速访问工具栏"选项，在"不在功能区中的命令"选项下，单击"在 Microsoft Word 中创建讲义"选项。

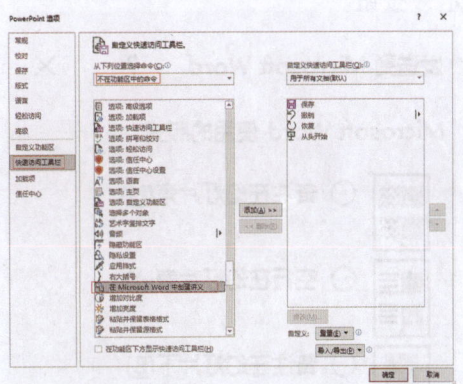

（3）单击"添加"按钮，然后再单击"确定"按钮。

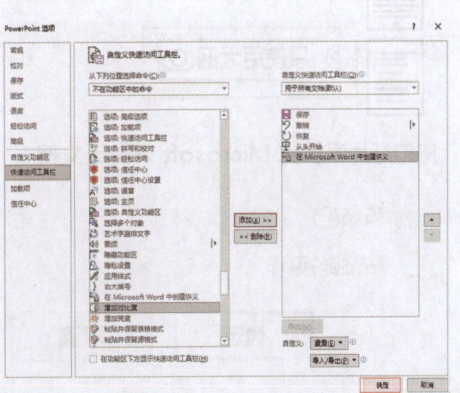

（4）返回编辑界面，单击"在 Microsoft Word 中创建讲义"按钮。

（5）弹出"发送到 Microsoft Word"对话框，勾选中"只使用大纲"单选按钮。单击"确定"按钮。

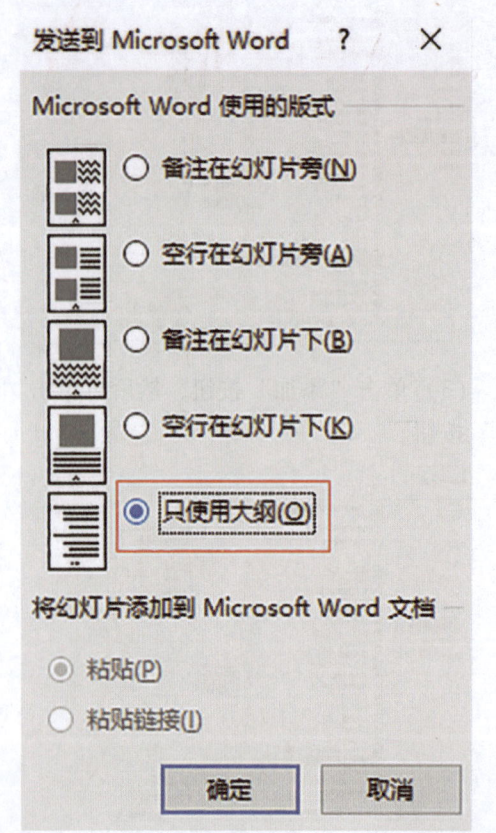

（6）调整文档格式，查看效果。

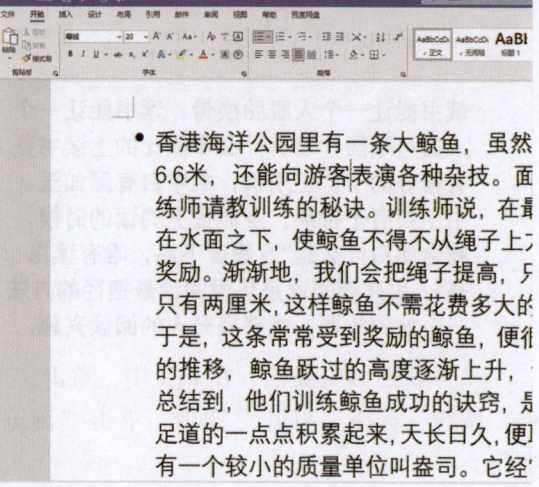

2. 使用插入对象功能

在 Word 文档中可以快速插入 PPT 文稿，其具体步骤如下。

（1）在 Word 文档中，切换到"插入"选项卡，在"文本"组中，单击"对象"按钮。

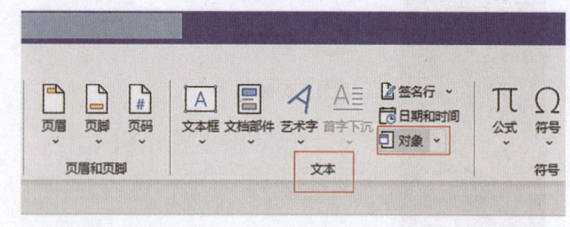

（2）弹出"对象"对话框，在"由文件创建"选项卡下，单击"浏览"按钮。在"浏览"对话框中选择所需的 PPT 文件，单击"插入"按钮。

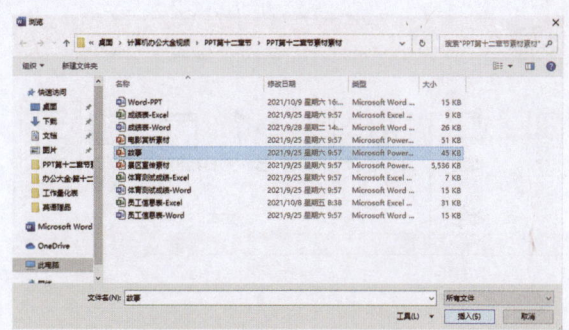

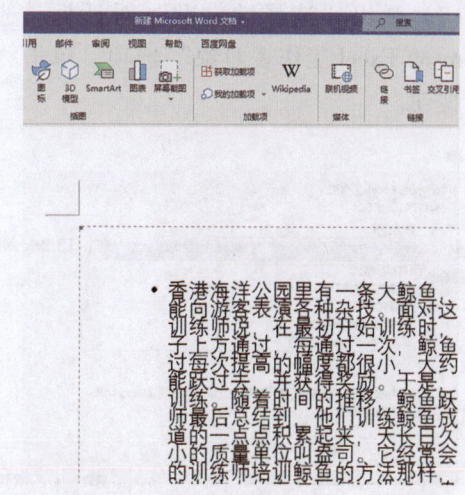

（3）返回到"对象"对话框，单击"确定"按钮。此时 Word 文档中已经插入了 PPT 文稿，双击该界面可启动放映功能。

12.3　Excel 与 PPT 之间协同办公

将 Excel 中的表格数据插入到 PPT 中的方法如下。

12.3.1　使用选择性粘贴功能

（1）在 Excel 表格中复制所需的数据。

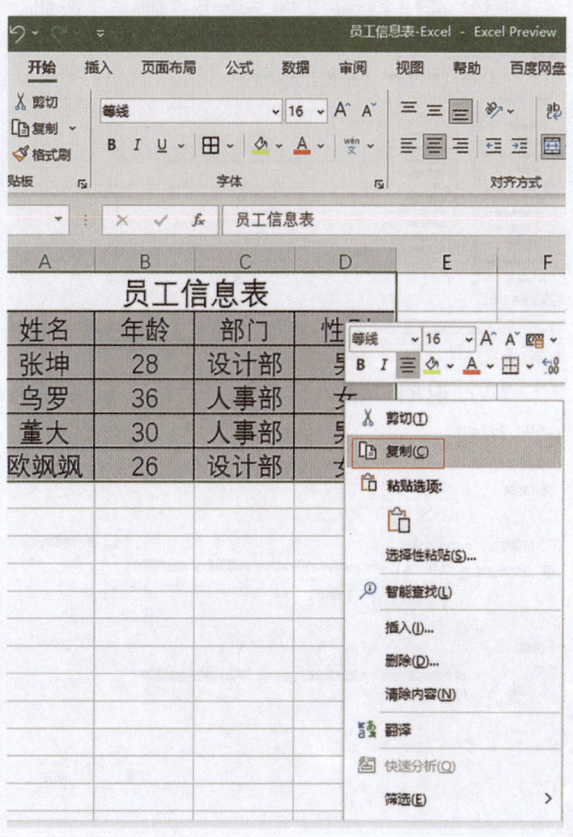

（2）在 PPT 中，新建空白幻灯片，单击"剪切板"组中的"粘贴"下拉按钮，选择"选择性粘贴"选项。

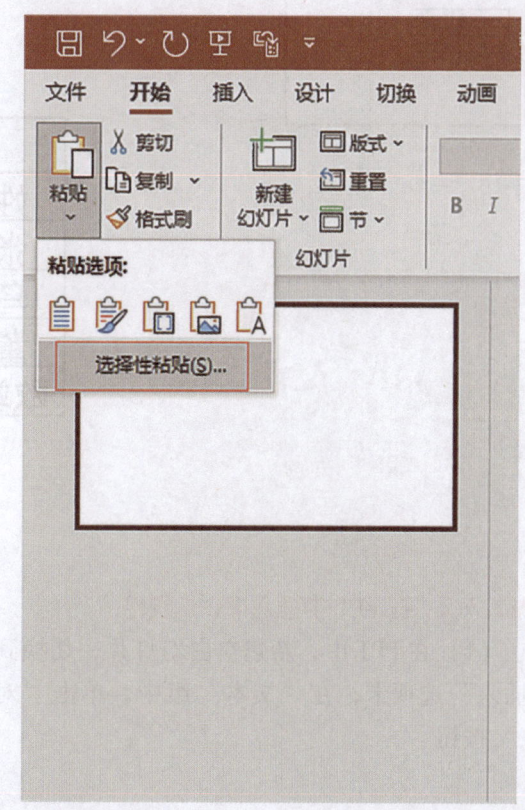

(3)弹出"选择性粘贴"对话框,选择"Microsoft Excel 工作表对象"选项,单击"确定"按钮。

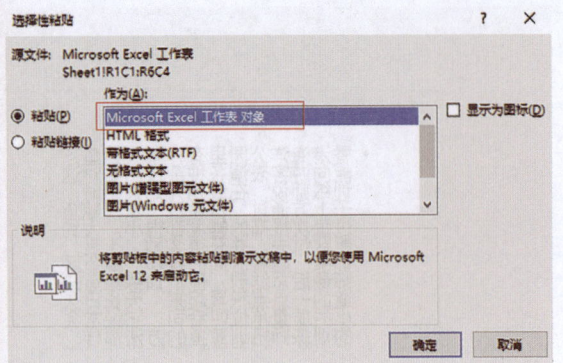

(4)此时幻灯片中已经插入了指定的 Excel 表格,双击表格可进入编辑状态,单击空白处退出编辑状态。

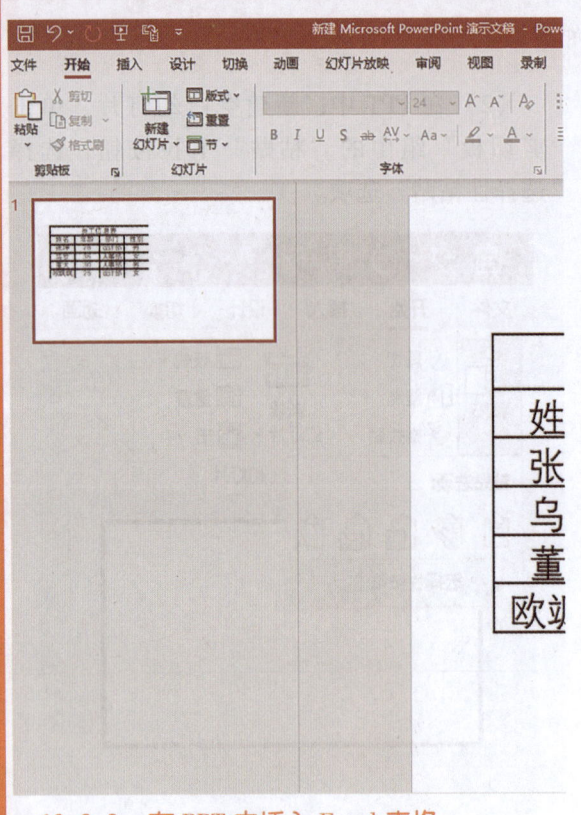

12.3.2 在 PPT 中插入 Excel 表格

(1)在 PPT 中,新建空白幻灯片,切换到"插入"选项卡,在"文本"组中,单击"对象"按钮。

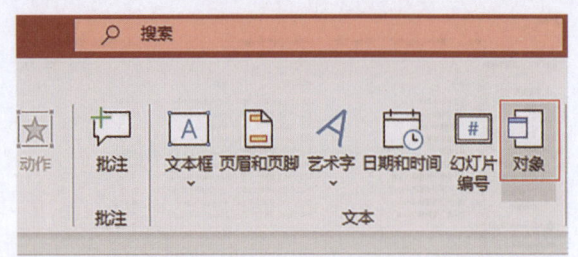

(2)弹出"插入对象"对话框,勾选中"由文件创建"单选按钮,单击"浏览"按钮。

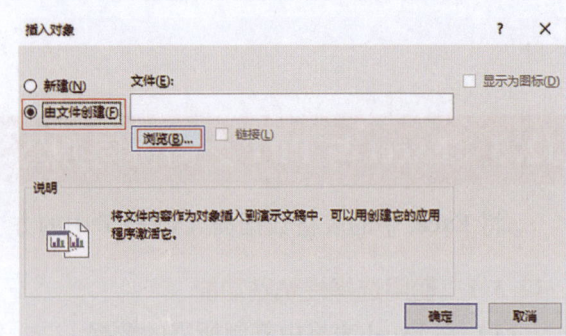

(3)选择 Excel 文件,单击"确定"按钮。

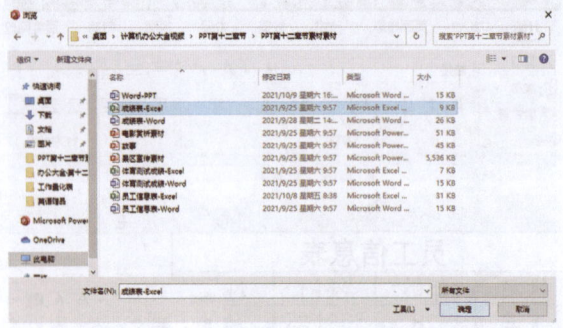

(4)返回"插入对象"对话框,单击"确定"按钮。

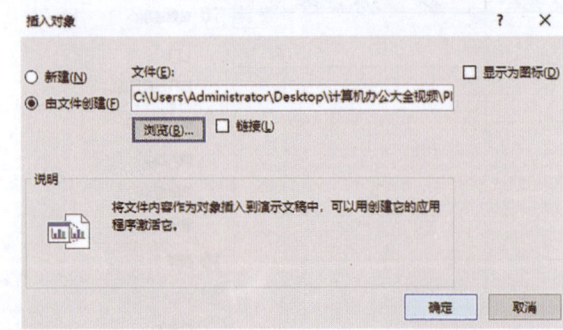

（5）此时 PPT 中已经插入了表格数据。

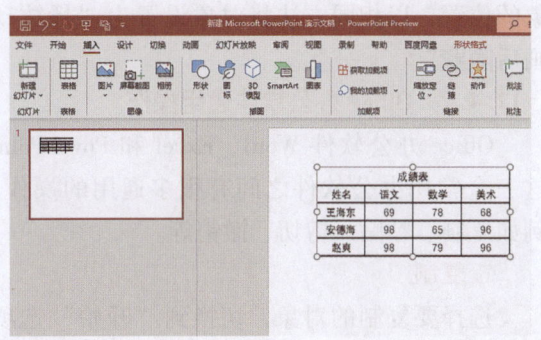

（6）双击插入的表格，即可调出 Excel 操作界面对该表格进行编辑。

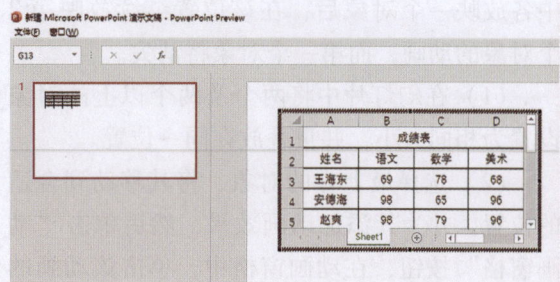

12.4　Office 办公软件小技巧

12.4.1　PPT 小技巧

1. 为幻灯片插入页码

（1）切换到"插入"选项卡，单击"文本"组中的"幻灯片编号"按钮。

（2）弹出"页眉和页脚"对话框，勾选中"幻灯片编号"复选框。

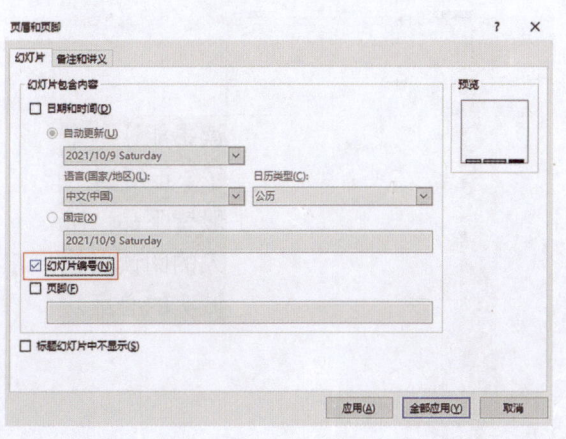

（3）切换到"备注和讲义"选项卡，选中"页码"复选框，单击"全部应用"按钮。

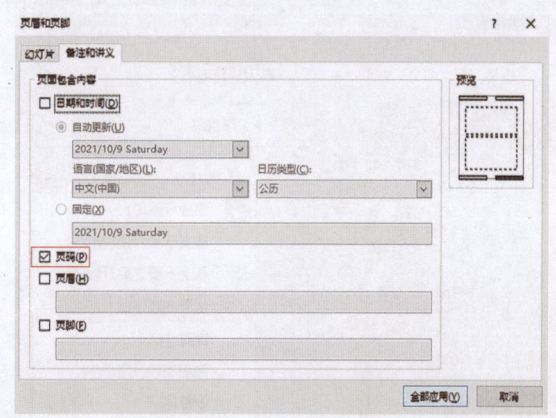

（4）查看幻灯片页码。

2. 在同一位置连续放映多个对象动画

在同一位置放映多个对象是指，在幻灯片中各放映一个对象后，在该位置继续放映第2个对象的动画，而第一个对象将消失。

（1）在幻灯片中将两个及两个以上的对象设置为相同大小，并重叠放在同一位置。

（2）选择最上方的对象，将其移动到合适的位置，并为其添加动画效果，然后单击"动画窗格"按钮，在动画窗格中，单击该动画的下拉按钮，选择"效果"选项。

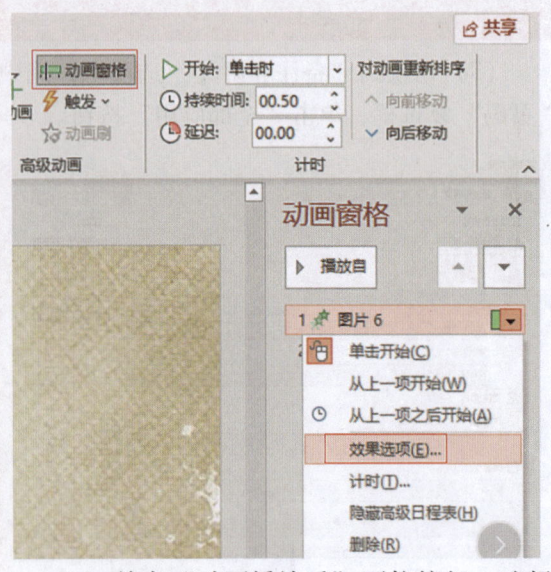

（3）单击"动画播放后"下拉按钮，选择"播放动画后隐藏"选项，单击"确定"按钮。

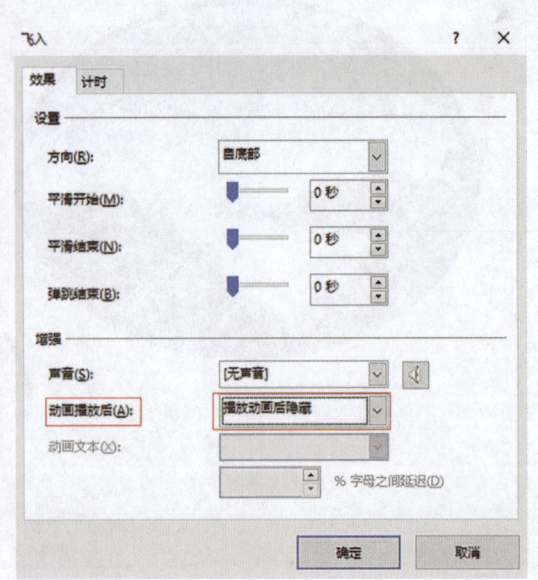

（4）然后依次将剩余对象移动到第1个对象的位置，以相同方法将对象设置为"播放动画后隐藏"。

12.4.2 Office办公软件通用操作

Office办公软件Word、Excel和PowerPoint这三个常用办公软件之间有很多通用的操作。例如复制、粘贴、剪切、撤销等。

1. 复制

选择要复制的对象，切换到"开始"选项卡下，在"剪贴板"组中，单击"复制"按钮，或者按"Ctrl + C"快捷键，都可以复制所选的文本或对象。

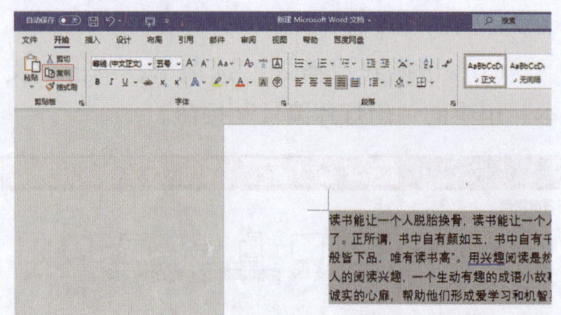

2. 剪切

选择要剪切的文本或对象，切换到"开始"选项卡，在"剪切板"组中单击"剪切"按钮，或者使用"Ctrl + X"快捷键，即可剪切所选的文本或对象。

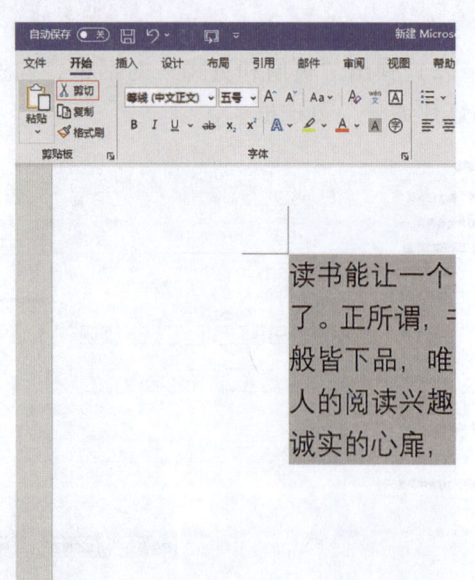

3. 粘贴

将所选的对象复制或剪切后，将光标定位在需要粘贴对象的位置，在"开始"选项卡下的剪贴板中，单击"粘贴"按钮，或者使用"Ctrl + V"快捷键，将对象粘贴在选中的位置。

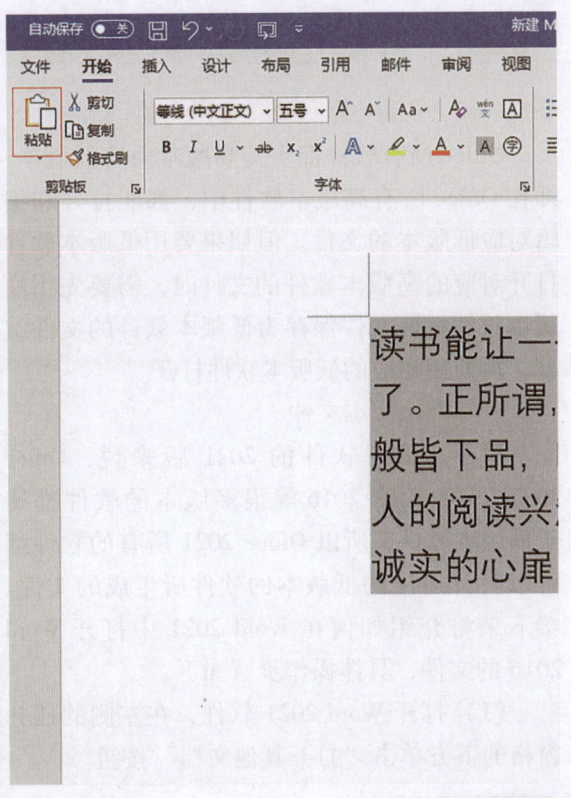

4. 撤销

当用户执行了错误的操作后，可以单击快速访问工具栏的"撤销"按钮，或者使用"Ctrl + Z"快捷键，撤销上一步的操作。

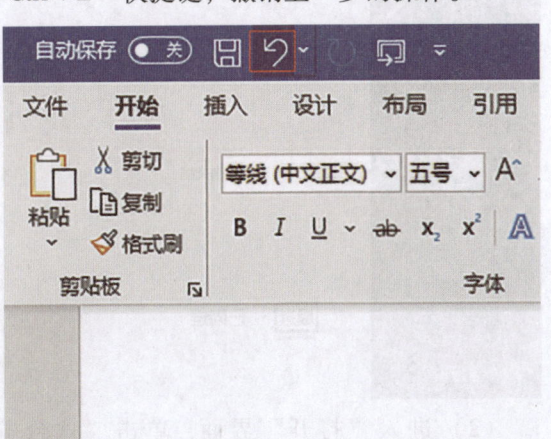

5. 恢复

（1）当执行了撤销操作后，用户可以单击快速访问工具栏中的"自定义快速访问工具栏"下拉按钮。

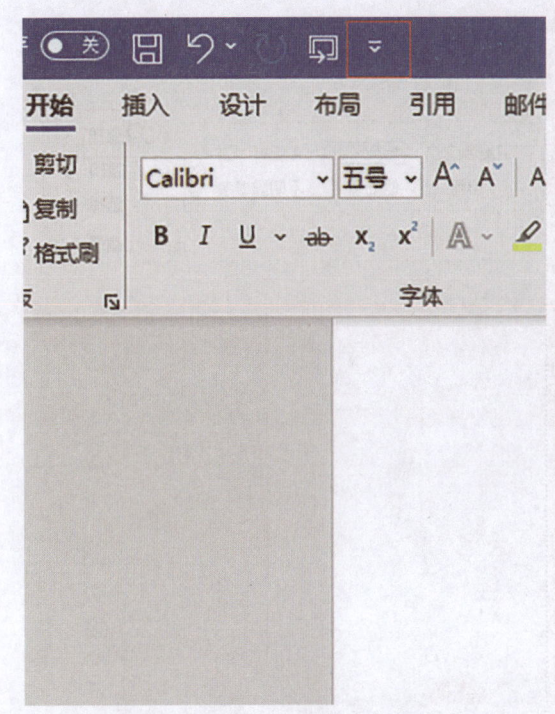

（2）选择"恢复"选项，或者使用"Ctrl + Y"快捷键，恢复上一步撤销的操作。

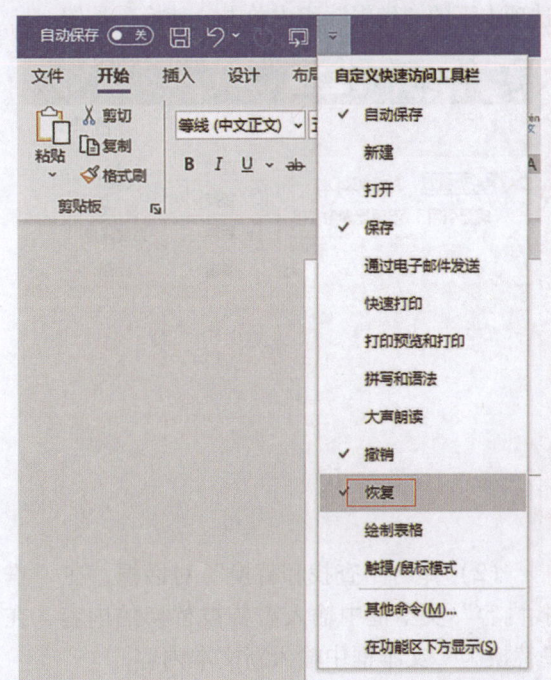

6. 查找

当用户需要在文档中查找某些内容时，可以在"开始"选项卡下的"编辑"组中单击"查找"按钮以启动查找功能。

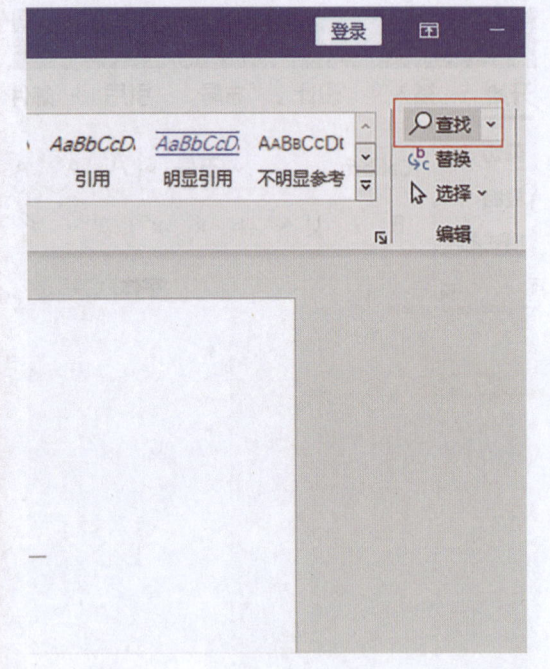

7. 替换

（1）当需要在文档当中替换某部分内容时，可以使用 Word 的替换功能。步骤是在"开始"选项卡下的"编辑"组中单击"替换"按钮。

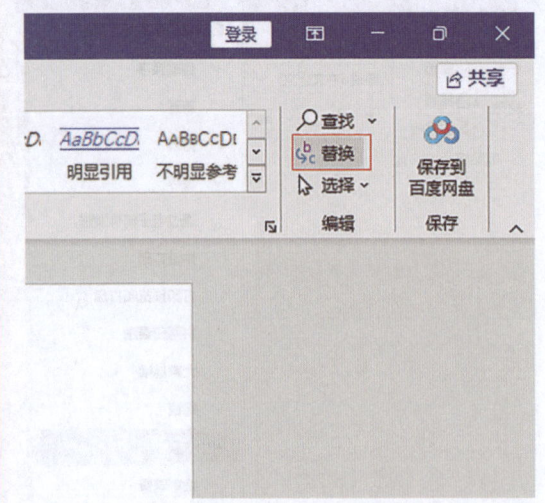

（2）弹出"查找和替换"对话框，在"查找内容"文本框中输入需要被替换的内容，在"替换为"文本框中输入新文本内容。

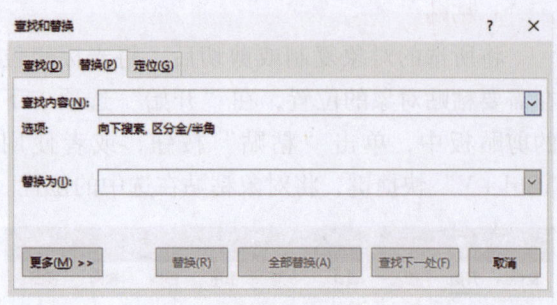

12.4.3 Office 高低版本兼容问题

Office 所有软件都支持高版本兼容低版本，即在 Office 所有高版本软件中，都能打开和编辑对应低版本的文件。但如果要用低版本软件打开对应的高版本软件的文件时，需要先用高版本软件将该文件保存为低版本软件的文件类型，再使用相应的低版本软件打开。

1. 打开低版本文件

对于 Office 软件的 2021 版来说，Office 2007/2010/2013/2016 等很多版本的软件都属于低版本软件，所以 Office 2021 所有的软件都可以打开对应的低版本的软件所生成的文件。接下来将介绍如何在 Word 2021 中打开 Word 2016 的文件，具体操作步骤如下。

（1）打开 Word 2021 软件，在左侧的任务窗格的下方单击"打开其他文档"按钮。

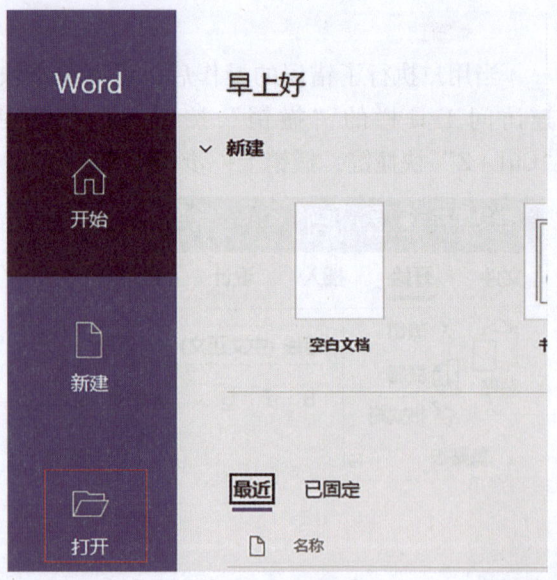

（2）进入"打开"界面，单击"这台电脑"按钮，再单击"浏览"按钮。

2. 打开高版本文件

对于没有安装 Office 2021，但安装了低版本 Office 组件的用户来说，也可以使用低版本的软件打开高版本软件文件。这时需要先在高版本软件中将文件保存为低版本的软件文件类型。下面介绍如何在 Excel 2007 中打开 Excel 2021 的文件，具体操作步骤如下。

（1）使用 Excel 2021 打开一个表格文件，单击"文件"选项卡，单击"另存为"选项，在右侧"另存为"界面中单击选择"这台电脑"选项，再单击"浏览"按钮。

（3）弹出"打开"对话框，在左侧的下拉列表框中找到文件的保存位置，在右侧的下拉列表框中找到并选中文件，单击"打开"按钮。

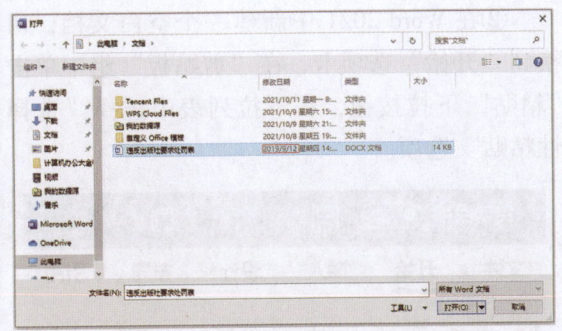

（4）此时在 Word 2021 中已经打开了 Word 2016 类型的文档。标题栏中显示"兼容模式"字样。

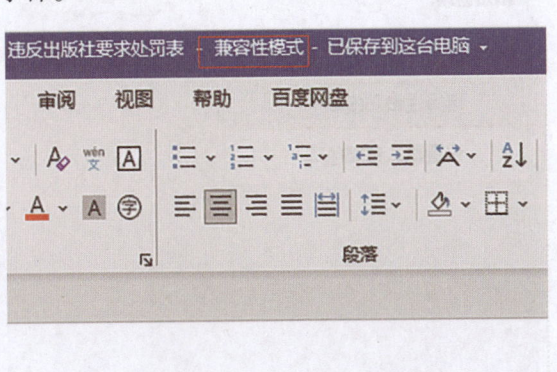

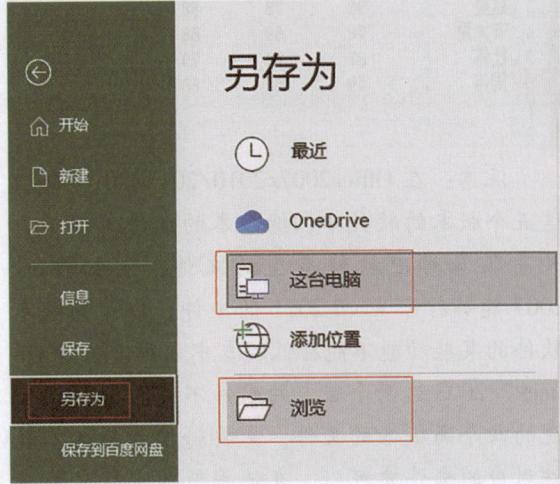

（2）弹出"另存为"对话框，选择好文件保存位置后，单击"保存类型"下拉按钮，在下拉列表中选择"Excel 97 – 2003 工作簿"选项，单击"保存"按钮。

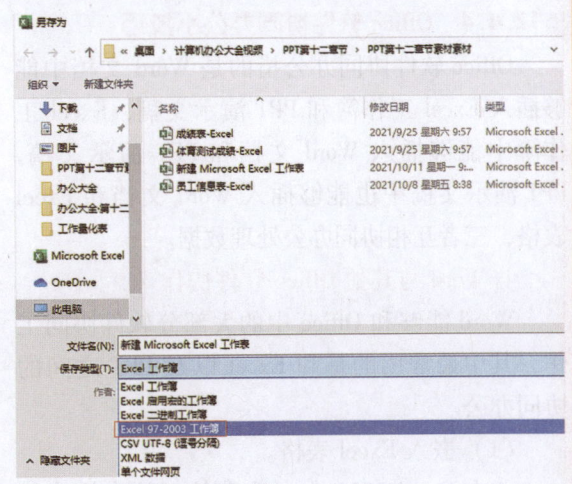

(3) 启动 Excel 2007，打开刚才所保存的低版本的文件。

注意：在 Office2007/2010/2013/2016/2021 这五个版本的软件中，低版本的组件都能够打开高版本对应软件类型的文件，例如 Word 2007 能够打开 Word 2021 的文件，但是高版本软件的某些功能不能在低版本中使用。另外 Office97/2003 这两个版本的软件不能打开前面所说的四个高版本的文件，需要转换为低版本软件对应的文件才可以。在使用低版本软件打开并编辑高版本对应软件的文件时，文件的一些功能将会出现缺失的情况，可能达不到预期的文档效果，所以在条件允许的情况下，最好使用高版本软件打开文件并进行编辑。

12.4.4 Office 软件协同办公小技巧

Office 软件协同办公指的是 Word 文档中能够插入 Excel 工作簿和 PPT 演示文稿，Excel 工作簿中能够插入 Word 文档和 PPT 演示文稿，PPT 演示文稿中也能够插入 Word 文档和 Excel 表格，三者互相协同办公处理数据。

1. Word 与其他 Office 软件协作

Word 能够和 Office 中的大部分软件协同工作，其中最常用的是和 Excel 以及 PPT 之间的协同办公。

（1）嵌入 Excel 表格。

①在 Excel 2021 中，选中其中的表格，切换到"开始"选项卡，在"剪贴板"组中单击"复制"按钮。

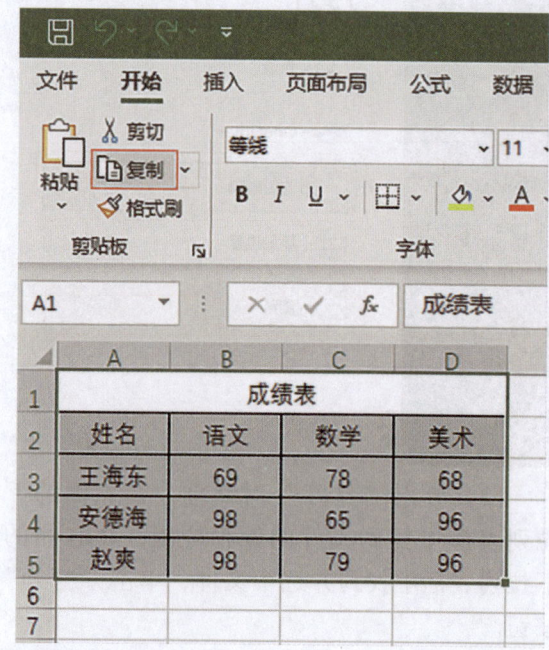

②在 Word 2021 中新建一个空白文档，切换到"开始"选项卡，在"剪贴板"组中单击"粘贴"下拉按钮，在下拉列表中选择"选择性粘贴"选项。

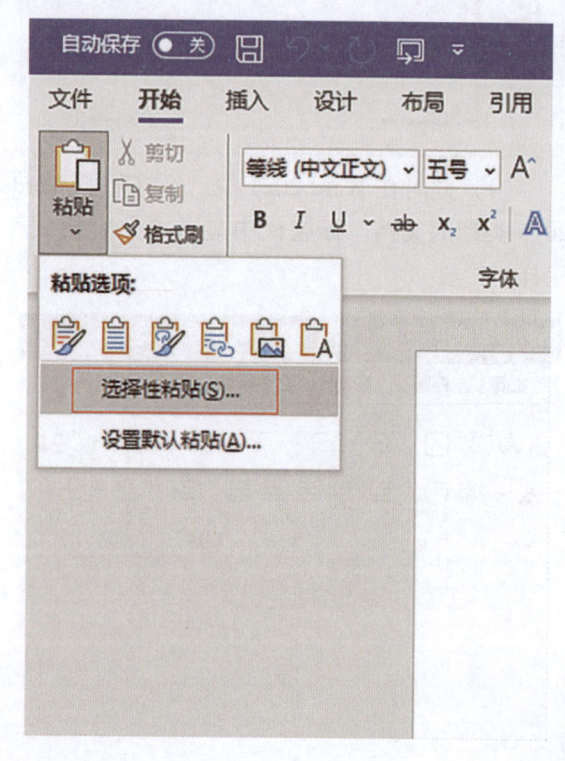

③弹出"选择性粘贴"对话框,在"形式"栏目中,选择"Microsoft Excel 工作表对象"选项,单击"确定"按钮。

a. 此方法在前面章节已经介绍过,选中并复制表格,为了方便区分,在复制前我们为表格添加内外边框。

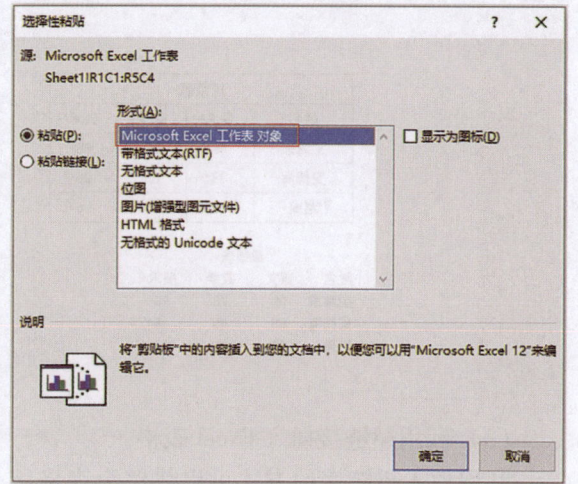

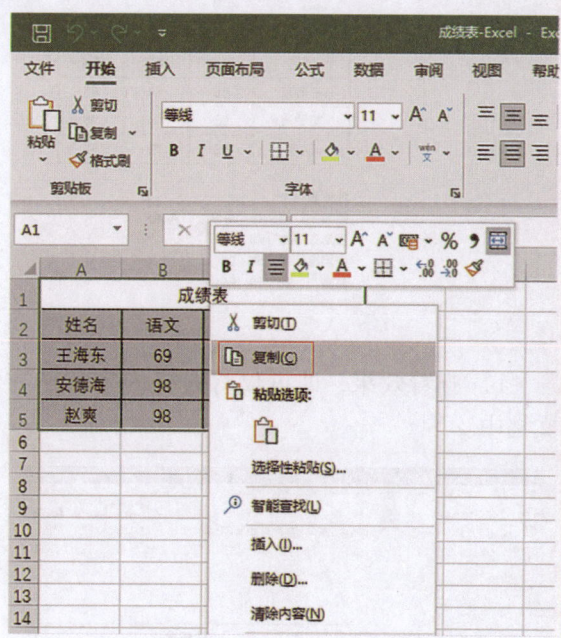

④此时 Excel 表格被粘贴在了 Word 文档中,双击该表格,将弹出 Excel 2021 工作界面,可以像在 Excel 中一样对表格进行编辑,单击表格外的空白处可退出编辑状态。

b. 在 Word 文档中,单击鼠标右键,选择"粘贴"选项,即可将 Excel 中的表格粘贴到文档中。

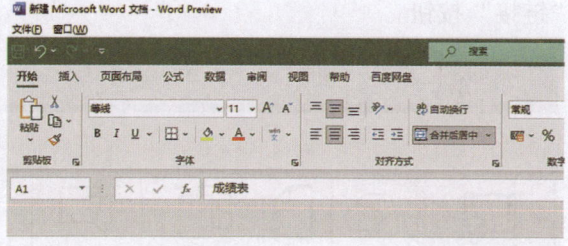

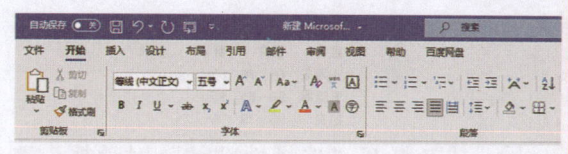

(2) 复制与粘贴表格。

复制与粘贴表格分为粘贴为表格和粘贴为文本两种形式。

①粘贴为表格。

②粘贴为文本。

a. 复制完表格后,在 Word 文档中单击鼠标右键,选择"只保留文本"粘贴选项。

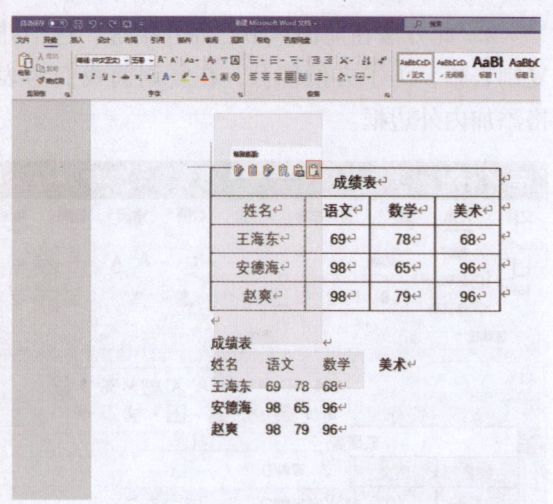

b. 查看效果，即可仅将表格内容粘贴在文档中。

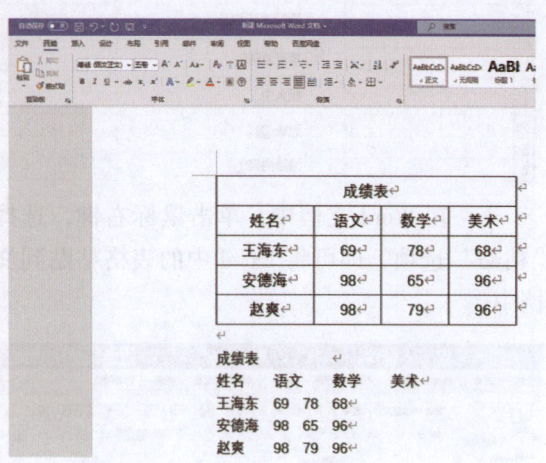

c. 或者打开"选择性粘贴"对话框，选择"无格式文本"选项后，单击"确定"按钮完成粘贴。

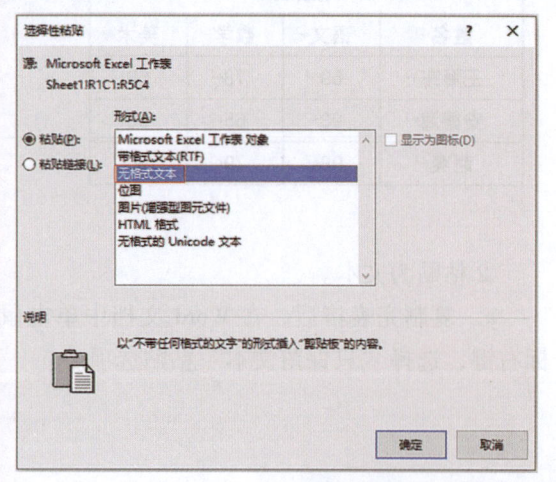

d. 调整粘贴文本的格式。

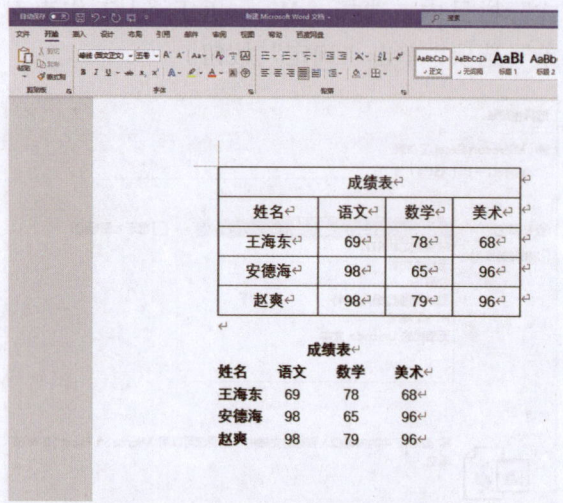

(3) 利用超链接插入 Excel 表格。

利用插入超链接的方式可以将整个表格所在 Excel 文件以超链接的形式插入在 Word 文档中，具体操作步骤如下。

①在 Word 2021 中新建一个空白文档，切换到"插入"选项卡，在"链接"组中单击"链接"按钮。

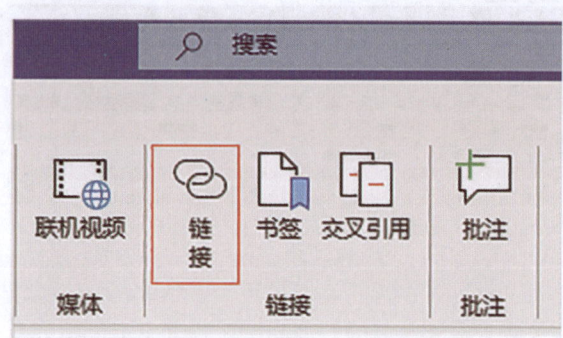

②弹出"插入超链接"对话框，在"链接到"栏目中选中"现有文件或网页"选项，在右侧的列表框中选择需要打开的 Excel 文件，在"要显示的文字"文本框中输入超链接的文字提示信息，单击"确定"按钮。

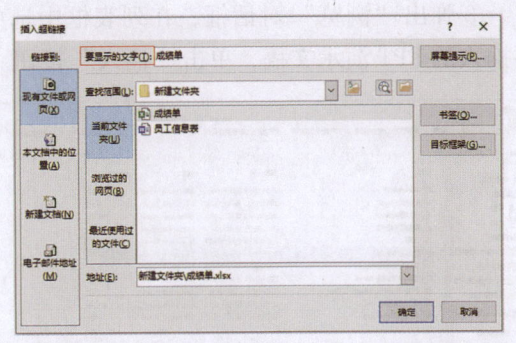

③返回到 Word 文档中，可以发现此时文档中已经插入了超链接，按住"Ctrl"键同时单击该链接。

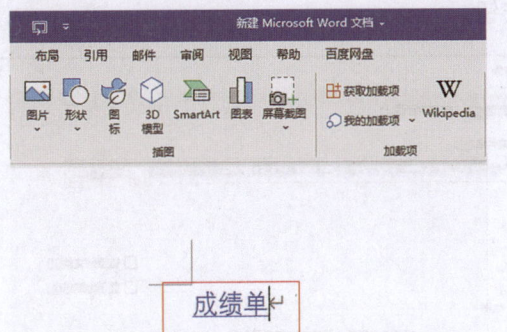

④稍等片刻即可打开该链接的表格文件。

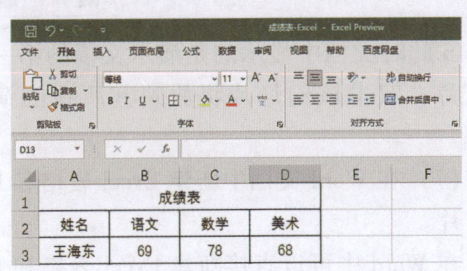

（4）将幻灯片复制粘贴在 Word 文档中。

在 PPT 中的幻灯片预览窗格中复制幻灯片，然后在 Word 文档中单击"粘贴"按钮。

（5）在文档中插入幻灯片。

在文档中插入幻灯片的步骤如下。

①复制完成幻灯片后，在 Word 文档中切换到"开始"选项卡，在"剪贴板"组中单击"粘贴"下拉按钮，选择"选择性粘贴"选项。

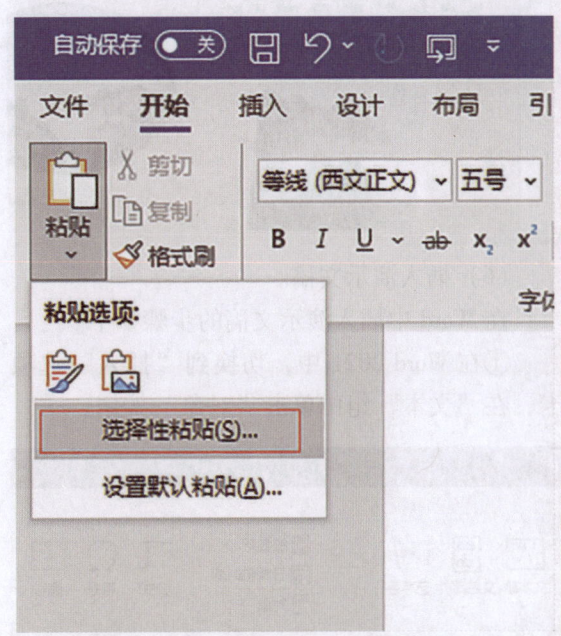

②弹出"选择性粘贴"对话框，在"形式"列表框中选择"MicrosoftPowerPoint 幻灯片对象"选项，单击"确定"按钮。

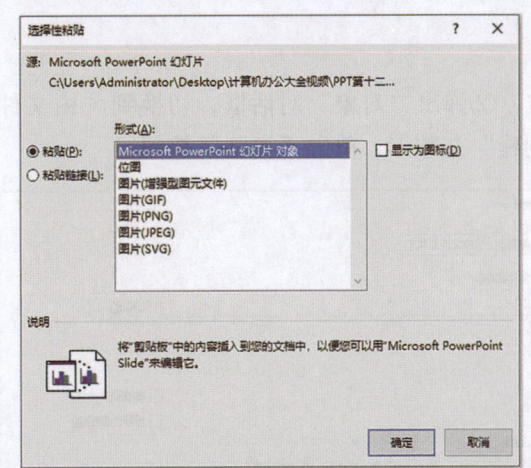

③此时，刚才所复制的幻灯片已经被嵌入到 Word 文档中，双击该幻灯片，将出现 PPT 2021 操作界面，可以对幻灯片进行编辑，功能与在 PPT 中的功能相同。单击幻灯片以外的空白处即可退出编辑状态。

(6) 插入演示文稿。

在 Word 中插入演示文稿的步骤如下。

①在 Word 2021 中，切换到"插入"选项卡，在"文本"组中单击"对象"按钮。

②弹出"对象"对话框，切换到"由文件创建"选项卡，单击"浏览"按钮。

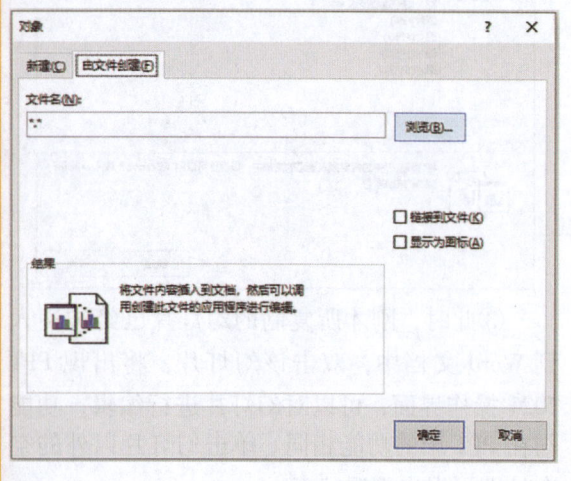

③弹出"浏览"对话框，在列表框中选中要插入的 PPT 演示文稿，单击"插入"按钮。

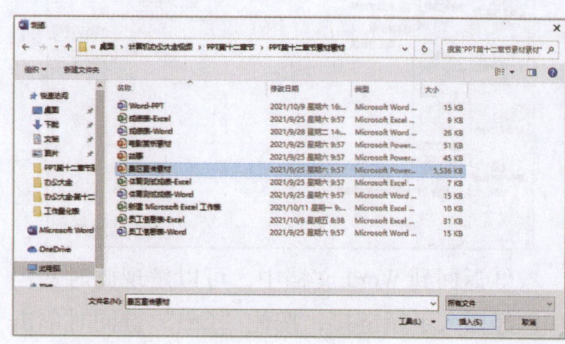

④返回"对象"对话框，单击"确定"按钮。

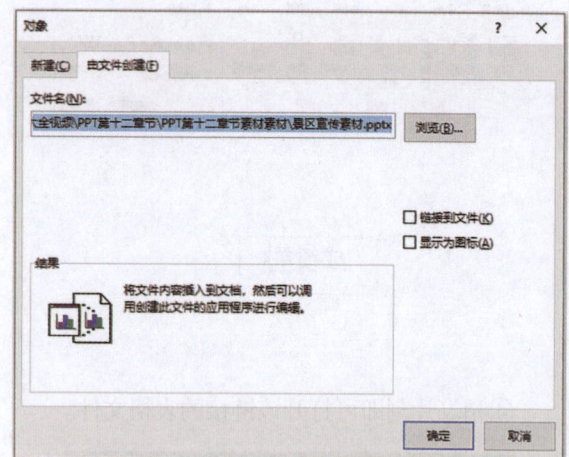

⑤此时文档中显示的是演示文稿的第一张幻灯片，双击该幻灯片将放映其所在的演示文稿。

(7) 在 Word 文档中新建 Excel 表格和 PPT 幻灯片。

在 Word 中可以直接新建 Excel 表格和 PPT 幻灯片，用户可以在 Word 中调用 Excel 和 PPT 分别对表格和幻灯片进行编辑。

①在文档中新建表格。

a. 在 Word 中，切换到"插入"选项卡，在"文本"组中单击"对象"按钮，弹出"对象"对话框，在"新建"选项卡下，在"对象类型"列表框中选择 Excel 对应的选项。单击"确定"按钮，即可在文档中创建新的 Excel 表格。

2. Excel 与其他 Office 软件协作

Excel 与其他 Office 软件之间协作包括在 Excel 表格中插入 Word 文档和 PPT 演示文稿。

（1）在 Excel 表格中使用超链接插入 Word 文档。

①在 Excel 2021 中新建一个空白工作簿，选择一个单元格，切换到"插入"选项卡，在"链接"组中单击"链接"按钮。

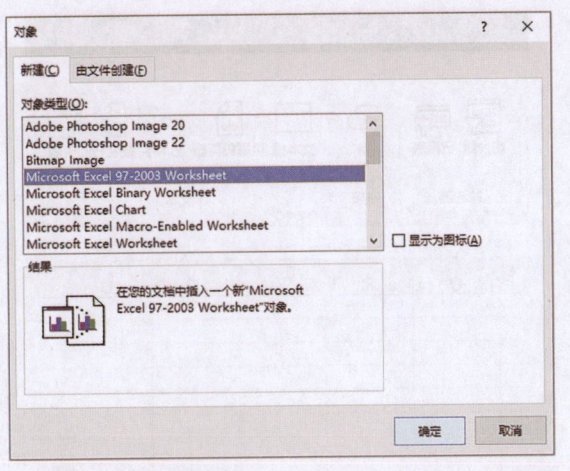

b. 查看效果。

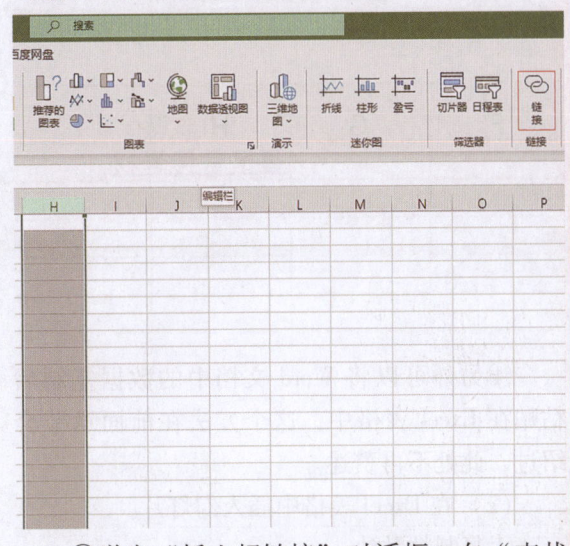

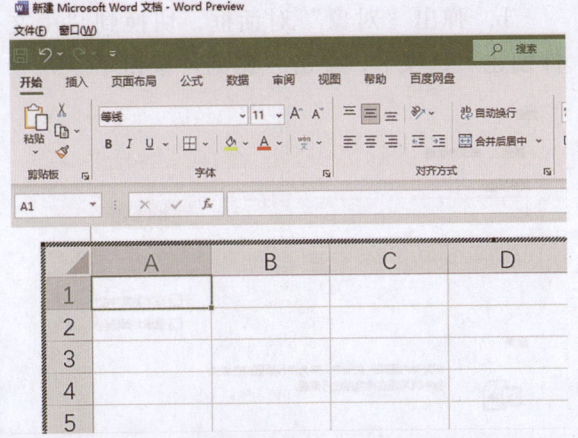

②在文档中新建幻灯片。

在文档中新建幻灯片的方法和新建表格的方法大同小异，打开"对象"对话框后，在列表中选中幻灯片对应的选项，单击"确定"按钮。

②弹出"插入超链接"对话框，在"查找范围"栏目中选择"现有文件或网页"选项，在"查找范围"下拉列表中找到 Word 文档的保存位置，在下方的列表框中选择要插入的文档，再在"要显示的文字"文本框中输入文字提示信息，单击"确定"按钮。

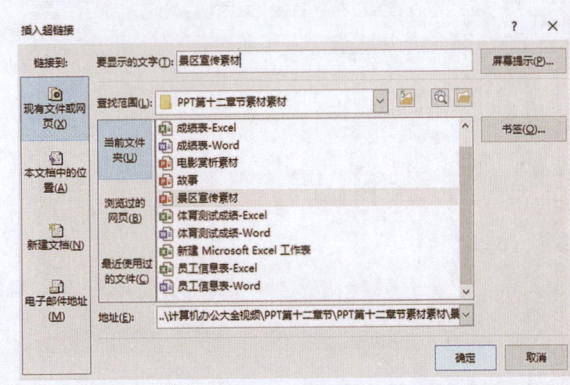

③此时，选择的单元格中会显示超链接提示文字，单击该提示文字会启动 Word 2021 打开该文档。

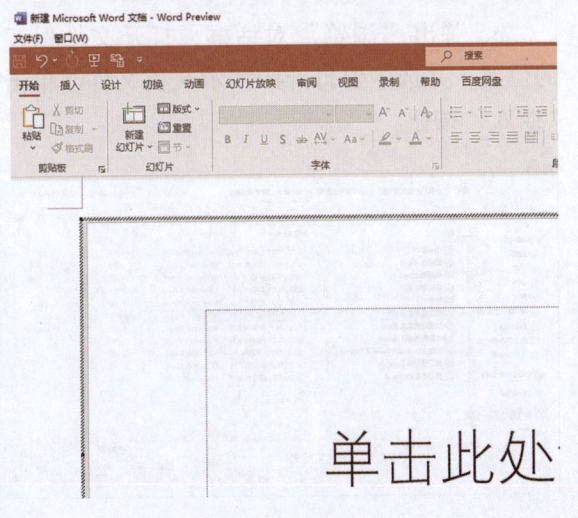

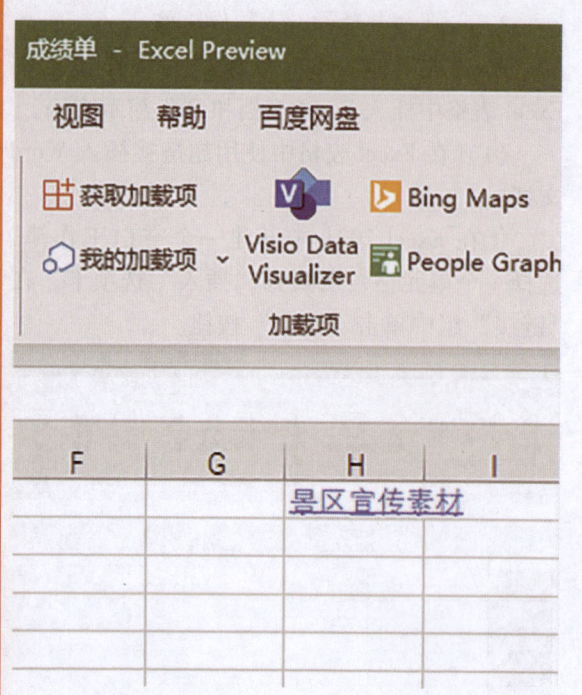

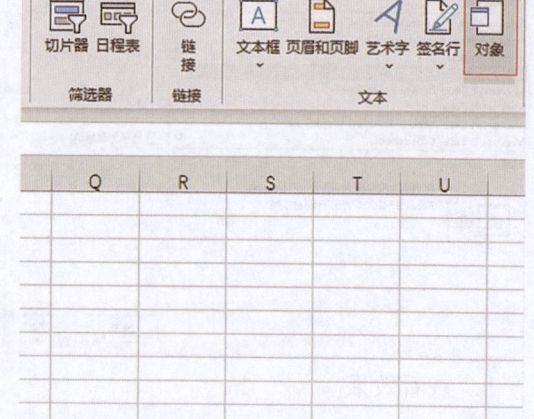

④另外可以将 Word 文档中的数据复制后粘贴在 Excel 表格中，这个方法在前面章节介绍过，此处不再赘述。

（2）在 Excel 表格中插入幻灯片。

①复制粘贴法。

在 PPT 的幻灯片预览窗格中复制幻灯片，然后在 Excel 表格中粘贴，此时幻灯片将被作为图片插入到 Excel 表格中。

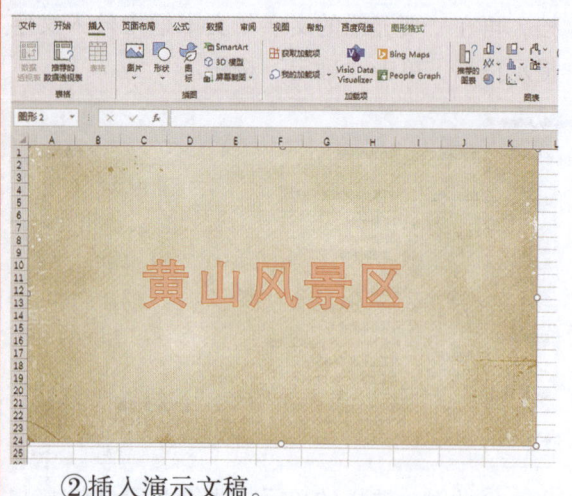

②插入演示文稿。

在 Excel 表格中插入演示文稿的方法如下。

a. 在 Excel 2021 中，切换到"插入"选项卡，在"文本"组中单击"对象"按钮。

b. 弹出"对象"对话框，切换到"由文件创建"选项卡，单击"浏览"按钮。

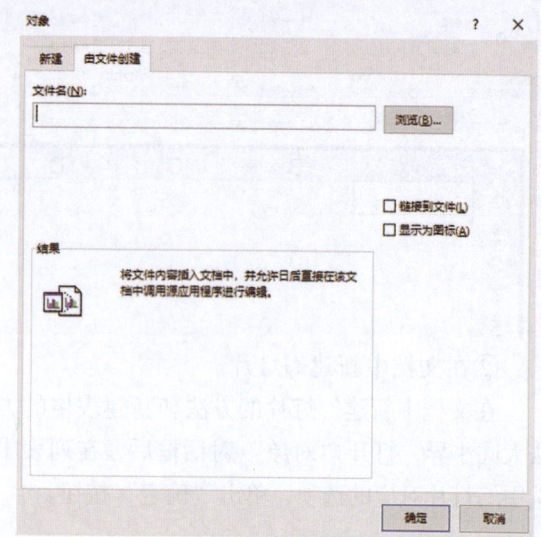

c. 弹出"浏览"对话框，打开文件保存的位置，并选中要打开的演示文稿文件，单击"插入"按钮。

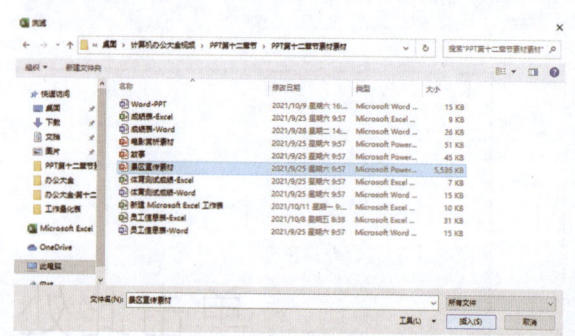

d. 返回"对象"对话框，单击"确定"按钮。

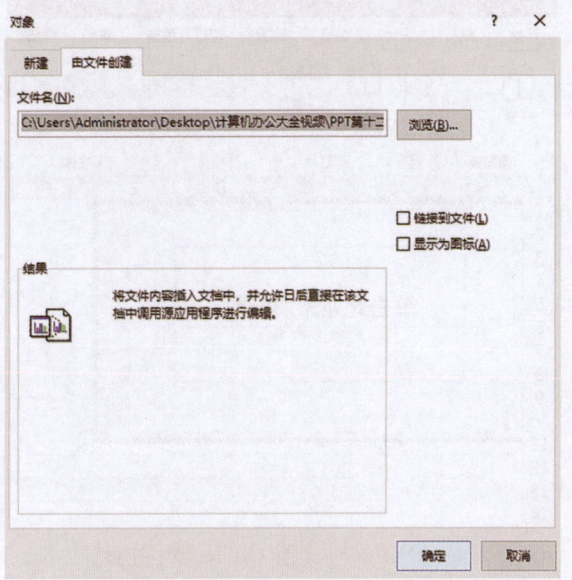

e. 返回到 Excel 工作表，可以看到插入到 Excel 表格的 PPT 演示文稿的第一张幻灯片，同样的，双击幻灯片将播放该演示文稿。

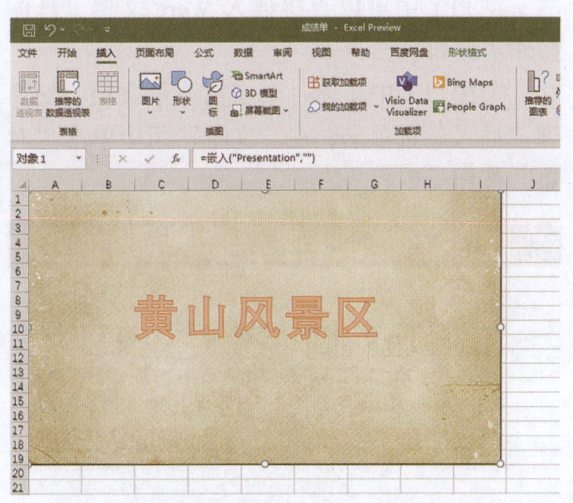

（3）新建 Word 文档和 PPT 演示文稿。

除了上述介绍的方法之外，在 Excel 中还可以直接新建 Word 文档和 PPT 演示文稿，并且用户还可以在 Excel 表格中通过调用 Word 和 PPT 对 Word 文档和 PPT 演示文稿进行编辑。

①新建 Word 文档。

在 Excel 表格中新建 Word 文档的具体步骤如下。

a. 打开 Excel 新建一个空白工作表，选中任一单元格，切换到"插入"选项卡，在"文本"组中单击"对象"按钮。

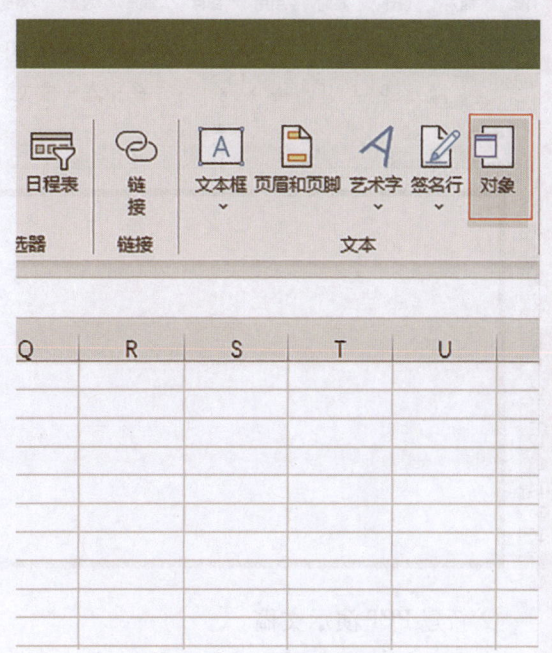

b. 弹出"对象"对话框，切换到"新建"选项卡，在"对象类型"列表框中选择 Word 文档对应的选项，单击"确定"按钮。

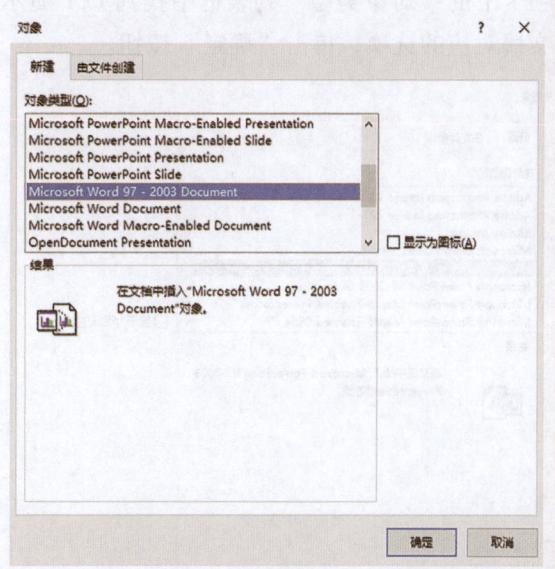

c. 返回到 Excel 表格中，可以发现表格中已经插入了 Word 文档。

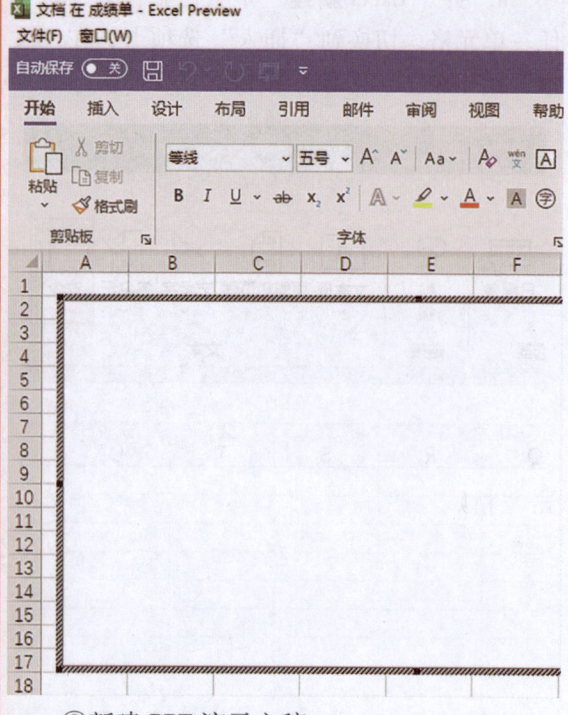

②新建 PPT 演示文稿。

在 Excel 中新建 PPT 演示文稿的方法和步骤跟新建 Word 文档的类似。

a. 打开"对象"对话框,在"新建"选项卡下的"对象类型"列表框中找到 PPT 演示文稿对应的选项,单击"确定"按钮。

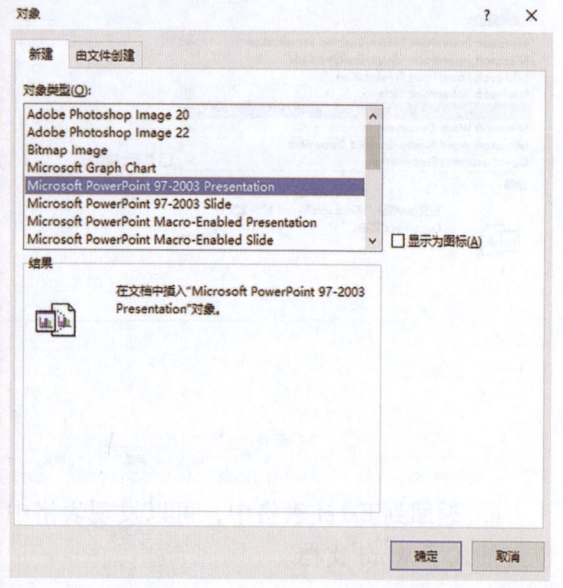

b. 返回 Excel 表格中,此时表格中已经插入了 PPT 幻灯片。

3. PowerPoint 与其他 Office 软件协作

PPT 与其他 Office 软件协作包括在 PPT 幻灯片中插入 Word 文档和 Excel 表格,方法如下。

(1) 插入 Word 文档。

在 PPT 中可以直接插入 Word 文档,具体操作步骤如下。

①在 PPT 中新建一个空白演示文稿,切换到"插入"选项卡,在"文本"组中单击"对象"按钮。

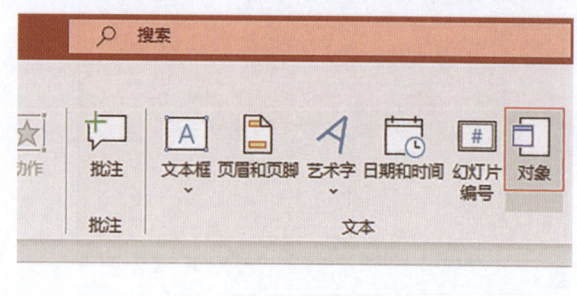

②弹出"插入对象"对话框，勾选中"由文件创建"单选按钮，再单击"浏览"按钮。

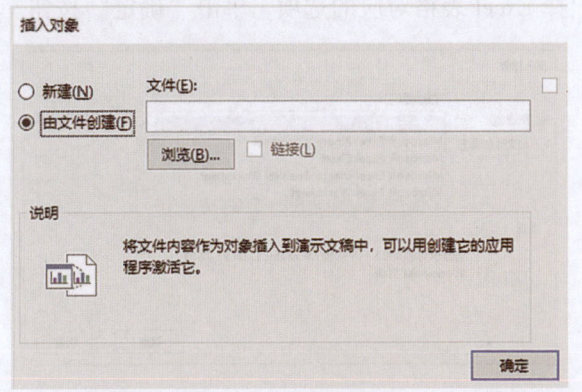

③弹出"浏览"对话框，选中需要插入的 Word 文档，单击"确定"按钮。

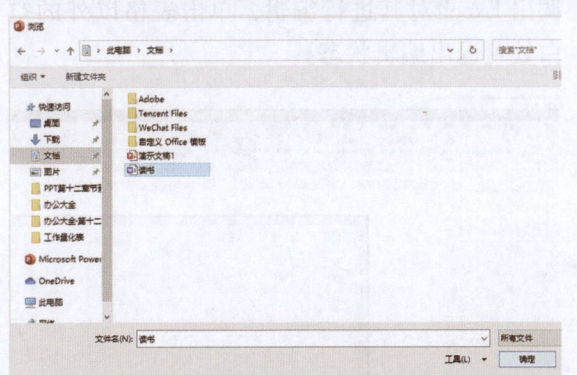

④返回"插入对象"对话框，单击"确定"按钮，完成插入 Word 文档的操作。

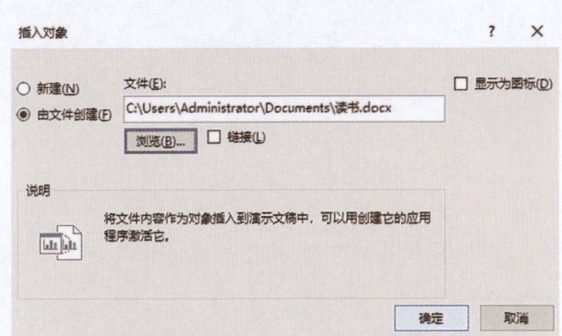

⑤返回到 PPT 幻灯片工作界面，查看插入的 Word 文档的封面，双击该封面即可对文档进行编辑。

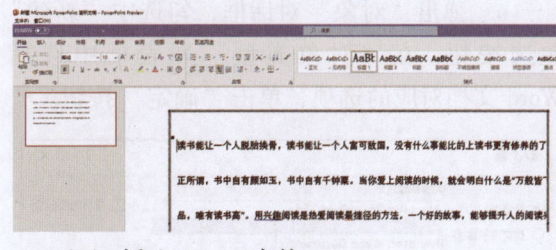

（2）插入 Excel 表格。

在 PPT 幻灯片中插入 Excel 表格有以下几种方法：①复制粘贴法；②直接插入法。其中直接插入法已经在前面的章节中介绍过，此处不再赘述。复制粘贴法的步骤如下。

在 Excel 中复制表格，在 PPT 幻灯片中单击"粘贴"按钮，即可将复制的表格粘贴到 PPT 幻灯片中。

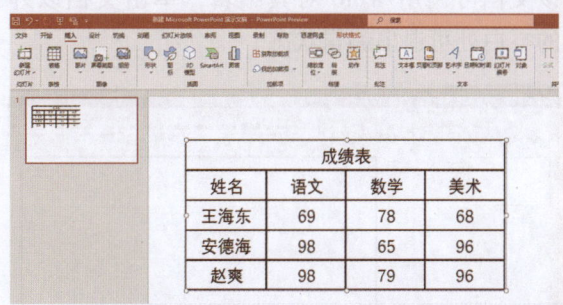

（3）新建 Word 文档和 Excel 表格。

在 PPT 幻灯片中可以直接新建 Word 文档和 Excel 表格，用户可以在 PPT 中调用 Word 和 Excel 分别对文档和表格进行编辑。

①新建 Word 文档。

a. 在 PPT 中，切换到"插入"选项卡，在"文本"组中单击"对象"按钮。

b. 弹出"对象"对话框，勾选中"新建"单选按钮，在"对象类型"列表框中选择Word 文档对应的选项，单击"确定"按钮。

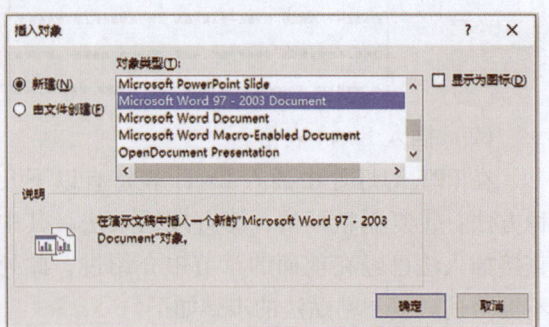

　　c. 返回到 PPT 幻灯片工作界面中，可以查看到幻灯片中已经新建了 Word 文档。双击该文档可调用 Word 对其编辑，单击文档以外的空白处可退出编辑状态。

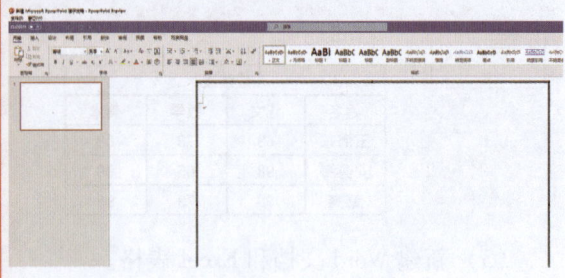

②新建 Excel 表格。

a. 在幻灯片中新建 Excel 表格的方法与新建 Word 文档的方法相似，打开"对象"对话框，勾选中"新建"单选按钮，在列表框中选择 Excel 表格对应的选项，单击"确定"按钮。

　　b. 返回到幻灯片工作界面，此时幻灯片中已经新建了一个 Excel 表格。双击该表格可调出 Excel 对其进行编辑，单击表格以外的空白处可退出编辑状态。

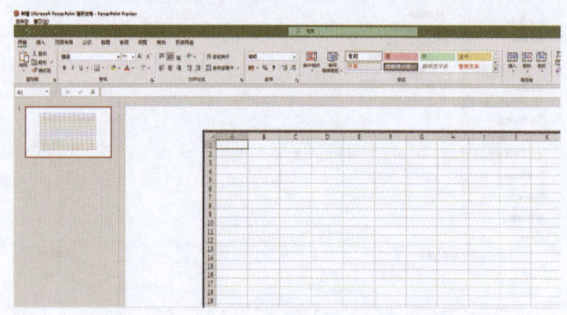

第四部分 Ps应用

第十三章 图像编辑与选区应用

扫码看视频

概述

Adobe Photoshop简称PS，是一款功能非常强大的图像处理软件，集图像输入与输出于一体。利用PS不仅能够优化图像，使图像效果更加完美，还能够制作出公司标志、商品图像、人物图像和不同类型的海报等。本书将以Photoshop CC（Photoshop的一个版本）为例，向用户介绍如何利用好PS完成目标。本章以制作花卉展示图、漫画封面等四个案例介绍Photoshop CC的一些基本操作。

13.1 制作花卉展示图

花卉展示图能够将一些花卉的形状、颜色清晰地展现在观众眼前,在展示图中添加不同的花卉图像,能够将多种不同类型的鲜花同时展现出来,以便人们了解我国多种多样的花卉文化。在本节案例中,本书将详细地介绍在使用 **Photoshop** 2021 时打开文件和导入图像的方法,同时还会讲解如何设置图像、画面大小以及其他操作。

13.1.1 新建图像文件

制作花卉展示图的大致步骤是先启动 Photoshop 2021,然后新建图像文件,并在新建的文件中设置图像的详细参数,具体步骤如下。

(1)双击桌面上的 Photoshop 2021 的快捷方式启动 Photoshop 2021。

(2)打开 Photoshop 2021 软件,单击"文件"按钮,在弹出的下拉列表中选择"新建"选项。

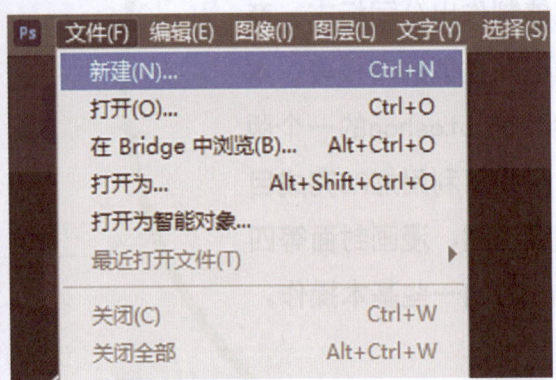

(3)弹出"新建文档"对话框,在对话框右侧的"预设详细信息"窗格的名称文本框中删除"未标题-1"文本,再输入"花卉展示"文本。

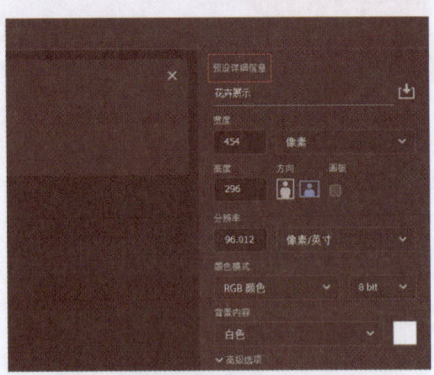

(4)单击"宽度"右侧的下拉按钮,在下拉列表中选择"像素"选项,在"宽度"和"高度"文本框中分别输入"900"和"600"。

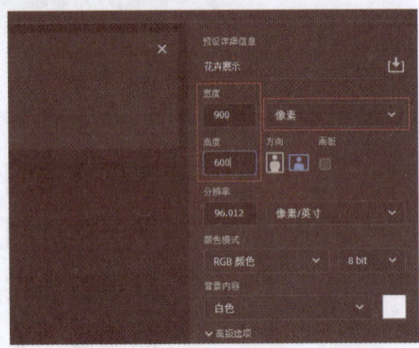

(5)接着在"颜色模式"下拉列表中选择"Lab 颜色"选项;在"背景内容"下拉列表中选择"背景色"选项,之后单击"创建"按钮。

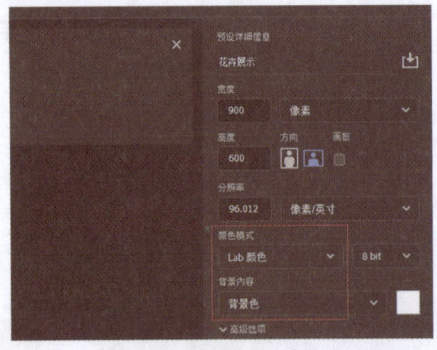

（6）查看效果。

📌**13.1.2 打开图像文件和置入图像**

利用 Ps 处理图像文件的时候，打开文件是不可或缺的一步，在制作花卉展示图时，必须先将已经准备好的素材在 Photoshop 2021 中打开才能继续进行其他操作，具体操作步骤如下。

1. 打开图像文件

打开图像文件的具体步骤如下。

（1）单击"文件"按钮，在弹出的下拉列表中选择"打开"选项。除此之外，在 Photoshop 2021 中打开图像的方式还有很多种，可以通过拖拽图像文件、右键快捷菜单命令和最近使用过的文件打开图像。

（2）弹出"打开"对话框，在对话框中找到图像存储的位置，选中要打开的图像，再单击"打开"按钮即可，如果需要打开多张图像，只需在对话框中选择图像时按住"Ctrl"键，选择多张图像即可。

（3）返回编辑界面查看效果。

2. 置入图像文件

置入功能与打开功能不同。打开功能是在独立的一个文件中打开图像，而置入命令是在当前编辑的文件中，用置入命令将图像置入到一个新的图层中，具体步骤如下。

（1）打开"文件"下拉列表，选择"置入嵌入对象"选项。

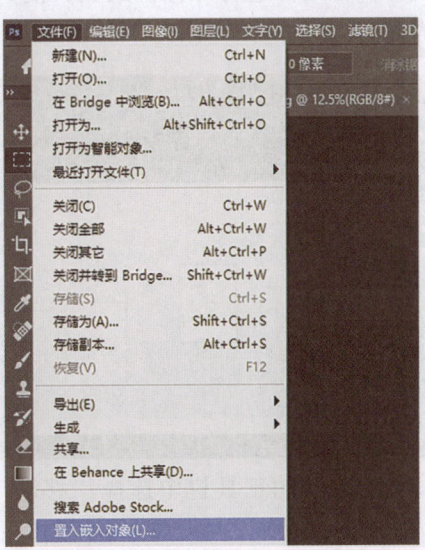

（2）弹出"置入嵌入的对象"对话框，找到文件的存放路径，在列表框中选中要置入的图像文件，再单击"置入"按钮。

（3）在工作界面查看置入的图像效果，置入的图像处于可编辑状态，选中图像，将其拖拽到界面左上角。

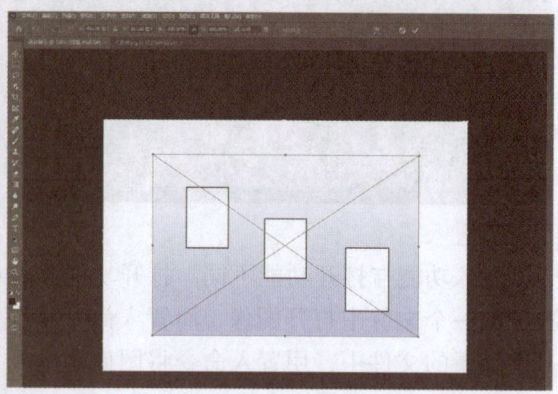

（4）将光标放在图像右下角，当光标变为双向箭头时，按住"Shift"键不放，同时向右拖拽鼠标，将图像进行等比例放大，使其右边线与界面右侧对齐。

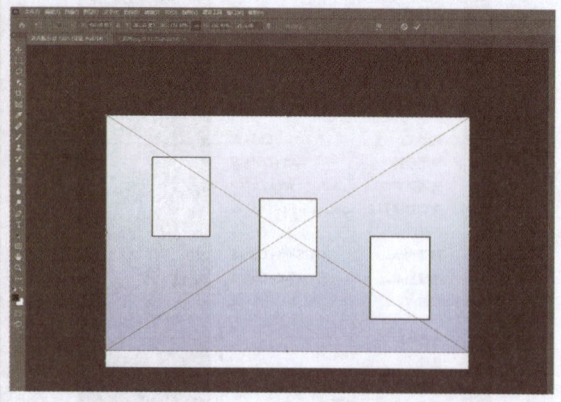

（5）在左侧的工具栏中选择"移动工具"选项。

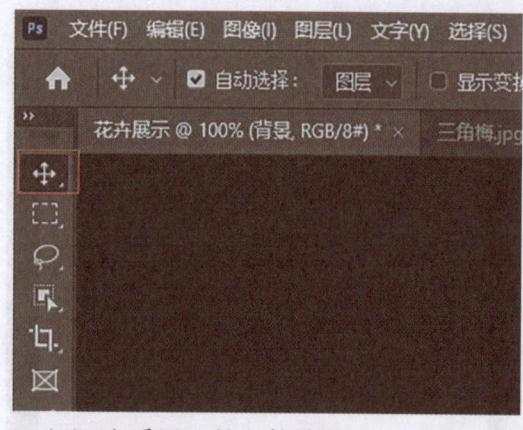

（6）查看置入的文件效果。

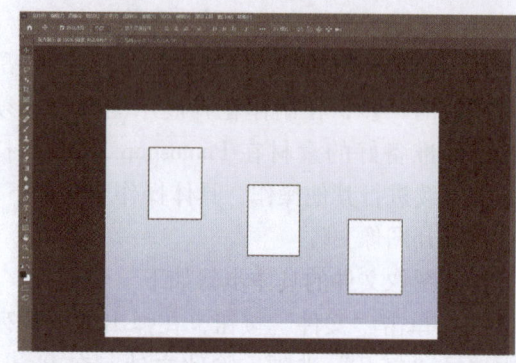

☞13.1.3　设置图像和画布大小

在 Photoshop 2021 中，可以将画面理解为绘画时用到的画板，而图像则是画板上的作品。

1. 设置图像大小

当要处理的图像文件过大时，会导致软件处理速度过慢，这时可以对其大小进行调整以满足要求，具体操作步骤如下：

（1）单击"图像"按钮，在下拉菜单中选择"图像大小"选项，或是使用"Alt + Ctrl + I"快捷键。

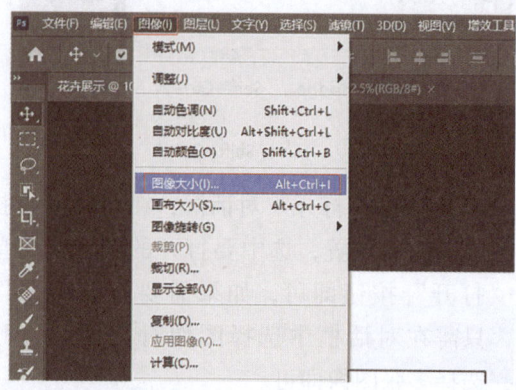

(2) 弹出"图像大小"对话框，单击"高度"右侧文本框的下拉按钮，选择"像素"选项。

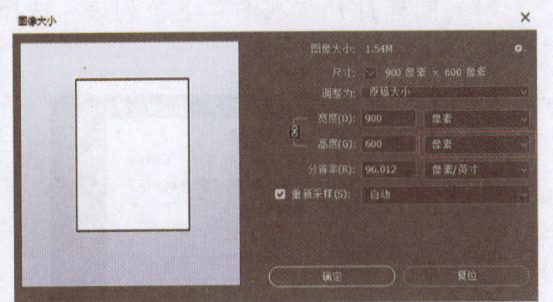

(3) 在左侧的文本框中输入"450"，最后单击"确定"按钮。

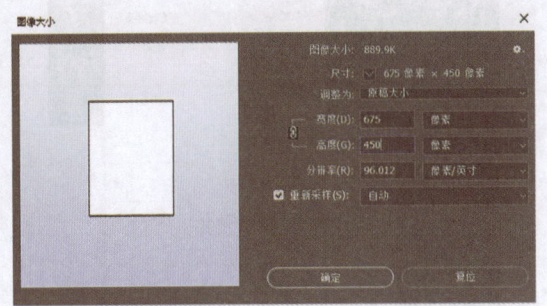

2. 设置画布大小

画布指的是当前图像周围工作空间，当画布太大或太密集时，可对画布的尺寸进行设置，具体步骤如下。

(1) 打开"图像"下拉菜单，选择"画布大小"选项，或者使用"Alt + Ctrl + C"快捷键。

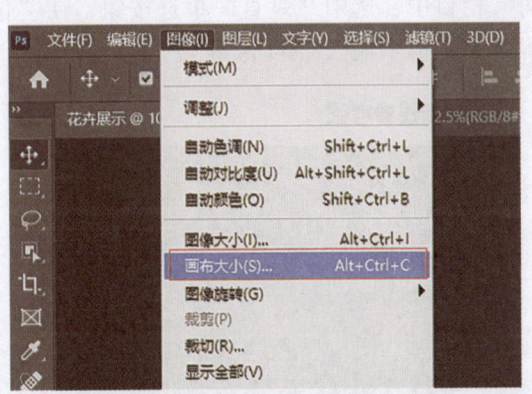

(2) 弹出"画布大小"对话框，在"新建大小"栏目中，单击"高度"文本框右侧的下拉按钮，选择"像素"选项。在"高度"文本框中输入"400"，在"定位"栏中单击向下箭头，从上至下调整画布的高度，最后单击"确定"按钮。

需要说明的是，在"定位"栏中一共有 8 个箭头，每个箭头指向的方向也不同，代表了 8 种不同的方向。单击对应方位的箭头后，将确定剪切或增加画面高度和宽度的起点位置。当画布大小小于上方图像的图层时，其上方的图层将自动隐藏上方图像的内容；若大于上方图像的图层，多余的部分将显示在文件的上方。

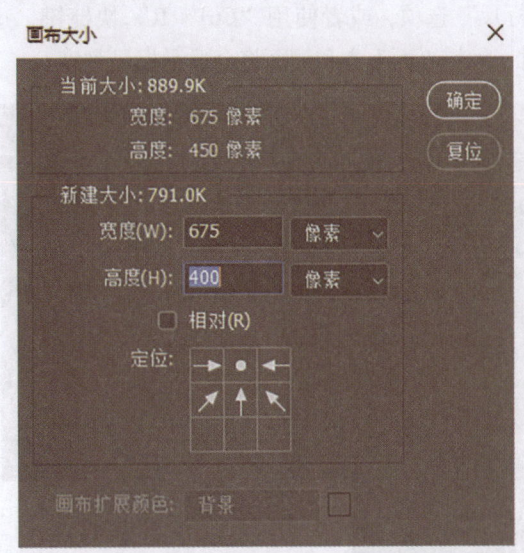

(3) 弹出提示框，提示用户"新画布大小小于当前画布大小；将进行一些剪切"，单击"继续"按钮。

(4) 返回工作界面，查看设置效果。

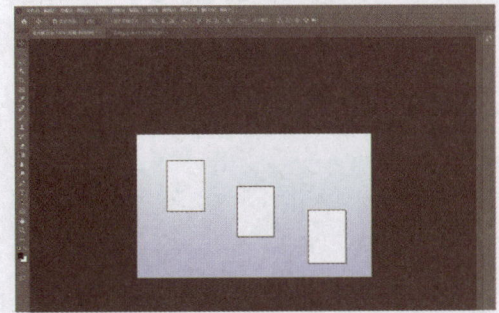

13.1.4 添加标尺和参考线

在处理图像的过程中，只用人眼观察的话，

很难准确地对图像进行处理，这时就需要借助一些辅助工具，例如标尺、参考线等。通过这些辅助工具可以帮助用户划分图像区域，精确地定位图像的位置。

1. 设置标尺

在图像中添加标尺的具体步骤如下。

（1）单击"视图"按钮，在下拉菜单中选择"标尺"选项，或者使用"Ctrl + R"快捷键，这时，编辑界面上方和侧面将会显示标尺刻度。

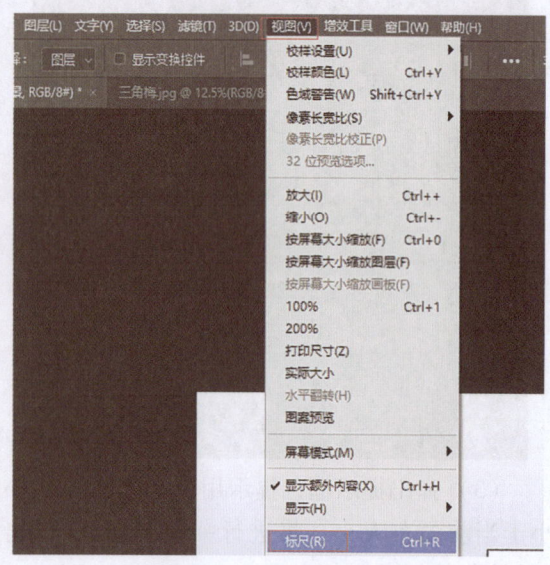

（2）接着设置标尺的计量单位。方法是在左侧或顶部的标尺上单击鼠标右键，在弹出的快捷菜单中选择"像素"选项，这时便将标尺的计量单位设置成了"像素"。

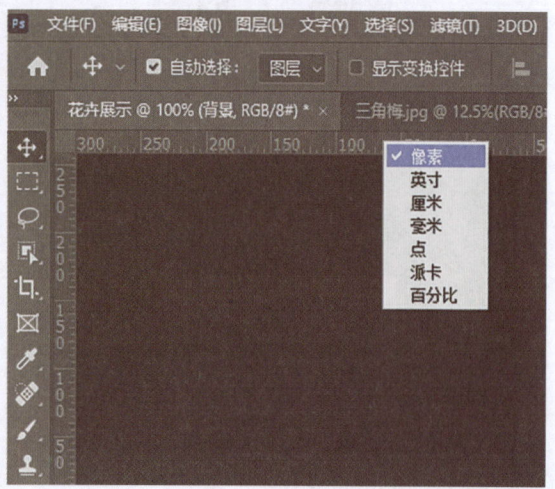

2. 设置参考线

在图像中添加参考线的具体步骤如下。

（1）同样打开"视图"下拉列表，选择"新建参考线"选项。

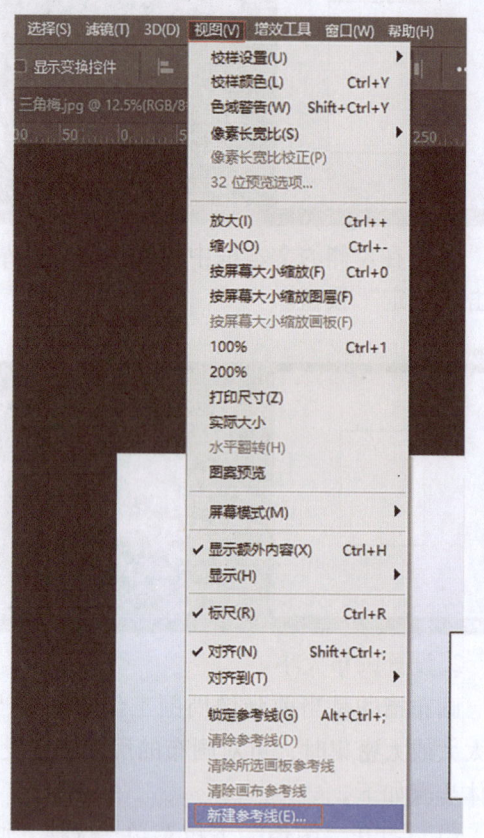

（2）弹出"新建参考线"对话框，在"取向"栏目中，选中"垂直"单选按钮，在"位置"文本框中输入"60 像素"。

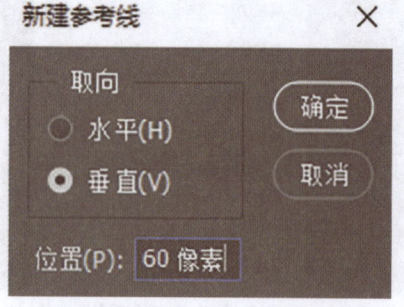

（3）单击"确定"按钮，完成添加参考线的操作。用此方法添加其他垂直和水平参考线，使参考线位于图中白色空白区域边线上。在标尺显示的情况下，按住"Shift"键的同时拖动参考线，可以使参考线按标尺上的刻度移动。

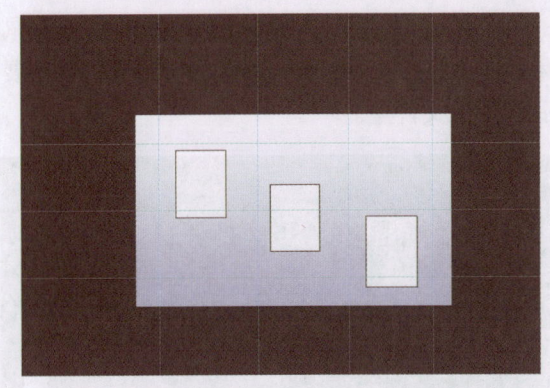

(4) 在"视图"下拉菜单中选择"标尺"选项隐藏标尺。

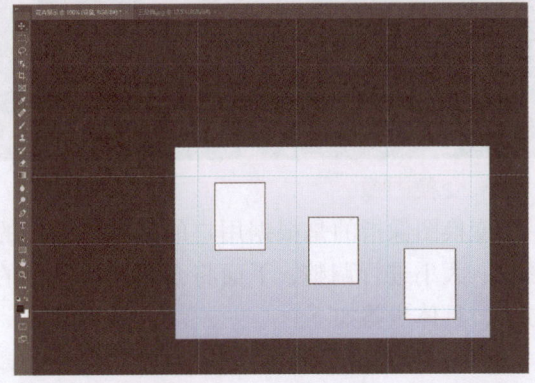

13.1.5 编辑图像

直接添加到 Ps 中的图像文件的大小和位置可能会不符合要求,这时就需要对这些图像进行裁剪以满足需要。下面将介绍一些处理图像时用到的基本操作。

1. 裁剪图像

裁剪图像的目的是使图像的大小符合要求,具体操作步骤如下。

(1) 打开"三角梅"图像文件,在界面左侧工具箱中选择"裁剪工具"选项,然后单击图像。

(2) 可以看到,图像上出现了网格线和处于不同位置的控制点。将鼠标光标放在左边的控制点上,当光标变为双向箭头的时候,向右拖动光标,这时图像左边的部分区域会变成灰色,灰色区域即为被裁剪区。

(3) 对图像的其他区域进行裁剪,双击鼠标左键即可完成裁剪。

(4) 此外用户还可以自定义裁剪区域。打开"三角梅"图像文件,在上方的裁剪属性文本框中分别输入"620"和"800"。

（5）此时图像的周围会出现一个固定宽度和高度的裁剪区域，按住鼠标左键不放，拖动图像即可调整图像的裁剪区域。确定裁剪区域后，单击"移动工具"选项即可完成裁剪。

2. 移动图像

完成裁剪的图像还需要移动到需要编辑的文件中，下面介绍移动图像的方法。

（1）切换到"三角梅"图像窗口，在左侧工具箱中选择"移动工具"选项，将光标放在图像上，按住鼠标左键不放，将其拖拽到"花卉展示"图像窗口上。

（2）在"花卉展示"图像文件中释放鼠标，即可将"三角梅"图像移动到"花卉展示"图像文件中。

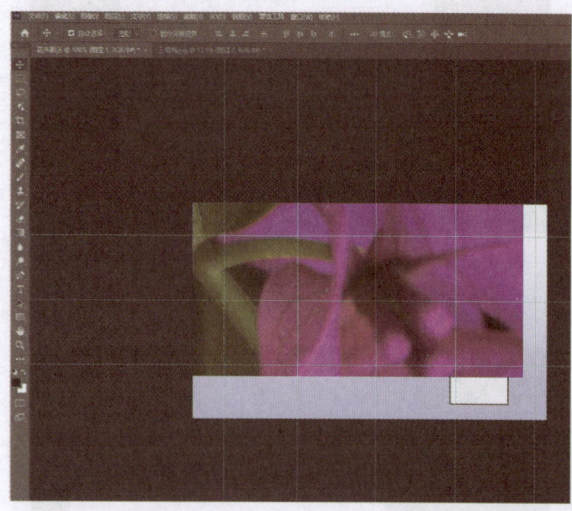

3. 变换图像

变换图像指的是根据用户的需求对图像的形状、大小进行调整，下面将介绍变换图像的方法，具体步骤如下。

（1）在"花卉展示"图像文件中，选择"移动工具"选项，将"三角梅"图像拖拽到最左边空白区域的参考线左上角的交点。

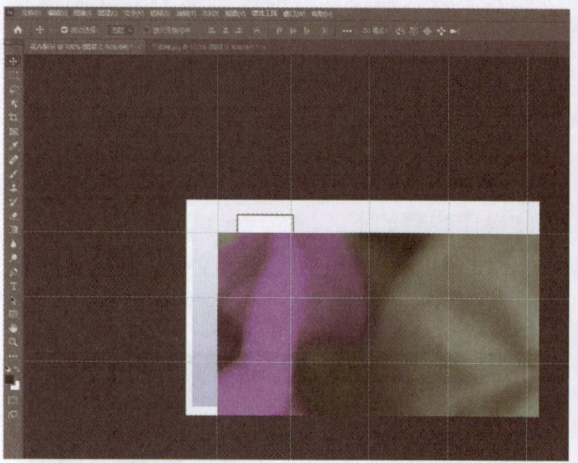

（2）单击"编辑"按钮，在弹出的下拉菜单中选择"自由变换"选项。

（5）同样将"桃花"图像移动到"花卉展示"文件中，并使用移动工具将图像移动到与参考线左上角的交点重合的位置。

（6）单击"变换"按钮，在弹出的下拉菜单中选择"变换"选项，在级联菜单中选择"缩放"选项。

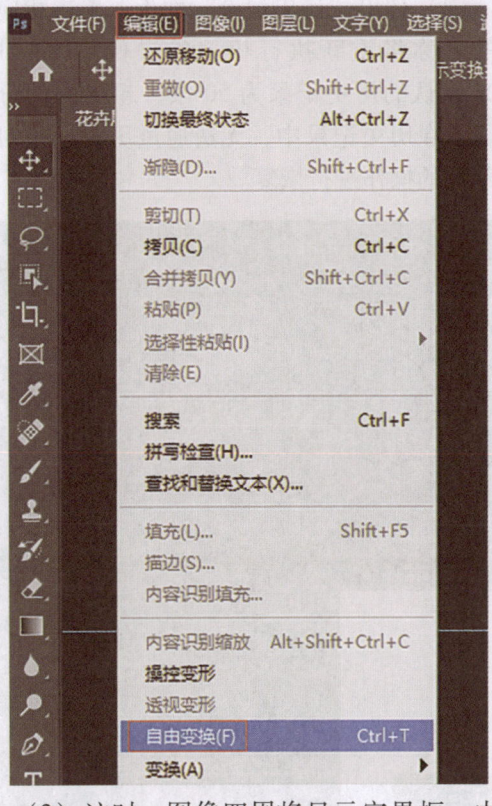

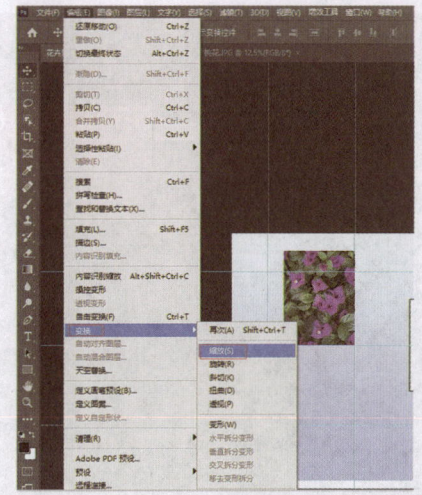

（3）这时，图像四周将显示定界框、中心点和控制点。

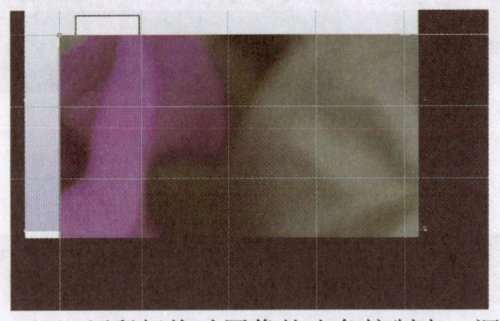

（7）利用相同的方法调整"三角梅"图像的大小。

（4）用鼠标拖动图像的边角控制点，调整图像的大小及位置，直到图像与参考线构成的区域重合，按下"Enter"键完成变换。

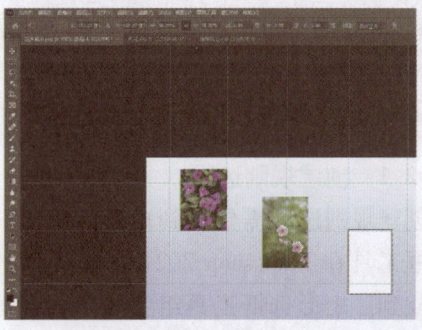

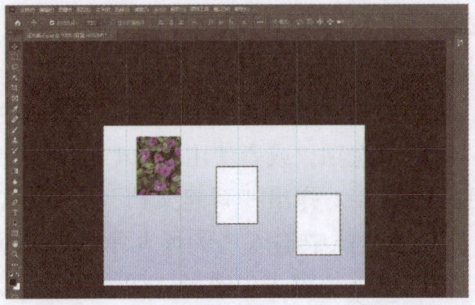

（8）使用相同的办法将"油菜花"图片拖拽到"花卉展示"图像文件中，并调整图像的大小及位置。

4. 撤销与重做

用户在处理图像的过程中难免会出错，可以借助"历史记录"功能撤销错误的操作，再重新处理，具体操作步骤如下。

（1）单击操作界面窗口右侧的"历史记录"按钮。

（2）弹出"历史记录"面板，单击相应步骤的名称将重新执行相关的操作。Photoshop 2021 默认的历史记录为 50 条，超出的部分将不显示在历史记录中，无法通过历史记录对超出部分的操作进行恢复。

13.2　制作圆形儿童漫画封面

漫画封面是针对一本漫画书的内容而设计的封面。相对于一般的封面，圆形封面具有形状新颖、样式吸引人的特点。使用 **Photoshop** 2021 制作圆形漫画封面前，需要先用选区工具创建选区，添加渐变颜色，再添加渐变图像，并对封面图像进行反向操作。

☞13.2.1　创建规则选区

创建规则选区需要用到矩形选框工具，矩形选框工具在 Photoshop 2021 工作界面的左侧可以找到。矩形选框工具组主要包括椭圆选框工具、矩形选框工具、单行选框工具和单列选项工具，通过这些工具可以直接在图像中创建规则选区。现在需要制作圆形儿童漫画封面就需要用到椭圆选区工具创建圆形规则选区，具体步骤如下。

（1）单击"文件"按钮，在下拉菜单中选择"新建"选项，或者使用"Ctrl + N"快捷键新建一个文档。弹出"新建文档"对话框，在"名称"文本框中输入"圆形儿童漫画封面"；在"宽度"下拉列表中选择"厘米"选项；在

"宽度"和"高度"文本框中都输入"12";完成后单击"创建"按钮。

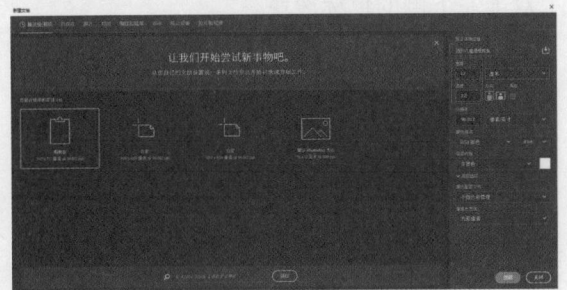

（2）使用"Ctrl + R"快捷键调出标尺，分别从标尺的上侧和左侧拖出两条参考线，两条参考线相交的位置即为圆形封面的中心。

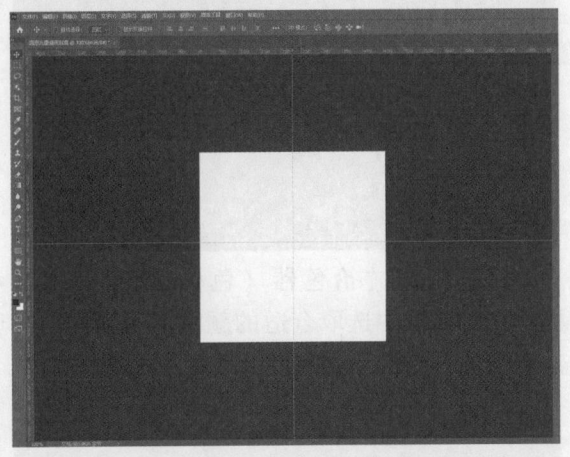

（3）使用"Ctrl + J"快捷键复制背景图层，在"矩形选框工具"上单击鼠标右键，在弹出的菜单中选择"椭圆选框工具"选项。

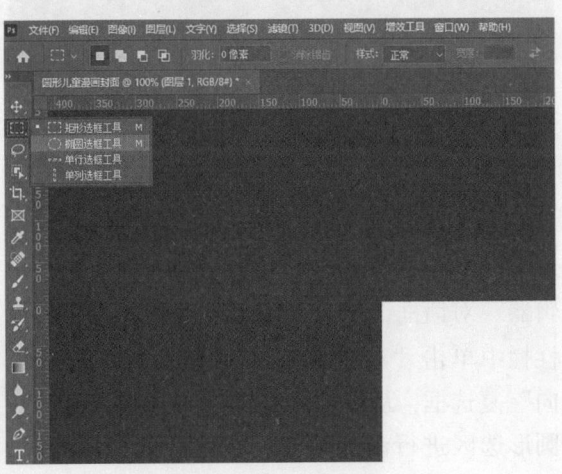

（4）单击工具属性栏的"样式"下拉按钮，在下拉列表中选择"固定大小"选项，然后在"宽度"和"高度"文本框中都输入"10厘米"。

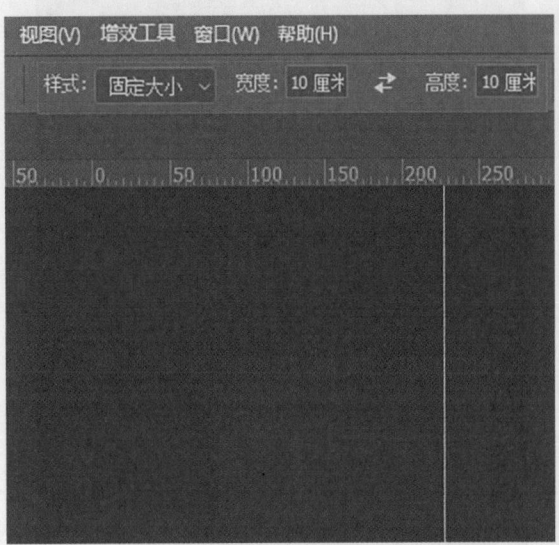

（5）按住"Alt"键，在图像区域的参考线交叉处单击即可绘制直径为10厘米的圆形选区。

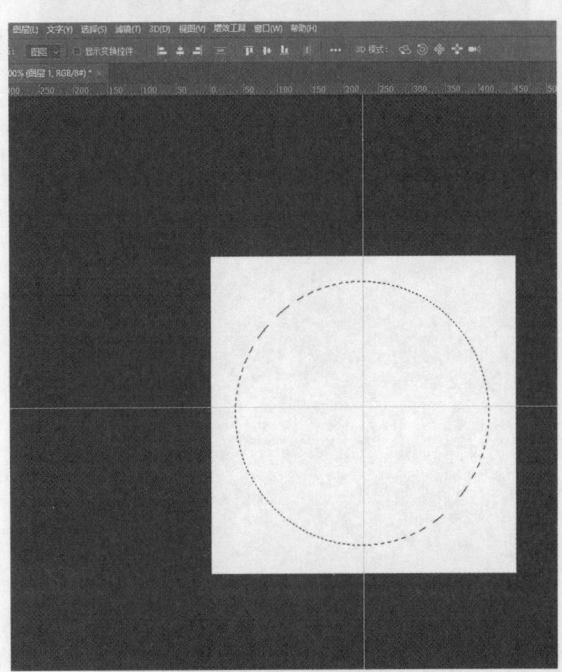

13.2.2 使用填充工具填充颜色

下面将介绍如何为选区填充渐变颜色，以使颜色更加富有层次感，使得画面更具有特色，具体操作方法如下。

(1) 在工具栏中选择"渐变工具"选项。

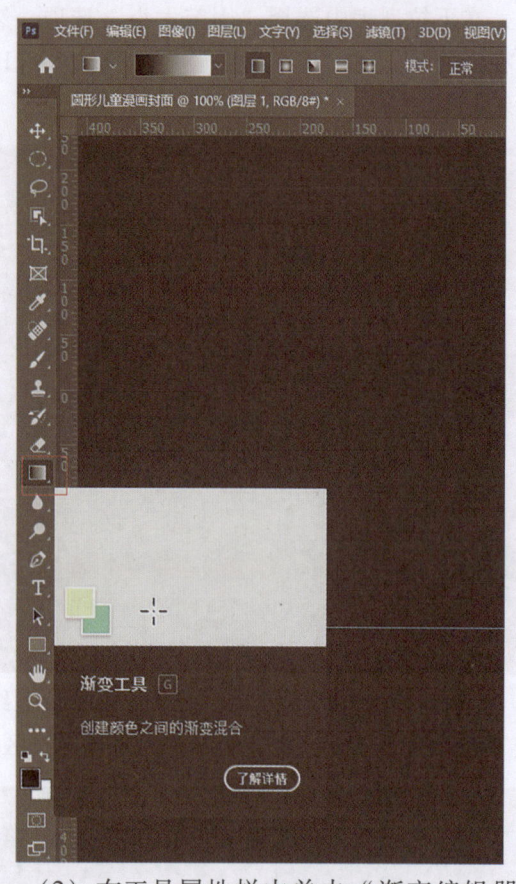

(2) 在工具属性栏中单击"渐变编辑器"按钮。

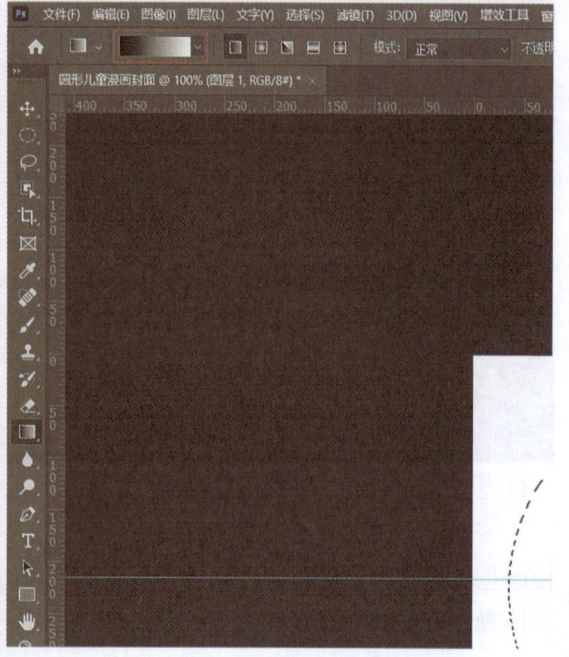

(3) 弹出"渐变编辑器"对话框，在"预设"栏目中选择"蓝色_12"选项，在颜色条上双击左下侧的色标滑块。

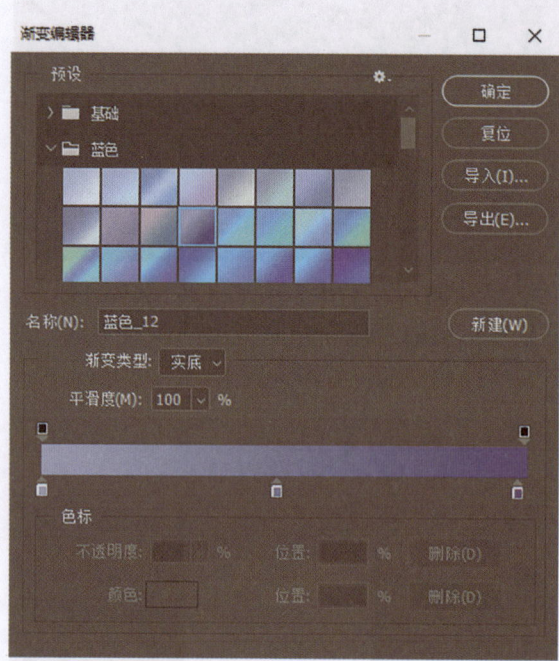

(4) 弹出"拾色器（色标颜色）"对话框，在对话框中选取合适的颜色。用同样的方法双击颜色条右下方的色标滑块，再设置颜色。

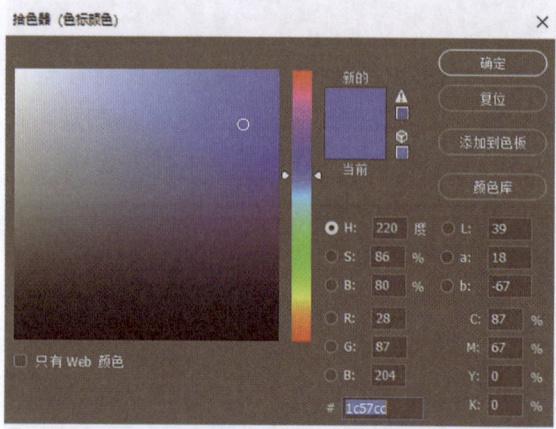

(5) 单击"确定"按钮，返回到"颜色编辑器"对话框，单击"确定"按钮。在工具属性栏中单击"径向渐变"按钮，再单击"反向"复选框，从图像中心向边缘拖拽鼠标，对圆形选区进行渐变填充。在进行渐变填充时，根据拖拽直线中起点、方向以及长短的不同，其效果也会有所不同。

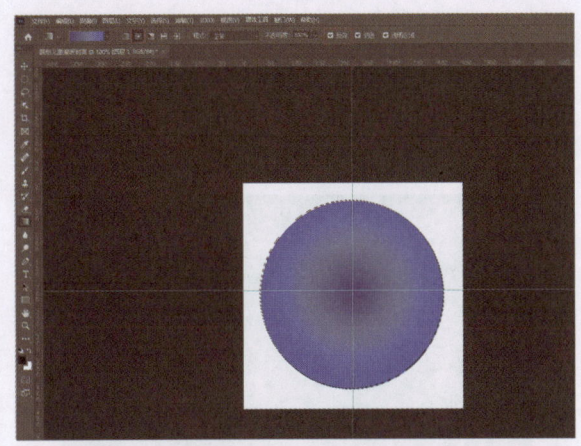

13.2.3 反向选区

反向选区可以将素材中的某一部分显示在绘制选区中，将剩余的部分通过反选命令将选区外的部分选中并删除，具体步骤如下。

（1）单击"文件"按钮，在下拉菜单中选择"打开"选项，弹出"打开"对话框，选中需要的素材文件，再单击"打开"按钮。

（2）选中打开的封面图像，将其拖拽到图像文件中。

（3）单击"选择"按钮，选择下拉菜单中的"反选"选项，将选区反向选择。

（4）按下"Delete"键删除反向的选区，查看删除多余部分后的效果。

13.2.4 描边选区

在处理图像文件的过程中，经常会出现颜色相似、边界模糊的情况，这时就需要对选区进行描边和修改，具体步骤如下。

（1）在"选择"下拉菜单中选择"反选"选项，将选区反选，再单击"编辑"按钮，选择"描边"选项。

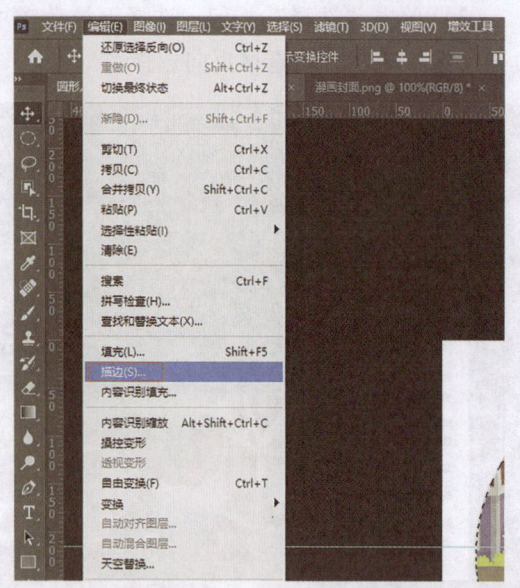

（2）在弹出的"描边"对话框中，在"宽度"文本框中输入"5像素"，单击"颜色"下方的色块。

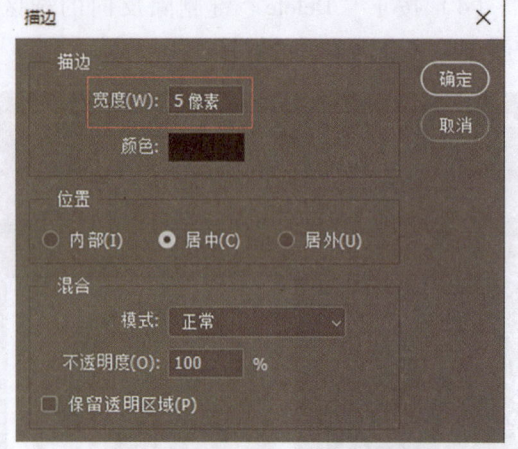

（3）弹出"拾色器（描边颜色）"对话框，将颜色设置为黑色。

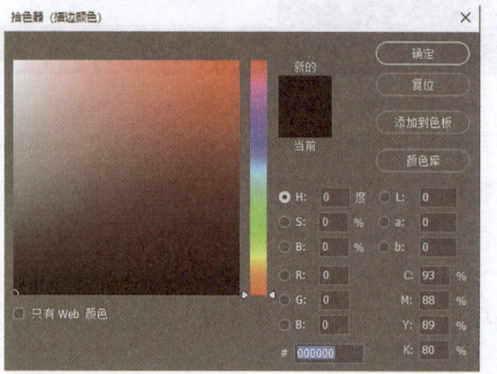

（4）单击"确定"按钮，返回到"描边"对话框，在"位置"栏目中选中"内部"单选按钮，再单击"确定"按钮。

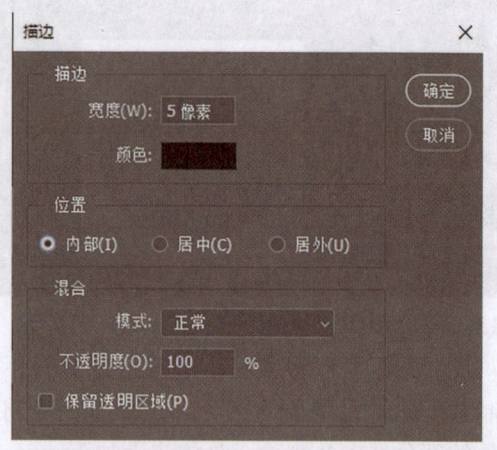

（5）单击"选择"按钮，在弹出的下拉菜单中，选择"取消选择"选项，查看描边效果。

（6）在工具栏中选择"椭圆选框工具"，单击工具属性栏的"样式"下拉菜单，选择"正常"选项，按住"Shift"键的同时拖拽鼠标，绘制出一个圆形选区。

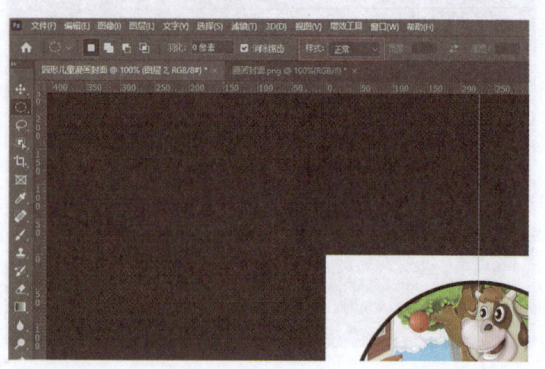

(7) 将圆形选区拖拽到合适的位置后，单击"编辑"按钮，选择"描边"选项。弹出"描边"对话框，在"宽度"文本框中输入"5 像素"，再单击"颜色"色块，将颜色设置为黑色，在"位置"栏目中选中"居中"单选按钮，最后单击"确定"按钮。

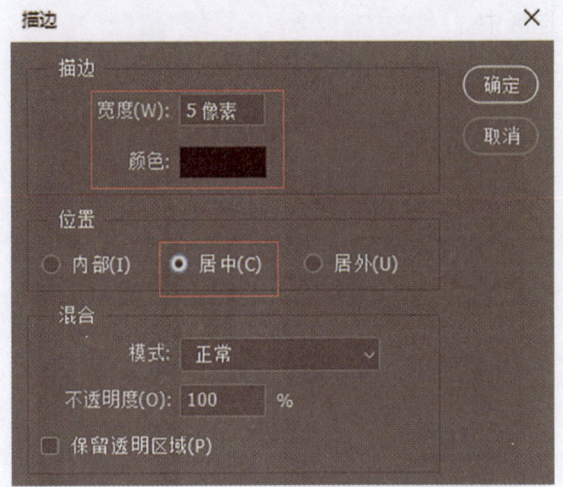

(8) 使用"Ctrl + D"快捷键取消选区，再使用椭圆选框工具绘制一个较小的圆形选区，完成后按下"Delete"键，删除选区中的内容。如果需要再次选择选区，可以单击"选择"下拉按钮，选择"重新选择"选项，或使用"Shift + Ctrl + D"快捷键重新选择上一次取消的选区。

(9) 单击"编辑"按钮，选择"描边"选项，弹出"描边"对话框，在"宽度"文本框中输入"2 像素"，单击"描边"栏目的颜色色块，将颜色设置为黑色，选中"位置"栏目中的"居中"单选按钮，最后单击"确定"按钮。

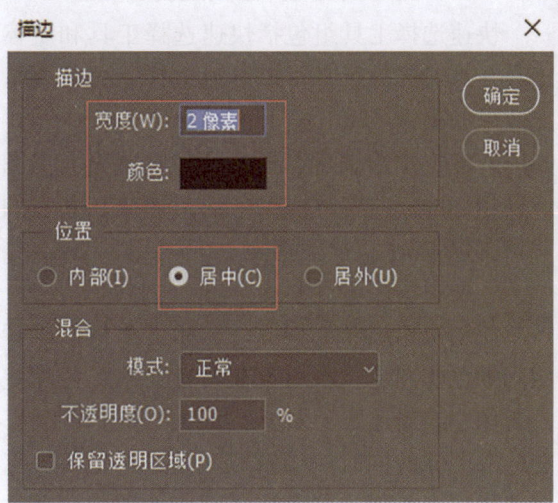

(10) 使用"Ctrl + D"快捷键取消选区，然后按下"Ctrl + ;"快捷键隐藏辅助线，查看效果。

13.3 抠取商品图像

在制作海报、宣传画册、网店商品等内容时经常会使用抠图这一操作，为了某一图像更能满足要求，需要将它从背景中抠取出来，放到合适的背景中。本节将以抠取图片中商品图像为例，介绍一些抠图时经常用到的操作。

13.3.1 使用快速选择工具组创建选区

快速选择工具组包括快速选择工具和魔棒工具，快速选择工具可以迅速选择一些具有特殊效果的图像区域。接下来将介绍如何在Photoshop 2021中用快速选择工具和魔棒工具为图像创建选区，并将抠取出来的图像放在其它的背景图像中。

1. 使用快速选择工具

使用快速选择工具可以选择更多相似或者相同颜色的图像，多用于在具有强烈颜色反差的图像中绘制选区。方法是选中快速选择工具，在选取图像的同时按住鼠标左键进行拖拽，可以选择更多相似或包含相同颜色的图像，具体操作步骤如下。

（1）打开"商品图1"文件，在编辑界面左侧选择"快速选择工具"，将鼠标光标移动到图像区域，在图像中的钢笔上拖动光标，光标经过的区域将被创建为选区。

（2）继续移动光标，在工具属性栏选择"画笔"下拉按钮，将选区画笔的大小设置为"10"，在图中钢笔边角位置的连接线处按下鼠

标左键不放进行拖拽，将其添加到之前创建的选区中。

（3）在创建选区的时候，难免会出现选区多余的情况，这时就要删除这些多出来的区域。在编辑界面左侧选择"魔棒工具"，再单击工具属性栏中的"从选区减去"按钮，按住鼠标左键不放，在需要删除的选区内拖拽光标，将这部分区域从之前的选区中删去。

(4)按住"Alt"键不放,向上滚动鼠标滑轮将图像放大,查看图像的选区,使用以上的方法调整好选区。

"10",将"羽化"设置为"1像素",将"对比度"设置为"20%"。

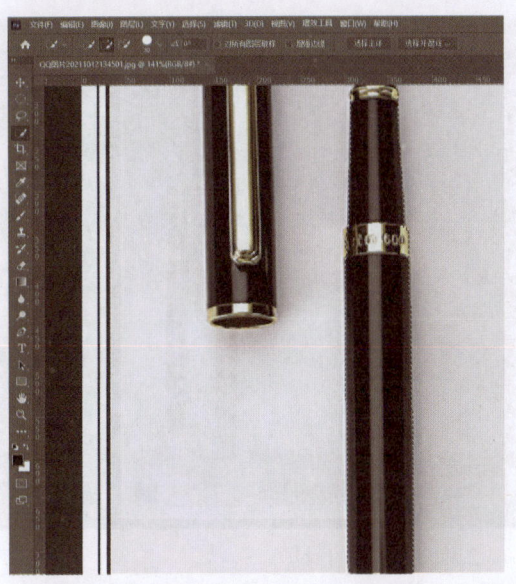

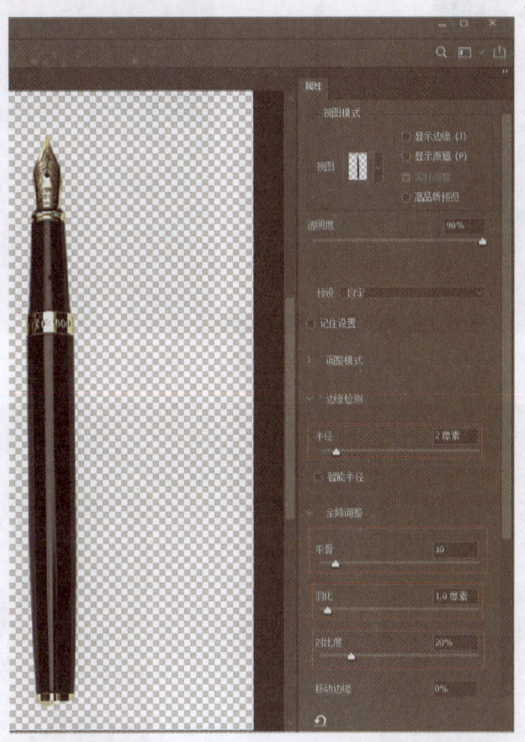

(5)调整好选区之后,同样按住"Alt"键不放,再向下滑动鼠标滑轮,将图像文件调至原本大小,查看选区效果,在工具属性栏中单击"选择并遮住"按钮。

(7)单击"输出到"下拉列表,选择"图层蒙版"选项,最后单击"确定"按钮,完成设置。

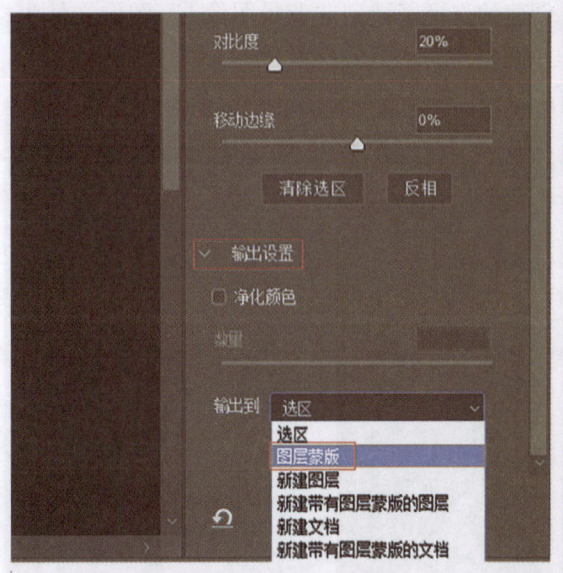

(6)之后会弹出"属性"窗格,将"边缘检测"下方的"半径"数值设置为"2像素",将"全局调整"栏下方的"平滑"设置为

(8)返回到编辑界面,发现选中的钢笔图像单独显示在图层蒙版中,查看抠取图像的效果。

(9) 打开"背景图像1"图像文件。

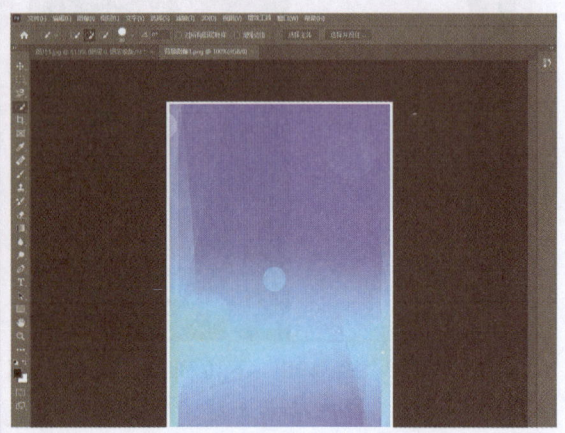

(10) 在"商品图1"图像文件中,拖拽创建的选择区域到"背景图像1"图像文件中,并调整商品图像的位置。

(11) 如果需要将此商品图像复制,可以按下"Alt"键不放,同时用鼠标拖动此商品图像。完成后保存图像文件即可。

2. 使用魔棒工具

魔棒工具通常用于选取图像中颜色相同或相近的区域,具体使用方法如下。

(1) 打开"商品图2"文件,在编辑界面左侧的工具箱中,用鼠标右键单击"快速选择工具",在弹出的快捷菜单中选择"魔棒工具"选项。

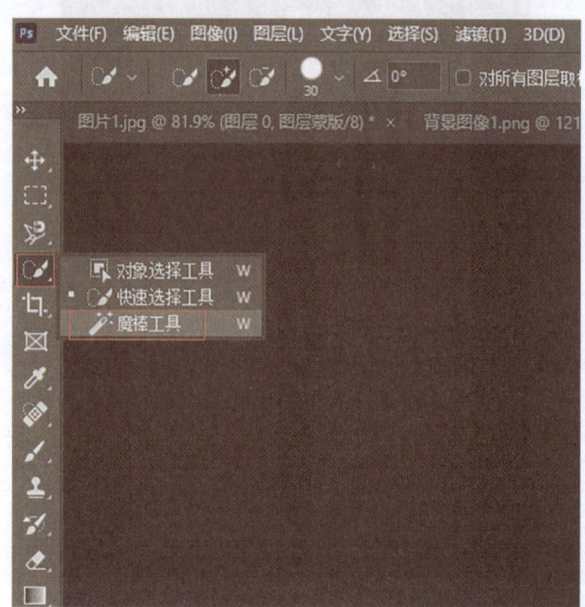

(2) 选中"魔棒工具"后,单击图像中的白色区域。

（3）如果创建的选区达不到效果的话，可以单击右键，选择"添加到选区"选项，或者按住"Alt"键不放，再在其他需要添加到选区的地方单击。如果选区中添加了不需要的区域，可以在工具属性栏中选择"从选区减去"选项，再单击多余的选区即可删除选区。

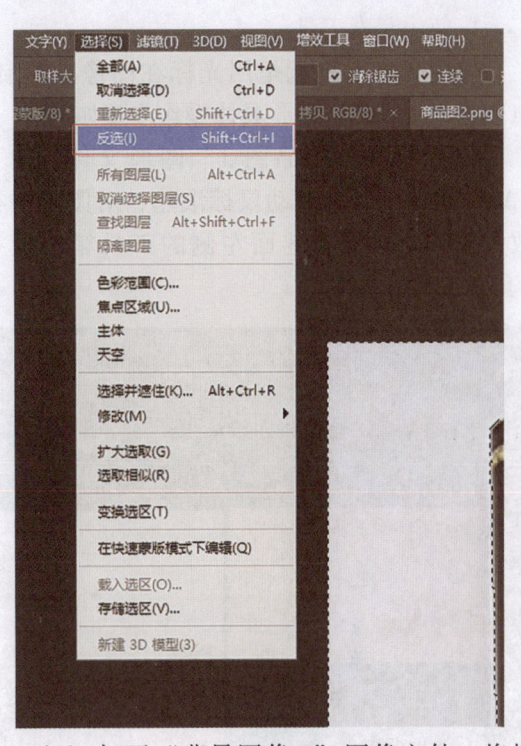

（5）打开"背景图像1"图像文件，将抠取后的图像移动到"背景图像1"图像文件中，并调整位置，最后保存文件即可。

13.3.2 使用套索工具创建选区

套索工具组包括套索工具、多边形套索工具和磁性套索工具。使用套索工具可以创建不规则的图像选区，还能对图像进行抠取操作。下面将介绍如何使用套索工具和磁性套索工具创建选区，并将扣取后的选区添加到新的背景中。

（4）单击"选择"按钮，在下拉菜单中选择"反选"选项，或使用"Shift + Ctrl + I"快捷键，反向选择选区。然后再使用"Ctrl + J"快捷键，将其复制到新的图层。

1. 使用套索工具

使用套索工具就是用光标在图像上绘制，以创建不规则的选区，具体操作步骤如下。

（1）打开"商品图3"图像文件，按下"Alt"键的同时，滑动鼠标滚轮，对图像进行放大操作。在编辑界面左侧的工具箱中选择"套索工具"选项。

（2）在图像文件中，按住鼠标左键不放，沿图像中商品图形边缘进行拖拽，选中整个图像轮廓后，查看选区效果。

（3）如果需要将多余的选区删除，就需要点击工具属性栏的"从选区减去"按钮，在多余选区部分拖拽鼠标删除多余的选区。

（4）如果需要再添加选区的话，单击属性工具栏的"添加到选区"按钮，将之前没有添加的部分添加到选区中。

（5）完成创建选区后，使用"Ctrl+J"快捷键，将其复制到新图层，打开"背景图像2"图像文件，将抠取的商品图像移动到"背景图像2"图像文件中。调整商品图像的位置，查看效果。

2. 使用磁性套索工具

磁性套索工具可以自动捕捉图像色彩对比明显的边界，使用磁性套索工具的具体方法如下。

（1）打开"商品图1"图像文件，按住"Alt"键，滑动鼠标滚轮，将图像放大。在编辑界面左侧的工具箱中，用鼠标右键单击"套索工具"，在弹出的快捷菜单中选择"磁性套索工具"选项。

（2）沿着商品图像边缘，将光标放在将要绘制选区的起点，拖拽鼠标，这时将会产生一条套索线并自动附着在色彩对比度较大的图像周围，继续拖拽鼠标直至回到起始点，按下"Enter"键完成选区的创建。

（3）单击属性工具栏的"从选区减去"或者"添加到选区"按钮，将多余的选区删去，或将没有添加的选区添加到选区中。

（4）完成后，使用"Ctrl + J"快捷键，将其复制到新图层。

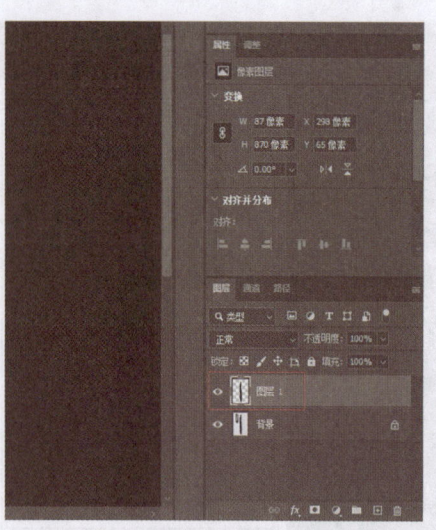

并调整位置，最后保存文件即可。

（5）打开"背景图像1"图像文件，将抠取后的图像移动到"背景图像1"图像文件中

13.4 制作广告特效

墙壁中的拳头是一种广告特效。本节以墙壁中的拳头特效为例，将介绍羽化、旋转等操作。

☞13.4.1 以蒙版形式编辑选区

制作墙壁中的广告特效时，需要先将拳头图像移动到墙壁图像中，并为图像中的拳头创建选区，再通过选区进行羽化、旋转等操作，使选区内容与墙壁贴合。

使用蒙版编辑选区可以让选区变得更加完整，还能手动控制选区范围，使选区更加合理，具体步骤如下：

（1）打开"拳头"图像，在"图层"栏目中，双击名称为"背景"的图层。

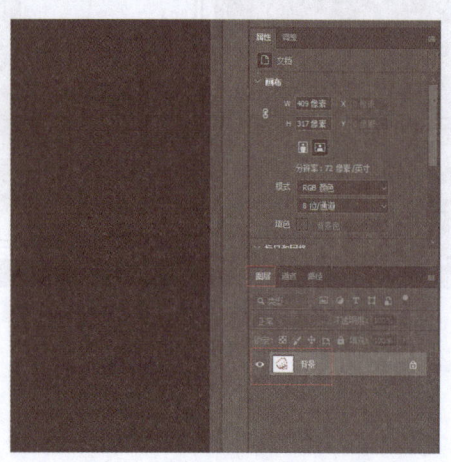

（2）弹出"新建图层"对话框，保持默认设置，单击"确定"按钮。此处新建图层是将"背景"图层转换为一般图层，以便在进行清除选区内容的操作时，使选区的内容变为透明。

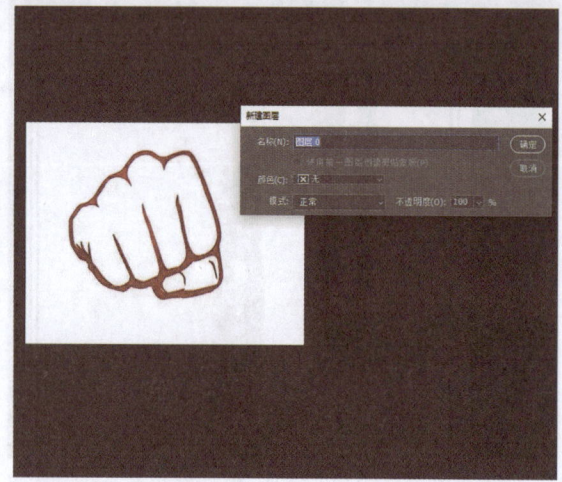

（3）在工具箱中，单击"设置前景色"按钮，弹出"拾色器（前景色）"对话框，将前景设置为黑色。

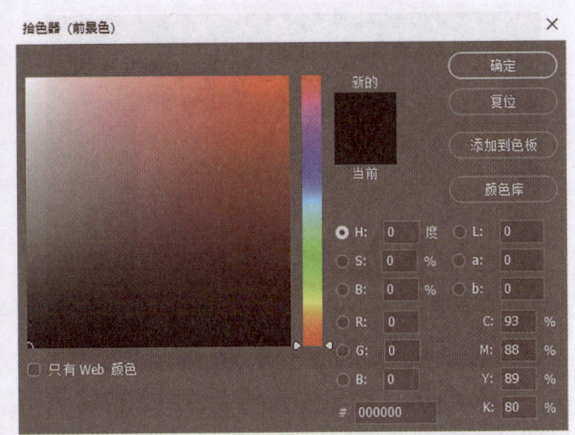

（4）在工具箱中单击"以快速蒙版模式编辑"按钮，在工具箱中选择"画笔工具"，拖拽鼠标在图像中的拳头区域进行涂抹。在涂抹的过程中，难免会有失误，如果需要将多余的涂抹部分删除，可以选中"橡皮擦工具"进行擦除。

（6）接着按下"Delete"键删除拳头图形以外的选区。

（5）再次单击工具箱中的"以快速蒙版模式编辑"按钮，退出编辑模式，此时可以观察到图像中已经创建了与涂抹区相反的选区。

（7）单击"选择"按钮，在下拉菜单中选择"反选"选项，这样就将拳头创建为一个选区。

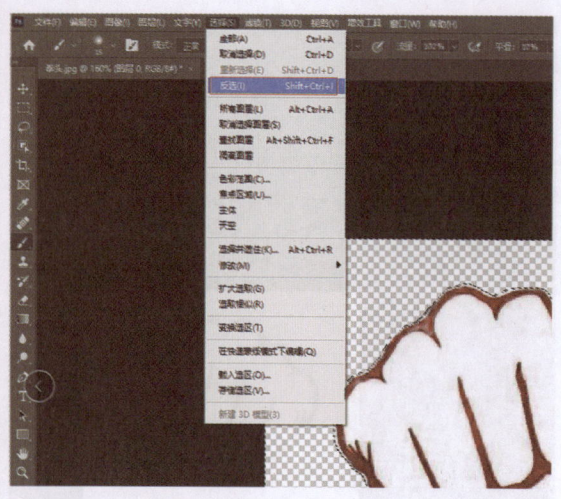

13.4.2 平滑与羽化功能

平滑与羽化功能主要的针对对象是选区的边缘，这两个功能可以使选区的边缘更加地光滑、柔和、顺畅，使选区变得更加精确，下面将以拳头图像选区为例介绍如何使用这两个功能。

1. 平滑选区

平滑功能可以消除选区边缘的锯齿，使选区的边界变得更加连续和平滑，具体步骤如下。

（1）单击"选择"按钮，在下拉菜单中选择"修改"选项，在级联菜单中选择"平滑"选项。

（2）弹出"平滑选区"对话框，在"取样半径"文本框中输入"2"。

（3）单击"确定"按钮，返回图像编辑窗口即可观察到图像的边缘已经变得非常平滑。

2. 羽化选区

羽化功能是使选区的边缘变得柔和，从而使选区中的图像自然地融合到背景图像中。羽化选区通常用于图像合成，但是容易造成丢失选区边缘的图像细节，使用羽化功能调整选区的具体步骤如下。

（1）同样单击"选择"按钮，选择"修改"选项，在级联菜单中选择"羽化"选项。

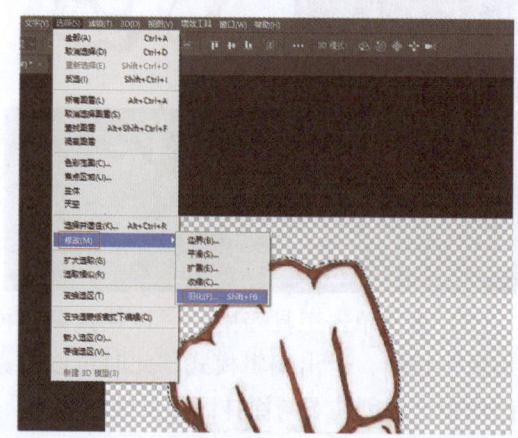

（2）弹出"羽化选区"对话框，在"羽化半径"文本框中输入"10"。

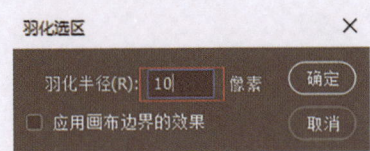

（3）单击"确定"按钮，返回编辑界面查看效果。

☞13.4.3 移动与变换选区

变换选区是对选区进行编辑时的最基本的操作之一，用户可以先通过移动选区调整选区的范围，再通过变化选区对选区的形状进行调整，具体操作方法如下。

（1）选中移动工具，将鼠标指针移动到拳头选区上，按住鼠标左键不放，向上拖动光标，移动选区的位置。在移动选区时，如果想要使选区沿水平、垂直或45°方向移动，可以按下"Shift"键不放再拖拽鼠标。

（2）单击"选择"下拉按钮，在下拉菜单中选择"变换选区"选项。变换选区只是对选区进行变换，对图像没有影响，而变换主要是针对图像进行变换，在变换时不仅变换选区，还会改变整个图像。

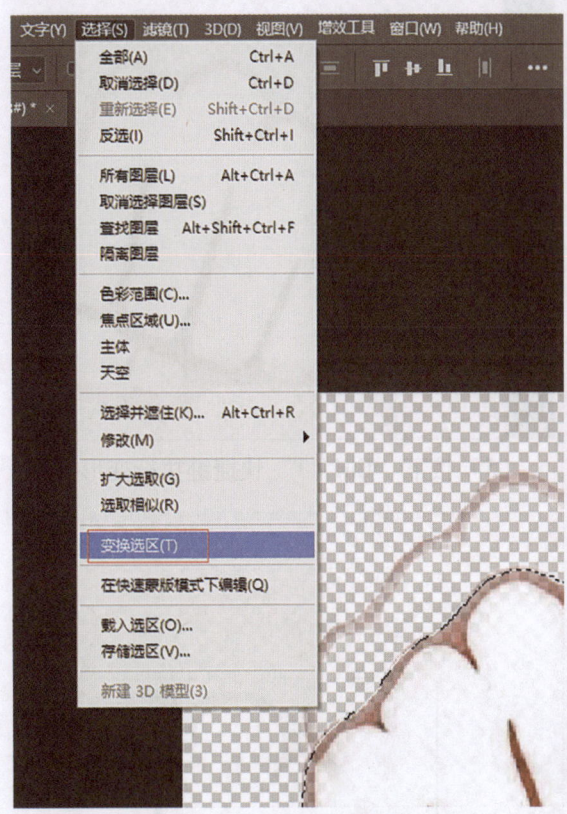

（3）此时，拳头图案的周围会出现一个矩形边框，在矩形边框内按下鼠标左键不放拖动图像，调整图像的位置。

（4）调整图像的位置之后，按下"Enter"键即可。

（5）按下"Ctrl + T"快捷键执行变形操作。

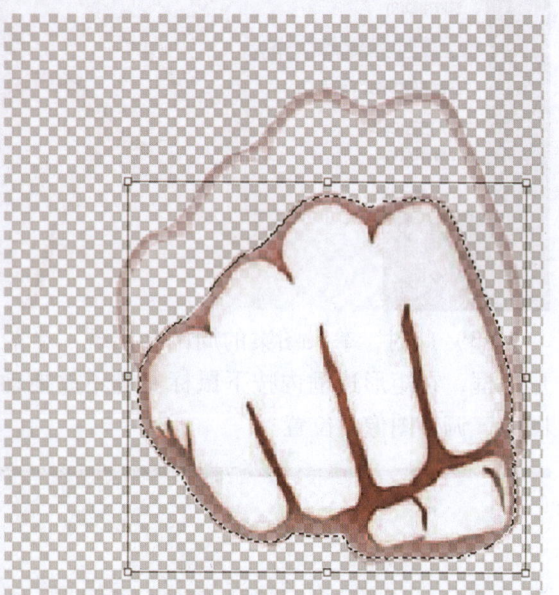

（6）此时拳头图像的周围会出现一个带有控制点的矩形边框，将鼠标放在相应的控制点，同时按下"Shift"键不放即可调整选区的大小。在放大图像时，如果不确定放大区域，可以将选区线作为参考，因为放大时只是放大图像，选区线将自动放大到合适的区域。将拳头图像调小。

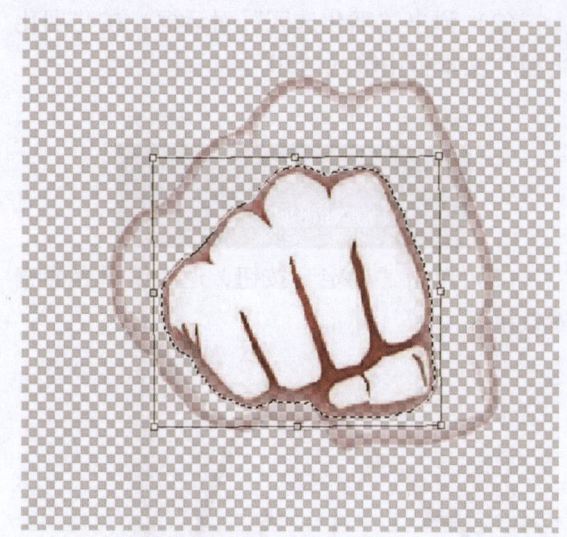

（7）将光标放在图像右下角的控制点附近，按顺时针方向拖拽鼠标。

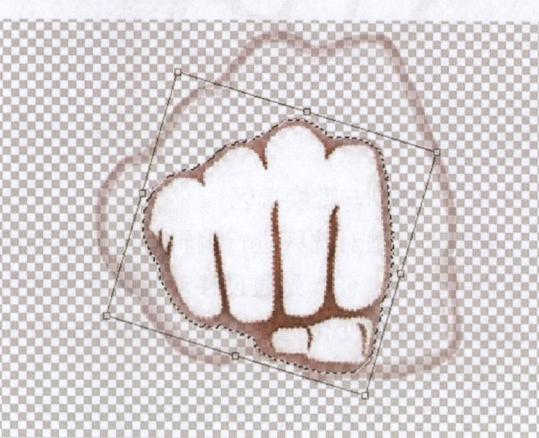

（8）最后按下"Enter"键即可。

（9）打开"墙壁"图像文件，在工具箱中选择"磁性套索工具"选项，再将鼠标移动到图像中间白色的部分，选择中间白色的区域为选区。

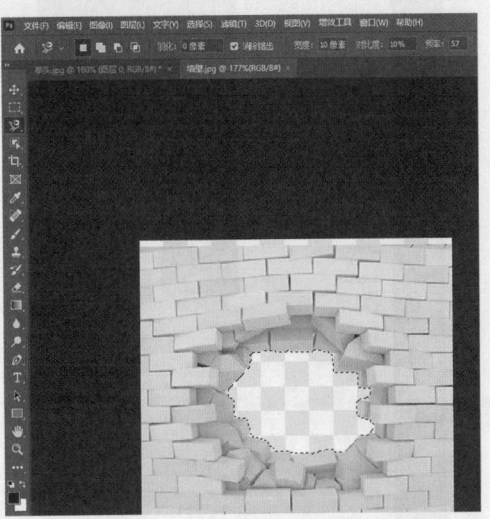

（10）在"图层"栏目中，双击"背景"图层。弹出"新建图层"对话框，保持对话框的默认项，单击"确定"按钮。

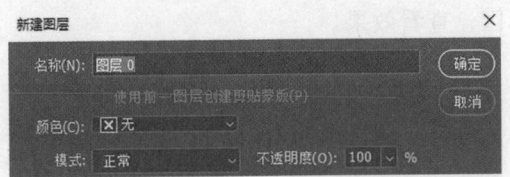

（11）返回编辑界面，按下"Delete"键，删除选区中的白色背景。

（12）这时，选区中的内容变为透明，使用"Ctrl+D"快捷取消选区。

（13）打开"背景"图像文件，用移动工具将背景图像移动到墙壁图像文件中。

（14）在"图层"栏目中，用拖拽鼠标的方法将"图层1"移动到"图层0"下方。

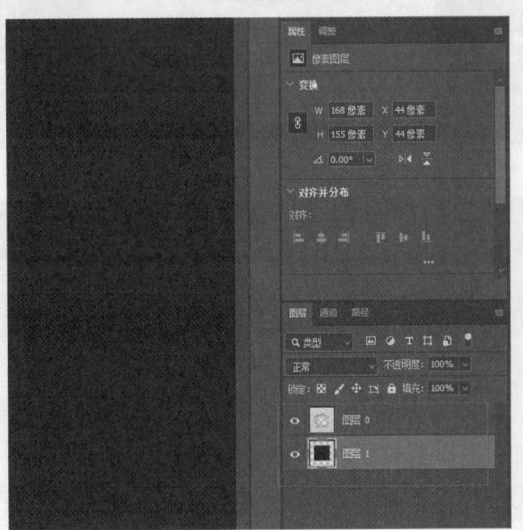

（15）如果对图像的位置不满意的话，可以按下"Shift"键不放，同时按下"↑""↓""←""→"方向键进行调整。

（17）使用"Ctrl + T"快捷键调出变形操作，调整拳头图案的大小，再接着调整位置。

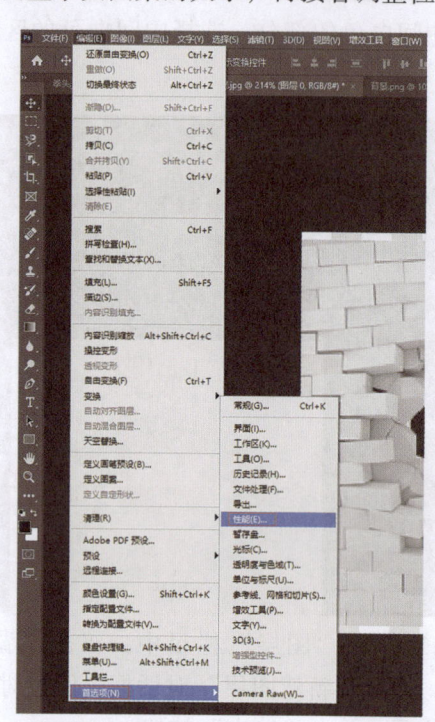

（16）将变换后的拳头选区移动到"墙壁"图像文件中。

（18）完成后按下"Ctrl + D"快捷键取消选区，查看效果。

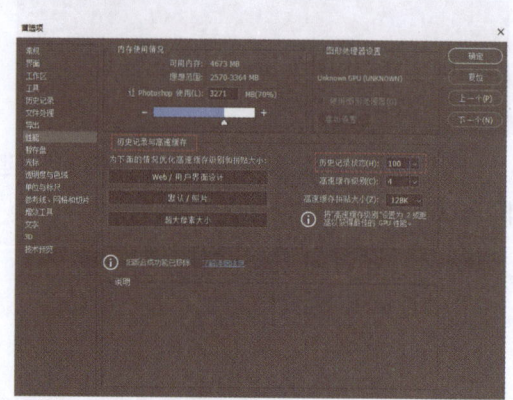

13.5 图像编辑与选区小技巧

结合本章所介绍的图像编辑与选区应用的内容，下面将介绍一些小技巧。

13.5.1 设置历史记录的数量

有时在利用"历史记录"功能还原图像时，有些操作不能撤销，这是因为历史记录中能够记录的操作步骤数量太少了。在默认情况下，Photoshop 2021 的"历史记录状态"为 20 条记录。如果想要增加历史记录的最大可以记录的数量，可以采用以下方法设置。

（1）单击菜单栏的"编辑"按钮，在下拉

菜单中选择"首选项"选项,在级联菜单中选择"性能"选项。

(2)弹出"首选项"对话框,在"历史记录和高速缓存"栏目中的"历史记录状态"一栏中输入"100",最后单击"确定"按钮即可完成设置。

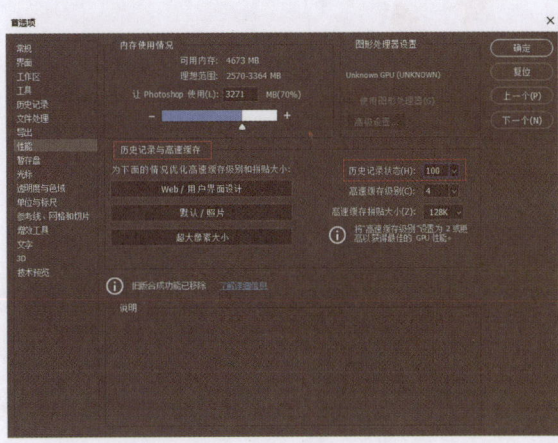

13.5.2 移动选区

有时在移动选区时,选区内的图像也会跟着移动,这是因为,用户在移动选区时选择了"移动工具"。如果只移动选区而不移动图像的话,应选用创建选区工具中的一种。

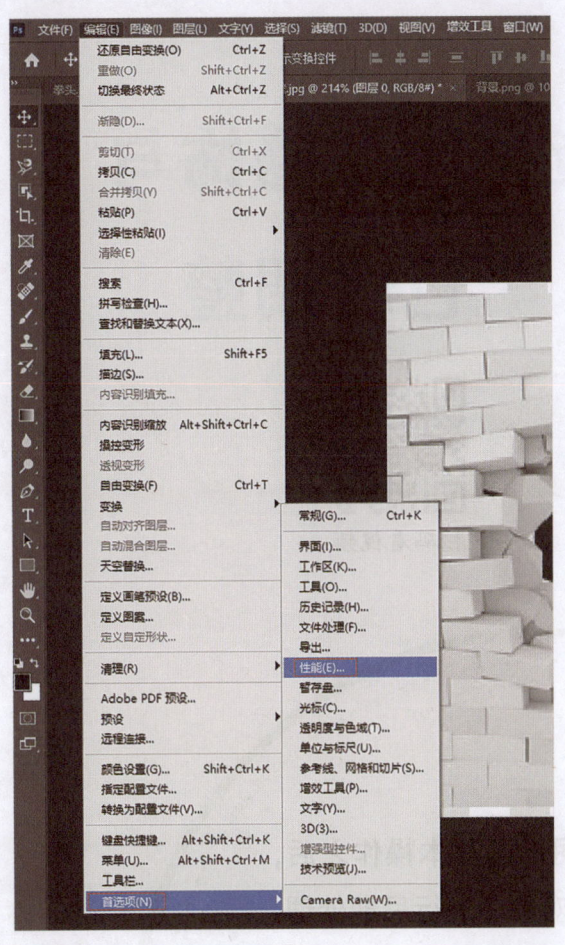

第十四章　图像修饰与色彩调整

扫码看视频

概述

在掌握了调整图像的基本操作之后，接下来还需要学会对图像进行后期处理。此外，如果对图像的色彩效果不满意，可以使用Photoshop 2021进行调整，将图像的显示效果调整为满意的效果。本章将通过美化照片中的人物图像、设置面部飞散效果、制作人物写真等案例介绍Photoshop 2021中的相应的操作。

14.1 美化照片中的人物图像

在使用相机拍摄人像时，经常会因为光线照度、光源性质等环境因素影响照片的美观，或者是因为人物本身面部有太多斑点使其脸部不够美观、光滑，为了达到美观的要求，可以用 **Photoshop** 2021 对照片进行美化。下面将以美化人物面部照片为例，介绍美化人物照片的一些简单操作。

☞14.1.1 污点修复画笔工具

污点修复画笔工具主要用于快速修复图像中的斑点或小块杂物等，使用此工具能对照片中的样本像素进行绘画，还可以将源图像中的像素的纹理、透明度等情况与目标图像的区域匹配、融合，具体步骤如下。

（1）打开"人物"图像照片，在工具箱中选中"污点修复画笔工具"选项。

（2）将图像放大，在脸部有斑点的地方用拖拽鼠标的方法画一条线，这条线呈灰色区域。如果想要修复某个单独的斑点，在斑点上单击即可完成修复操作。

（3）释放鼠标后即可看到黑色区域的斑点已经消失。

（4）使用画笔工具修复左脸上的斑点区域，应注意避免在修复过程中因为颜色的不统一，导致再次出现大块的污点。

(5) 继续使用"污点修复画笔工具"修复右脸的斑点区域。

14.1.2 修复画笔工具

修复画笔工具可以利用图像中与被修复区域相似的颜色去修复破损的图像，与污点修复工具的作用和原理相似，但是修复画笔工具更好被控制，不易产生人工修复的痕迹，使用修复画笔工具的具体操作步骤如下。

(1) 在工具箱中右击"污点修复画笔工具"选项，选择"修复画笔工具"选项。

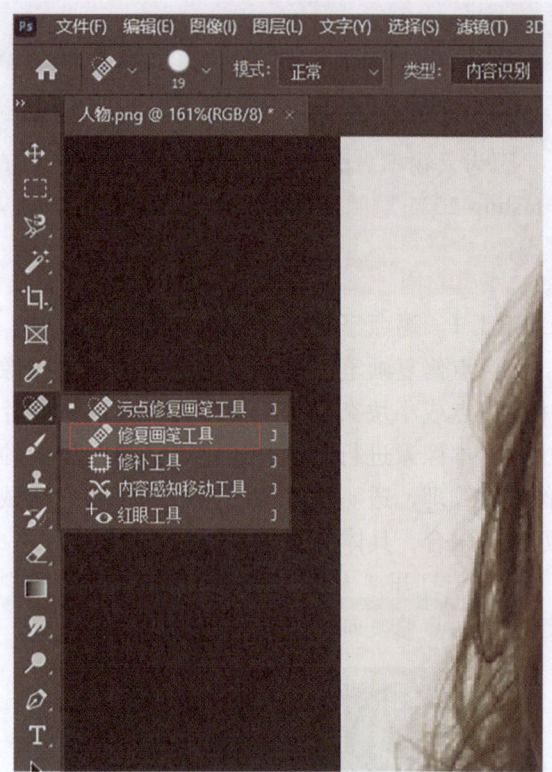

(2) 在工具属性栏中设置修复画笔的大小为"16像素"，在"模式"栏右侧的下拉列表中选择"滤色"选项，单击"取样"按钮。取样位置的颜色尽量与修复位置的颜色相近，这样就避免了修复过程中再次产生污点。

(3) 放大显示图像中人物眼部，按下"Alt"键不放，同时在需要取样的位置单击鼠标左键。

（4）将光标移动到需要修复的位置，单击并拖拽鼠标修复眼部的细纹。

（5）在使用修复画笔工具的时候，应根据眼部的轮廓颜色和周围颜色随时修改取样点和画笔的大小。

（6）使用同样的方法对左眼部分进行修复。

☞14.1.3 修补工具

修补工具是将目标区域中的图像复制到需要修复的区域中。用户在修复具有瑕疵和较复杂纹理的图像时，可以使用修补工具进行修复，具体步骤如下。

（1）在工具箱中用鼠标右键单击"修复画笔工具"，选择"修补工具"选项，再在工具属性栏的"修补"下拉列表中选择"正常"选项，单击"源"按钮。

（2）在需要修补的地方绘制一个闭合的形状，圈住需要修补的地方。

（3）在选中的区域上按住鼠标左键不放，向周围地方拖拽，以脸部其他部分的颜色为主体进行修补，注意不要将鼠标拖拽到与修补区色差太大的区域，以免造成颜色差异太大。

（5）使用"Ctrl + D"快捷键取消修补工具的选区，查看效果。

14.1.4 红眼工具

红眼工具可以快速去除人眼中由于拍照时因为闪光灯引发的红色、白色或滤色反光斑点的问题，让瞳孔恢复黑色，变得有神，具体步骤如下。

（1）在工具箱中，用鼠标右键单击"修补工具"选项，在弹出的菜单中选择"红眼工具"选项。

（4）使用相同的方法修补脸部其他地方的瑕疵，效果如下。

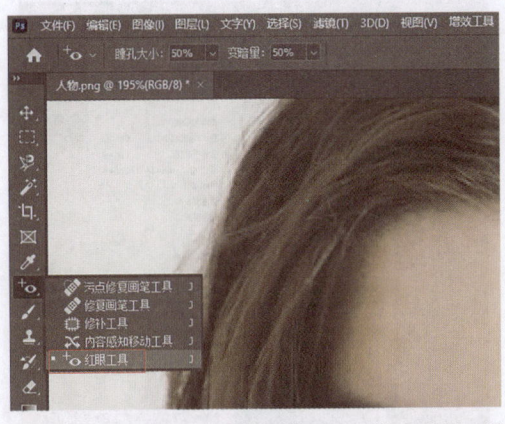

（2）在工具属性栏中将"瞳孔大小"设置为"50%"，将"变暗量"设置为"50%"，完成后将左侧眼部放大。

（3）在瞳孔部位中，按住鼠标左键不放，拖拽鼠标选择去除红眼的区域，选好之后释放鼠标即可。

（4）用同样的方法调整另外一只眼睛。

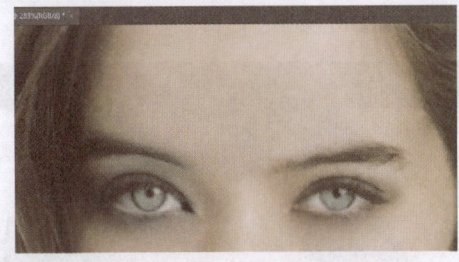

☞**14.1.5 模糊工具**

使用模糊工具可以柔化图像中相邻像素之间的对比度，减少图像细节，使图像产生模糊的效果，具体操作方法如下。

（1）在工具箱中，选中"模糊工具"选项。

（2）在工具属性栏中，将模糊大小设置为"60""强度"设置为"60%"。

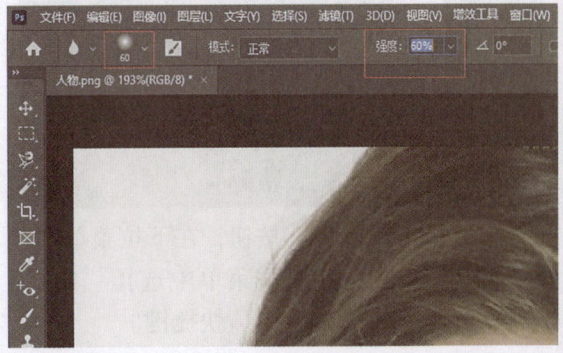

（3）之后在图中左侧脸部使用模糊工具使脸部的斑点变得模糊。

（4）使用同样的方法处理面部其他部位，使面部变得光滑，注意靠近轮廓附近的部分需要按照轮廓线的走向涂抹。

（5）单击"图像"按钮，在下拉菜单中选择"调整"选项，在级联菜单中选择"曲线"选项，或者使用"Ctrl + M"快捷键。

（6）弹出"曲线"对话框，将光标放在对话框里的曲线编辑框中的斜线上，单击鼠标左键，这样就在斜线上创建了一个控制点，向上方拖动曲线，调整亮度，或者直接在编辑框的"输入"和"输出"数据框中输入数值。

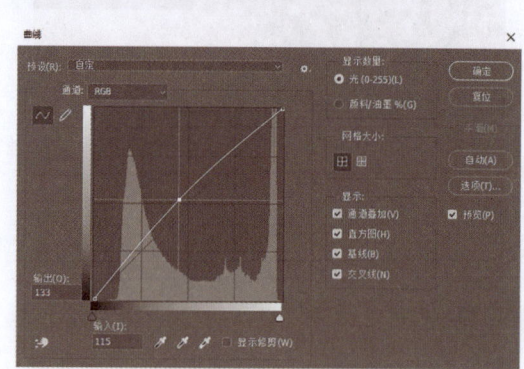

（7）单击"确定"按钮，返回编辑界面中查看效果。

14.2 制作面部飞散效果

面部飞散效果经常用于广告设计中的特殊效果，本节将以女生面部为例，先修复面部瑕疵，再通过图案图章填充纹理，将纹理变形，并绘制不同的方格，再把这些方格按照一定的形式排列，接着再进行其他操作，以使效果更加美观。

14.2.1 使用仿制图章工具

仿制图章工具能够快速复制选中的图像及颜色，并将复制的颜色和图像运用到其他区域，具体操作步骤如下：

（1）打开"女生头像"图像文件，在工具箱中单击"仿制图章工具"按钮。

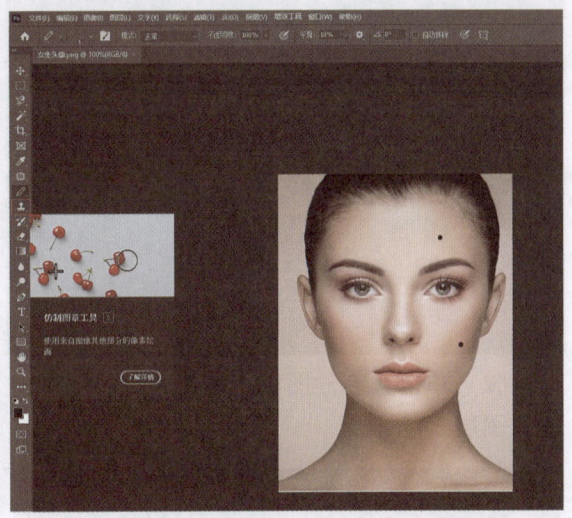

（2）在工具属性栏中单击"画笔预设"选取器下拉按钮，在弹出的下拉列表中设置大小为"12像素"，设置图章画笔为"硬边圆"。

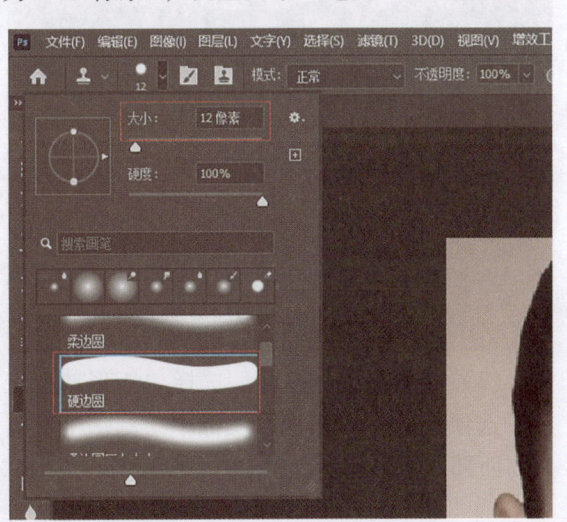

（3）在图像脸部的黑色斑点处按下"Alt"键不放，单击脸部的斑点周围的皮肤取样。

（4）松开"Alt"键，单击需要修复的黑色斑点，即可将之前选中的肤色覆盖到斑点上。

（5）利用相同办法覆盖剩余的斑点。

（6）如果在选取肤色时，与斑点周围的肤色色差相差巨大，可以使用污点修复工具进行修复。在工具箱中选择"污点修复画笔工具"选项，在工具属性栏中将污点修复画笔的大小设置为"19像素"，单击选中"近似匹配"复选框，再选中"对所有图层取样"复选框。

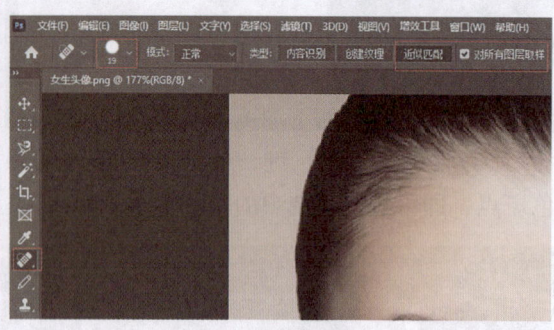

（7）用之前介绍过的方法对人物面部进行修复，查看效果。

14.2.2 使用图案图章工具

图案图章工具是将 Photoshop 2021 中提供的图案或自定义的图案应用到图像中，具体操作步骤如下。

（1）在"图层"栏目中的"背景"图层上，使用"Ctrl + J"快捷键，复制"图层 1"，单击"背景"图层左边的眼睛图标隐藏"背景"图层。

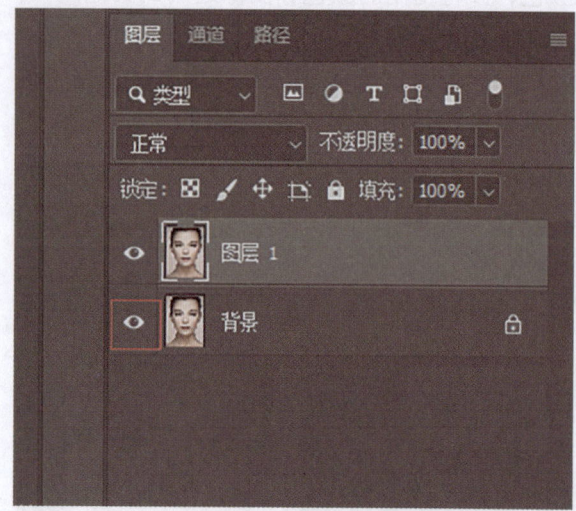

（2）单击"新建图层"按钮，此时就创建了"图层 2"图层。

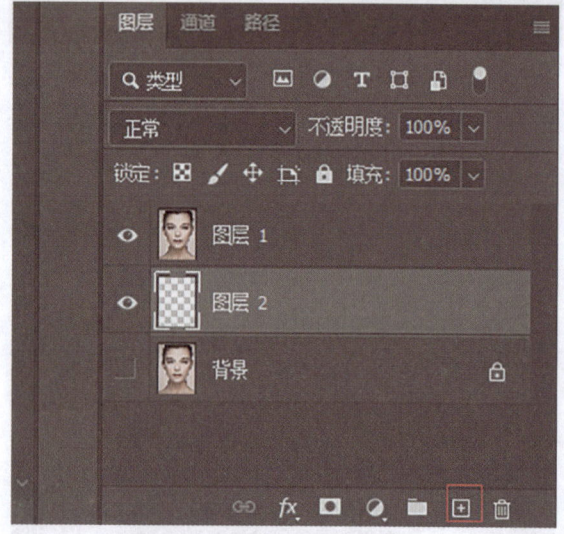

（3）接着在工具箱中，选择"矩形选框工具"选项，再在"人物"图像中绘制一个覆盖人物面部的矩形选区。

（6）若弹出的下拉窗格中没有出现方格图案，可单击窗格右侧"设置"按钮，在弹出的下拉列表中选择"导入图案"选项进行导入，然后再选择"拼接—平滑"图案选项。

（4）选择"图案图章"工具，在工具属性栏中设置画笔大小为"300"，单击"启用喷枪样式的建立效果"下拉按钮。

（5）在弹出的下拉窗格中，选择"拼接－平滑"图案选项。

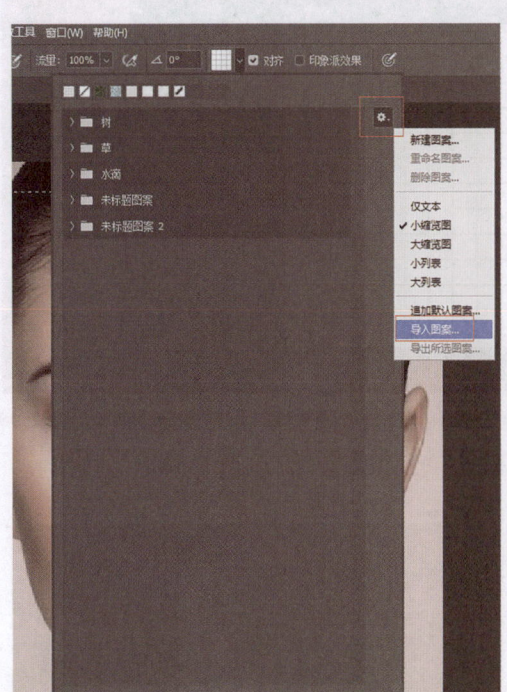

（7）拖动鼠标在绘制好的选区中进行涂抹，绘制出拼接格式的图案。在绘制图案的过程中，可以随时根据环境及需要调整画笔的大小。

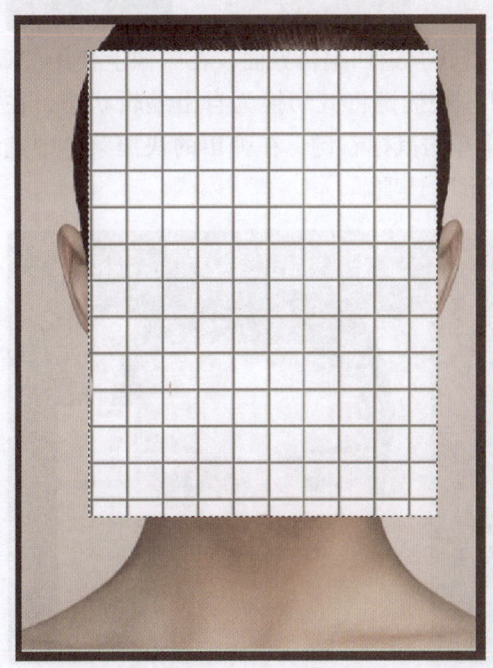

（8）选中"图层2"图层，单击右键，在弹出的下拉窗格中选择"混合选项"选项。

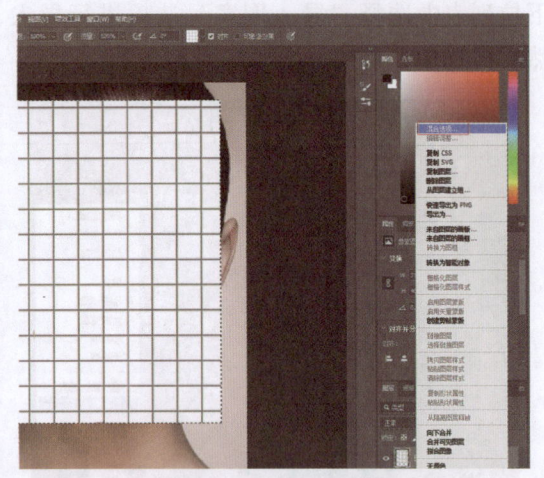

（9）弹出"图层样式"对话框，设置"混合模式"为"划分"，单击"确定"按钮。

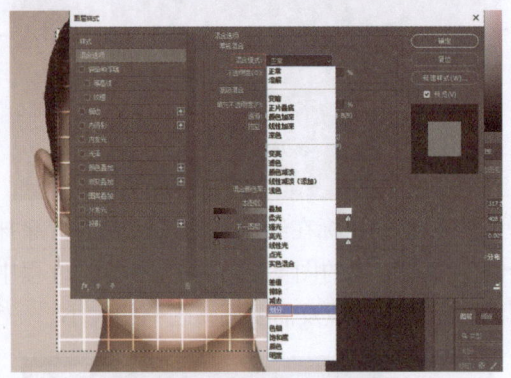

（10）返回编辑界面，在图像上使用"Ctrl+T"快捷键将其切换为自由编辑状态，在图像上单击鼠标右键，在弹出的快捷菜单中选择"变形"选项。

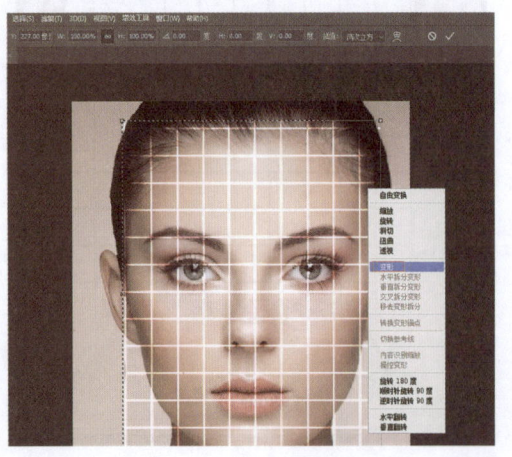

（11）可以看到矩形选区周围边线上会出现许多控制点。

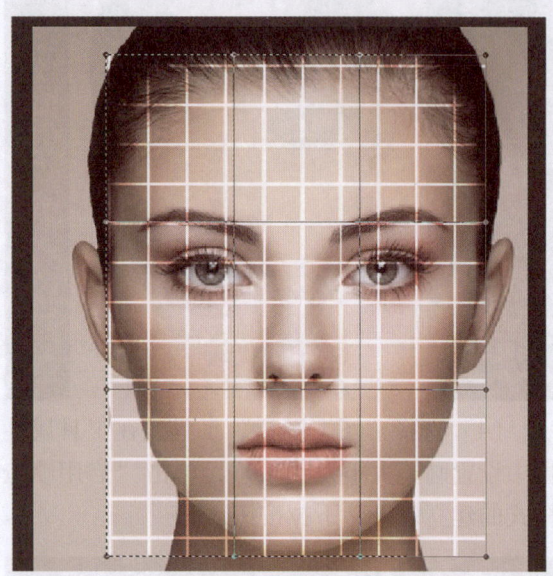

（12）选择面部最左侧的点，按住鼠标左键不放，向右拖拽鼠标，到达右侧下巴时释放鼠标左键，使其与面部重合，使用相同的办法拖拽其他控制点，使其与面部其他曲线重合。

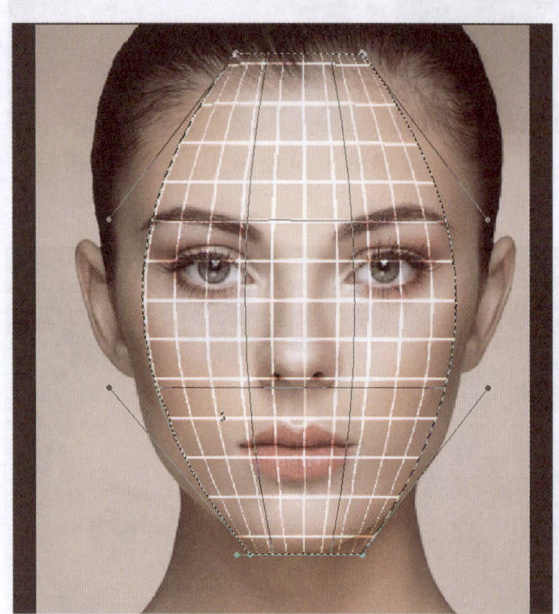

（13）按下"Enter"键完成变形，使用"Ctrl+D"快捷键取消选区。在"图层2"上按下"Ctrl+T"快捷键，拖拽右下角的控制点放大图像。将图像变形后，因为图案属于密集的小格子形状，直接在这种小格子中制作飞散效果难度较大，若将格子放大，可以降低后期制作的难度。

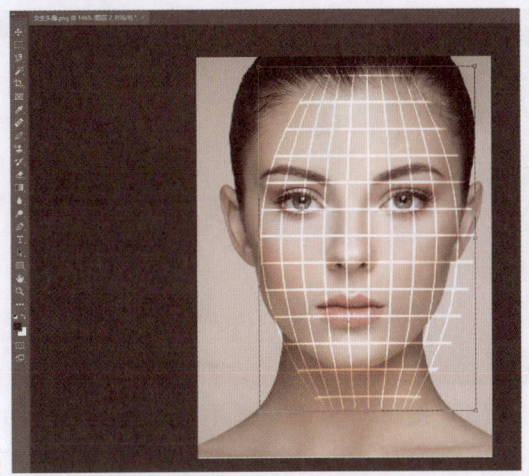

（14）在工具箱中选择"橡皮擦工具"，设置橡皮擦的大小为"50像素"，画笔样式为"硬笔边圆"样式。

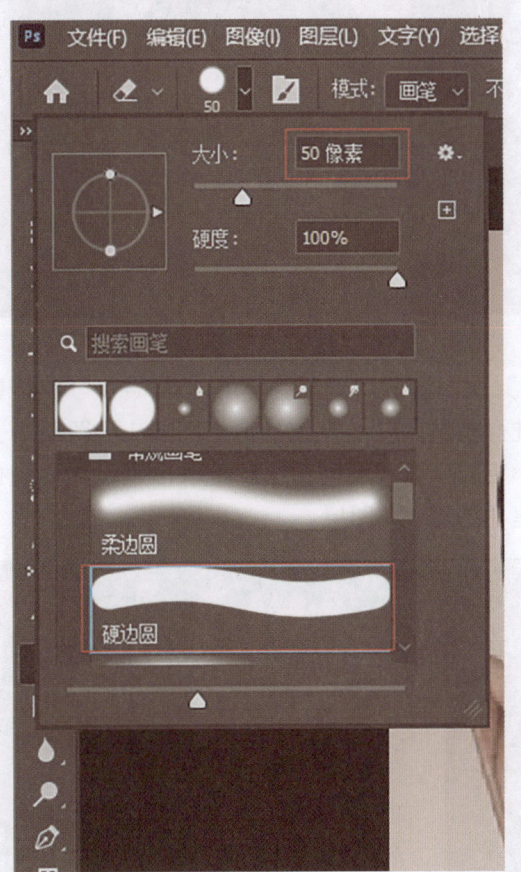

（15）使用橡皮擦工具擦除面部轮廓外的方格。

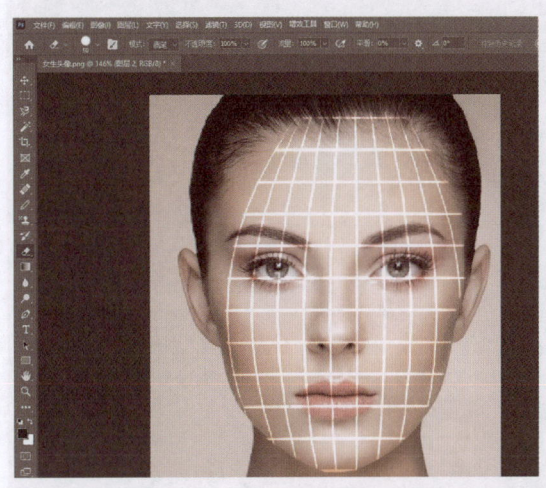

（16）擦除完多余的表格后，在图层面板中，单击"不透明度"下拉按钮，在弹出的下拉菜单中选择"20%"。

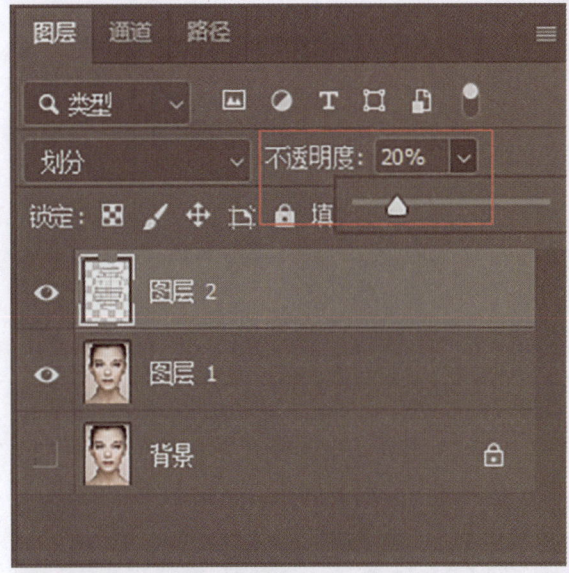

📖 **14.2.3　制作飞散效果**

所谓的飞散效果是先将面部形状抠取出来，并在抠取的部分填充背景色，再通过剪切和复制等操作，将抠取的面部形状移动到其他区域，具体步骤如下。

（1）打开"图层"面板，新建"图层3"图层。

（4）使用"Alt + Delete"快捷键填充前景色。

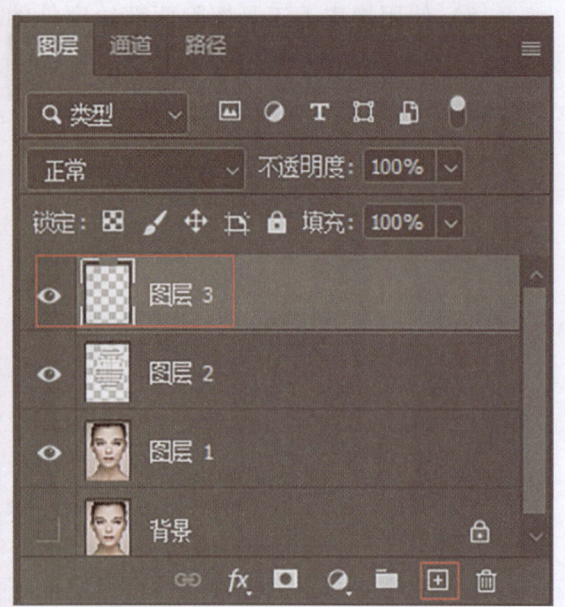

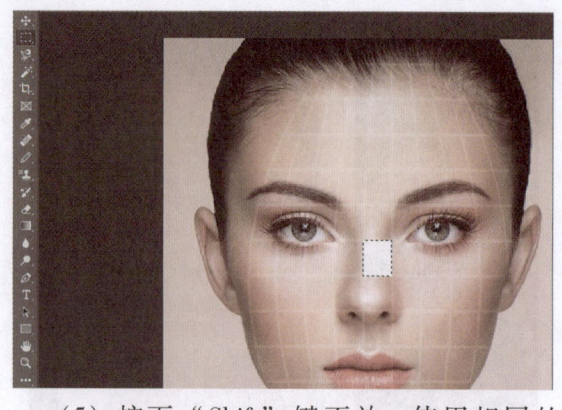

（2）接着在工具箱中，将前景色设置为白色。

（5）按下"Shift"键不放，使用相同的办法继续绘制其余6个矩形边框，并填充为前景色。

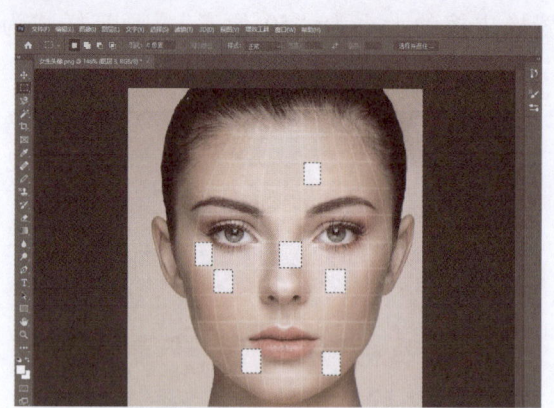

（3）在工具箱中选择"矩形选框工具"选项，在面部沿着绘制的小方格绘制矩形选框。

（6）选中"图层1"图层，使用"Ctrl + X"快捷键剪切，然后使用"Ctrl + V"快捷键进行粘贴。以上操作是将"图层1"图层中大小相同、像素不同的图层提取出来，并自动创建"图层4"图层。

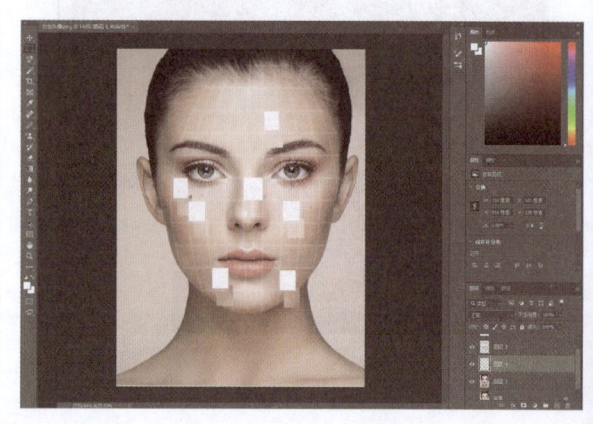

(7) 继续保持创建的选区的选中状态，选择"图层4"，使用"Ctrl + T"快捷键，对图层4中的方格进行调整，包括调整其位置和大小。

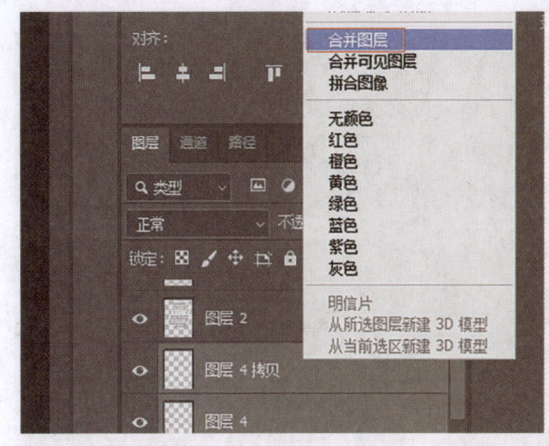

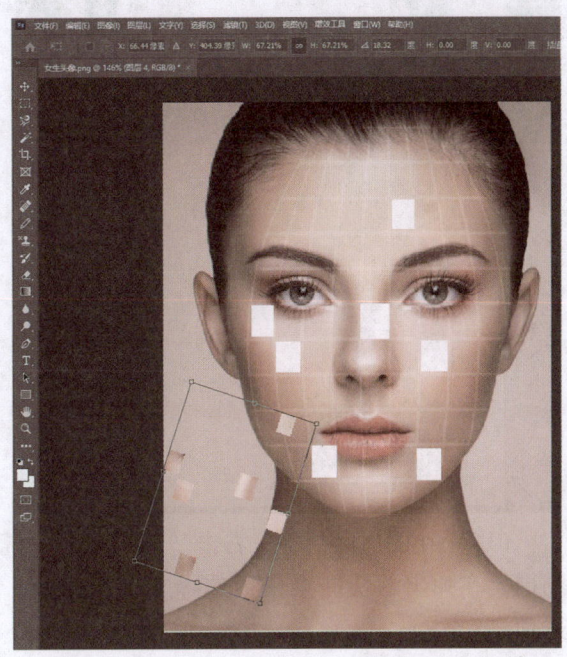

(8) 在"图层4"中，使用"Ctrl + J"快捷键复制"图层4"，并将复制的图层移动到合适的位置。

(9) 在图层面板中，按下"Ctrl"键不放，选中"图层4"和"图层4拷贝"这两个图层，单击鼠标右键，在弹出的快捷菜单中选择"合并图层"选项。

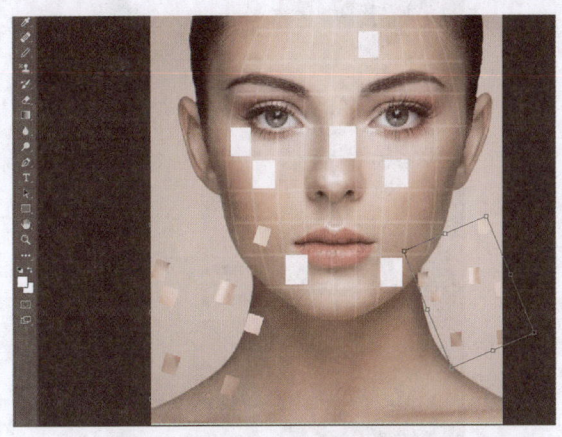

(10) 合并后的图层名称为"图层4拷贝"，选中该图层，单击"添加图层样式"按钮，在弹出的下拉菜单中选择"渐变叠加"选项。

(11) 弹出"图层样式"对话框，在"不透明度"数据框中输入"80"。

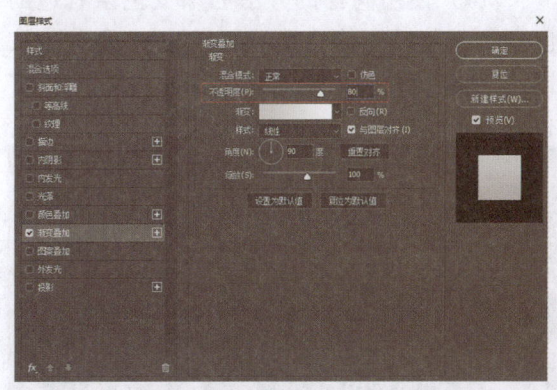

(12) 单击"渐变"右侧的颜色框，弹出"渐变编辑器"对话框，单击渐变色条左下方的色标，单击该色标下方的"颜色"栏中的色块。

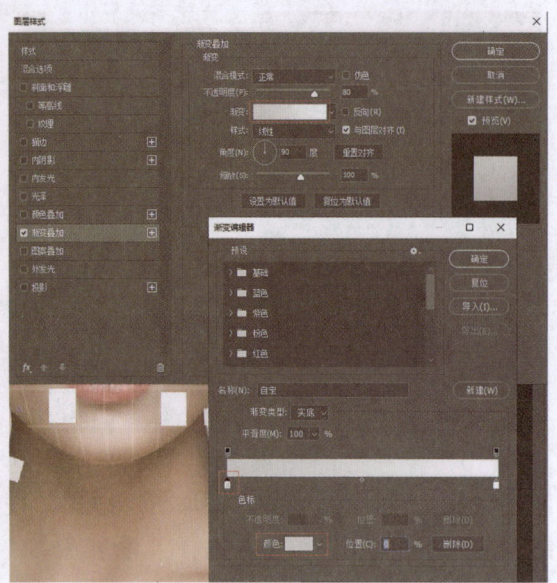

（13）弹出"拾色器（色标颜色）"对话框，设置颜色为"#f8dcd1"，单击"确定"按钮。

（14）使用同样的方法为渐变色条右边的色标的颜色设置为白色，再单击"确定"按钮，返回"图层样式"对话框。

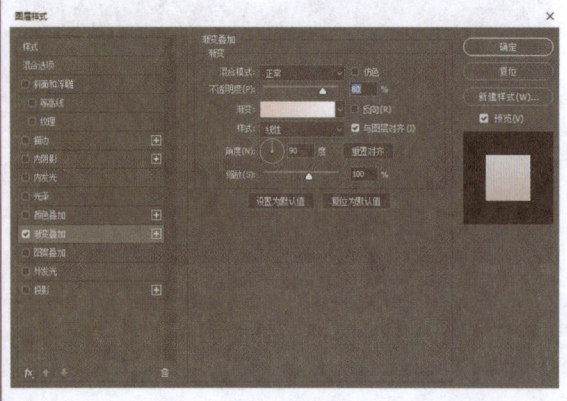

（15）单击"确定"按钮，返回编辑界面。

（16）在图层面板中，右击"图层4拷贝"图层，在弹出的快捷菜单中选择"混合选项"选项。

（17）弹出"图层样式"对话框，在左侧列表中选中"外发光"复选框。

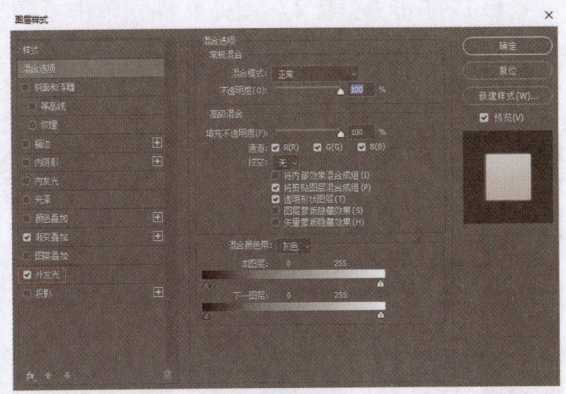

（18）单击"混合模式"下拉按钮，在下拉菜单中选择"叠加"选项。

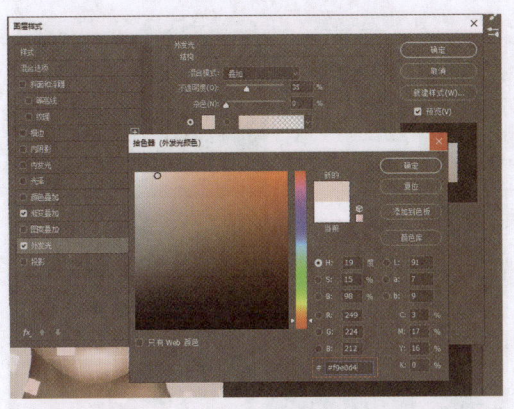

（20）单击"确定"按钮，返回编辑界面查看效果。

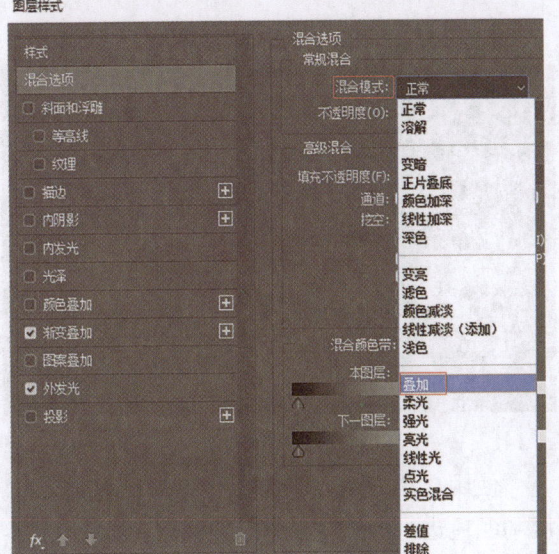

（19）再设置发光颜色为"#f9e0d4"，单击"确定"按钮。

14.3 制作模特写真

在制作模特写真时，为了制造个性化的效果，常常会将模特写真处理成不同的色调，让写真效果更加出色。本节涉及的内容有"自动调色""自动对比度""自动颜色""色相/饱和度"和"色彩平衡"等功能。

14.3.1 自动色调

Photoshop 2021 中的自动色调功能可以对颜色较暗的图像进行处理，使图像中的黑色和白色变得平衡，增加图像色彩的对比度，具体步骤如下。

（1）打开"模特1"图像文件，单击"图像"按钮，在弹出的下拉列表中选择"自动色调"选项。

（1）打开"模特2"图像文件，单击"图像"按钮，在弹出的下拉菜单中选择"自动对比度"选项。

（2）此时系统将自动调整图像的对比度，查看效果。

（2）返回编辑界面查看效果。

14.3.3 自动调整图像颜色

使用自动调整颜色功能可以对图像的对比度和颜色进行调整，具体操作步骤如下。

（1）打开"模特3"图像文件，单击"图像"按钮，在弹出的下拉列表中选择"自动颜色"选项。

14.3.2 自动调整对比度

任何一种色彩都是由饱和度、色相和明度这3种基本元素组成的。其中饱和度又称为纯度，及颜色的鲜艳程度。色相又称为色调，即颜色的主波长属性。明度又称亮度，即色彩的明暗度。自动对比度功能可以自动调整图像的色彩对比度，使得阴影颜色更暗、明亮色更亮，具体操作步骤如下。

(2) 返回编辑界面，查看自动调色的效果。

14.3.4 调整图像的色相和饱和度

"色相/饱和度"功能起调整图像全图或单个颜色的色相、饱和度和明度的作用，经常用于处理图像中不协调的单个颜色，具体步骤如下。

(1) 打开"模特4"图像文件，单击"图像"按钮，在弹出的下拉列表中选择"调整"选项，再在级联菜单中选择"色相/饱和度"选项。

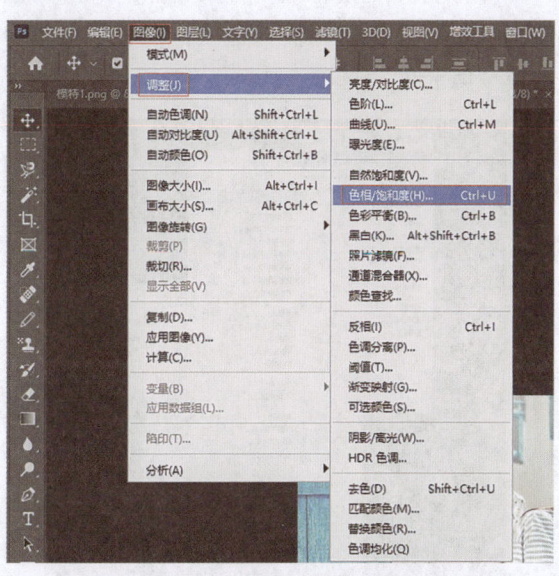

(2) 弹出"色相/饱和度"对话框，在"预设"栏目下方的下拉列表中选择"蓝色"选项，将"色相"设置为"+30"，"饱和度"为"-30"。

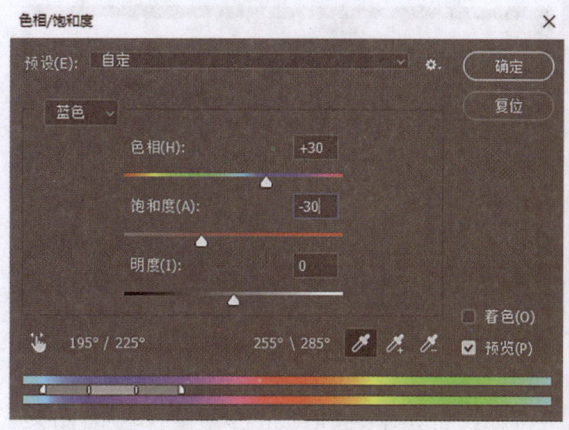

(3) 在"预设"下方的列表框中选择"绿色"选项，再将"色相"设置为"+36"，"饱和度"为"-36"，完成后单击确定按钮。如果勾选中"着色"复选框，可以对整个图像的色彩进行调整。

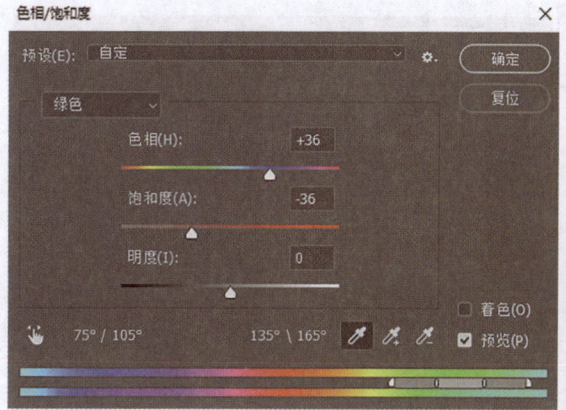

(4) 返回编辑界面，查看效果。

(5) 下图是经过处理之前的原图，可以对比经过处理的图像与原图的差别。

☞ **14.3.5 色彩平衡功能**

使用色彩平衡功能可以调整图像的阴影、高光和中间调，使图像具有颜色鲜亮、明艳的效果，具体操作步骤如下。

（1）打开"模特3"图像文件，单击"图像"按钮，在下拉菜单中选择"调整"选项，在级联菜单中选择"色彩平衡"选项。

（2）弹出"色彩平衡"对话框，单击选中"阴影"单选按钮，在色阶文本框中输入"-20""+30""-25"。

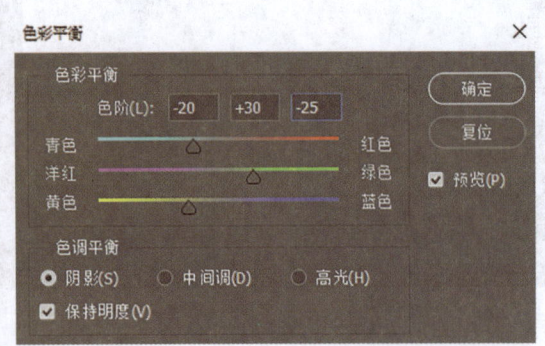

（3）单击选中"中间调"单选按钮，在"色阶"文本框中输入"+20""-30""-10"。

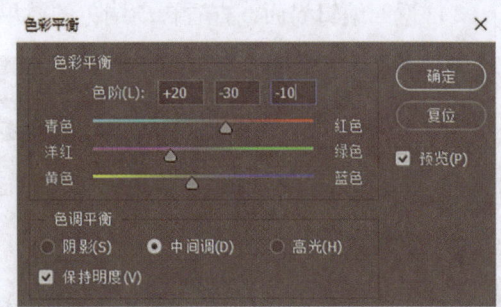

（4）单击"确定"按钮，返回到编辑界面查看效果。

☞ **14.3.6 调整图像曝光度**

曝光度主要用于处理曝光度不够，色彩暗淡或曝光过度、色彩太亮的照片，具体操作步骤如下。

（1）打开"模特5"图像文件，单击"图像"按钮，选择"调整"选项，在级联菜单中选择"曝光度"选项。

（2）弹出"曝光度"对话框，将"曝光度"设置为"+0.3"，位移为"-0.1"，"灰度系数校正"为"1.2"，单击"确定"按钮。

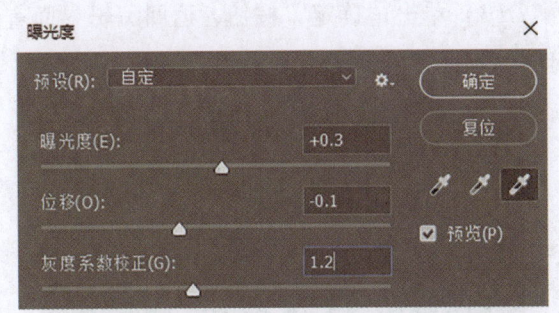

（3）单击"确定"按钮，返回编辑界面查看效果。

14.3.7 自然饱和度功能

使用自然饱和度功能是为了调整全局色彩，可以增加图像的色彩饱和度，自然饱和度功能经常用于在增加饱和度的同时防止因颜色过于饱和而出现溢色的情况，适合处理人物图像，具体操作步骤如下。

（1）打开"模特3"图像，单击"图像"按钮，选择"调整"选项，在级联菜单中选择"自然饱和度"选项。

（2）弹出"自然饱和度"对话框，设置"自然饱和度"为"+60"，"饱和度"为"16"。

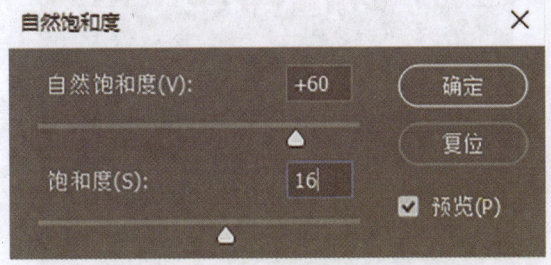

（3）单击"确定"按钮，返回编辑界面查看效果。

14.3.8 黑白命令功能

使用黑白命令能将彩色的图像转化为黑白图像，并对图像中的颜色深浅进行调整，使得处理后的黑白图像更具层次感，具体操作步骤如下。

（1）同样打开"模特3"图像，单击"图像"按钮，选择"调整"选项，在出现的级联菜单中选择"黑白"选项。

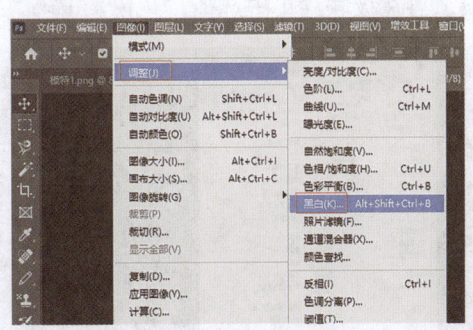

（2）弹出"黑白"对话框，在对话框中各颜色对应的文本框中输入合适的值。

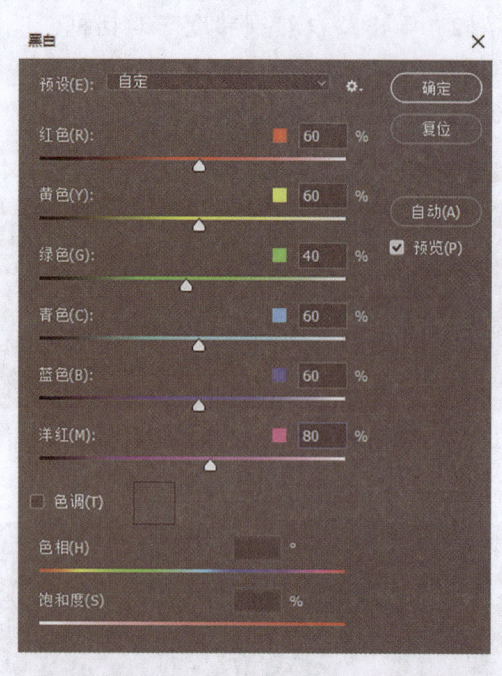

(3)单击"确定"按钮,返回编辑界面查看效果。

14.4 矫正数码照片中的色调

由于环境或人物等因素,完成拍摄后的照片大多是半成品,后期需要再次对照片的色彩进行调整。本节将以模特写真照片为例,介绍用 **Photoshop** 2021 处理这些照片的方法。

14.4.1 调整灰暗图像

调整灰暗图像需要用到色阶功能,色阶功能常用于表示图像中的高光、暗调和中间调的分布情况。当拍摄时因为主观或客观的原因导致图像灰暗时,可以通过色阶功能提高图像的亮度,具体操作步骤如下。

(1)打开"模特3"图像文件,单击"图像"按钮,在弹出的下拉菜单中选择"调整"选项,再在级联菜单中选择"色阶"选项。

(2)弹出"色阶"对话框,单击"通道"下拉按钮,在下拉列表中选择"RGB"选项,在"输入色阶"下方的三个文本框中分别输入"15""1.4""250"。

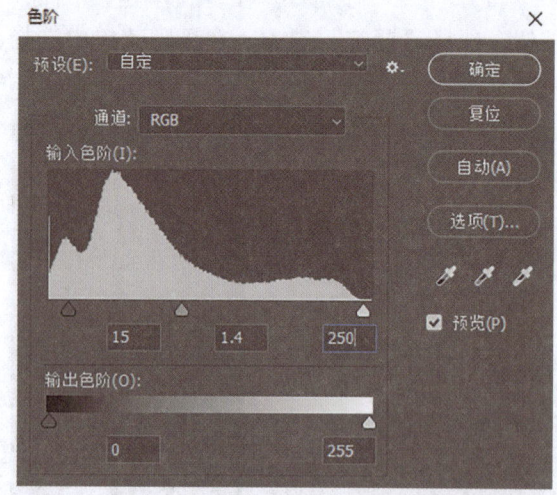

(3)单击"确定"按钮,返回到编辑界面查看效果。

14.4.2 调整图像质感

在 Photoshop 2021 中调整图像质感需要用到曲线功能，曲线功能可以对图像的色彩、亮度和对比度等进行调整，让图像的颜色更具质感，曲线功能是图像处理中调整图像色彩最常用的功能，具体操作步骤如下。

（1）打开"模特5"图像文件，单击"图像"单选按钮，选择"调整"选项，在弹出的级联菜单中选择"曲线"选项。

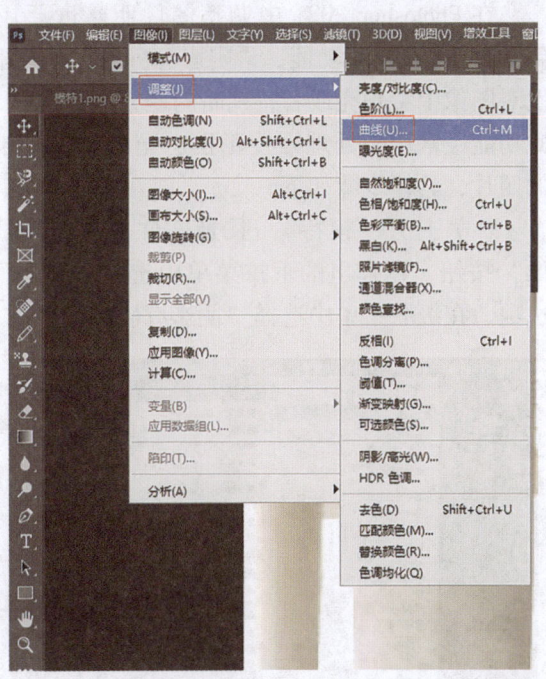

（2）弹出"曲线"对话框，单击"通道"下拉按钮，在下拉列表中选择"红"选项。

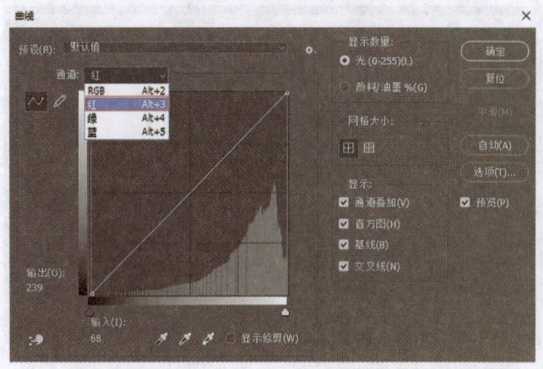

（3）将鼠标移动到曲线编辑框中的斜线上，单击鼠标创建一个控制点，并拖拽控制点到合适的位置。

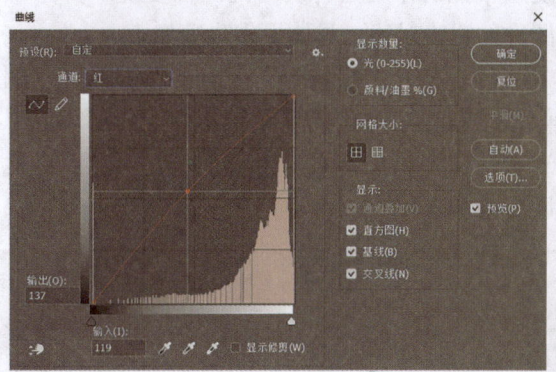

（4）单击"通道"下拉按钮，在下拉列表中选择"蓝"选项，使用相同的方法创建和调整控制点。

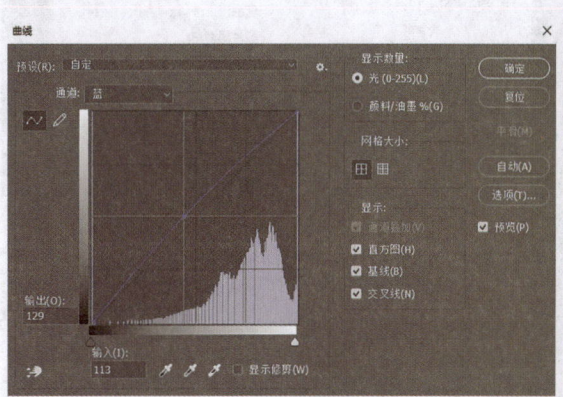

（5）最后单击"确定"按钮，返回编辑界面查看效果。

14.4.3 调整图像的亮度和对比度

在 Photoshop 2021 中调整图像亮度和对比度要用到"亮度/对比度"功能，"亮度/对比度"功能的作用是将灰暗的图像变亮，并增加图像的明暗对比，具体操作步骤如下。

（1）打开"模特6"图像文件，单击"图像"按钮，在弹出的下拉菜单中选择"调整"选项，在弹出的级联菜单中选择"亮度/对比度"选项。

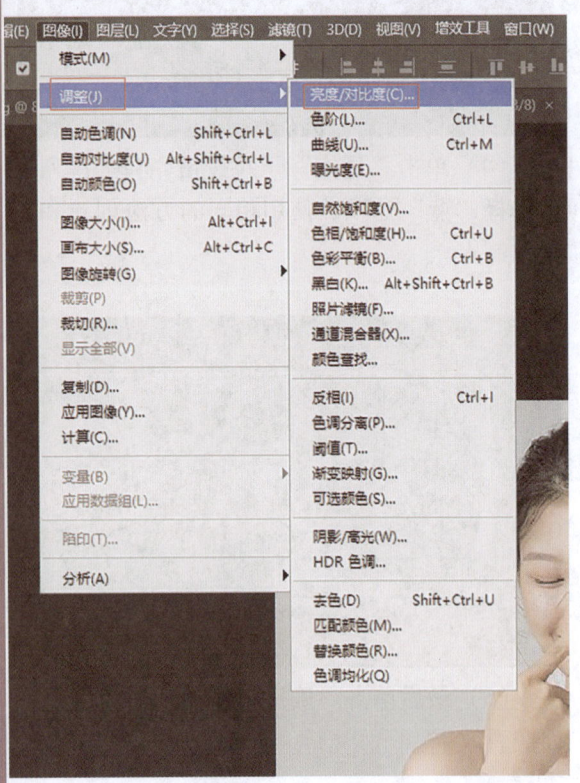

（2）弹出"亮度/对比度"对话框，在"亮度"文本框中输入"28"，在"对比度"文本框中输入"16"。

（3）单击"确定"按钮，返回编辑界面查看效果。

14.4.4 调整图像的明暗度

在 Photoshop 2021 中调整图像明暗度要用到"阴影/高光"功能，"阴影/高光"功能可以对图像中特别亮或者特别暗的地方进行调整，此功能经常用于处理因校正强逆光而形成剪影的照片，具体步骤如下。

（1）打开"模特1"图像文件，单击"图像"按钮，在弹出的下拉菜单中选择"调整"选项，在级联菜单中选择"阴影/高光"选项。

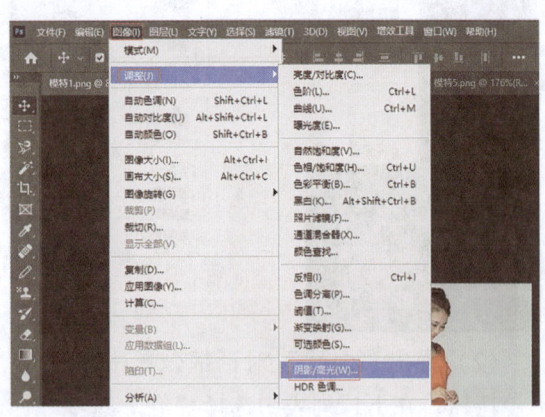

(2) 弹出"阴影/高光"对话框，勾选中"显示更多选项"复选框。

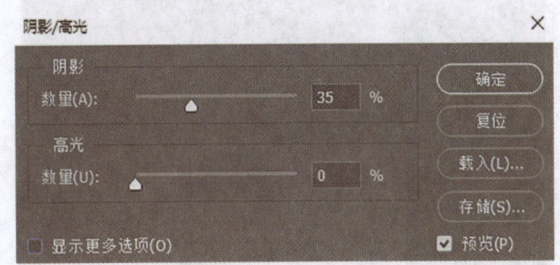

(3) 在对话框中，分别为"阴影""高光""调整"设置数值。

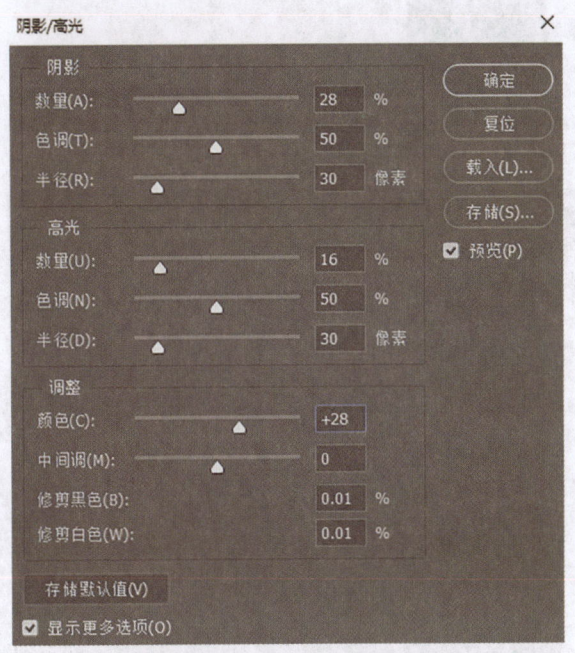

(4) 然后单击"确定"按钮，完成设置返回编辑界面查看效果。

14.4.5 调整图像色调

在 Photoshop 2021 中调整图像色调要用到滤镜功能，滤镜功能可以模仿传统光学滤镜特效，使图像呈暖色调、冷色调、或其他色调，具体操作步骤如下。

(1) 打开"模特6"图像文件，单击"图像"按钮，在弹出的下拉列表中选择"调整"选项，在级联菜单中选择"照片滤镜"选项。

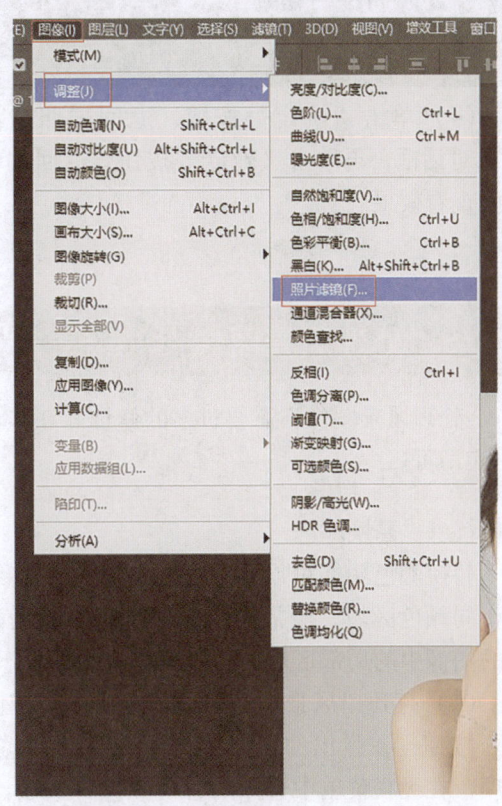

(2) 弹出"照片滤镜"对话框，选中"颜色"单选按钮，然后单击右方的色块。

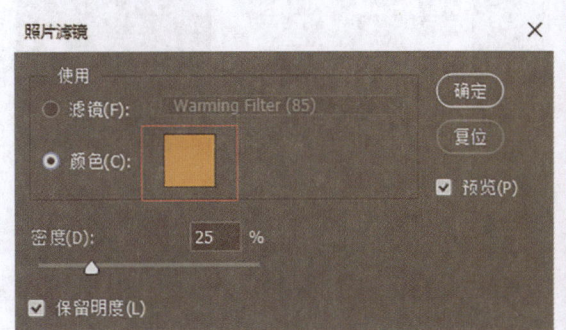

(3) 弹出"拾色器（照片滤镜颜色）"对话框，在对话框中根据需要设置滤镜颜色。

（4）单击"确定"按钮，返回"照片滤镜"对话框，再单击"确定"按钮，返回编辑界面查看效果。

14.5 处理风景图像

处理风景图像不需要过多的修饰。在美化风景图像时，只需要根据要求将图像中的部分颜色更换即可。

14.5.1 替换颜色

替换颜色功能可以调整图像中多个不连续的相同颜色区域，经常被用于调整边缘较为复杂的图像中的局部区域，具体操作步骤如下。

（1）打开"风景1"图像文件，单击"图像"按钮，在弹出的下拉菜单中选择"调整"选项，在级联菜单中选择"替换颜色"选项。

（2）弹出"替换颜色"对话框，单击图像

窗口中需要替换的颜色，在"色相"文本框中输入"-100"。

（3）完成后单击"确定"按钮，返回编辑界面查看效果。

☞**14.5.2 调整图像中的某一种颜色**

调整图像中的某一种颜色需要用到"可选颜色"功能，"可选颜色"功能可以对图像中的颜色进行针对性的修改，包括青色、黑色、黄色、洋红，具体操作步骤如下。

（1）打开"风景1"图像文件，单击"图像"按钮，在弹出的下拉菜单中选择"调整"选项，在级联菜单中选择"可选颜色"选项。

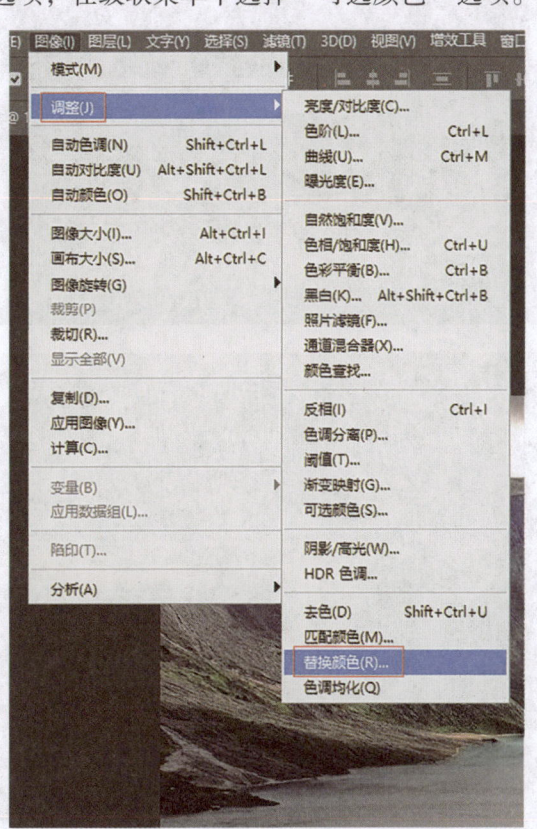

（2）弹出"可选颜色"对话框，单击"颜色"下拉按钮，在下拉列表中选择"黑色"选项，接着在"青色"文本框中输入"+100"，"洋红"项保持不变，在"黄色"文本框中输入"−16"，在"黑色"文本框中输入"+50"。

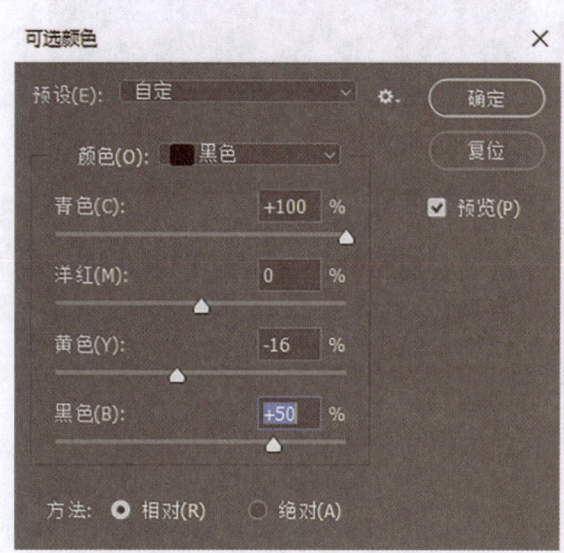

（3）单击"方法"项目中的"绝对"单选按钮，之后单击"确定"按钮。

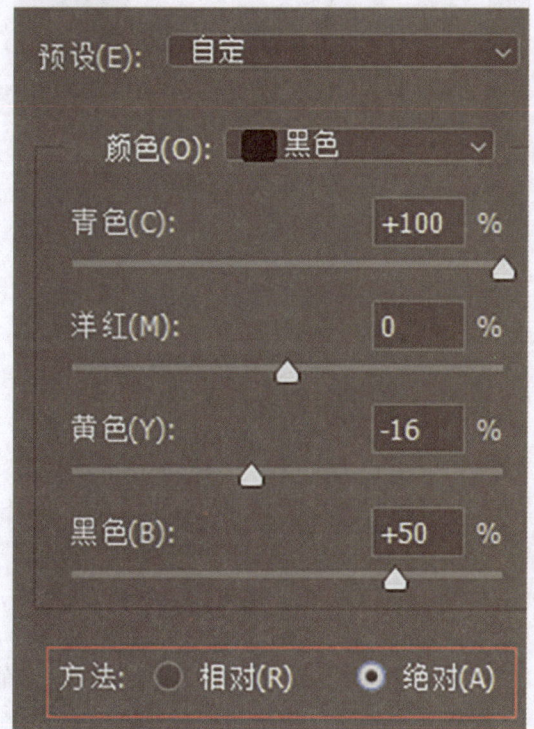

（4）返回编辑界面查看调整颜色后的效果。

☞ **14.5.3 统一多张图像的颜色**

统一多张图像的颜色需要用到匹配颜色功能，匹配颜色功能可以匹配不同图像之间的颜色，将多张图像统一颜色的具体步骤如下。

（1）打开"风景1"和"风景2"图像文件，单击"图像"按钮，在弹出的下拉列表中选择"调整"，在级联菜单中选择"匹配颜色"选项。

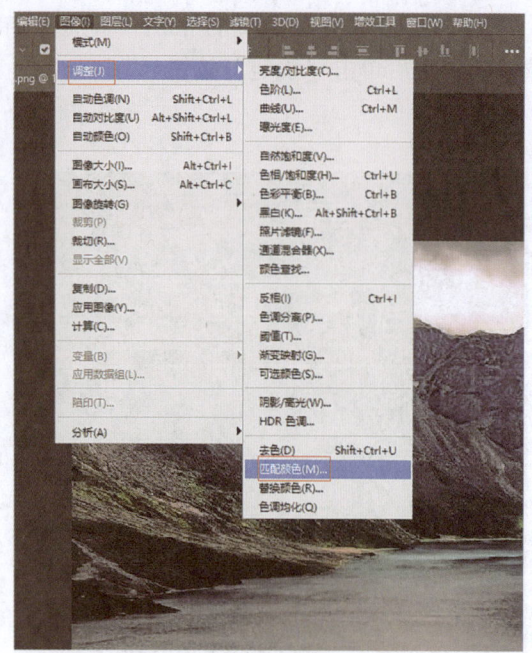

（2）弹出"匹配颜色"对话框，单击"源"下拉按钮，在下拉列表中选择"风景2"选项，在"图像选项"栏目中，将"明亮度"设置为"100"，将"颜色强度"设置为"78"，将"渐隐"设置为"78"，单击"确定"按钮。"渐隐"选项可以减淡源文件的色彩，使色彩融合得更加恰当。

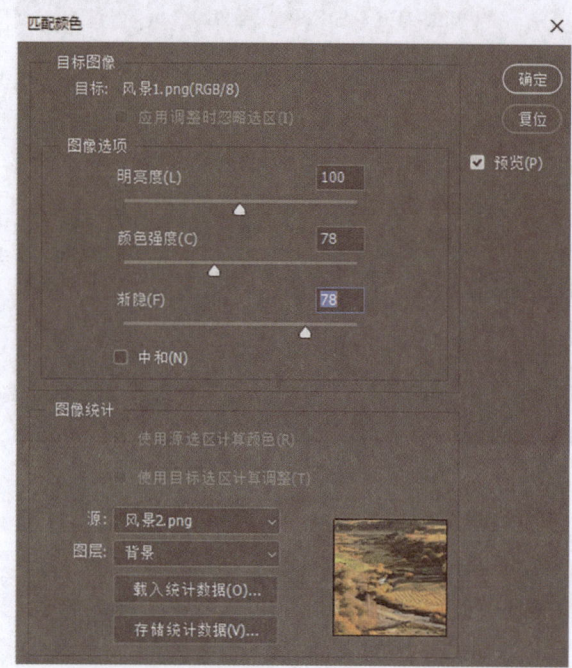

（3）返回编辑界面查看效果。

14.6 图像调整与色彩调试小技巧

结合本章前面所介绍的图像与色彩调试的内容，下面将介绍一些小技巧。

☞14.6.1 使用色相功能

在"黑白"对话框中，红色到洋红的文本框分别用于设置红色、黄色、绿色、青色、蓝色和洋红等颜色的色调深浅，数值越大，表示颜色越深。只有先单击选中"色调"复选框，才可以激活"色相"选项，"色相"数值框用于设置着色的色相。

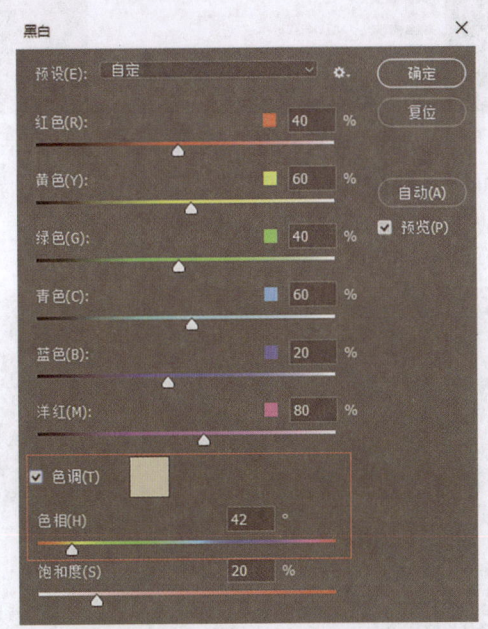

☞14.6.2 使用曲线功能时对颜色进行设置

在使用曲线功能处理图像时，也可以对相关的颜色进行设置，具体操作步骤如下。

（1）在"曲线"对话框中，单击"选项"按钮。

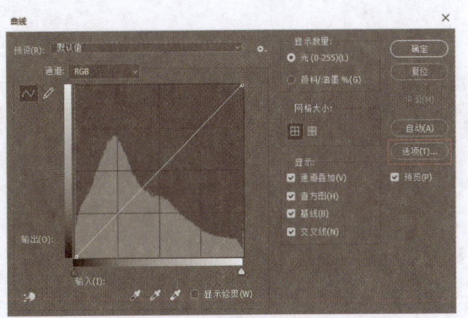

（2）弹出"自动颜色校正选项"对话框，用户可以在该对话框中对相关颜色进行设置。

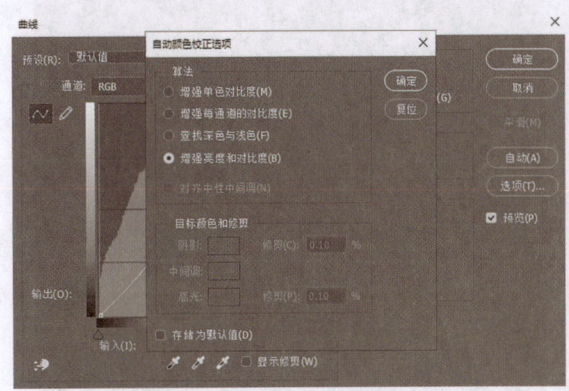

☞14.6.3 预览设置效果

用户在使用"替换颜色"、"照片滤镜"和"曝光度"等功能时，可以预览设置的效果，以便随时调整。方法是需要在"替换颜色""照片滤镜""曝光度"等对话框中，勾选中"预览"复选框。如果取消选中该复选框，则需要在完成设置后才可以返回编辑界面查看效果。

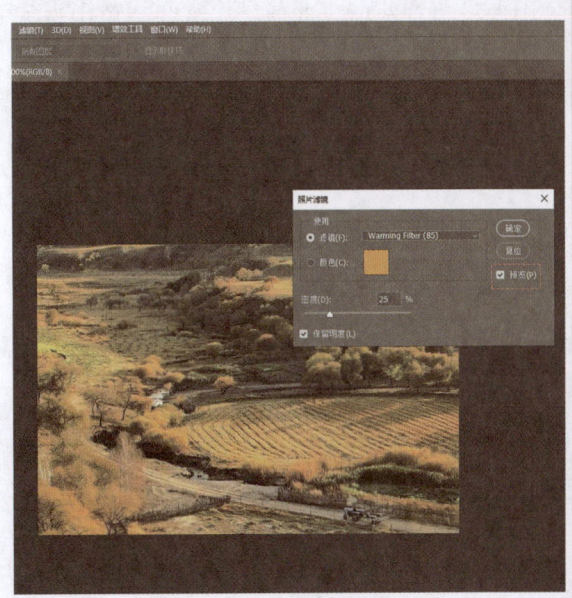

14.6.4 中和两张图像的颜色

在使用匹配颜色功能时，如果某张图的颜色过于浓重，可以使用中和功能调整。在"匹配颜色"对话框中单击选中"中和"复选框，即可中和两张图像的颜色。

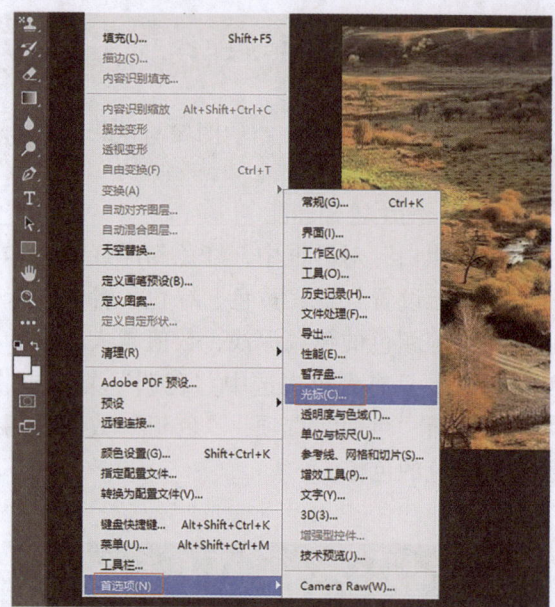

（2）弹出"首选项"对话框，在该对话框中可以对绘画光标和其他类型的光标进行设置，完成设置后，单击"确定"按钮即可。

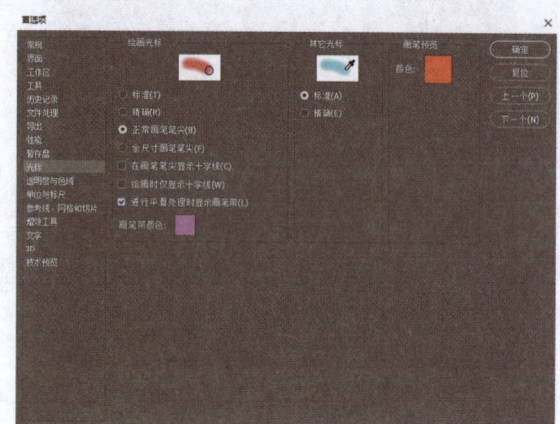

14.6.5 设置光标样式

在 Photoshop 2021 中，设置光标样式的具体步骤如下。

（1）单击"编辑"按钮，在弹出的下拉列表中选择"首选项"选项，在级联菜单中选择"光标"选项。

第十五章 图层与滤镜的应用

扫码看视频

概述

图层的定义是含有文字或图形等元素的胶片,一张张按顺序叠放在一起,组合起来形成的页面的最终效果,图层的种类有很多,如我们常见的背景图层、普通图层、文本图层等,在图层面板里,我们可以对图层进行复制、删除、移动、重命名、隐藏和显示、链接、合并、锁定、改变样式、改变透明度、分组等等操作。滤镜是Photoshop 2021最重要的功能之一,主要被用来制作各种特殊的效果。滤镜不仅可以调整照片,而且可以创作出绚丽无比的美丽图像。

15.1 制作卡通人物图像

本节将介绍如何制作正在奔跑的卡通人物图像，该图像是由不同的元素组合成的，包括卡通人物、背景、跑道等。为了将卡通人物跑步图像中的每一个对象恰当地融合在一起，需要先创建图层，再将图层依次叠加，使其组成一个整体。

☞15.1.1 创建图层

一个图像中通常包含多个对象，将每个对象放在不同的图层中，再将这些图层合理地叠放在一起就可以组合成一个完整图像，具体操作步骤如下。

（1）打开"背景"图像。

（2）在"图层"栏目中单击"创建新图层"按钮，这时就新建了名称为"图层1"的新图层。

（3）在工具箱中选中"渐变工具"选项，再在工具属性栏中单击"渐变编辑器"按钮。

（4）弹出"渐变编辑器"对话框，单击渐变条左下方的滑块，单击"色标"栏目中的色块。

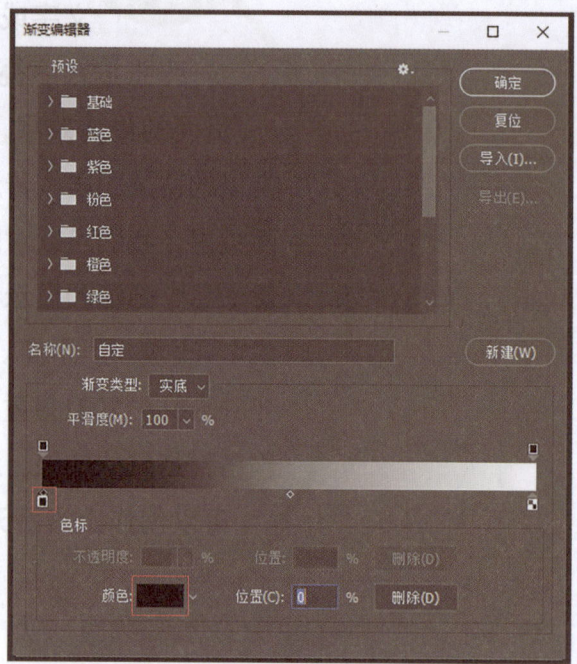

（5）弹出"拾色器（色标颜色）"对话框，在对话框中设置颜色为"绿色"，之后单击"确定"按钮完成设置。

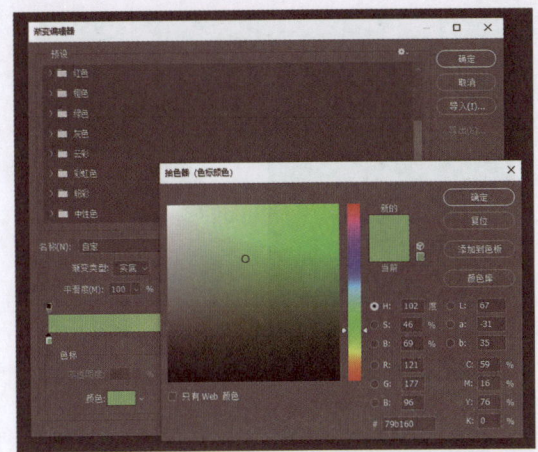

(6) 在渐变条下方中间的位置单击以添加一个色标，使用相同的方法将颜色设置为"黄色"，单击右侧下方的色块，将颜色设置为"蓝色"。

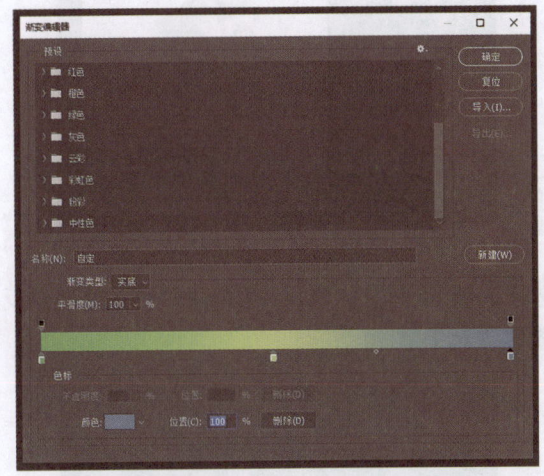

(7) 返回编辑界面，在新建的图层上，由上到下拖拽鼠标，渐变填充"图层1"图层。

(8) 单击"混合模式"下拉按钮，选择"强光"选项，返回编辑界面，即可查看填充效果。

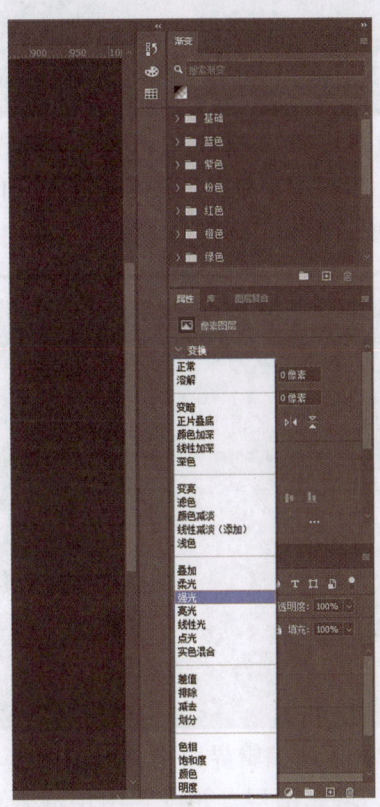

(9) 单击"图层"按钮，在弹出的下拉列表中选择"新建"选项，在级联菜单中选择"图层"选项。

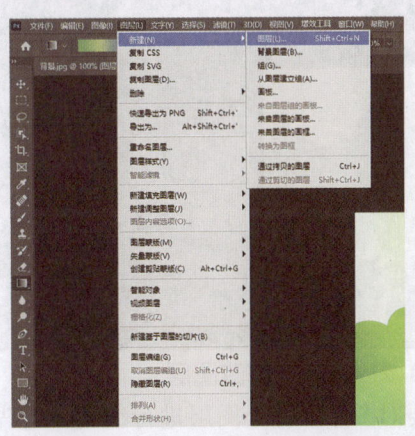

(10) 弹出"新建图层"对话框，在"名称"文本框中输入该图层的名字，单击"颜色"下拉按钮，选择"绿色"选项，单击"确定"按钮即可新建一个图层。

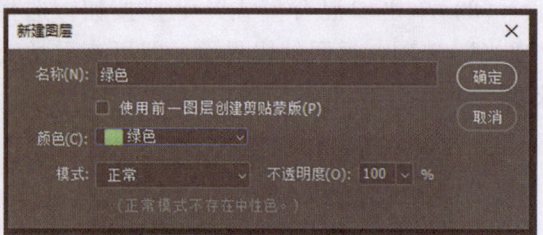

（11）打开"渐变编辑器"对话框，在"预设"栏目中，单击选中"前景色到透明渐变"选项，单击"确定"按钮。

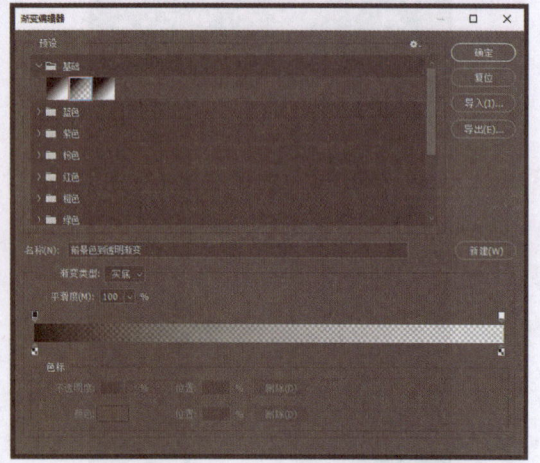

（12）返回编辑界面中，由左下至右上拖拽鼠标，填充图层，并设置图层混合模式为"叠加"。

15.1.2 选择与修改图层

要对图像中各个图层进行编辑，首先就要选择图层，为了区分数量众多的图层，还需要对图层进行命名，具体操作步骤如下。

（1）打开"人物"图像文件，选择"魔棒工具"。

（2）在人物背景上单击鼠标左键。

（3）单击"选择"按钮，选择"反选"选项，或者使用"Shift + Ctrl + I"快捷键，反选"人物"图像。

（4）使用"移动工具"功能，将"人物"选区移动到"背景"图像文件中。使用"Ctrl + T"快捷键进入变换状态，按住"Shift"键调整图像大小，然后调整图像的位置，最后按下"Enter"键确认。

(5) 打开"影子"图像文件，使用"移动工具"功能，将其移动到"背景"图像中，使用"Ctrl + T"快捷键进入变换状态，按下"Shift"键的同时，拖动图像的控制点调整其大小，并将其放在合适的位置，最后按下"Enter"键确认。

(8) 接下来为"图层 3"重命名，双击该图层名称，在文本框中输入新的名称即可。

(6) 在"图层"栏目中，选中"图层 2"，单击"图层"下拉按钮，在弹出的下拉菜单中选择"重命名"图层选项。

(9) 接着在图层栏目中，单击选中"影子"图层，按住鼠标左键不放，将其拖拽到"人物"图层下方，之后即可发现影子已经调整到了人物的下方。

(7) 在"图层"面板中，将"图层 2"名称改为"人物"，单击旁边空白地方即可完成重命名。

（10）打开"道路"图像文件，并使用"移动工具"功能将其拖拽到"背景"图像文件中。

（11）使用"Ctrl+T"快捷键进入变换状态，按下"Shift"键不放，拖动图像四周的控制点调整大小，并将其放在合适的位置。

（12）用同样的方法，将"图层2"命名为"道路"。

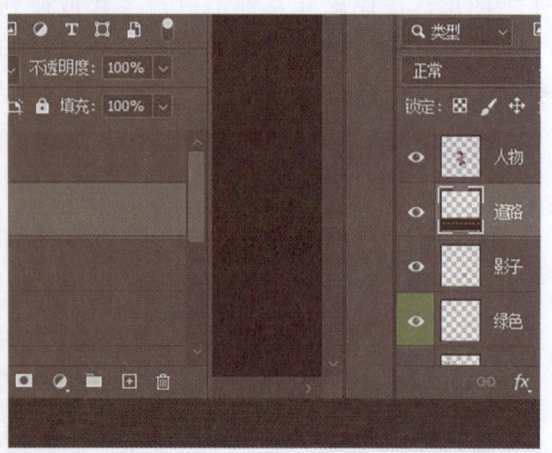

（13）将"道路"图层移动到"影子"图层下方。

15.1.3 调整图层叠放顺序

前面章节已经简单接触过图层的叠放操作，因此，我们可以知道，图层中的图像具有上层覆盖下层的特性，本节将介绍调整图像叠放的次序，具体操作步骤如下。

（1）打开"灌木"图像文件，使用"魔棒工具"选中并调整选区。

（2）将选区拖拽到"背景"图像文件中，使用"Ctrl+T"快捷键进入变换状态，按住"Shift"键不放调整图像的大小，并将其放在合适位置。

(3)按下"Enter"键,并将该图层命名为"灌木"。

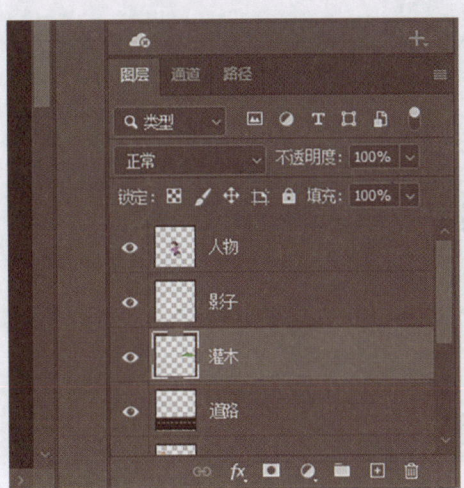

(4)使用相同的方法打开"飞鸟"图像文件,并将飞鸟图案拖拽到"背景"图像文件中。

(5)使用"Ctrl + T"快捷键进入变换状态,按住"Shift"键不放,调整图像的大小及位置,并按下"Enter"键确认。

(6)将飞鸟所在的图层命名为"飞鸟1"。

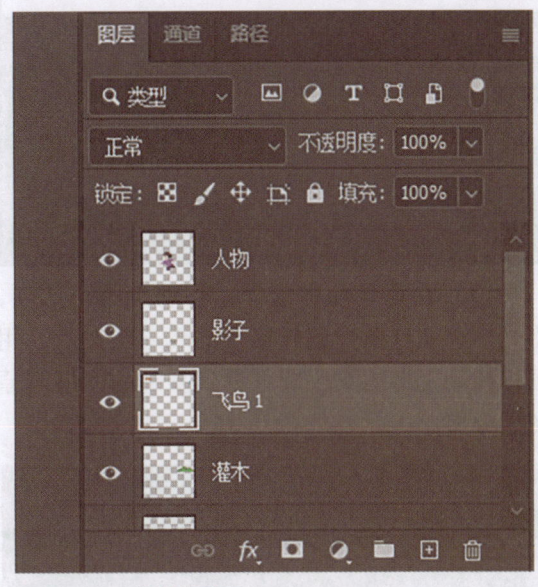

☞15.1.4 复制图层

复制图层是指为已存在的图层创建相同的图层副本,具体操作步骤如下。

(1)在"图层"栏目中,选中"飞鸟1"图层,单击"图层"按钮,在弹出的下拉列表中选择"复制图层"选项。

(2)弹出"复制图层"对话框,在"为"文本框中输入"飞鸟2",单击"确定"按钮。

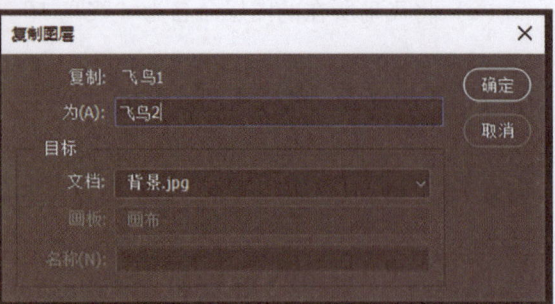

（3）在工具箱中选择"移动工具"选项，将光标移动到图像编辑窗口的飞鸟图案上，用鼠标拖动飞鸟图案，即可看到复制的图层与原图层分离。

（4）使用"Ctrl + T"快捷键进入变换状态，调整图层的大小、位置和角度。

（5）选中"飞鸟1"图层，在图层上按住鼠标左键不放，将其拖拽到"图层"栏目底部的"新建图层"按钮上。

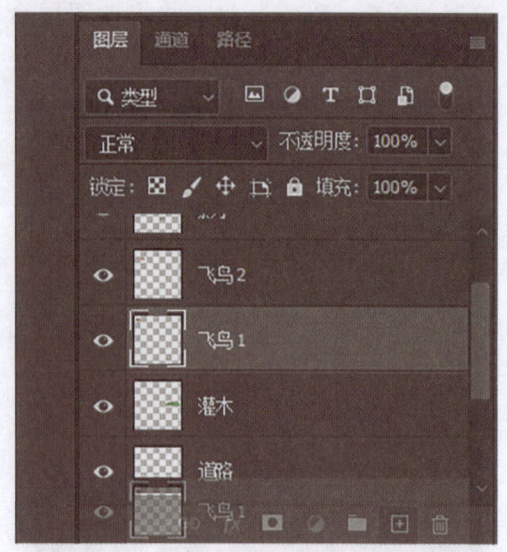

（6）释放鼠标，即可新建一个图层，名称为该图层的拷贝图层。

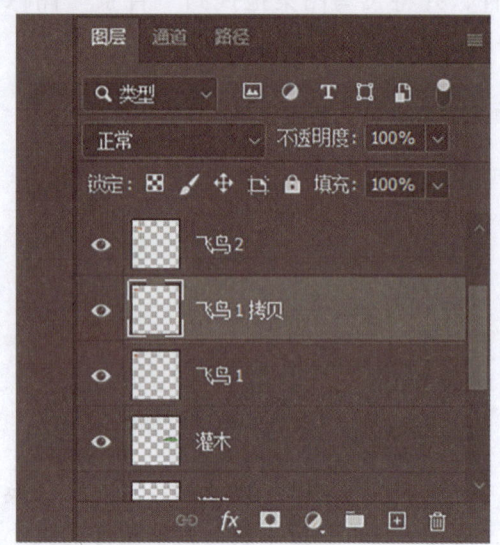

（7）使用跟前面一样的方法调整飞鸟图案的位置、大小和角度。

15.1.5 合并图层

合并图层功能多用于图层较多的情况,当图层较多时,可以合并图层减少占用的空间,提高制作效果,具体操作步骤如下。

(1)按下"Ctrl"键不放,分别选中"绿色"和"背景"图层,在图层上单击鼠标右键,在弹出的快捷菜单中选择"合并图层"选项。

(2)返回"图层"栏目,可以发现"绿色"图层已经被合并,使用"Ctrl + S"快捷键即可保存图像。

15.2 制作演唱会海报

演唱会海报是海报的一种,常用于演唱类的节目宣传。演唱会海报的作用是吸引大家对活动的兴趣,在选择演唱会海报背景的时候,应以简约的纯色为主,再以简单的背景表现活动的内容。本节制作的演唱会海报主要用于演唱会的宣传活动,以简单的图案和标语体现海报简约大气的风格。

15.2.1 设置图层混合模式

图层混合模式是指上方图层与下方图层的像素进行混合,上层的像素覆盖下层的像素,从而得到一种新的图像效果,具体操作步骤如下。

(1)新建一个大小为"1300 像素 × 1000 像素"、名称为"演唱会"的图像文件。

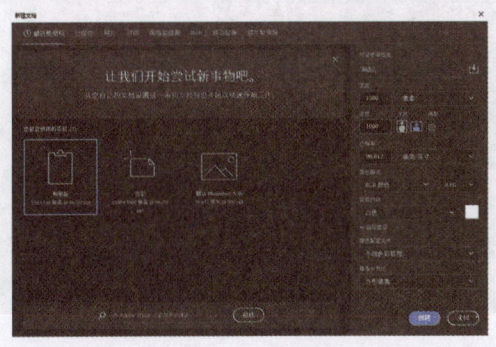

(2)在工具箱中选择"渐变工具"选项,在工具属性栏中单击"渐变编辑器"选项。

(3)弹出"渐变编辑器"对话框,单击渐变条左下侧的色标滑块,单击"色标"栏目中的色块,将颜色设置为"#cb245b",在渐变条下方的位置处添加色块,设置颜色为"#fcffff",

设置右侧的色标滑块颜色为合适的颜色，完成后单击"确定"按钮完成设置。

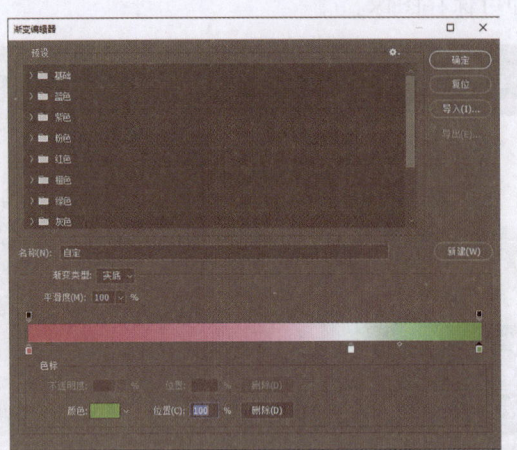

（4）选中"线性渐变"样式，在新建的图层上由上至下拖动鼠标，渐变填充图层。

（5）查看渐变填充效果。

（6）打开"歌手"图像文件，用前面介绍的方法把歌手图像设置为选区，将选区拖动到"演唱会"文件中。

（7）使用"Ctrl + T"快捷键进入变换状态，调整歌手图案的大小及位置，并按下"Enter"键确认。

（8）使用"Ctrl + J"快捷键复制并添加图层，选中复制后的图像，使用"Ctrl + T"快捷键，进入变换状态，将复制的图像放到原图像右边。

（9）在图层上单击鼠标右键，在弹出的快捷菜单中选择"水平翻转"选项。

（10）按下"Enter"键确认变换。

（11）将左侧的歌手图案与右侧的歌手图案所对应的图层分别重命名为"歌手左"和"歌手右"。

（13）在"图层"栏目中，用相同的方法复制"歌手左"图层，在"混合模式"下拉按钮中选择"柔光"选项。

（12）在"图层"栏目中选中"歌手右"图层，按住鼠标左键不放，将其拖拽到"新建图层"按钮上，复制该图层，接着单击"混合模式"下拉按钮，在下拉列表中选择"线性加深"选项。

（14）打开剩余的素材文件如"音符1""音符2""吉他"等，分别将它们处理后拖拽到"演唱会"图像文件中，拖拽到"演唱会"文件中的同时，为每个图层命名相应的名字，并调整图像的大小及位置。

（15）打开"观众"图像文件，将其图像中的观众剪影设置为选区，并拖拽到"演唱会"文件中，调整图像的位置及大小，将该图层重命名为"观众"。

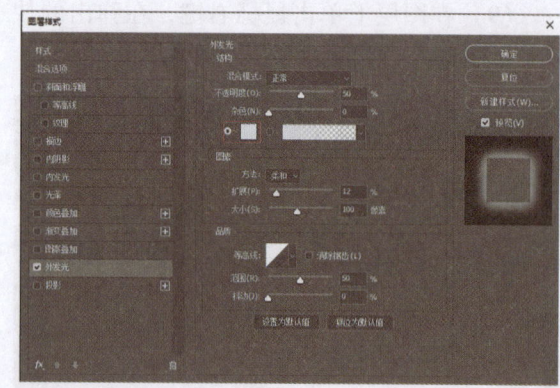

15.2.2 添加并设置图层样式

在处理图层时，可为图层设置各种各样的样式，如"投影""外发光""内发光"等，为图层设置图层样式可以丰富图像效果，具体操作步骤如下。

（1）在"图层"栏目中，选中"观众"图层，单击栏目下方的"添加图层样式"按钮，在弹出的下拉菜单中选择"外发光"选项。

（2）外发光的效果是使图案边缘产生向外发光的效果。弹出"图层样式"对话框，在"混合模式"下拉列表中选择"正常"选项，在"不透明度"栏中设置不透明度为"50%"，在"扩展"文本框中输入"12"，在"大小"文本框中输入"100"，单击选中"杂色"文本框下方的色块。

（3）弹出"拾色器（外发光颜色）"对话框，在对话框中设置合适的颜色，设置颜色之后，单击"确定"按钮。

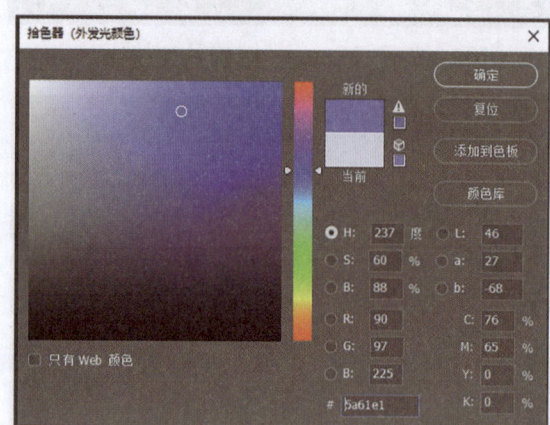

（4）返回到"图层样式"对话框中，单击"确定"按钮，返回编辑界面查看外发光效果。

（5）在"图层"栏目中，选中"话筒"图层，单击栏目下方的"添加图层样式"按钮，在弹出的下拉列表中选择"投影"选项。

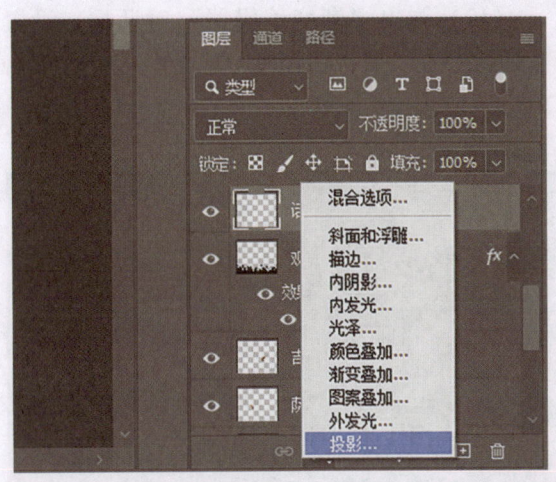

(6)弹出"图层样式"对话框,单击"混合模式"下拉按钮,在弹出的下拉菜单中选择"正片叠底"选项,在"不透明度"文本框中输入"60",在"角度"文本框中输入"55",设置"距离"为"15"像素,"扩展"为"16"%,"大小"为"50"像素,完成后单击"确定"按钮。

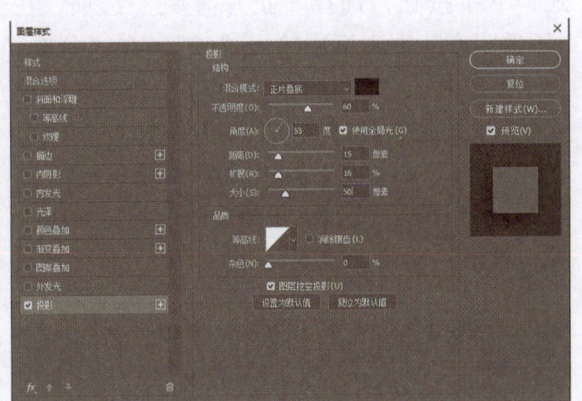

(7)返回编辑界面查看效果。

(8)在工具箱中选择"横排文字工具"选项,在工具属性栏中设置字体样式为"微软雅黑",设置"字号"为"36点",在编辑界面绘制文本框并输入文本。

(9)我们发现,虽然已经在文本框中输入了相关的文本,但由于字体颜色与背景颜色相似或相同,导致字体不清晰,此时我们选中已经输入的文本内容,在工具属性栏中,单击色块,在弹出的对话框中即可对字体颜色进行设置。

(10)单击工具属性栏中的"居中对齐文本"按钮,此时文本框中内容将被设置在文本框的居中位置,按下"Enter"键确认。

(11)在"图层"栏目中,选择"笑容演唱会"图层,在图层上单击鼠标右键,在弹出的快捷菜单中选择"混合选项"选项。

(12)弹出"图层样式"对话框,在"样式"列表中选择"渐变叠加"复选框,在右侧的"渐变"栏目中,单击"混合模式"下拉按钮,选择"线性光"选项,单击"渐变"栏的渐变色块。

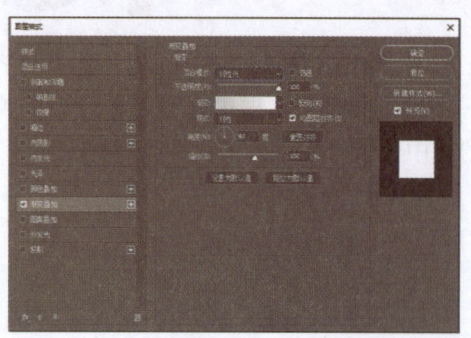

(13)弹出"渐变编辑器"对话框,设置渐变颜色为"黑,白渐变",设置完成后单击"确定"按钮。

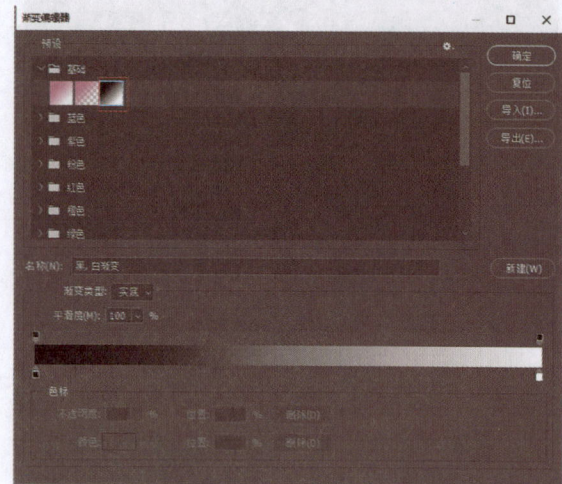

(14)在左侧的"样式"栏目中,选中"内阴影"复选框,单击"内阴影"项目切换到"内阴影"界面,单击界面右侧的"混合模式"下拉按钮,选择"正片叠底"选项,在"不透明度"文本框中输入"60",在"角度"文本框中输入"50",在"距离"文本框中输入"10",在"阻塞"文本框中输入"20",在"大小"文本框中输入"6",单击"等高线"右侧的下拉按钮,在弹出的下拉列表中选择"锥形-反转"选项。

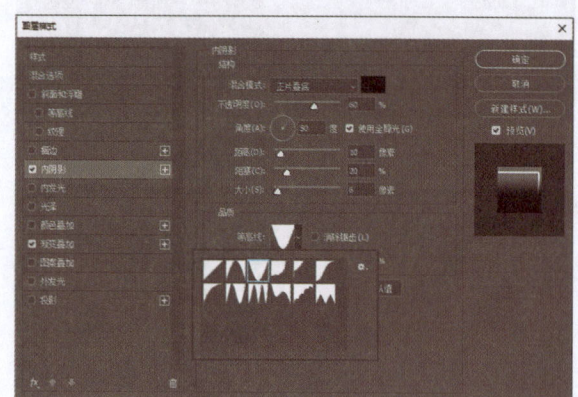

(15)在左侧的"样式"栏目中选中"描边"复选框,并切换到"描边"界面,在界面右侧的"结构"栏中的大小文本框中输入"2",在"位置"下拉列表中选择"外部"选项。

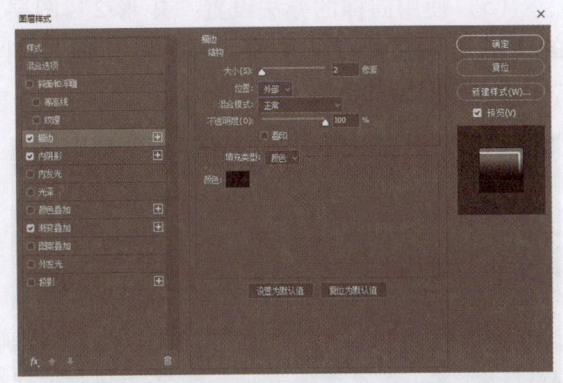

(16) 在"样式"栏目中单击选中"投影"复选框,在"投影"界面中,在"混合模式"的下拉列表中选择"正片叠底"选项,在"不透明度"文本框输入"60",在"角度"文本框中输入"150",在"距离"文本框中输入"10",在"扩展"文本框中输入"1",在"大小"文本框中输入"10",在"杂色"右侧的数值框中输入"10",完成后单击"确定"按钮。

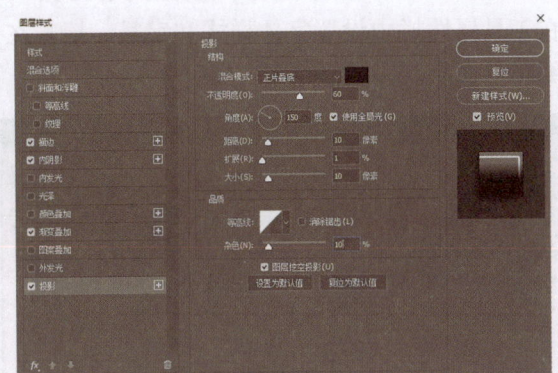

(17) 返回编辑界面查看设置效果。

(18) 在工具箱中选择"横排文字工具"选项,在工具属性栏中单击"创建文字变形"按钮,弹出"变形文字"对话框,在"样式"下拉列表中选择"拱形"选项,在"弯曲"文本框中输入"+8"。

(19) 调整文本的字间距,增大字间距,查看效果。

15.2.3 设置图层的不透明度

设置指定图层的不透明度的作用是淡化该图层中的图像,从而使下方的图层显示出来,不透明度的数值设置的越小,就越透明,具体操作步骤如下。

(1) 在工具箱中,将前景色设置为白色,接着在工具箱中选择"矩形工具"选项,在工具属性栏设置"W"的值为"1300像素","H"为"100像素",在编辑界面中绘制白色矩形并将其移动到文字的正上方。

(2)在"图层"栏目中选择"矩形1"图层,设置其"不透明度"为"80%"。

(3)选中"矩形1"图层,将其拖拽到"笑容演唱会"图层的下方。

(4)选中"矩形工具"选项,在工具属性栏中设置"W"为"1300像素","H"为"10像素",在"矩形1"下方绘制白色矩形。

(5)使用同样的办法设置"矩形2"图层的"不透明度"为"60%",并将其拖拽到"矩形1"图层的下方。

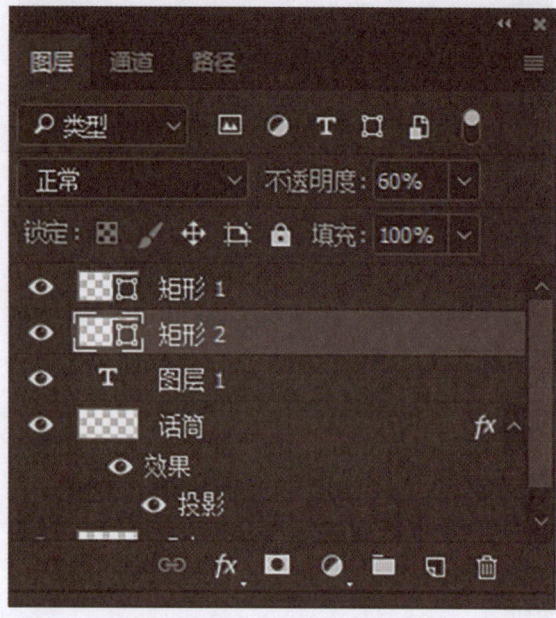

(6)在工具箱中选择"横排文字工具",在工具属性栏中设置字体样式和字号,接着在编辑界面绘制文本框并输入文字。

(7)在"图层"栏目中,将该图层拖拽到"观众"图层的上方。之后使用"Ctrl + T"快捷键进入变换状态,调整文本的位置及大小。

(9) 再选中"投影"复选框，在"不透明度"文本框中输入"60"，在"大小"文本框中输入"10"，单击"确定"按钮。

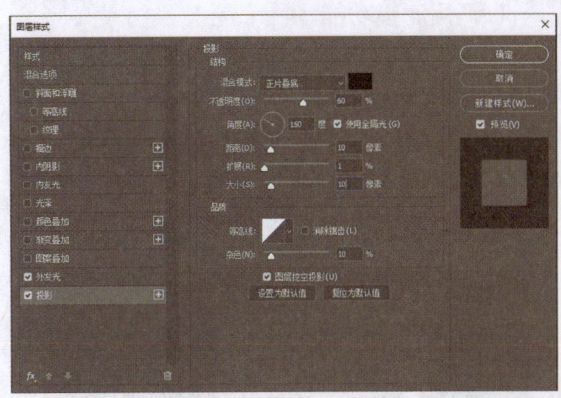

(8) 选中新输入的文字图层，单击鼠标右键，选择"混合选项"选项，打开"图层样式"对话框，在对话框中，选中"外发光"复选框，在"外发光"界面中选择"混合模式"下拉列表中的"滤色"选项，接着在"不透明度"文本框中输入"60"，在"扩展"文本框中输入"5"，在"大小"文本框中输入"6"，在"范围"文本框中输入"60"。

(10) 返回编辑界面查看效果，最后保存文件即可。

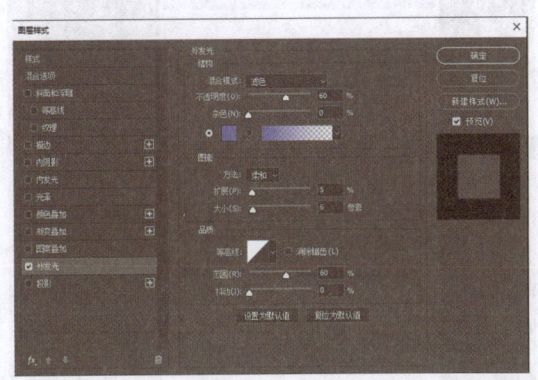

15.3 滤镜的使用

使用滤镜可以修饰照片，能够为图像提供素描或印象派绘画外观的特殊艺术效果，还可以使用扭曲和光照效果创建独特的变换。

我们经常会用到一些滤镜，如风格化、模糊、锐化、渲染、艺术效果等。使用这些滤镜效果，可以增强图像的说明能力和对环境的渲染能力。滤镜是以像素为单位对图像进行处理的。因此，在对不同像素的图像应用相同的滤镜时，会产生不同的效果，学会使用和善于利用滤镜效果不仅可以弥补照片的不足，还能够为照片制作出特殊效果。

15.3.1 滤镜的使用方法

Photoshop 2021 中的滤镜数量繁多，能够达到的效果也不一样，但滤镜的使用方法却大同小异。单击菜单栏中的"滤镜"按钮，再选择下拉列表中的滤镜子选项，接着在弹出的对话框中设置相应的参数，设置完成后单击"确定"按钮即可。

1. 调用滤镜功能

下面将在案例中介绍如何调用滤镜功能，具体操作步骤如下。

（1）打开"叶子"图像文件，单击"滤镜"按钮，在下拉列表中选择"模糊"选项，在级联菜单中选择"高斯模糊"选项。

2. 取消滤镜效果

如果对图片已经使用的效果不满意或者不需要滤镜效果，可以取消滤镜效果，具体操作步骤如下。

（1）单击"编辑"按钮，在弹出的下拉菜单中选择"渐隐高斯模糊"选项。

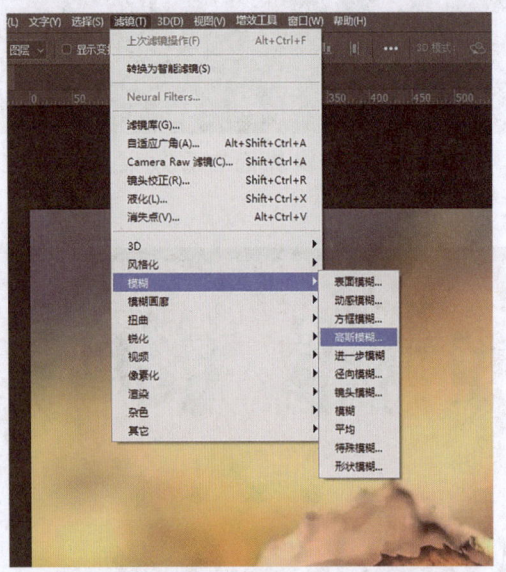

（2）弹出"高斯模糊"对话框，在"半径"文本框中输入"6.0"。

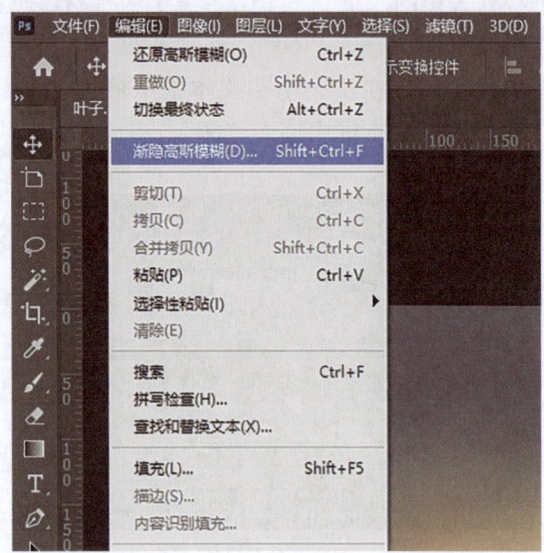

（2）弹出"渐隐"对话框，在对话框中设置相应的值，单击"确定"按钮即可。此操作是将执行滤镜后的效果与原图像混合，以达到消除滤镜效果的目的。

（3）单击"确定"按钮，返回编辑界面查看效果。

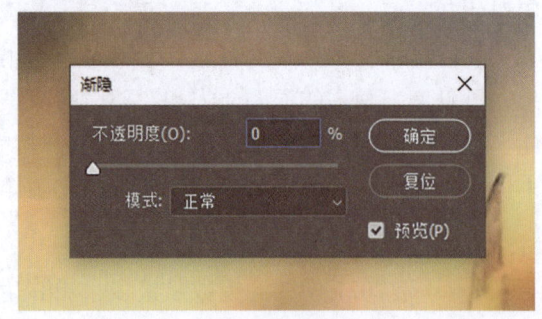

(3) 或者使用"历史记录"来删除执行了滤镜的操作也可以取消滤镜效果。

15.3.2 滤镜库的使用方法

使用滤镜库为图像添加滤镜效果，不仅可以实时预览图像的效果，还可以在操作的过程中使用多种滤镜。

1. 调用滤镜库

滤镜库包含了多个滤镜，使用滤镜库可以方便地为图像添加滤镜效果。

(1) 打开"花朵"图像文件，单击"滤镜"按钮，在弹出的下拉列表中选择"滤镜库"选项。

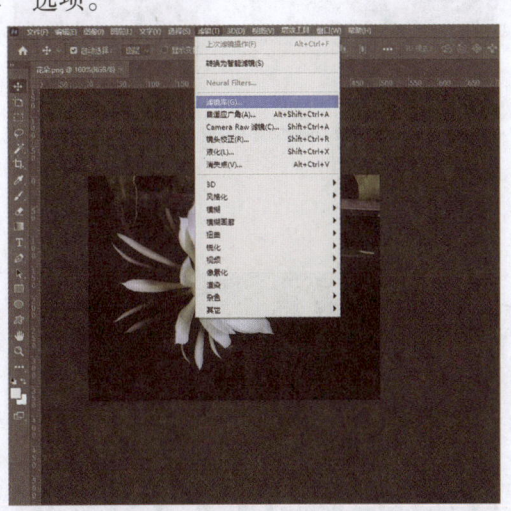

(2) 弹出"滤镜库"对话框，单击"画笔描边"按钮，在下拉列表中选择"强化的边缘"选项。

(3) 单击滤镜库右下角的"新建效果图层"按钮，在原效果图层上再新建一个效果图层，接着再选择一个滤镜效果，从而达到多个滤镜叠加的效果。

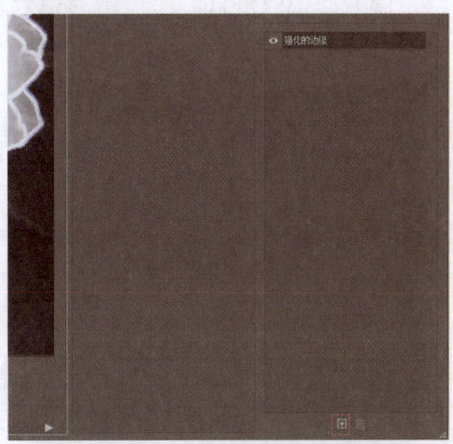

(4) 查看多个滤镜效果叠加显示的图像。

2. 删除或隐藏滤镜

为图像添加多个滤镜效果后，用户还可以

选择删除或隐藏某个滤镜效果，具体操作步骤如下。

（1）删除滤镜效果首先需要单击选中该图层名称，然后单击效果图层下方的"删除效果图层"按钮即可。

（2）隐藏滤镜效果只需要单击滤镜效果图层名称左侧的按钮即可。

15.3.3 调用风格化滤镜

使用风格化滤镜可以快速调整图像色调，主要是通过移动、置换或拼贴图像的像素并提高图像像素的对比度来产生需要的效果。具体操作步骤如下。

（1）打开"景色"图像文件，单击"窗口"按钮，在弹出的下拉菜单中选择"通道"选项。

（2）在"通道"栏目中，选择"蓝"通道。

（3）单击"滤镜"按钮，选择"风格化"选项，在级联菜单中选择"曝光过度"选项。

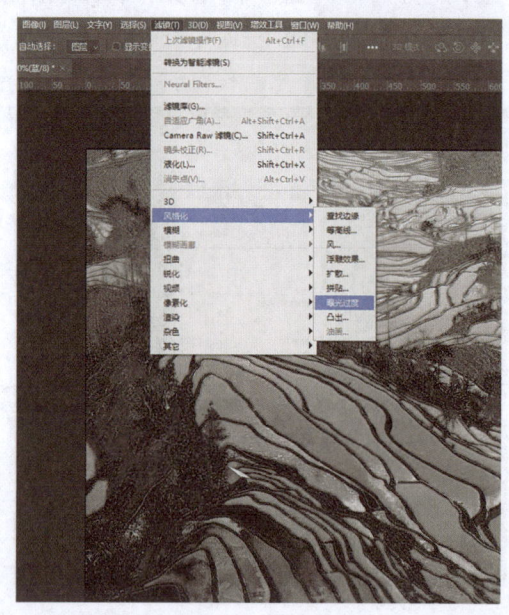

(4)单击"通道"栏目中的"RGB"通道。

(5)查看效果。

15.3.4 调用模糊滤镜

本节将介绍如何使用模糊滤镜制作景深特效,模糊滤镜主要用于对图像边缘过于清晰或对比度过于强烈的区域进行模糊处理,从而使相邻像素平滑过渡,产生柔和、模糊的效果,具体操作步骤如下。

(1)打开"飞翔"图像文件,在"图层"栏目中选中"背景"图层,使用"Ctrl + J"快捷键,复制背景图层。

(2)选中复制的图层,单击"滤镜"按钮,选择"模糊"选项,在级联菜单中选择"径向模糊"选项。

(3)弹出"径向模糊"对话框,在"数量"文本框中输入"30",设置"模糊方法"为"缩放","品质"为"好",单击"确定"按钮即可。

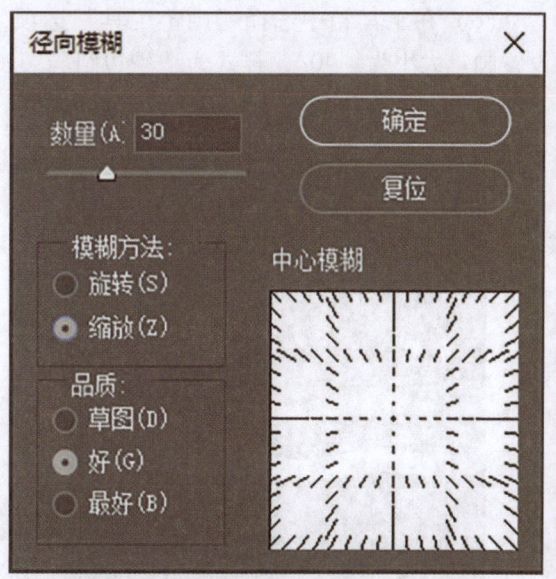

(4)选中复制得到的图层,按下"Alt"键的同时,单击"添加图层蒙版"按钮,为图层添加蒙版。

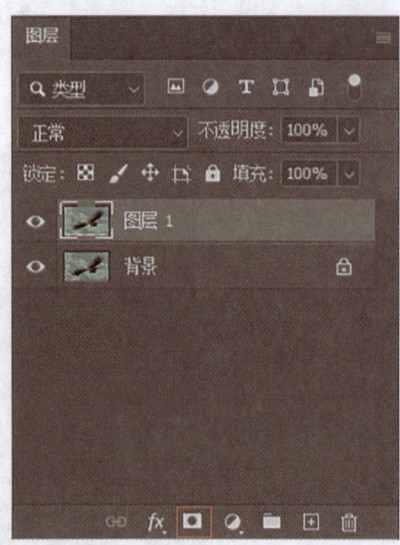

（5）将前景色设置为白色。

☞15.3.5 调用扭曲滤镜

扭曲滤镜主要用于对平面的图像进行扭曲，使其产生旋转、挤压和水波纹等变形效果，具体操作步骤如下。

（1）打开"蜂鸟"图像文件，单击工具箱中的"渐变工具"选项，在工具属性栏中单击"点按可打开'渐变'拾色器"色块右侧的下拉按钮，在弹出的下拉菜单中选择"基础"中的"前景色到透明渐变"选项。

（6）在工具箱中选择"画笔工具"选项，设置画笔大小为"40"，样式为"硬边圆"。

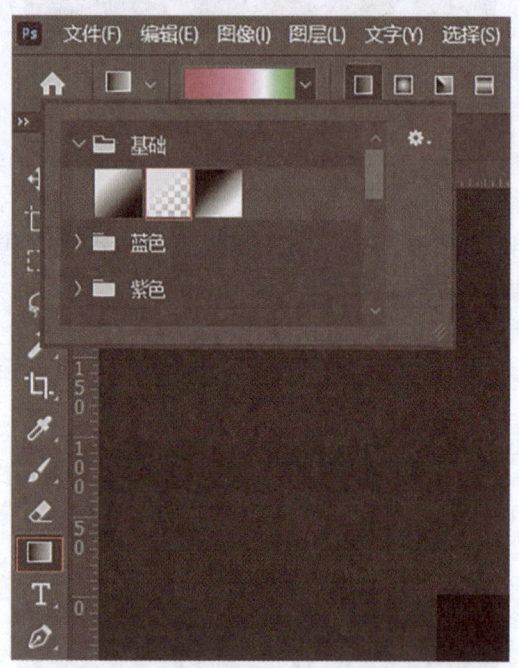

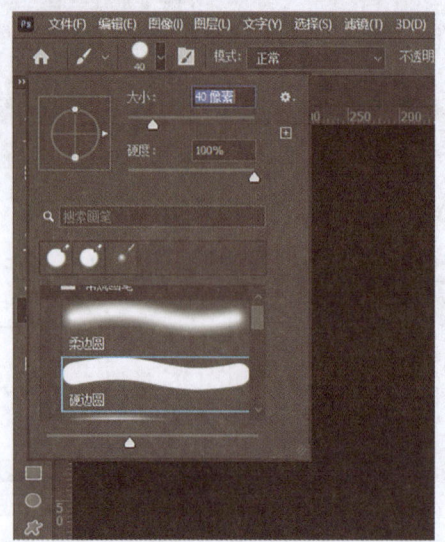

（7）在需要有动感效果的图案区域进行涂抹，图层的动感效果就会显现出来。

（2）单击"图层"栏目中的"创建新图层"按钮，新建一个名为"图层1"的图层，选中"图层1"，在编辑窗口中进行渐变填充。

（3）单击"滤镜"按钮，选择"扭曲"选项，在级联菜单中选择"波浪"选项。

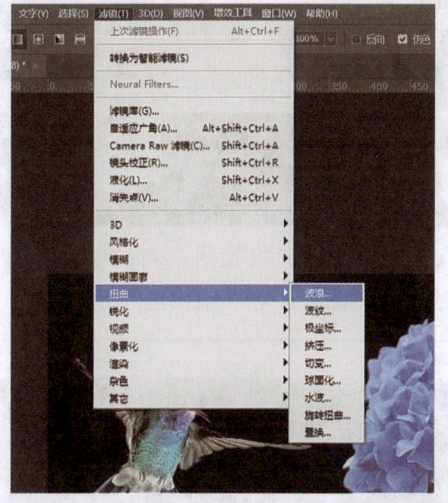

（4）在弹出的"波浪"对话框中，设置"生成器数"为"1"，"波长最小"为"1"，"波长最大"为"6"，"波幅最小"为"996"，"波幅最大"为"999"，在"比例"栏目中的"水平"文本框中输入"100"，"垂直"文本框中输入"100"，设置"类型"为"正弦"，单击"确定"按钮。

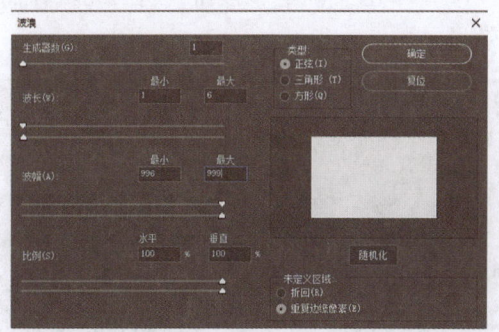

（5）在"图层"栏目中设置"图层 1"的"不透明度"为"50%"。

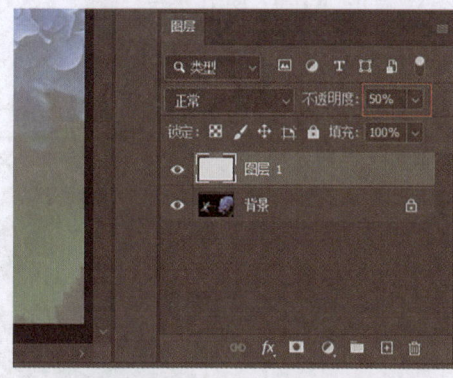

（6）返回编辑界面中查看效果。

15.3.6 调用锐化滤镜

本节将以增强图像清晰度为例介绍锐化滤镜的使用方法。锐化滤镜主要通过增强图像中相邻像素之间的对比度使得图像轮廓变得清晰，减弱图像的模糊程度，具体操作步骤如下。

（1）打开"跳跃"图像文件，单击"滤镜"按钮，选择"锐化"选项，在级联菜单中选择"USM 锐化"选项。

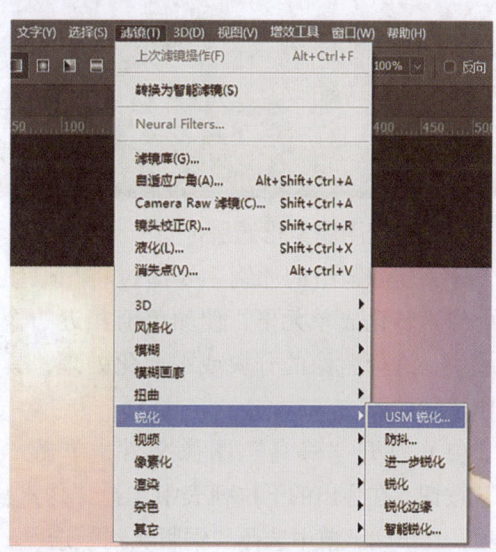

(2)弹出"USM 锐化"对话框,分别设置"数量""半径""阈值"等相关参数,最后单击"确定"按钮即可。

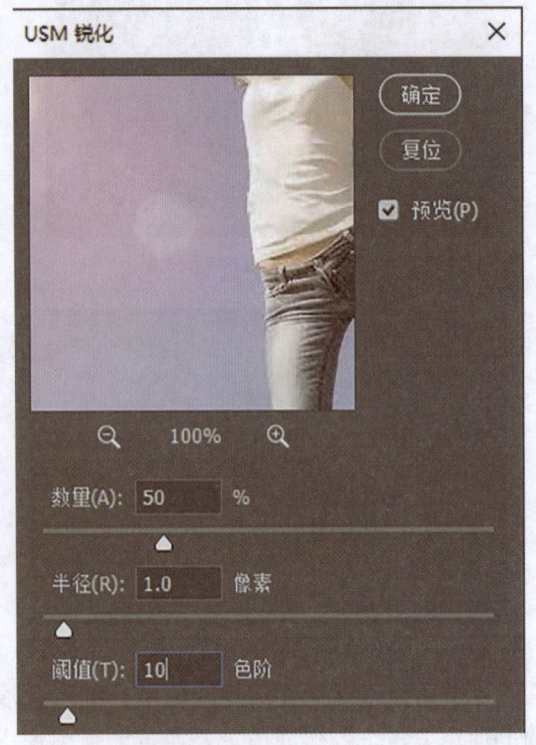

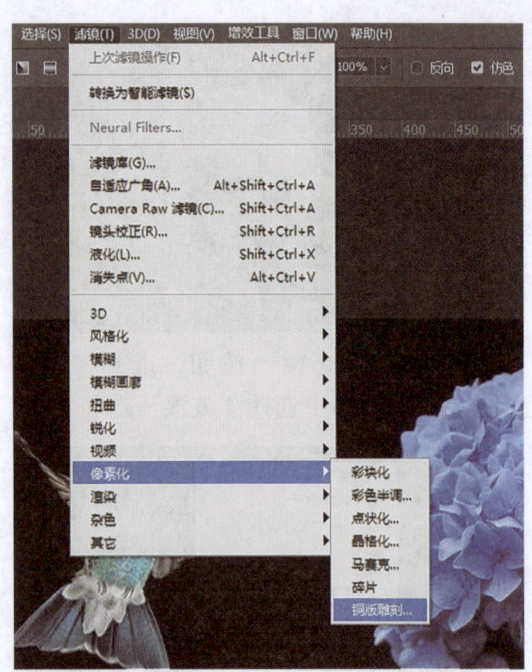

(2)弹出"铜版雕刻"对话框,单击"类型"下拉按钮,选择"短描边"选项。

(3)查看效果。

(3)单击"确定"按钮,返回编辑界面查看效果。

15.3.7 调用像素化滤镜

像素化滤镜组的滤镜主要通过将相似颜色值的像素转化成单元格,使颜色值相近的像素结成块,进行图像的分块或平面化处理,具体操作步骤如下。

(1)打开"蜂鸟"图像文件,单击"滤镜"按钮,在弹出的下拉列表中选择"像素化"选项,在级联菜单中选择"铜版雕刻"选项。

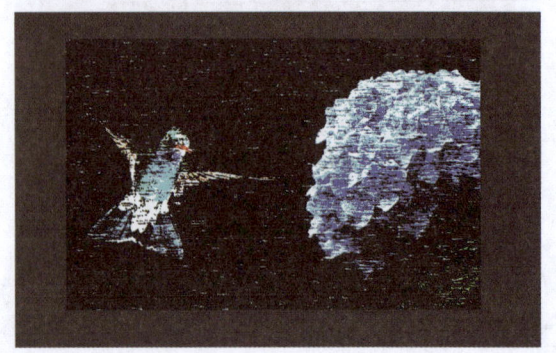

15.3.8 调用渲染滤镜

渲染滤镜可用于模拟在不同的光源下，调用不同的光线照明的效果，具体操作步骤如下。

（1）打开"人物"图像文件，单击"图像"按钮，在弹出的下拉菜单中选择"调整"选项，在级联菜单中选择"色相/饱和度"选项。

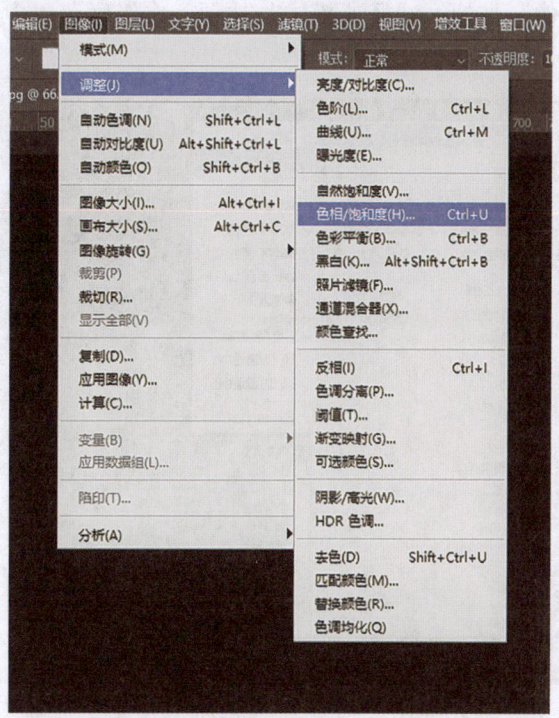

（2）弹出"色相/饱和度"对话框，设置"色相"的值为"16"，"饱和度"的值为"26"，明度的值为"0"，接着勾选中"着色"复选框，单击"确定"按钮。

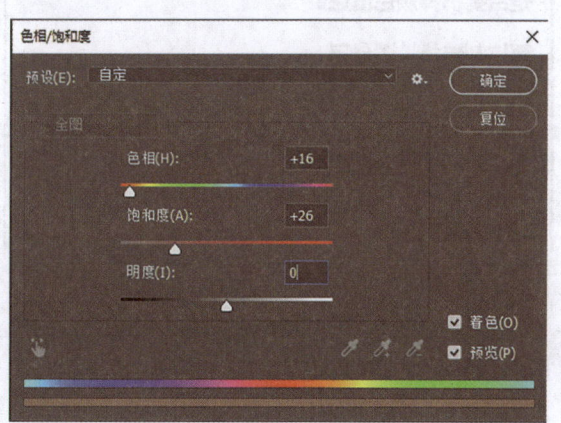

（3）单击"滤镜"按钮，选择"渲染"选项，在级联菜单中选择"光照效果"选项。

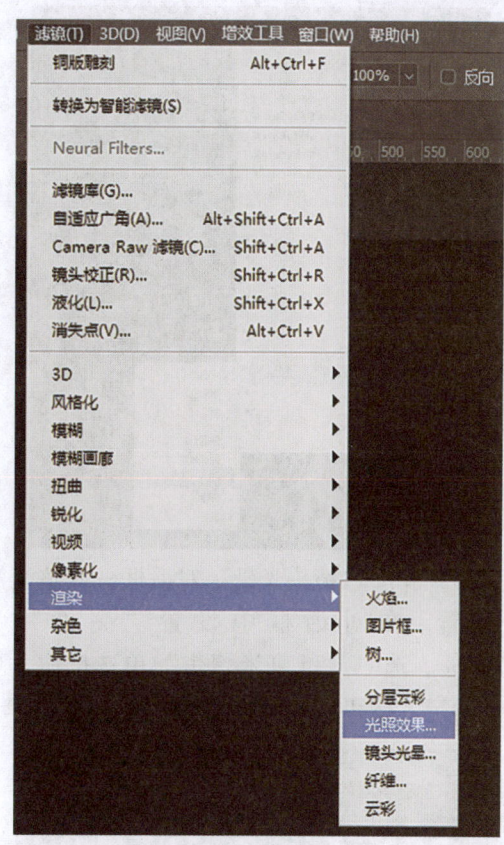

（4）弹出"光照效果"对话框，在预览框中按住鼠标左键调整光照效果，调整完成后单击"确定"按钮。

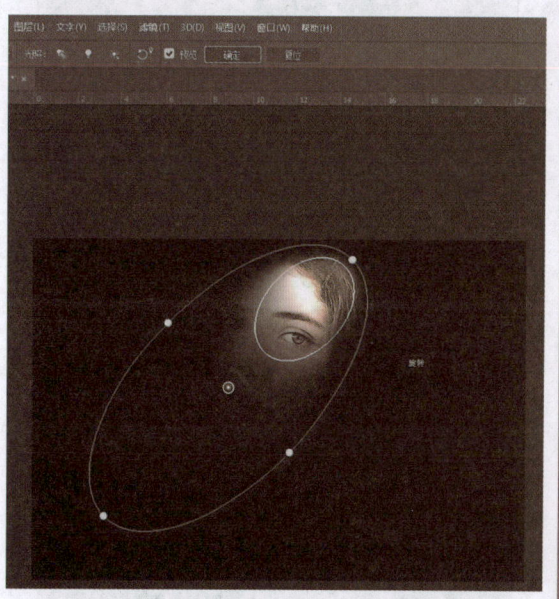

（5）单击"滤镜"按钮，选择"渲染"选项，在级联菜单中选择"镜头光晕"选项。

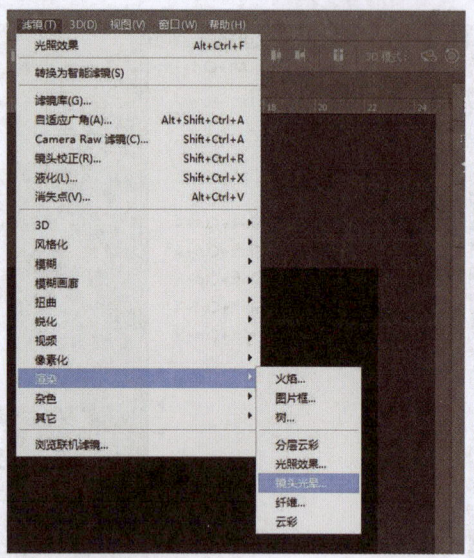

☞ **15.3.9　调用杂色滤镜**

杂色滤镜主要作用是在图像中添加杂点或去除图像中的杂点效果，本节将以制作老旧照片为例介绍杂色滤镜的相关操作方法，具体步骤如下。

（1）打开"马路"图像文件，单击"图像"按钮，选择"模式"选项，在级联菜单中选择"灰度"选项。

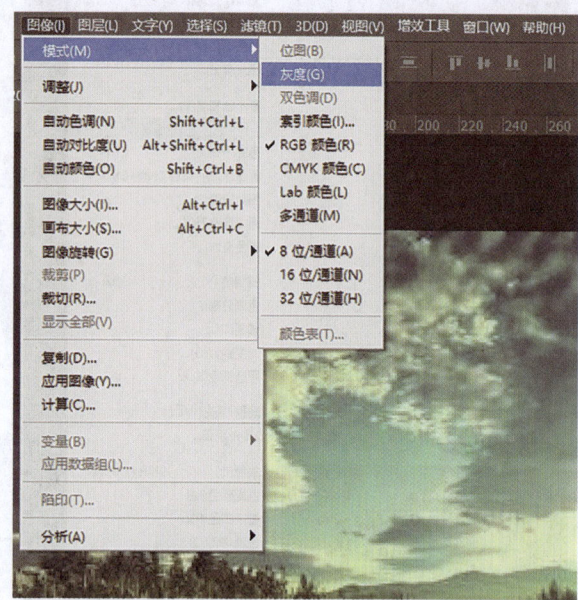

（6）弹出"镜头光晕"对话框，调整光源的位置，在对话框中设置"亮度"为"100"%，选中"35毫米聚焦"单选按钮，单击"确定"按钮。

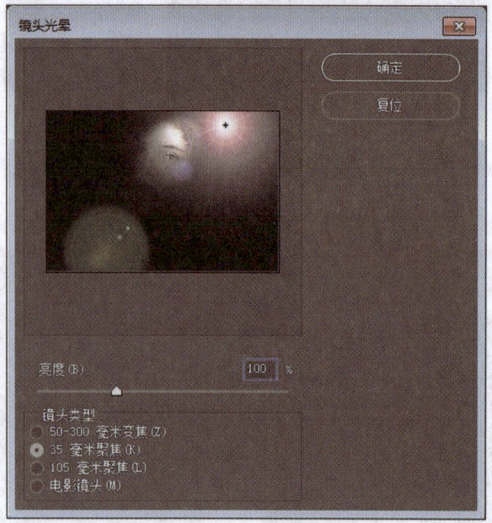

（2）弹出"信息"提示框，单击"扔掉"按钮，将图像转化为灰度模式。

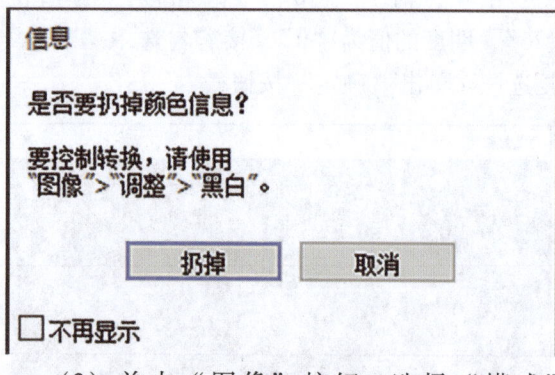

（7）返回编辑界面查看效果。

（3）单击"图像"按钮，选择"模式"选项，在级联菜单中选择"RGB 颜色"选项，将图像转化为 RGB 模式。

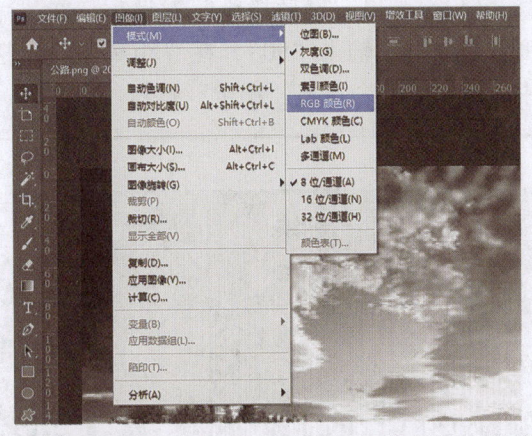

（4）单击"图像"按钮，在弹出的下拉菜单中选择"调整"选项，在级联菜单中选择"色相/饱和度"选项。

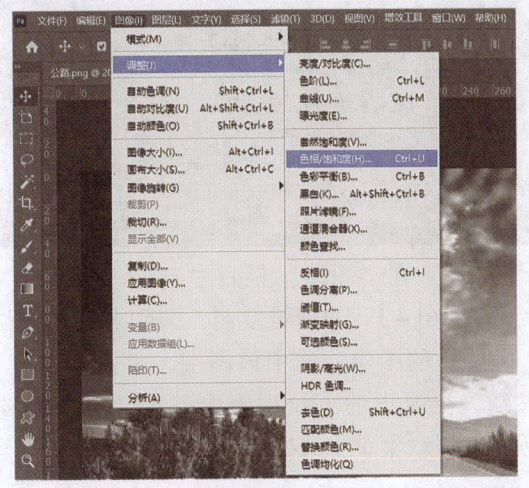

（5）弹出"色相/饱和度"对话框，勾选中"着色"复选框，设置"色相""饱和度""明度"的数值，单击"确定"按钮。

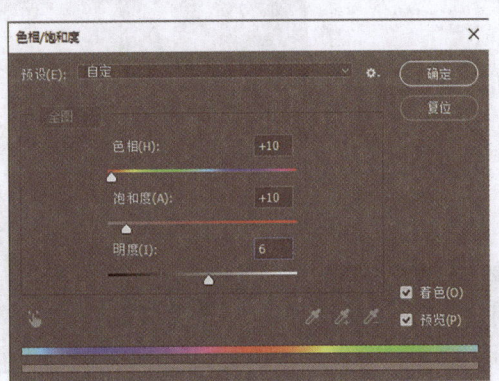

（6）单击"图层"栏目中的"创建新图层"按钮，新建一个图层，并设置其前景色为

黑色，选中新建的图层，使用"Alt + Delete"快捷键将图层填充为黑色。

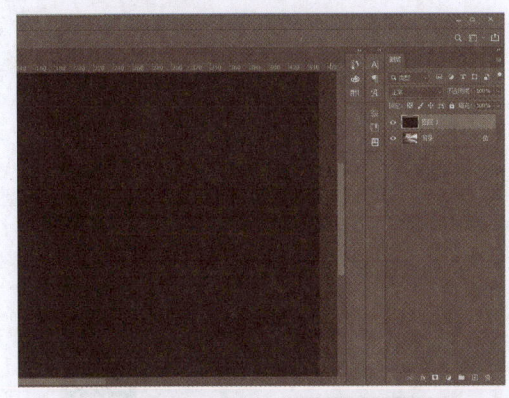

（7）单击"滤镜"按钮，选择"杂色"选项，在级联菜单中选择"添加杂色"选项。

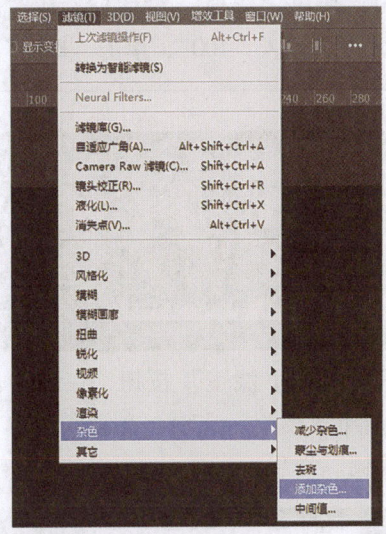

（8）弹出"添加杂色"对话框，设置"数量"为"60"，选中"高斯分布"单选按钮，勾选中"单色"复选框，单击"确定"按钮。

（9）单击"图像"按钮，选择"调整"选项，在级联菜单中选择"阈值"选项。

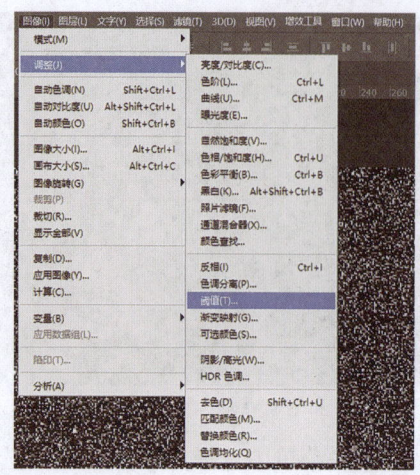

（10）弹出"阈值"对话框，在"阈值色阶"文本框中输入"100"，单击"确定"按钮。

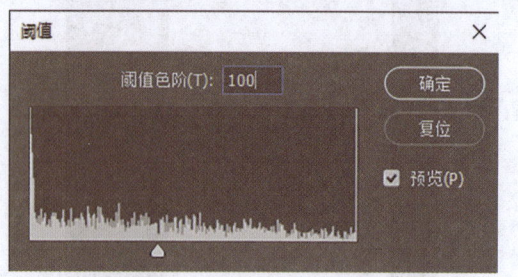

（11）单击"滤镜"按钮，在弹出的下拉列表中选择"模糊"选项，在级联菜单中选择"动感模糊"选项。

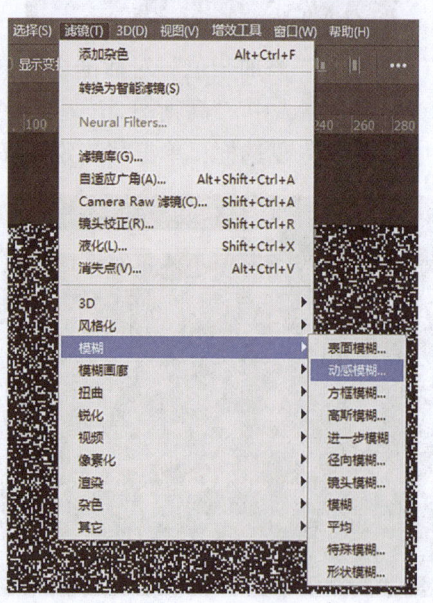

（12）弹出"动感模糊"对话框，在"角度"文本框中输入"90"，在"距离"文本框中输入"888"，单击"确定"按钮。

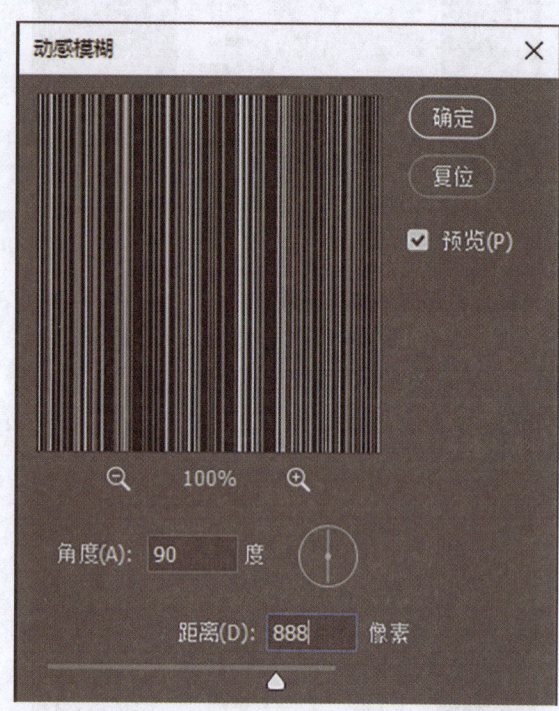

（13）在"图层"栏目中选中"图层1"，使用"Ctrl+J"快捷键复制，得到名为"图层1拷贝"的图层，选中该图层，单击"滤镜"按钮，在弹出的下拉列表中选择"杂色"选项，在级联菜单中选择"添加杂色"选项。

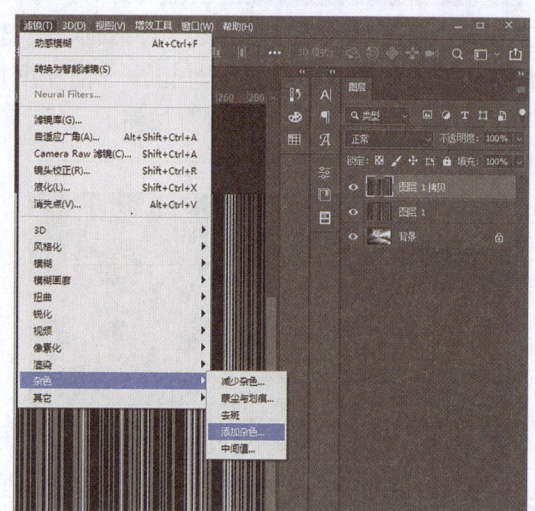

（14）弹出"添加杂色"对话框，在"数量"文本框中输入"50"，单击"确定"按钮。

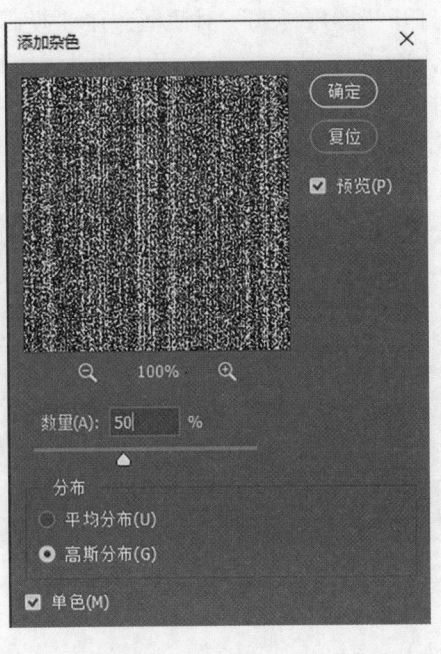

（15）设置"图层1"和"图层1拷贝"的混合模式为"滤色"，查看最终效果。

15.4 图层与滤镜应用小技巧

结合本章所介绍的图层与滤镜应用的内容，下面将介绍一些小技巧。

☞15.4.1 将背景图层转化为普通图层

背景图层是一个比较特殊的图层，在一个图像文件中可以没有背景图层，但最多只能有一个背景图层。背景图层始终位于文件中所有图层的底层，可以对其进行编辑，但不能对其调整图层叠放顺序、不能对其设置混合模式和不透明度、不能对其添加图层样式。如果需要对背景图层进行调整图层顺序的操作，可以先将其转化为普通图层，具体操作步骤如下。

（1）在"图层"栏目中双击"背景"图层，弹出"新建图层"对话框，在对话框中输入并设置需要的内容。

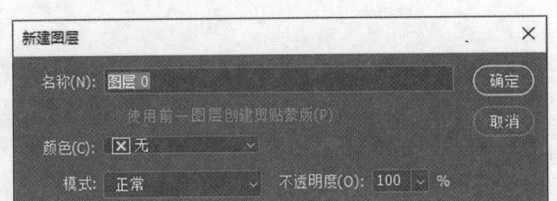

（2）单击"确定"按钮即可，此时背景图层已经转化为了普通图层。

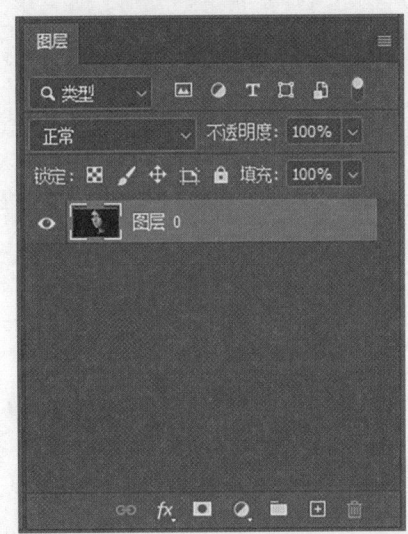

☞15.4.2 在当前图层下方创建一个图层

在创建图层时，按住"Ctrl"键不放，同时单击"新建图层"按钮即可在当前图层下方新建一个图层。

打开"图层样式"对话框,在"投影"界面中,单击"混合模式"下拉列表右侧的色块,打开"拾色器(投影颜色)"对话框,在该对话框中设置投影的颜色。

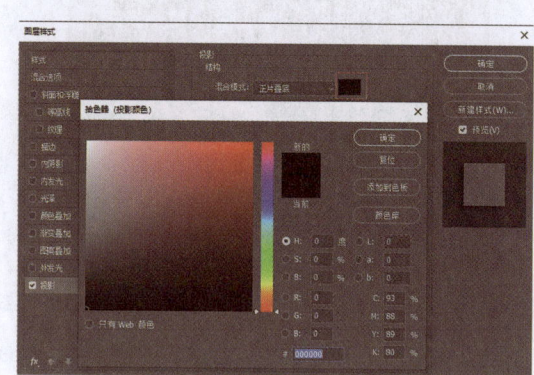

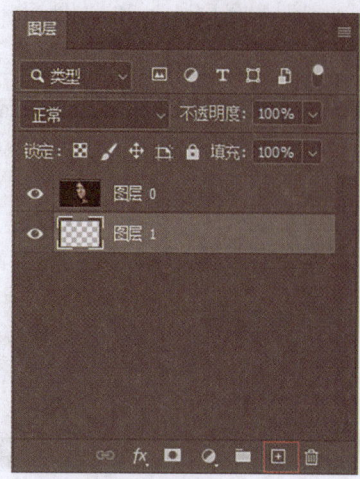

☞ **15.4.3 设置投影的颜色**

设置投影颜色的具体步骤如下。

第十六章 文字、矢量工具和路径

扫码看视频

概述

利用Photoshop 2021可以在图像文件中输入文字,并对文字格式和段落格式进行调整,还能创建并编辑路径文本,同时使用路径工具创建复杂多变的图像区域。本章将通过超市广告单、健身俱乐部宣传单等案例介绍在Photoshop 2021中如何使用这些功能。

16.1 制作超市广告单

超市广告单大致包括了超市的名称、位置、商品和联系方式。广告单的使用范围比较广泛，为了吸引顾客，广告单的文字和图像要美观，具有易读性。

16.1.1 创建点文字

点文字通常用于一行文字的编写，既可以是横排文字，也可以是竖排文字。为了广告单的美观和易读性，本节将首先制作广告单的背景，再添加文字，具体操作步骤如下。

（1）新建一个尺寸为"1000 像素 × 800 像素"的图像文件，在编辑界面中打开"商品 1"图像文件，并使用"Ctrl + T"快捷键，调整图像的大小。

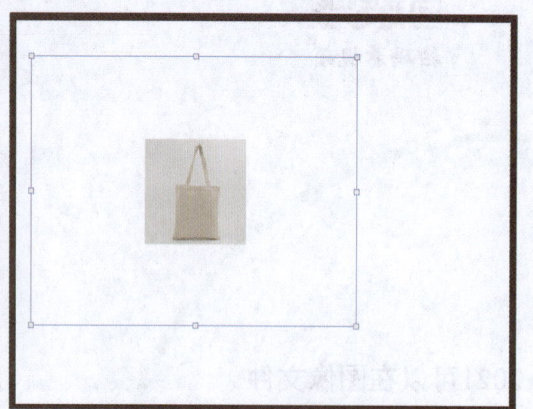

（2）为图像中多余的部分创建选区，然后按"Delete"键删除这些部分。

（3）删除选区，使用"Ctrl + T"进入变换状态，将图像调整到合适的位置。

（4）用相同的方法打开剩余商品图像文件并进行调整，排列方式如下图所示。

（5）选中"钢笔工具"，在工具属性栏中设置绘图模式为"形状"，填充为"白色"，在界面中绘制一个形状。

(6) 使用"Ctrl + J"快捷键复制图层,并在钢笔工具的属性栏中将颜色更改为"浅青"。

(7) 设置形状描边样式为"黑白渐变",像素为"2像素"。

(8) 在工具箱中选择"横排文字工具",在工具属性栏中设置文本的字体、字号和颜色,在"浅青"形状上单击鼠标左键,此时将出现闪烁点,输入文本,完成后按下"Enter"键确认即可。

(9) 使用相同的方法输入其他文本。

☞ **16.1.2 创建变形文本**

创建文本后,用户还可以对文本进行变换,例如调整文本的大小和位置,或者通过文字变形得到波浪、拱形、扇形、旗帜等效果,具体操作步骤如下。

(1) 在工具箱中选择"横排文字工具"选项,在工具属性栏中设置文本的字体、字号和颜色,在形状上右侧部位输入"SALE",并调整文本的位置及大小。

（2）选中"SALE"文本，单击工具属性栏中的"创建文字变形"按钮。

（3）弹出"变形文字"对话框，单击"样式"下拉按钮，在弹出的下拉菜单中选择"增加"选项，在"弯曲"文本框中输入"12"，单击"确定"按钮。

（4）选中文本图层，使用"Ctrl + T"快捷键进入变换状态，在文本上单击鼠标右键，在弹出的快捷菜单中选择"变形"选项。

（5）此时文本上将出现变形框，拖拽变形框调整文本的位置。

16.1.3 创建路径文本

路径文本是指根据路径的形状来创建文字，因此需要先绘制出路径的轨迹，再在路径中输入文本。在创建路径文本时，用户可先对路径的锚点进行编辑，使路径更符合需要，具体操作步骤如下。

（1）在工具箱中单击"钢笔工具"按钮，在工具属性栏中选择钢笔的绘图模式为"路径"。

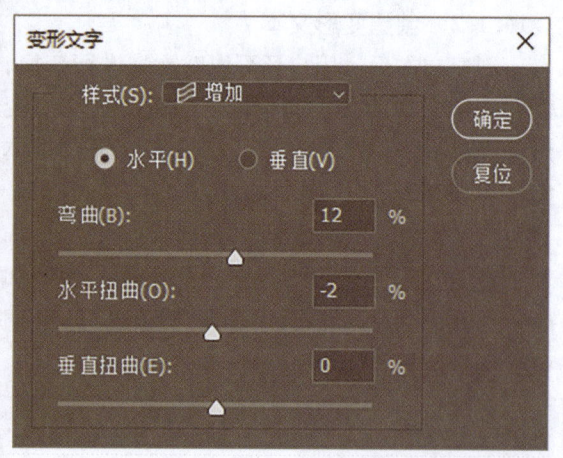

(2) 在编辑界面中"SALE"文本左上角单击鼠标左键创建一个锚点，在字母"E"的上方单击鼠标左键建立一个控制点，并拖拽控制柄调整路径。

(3) 在工具箱中选择"横排文本工具"选项，在工具属性栏中设置文本的字体、字号和颜色，将光标移动到刚才绘制的路径上，单击鼠标定位到文本插入点，输入需要的文本，最后按下"Enter"键完成输入。

(4) 使用"Ctrl + T"键，进入变换状态，调整文本的角度及位置。

16.1.4 创建并编辑段落文本

段落文本是指在定界框中输入文本，多用于大段文字的输入，使用段落文字能使文本自动换行，方便调整文本的行间距和段落文本的大小等排版操作。段落文字的创建方法与点文字的创建方法大同小异，在创建段落文字之前，用户需要先绘制定界框，定界框的作用是定义段落文字的边界，这样输入的文字就会只位于指定的区域内，具体操作步骤如下。

(1) 打开"喇叭"图像文件，按下"Ctrl + J"快捷键复制背景图层，为图中的"喇叭"图案创建选区。

(2) 使用"Ctrl + Shift + I"快捷键反选选区，按下"Delete"键删除图像背景区域。

（3）使用"Shift + F6"快捷键打开"羽化选区"对话框，在"羽化半径"文本框中输入"2"，单击"确定"按钮。

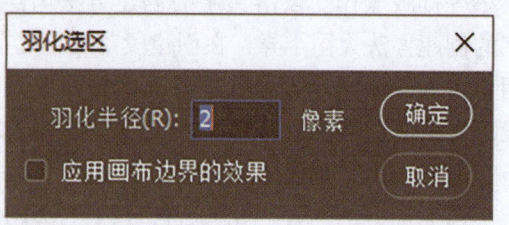

（4）将抠取出的喇叭图案图层拖拽到广告单的界面中，使用"Ctrl + T"快捷键进入变换状态，将图像调整至合适大小。

（5）在工具箱中选择"横排文字工具"选项，在工具属性栏中选择设置文本的字体和字号，在图案右侧按下鼠标左键不放，拖拽鼠标绘制定界框。

（6）文本插入点将自动定位在文本框中，在文本框中输入需要的文本，可以使用"Enter"键换行。

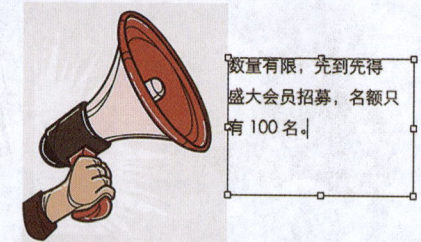

（7）选中段落文本，在工具属性栏中单击"居中对齐文本"按钮，文本将自动按设置的方式对齐。

（8）选中文本，在工具属性栏中单击"切换字符和段落面板"按钮。

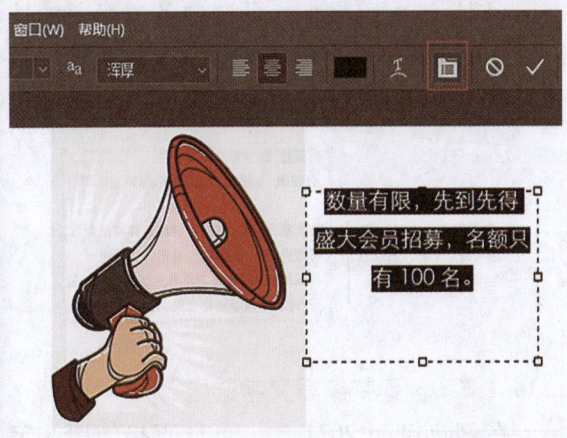

（9）在弹出的对话框中，在"字符"选项下设置字体大小为"18 点"，将行距设置为"30 点"。选中"100"文本，将其颜色设置为"红色"，字体大小设置为"30 点"。

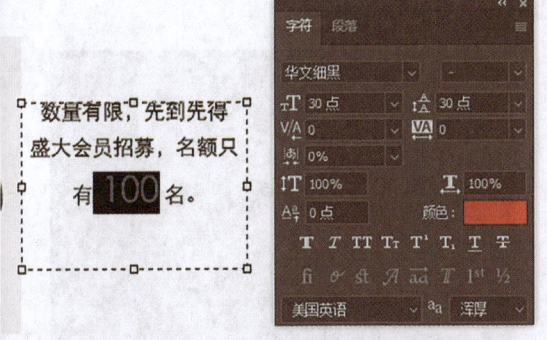

（10）单击对话框右上角的关闭按钮，返回编辑界面查看效果。

（11）在工具箱中选中"直线工具"选项。

（12）在工具属性栏中设置直线的粗细为"2 像素"，取消填充，设置"描边样式"为"实线"。

（13）按下"Shift"键不放的同时，在文本的右侧绘制一条竖直线。

（14）在工具箱中选择"横排文字工具"选项，在工具属性栏中设置文本格式，在竖直线右侧绘制文本定界框，输入段落文本，如果绘制的文本框无法容纳所输入的文本，可以利用定界框四周的控制点来调整定界框的大小。

（17）选中定界框，再选中各边线上的控制点，使定界框符合段落文本的显示效果。

16.1.5 创建并编辑文字选区

在 Photoshop 2021 中，可以直接使用文字蒙版工具创建文字选区，该选区主要包括横排文字选区和竖排文字选区，具体操作方法如下。

（1）打开"文本底纹"文件，复制背景图层，在工具箱中选中"横排文字蒙版工具"选项。

（15）选中"有实惠"文本，设置文本格式为"黑体"。

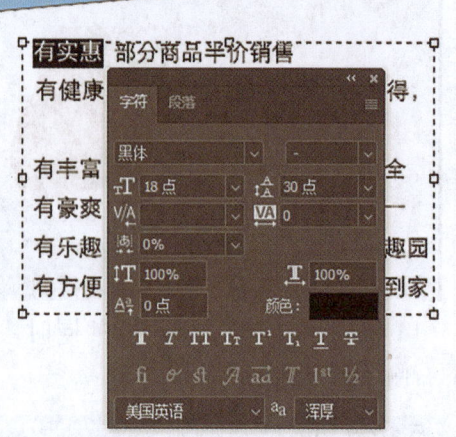

（16）选中剩余段落中每行的前三个字，将字体格式设置为"黑体"。

（2）设置字体为"黑体"，字体大小为"60点"，在图像上单击，输入需要的文本。

（3）使用"Ctrl + Enter"快捷键创建文字选区。

（4）选中复制的背景图层，使用"Ctrl + J"快捷键将创建的文字选区复制到新的图层上。

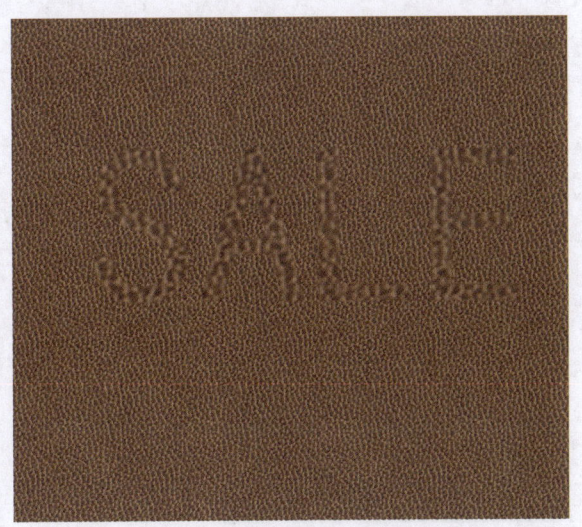

（5）将文本图层移动到海报文件中，调整其位置。

（6）使用"Ctrl + T"快捷键进入变换状态，使用"Shift"键的同时，拖拽边框，调整文本的大小。

（7）选择底纹文本图层，单击"编辑"按钮，选择"描边"选项。

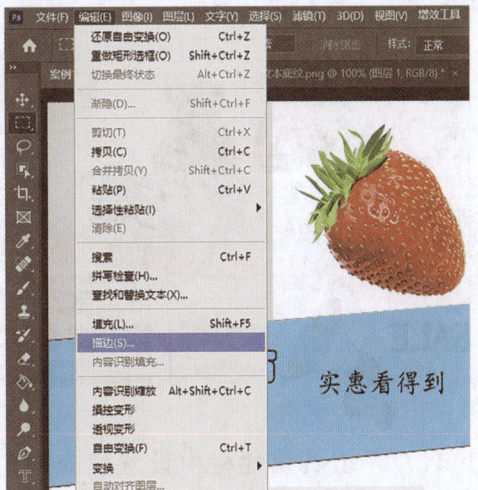

（8）弹出"描边"对话框，在"宽度"文本框中输入"2像素"，单击"颜色"色块，将颜色设置为"黑色"，单击"确定"按钮。

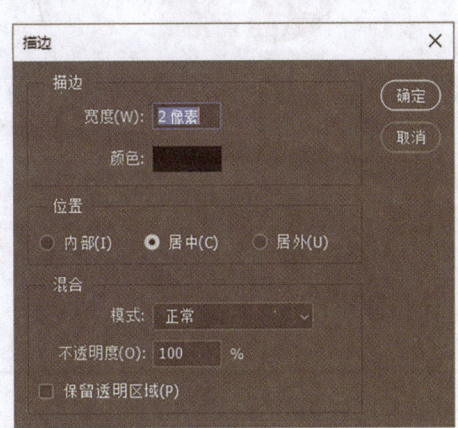

（9）在工具箱中选择"钢笔工具"选项，在工具属性栏中更改绘图模式为"形状"，取消描边，设置颜色为"蜡笔洋红"。

（10）在图像上绘制形状，修饰界面，最后按下"Enter"键确认修饰。

（11）在工具属性栏中设置填充颜色为"黑色"，在图像上继续绘制形状。

（12）打开"黑色底纹"图像文件，将其添加到页面中部。

（13）在"黑色底纹"图层上单击鼠标右键，在弹出的快捷菜单中选择"创建剪贴蒙版"选项。

（14）返回编辑界面查看效果，此时原来的黑色区域已经填充了黑色底纹。

（15）在工具箱中选择"横排文字工具"选项，在工具属性栏中设置字体为"黑体"，将字体大小设置为"16 点"，将颜色设置为"白色"，在黑色图案中输入文字。

（16）将二维码素材添加到文件中，调整其位置及大小。

（17）超市广告单制作完成后，查看效果。

16.2 制作蛋糕房宣传册

蛋糕房宣传册主要是用于宣传蛋糕房的产品、特色、优惠情况等。蛋糕房宣传册除了需要使用唯美的背景吸引顾客，还应该再加上艺术字，使宣传册营造出温馨、美好的氛围。

16.2.1 设置文本格式

前面章节已经介绍过一些设置文本格式的方法，例如通过"字符"对话框或文字工具的工具属性栏来设置。工具属性栏中的功能足以满足用户的大部分需求，如对字体、字号和文本颜色等的设置。接下来将以工具属性栏中设置文本格式为例，介绍快速设置文本格式的方法，具体操作方法如下。

（1）在 Photoshop 2021 中新建一个名为"蛋糕房"的图像文件，选择"渐变工具"选项，在工具属性栏中设置渐变样式为"线性"，然后设置前景色为"#ecdbbb"，设置背景色为"白色"，在编辑界面中从上往下应用线性渐变效果。

（2）打开"温馨背景"图像文件，使用移动工具将其拖拽到"蛋糕房"文件中，调整图像的大小及位置。

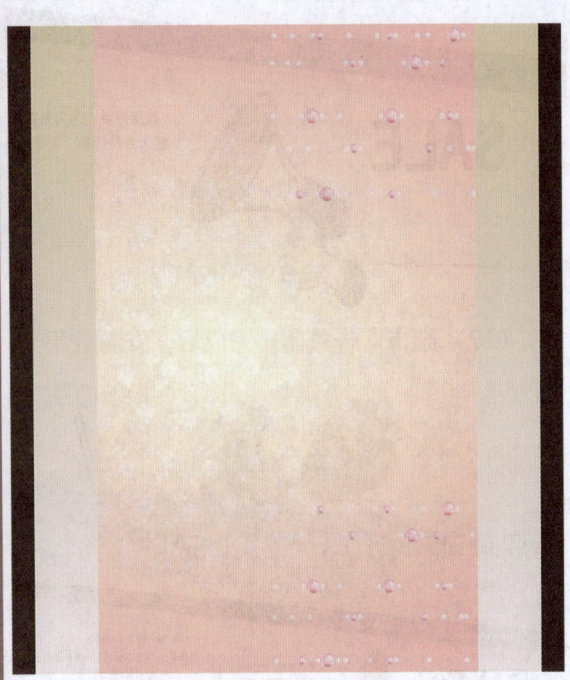

（3）打开"玫瑰"图像文件，选择移动工具，将其拖拽到当前编辑界面中，调整图像的大小及位置。

（4）在工具箱中选中"画笔工具"选项，设置前景色为"深灰色"，在工具属性栏中设置"画笔大小"为"10"，设置"不透明度"为"50%"，在玫瑰花底部完善阴影效果。

（5）选择"横排文字工具"选项，在工具属性栏中设置字体格式为"黑体"，设置文字颜色为"#432626"，在图像中输入说明性文字。

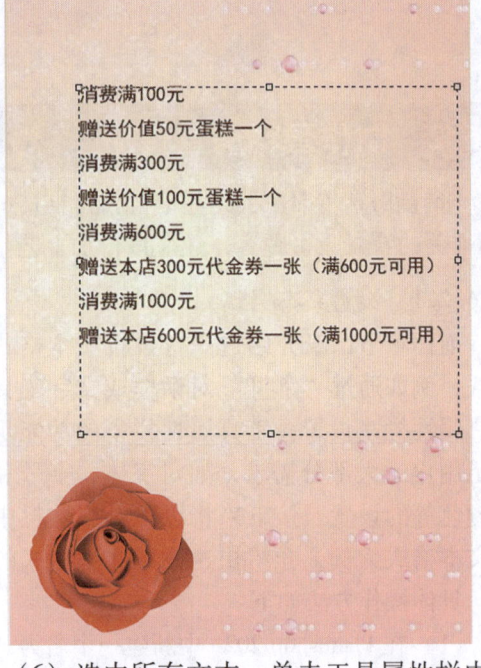

（6）选中所有文本，单击工具属性栏中的"居中对齐文本"按钮，使选中的文本按居中对齐的方式排列。

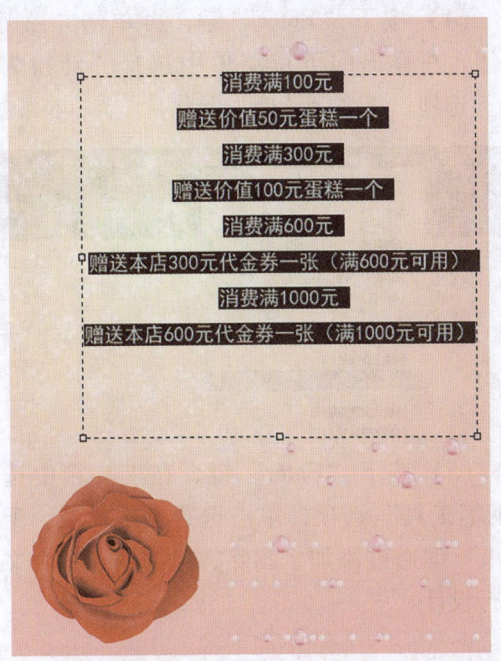

(7) 设置除了消费文本之外的其他文本的颜色为黑色。

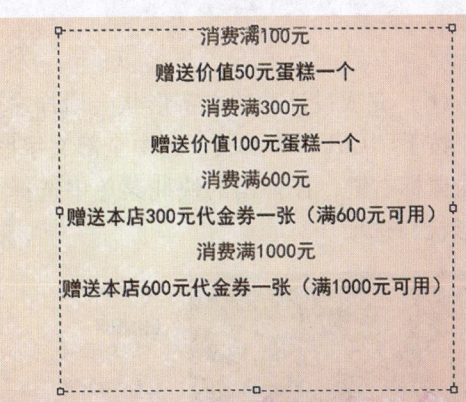

(8) 选中所有文本，调整文本间的行间距。

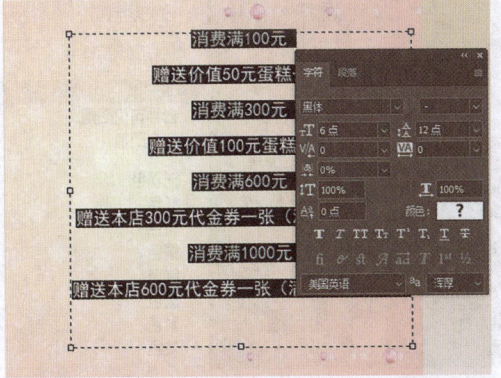

(9) 使用移动工具调整文本的位置。

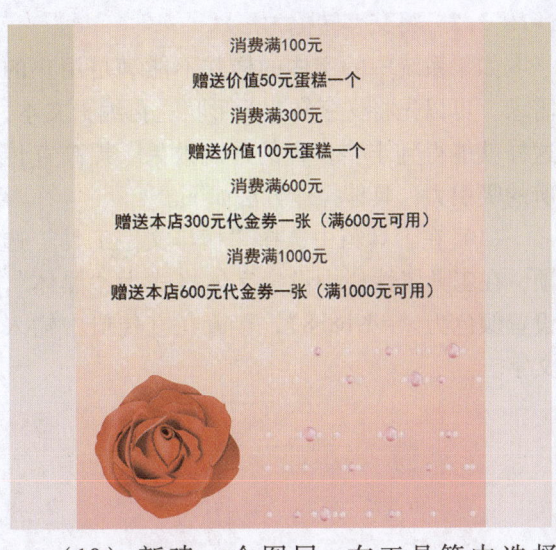

(10) 新建一个图层，在工具箱中选择"矩形选框工具"选项，在文字上方绘制一个细长的矩形选区，设置填充颜色为"#f3ccf8"。

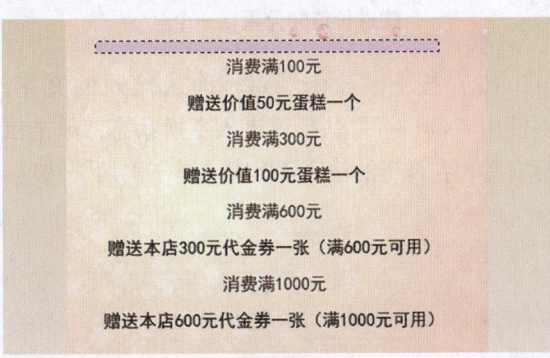

(11) 选择"橡皮擦工具"选项，在工具属性栏中设置"不透明度"为"100%"，在绘制的细长矩形两侧进行涂抹，擦除边缘图像。多次使用"Ctrl + J"快捷键复制多个细长矩形图像，分别放在文本中间，用来区分并装饰文本。

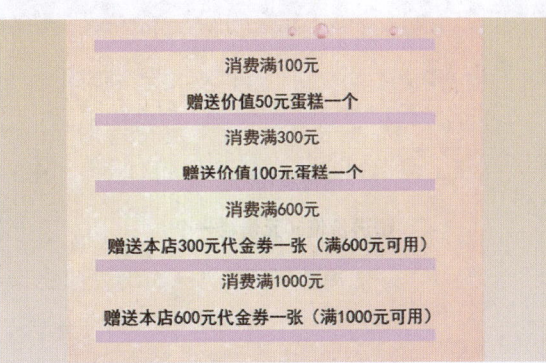

16.2.2 将文字转化为形状

如果系统中的字体的样式不能满足用户的需求，可以先将文字转化为形状，再编辑文本，这样就能得到丰富多样的外观效果，提高宣传册的吸引力，具体操作方法如下。

（1）在工具箱中选择"横排文字工具"选项，在工具属性栏中设置字体格式为"黑体"，设置颜色为"#d9b8b8"，接着在宣传册中输入文字。

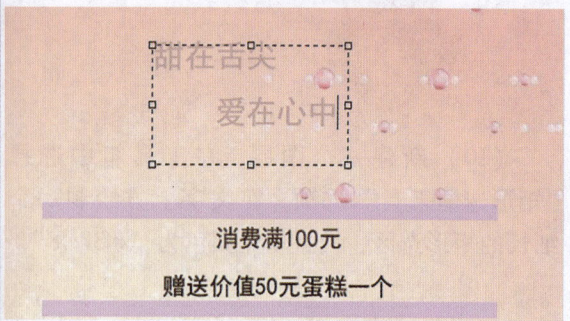

（2）按下"Enter"键，确认输入的文字，再使用"Ctrl + T"快捷键进入变换状态，单击鼠标右键，在弹出的快捷菜单中选择"斜切"选项。

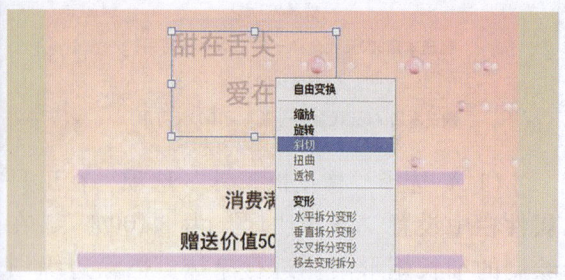

（3）此时，文字四周将出现控制点，向右拖拽右上角的控制点，调整文字的角度。

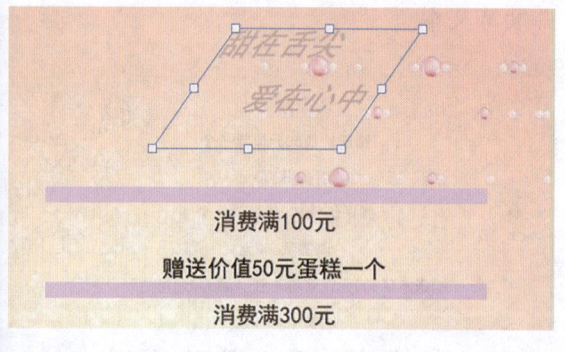

（4）按下"Enter"键，再单击"文字"按钮，在弹出的下拉菜单中选择"转换为形状"选项，将文字转换为形状。

（5）按下"Enter"键，在工具箱中选择"钢笔工具"选项，单击选择文本曲线，配合"Alt"键通过添加、删除、拖拽锚点，对文本进行设计。

（6）完成设计后的文字形状会增加多个图层，按下"Ctrl"键不放，选中全部文字图层，单击鼠标右键，在弹出的快捷菜单中选择"合并形状"选项。

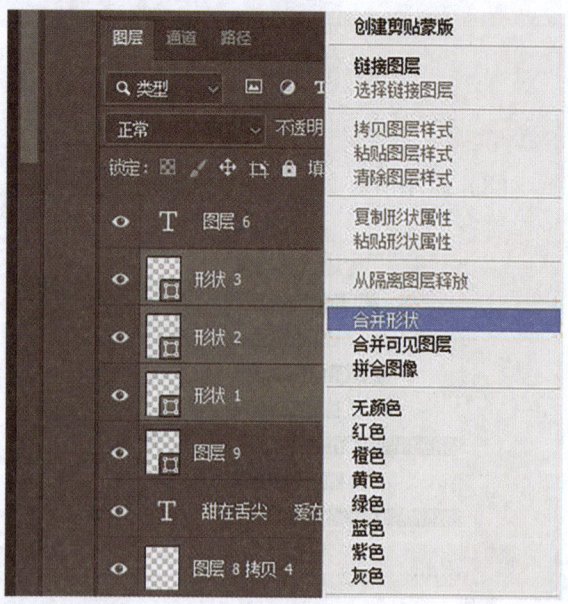

（7）单击"图层"按钮，选择"图层样式"选项，在级联菜单中选择"描边"选项。

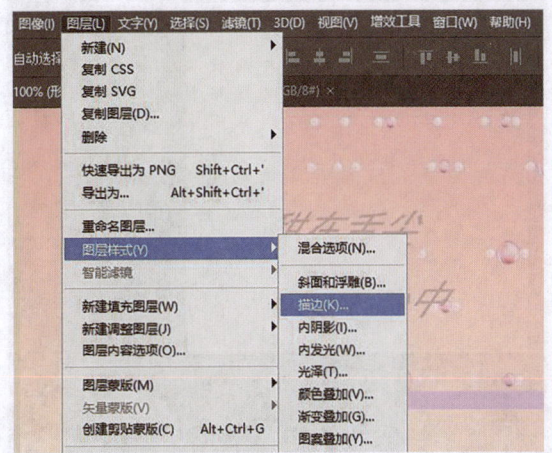

（8）弹出"图层样式"对话框，设置"结构"栏中的"大小"为"1像素"，"位置"为"外部"，设置描边的"颜色"为黄色。

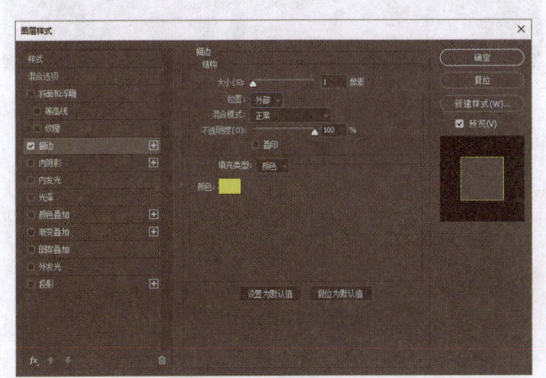

（9）选择"投影"复选框，设置"颜色"为黑色，"不透明度"为"60%"，"角度"为"90度"，"距离"为"18像素"，"扩展"为"16%"，"大小"为"10像素"，设置完成后单击"确定"按钮。

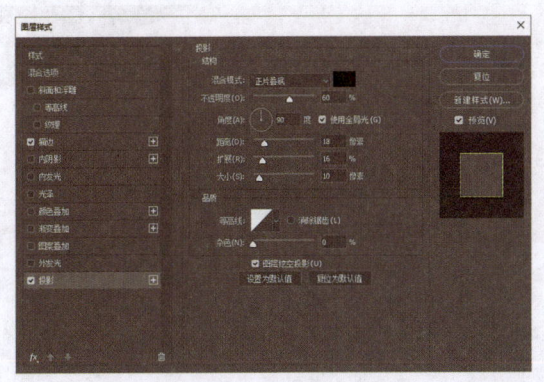

（10）使用"Ctrl+J"快捷键复制文字图层，双击该图层，弹出"图层样式"对话框，取消选择"描边"选项，选择"渐变叠加"选项，设置"渐变颜色"为橙色，设置完成后单击"确定"按钮。

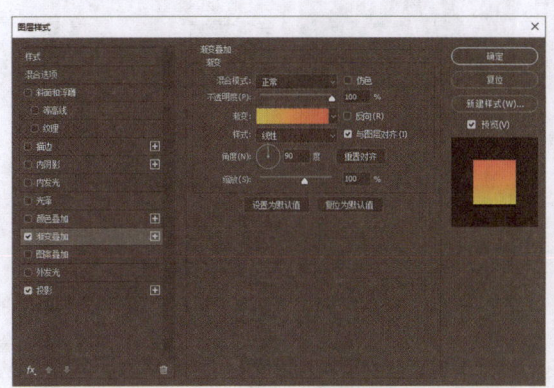

（11）返回编辑界面查看效果。

☞ **16.2.3 栅格化文字**

在使用文字工具或直排文字工具创建文字之后，图层栏中会自动生成一个文字图层，此时用户只能对该文字图层进行文字方面的设置，如果需要进行更多的设置，就需要对文字进行栅格化，具体操作方法如下。

（1）打开"心形"图像文件，将其添加到当前编辑的文件中，在工具箱中选择"横排文字工具"选项，在工具属性栏中设置文本格式为"Franklin Gothic Medium"，设置合适的字号以及文本颜色，在心形图案上输入"Love"文本。

(2) 在"图层"栏中选择该文本图层,单击鼠标右键,在弹出的快捷菜单中选择"栅格化文字"选项,将文字栅格化。

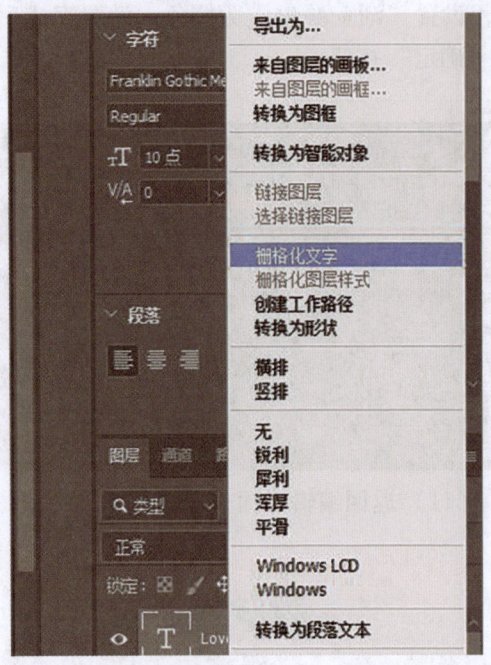

(3) 单击"滤镜"按钮,在弹出的下拉菜单中选择"风格化"选项,在级联菜单中选择"扩散"选项。

(4) 弹出"扩散"对话框,单击选中"正常"单选按钮,之后单击"确定"按钮即可应用扩散效果。

(5) 此时,可以发现文本边缘出现沙粒扩散的效果,可以多次应用扩散滤镜效果加强扩散。

(6) 在工具箱中选择"钢笔工具"选项,在工具属性栏中设置绘图模式为"形状",取消描边,设置合适的填充颜色。在宣传册的右上角绘制形状。

(7) 在"图层"栏中,选中该图层,设置其"不透明度"为"18%"。

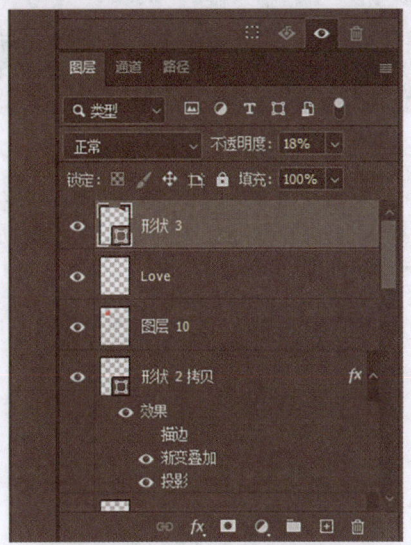

(8) 查看效果。

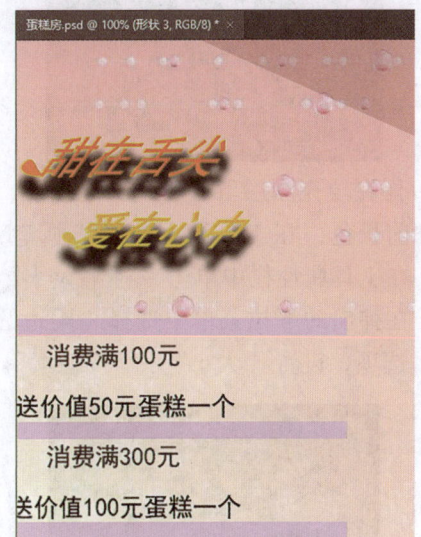

16.2.4 将文字转化为路径

将文字转化为路径后,系统将在"路径"面板中创建一个"工作路径"图层,用户可以通过编辑路径方法自定义文字的路径,具体操作方法如下。

(1) 在工具箱中选择"横排文字工具"选项,在工具属性栏中设置文本的样式和颜色,在右上角绘制的图形中输入文本,接着选中输入的文本,在"字符"栏中单击"仿斜体"按钮,为文本设置倾斜效果。

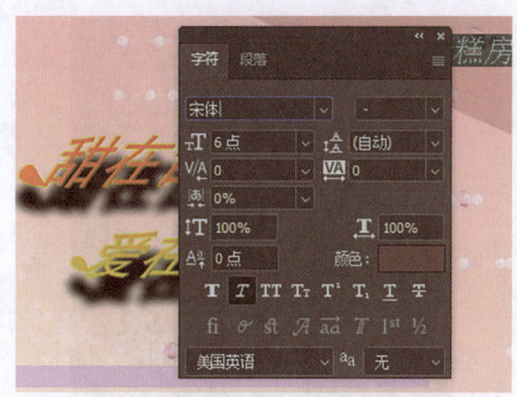

(2) 在"图层"栏中选中该文字图层,单击鼠标右键,在出现的快捷菜单中选择"创建工作路径"选项,将文本图层中的文本轮廓创建为路径。

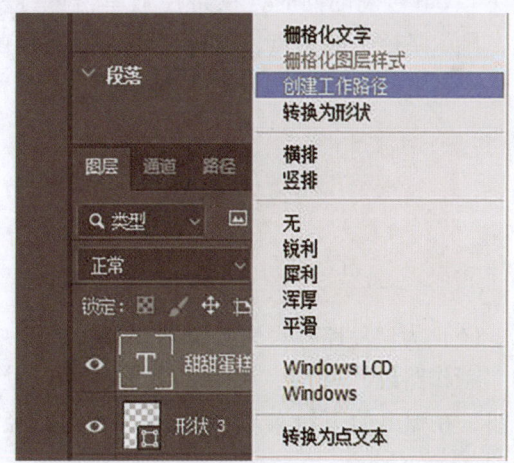

(3) 创建工作路径之后,单击"图层"栏中的文字图层左边的眼睛图标,隐藏该图层。

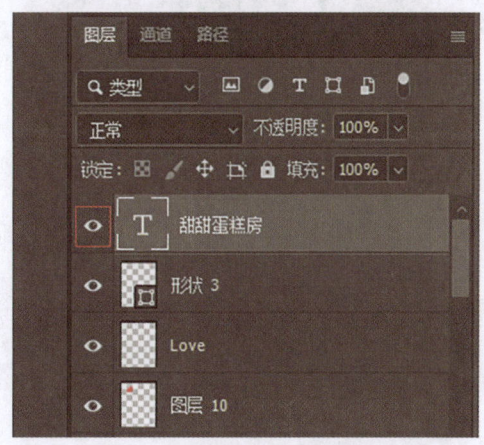

(4) 切换到"路径"栏并选中创建的工作路径。

(5)在工具箱中选中"钢笔工具"选项,按住"Ctrl"键的同时,在路径上单击鼠标左键,显示路径中的锚点,然后使用编辑路径的方法绘制路径的形状。

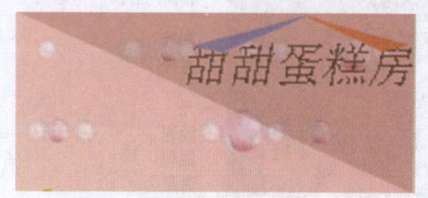

(6)为避免路径丢失,选中"路径"栏中的"工作路径"图层,单击右上角的"设置"按钮,在弹出的下拉菜单中选择"存储路径"选项。

(7)弹出"存储路径"对话框,在"名称"文本框中输入路径的名字,单击"确定"按钮。

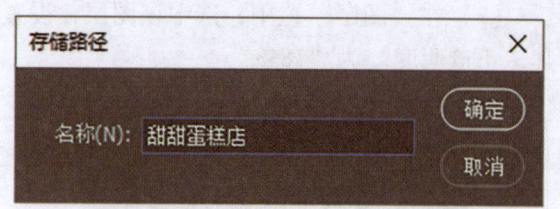

(8)新建图层,设置合适的前景色,返回"路径"栏中,选中"甜甜蛋糕房"图层,单击"用前景色填充路径"按钮,为编辑后的路径填充颜色。

(9)在填充图层下方新建一个图层,设置合适的前景色,在工具箱中选择"画笔工具"选项,在工具属性栏中单击"画笔大小"下拉按钮,在弹出的下拉菜单中选择"柔边圆压力大小"选项,设置"大小"为"6像素"。

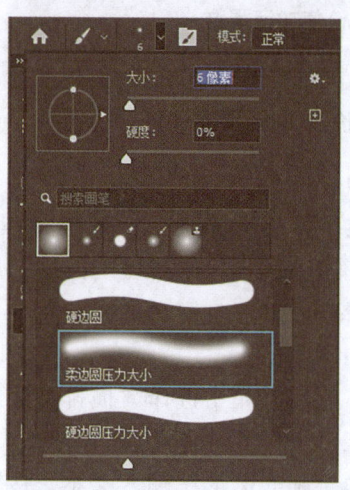

(10)切换到"路径"栏,选中"甜甜蛋糕房"图层,单击"用画笔描边路径"按钮,

对路径描边,描边完成后,单击"路径"栏目的空白部分,取消对路径的选择,此时在窗口中即可查看设置后的路径效果。

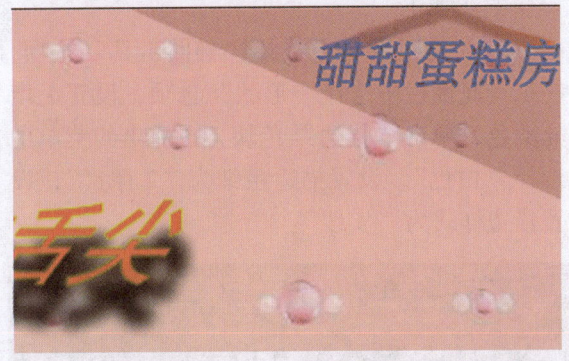

(11) 查看制作完成的蛋糕房宣传册的效果。

16.3 制作个人名片

名片的作用是显示姓名及其所属组织、公司单位和联系方式等,即身份的象征。好的名片可以给人留下深刻的印象,而且可以简单明了地表达想要让对方了解和认识的方面。

简单的自我介绍或手机保存通讯方式,可能不会给对方留下什么印象,也许听过、留过就忘,但是一个特别的名片,可能会让对方对你印象深刻,在某个需要的瞬间,想起你的名片,并找出它,联系你。名片,也是营销的一种方式。因此,一张设计精美的名片有时候非常重要,下面将介绍如何设计一张名片。

16.3.1 调用矩形工具

矩形工具在工作中经常会使用到。矩形工具的具体使用方法如下。

1. 绘制直角矩形

使用矩形工具可以绘制出任意正方形或具有固定长宽的矩形形状,下面将介绍如何使用形状工具绘制名片中的背景条,并为绘制的形状填充颜色,具体操作方法如下。

(1) 新建一个名为"名片"的文件,设置合适的尺寸,在工具箱中选择"矩形工具",单击"描边"色块,在弹出的菜单中选择"无颜色"选项,单击"填充"色块,在弹出的菜单中单击"拾色器"按钮。

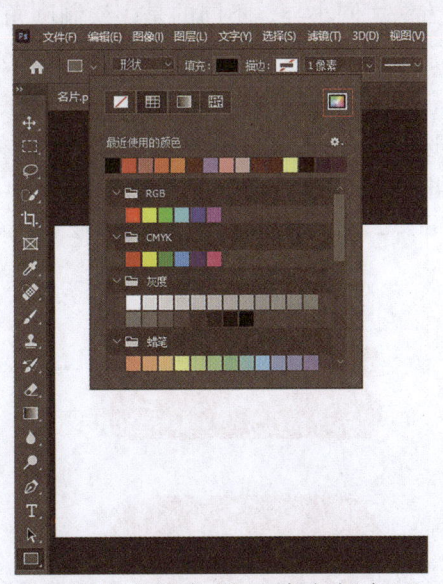

(2) 弹出"拾色器(填充颜色)"对话框,设置填充的颜色,单击"确定"按钮。

16.3.2 调用椭圆工具

椭圆工具可以绘制正圆或椭圆形状的路径，其使用方法与矩形工具类似，具体操作操作方法如下。

（1）在工具箱中选择"椭圆工具"选项，在工具属性栏中选择"形状"选项，设置无填充颜色，单击"描边"色块，在弹出的菜单中选择"白色"，设置描边粗细为"2像素"，设置描边样式为"实线"。

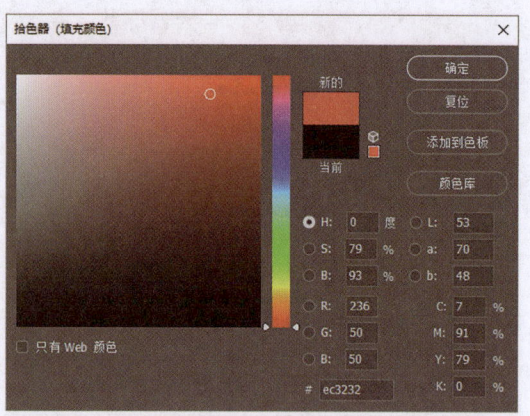

（3）返回编辑界面，分别在页面上部和底部绘制两个等宽但不等高的矩形，使上方的矩形宽度大于下方矩形宽度。

2. 绘制圆角矩形

用户使用矩形工具可以绘制有圆角半径的矩形路径。绘制圆角矩形的方法与绘制直角矩形的方法大同小异，不同的是，绘制圆角矩形增加了一个半径数值框用来调整圆角，半径值越大，圆角就越平滑。在绘制图形前先在工具箱中选择"矩形工具"，然后单击鼠标左键，在弹出的"创建矩形"对话框中设置半径数值，并统一对矩形的四个角进行调整。

（2）按下"Shift"键的同时，在上方矩形绘制圆形，然后使用"Ctrl+T"快捷键进入变换状态，调整圆形的位置及大小。

（3）打开"火锅"图像文件，将其添加到当前文件中，使用"Ctrl+T"快捷键进入变换状态，调整图像的大小及位置。

(4)绘制不同的圆形来修饰名片。

☞**16.3.3 调用多边形工具**

使用多边形工具可以绘制出具有不同边数的多边形路径，其工具选项栏与矩形工具相似，具体操作方法如下。

(1)在工具箱中选中"多边形工具"选项，在工具属性栏中选择"形状"选项，设置合适的填充颜色和描边颜色，设置描边粗细为"2像素"，描边样式为"实线"。

(2)同样在工具属性栏中的"边"数值框中输入"6"，即可设置多边形为六边形，按下"Shift"键绘制正六边形。

(3)使用"Ctrl + J"快捷键，复制六边形，调整位置。

☞**16.3.4 调用直线工具**

利用直线工具可以绘制不同宽度的直线，用户还可以根据需要为直线添加单向或双向箭头。直线工具属性栏与多边形工具相似，"粗细"数值框代替了"边"数值框，具体使用方法如下。

(1)使用"横排文字工具"在名片上输入公司名称，为文本设置合适的字体、字号和颜色。

(2)选中"香辣火锅店"文本，打开"字符"对话框，为文本设置合适的字符间距，然后使用"Ctrl + Enter"快捷键退出输入状态。

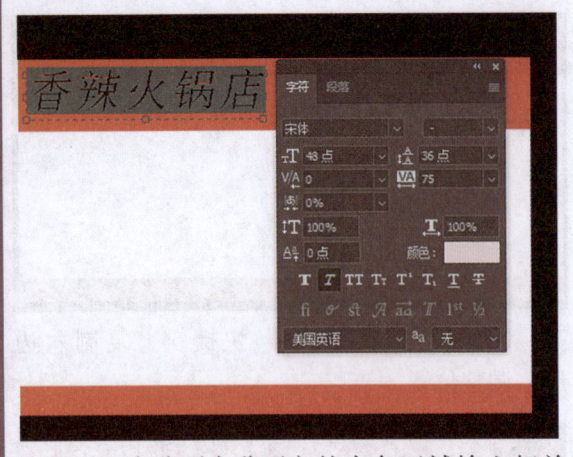

（3）在公司名称下方的白色区域输入相关的信息。

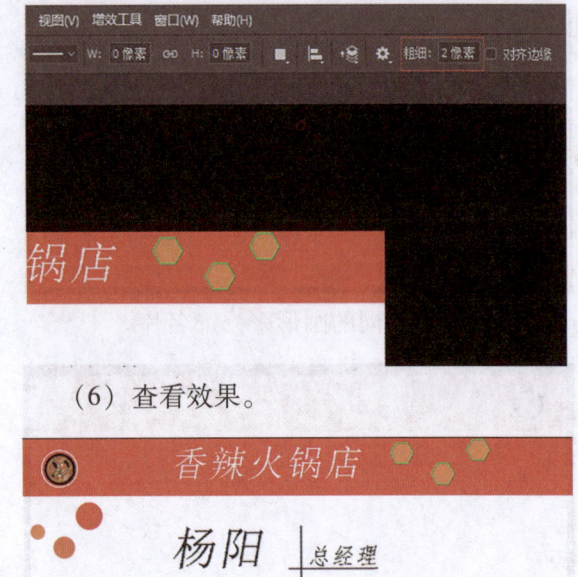

（6）查看效果。

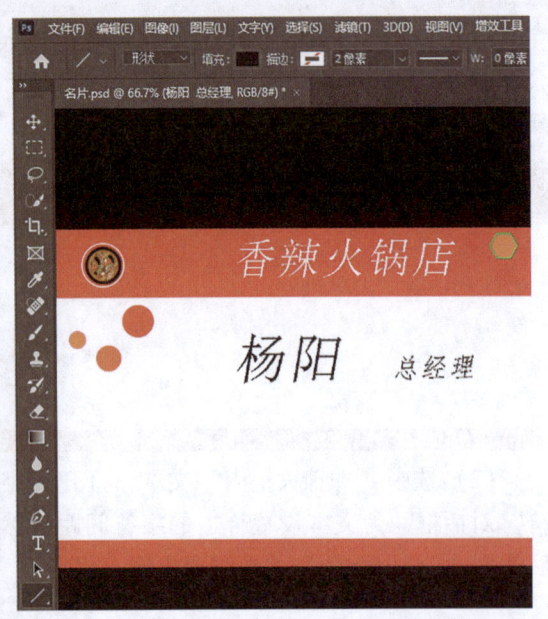

（4）在工具箱中选中"直线工具"选项，在工具属性栏中选择"形状"选项，将填充色设置为"黑色"，描边的样式设置为"实线"。

（7）继续在文件中输入其他信息，例如地址、联系方式等，输入完成后调整文本的位置，最后使用"Ctrl + Enter"快捷键完成文本的输入。

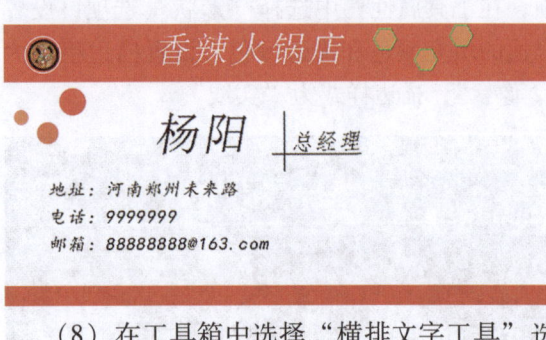

（8）在工具箱中选择"横排文字工具"选项，根据需要设置宣传语文本的字体、字号和颜色等。

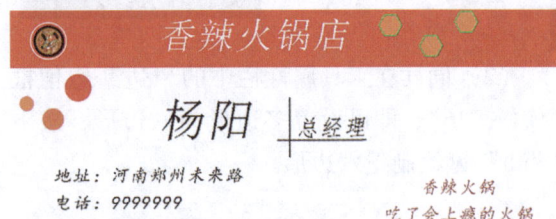

（5）设置线条的"粗细"值为"2像素"，在姓名与职位之间绘制两条相交的直线。

(9) 选中输入的宣传语的文本,在工具属性栏中单击"创建文字变形"按钮。

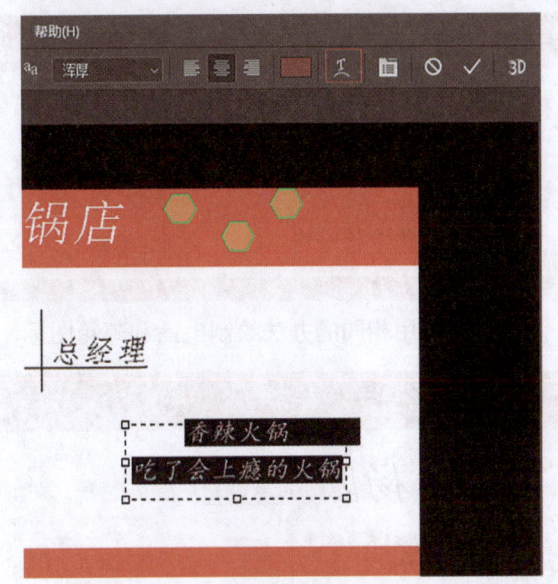

(10) 弹出"变形文字"对话框,设置"样式"为"下弧",设置"弯曲"为"+50%",设置"水平扭曲"为"+8%"。

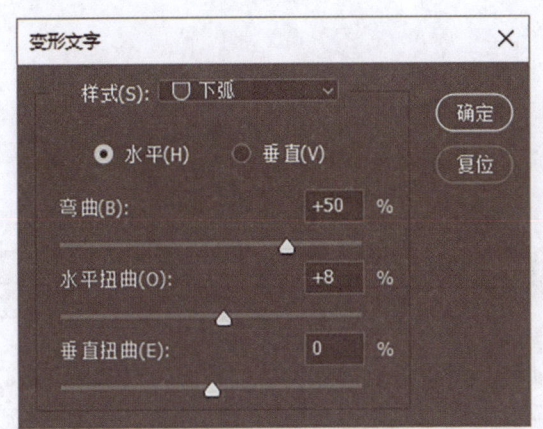

(11) 设置完成后单击"确定"按钮,返回编辑界面查看效果。

16.3.5 调用自定形状工具

利用自定形状工具可以绘制出系统自带的不同形状,例如心形、信封、人物和花朵等,这些形状工具降低了用户绘制复杂形状的难度,具体操作方法如下。

(1) 在工具箱中选择"自定形状工具"选项。

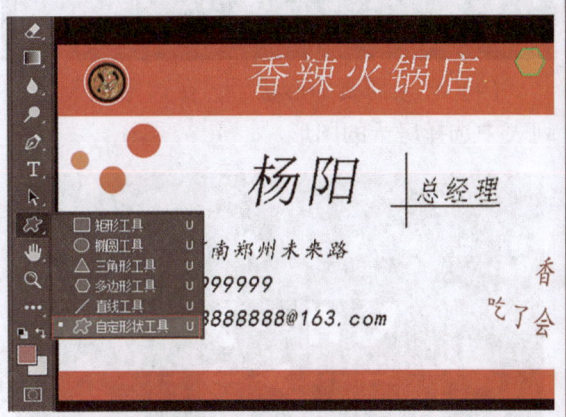

(2) 在工具属性栏中选择"形状"选项,设置填充颜色为"白色",取消描边。

(3) 单击"形状"栏下拉按钮,在弹出的下拉列表中显示默认形状,单击"设置"按钮,在弹出的下拉列表中选择"导入形状"选项,可以导入需要的形状。

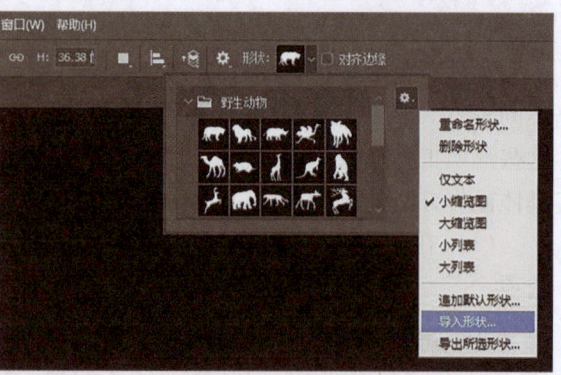

(4) 导入需要的形状后，在"形状"下拉列表中选择房子的图形。

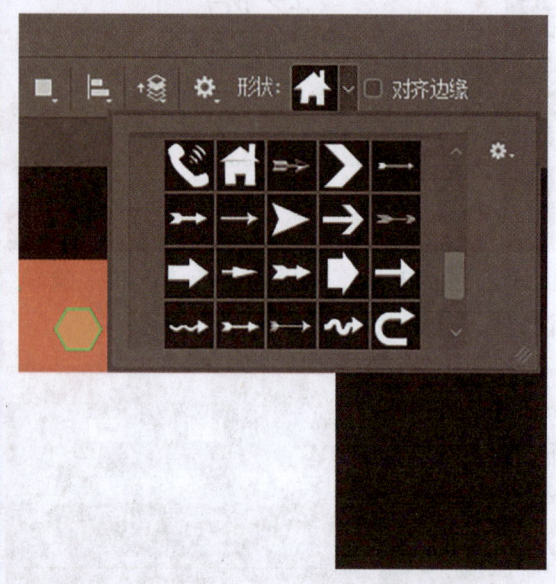

(5) 在"地址"文本左侧的矩形中绘制房子图形。

(6) 使用相同的办法绘制电话和邮箱图标。

16.4 制作企业标志

企业标志设计不仅仅是一个图案设计，而是要创造出一个具有商业价值的符号，并兼有艺术欣赏价值，标志图案是形象化的艺术概括。在设计企业标志的时候，必须用具体的感性形象去描述它、表现它，促使标志主题思想深化，从而达到准确传递企业信息的目的。下面将以爱思建筑公司为例，为其设计一个合适的企业标志。

16.4.1 创建路径

在需要创建不规则、复杂的图像区域的时候，就需要用到路径。路径一般被分为三大类，起点和终点不重合的被称为开放式路径；起点和终点重合的被称为闭合路径；由多个独立路径组成的可称为多条路径或子路径。下面将以爱思公司的拼音首字母"A"为原型进行标志设计，具体操作方法如下。

(1) 新建一个宽度为"8厘米"，高度为"7厘米"，分辨率为"150像素"，名为"企业标志"的文件，在工具箱中选择"横排文字工具"选项，接着在文件中输入字母"A"，再在工具属性栏中设置字体的格式。

☞**16.4.2 编辑路径**

如果对已经绘制的路径不满意，用户还可以对路径进行修改和调整，下面将介绍修改和调整路径的常见操作。

1. 编辑路径并转化为选区

在处理图像时，用户可将路径转化为选区，再对选区进行编辑，具体操作步骤如下。

（1）在"图层"栏中，单击字母图层右侧的眼睛图标，隐藏文字图层。

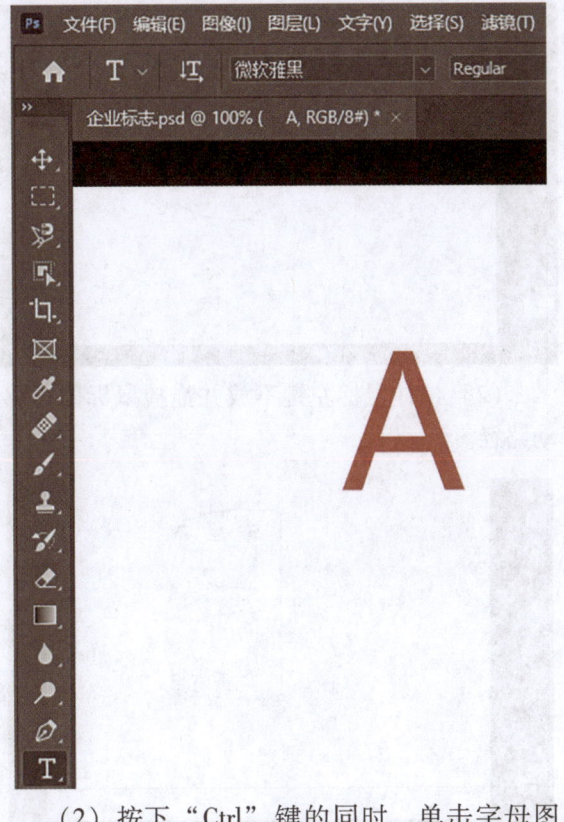

（2）按下"Ctrl"键的同时，单击字母图层前的缩略图，载入图像选区。

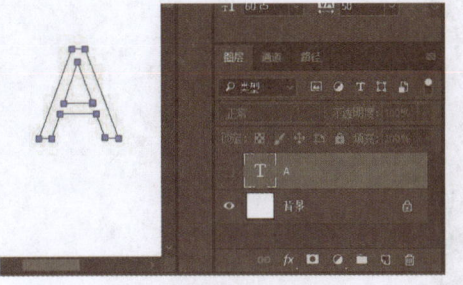

（2）在工具箱中选择"钢笔工具"选项，按住"Ctrl"键，调整路径，在原有路径的基础上绘制一个新的路径。

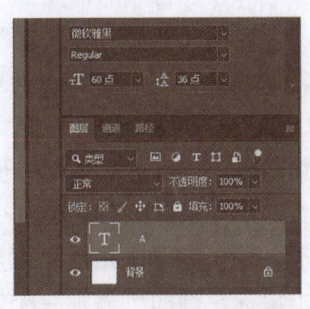

（3）切换到"路径"栏，单击底部的"从选区生成工作路径"按钮，即可得到文字路径。

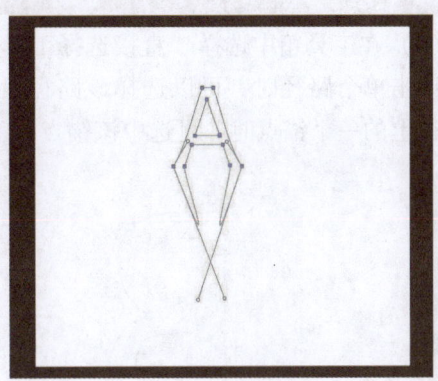

（3）单击"图层"栏底部的"创建新图层"按钮，得到"图层1"图层，使用"Ctrl + Enter"快捷键将路径转化为选区。

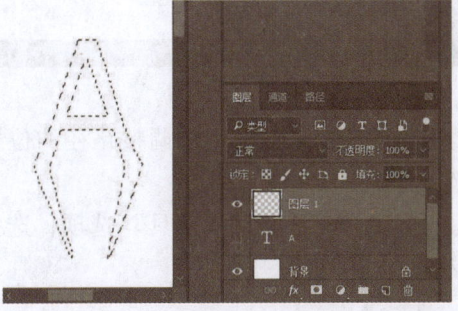

2. 选择路径

要想对路径进行调整，就需要掌握如何选择路径。使用工具箱中的路径选择工具和直接选择工具可以选择路径，具体操作步骤如下。

（1）在工具箱中选择"路径选择工具"选项，在路径上单击鼠标左键，即可选中所有路径和路径上的所有锚点，锚点被选中之后，显示为实心状态。

（2）按住鼠标左键不放并拖拽鼠标即可移动路径。

（2）在工具箱中选择"直接选择工具"选项，单击单个路径时，可以选择该路径段，单击路径上的一个锚点时，可选中该锚点。

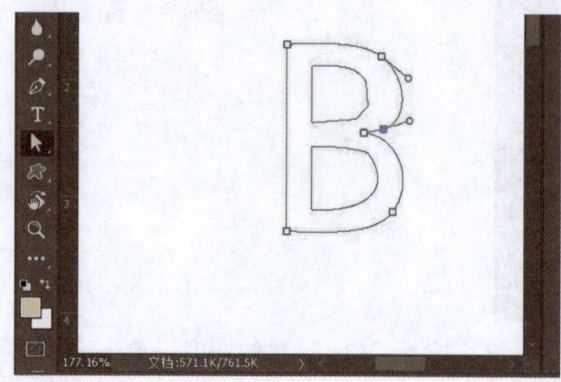

4. 添加与删除锚点

使用"添加锚点工具"可以在路径上添加新的锚点，以便对路径的细节进行调整。使用"删除锚点工具"可以删除路径上的锚点，添加与删除锚点的具体操作步骤如下。

（1）在工具箱中选择"添加锚点工具"选项，将光标定位在需要添加锚点的路径上，单击鼠标左键即可添加一个锚点，并且添加的锚点成实心状态。

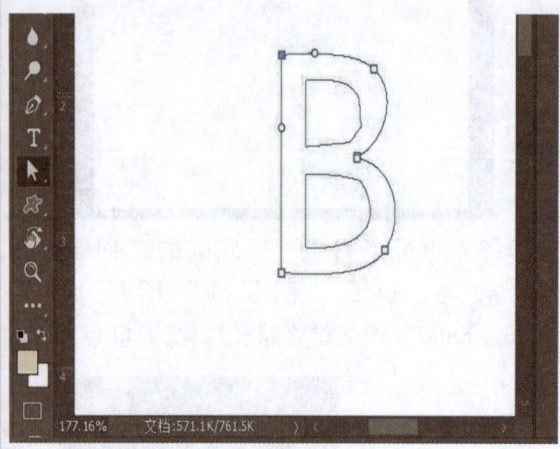

3. 移动路径

移动路径功能可以用来调整路径的位置或形状，具体操作步骤如下。

（1）选中"直接选择工具"选项，选择路径或锚点。

（2）拖拽添加的锚点，可以改变原有路径的形状，拖拽两边的控制柄可以调整曲线的弧度和平滑度。

（3）在工具箱中选择"删除锚点工具"选项，将光标放在需要删除的锚点上。

（4）单击鼠标左键即可删除该锚点。

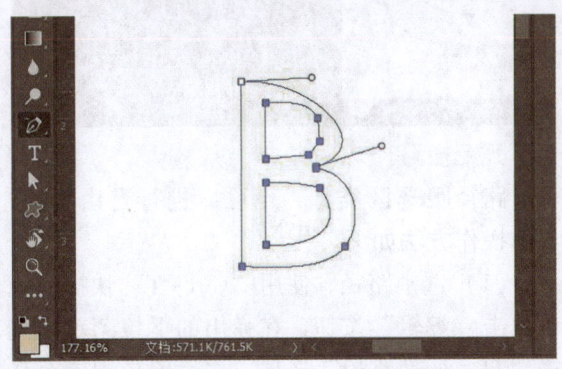

除了上述所介绍的添加与删除锚点的方法之外，使用"直接选择工具"在需要添加或删除的锚点上单击鼠标右键，也可以添加或删除锚点。

5. 平滑与尖突锚点

锚点分为两类：一类是平滑锚点，通过平滑点连接的线段可以形成平滑的曲线；另一类是尖突锚点，通过角点连接的线段通常为直线或转角曲线。使用转换工具，可以转换路径上的锚点类型，使路径在平滑曲线和直线间转换。通过路径线段上的锚点有方向线，调整方向线上的方向点即可调整线段的形状，具体操作步骤如下。

（1）在工具箱中选择"转换点工具"选项，将光标放在需要转换的锚点上，单击鼠标左键。

（2）若选中的锚点为尖突锚点，单击并按住鼠标左键进行拖拽将会出现锚点的控制柄，该锚点两侧的曲线在拖拽时也会发生变化。

（3）若当前锚点为平滑锚点，单击后，可将其转换为尖突锚点。

6. 显示与隐藏路径

绘制完成的路径会显示在图像窗口中，即使使用其他工具进行操作依然会显示，这样就会对后续的操作产生影响。此时，用户根据需要对路径进行隐藏，具体操作步骤如下。

按住"Shift"键不放，单击"路径"栏中的路径缩略图，即可隐藏路径，再次单击路径缩略图或使用"Ctrl + H"快捷键即可重新显示路径。

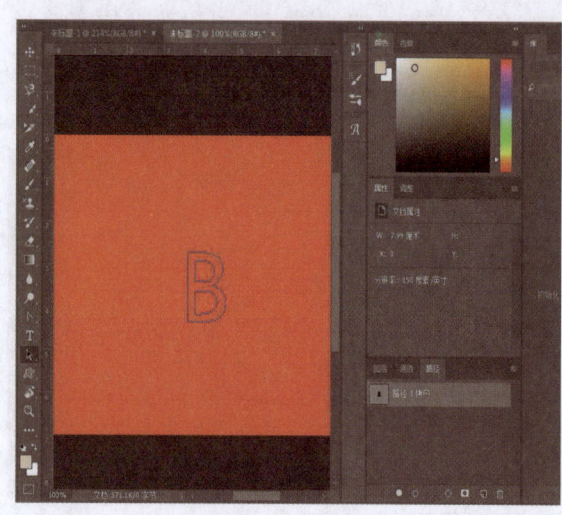

（3）在"路径"栏中选中要删除的路径，再单击栏底部的"删除"按钮，接着在弹出的提示框中单击"是"按钮即可删除路径。或者将路径拖拽到"删除"按钮上也可以删除该路径。

7. 复制与删除路径

为了提高工作效率，用户可以对已经绘制好的路径进行复制，如果已经不需要路径，可以将其删除，具体操作步骤如下。

（1）在"路径"栏中单击右上角的按钮，在弹出的下拉菜单中选择"复制路径"选项。

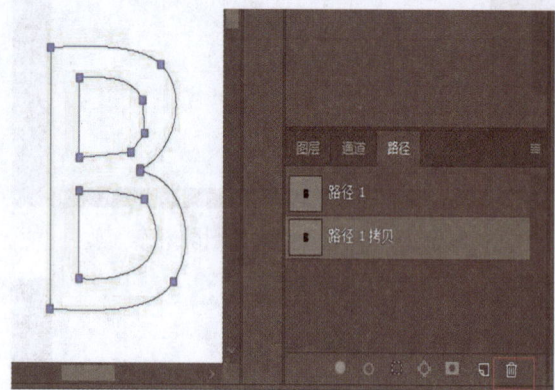

8. 变换路径

路径跟选区类似，也可以进行自由变换，具体操作方法如下。

（1）选中路径，使用"Ctrl + T"快捷键或者单击"编辑"按钮，在弹出的下拉菜单中选择"自由变换路径"选项，之后路径周围会显示变换框。

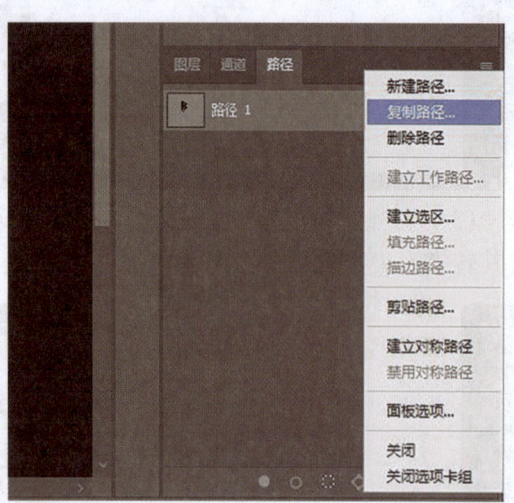

（2）复制路径后，选择"路径选择工具"，在路径内部按下鼠标左键不放可以将其拖拽到其他文件中。

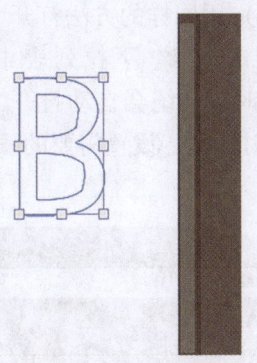

(2) 用户可以对路径进行变换。

16.4.3 填充与描边路径

填充路径是指用指定的图案或颜色来填充路径包围的区域。描边路径是指用一种图像绘制工具或修饰工具，沿着路径绘制或修饰图像。

1. 渐变填充路径

下面将介绍用渐变填充路径的方法，具体操作步骤如下。

(1) 将路径转换为选区后，选择"渐变工具"选项，在工具属性栏中单击"点按可编辑渐变"按钮。

(2) 弹出"渐变编辑器"对话框，在"预设"栏中选中"紫色_02"选项，单击"确定"按钮。

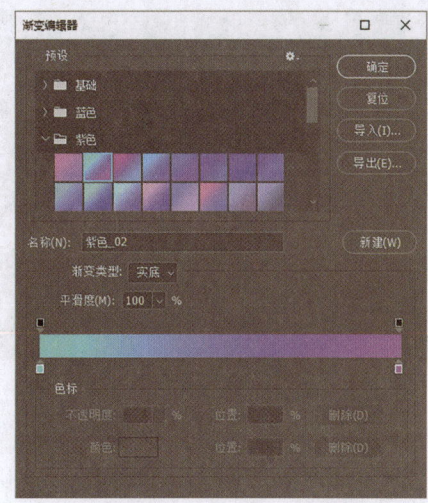

(3) 从图案的顶端向下拖拽鼠标，为选区设置渐变填充效果。

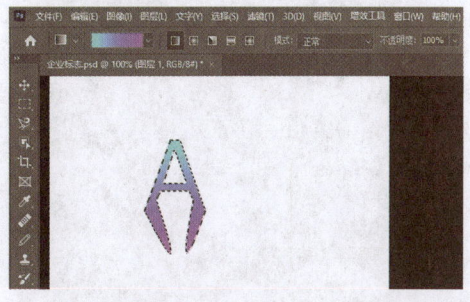

(4) 用户还可以多次对选区进行渐变填充，以达到需要的效果。

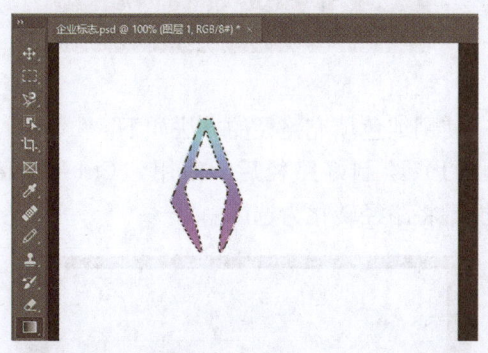

2. 图案填充路径

用户可以将 Photoshop 2021 中内置的图案填充到路径中，增强图案的美观性，具体操作步骤如下。

（1）在工作界面中绘制好路径后，切换到"路径"栏中，用鼠标右键单击该路径名称，在弹出的下拉菜单中选择"填充路径"选项。

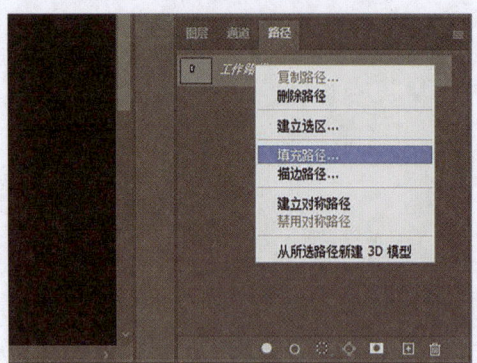

（2）弹出"填充路径"对话框，单击"内容"下拉按钮，选择"图案"选项，在"自定图案"中选择需要的图案，最后单击"确定"按钮。

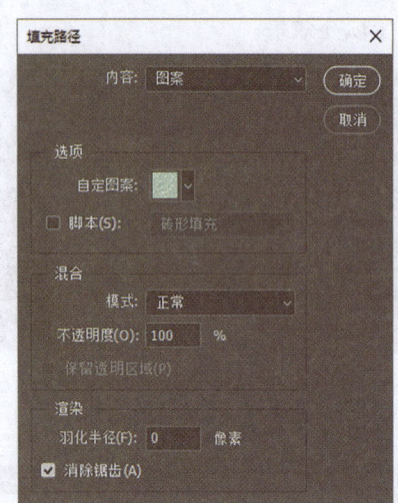

3.纯色填充路径

使用纯色填充路径的方法如下。

（1）绘制好路径后，使用"Ctrl + Enter"快捷键将路径转化为选区。

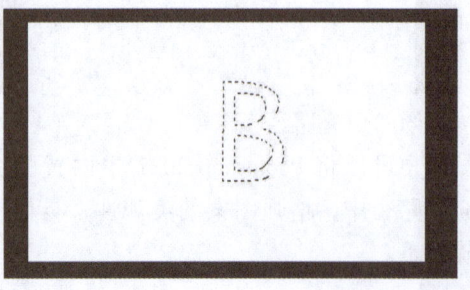

（2）用同样的方法打开"填充路径"对话框，在"内容"下拉列表中选择"颜色"选项，此时，系统会自动打开"拾色器（填充颜色）"对话框，设置需要的颜色。

（3）设置好颜色之后单击"确定"按钮，返回到"填充路径"对话框中，单击"确定"按钮即可，查看效果。

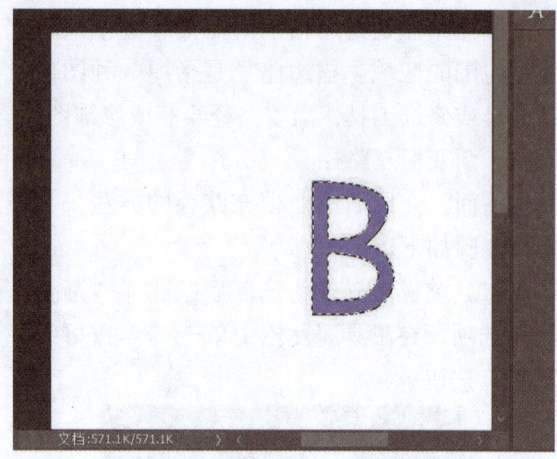

4."描边"功能

用户可以对绘制好的路径描边，设置描边的颜色、粗细、位置和图层混合模式等，具体操作步骤如下。

（1）绘制好路径后，使用"Ctrl + Enter"快捷键将路径转化为选区，单击"编辑"按钮，在弹出的下拉列表中选择"描边"选项。

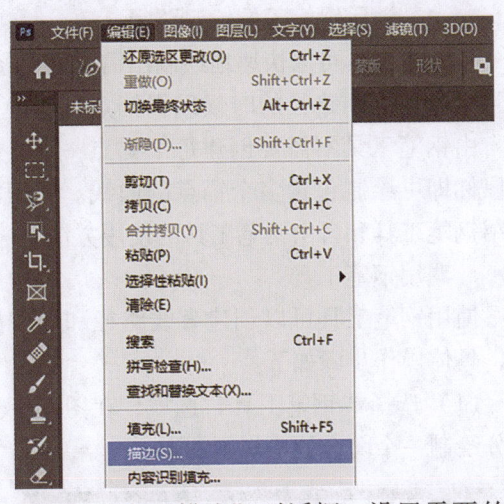

(1) 在文件中绘制完成路径后，切换到"路径"栏，用鼠标右键单击路径名称，在弹出的下拉列表中选择"描边路径"选项。

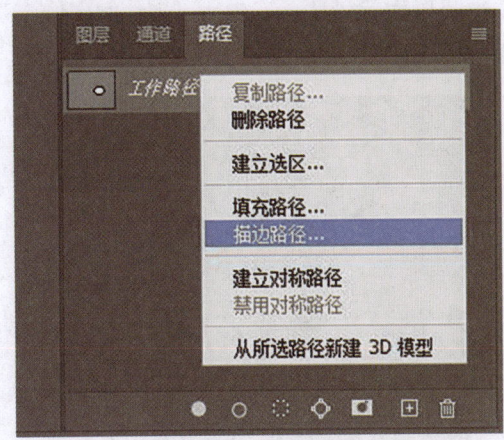

(2) 弹出"描边"对话框，设置需要的各项参数后，单击"确定"按钮。

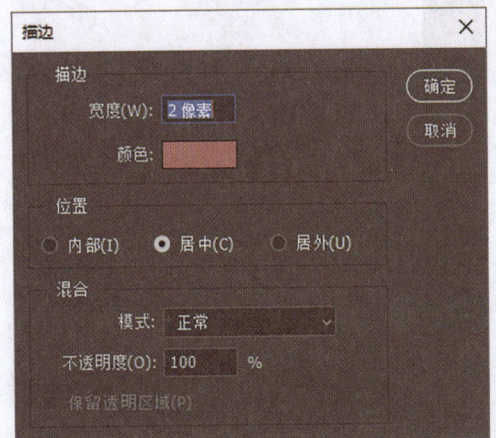

(2) 弹出"描边路径"对话框，单击"工具"下拉按钮，在弹出的下拉列表中选择需要的选项，单击"确定"按钮。

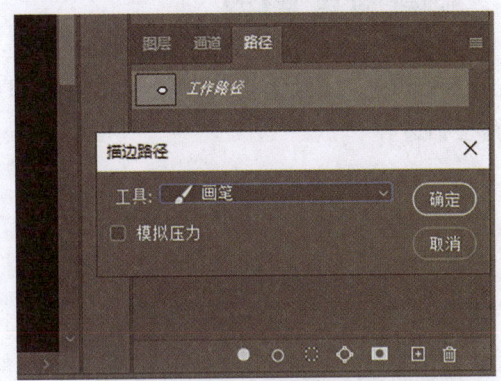

(3) 返回编辑界面查看效果。

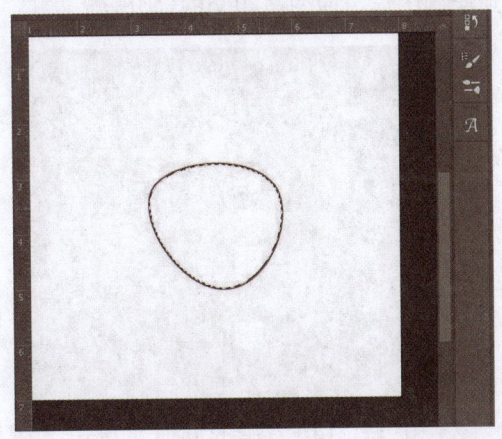

(3) 返回编辑界面查看效果。

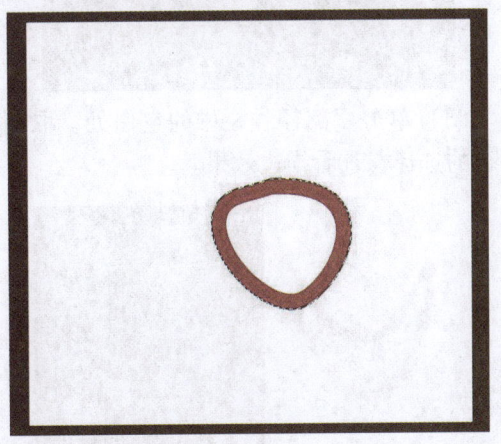

5. "描边路径"功能

使用"描边路径"功能可以为图像添加丰富的描边效果，具体操作步骤如下。

6. 调用画笔工具描边

使用"画笔工具"对路径描边的具体操作

步骤如下。

（1）在文件中绘制好路径之后，新建图层，选择"画笔工具"选项，设置笔尖样式为"柔边圆压力大小"，笔尖大小为"10像素"，最后设置需要的前景色。

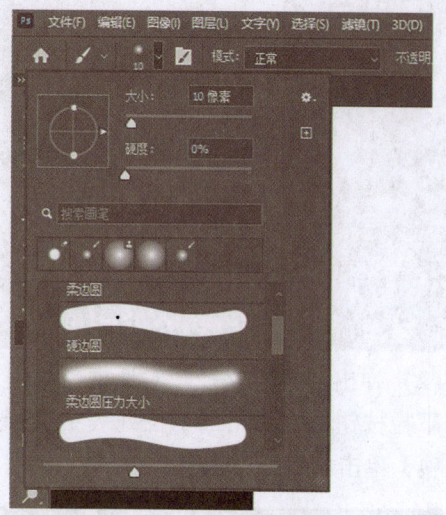

（2）在"路径"栏中选择路径名称图层，单击栏底部的"用画笔描边路径"按钮，即可为路径描边。

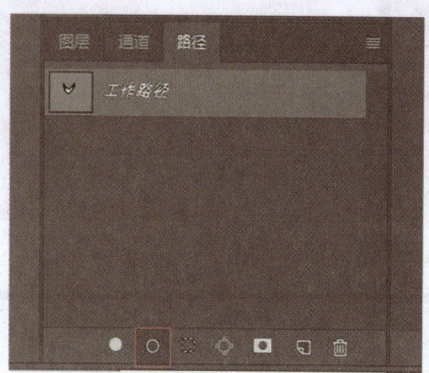

（3）单击"路径"栏中的空白处，取消对路径的选择，查看描边效果。

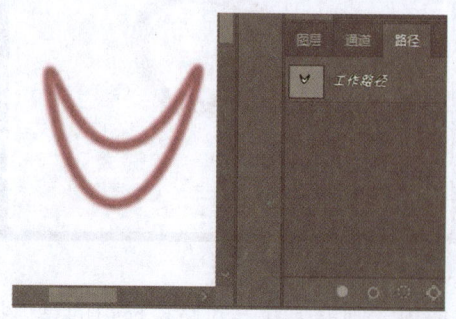

16.4.4 调用钢笔工具绘制路径

用钢笔工具可以快速地绘制出需要的路径，并且可以在绘制路径的时候编辑锚点。其中使用自由钢笔工具不需要创建每个锚点，直接拖拽鼠标即可绘制包含多个锚点的曲线。下面将介绍钢笔工具和自由钢笔工具的使用方法。

1. 调用钢笔工具

使用钢笔工具可以创建直线路径和曲线路径，具体操作步骤如下。

（1）选择"钢笔工具"选项，在图形下半部分绘制一个闭合的不规则图形。

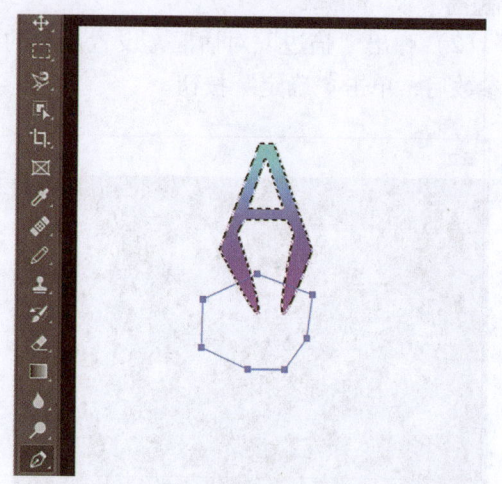

（2）使用"Ctrl + Enter"快捷键将路径转化为选区，选中"图层1"，使用"Ctrl + J"快捷键复制选区中的图案，得到"图层2"，即可得到绘制图形与原图案相交的部分。

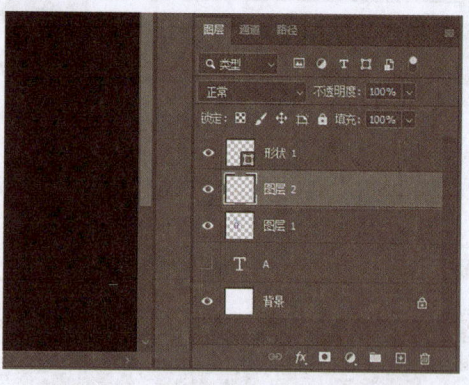

（3）按下"Ctrl"键的同时，单击"图层2"图层的缩略图载入选区，选择"渐变工具"选项，在弹出的"渐变编辑器"对话框中设置合适的渐变颜色。

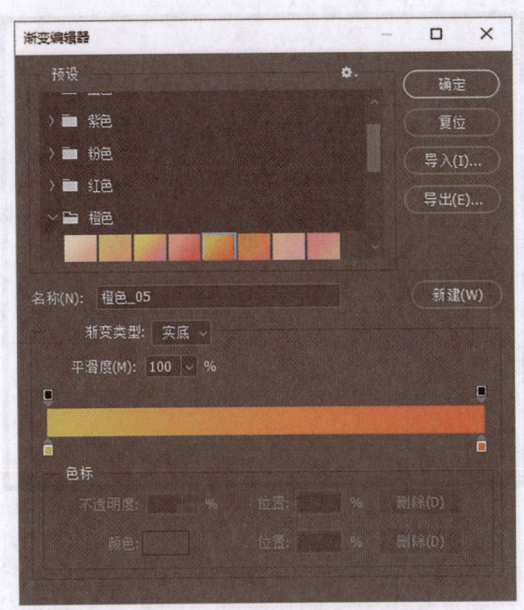

(4)从图案的左边向右边拖拽鼠标,为路径设置渐变填充效果。

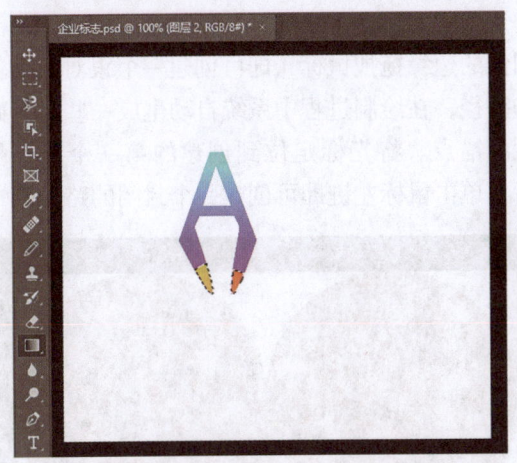

(5)同时选中"图层1"和"图层2",使用"Ctrl+J"快捷键复制所选的图层。

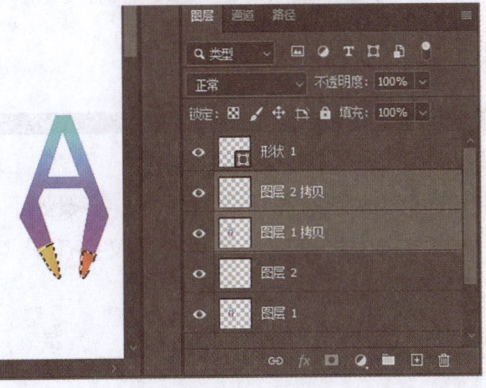

(6)选中复制的这两个图层,单击鼠标右键,在弹出的快捷菜单中选择"合并图层"选项。

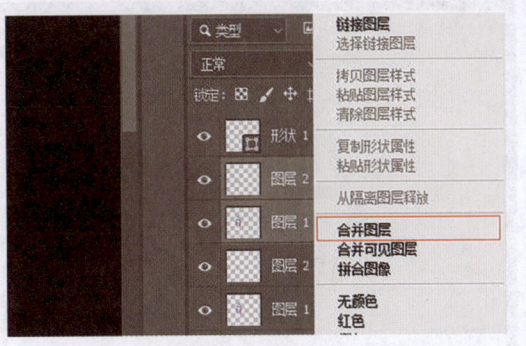

(7)将合并后的图层命名为"轮廓投影",再使用"Ctrl+T"快捷键进入变换状态,然后调整图形的高度。

(8)在工具属性栏单击"自由变换"按钮,拖拽图案边框的控制点,达到倾斜的效果,完成后单击"Enter"键确认变形。

（9）按下"Ctrl"键的同时，单击"透明轮廓"选区，按下"Delete"键删除选区颜色。

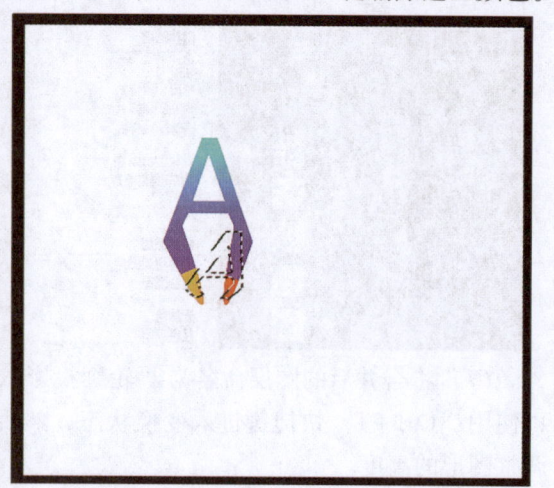

（10）单击"选择"按钮，在弹出的下拉菜单中选择"修改"选项，在级联菜单中选择"羽化"选项。

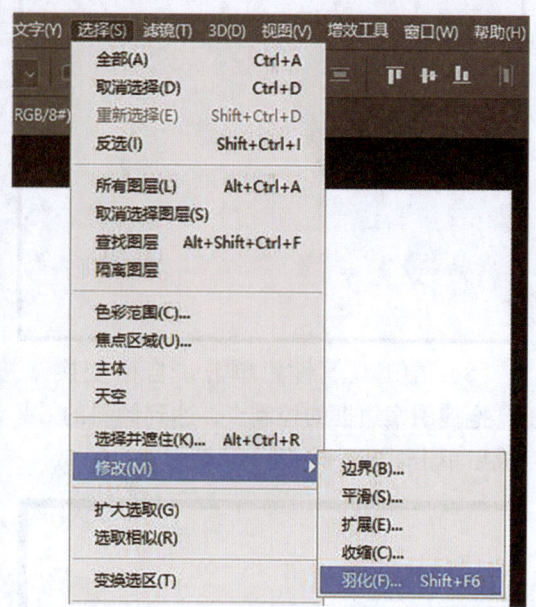

（11）弹出"羽化选区"对话框，设置"羽化半径"为"8像素"，单击"确定"按钮。

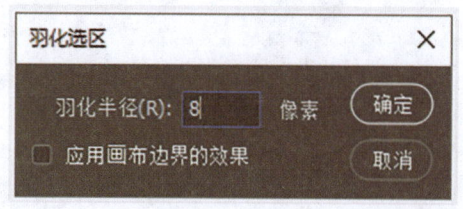

（12）查看效果。

2. 调用自由钢笔工具

自由钢笔工具的用法与钢笔工具的用法类似，经常被用于绘制比较随意的对象，具体操作步骤如下。

在工具箱中选择"自由钢笔工具"选项，勾选中工具属性栏中的"磁性的"复选框，沿图像的边缘拖拽鼠标，即可创建一个跟对象类似的路径，在绘制过程中系统自动生成一些具有磁性的锚点。将光标定位到创建的第一个锚点上后，单击鼠标左键即可创建一个封闭的路径。

16.4.5 添加企业名字

最后为标志添加企业的名字，步骤如下。

（1）在工具箱中选择"横排文字工具"选项，在文件中输入企业名称。

（2）对文本的字体、字号和颜色等进行调整。

16.5 文字、矢量工具和路径应用小技巧

结合本章前面所介绍的图层与滤镜应用的内容，下面将介绍一些小技巧。

16.5.1 改变文字方向

输入文本后，如果需要改变文本方向，可以单击属性栏的文字方向按钮进行改变文字方向的操作。

（1）在文件中先用"横排文字工具"输入文本。

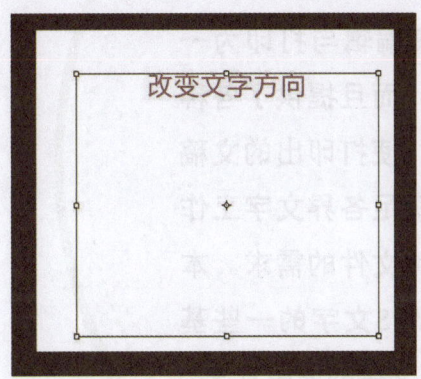

（2）单击"文字"按钮，选择"文本排列方向"选项，在级联菜单中选择"竖排"选项。

（3）查看效果。

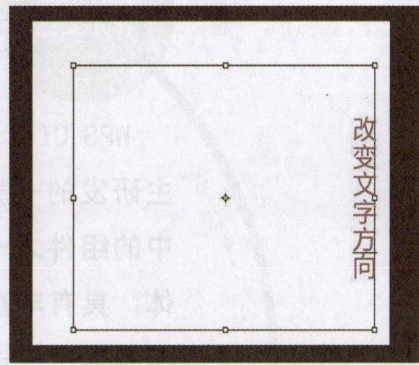

16.5.2 为绘制的形状填充颜色

为绘制的形状填充颜色的具体操作步骤如下。

用户在绘制形状并且设置完成前景色后使用选择工具选中绘制的形状。再使用"Alt + Delete"快捷键为形状填充颜色即可。

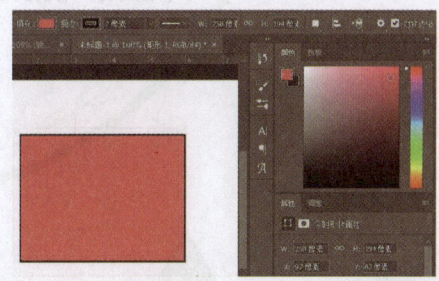

第五部分　WPS应用

第十七章　WPS文字应用

扫码看视频

概述

　　WPS Office是由金山软件股份有限公司自主研发的一款办公软件套装，WPS文字是其中的组件之一。WPS文字集编辑与打印为一体，具有丰富的编辑功能，而且提供了各种控制输出格式及打印功能，使打印出的文稿既美观又规范，基本上能满足各界文字工作者编辑、美化以及打印各种文件的需求。本章将通过典型的案例介绍WPS文字的一些基本应用，使读者快速掌握WPS文字的使用方法。

17.1　制作招聘启事

招聘启事是用人单位向社会公开招聘有关人员的一种方式，本节将以制作招聘启事为例子，来介绍在 **WPS** 中如何编辑文本、插入图片、添加图表等功能。

17.1.1　创建公司简介文档

招聘启事首先应介绍本公司的概况，主要涉及的操作有创建文档、保存文档，具体操作步骤如下。

（1）启动 WPS Office 软件，单击界面右侧的新建按钮。

（2）弹出"新建"界面，选中"W 文字"选项卡，再单击"新建空白文字"按钮。

（3）此时，软件就自动创建了一个空白文档，查看效果。

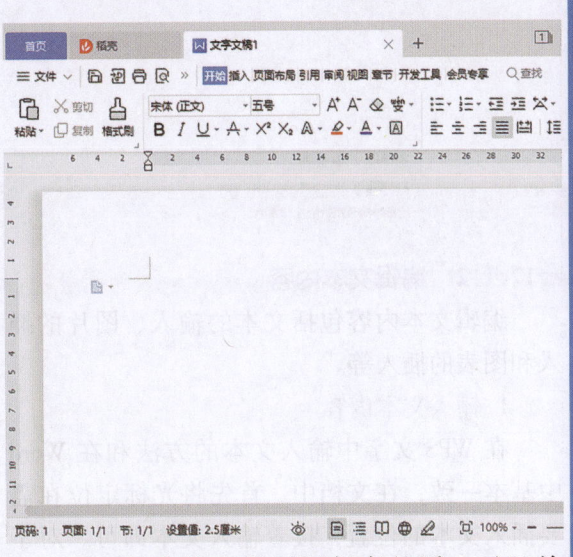

（4）新建的文档需要保存的话，可以单击界面左上角的"保存"按钮，也可以使用"Ctrl + S"快捷键保存文档。

（5）由于是新文档，系统弹出"另存文件"对话框，选择好文档的保存位置，为了方便查找，可以在"文件名"文本框中输入文本，为文档命名。

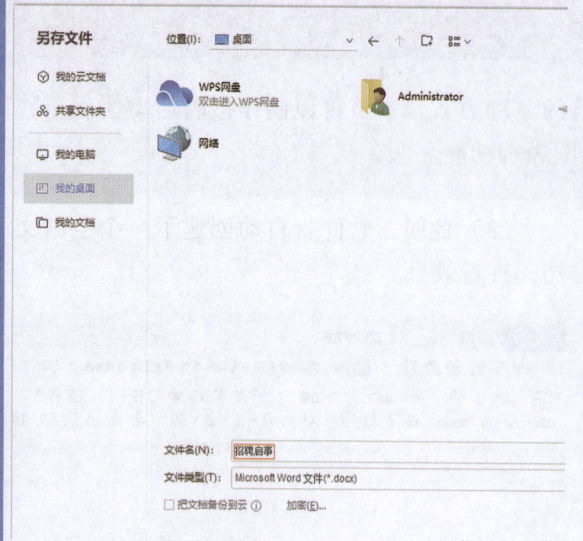

17.1.2 编辑文本内容

编辑文本内容包括文本的输入、图片的插入和图表的插入等。

1. 输入文本内容

在 WPS 文字中输入文本的方法和在 Word 中基本一致，在文档中，首先将光标定位在需要插入文本的位置，接着输入文本即可。对于空白文档，直接输入文本内容即可。

（1）在文档首行输入公司的名称，然后按下"Enter"键换行。

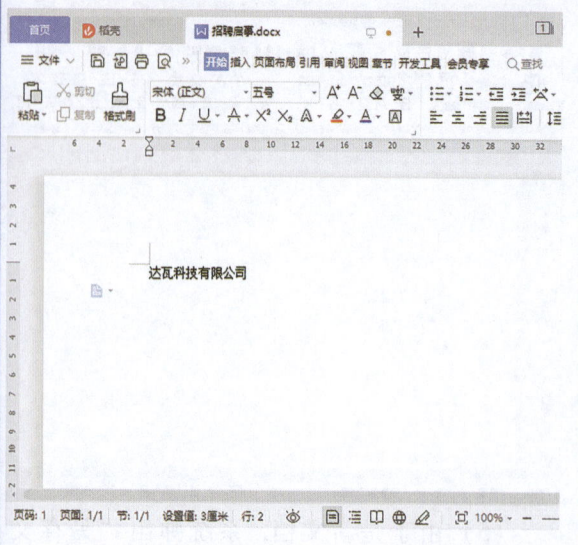

（2）在第二行中输入"公司概况"文本。

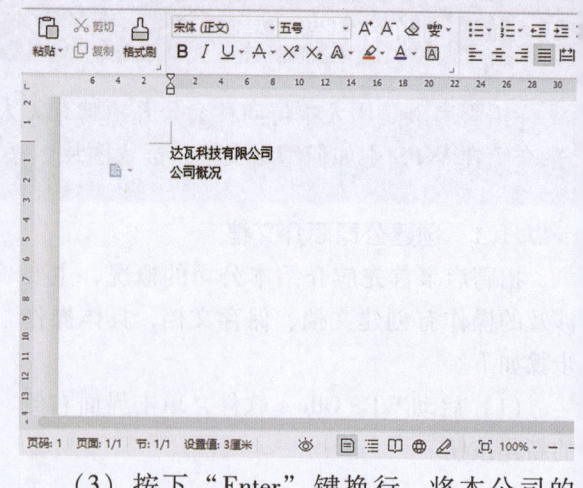

（3）按下"Enter"键换行，将本公司的概况输入到文档中。

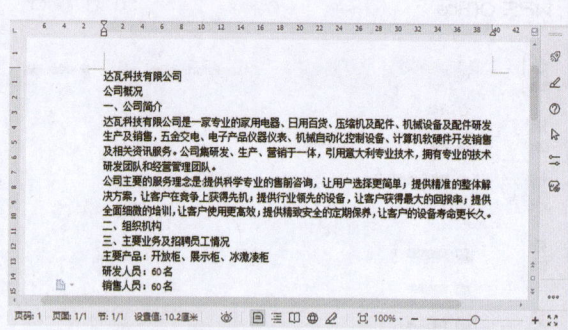

（4）选中最后三行文本内容，切换到"开始"选项卡，单击"项目符号"按钮，在弹出的菜单中选择合适的项目符号。

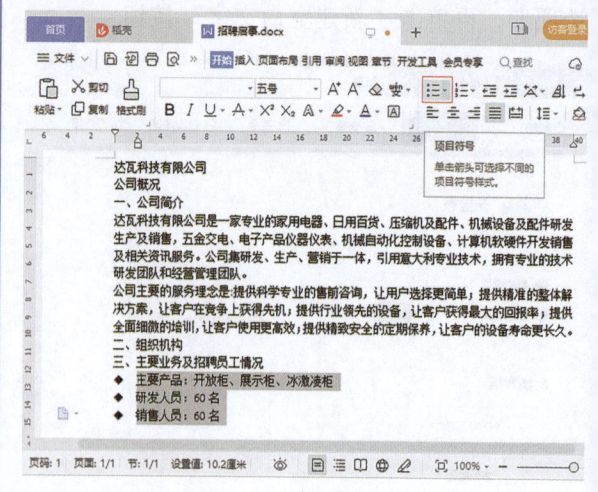

(5) 返回编辑界面查看效果。

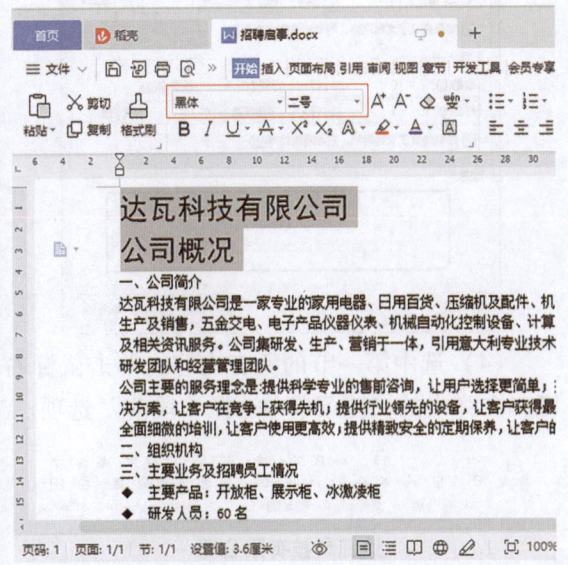

2. 设置字体格式

在 WPS 文字中设置字体格式的具体操作步骤如下。

(1) 选中第 1、第 2 行文本内容,在"开始"选项卡下,将字体设置为"黑体",字号为"二号"。

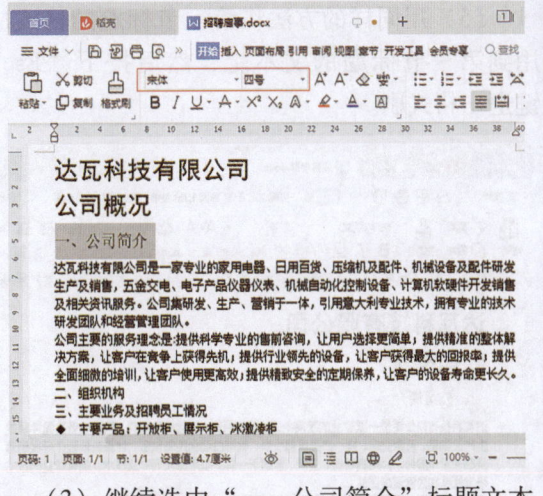

(2) 选中"一、公司简介"标题文本,将字体设置为"宋体",字号为"四号"。

(3) 继续选中"一、公司简介"标题文本,在"开始"选项卡下,双击"格式刷"按钮。

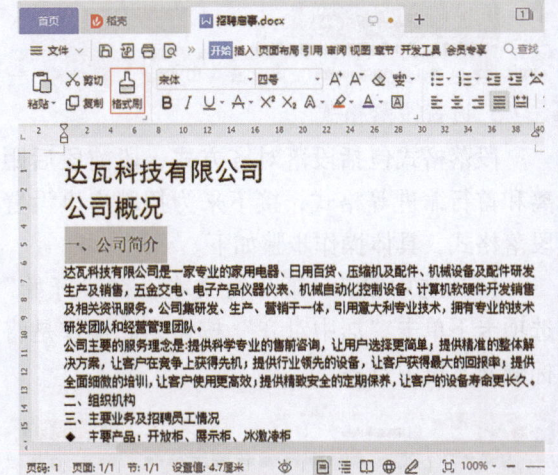

(4) 选中第二节标题文本,将第一节标题的文本格式应用到第二节标题文本上。

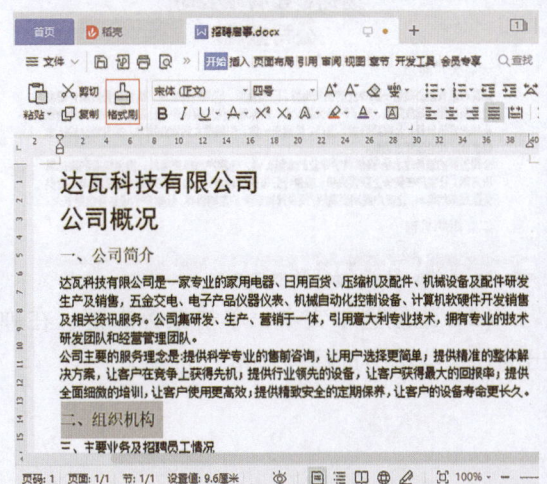

（5）用同样的方法将第一节标题的格式应用到第三节标题的文本上，然后按下"Esc"键退出格式刷。

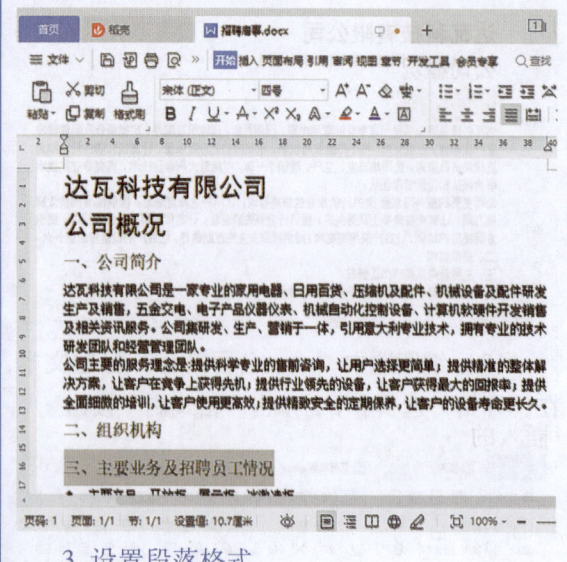

3. 设置段落格式

段落格式包括段落对齐方式、段前段后距离和首行缩进等格式，接下来为招聘启事设置段落格式，具体操作步骤如下。

（1）选中第1、第2行文本，在"开始"选项卡下单击"居中对齐"按钮，此操作是将标题文本居中对齐。

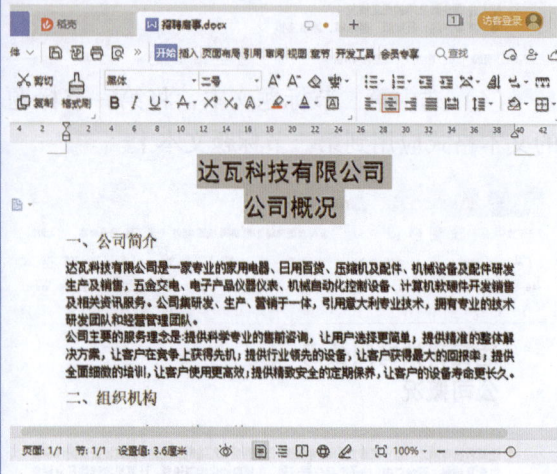

（2）继续选中文本，单击鼠标右键，在弹出的快捷菜单中选择"段落"选项。

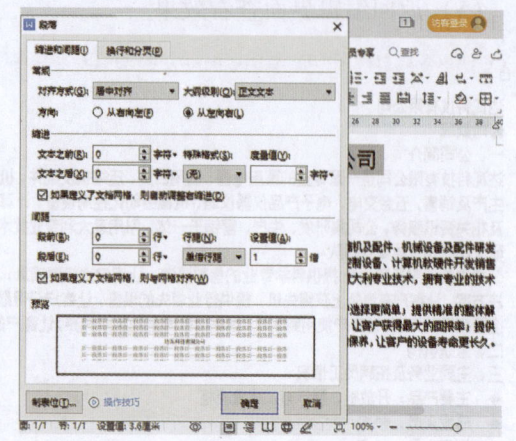

（3）弹出"段落"对话框，在"间距"项目中，设置"段后"为"1行"，单击"确定"按钮。

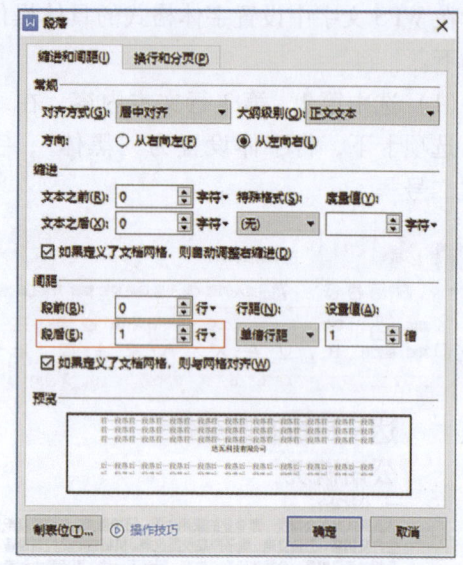

（4）选中第一节的所有内容，单击鼠标右键，在弹出的快捷菜单中选择"段落"选项。

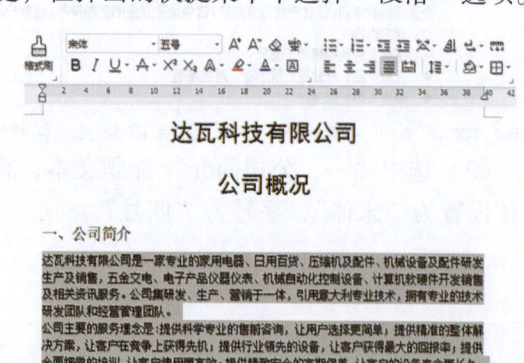

(5)弹出"段落"对话框,设置"特殊格式"为"首行缩进,2字符",设置行距为"1.5"倍,然后单击"确定"按钮。

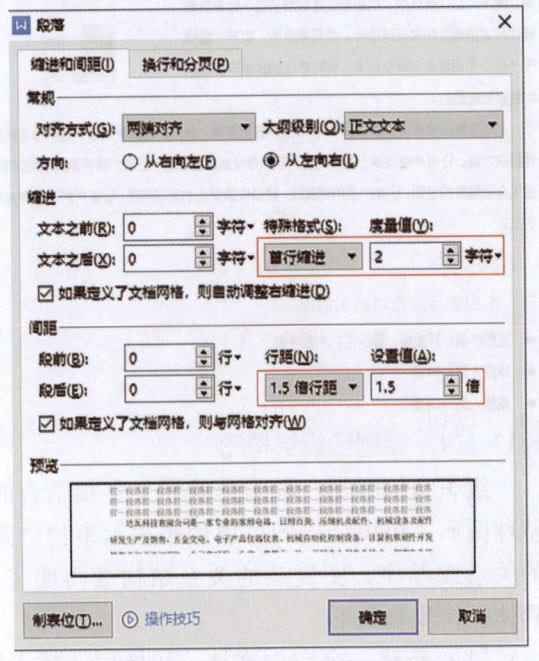

(6)用同样的方法为第三节的内容设置1.5倍的行距,返回编辑界面查看效果。

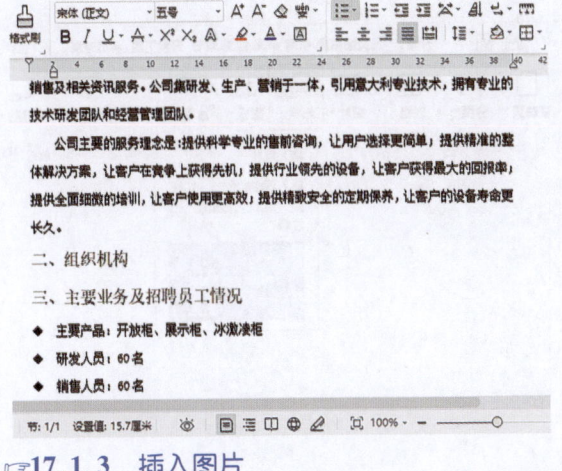

17.1.3 插入图片

在文档中插入图片可以丰富文档的内容,美化文档的显示效果,在WPS文字中使用图片对象的具体操作步骤如下。

(1)将光标定位在需要插入图片的位置,切换到"插入"选项卡,单击"插入图片"按钮。

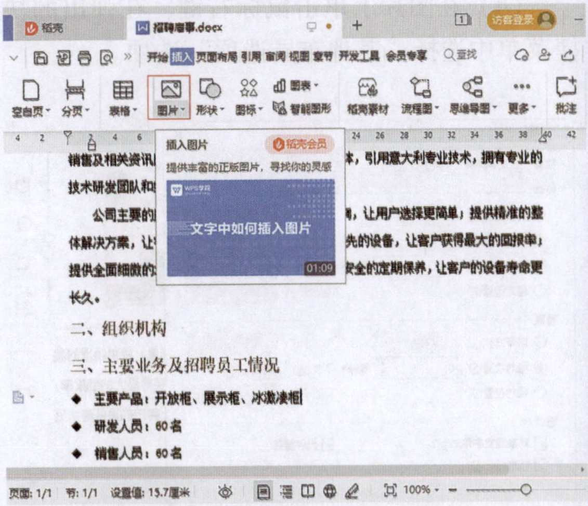

(2)弹出"插入图片"对话框,选中需要插入的图片,然后单击"打开"按钮。

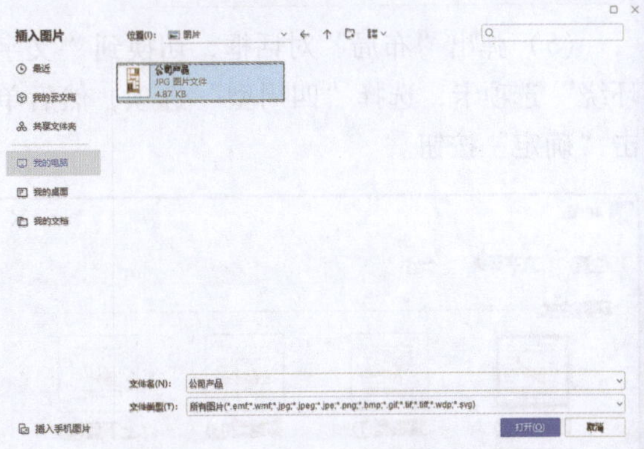

(3)此时,文档中已经插入了图片,拖动图片四周的控制点,可以将图片调整至合适的大小。

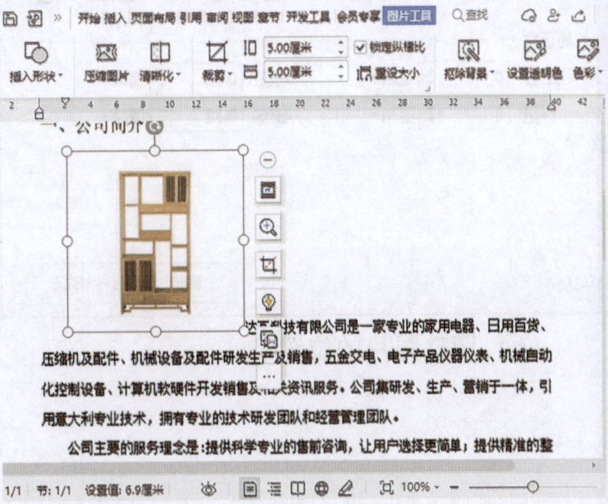

（4）在图片上单击鼠标右键，在弹出的快捷菜单中选择"其他布局选项"选项。

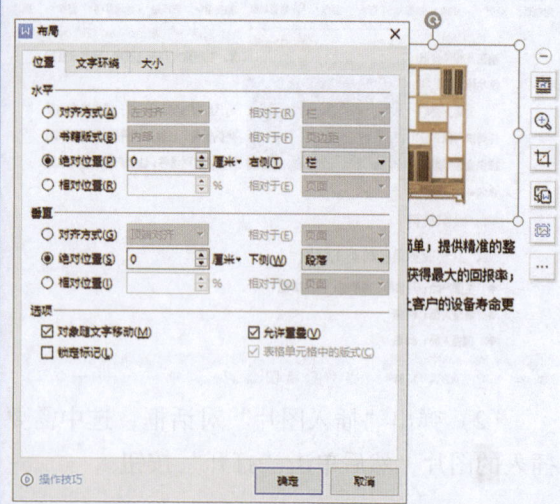

（5）弹出"布局"对话框，切换到"文字环绕"选项卡，选择"四周型"选项，然后单击"确定"按钮。

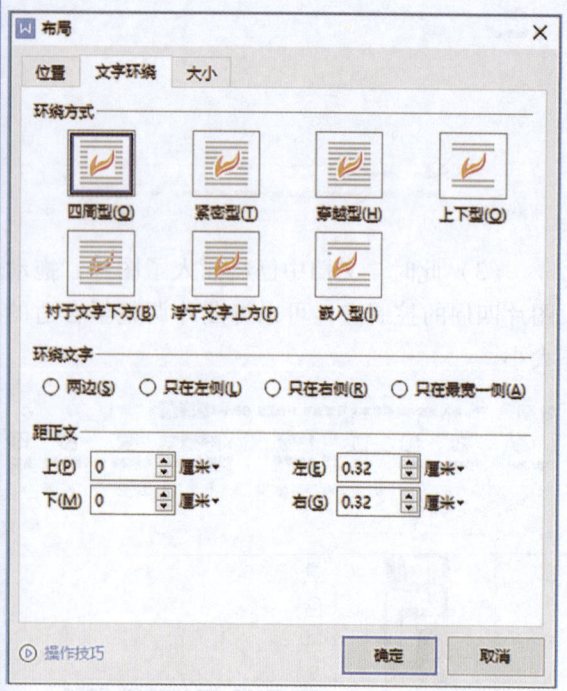

（6）调整图片的位置。

一、公司简介

达瓦科技有限公司是一家专业的家用电器、日用百货、压缩机及配件、机械设备及配件研发生产及销售，五金交电、电子产品仪器仪表、机械自动化控制设备、计算机软硬件开发售卖及相关咨讯服务。公司集研发、生产、营销于一体，引用意大利专业技术，拥有专业的技术研发团队和经营管理团队。

公司主要的服务理念是：提供科学专业的售前咨询，让用户选择更简单，提供精准的整体解决方案，让客户在竞争上获得先机，提供行业领先的设备，让客户获得最大的回报率，提供全面细微的培训，让客户使用更高效，提供精致安全的定期保养，让客户的设备寿命更长久。

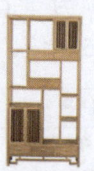

二、组织机构

三、主要业务及招聘员工情况

- 主要产品：开放柜、展示柜、冰激凌柜
- 研发人员：60名
- 销售人员：60名

17.1.4 绘制组织结构图

组织结构图是一种由形状和文字相结合的特殊图形。组织结构图可以用来表示事物之间的关系或顺序，使复杂的关系结构变得明了，具体操作步骤如下。

（1）新建一个空白文档，切换到"插入"选项卡，单击"形状"下拉按钮，在弹出的列表框中选择"矩形"工具。

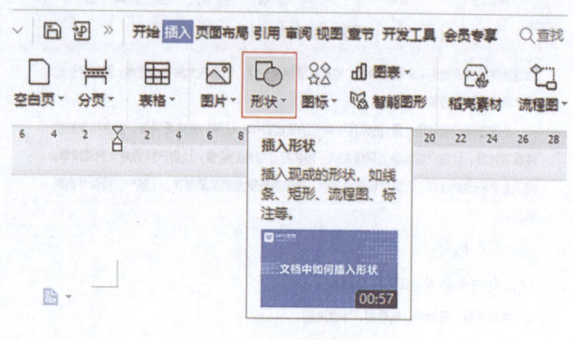

（2）拖动鼠标在文档中绘制一个矩形形状。

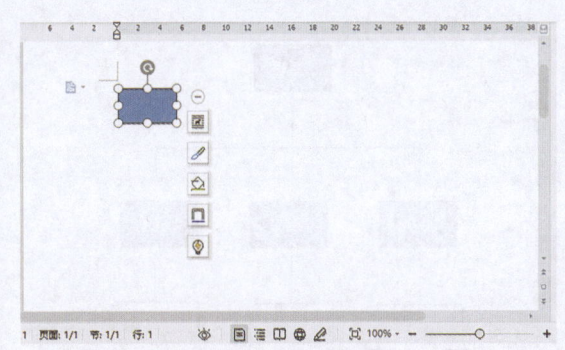

（3）拖动矩形四周的控制点，将矩形放在居中位置处。

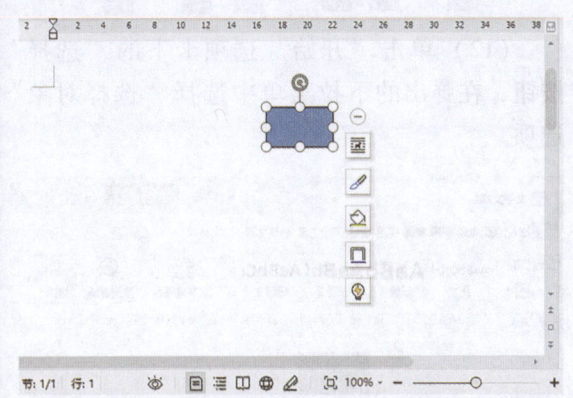

（4）再次单击"形状"下拉按钮，在弹出的列表框中选择"直线"工具，然后在矩形形状的下方绘制出需要的形状，效果如图所示。

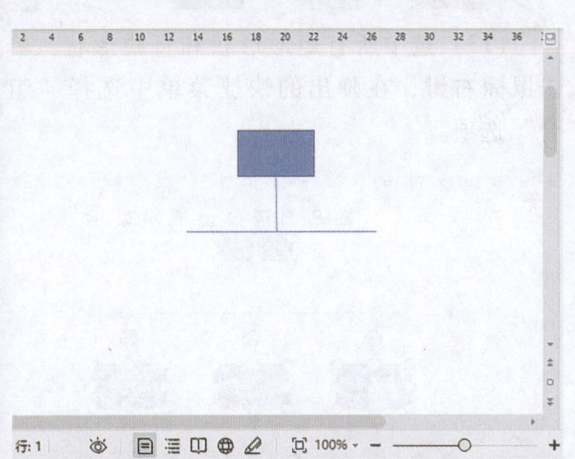

（5）选中中间的竖直线段，按下"Ctrl"键的同时，将其拖动到合适的位置，这样就可以将其复制到合适的位置。

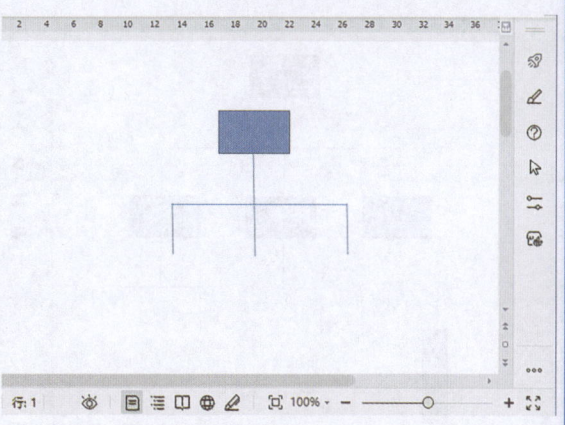

（6）使用同样的方法将矩形形状复制到需要的位置。

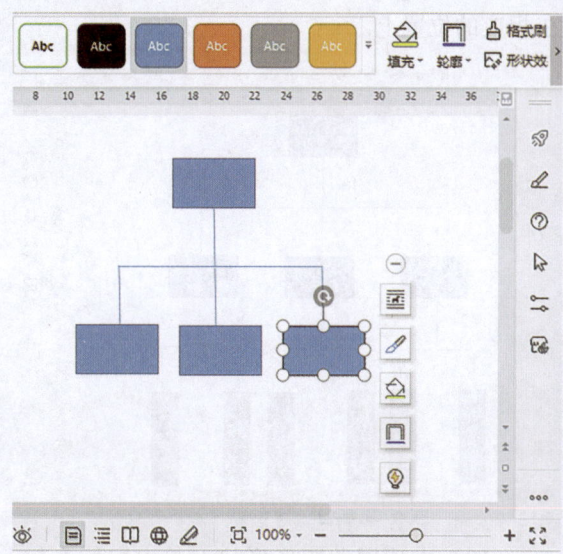

（7）继续绘制直线形状，效果如图所示。

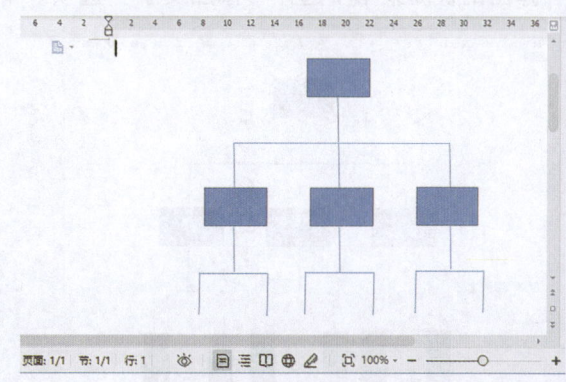

（8）再次使用矩形工具，绘制一个矩形形状。

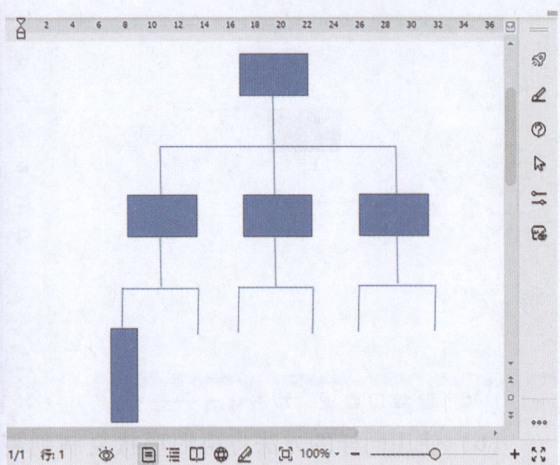

（9）使用同样的方法复制多个矩形，并放在相应的位置上。

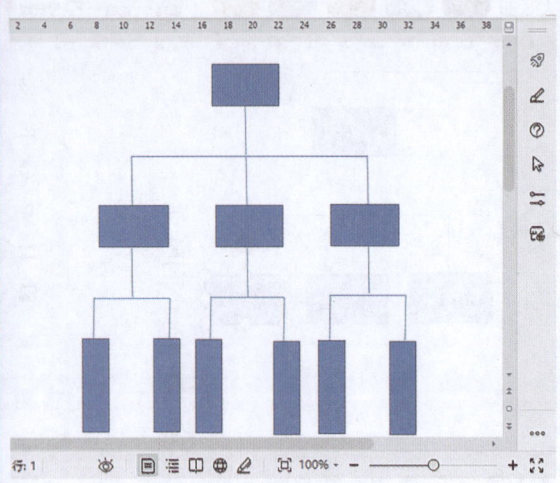

（10）在顶层的矩形形状上单击鼠标右键，在弹出的快捷菜单中选择"添加文字"选项。

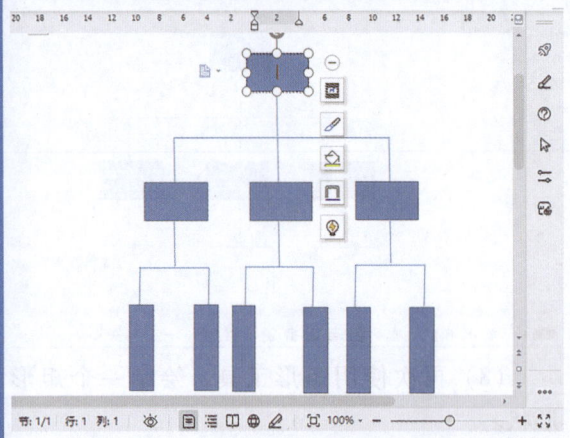

（11）在矩形中输入相应的文字，使用同样的方法为其他矩形添加文字，查看效果。

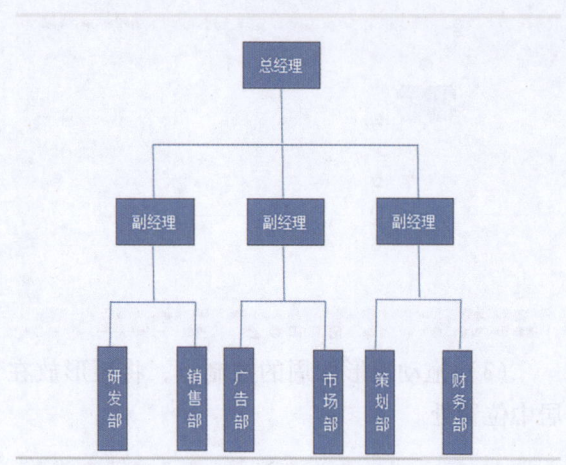

（12）单击"开始"选项卡下的"选择"按钮，在弹出的下拉菜单中选择"选择对象"选项。

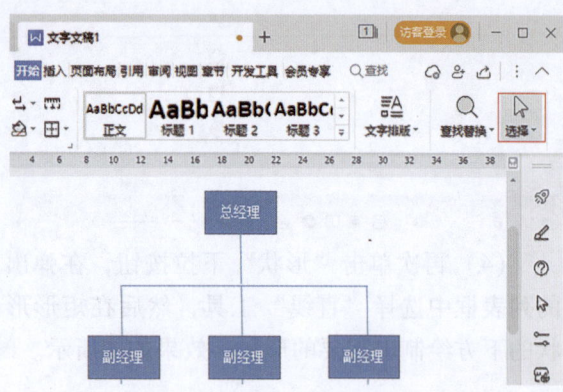

（13）选中所有矩形形状和直线形状，单击鼠标右键，在弹出的快捷菜单中选择"组合"选项。

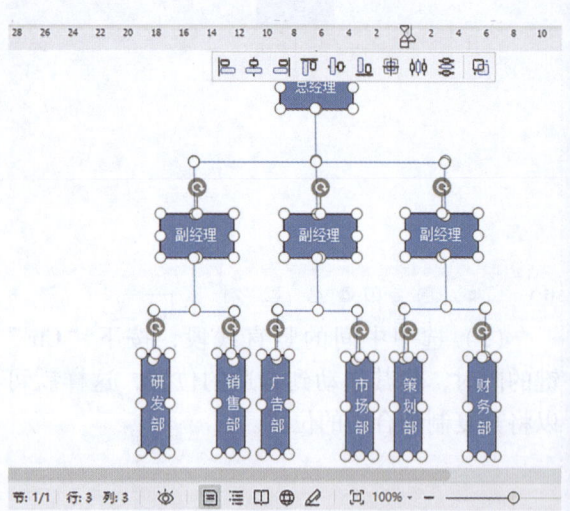

（14）在完成组合后的形状上单击鼠标右键，在弹出的快捷菜单中选择"文字环绕"选项，在级联菜单中选择"嵌入型"选项。

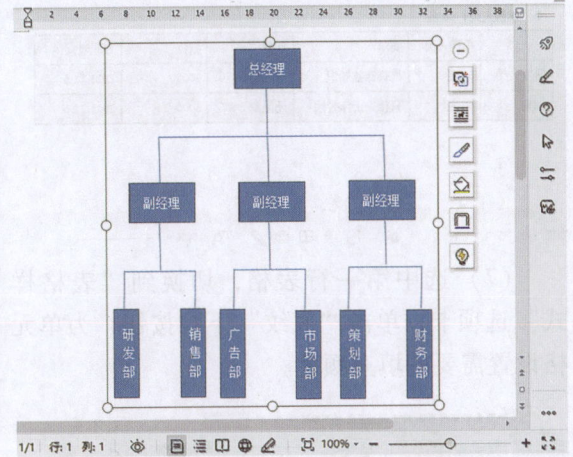

（15）将制作好的图形进行复制，并将其粘贴到招聘启事文档中的组织结构图处。

提供全面细致的培训，让客户使用更高效；提供精致安全的定期保养，让客户的设备寿命更长久。

二、组织机构

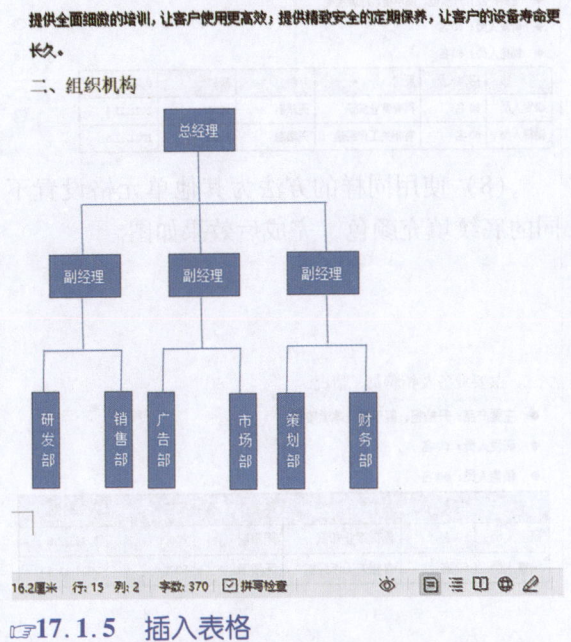

17.1.5 插入表格

表格的应用可以使文档中的数据更加清晰、表现形式更加直观，具体操作步骤如下。

（1）在招聘启事文档末尾添加一空白行，切换到"插入"选项卡，单击"表格"下拉按钮，在弹出的快捷菜单中选择"插入表格"选项。

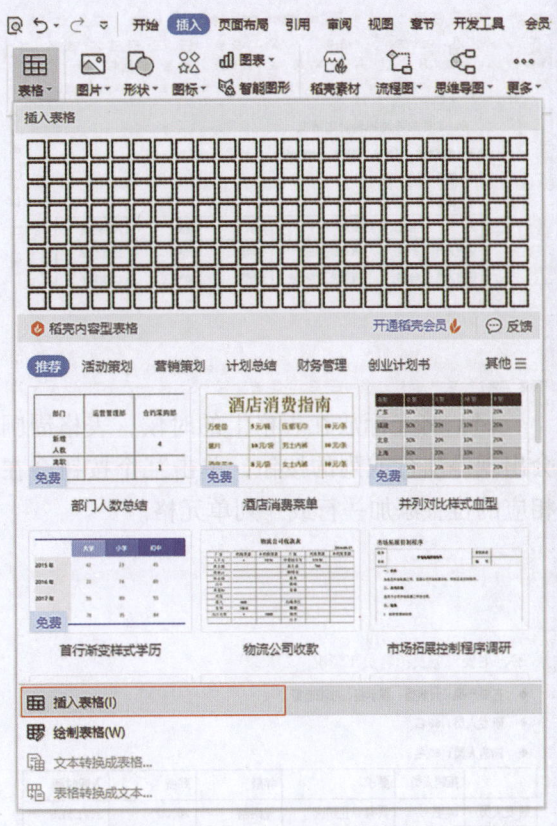

（2）弹出"插入表格"对话框，设置列数为"6"，行数为"3"，单击"确定"按钮。

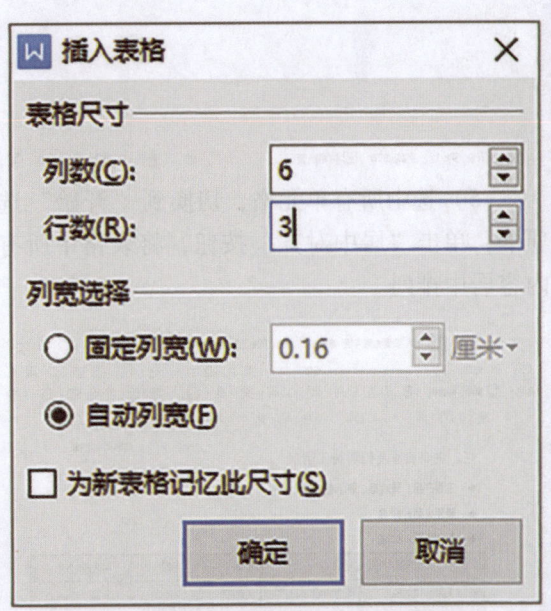

（3）返回编辑界面查看效果，此时文档中已经插入了一个3行6列的表格，在表格中输入相应的文本内容。

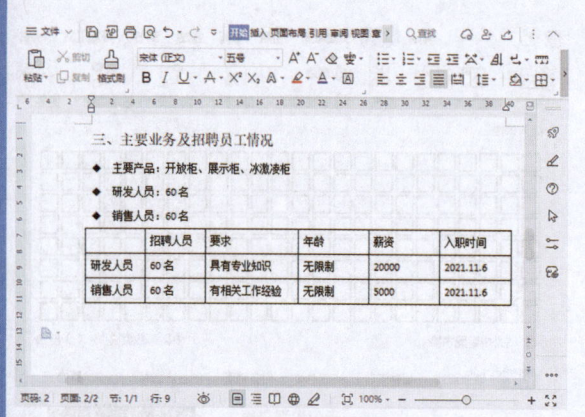

(4) 将光标放在表格上的时候，表格周围会出现添加行或列的按钮，单击某个按钮会在相应的位置添加一行或一列单元格。

(5) 选中所有单元格，切换到"开始"选项卡，单击"居中对齐"按钮，将表格中所有内容居中排列。

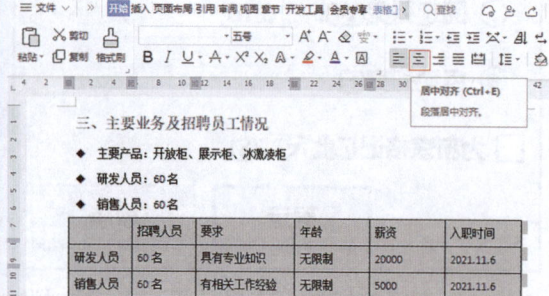

(6) 查看效果。

(7) 选中第一行表格，切换到"表格样式"选项卡，单击"底纹"下拉按钮，为单元格设置需要的填充颜色。

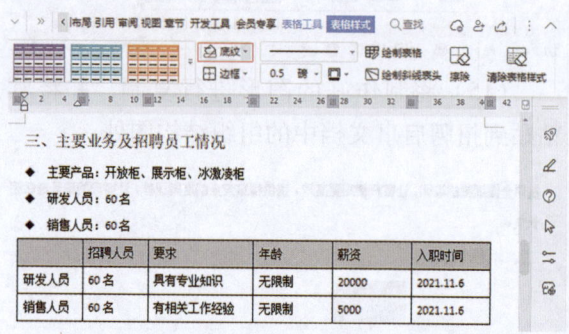

(8) 使用同样的方法为其他单元格设置不同的底纹填充颜色，完成后效果如图。

17.2　制作汽车购销合同

汽车购销合同是一种长文本类型的文档，制作此类文档不仅需要用到文本输入、字体格式和段落格式的设置等知识，还需要用到段落样式的应用、页码的插入和目录的提取等。

☞17.2.1　制作合同首页

合同的首页包括合同编号、合同名称和制作单位等，具体操作步骤如下。

（1）在 WPS 文字中新建一个名为"汽车购销合同"的空白文档，在文档左上角输入"合同编号："，并将其字体设置为"黑体"，"字号"为"小二"。

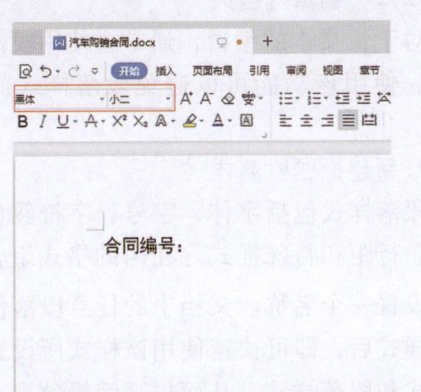

（2）切换到"插入"选项卡，单击"符号"下拉按钮，在弹出的快捷菜单中选择方框符号。

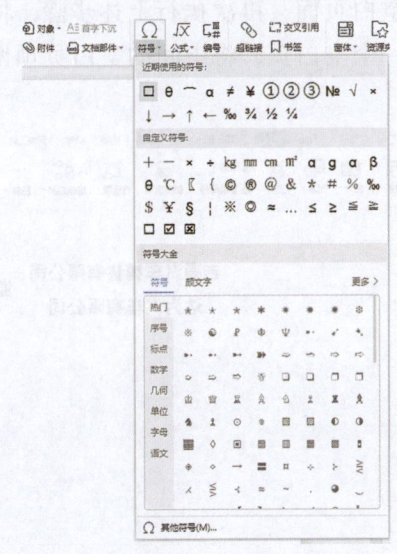

（3）查看效果。

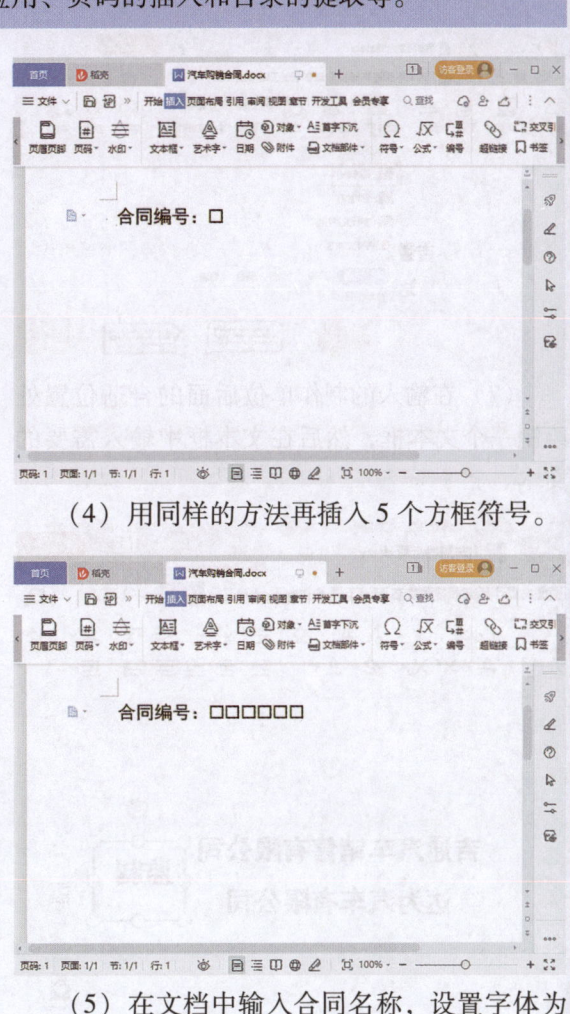

（4）用同样的方法再插入 5 个方框符号。

（5）在文档中输入合同名称，设置字体为"黑体"，字号为"56"，居中对齐。

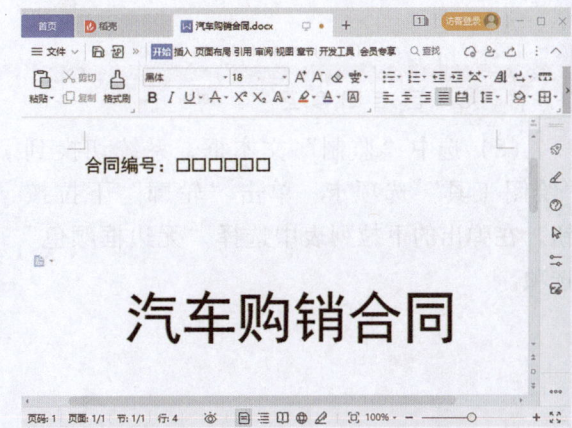

(6) 在文档下方输入制作单位的名称,并居中显示,再切换到"插入"选项卡,单击"文本框"下拉按钮,在弹出的列表中选择"横向"选项。

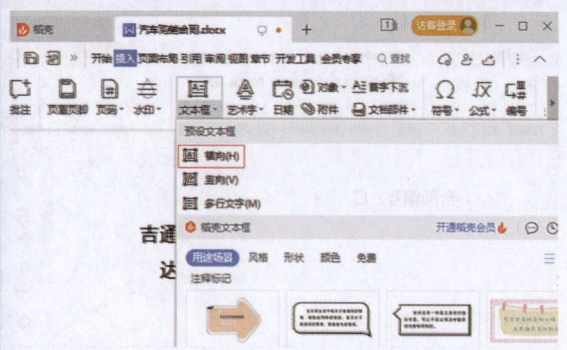

(7) 在输入的制作单位后面的合适位置处绘制一个文本框,然后在文本框中输入需要的文本。

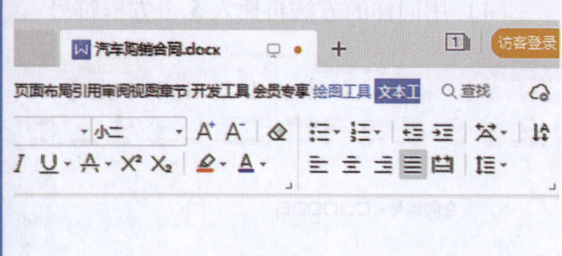

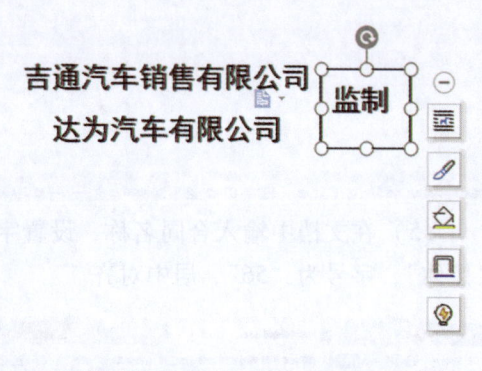

(8) 选中"监制"文本框,系统切换到"绘图工具"选项卡,单击"轮廓"下拉按钮,在弹出的下拉列表中选择"无边框颜色"选项。

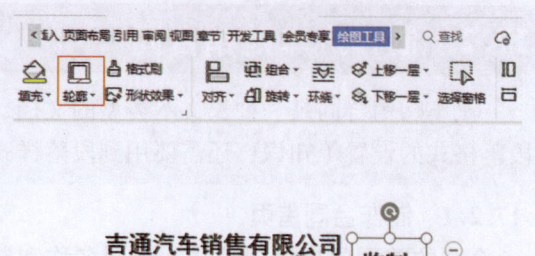

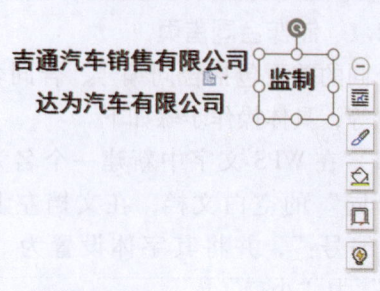

17.2.2 编辑内容页

对于长文本的编辑,通常会使用段落样式功能,使用该功能可以避免段落样式的重复设置。

1. 新建标题段落样式

段落样式包括字体、字号、字符颜色、段间距、行距和特殊样式等在内的格式组合,并为其设置一个名称。文档中的任意段落使用该段落样式后,即可快速使用该样式所设置的字体格式和段落样式,从而提高编辑效率,具体操作步骤如下。

(1) 将光标定位在文档首页的末尾处,切换到"插入"选项卡,单击"分页"按钮,新建一个空白页面,再次执行上述步骤,将光标定位在一个空白页,将中间的空白页预留为目录页。

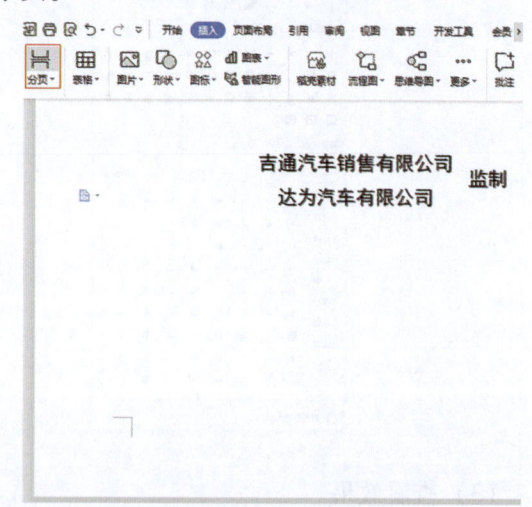

（2）在空白页中输入购车合同的正文内容。

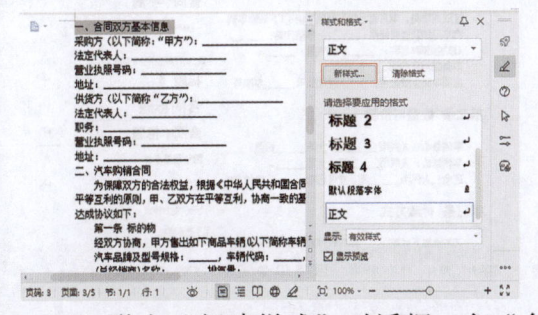

（3）选中第一行的标题文本，单击右侧导航栏中的"样式和格式"按钮，打开"样式和格式"窗格。

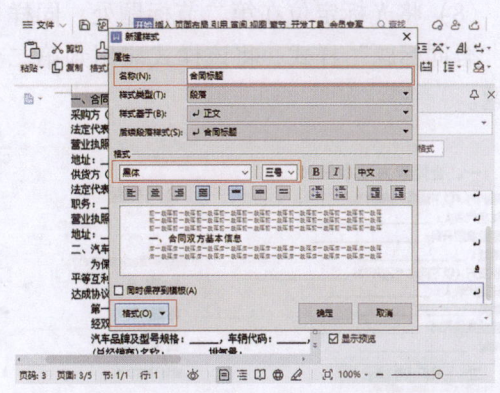

（4）在"样式和格式"窗格中单击"新样式"按钮。

（5）弹出"新建样式"对话框，在"名称"栏中输入"合同标题"，在"格式"栏中设置合适的字体、字号，然后单击下方的"格式"按钮，选择"段落"选项。

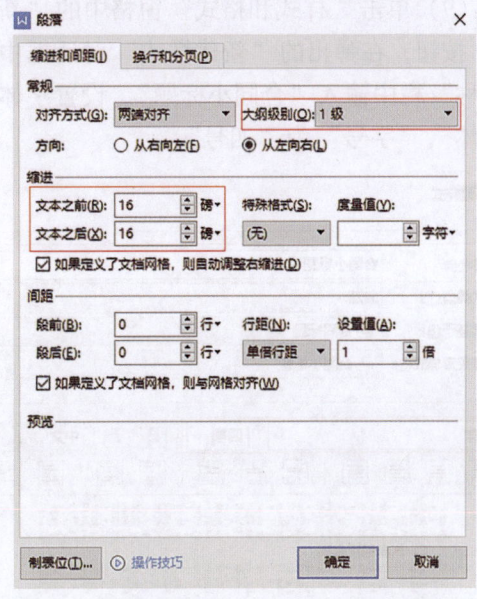

（6）弹出"段落"对话框，设置大纲级别为"1级"，文本之前和文本之后缩进均为"16磅"，然后单击"确定"按钮保存设置。

（7）返回编辑界面，可以看到新建的"合同标题"样式已经被添加到了"样式和格式"窗格中。将光标定位在第一行的标题文本处或选中文本，然后单击"合同标题"样式，即可应用该标题样式。

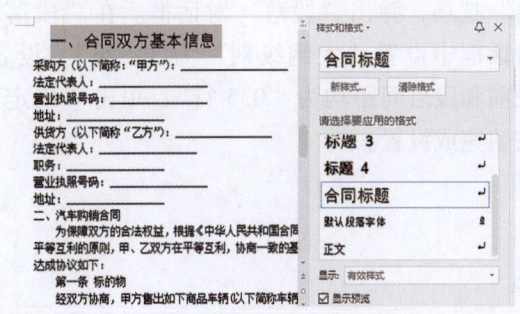

（8）将光标定位在第二节标题处，同样单击"合同标题"样式，将该样式应用到第二节标题。

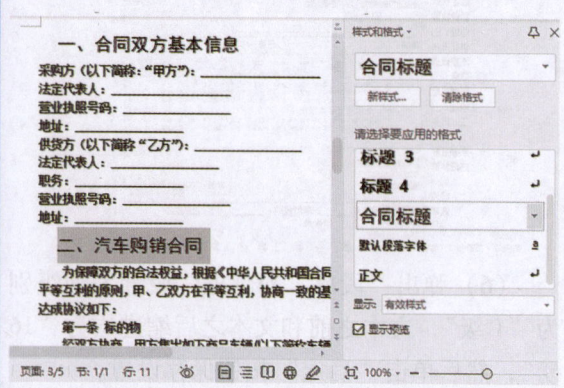
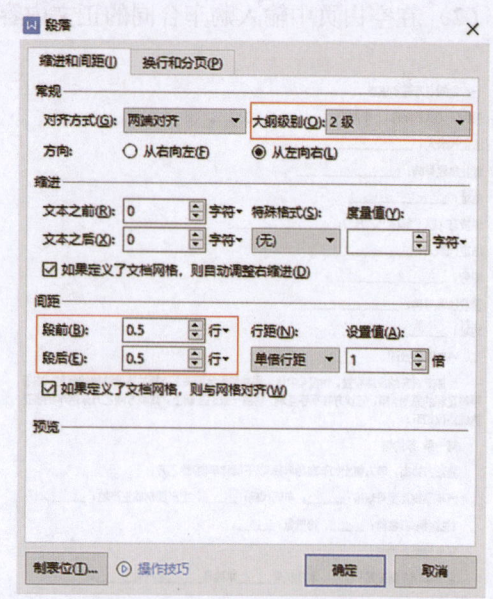

（9）单击"样式和格式"窗格中的"新样式"按钮，在弹出的"新建样式"对话框中的"名称"栏中输入"合同小标题"，设置字体为"黑体"，"字号"为"四号"。

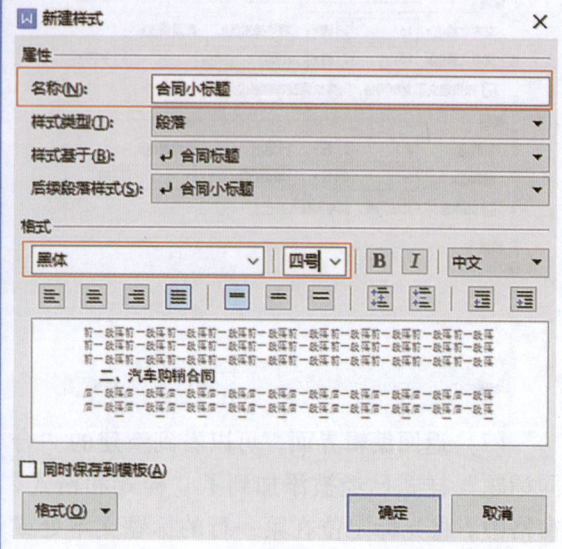

（10）单击"新建样式"对话框下方的"格式"按钮，在弹出的下拉列表中选择"段落"选项，弹出"段落"对话框。在"段落"对话框中设置"大纲级别"为"2级"，设置段前和段后间距均为"0.5行"，单击"确定"按钮完成设置。

（11）将光标定位在"第一条 标的物"处，单击"合同小标题"样式，应用该样式。

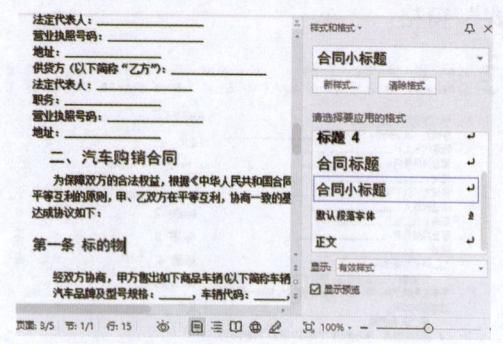

（12）使用同样的方法为合同中的其他条款应用"合同小标题"样式。

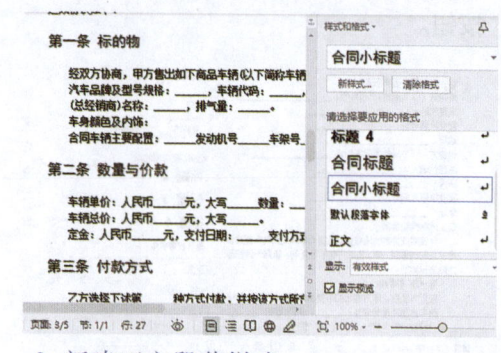

2. 新建正文段落样式

　　为文档中的正文内容设置统一的段落样式，可以快速设置正文段落字体格式和段落格式，具体操作步骤如下。

（1）单击"样式和格式"窗格中的"新样式"按钮，在弹出的"新建样式"对话框中设置样式名称为"合同正文1"，设置该段落样式的字体格式为"宋体，四号"。单击"格式"按钮，在弹出的快捷菜单中选择"段落"选项。

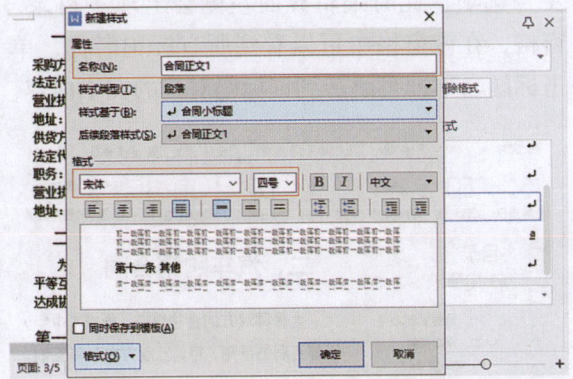

（2）弹出"段落"对话框，设置"大纲级别"为"正文文本"，段前和段后间距均为"0.5行"，"行距"为"2倍行距"，完成后单击"确定"按钮。

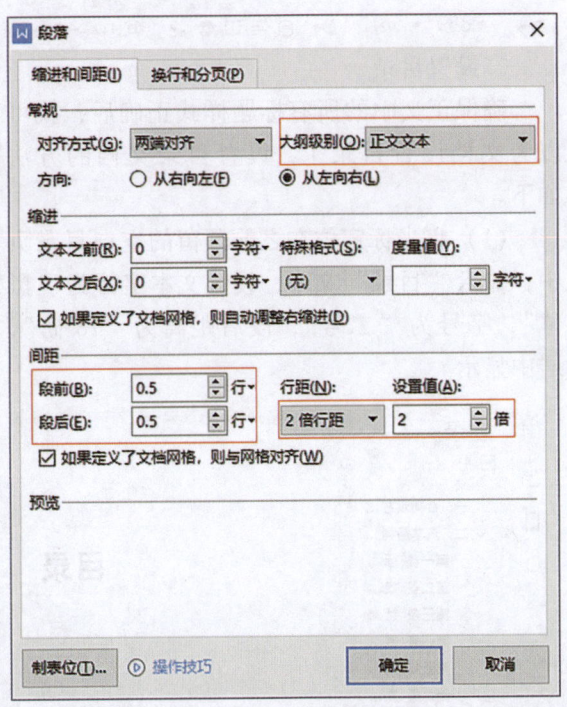

（3）选中第一节的所有正文文本，然后单击"合同正文1"样式应用段落样式，查看效果。

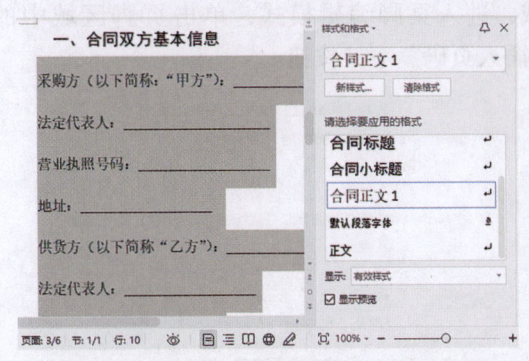

（4）使用同样的方法新建一个名为"合同正文2"的段落样式，设置字体格式为"宋体，五号"，段落样式为"首行缩进，2字符"，行距为"1.25倍"，完成后单击"确定"按钮。

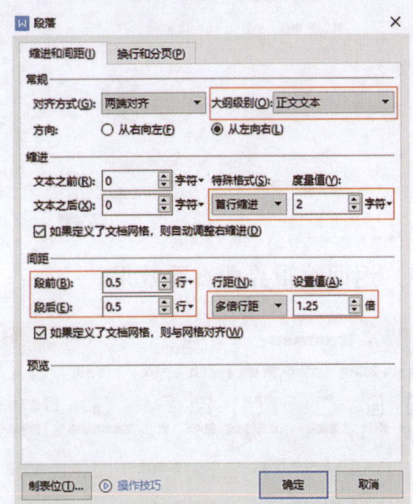

（5）将"合同正文2"样式应用到第二节各小标题下的正文段落中。

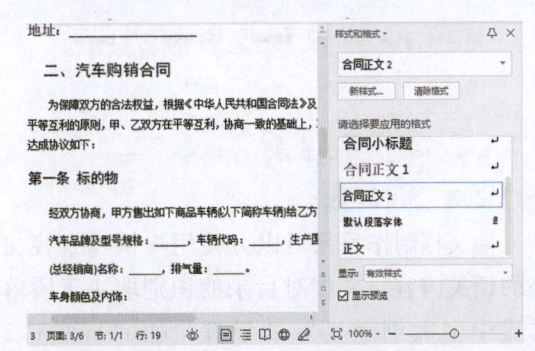

3. 插入页码

在WPS文字中为文档插入页码的具体方法如下。

（1）双击目录页之后正文第1页的页脚区

域，进入页脚编辑模式，单击页脚区域中的"插入页码"下拉按钮。

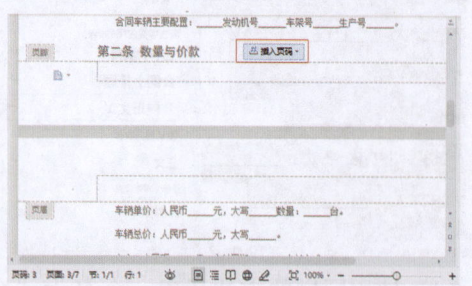

（2）在打开的窗格中设置页码居中显示，应用范围为"本页及以后"，然后单击"确定"按钮。

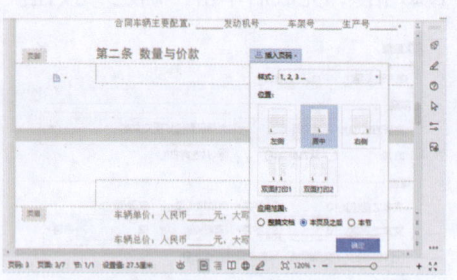

（3）返回编辑界面查看效果。

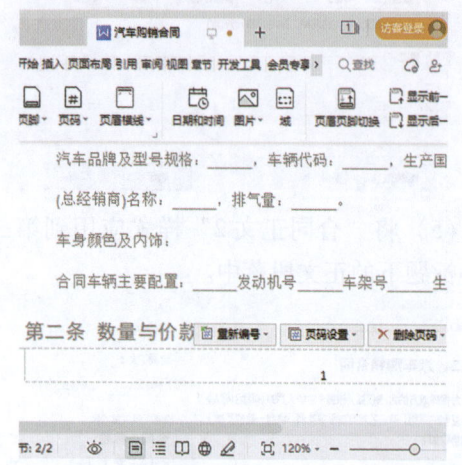

17.2.3　制作目录

为文档制作目录可以方便用户快速查找文档的相关内容。文档对目录的识别取决于段落样式中"大纲级别"的设置，如"1级""2级""3级"等，数字越低，级别越高。

1. 查看文档的目录结构

在提取目录前，可以先在"目录"窗格中查看文档的目录结构，确保所有标题都应用了对应的段落样式。同时，也可以在"目录"窗格中单击标题名称来实现文档的快速跳转。调用"文档结构图"的具体方法如下。

切换到"视图"选项卡，单击"导航窗格"下拉按钮，在弹出的下拉菜单中选择"靠左"选项，此时编辑界面左侧会出现"目录"窗格，在该窗格中可以看到所有标题名称，单击标题名称即可跳转到该标题对应的文本内容。

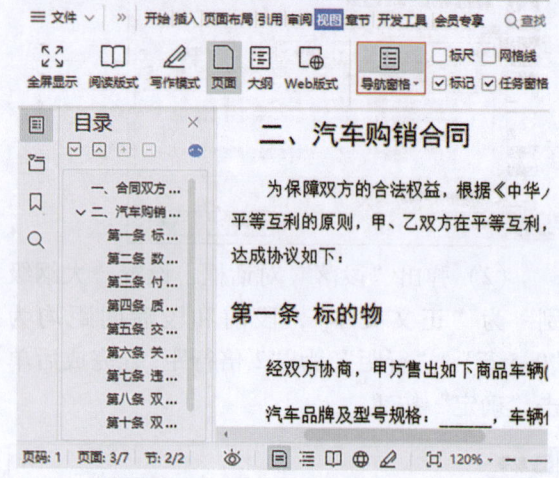

2. 设置目录

确保正文中的所有标题样式正确后，就可以为文档设置目录了，设置目录文档的方法如下。

（1）将光标定位在之前预留的空白目录页中，输入"目录"文本，设置文本字体为"黑体"，字号为"二号"，段后距离为"18磅"，居中显示。

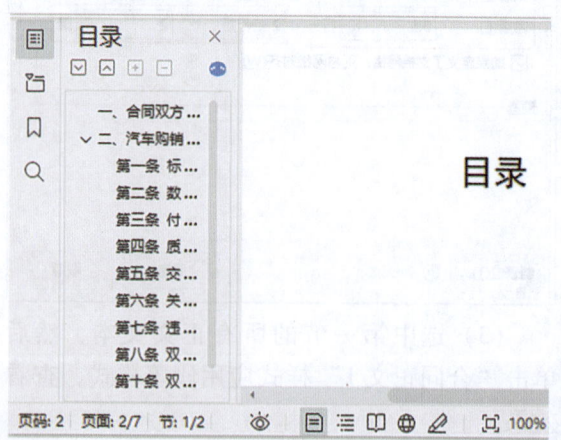

（2）换行后，切换到"引用"选项卡，单击"目录"下拉按钮，在下拉列表中选择合适的目录样式。

（3）选中目录第一行的文本并将其删除，然后为所有目录段落设置段前和段后的距离为0.5行，完成后的效果如图所示。

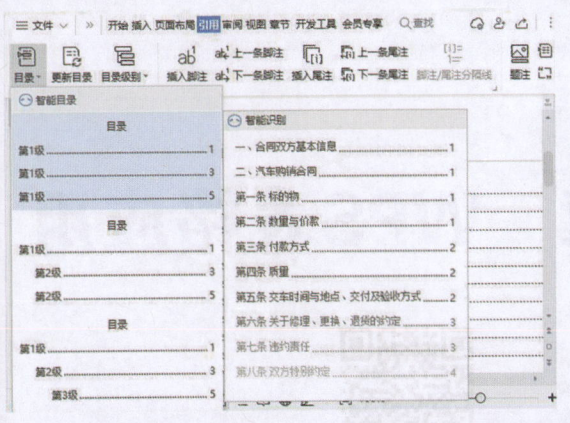

17.3　WPS文字处理小技巧

☞17.3.1　使用"Shift"键绘制形状

用户在使用"直线""矩形"和"椭圆"等形状工具时，很难画出水平直线、正方形和圆形，这时需要用到"Shift"键解决这些问题。例如，选中"椭圆"形状后，按下"Shift"键的同时，拖拽鼠标即可绘制出圆形。

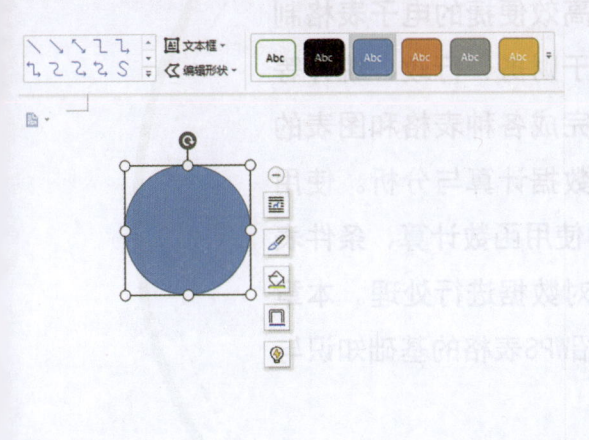

☞17.3.2　设置首字下沉

在WPS文字中设置首字下沉的方法和Word中的方法基本一致。将光标定位在需要设置首字下沉的段落中，切换到"插入"选项卡，单击"首字下沉"按钮，在弹出的对话框中设置首字下沉的样式，最后单击"确定"按钮即可。

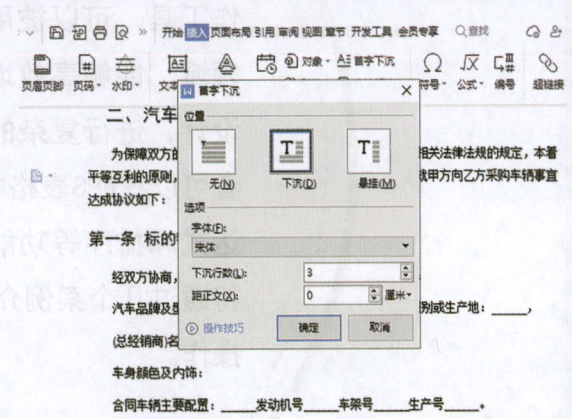

第十八章　WPS表格应用

扫码看视频

概述

WPS表格是一个高效便捷的电子表格制作工具，可以被用于财务、行政、统计等领域，能够高效地完成各种表格和图表的设计，进行复杂的数据计算与分析。使用者可以在WPS表格中使用函数计算、条件表达式和排序等功能对数据进行处理。本章将通过几个案例介绍WPS表格的基础知识与操作。

18.1 制作班级学生信息表

班级学生信息表用于详细记录某班级学生的姓名、性别和学号等信息。下面将介绍制作班级学生信息表的具体方法。

⚑18.1.1 输入表格内容

制作班级学生信息表的第一步是输入学生的基础信息，具体操作步骤如下。

（1）在 WPS Office 中新建一个名为"学生信息表"的空白工作簿，重命名"Sheet1"工作表为"学生信息表"。

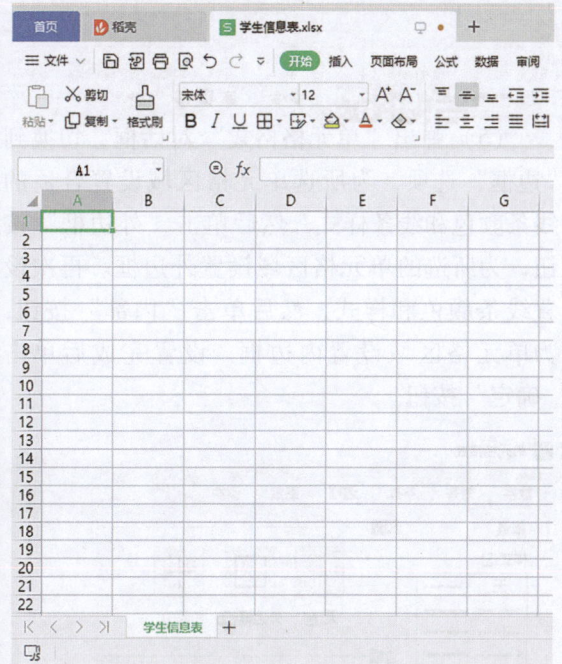

（2）在工作表中输入如图所示的内容。

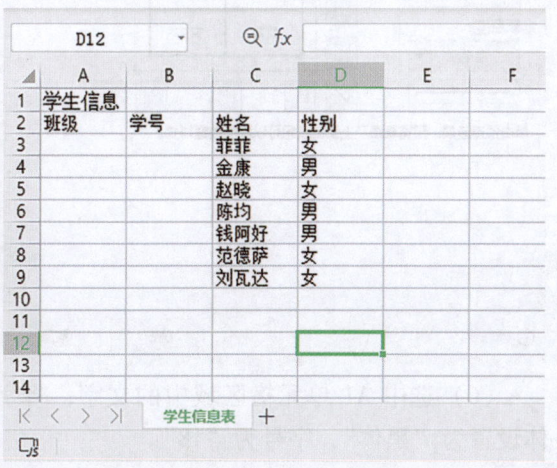

（3）在 B3 单元格中输入"'100"，按下"Enter"键确认输入。

（4）选中 B3 单元格，将光标放在单元格右下角，当光标变为十字形状时，按住鼠标左键不放向下拖动，到适当位置释放鼠标，利用填充柄功能填充"学号"列。

18.1.2 设置表格格式

设置表格格式的具体操作步骤如下。

(1) 选中 A1:D1 单元格区域，在"开始"选项卡中单击"合并居中"按钮，合并单元格。

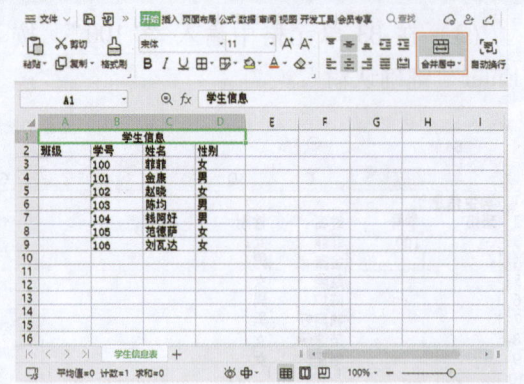

(2) 在 A3 单元格中输入 2 班，使用同样的方法合并 A3:A9 单元格区域。

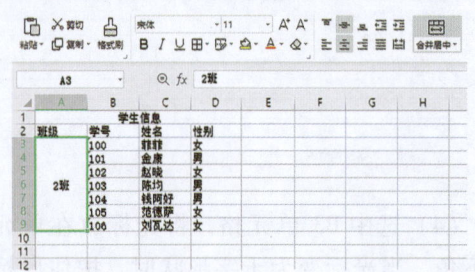

(3) 右键单击 A3 单元格，在弹出的快捷菜单中选择"设置单元格格式"命令，在弹出的"单元格格式"对话框中的"对齐"选项卡下，勾选中"文字竖排"复选框，完成后单击"确定"按钮。

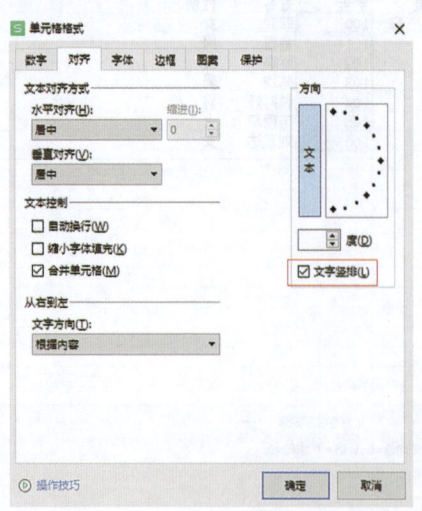

(4) 选中所有输入内容的单元格区域，单击鼠标右键，在弹出的快捷菜单中选择"设置单元格格式"选项。

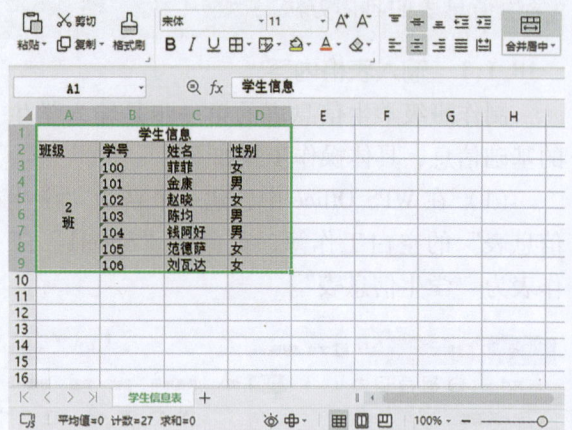

(5) 弹出"单元格格式"对话框，切换到"边框"选项，为所选单元格区域设置合适的线条颜色和线条样式，然后单击"外边框"按钮，为所选的单元格区域设置外边框。再次设置线条颜色和样式，然后单击"内部"按钮，为单元格区域设置内边框，设置完成后单击"确定"按钮。

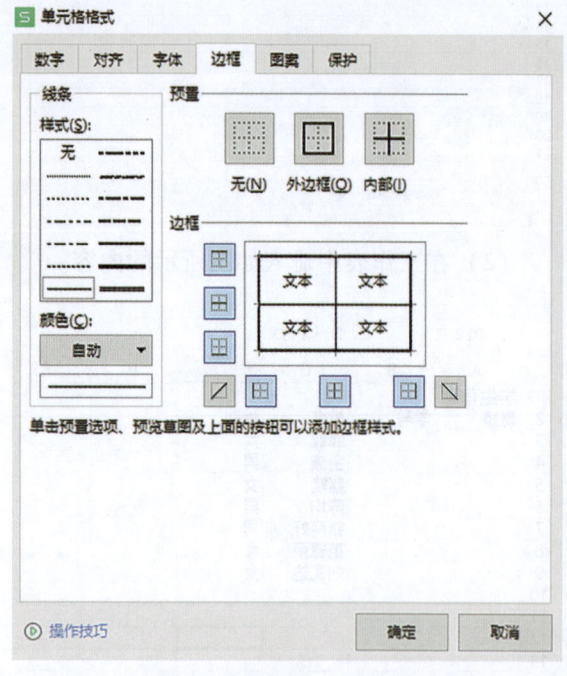

(6) 选中 A1 单元格区域中的文字，将字体设置为"黑体"，字号为"18"。

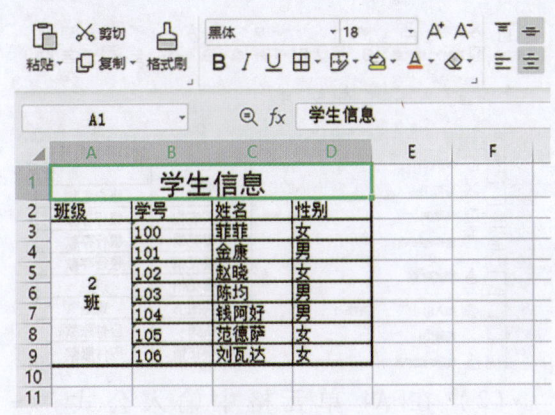
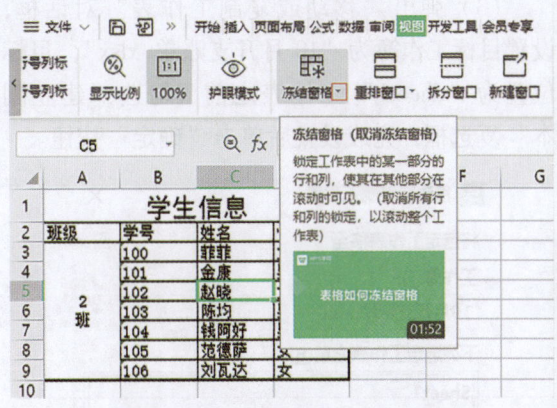

18.1.3 冻结工作表

当工作表中存在大量数据时，为了便于用户查看数据，可以冻结工作表，具体操作步骤如下。

（1）选中工作表中的 C5 单元格，切换到"视图"选项卡，单击"冻结窗格"下拉按钮，在弹出的快捷菜单中选择"冻结至第 4 行 B 列"选项。

（2）可以看到，在用鼠标滚动查看工作表时，工作表中第 1 行至第 4 行被冻结，方便在工作表过长时查找需要的数据。

18.2 制作家庭开支账单

家庭开支账单按照时间顺序，将某家庭的现金收入与支出记录下来，反映了现金的增减变化和结果。

18.2.1 移动与复制工作表

为了制作某家庭开支月账单，需要先将该家庭某成员制作的当月开支账单复制到开支账单工作簿中。

（1）打开"开支账单"工作簿，新建一个名为"10月开支账单"的工作簿，在工作表中输入相关的内容，并调整单元格的格式。

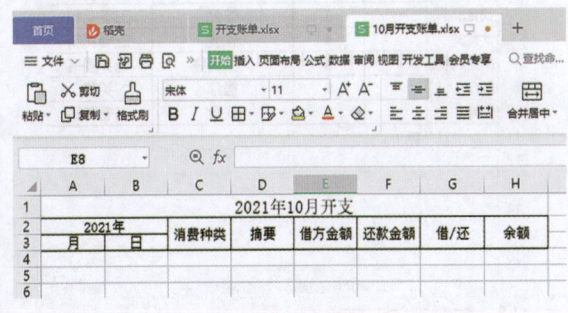

（2）切换到"开支账单"工作簿，右键单击"2021年10月开支账单"工作表，在弹出的快捷菜单中选择"移动工作表"选项。

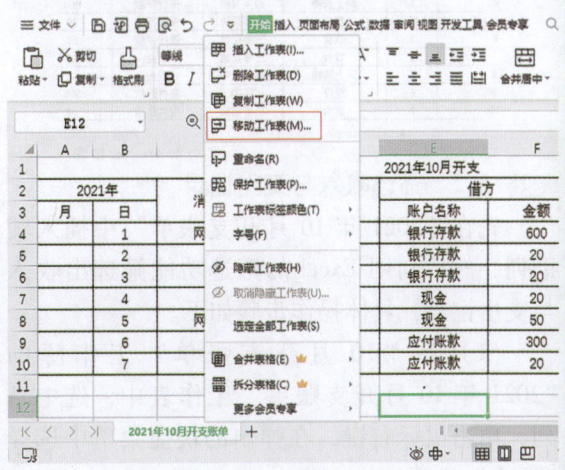

（3）弹出"移动或复制工作表"对话框，设置目标工作簿为"10月开支账单.xlsx"，目标位置为"Sheet1"工作表之前，勾选"建立副本"复选框，完成设置后单击"确定"按钮。

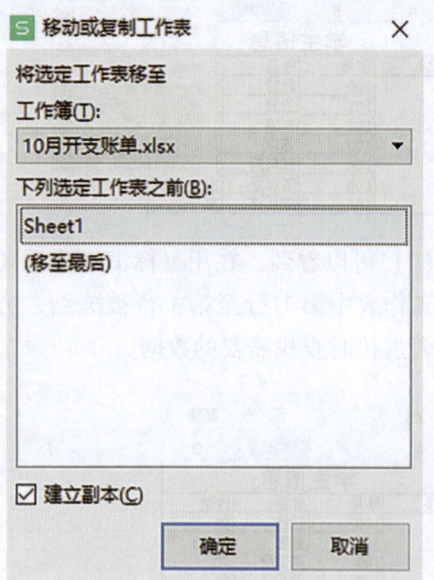

（4）返回到"10月开支账单"工作簿，可以看到"2021年10月开支账单"已经被复制到该工作簿中，且位于"Sheet1"工作表之前。

18.2.2　筛选收入与支出记录

先在"2021年10月开支账单"中插入辅助列，然后利用Excel的筛选功能筛选出收入与支出记录，具体操作步骤如下。

（1）在"10月开支账单"工作簿的"2021年10月开支账单"工作表中，选中A列，单击鼠标右键，在弹出的快捷菜单中选择"插入"选项。

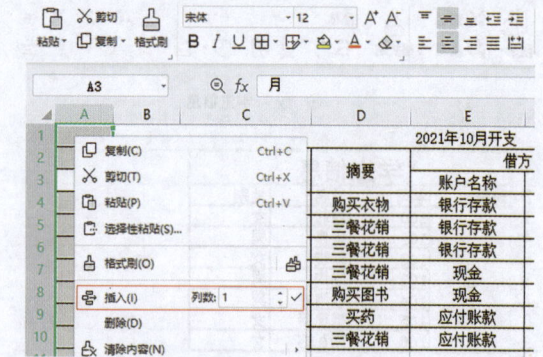

（2）在A4单元格中输入公式"=D4&COUNTIF($D$4:D4,D4)"，按下"Enter"键确认。

（3）利用填充功能将公式复制到A5至A10单元格中。

(4) 选中 D 列，切换到"数据"选项卡，单击"自动筛选"按钮。

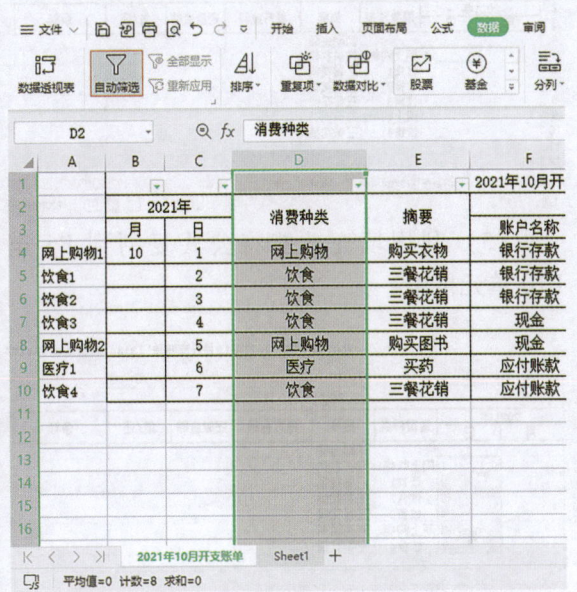

(5) 单击 D 列下拉按钮，打开筛选菜单，取消选中"全选"复选框，勾选中"网上购物"和"饮食"复选框，然后单击"确定"按钮。

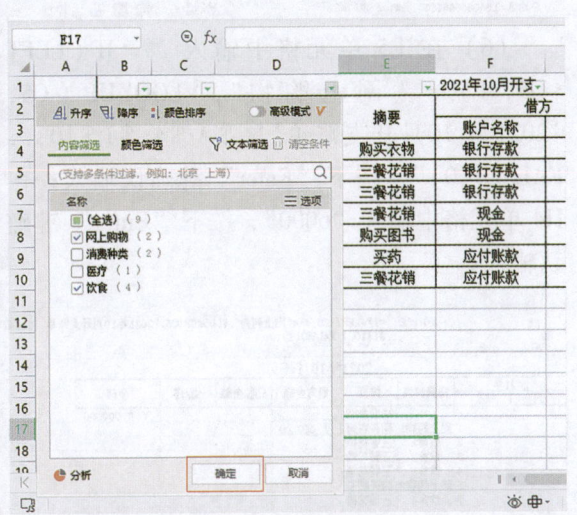

(6) 返回工作表中可以发现工作表中出现了筛选结果，选中 A4:A10 单元格区域，使用"Ctrl + C"快捷键复制数据。

(7) 切换到"Sheet1"工作表，选中 C5 单元格，使用"Ctrl + V"快捷键复制数据。

18.2.3 使用公式和函数快速创建表格

可以利用公式和函数等，快速实现家庭开支账单的创建，具体操作步骤如下。

(1) 在"Sheet1"工作表的 D4 单元格中输入"初期金额"，分别选中 E4:E10 单元格区域、H4:H10 单元格区域，切换到"开始"选项卡，单击"数字格式"下拉按钮，在弹出的下拉菜单中选择"会计专用"选项。

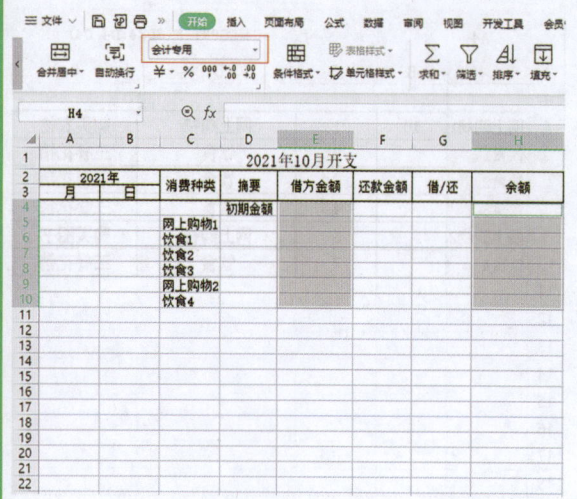

(2）在D5单元格中输入"=VLOOKUP（C5,'2021年10月开支账单'！\$A\$4:\$I\$10,5,FALSE)"，按下"Enter"键确认输入。

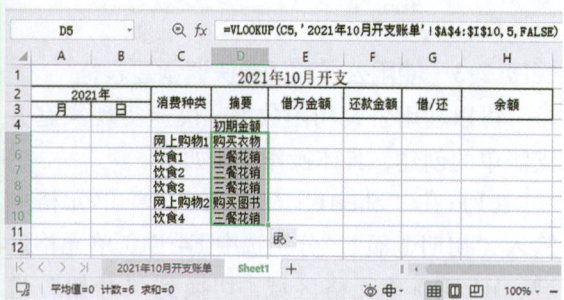

(3）利用填充功能将公式复制到剩余单元格中。

(4）在B5单元格中输入公式"=VLOOKUP(C5,'2021年10月开支账单'！\$A\$4:\$I\$10,3,FALSE)"，按下"Enter"键确认输入。

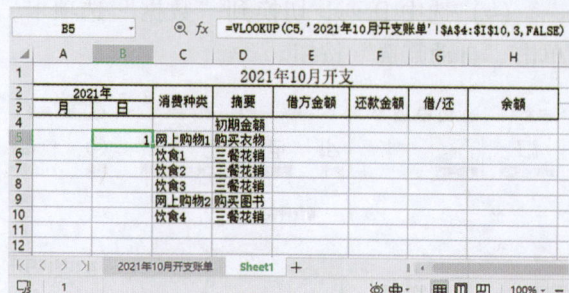

(5）利用填充功能将公式复制到B6至B10单元格中。

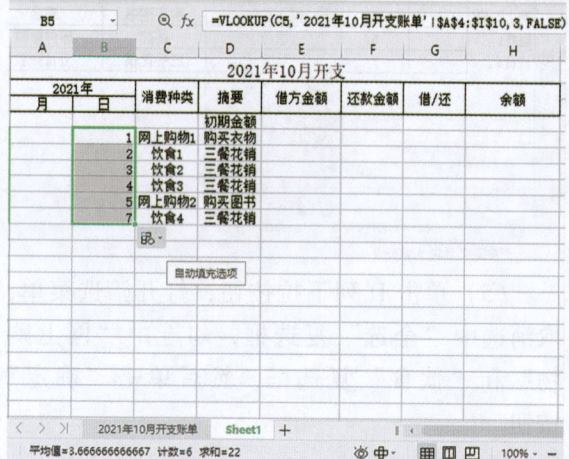

(6）在E5单元格中输入"=IF（LEFT（C5,4）="网上购物",VLOOKUP（C5,'2021年10月开支账单'！\$A\$4:\$I\$10,7,FALSE),0)"，按下"Enter"键确认输入；在H4单元格中输入"6000"，按下"Enter"键确认输入。

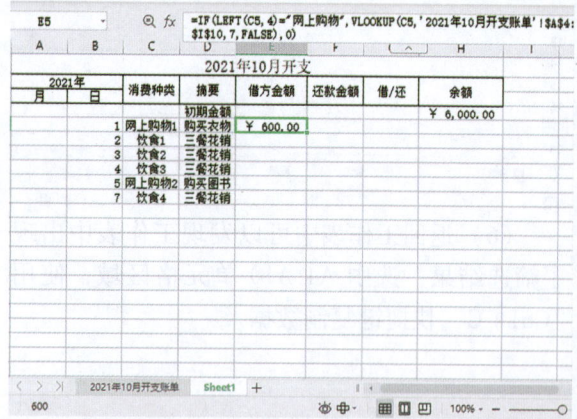

(7）利用填充功能将公式复制到E6至E10单元格区域中。

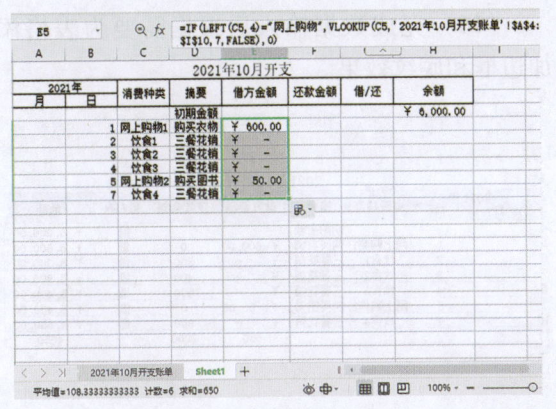

(8) 在 F5 单元格中输入公式"＝IF（LEFT（C5,2）="饮食",VLOOKUP（C5,'2021 年 10 月开支账单'！$A$4:$I$10,9,FALSE），0)"，按下"Enter"键确认输入。

(9) 利用填充功能将公式复制到 F6 至 F10 单元格中。

(10) 在 G4 单元格中输入"借"，利用填充功能将其复制到 G5 至 G10 单元格中。

(11) 在 H5 单元格中输入公式"＝H4＋E5－F5"，按下"Enter"键确认输入。

(12) 利用填充功能将公式复制到 H6 至 H10 单元格中。

(13) 在 E11 单元格中输入公式"＝SUM（E5:E10）"，按下"Enter"键确认输入。

(14) 在 F11 单元格中输入公式"＝SUM（F5:F10）"，按下"Enter"键确认输入。

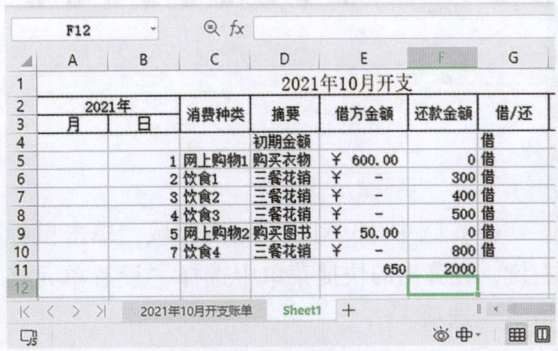

(15) 在 H11 单元格中输入公式"= H4 + E11 - F11",按下"Enter"键确认输入。

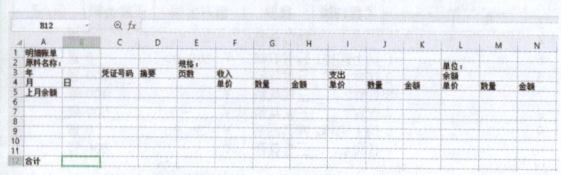

(16) 完成数据输入后根据需要为表格添加边框和底纹效果。

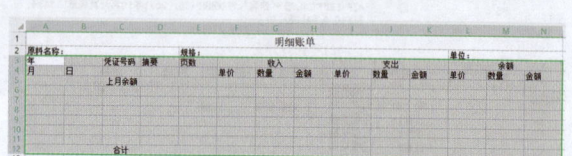

18.3 制作企业收支明细账单

明细账单主要用于分类登记经纪类业务,以便提供相关的明细核算材料。下面介绍具体操作步骤。

☞18.3.1 输入基本内容

制作明细账单的第一步是输入表格内容,根据设置表格边框及底纹等样式,具体操作步骤如下。

(1) 新建一个名为"明细账单"的工作簿,重命名"Sheet1"工作表为"明细账单",在工作表中输入标题等内容。

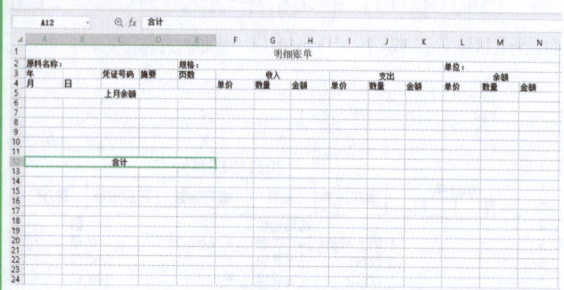

(2) 接着根据需要合并单元格,设置单元格中的数据格式。

(3) 选中 A3:N12 单元格区域,单击鼠标右键,在弹出的快捷菜单中选择"设置单元格格式"选项。

(4) 弹出"单元格格式"对话框,切换到"边框"选项,为所选单元格区域设置内外边框样式,设置完成后单击"确定"按钮。

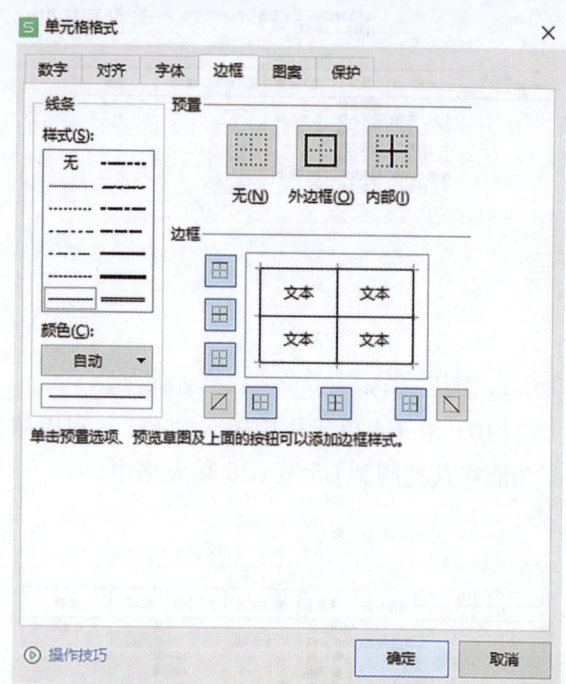

(5) 返回编辑界面查看效果。

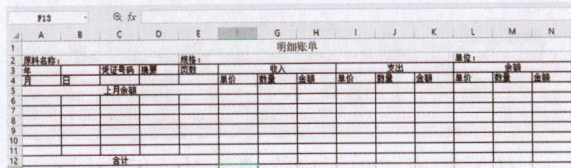

(6) 在 A1 单元格中的"明细账单"前输入"2021年企业收支",选中输入的文字内容,为其添加下划线。

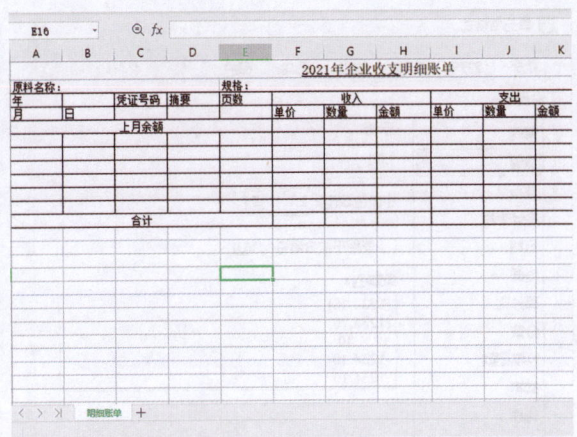

(7) 根据需要,为表格中的单元格区域设置底纹。

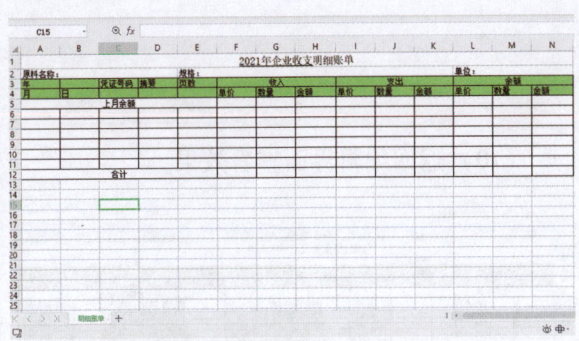

18.3.2 使用公式和函数

在输入了基本的内容之后,就可以利用公式和函数等快速制作明细账单表格了,具体操作方法如下。

(1) 在 H6 单元格中输入公式"= F6 * G6",按"Enter"键确认输入,利用填充功能将公式复制到 H7:H11 单元格区域中。

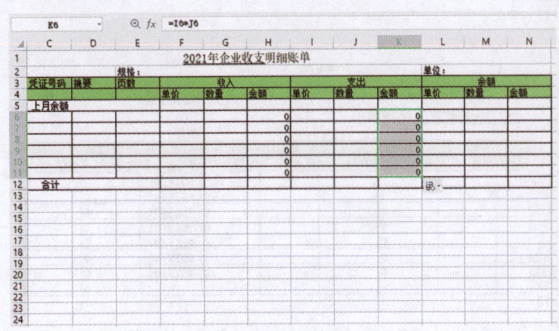

(2) 在 K6 单元格中输入公式"= I6 * J6",按下"Enter"键确认输入,然后利用填充功能将公式填充到 K7:K11 单元格区域中。

(3) 在 M6 单元格中输入公式"= M5 + G6 − J6",按下"Enter"键确认输入,然后利用填充功能将公式复制到 M7:M12 单元格区域中。

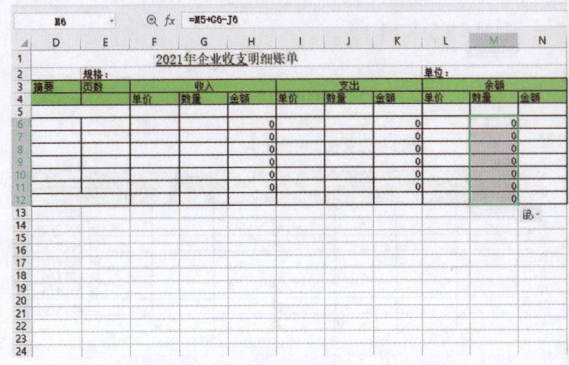

(4) 在 N6 单元格中输入公式"= N5 + H6 − K6",按下"Enter"键确认输入,然后利用填充功能将公式复制到 N7:N12 单元格区域中。

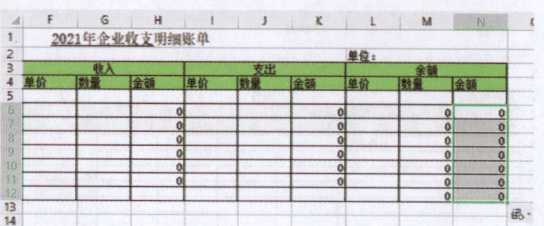

(5) 在 L5 单元格中输入公式"=N5/M5",按下"Enter"键确认输入,然后利用填充功能将公式复制到 L6:L11 单元格区域中,由于单元格中未输入相应数据,单元格提示公式错误。

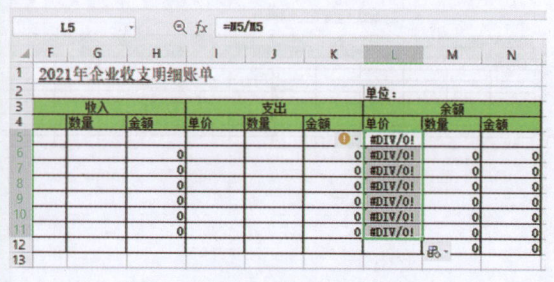

(6) 在 G12 单元格中输入公式"=SUM(G5:G11)";在 H12 单元格中输入公式"=SUM(H5:H11)";在 J12 单元格中输入公式"=SUM(J5:J11)";在 K12 单元格中输入公式"=SUM(K5:K11)"。

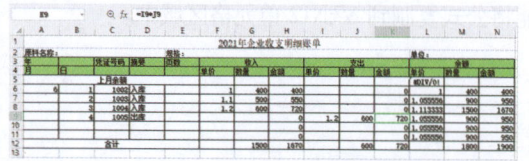

(7) 在工作表中输入数据,得到相应的计算结果。

(8) 表格中的有些数据需要保留 2 位小数,接下来对这些数据进行调整。选中如图所示区域,单击鼠标右键,在弹出的快捷键菜单中选择"设置单元格格式"。

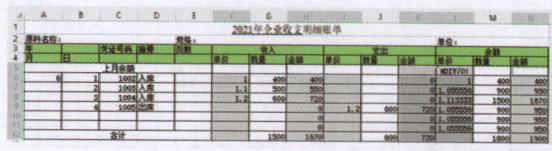

(9) 弹出"单元格格式"对话框,切换到数字选项卡,在"分类"列中选中"数值"选项,在右侧设置"小数"位数为"2",完成后单击"确定"按钮。

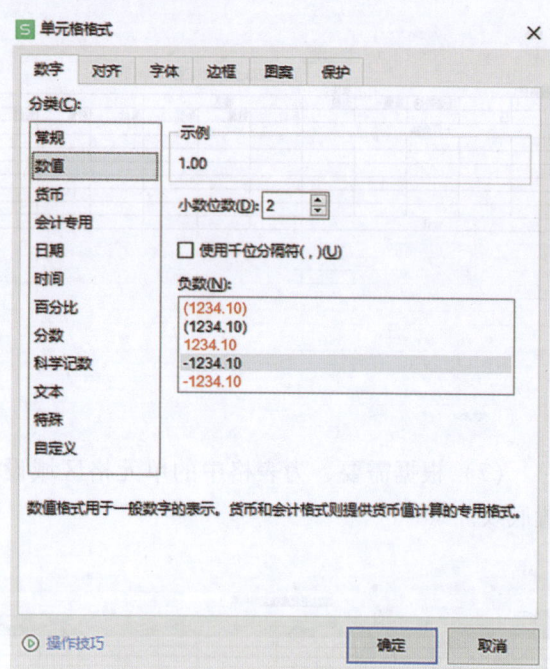

(10) 返回编辑界面查看效果。

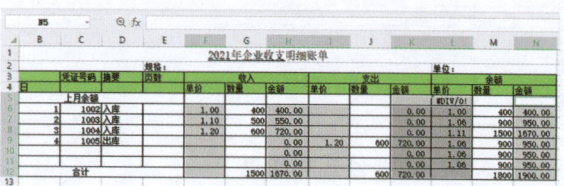

18.3.3 设置不显示零值

为了清晰地查阅表格中的数据,可以在完成上述操作后,清除表格中多余的数据,并且设置不显示为零的计算结果,具体操作步骤如下。

(1) 选中 L10:N11 单元格区域,单击鼠标右键,在弹出的快捷菜单中选择"清除内容"选项,清除表格中重复的数据。

(3) 弹出"选项"对话框,在"视图"选项卡中取消选中"窗口选项"组中的"零值"复选框,完成后单击"确定"按钮。

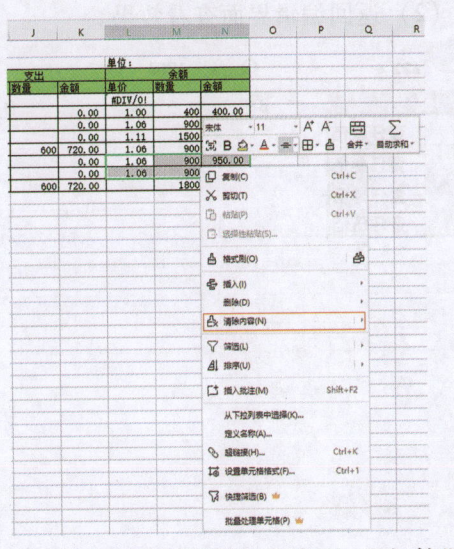

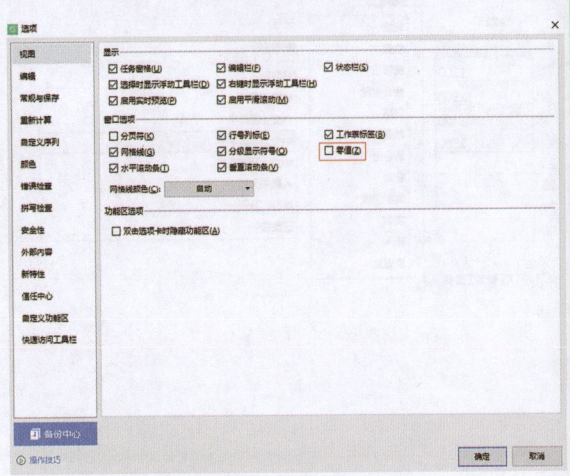

(2) 单击编辑界面左上角的"文件"按钮,在弹出的菜单中选择"选项"选项。

(4) 返回编辑界面查看效果。

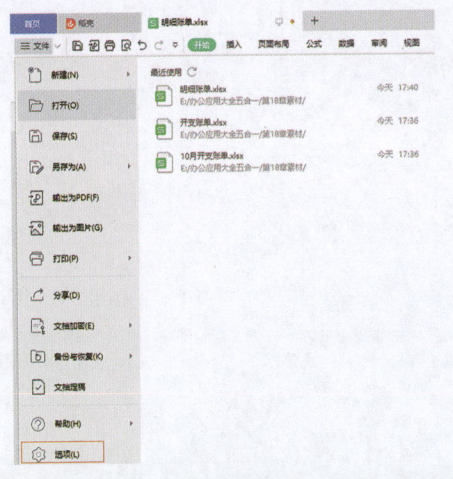

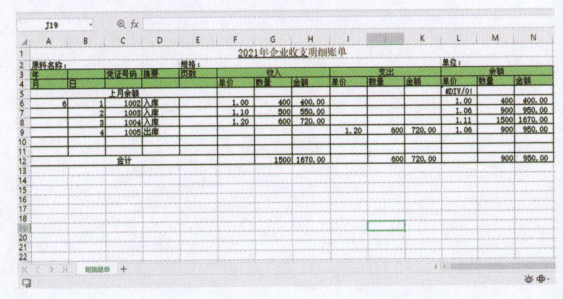

18.4 WPS表格应用小技巧

☞18.4.1 同时选中多个单元格

按住"Ctrl"键的同时用鼠标左键单击或框选单元格区域,可以同时选中多个单元格或单元格区域。

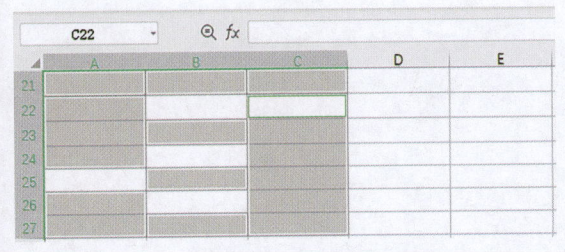

☞18.4.2 自动输入人民币大写值

在表格中输入数据时,有时需要输入大写人民币数值,如果手动输入会降低效率,此时可以对单元格进行设置,使其自动将阿拉伯数值转换成大写中文数字,具体操作步骤如下。

(1) 选中要设置的单元格区域,单击鼠标右键,选择"设置单元格格式"选项,弹出"单元格格式"对话框,切换到"数字"选项卡,在左侧的"分类"列表中选择"特殊"选项,在右侧界面中选择"中文大写数字"选项，最后单击"确定"按钮完成设置。

（2）返回编辑界面查看效果。

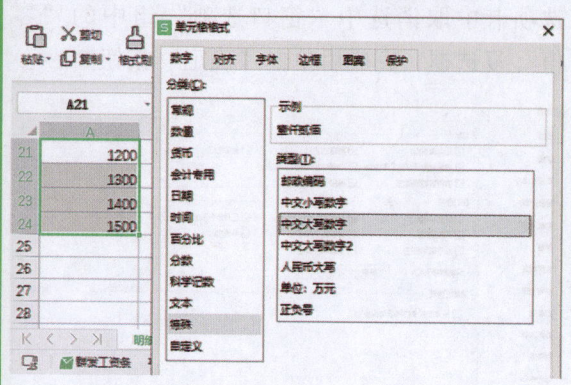

第十九章　WPS演示应用

扫码看视频

概述

WPS演示主要用于设计、制作报告、广告、教学内容、产品演示等。WPS演示能够制作出集文字、图片与声音等多种元素为一体的演示文稿。本章将通过典型的案例，详细介绍WPS演示软件的基本知识和操作。

19.1 制作教学演示文稿

在日常教学生活中，教师经常需要借助演示文稿向学生讲解或演示相关知识，下面将接介绍如何制作一个教学演示文稿。

☞19.1.1 演示文稿的基本操作

演示文稿的基本操作包括新建空白演示、为演示文稿应用主题、添加与删除幻灯片以及保存演示文稿等。

1. 创建演示文稿

要想制作美观又专业的演示文稿，最好的办法是使用 WPS 演示的在线模板功能。通过模板的使用，可以节省用户的时间、提高效率，具体操作步骤如下。

（1）打开 WPS Office，单击"新建"按钮，单击"P 演示"选项卡中的"新建空白演示"按钮。

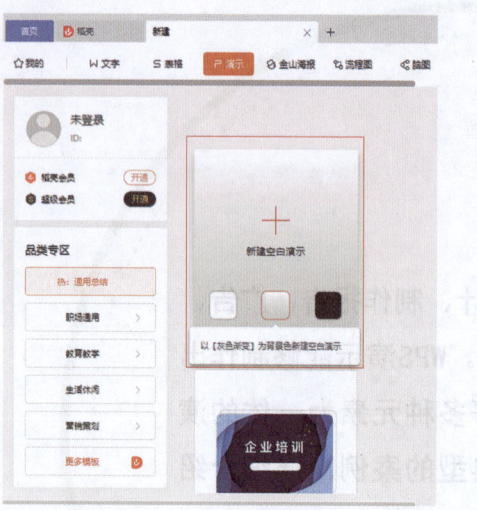

（2）操作完成后，即可创建一个名为"演示文稿1"的空白演示文稿。切换到"设计"选项卡，单击"更多设计"按钮。

（3）弹出"全文美化"对话框，单击需要的模板样式。此时，会弹出"WPS 账号登录"，选择其中一种方式登录即可。

（4）单击需要的模板样式，弹出"美化预览""模板详情"对话框，选中其中一张幻灯片样式，单击"应用并插入"按钮。

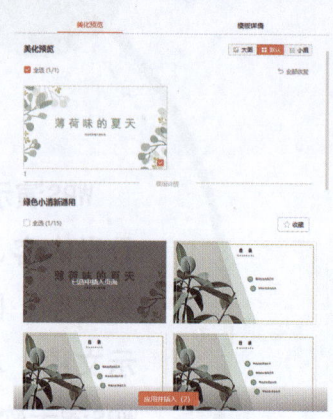

（5）插入完成后，即可为幻灯片应用该模板样式，单击快速访问工具栏上的"保存"按钮。

（6）弹出"另存文件"对话框，设置合适的保存位置和文件名，然后单击"保存"按钮即可。

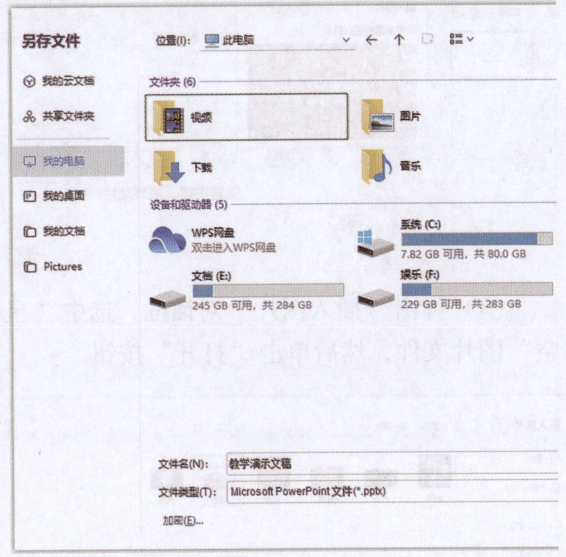

2. 添加与删除幻灯片

添加与删除幻灯片的方法如下。

（1）右键单击左侧导航窗格中的第一张幻灯片，在弹出的快捷菜单中选择"新建幻灯片"选项。

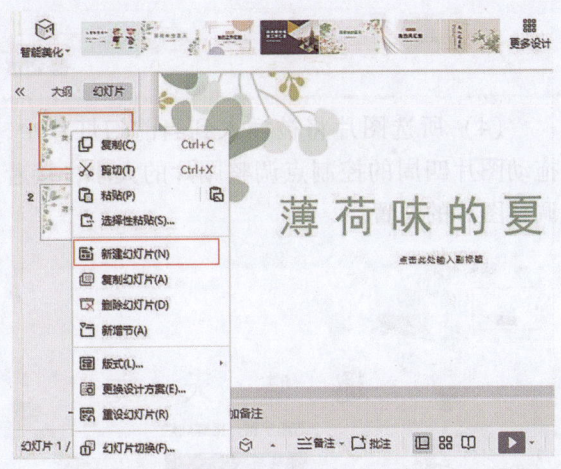

（2）可以看到，此时演示文稿中已经插入了一张新的幻灯片。

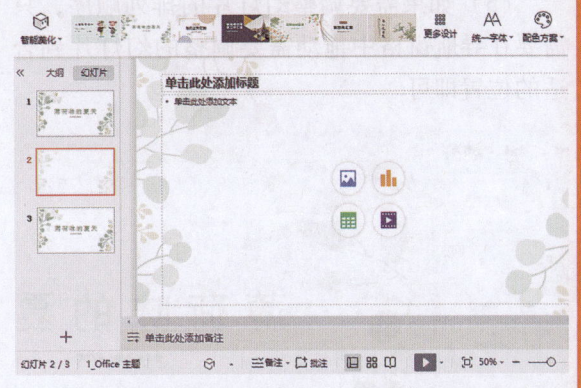

（3）在导航窗格中鼠标右键单击不需要的幻灯片，在弹出的快捷菜单中选择"删除幻灯片"选项，即可将不需要的幻灯片删除。

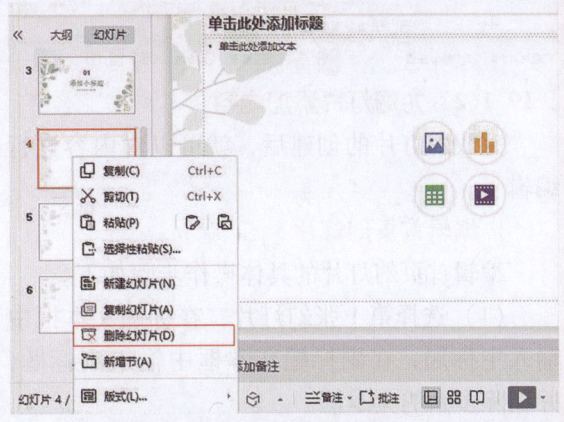

（4）用此方法，将不需要的幻灯片都删除。

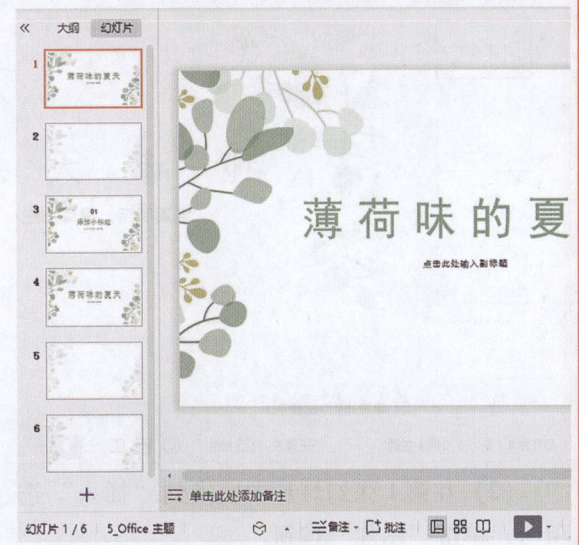

（5）如果需要调整幻灯片的排列顺序，只需要在导航窗格中拖动需要调整的幻灯片到合适的位置即可。

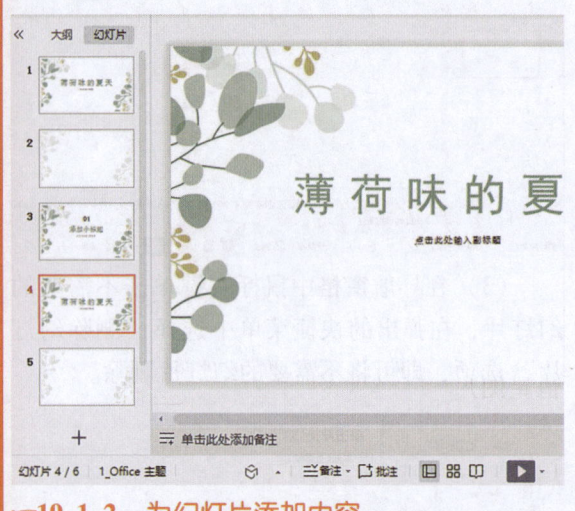

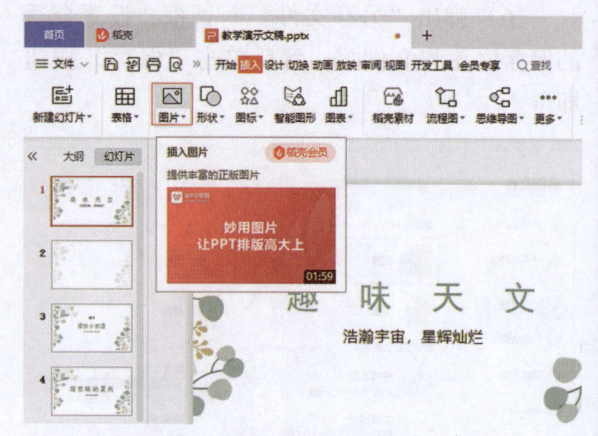

（3）弹出"插入图片"对话框，选中"星空"图片文件，然后单击"打开"按钮。

19.1.2 为幻灯片添加内容

完成幻灯片的创建后，就可以对内容进行编辑了。

1. 编辑首页幻灯片

编辑首页幻灯片的具体操作步骤如下。

（1）选择第1张幻灯片，在标题文本框中输入主标题，在副标题文本框中输入副标题，并删除多余的文本框。

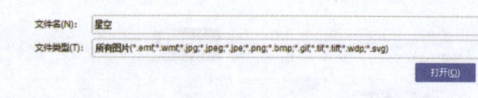

（4）所选图片将被插入到当前幻灯片中，拖动图片四周的控制点调整图片的大小，接着调整图片的位置。

（2）在第1张幻灯片中切换到"插入"选项卡，单击"图片"按钮。

2. 编辑目录页幻灯片

目录页幻灯片的作用是让观赏者了解演示文稿的大概内容，下面将介绍制作目录页幻灯片的方法。

选择第 2 张幻灯片，在幻灯片中输入相应的内容，并删除多余的文本框。

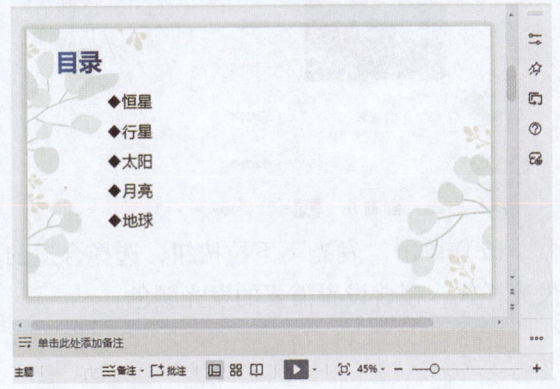

3. 编辑内容页幻灯片

编辑内容页幻灯片的方法如下。

（1）在第 3 张幻灯片中，切换到"开始"选项卡，单击"版式"下拉按钮，在弹出的列表框中选择合适的版式。

（2）选择好版式之后，在幻灯片中输入相应的内容。

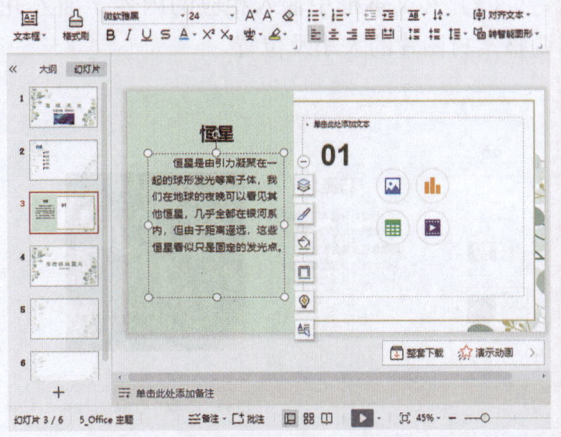

（3）单击"插入图片"按钮，将素材中的恒星图片插入到幻灯片中，调整图片的大小及位置。

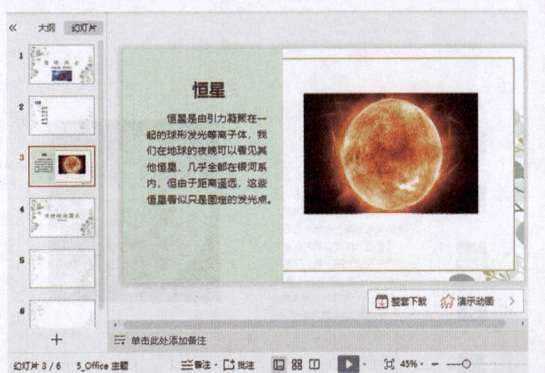

（4）选择第 4 张幻灯片，切换到"开始"选项卡，使用同样的方法为幻灯片设置合适的版式。

（5）在文本框中输入相应的内容，插入并调整素材图片的大小及位置。

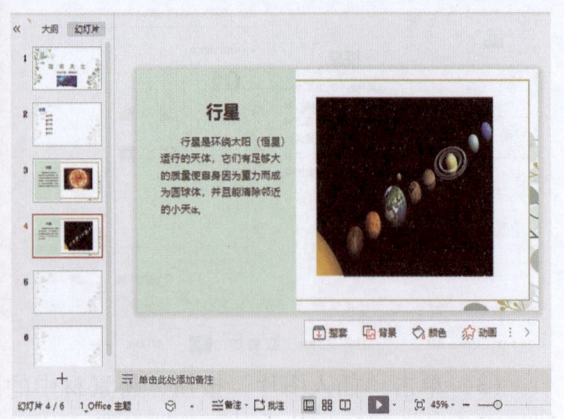

（6）使用同样的方法制作第5、第6和第7张幻灯片。

4. 美化幻灯片

演示文稿的内容编辑完成后，还需要对每张幻灯片进行进一步的美化，使演示文稿更加美观。美化幻灯片包括字体美化、图片美化、文本框美化等。接下来对幻灯片中的图片和文字美化，具体操作步骤如下。

（1）在第1张幻灯片中，双击下面的图片，编辑界面右侧弹出"对象属性"窗格，单击"效果"选项中"柔化边缘"下拉按钮，在弹出的下拉列表中选择合适的样式。

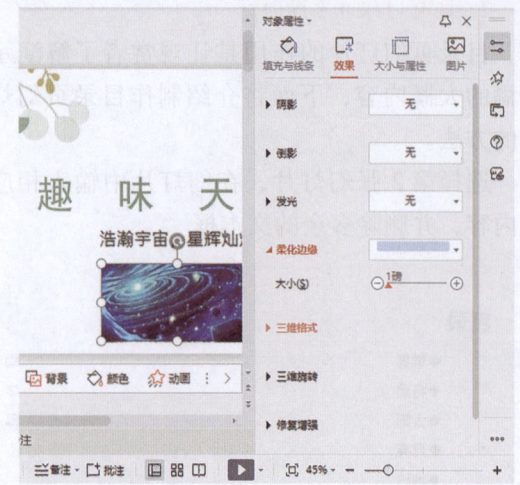

（2）单击"发光"下拉按钮，选择合适的发光样式，接着设置需要的发光颜色。

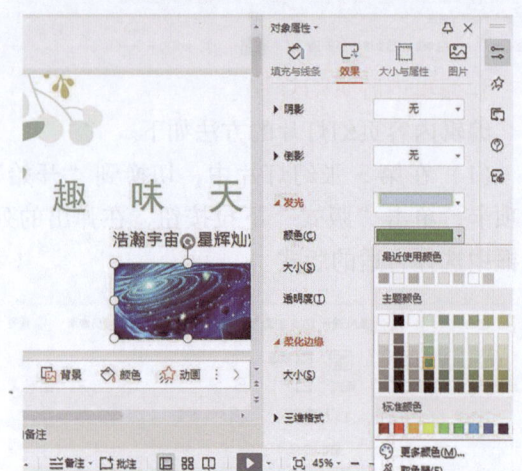

（3）选中标题文本，在"文本工具"选项卡下，单击"文本轮廓"下拉按钮，在弹出的颜色列表中选择一种轮廓颜色。

(4)选择第3张幻灯片,双击右侧的图片,弹出"对象属性"窗格,单击"效果"选项中"倒影"下拉按钮,选择合适的样式。

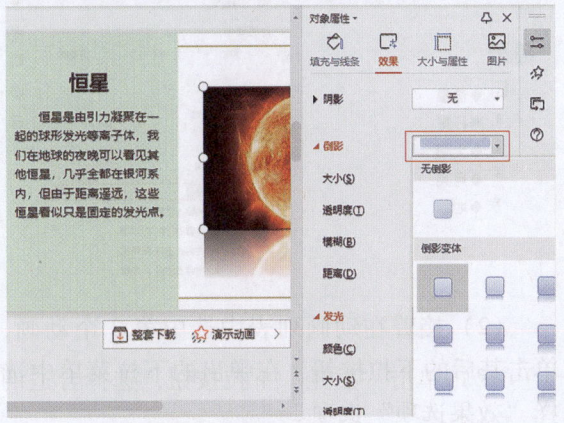

🖙19.1.3 设置幻灯片动画

设置幻灯片动画是指在幻灯片中为文本、图片和表格等元素添加动画效果,包括 WPS 演示应用提供的动画效果和用户自定义的动画效果。

1.添加动画效果

在幻灯片中选中一个对象后,便可以为其添加动画效果了,动画效果的类型包括进入、上升、下降、退出和动作路径等,具体操作步骤如下。

(1)在第2张幻灯片中,选中"恒星"文本,单击界面右侧的"动画窗格"按钮,弹出"动画窗格"窗格。

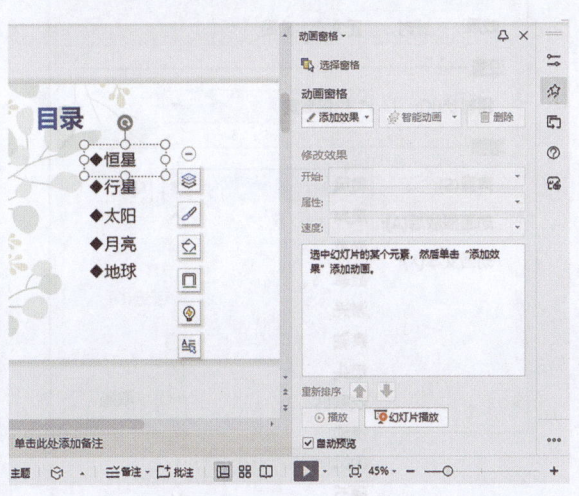

(2)单击"添加效果"下拉按钮,单击"进入"组中的"更多选项"按钮,在下拉列表中选择合适的动画效果。

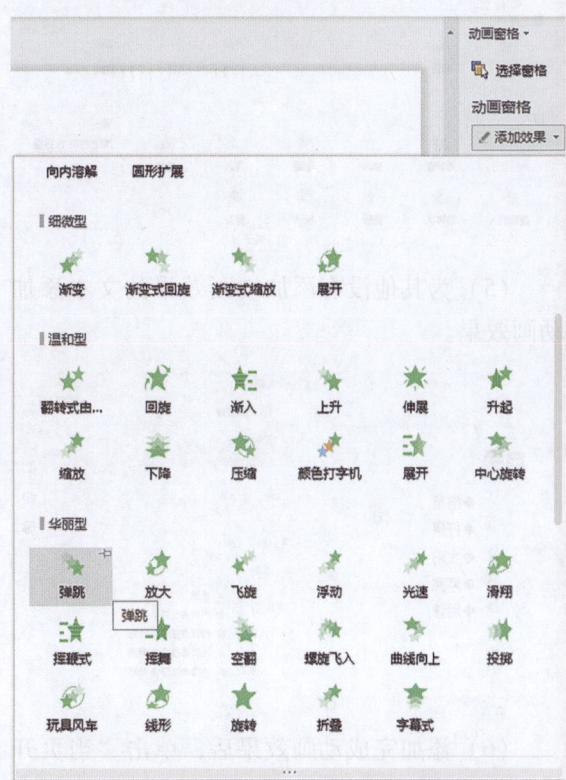

(3)在给对象设置动画效果的时候,系统将自动演示一次动画效果,并在添加了动画的对象左上角显示"1",这表明该动画为第一个动画。

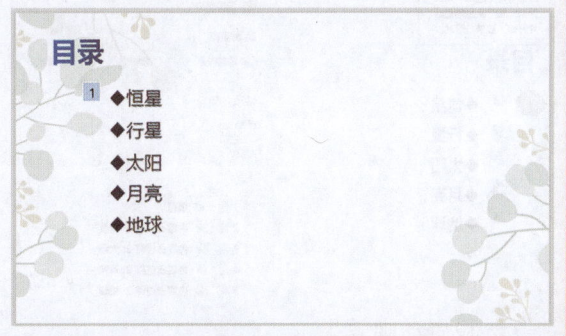

(4)选中"行星"文本,在"动画窗格"窗格中,单击"添加效果"下拉按钮,为文本设置合适的效果。

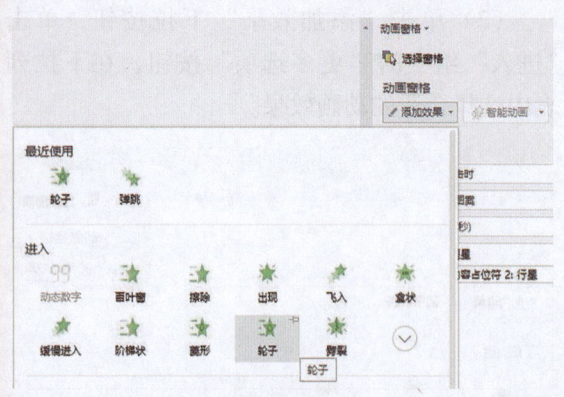

（5）为其他没有添加动画效果的文本添加动画效果。

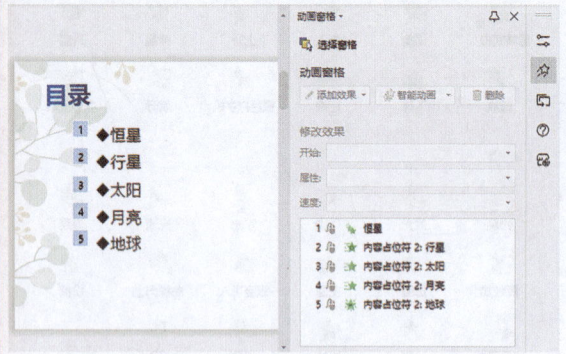

（6）添加完成动画效果后，单击"当页开始"播放幻灯片，当播放到设置了动画的对象时，单击鼠标即可运行动画效果。

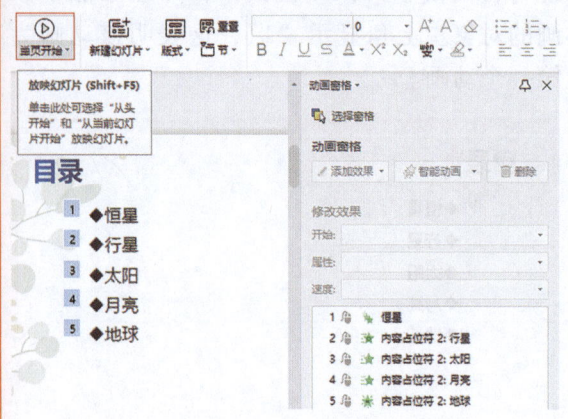

2. 设置动画效果

设置动画效果的内容有动画的方向、图案、形状、开始方式、播放速度和声音等，具体方法如下。

（1）在第2张幻灯片中，在"动画窗格"窗格的动画列表中选中第一个动画，然后在上方的选项组中设置开始方式为"单击时"，速度为"快速（1秒）"。

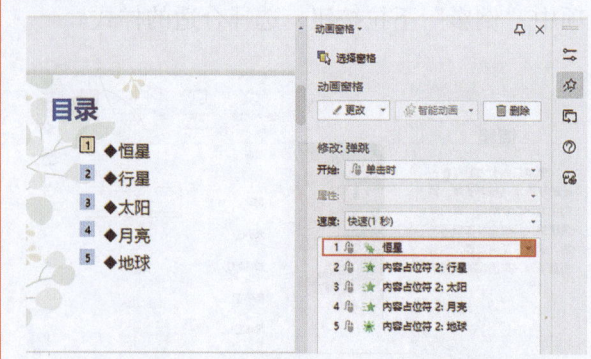

（2）接着在动画列表中选中第2个动画，单击其后的下拉按钮，在弹出的下拉菜单中选择"效果选项"选项。

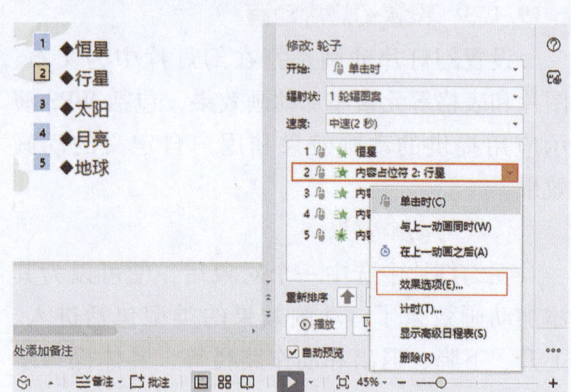

（3）弹出动画选项对话框，单击"声音"下拉列表，选择"微风"选项。

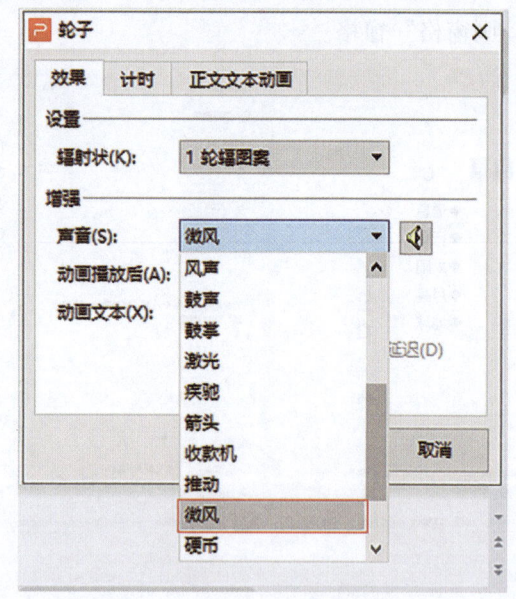

（4）选择第3个动画，单击"方向"下拉按钮，选择"自底部"选项，速度为"中速（2秒）"。

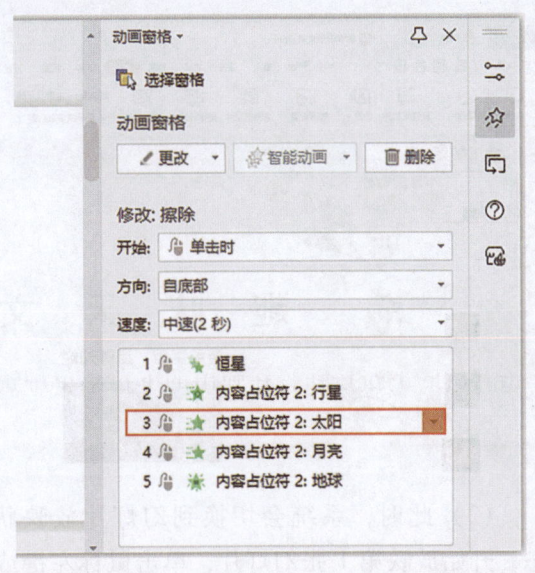

（5）使用同样的方法为剩余幻灯片中的元素设置动画效果。

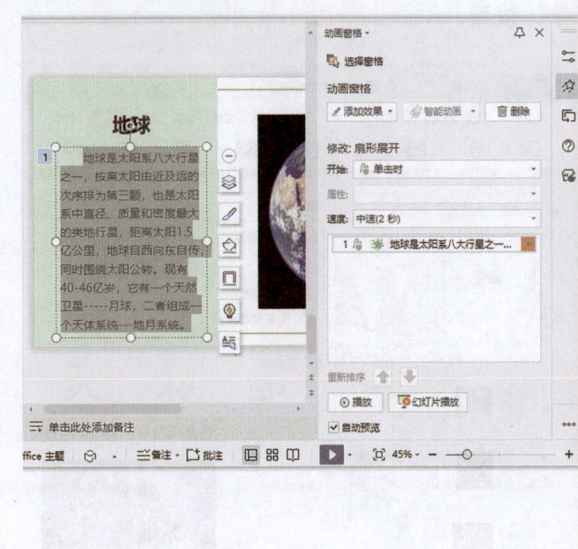

19.2 放映教学演示文稿

幻灯片制作完成后，可以通过放映来查看最终效果，具体方法如下。

19.2.1 设置幻灯片切换效果

幻灯片的切换效果是指在放映幻灯片时，从一张幻灯片消失到下一张幻灯片出现之间的切换效果。适当的切换效果能够使幻灯片在放映时的效果更加丰富，具体方法如下。

（1）以上节中制作的教学演示文稿为例，选择第2张幻灯片，切换到"切换"选项卡，选择"形状"选项。

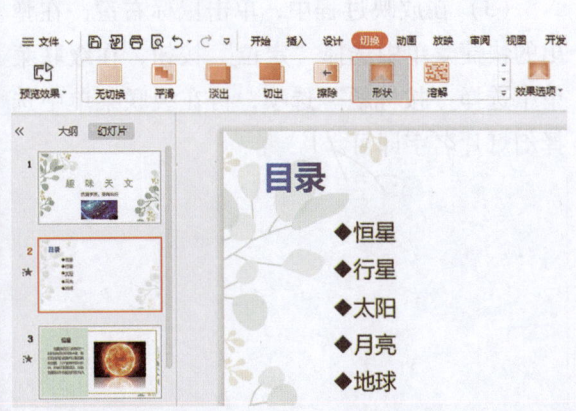

（2）单击编辑界面右侧的"幻灯片切换"按钮，弹出"幻灯片切换"窗格，选择下方"应用于所选幻灯片"中的"形状"选项。

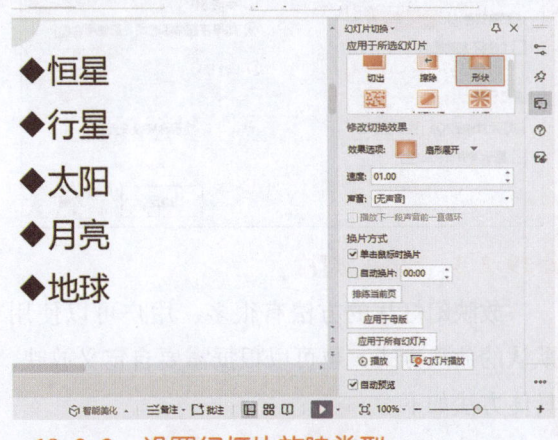

19.2.2 设置幻灯片放映类型

在WPS演示中，幻灯片放映类型包括"演讲者放映"和"展台自动循环放映"两种，其区别在于前者是手动操作，后者是自助浏览。

设置幻灯片放映类型的具体方法如下。

（1）在"放映"选项卡下，单击"放映设置"按钮。

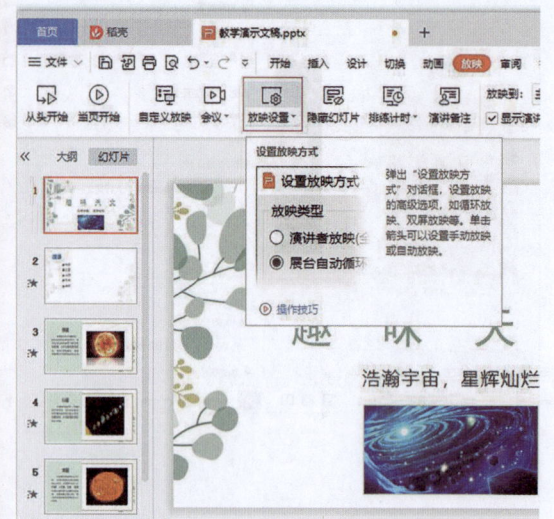

（2）弹出"设置放映方式"对话框，在"放映类型"选项组中选择需要的放映类型，完成后单击"确定"按钮。

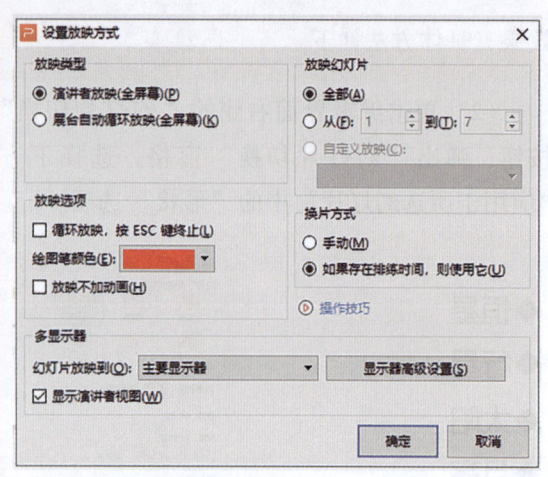

19.2.3 放映幻灯片

放映幻灯片的方法有很多，用户可以使用默认的放映方式，也可以根据需要自定义放映，具体方法如下。

1. 从头开始放映

"从头开始"放映功能是默认的放映方式，启动该功能后，系统会自动从第 1 张幻灯片开始放映。在放映过程中，用户可以对幻灯片进行控制，具体操作方法如下。

（1）切换到"放映"选项卡，单击"从头开始"按钮，或按下"F5"键。

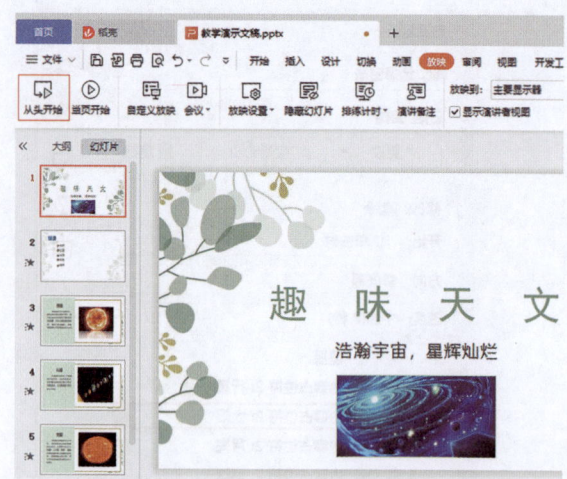

（2）此时，系统会切换到幻灯片放映状态，开始放映第 1 张幻灯片，单击鼠标左键或按下空格键，可以切换到第 2 张幻灯片。

（3）在放映过程中，单击鼠标右键，在弹出的快捷菜单中选择"定位"按钮，在级联菜单中选择"按标题"选项，再在级联菜单中选择幻灯片名字即可。

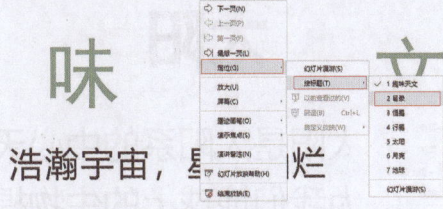

(4) 在放映过程中，单击鼠标右键，在弹出的快捷菜单中选择"放大"功能，可以放大显示某区域。

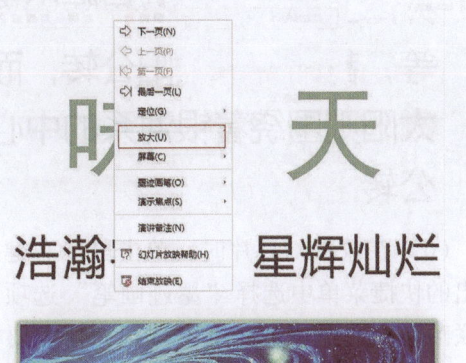

(5) 此时鼠标所在的区域将被放大显示，在屏幕右下角将显示被放大的区域，拖动鼠标或使用键盘方向键可以移动放大区域。

2. 添加标记

若需要在放映幻灯片时在重要位置添加标记，以突出强调重要内容，可以利用 WPS 演示应用提供的笔或者荧光笔来实现，具体操作步骤如下。

（1）在放映幻灯片时，单击鼠标右键，在弹出的快捷菜单中选择"墨迹画笔"选项，在级联菜单中选择"圆珠笔"选项。

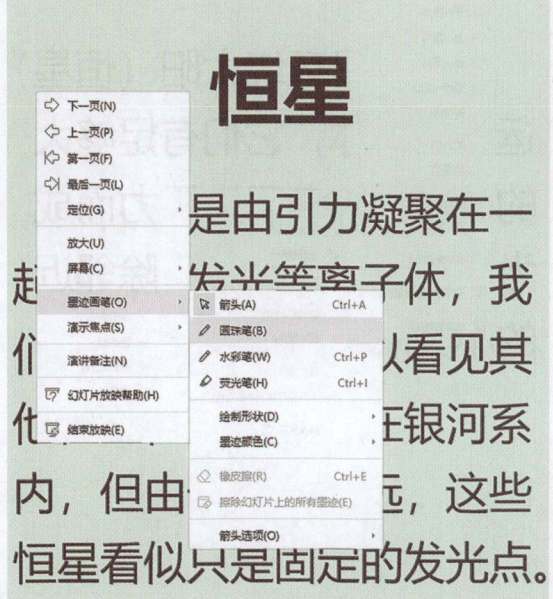

（2）此时光标将变为笔头形状，在需要标记的位置按下鼠标左键并拖动即可进行标注。

恒星

恒星是由引力凝聚在一起的球形发光等离子体，我们在地球的夜晚可以看见其他恒星，几乎全都在银河系内，但由于距离遥远，这些恒星看似只是固定的发光点。

（3）在放映幻灯片时，单击鼠标右键，在弹出的快捷菜单中选择"墨迹画笔"，在级联菜单中选择"绘制形状"，再选择"波浪线"选项。

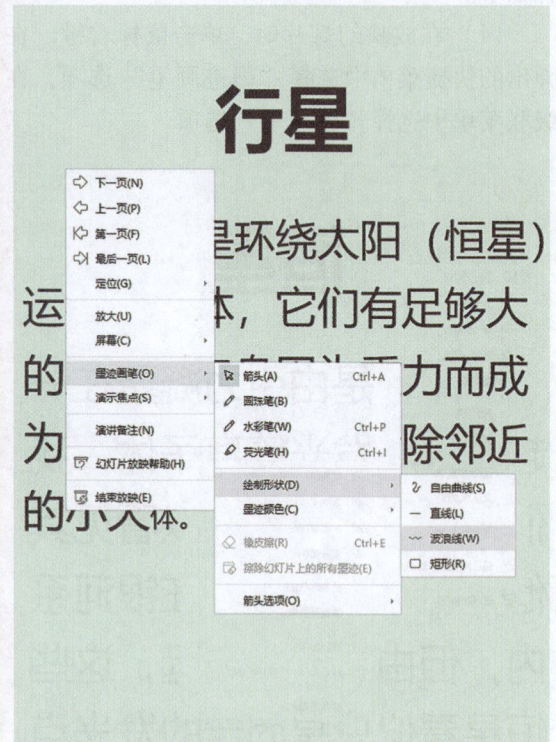

（4）在需要标记的地方绘制波浪线。

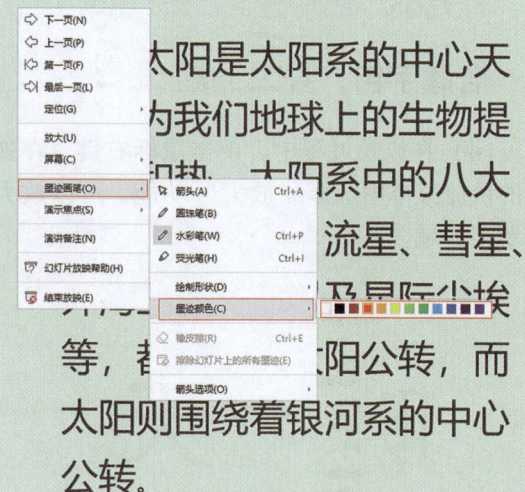

（6）在放映幻灯片时，单击鼠标右键，在弹出的快捷菜单中选择"墨迹画笔"选项，在级联菜单中选择"荧光笔"选项，在需要标记的地方按下鼠标左键并拖动，即可对该区域添加透明颜色标注。

（5）在放映幻灯片时，单击鼠标右键，在弹出的快捷菜单中选择"墨迹画笔"选项，在级联菜单中选择"墨迹颜色"选项，设置笔头颜色。

3. 自定义幻灯片放映

针对不同场合和观众群，演示文稿的放映顺序或内容也可能会有所不同，因此，用户自定义放映顺序及内容，具体操作步骤如下。

（1）切换到"放映"选项卡，单击"自定义放映"按钮。

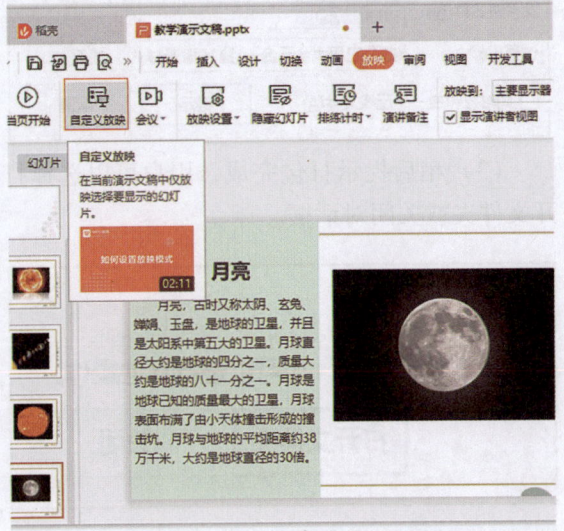

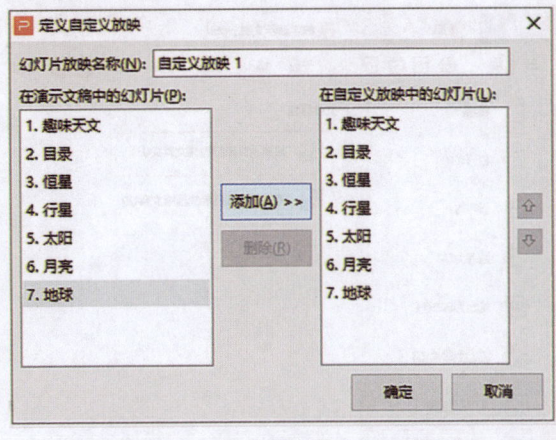

（2）弹出"自定义放映"对话框，单击"新建"按钮。

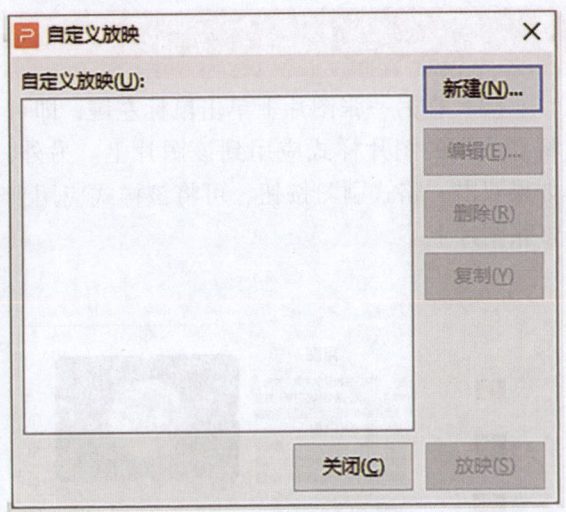

（3）弹出"定义自定义放映"对话框，输入该自定义放映的名称，在左侧的"在演示文稿中的幻灯片"列表中勾选需要放映的幻灯片，单击"添加"按钮将其添加到右侧的"在自定义放映中的幻灯片"列表中，然后单击"确定"按钮。

（4）返回"自定义放映"对话框，单击"放映"按钮，即可按照自定义的设置播放幻灯片。

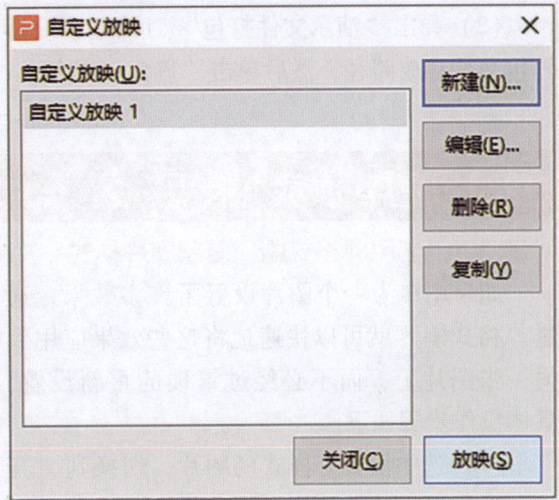

☞**19.2.4　打包演示文稿**

若制作的演示文稿中包含链接的数据、特殊字体、外部视频等文件，当在其他电脑中播放这个演示文稿时，需要让这些幻灯片正常放映，则需要使用演示文稿的"打包"功能，具体操作步骤如下。

（1）单击编辑界面左上角的"文件"按钮，在弹出的下拉列表中选择"文件打包"选项，在级联菜单中选择"将演示文档打包成文件夹"选项。

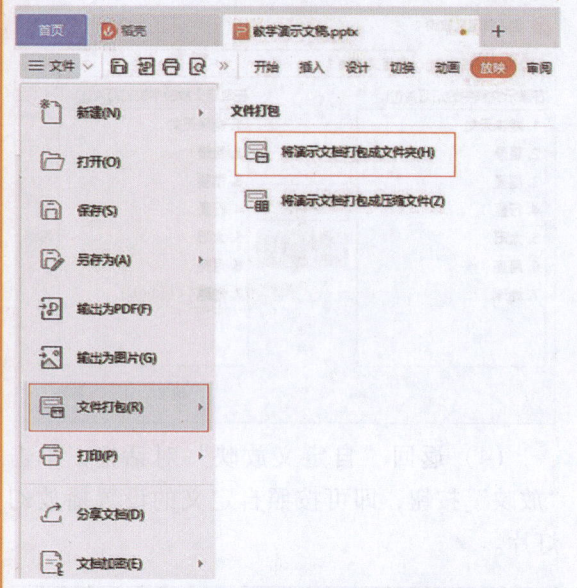

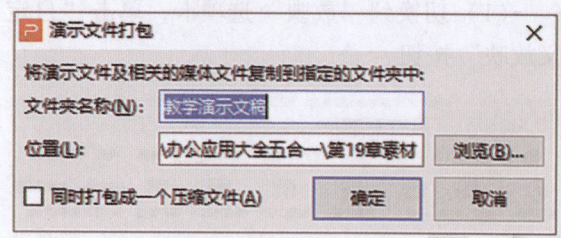

（2）弹出"演示文件打包"对话框，设置打包文件存放路径，然后单击"确定"按钮。

（3）稍后提示打包完成，用户可以选择打开文件夹或关闭对话框。

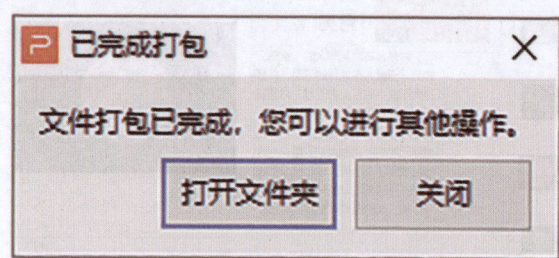

19.3　WPS 演示小技巧

☞19.3.1　使用"格式刷"复制图片样式

如果用户为一个图片设置了许多效果，通过"格式刷"就可以快速地将这些效果应用到另一张图片上，而不必经过繁琐的重新设置，具体操作步骤如下。

（1）选中设置好样式的图片，切换到"开始"选项卡，单击"格式刷"按钮。

（2）在另一张图片上单击鼠标左键，即可将上一张的图片样式应用到该图片上。另外，如果双击"格式刷"按钮，可将该样式应用到多张图片上。

☞19.3.2　将图片裁剪为形状

插入幻灯片中的图片不但可以用常规的方式进行裁剪，还可以裁剪为各种形状，从而使幻灯片更有特色，具体操作步骤如下。

（1）选中图片后，切换到"图片工具"选项卡，单击"裁剪"下拉按钮，在弹出的快捷菜单中选择"裁剪"选项，在级联菜单中选择要使用的形状工具。

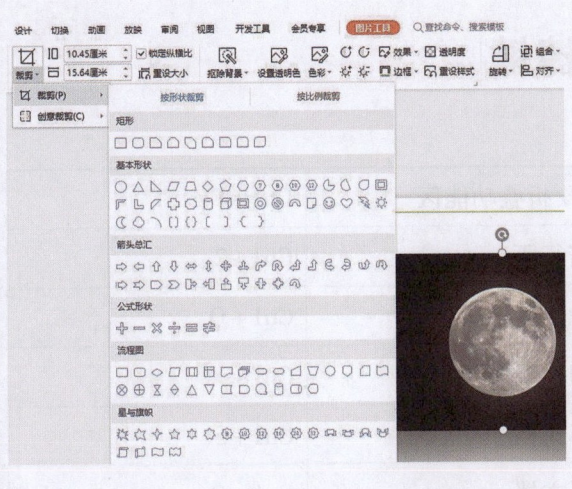

（2）在图片中做进一步调整，完成后按下"Enter"键即可。

附录：Office 办公软件常用快捷键

1. Word 中常用快捷键

查找和替换	Ctrl + F	展开/折叠功能区	Ctrl + F1
复制	Ctrl + C	双倍行距	Ctrl + 2
粘贴	Ctrl + V	删除段落样式	Ctrl + Q
撤销	Ctrl + Z	剪切	Ctrl + X
恢复	Ctrl + Y	保存文档	Ctrl + S
字体加粗	Ctrl + B	打开文档	Ctrl + O
单倍行距	Ctrl + 1	分散对齐	Ctrl + Shift + J
1.5 倍行距	Ctrl + 5	段落居中	Ctrl + E

2. Excel 中常用快捷键

查找和替换	Shift + F5	拼写检查	F7
选中整列	Ctrl + 空格	应用常规数字格式	Ctrl + Shift + ~
选中整行	Shift + 空格	编辑单元格批注	Shift + F2
输入日期	Ctrl + ;	隐藏选中行	Ctrl + 9
定义名称	Ctrl + F3	插入当前时间	Ctrl + Shift + :
隐藏选定的列	Ctrl + 0	选中整张工作表	Ctrl + A
单元格中换行	Alt + Enter	移动到文件首/尾	Ctrl + Home/End

3. PPT 中常用快捷键

应用粗体字体	Ctrl + B	隐藏或显示功能区	Ctrl + F1
应用斜体字体	Ctrl + I	应用下标格式	Ctrl + 等号
应用上标格式	Ctrl + Shift + 等号	更改字母大小写	Shift + F3
段落两端对齐	Ctrl + J	段落左对齐	Ctrl + L
段落右对齐	Ctrl + R	段落居中对齐	Ctrl + E
复制格式	Ctrl + Shift + C	粘贴格式	Ctrl + Shift + V
插入超链接	Ctrl + K	应用下划线	Ctrl + U
增大字号	Ctrl + Shift + >	减小字号	Ctrl + Shift + <